LET THERE BE *Light* 우리들의 빛이야기

The Story of Light from Atoms to Galaxies

저자 **Alex Montwill & Ann Breslin**
역자 권용성 · 마기중 · 이혜정 · 오헌진 · 송윤영 · 민병훈 · 정미이

청범출판사 Imperial College Press

Published by

Imperial College Press
57 Shelton Street
Covent Garden
London WC2H 9HE

Distributed by

World Scientific Publishing Co. Pte. Ltd.
5 Toh Tuck Link, Singapore 596224
USA office: 27 Warren Street, Suite 401-402, Hackensack, NJ 07601
UK office: 57 Shelton Street, Covent Garden, London WC2H 9HE

British Library Cataloguing-in-Publication Data
A catalogue record for this book is available from the British Library.

Cover image: Apollo Sunrise.
Credit: Apollo 12 Crew, NASA.
Source: http://apod.nasa.gov/apod/ap960620.html

LET THERE BE LIGHT
The Story of Light from Atoms to Galaxies

ISBN-13 978-1-86094-850-3
ISBN-10 1-86094-850-2
ISBN-13 978-1-84816-328-7 (pbk)
ISBN-10 1-84816-328-2 (pbk)

Typeset by Stallion Press
Email: enquiries@stallionpress.com

Printed in Singapore.

서 문

물리학은 복잡한 주제이다. 학생들은 여러 가지 개념과 현상을 만나게 된다 : 몇 가지 예를 들면, 질량과 에너지, 전하와 자성, 빛과 열, 원자와 분자, 별과 은하계. 실험적 방법과 새로운 수학적 기법을 배우기 위하여 많은 시간과 노력을 쏟아야 한다. 뒤로 한걸음 물러나 전반적인 견해를 갖기 위한 기회가 자주 있는 것은 아니다.

전체 그림이 펼쳐지고 퍼즐의 다양한 조각들이 짜맞추어지면, 보다 더 깊이 이해하게 된다. 관련없는 현상들이 같은 것으로 보이기도 한다. 많은 법칙과 수식은 기본적인 원리에서 유도된다. 그 과정은 논리적이며 쉬워야 하지만, 때로는 이해하기 어려울 때가 있다. 어떤 주제에 아름다움과 매력을 발견하는 것은 다음 단계이다.

제목에서 알 수 있듯, 이 책은 빛, 보다 일반적으로 말하면, 전자기 복사에 집중되어 있다. 빛의 많은 특성은 물리학의 가장 기초적인 원리와 법칙으로 이해된다. 최단시간에 대한 페르마 원리는 반사와 굴절 법칙을 이끌어냈다. 맥스웰의 논리는 전자기 복사의 전달을 이끌어냈다. 아인슈타인은 빈 공간에서 대칭성에 관한 가설과 진공에서 빛 속도의 불변성으로부터 방정식 $E=mc^2$을 유도했다. 광자에 대한 플랑크의 발견은 양자역학의 분명한 역설을 이끌어낸다! 자연은 이해할 수도 있으면서 동시에 이해할 수 없다.

이 책은 전문성과 대중적 사이의 수준에서 교과서 형식으로 쓰여졌다. 고등교육을 받은 사람의 예비지식서로 적절하고, 과학에 관심이 있는 독자나, 기본 수학이 충분한 독자에게는 흥미로울 수 있다. 수학적인 유도는 책의 본문에 넣지 않고 가능한 한 부록에 실었다. 부록은 그 과제에 대해 보다 깊이있게 탐구하기를 원하는 독자를 위해 제공하였다.

이 책은 아일랜드 국립 라디오에서 방송된 많은 과학시리즈로 구성되기도 하였다. '그리스로부터 쿼크까지', '일에서의 힘', '정신 실험실', '물리학의 생생한 묘사', '길거리 과학' 그리고 '과거로부터 온 편지' 등의 제목으로 10분짜리 20개의 슬롯을 구성하였다. 거의 10년이라는 기간 동안 연속해서 방송된 이 프로그램은 위의 주제에 대하여 사람들의 관심이 많다는 사실을 입증해 주었다.

대부분의 장에 물리학을 역사적 배경으로 넣어 과학자들의 인간적인 면을 보기 위한 역사적 막간으로 끝을 맺는다. 이것은 마음으로 전해지는 일화나 빛에 대한 것이다.

제 1 장 빛의 소개. 시대에 걸친 빛의 견해에 대한 역사적 개요와 지난 2세기 동안 빛에 대한 놀라운 특성의 발견을 다룬다. 빛은 때로는 파동으로, 때로는 입자의 흐름으로 보인다. 막스 플랑크, 닐 보어 등은 그 수수께끼를 더욱 깊게 들여다 보고 자연의 비밀이 가득찬 판도라의 상자를 열었다.

제 2 장 기하 광학 – 반사. 빛의 경로는 항상 최단시간이 걸려야 한다. 이 법칙(페르마 원리)은 빛이 반사할 때 진행 방향의 변화에 적용된다. 역사적 막간: 피에르 드 페르마.

제 3 장 기하광학 – 굴절. 빛이 두 매질의 경계면에 다다랐을 때, 두 가지 선택을 한다 ; 빛은 경계면에서 반사되거나, 두 번째 매질로 전달될 수 있다. 페르마 법칙은 여전히 적용되지만, 자연의 법칙에서 선택의 자유를 예견할 수 없다. 렌즈의 굴절에 대한 실제 적용을 살펴보고 인간의 눈을 광학기기로 다루어 본다.

제 4 장 아득히 멀리서 온 빛 – 천문학. 별빛은 우주를 통해 긴 여정을 마치고 우리들에게 도착한다. 고대 천문학자들은 달과 태양의 크기와 지구로부터의 거리에 대한 유추에 뛰어난 재주를 보였다. 중세 시대에는 자전과 공전을 하는 지구 위에서 관찰자에 의해 이루어진 측정과 계산이 매우 인상적이다. 역사적 막간 : 갈릴레오 갈릴레이.

제 5 장 과거에서 온 빛 – 천체물리학. 지구에 작용하는 물리학 법칙은 우주 전체에 걸쳐서도 작용하며, 시간에 따라 변화하지 않는다는 것을 보여준다. 우주의 탄생까지 거슬러 올라가 되짚어본다. 역사적 막간 : 아이작 뉴턴.

제 6 장 파동 소개. 일반적인 파동의 성질을 다룬다.

제 7 장 음파. 음파의 전달은 빛의 전달보다 친숙하다. 소리는 반사될 수 있고, 모퉁이에서 꺾일 수 있고, 간섭을 일으킬 수 있고, 공명할 수 있다. 이 장에서는 파동의 성질을 강조하기 위해 소리에 대한 많은 실험을 보여준다.

제 8 장 파동으로서의 빛. 파동으로부터 기대되는 지식을 총동원하여, 빛과 빈 공간에 존재하지만 매질에 무관한 매우 특별한 파동의 성질을 실험해 본다. 어떤 조건 하에서는 빛+빛=어둠! 역사적 막간 : 토마스 영.

제 9 장 영상 만들기. 사진부터 홀로그램까지.

제 10 장 전기가 있고, 자기가 있고 그리고 빛이 있다. 전하는 신비롭게도 서로 먼 거리에서도 밀고 당긴다. 전하가 움직이면 새로운 힘이 나타난다. 맥스웰의 전재성이 전자기학의 실험적 법칙으로 전자기파 전달을 예견할 수 있게 했다. 역사적 막간 : 제임스 클락 맥스웰.

제 11 장 '빛의 원자' – 양자 이론의 탄생. 모든 것을 이해한다고 생각하자 마자, 뜨거운 표면으로부터 방출하는 빛 스펙트럼의 작은 문제가 큰 문세가 될 것이라는 조짐이 나타났다. 막스 플랑크는 자연이 연속적이지 않다고 제안하여 자신을 위험 속으로 내몰았다. 역사적 막간 : 맥스 플랑크.

제 12 장 양자역학의 발전. 플랑크 가설에 대한 결과는 다른 각도로 연구되고 있다. 놀랍게도 완벽하게 다른 수학적인 접근이 최종적으로 같은 결론을 이끌어 낸다. 양자역학은 새로운 철학을 이끌어내어 물리학이 알아보지 못하게 변한다. 역사적 막간 : 닐 보어.

제 13 장 입자처럼 움직이는 빛의 원자. 빛이 입자의 흐름과 같다는 증거는 결정적이다. '빛의 원자'를 광자라고 부른다. 역사적 막간 : 로버트 밀리칸.

제 14 장 파동의 성질을 보이는 빛 양자. 자연에는 속임수가 작용하는 것 같다. 광자를 입자로 받아들여 하나씩 관측하면, 광자는 입자로서 행동하지 않고 파동으로 행동한다! 역사적 막간 : 리차드 파인만.

제 15 장 상대성. 제 1 부 : 어떻게 시작했는가. 시공간의 대칭성에 대한 가설로 시작한다. 공간은 선호되는 곳이 전혀 없으며 보편적인 시간도 없다. 빛의 속력은 어디서나 같다. 아인슈타인과 다른 사람들의 논리를 따라가면, 자연적 본능과는 다르게 시간의 성질에 관한 놀라운 결과에 도달한다. 역사적 막간 : 헨드릭 안톤 로렌츠.

제 16 장 상대성 제 2 부 : 입증할 수 있는 예견들. 앞 장의 논리적 단계를 연속하여 매우 실질적인 결론을 가지는 예견에 다다른다. 물질과 에너지는 등가이며 $E=mc^2$ 식과 관련된다. 공간의 대칭성에 대한 가설과 빛의 속도 불변성에 대한 가설은 물질이 에너지로, 에너지가 물질로 바뀔 수 있다는 예견으로부터 온다. 역사적 막간 : 알버트 아인슈타인.

제 17 장 후기. 에너지로부터 물질의 생성은 이론적으로 예측된 '빛의 무거운 입자'인 W 입자까지 포함하여, 기본 입자들의 새로운 세계를 드러나게 해주었다.

감사의 글

더블린 국립대학교 물리학과(UCD, Physics)의 도움과 성원에 감사드립니다. 칼릴 해짐(Khalil Hajim), 오코너(Sé O'Connor)와 이언 오몽게인(Eon O'Mongáin)은 본 책의 다양한 부분에 대해 아낌없는 조언을 해주셨습니다. 데이비드 페간(David Fegan), 앨리슨 매켓(Alison Jackett)과 존 퀸(John Quinn)이 여러 가지 도움을 주셨고, 게리 오슐리반(Gerry O'Sullivan)은 대학의 시설물들을 제공해 주셨습니다.

특히, 어도비사의 삽화가 존 화이트(John White)께 감사드립니다; 그의 도움 없이는 이 책에 그림을 싣는 것이 불가능하였을 것입니다. 존은 그림으로 그래프와 수치를 이해하도록 도와주셨습니다.

모든 내용을 공들여 증명해주신 팀 레한(Tim Lehane)께 감사드립니다. 제임스 엘리스(James Ellis)는 홀로그램과 수많은 이미지를 포함한 전문 기술을 제공해 주셨습니다. 필요할 때마다 항상 도움을 주신 바이어브레 폭스(Bairbre Fox), 마리안 핸슨(Marian Hanson)과 캐서린 핸들리(Catherine Handley)에게 감사드립니다.

Magicosoftware.com과 더블린 국립대학교의 청각-시각 센터(Audio-Visual center)의 빈센트 호반(Vincent Hoban)의 많은 협조에 감사드립니다. 법적 자문을 주신 존 제이 매도날드 회사(John J Mcdonald and Co.)의 유진 오슐리반(Eugene O'sullivan)께 감사드립니다.

매우 즐거운 작업을 하게 해주신 과학 세계(World Scientific)의 치혹 림(CheeHokk Lim)과 앨랙스 퀙(Alex Quek)과 출판업계를 소개해 주신 임페리얼 대학 프레스(Imperial College Press)의 리찌 베넷(Lizzie Bennett)에게 감사드립니다.

실험 결과, 훌륭한 이미지와 저작권을 제공해 주신 모든 분께 깊이 감사드립니다.

이 책을 빌어 모든 분들께 각각의 감사를 드립니다.

차 례

제03장 기하광학 : 굴절 / 39

제05장 과거에서 온 빛 - 천체물리학 / 117

5.1 천체물리학의 탄생 • 118

5.2 천문학적 방법 • 126

5.3 또다른 별들과 그들의 '태양계' • 129

5.4 과거 재구성하기 • 133

5.5 별의 삶과 죽음 • 136

제08장 파동으로서의 빛 / 231

제09장 영상 만들기 / 279

제10장 전기가 있고, 자기가 있고 그리고 빛이 있다. / 293

제11장 '빛의 원자' - 양자 이론의 탄생 / 341

제13장 입자처럼 움직이는 빛의 원자 / 411

제14장 파동의 성질을 보이는 빛 양자 / 437

제15장 상대성 1부 : 어떻게 시작됐나? / 463

제01장
빛의 소개

빛은 우리 삶의 중추적인 역할을 한다. 즉, 주변 사물과 우주의 모든 것을 인지하게 해주는 보편적인 메신저이다. 빛이 없으면, 태양으로부터 삶의 원천인 에너지를 제공받을 수 없다. 더욱이 빛이나 전자기파는 물리 법칙의 중심에 있으며, 이것이 없다면 우리가 아는 우주는 존재하지 않을 것이다!

가시광선은 전자기파의 극히 일부로, 우리의 눈이 가시광선 스펙트럼의 일정 범위만 감지할 뿐, 감마선, X-선, 라디오파, 그리고 적외선 및 자외선은 감지하지 못한다.

빛은 상상을 초월할 정도의 속도로 주행한다. 이 장에서는 초기의 속도 측정 방법과 시각의 성립 과정, 즉, 어떻게 우리의 눈이 색을 구별하고 우리의 뇌가 이미지를 재구성 하는지를 다룰 것이다.

또한 이 책에서 다루는 전반적인 부분들을 소개할 것이다. 예측할 수 없는 것들로 가득찬 흥미로운 이야기들은 자연이 우리가 생각하는 대로 존재하는 것이 아니라, 자연을 있는 그대로 받아들여야 한다고 얘기하고 있다.

1900년, 빛의 이중설에 대한 선구자 막스 플랭크(Max Planck, 1858-1947)는 빛이 어떤 양자화된 에너지 값만을 가진다고 주장하였다. 빛이 분명히 상반되는 두 속성이 있다는 것을 의미한다; 때로는 입자로 행동하고 때로는 파동으로 행동한다. 이러한 빛의 이중성은 자연의 기본적인 양자법칙에 대한 최초의 단서가 되었으며, 닐스 보어(Niels Bohr, 1885-1963)와 그의 동료들이 '매우 작은 세계'를 연구하는 과정에서 밝혀졌다.

1.1 시대에 걸친 빛에 대한 견해

철학자들은 시대에 걸쳐 빛이 무엇이며, 왜 그처럼 행동하는지 정확하게 설명하기 위하여 노력해 왔다. 우리는 양초와 태양 같은 발광체를 보고 있다는 사실을 항상 실감하지는 않는다. 왜냐하면 발광체가 빛을 발해야 눈으로 그 빛을 받아들이기 때문이다. 또한, 달이나 나무를 보거나, 서로가 서로를 보는 것과 같이 많은 물체들을 볼 수 있는 것은 태양과 같은 발광체로부터 온 빛이 물체에서 반사되기 때문이다. 우리가 서로의 눈을 응시할 수 있는 것은 눈에서 빛이 나오기 때문이 아니라, 최초에 태양으로부터 왔거나, 도중에 달에 반사된 빛을 반사시키고 있기 때문이다.

1.1.1 고대 그리스 시대

피타고라스(Pythagoras, BC 582-BC 497) 시대의 그리스 철학자들은 빛이 '보이는' 것들로부터 오며, 우리의 눈은 빛의 미립자를 받아들인다고 믿었다. 4원소 설 즉, 흙, 공기, 불과 물(그리고 이들을 움직이는 사랑과 미움의 2가지 힘)의 창시자인 철학자이며 정치가인 엠페도클레스(Empedocles, BC 5세기)는 빛에 대하여 여러 설을 주장하였다. 그는 빛은 발광체로부터 올 뿐만 아니라 광선은 눈으로부터도 나온다고 믿었으며, 유한한 속도로 진행한다고 주장하였다.

기하학 분야에서 더 잘 알려진 그리스 수학자 유클리드(Euclid, BC 325-BC 265)도 광선이 눈에서 나와 이것이 시각을 성립시킨다는 설을 지지하였다. 유클리드는 거울을 연구하였고, 반사의 법칙은 BC 3세기에 그가 직접 쓴 것으로 추측되는 반사광학〈Catoptrics〉이라는 책에 서술되어 있다.

1.1.2 중세 시대

이븐 알 하이탐(Ibn Al-Haitham, 965-1040)은 물체가 보이는 이유는 눈에서 나오는 광선이 아니라, 시야 내에 있는 물체에서 나오는 광선에 의한 것이라고 주장하였다. 또한 다양한 매질을 통과하는 빛의 전달과 두 매질 사이의 경계를 통과하는 빛의 굴절에 대하여 실험하였다. 그는 '현대 광학의 아버지'로 알려지게 되었으며, 많은 책을 저술하였다. 그 중 알하젠의 과학서 〈Kitab Al-Manathr〉는 중세에 라틴어로도 번역된 가장 유명한 책 중 하나이다. 이 책은 빛의 물리적 성질을 추론하였으며, 눈의 여러 부분들을 정확하게 설명하였고, 최초로 시각이 성립되는 과정을 과학적으로 설명하였다. 이 뛰어난 업적은 독단적인 주장이 아니라 실험에 기초한 것이다.

이븐 알 하이탐. *파키스탄 과학원 제공.*

르네 데카르트(Rene Descartes, 1596-1650)는 빛이 공기 중에 가득찬 에테르라는 알려지지 않은 탄성 매질에 의하여 일종의 압력으로 전달되고, 색의 분산은 에테르의 회선운동에 의한 것으로 생각하였다.

갈릴레오 갈릴레이(Galileo Galilei, 1564-1642)는 빛의 성질을 연구하기 위하여 실험 방법을 개발하였다. 빛은 순간적으로 전달되는 것으로 여겨졌으나, 갈릴레오는 1마일 떨어진 거리에 있는 언덕 위에 두 사람을 세워놓고 빛의 속도 측정을 시도하였다. 즉, 한 사람이 랜턴의 불을 켜서 다른 사람이 그 빛을 보았을 때 손을 들도록 하였다. 실험 결과, 시간의 차이가 감지되지 않았으며, 이것은 놀랄 일이 아니다. 왜냐하면, 현재의 빛의 속도를 기초로 계산하면 시간 차이는 약 5 μs(마이크로초) 정도밖에 되지 않기 때문이다($1\,s=10^6\,\mu s$).

고대 그리스 시대에 알려진 반사의 법칙은 '표면에서 반사되는 반사각은 입사각과 같고 부호가 반대'라고 정의된다.

굴질의 법칙은 1621년 독일의 수학자 빌레브로르트 스넬(Willebrord Sncll, 1580-1626)에 실험으로 발견되었으며, 빛이 한 매질에서 다른 매질로 어떻게 진행하는지 다루었다. 스넬은 1626년 그의 결과를 발표하지 못한 채 사망하였다. 이것이 처음 언급된 것은 르네 데카르트의 〈굴절광학(Dioptrique)〉이라는 저서였다.

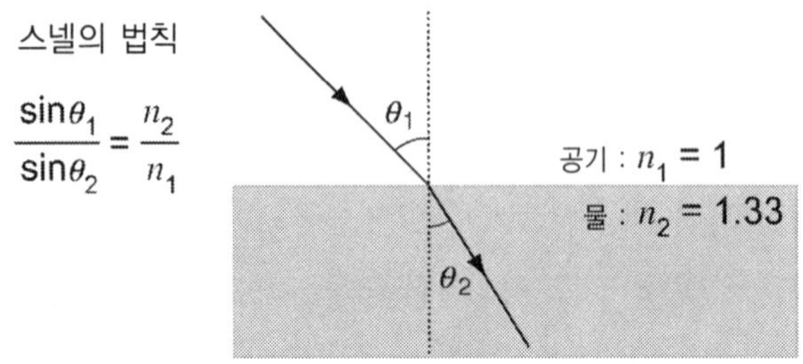

여기서는 스넬을 직접 언급하지 않았다. 그러나, 일반적으로 데카르트가 스넬의 미출간 원고를 보았을 것으로 알려져 있다.

n_1과 n_2는 각 매질의 성질을 나타내는 굴절률이며, 각 θ_1과 θ_2는 각각 입사각과 굴절각을 나타낸다. 빛이 한 매질에서 다른 매질로 진행할 때 굴절이 일어난다.

반사와 굴절의 법칙은 기하광학의 기초 원리이며, 2장과 3장에서 각각 다룰 것이다. 또한 이 두 법칙은, 프랑스 수학자 피에르 페르마(Pierre de Fermat, 1601-1665)가 만들어 낸 더 기본적인 법칙 즉, 최소시간의 원리로부터 유도될 수 있다(페르마에 대해서는 다음 장을 참고한다).

1.2 색

■ 1.2.1 가시 스펙트럼

1666년 아이작 뉴턴(Isaac Newton, 1642-1727)은 백색광이 빨강, 주황, 노랑, 초록, 파랑, 쪽빛과 보라의 연속적인 스펙트럼으로 구성되어, 프리즘에 햇빛을 통과시키면 앞에서 나열된 색으로 퍼지는 것을 보여주었다. 프리즘의 반대편에 종이를 놓아, '각각의' 색깔을 자세히 확인할 수 있었으며, 두 번째 프리즘을 이용하여 색을 다시 합쳐 백색광을 만들 수 있었다.

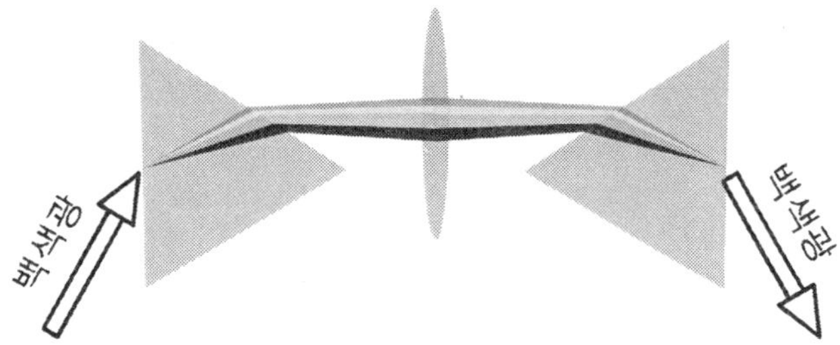

그림 1.1 뉴턴의 프리즘 실험

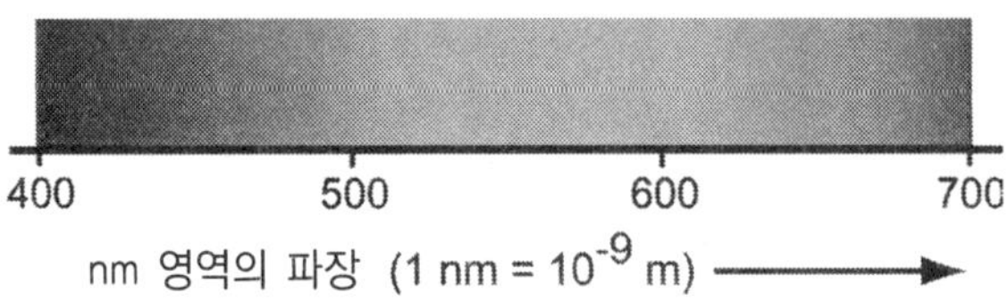

전자기 스펙트럼의 가시광선

그림 1.1은 도식적으로 나타낸 것으로, 빔을 측면에서 보면 스펙트럼의 색을 정상적으로 볼 수 없을 것이다. 주로 입사빔의 유한한 폭 때문에, 완전하게 색을 재결합시키는 것은 불가능하며, 실제로는 양 측면에 있는 결합된 색의 중앙에서의 최종상이 백색으로 보인다.

1.3 빛의 속도 측정

■ 1.3.1 천문학적 방법

1676년 덴마크 수학자 올라우스 뢰머(Olaus Römer, 1644-1710)는 목성에 있는 위성의 식이 뉴턴 역학에서 예언한 시간에 발생하지 않는다는 것을 발견하였다. 목성이 지구에 가장 가까이 올 때는 약 11분 일찍 일어나고, 가장 멀리 있을 때는 11분 늦게 일어난다. 빛은 더 긴 거리를 진행하는 데 더 오랜 시간이 걸리기

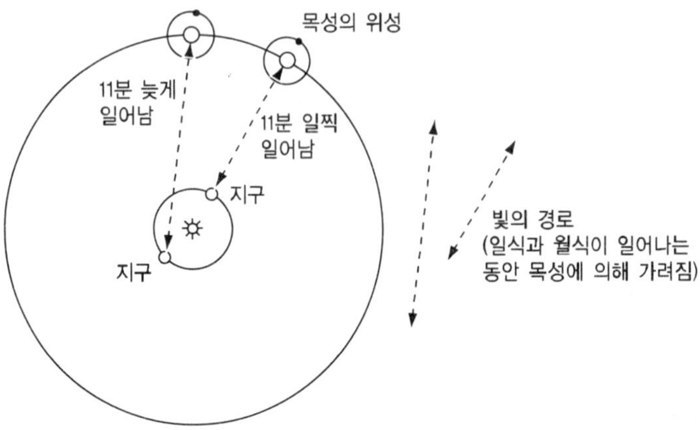

그림 1.2 목성의 위성. 목성이 멀리 있을 때 빛의 메시지는 더 오래 걸린다.

때문에 이러한 차이가 발생한다고 결론을 내리고(그림 1.2 참조), 측정된 약 22분의 시간 차이를 기초로 빛의 속도가 $2.14 \times 10^{8}\ \mathrm{ms}^{-1}$ 라고 계산하였다. 현재 사용하는 빛의 속도와 비교하면 특별히 좋은 추산이라고는 할 수 없지만, 당대에 주목할 만한 업적은 '차수가 같다'는 사실이다.

■ 1.3.2 지상에서의 측정

1849년 프랑스 물리학자 이폴리트 피조(Hyppolyte Fizeau, 1819-1896)는 간단하지만, 정교한 방법으로 최초로 지상에서 빛의 속도를 측정하였다. 그림 1.3에서 보듯이, 광선은 회전하는 톱니바퀴 가장자리 주위의 720개 톱니골 중 하나를 통과하여, 거울에 반사되어 그 경로로 되돌아간다. 되돌아오는 빛이 톱니골을 통과할 때, 관측자는 그것을 탐지할 수 있다; 그러나 빛이 톱니산에 닿으면 빛이 가려지게 된다. 톱니골에서 거울까지 그리고 톱니골로 되돌아가는 '왕복'거리가 측정되었다.

이폴리트 피조

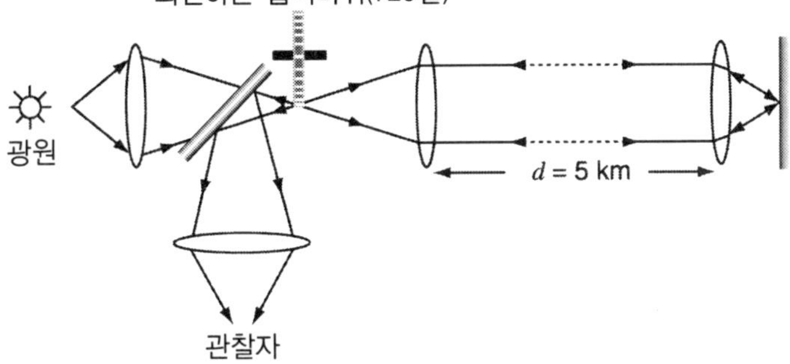

그림 1.3 빛의 속도를 측정하기 위한 피조의 실험 장치

피조는 식들의 시간을 재고 식이 일어나는 시간에 톱니바퀴의 회전속도를 측정하였다. 이 정보를 가지고 공기 중에서 빛의 속도를 계산하였고 현재 빛의 속도로 사용되는 299,792,458 ms^{-1}와 4 % 차이 밖에 나지 않는 값을 얻었다.

피조는 간격을 통과하여 빛이 정확하게 초점을 맺을 720개의 톱니를 만든 것으로 상당한 기술을 입증하였다!

다음과 같은 조건 하에서 피조의 바퀴 회전 속도를 추정할 수 있다:

거리 $d = 5$ km 라고 가정하자. 간격을 통과한 빛이 10 km 왕복 여행으로부터 되돌아오는 시간에 톱니바퀴의 이웃한 간격이 대신하려면 바퀴가 얼마나 빨리 회전해야 하는가? (빛의 속도를 $c = 3\times10^{8}$ ms^{-1}이라 가정하자.)

720개 톱니산과 720개 톱니골이 있다는 것을 기억하면, 빛은 바퀴가 한 번 회전하는 동안에 1440번의 왕복 여행을 한다. 그리고 이것은 매 초마다 n번이 반복되어야 한다.

$$c = 2d \times 2 \times 720 \times n$$

$$\Rightarrow n = \frac{3\times10^{8}}{4\times5{,}000\times720} = 20.2 \text{ rps(초당 회전수)}$$

■ 1.3.3 문맥에서 빛의 속도

공기 중에서 빛의 속도는 $c = 3 \times 10^8 \, \text{ms}^{-1}$ 이고, 소리의 속도는 $330 \, \text{ms}^{-1}$ 이다. 빛은 소리보다 약 1,000,000배 더 빠르게 진행한다!

출발신호에 대한 운동선수의 반응은 약 0.3초이다. 그 시간 동안에 소리는 약 100 m를 진행하고, 이것은 100 m 단거리 경주의 결승선에 막 도달할 수 있는 시간이라는 것을 의미한다.

1936년 베를린 올림픽에서 제시 오웬

이것을 빛에 비교하면, 빛은 100,000 km 즉, 지구 둘레의 2.5배를 진행할 것이다!

일상생활에서 빛의 속도는 거의 무한한 것으로 간주될 수 있다. 우리가 풍경을 볼 때와 마찬가지로, 실제로 빛은 순간적으로 다른 물체에서 우리에게 도달한다. 정원에 있는 나무로부터와 지평선에 있는 산꼭대기로부터 우리에게 도달하는 빛 사이에는 평가할 수 있는 차이가 없다. 라디오파와 전화 메시지는 세계의 가장 먼 곳에서부터 아주 잠깐 동안에 우리에게 도달한다. 그러나, 별들이나 먼 은하계로부터의 빛은 우리에게 도달하려면 수억년이 걸린다.

상수 c는 우주의 기본적인 상수 중 하나로, 아무도 그것이 그 값을 왜 가졌는지 알지 못한다. 만일 상수 c가 다른 값 예를 들면, 소리의 속도 차수 정도로 훨씬 작다면 물리적 법칙이 얼마나 달라질 것인지 추측해보는 것은 재미있다. 분명히 대화의 속도는 감소될 것이다; 세계의 곳곳에서 뉴스가 우리에게 도달하려면 몇 시간이 걸릴 것이다. 또한, 제트기로 여행 하는 것은 무엇이 우리 앞에 놓여 있는지 모르기 때문에, 안전하지 않을 것이다! 그러나, 이들 변화는 '느린 빛' 세계에서 존재할 시공간의 근본적인 차이에 비하면 아무 의미가 없으며, 아인슈타인의 상대성 원리의 특성이 일상생활의 일부가 될 것이다.

1.4 시각의 과정

1.4.1 바라보기

커튼을 열고 풍경을 보라. 풀, 나무, 산 그리고 사람들. 평범한 광경들을 볼 수 있을 것이다. 그러나 시각의 과정은 정확히 어떻게 발생하는가? 어떻게 멀리 있는 물체를 인식하게 되는가? 전체 광경이 시각화되면서, 분명하게 순간적으로 우리의 의식에 영상이 형성된다. 어떻게 해서든지 멀리 있는 많은 물체가 일련의 메시지를 우리에게 보내고, 우리의 뇌는 흩어진 메시지를 정리하여 해석한다.

빛은 우리에게 정보를 가져다주는 메신저이다. 잎에서 반사된 빛은 모든 방향으로 흩어져, 그 일부가 눈에 도달한다. 즉시 전체 전경을 재구성하기 위하여 정보들이 협조된다.

1.4.2 광자의 여행

아일랜드 코노트주 메이요시에 있는 콘호

시골 풍경을 인식하는 예를 들어보자. 태양의 표면에서 빛이 발생한다면 이야기는 8분 더 일찍 시작된다. 우선은 '빛이 발생한다'라고 말하는 의미가 무엇인지는 문제가 되지 않으므로, 빛을 작은 입자(광자)로 생각하여 이것이 갑자기 태양의 표면에 나타난다.

셀 수 없이 많은 광자들이 매초마다 태양을 출발하여 우주의 모든 방향으로 나간다. 그들은 3억년 동안 방해받지 않고 $3\times10^{8}\,ms^{-1}$의 속도로 진행한다. 아주 작은 일부만이 우연히 지구의 방향으로 진행하는 일이 발생하고, 약 1억 마일을 횡단하여 우리에게 도달한다. 차례로, 이들의 작은 일부가 나무의 잎에 닿아 나무가 성장하기 위한 에너지로 흡수된다. 다른 것들은 반사되고, 더 작은 부분의 어느 정도가 우리 눈에 도달하여 망막에 상을 맺는다. 망막에는 '감광성'세포를 활성화하기 위하여 남아있는 충분한 광자들이 있다(이 감광성 세포들은 3개의 층이 한 덩어리가 되어 작은 섬유에 의하여 상호 연결되어 있다). 광자들의 긴 여행 후 안전한 곳으로 도착하게 되면 일을 하기 시작한다. 그들은 에너지를 전자에게 넘겨주고, 이것은 전기적 전류처럼 신경섬유를 통하여 두뇌로 흐른다.

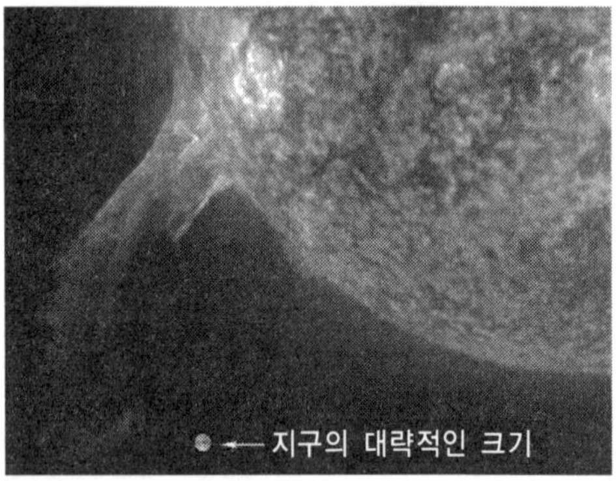

불꽃. *NASA/ESA 제공*

태양은 우리가 볼 수 있도록 빛을 방출할 뿐만 아니라, 에너지의 주 근원이다. 수소의 약 6억 톤이 매일 태양에서 연소된다(약 10^{25} J에 해당하는 에너지). 지구는 이것의 약 5×10^{-8} % 즉, 하루에 2×10^{16} J만을 수용하는데, 이것은 우리가 필요한 것보다 훨씬 큰 양이다. 태양광 관측소와 지동설 관측소에서, 태양의 표면이 큰 분화구에서 분화되는 것을 포착할 수 있다. 그림에 분화의 규모를 설명하기 위하여 지구의 이미지를 비교해 놓았다.

■ 1.4.3 눈은 디지털 카메라와 같다

우리 눈의 앞쪽은 빛이 망막에 초점을 맺도록 하는 복잡한 광학계로 구성되어 있다. 질적으로 높은 수준의 상을 얻기 위하여, 관찰 방향, 초점거리 및 입사광의 세기를 조절하여 빠르게 적응할 수 있다. 망막은 빛이 닿았을 때 전기신호를 내보내는 수백만 개의 감광성세포로 구성되어 있다(이 과정을 광전효과라 하며, 제 13장에서 더욱 자세히 다룰 것이다). 이 신호들은 시신경을 통하여 뇌로 전달된다. 이런 방법으로, 눈은 필름을 이용하는 카메라가 아니라, TV 카메라와 같이 작용한다.

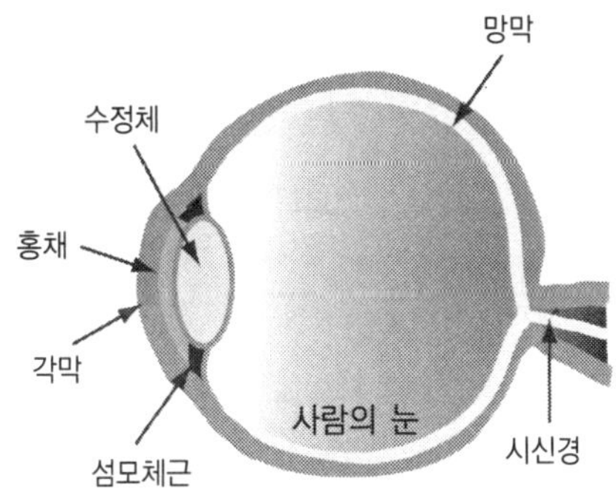

눈

수정체의 모양은 섬모체근에 의하여 조절된다. 섬모체근이 수축할 때 수정체는 더 볼록해지고 따라서 더 강하게 초점을 맺는다. 눈에는 수정체와 홍채를 조절하고, 안구를 위, 아래 및 양옆으로 회전시키기 위하여 여러 종류의 근이 포함되어 있다는 사실은 흥미롭다!

망막의 기능은 단순히 빛이 도달하는 지점에서 전기신호를 생성하는 것이 아니다. 두뇌에 전달되기 전에 훨씬 더 많은 일을 하고, 정보를 미리 분석하는 일종의 마이크로컴퓨터로 작용하며 또한 색각에 대한 책임도 진다. 인간의 눈은 전자기 스펙트럼의 작은 범위에만 민감하다. 다양한 색깔은 전자기파의 파장에 따라 달라진다. 양안으로부터의 정보는 비교 및 협조되고, 양안의 상 사이의 작은 차이는 입체시와 원근을 측정하고 접근하는 물체의 속도를 평가하기 위하여 이용된다.

두 개의 컴퓨터 – 후안부와 뇌

다른 파장의 광자 혼합에 대한 눈의 반응을 연구하는 것은 재미있다. 예를 들면, '적색'과 '녹색' 광의 혼합은 '노란색'광 단독으로 하는 것과 동일한 감각을 생성한다. 이것은 다른 파장의 소리 혼합에 대한 귀의 반응과 매우 다르다. 훈련된 귀는 혼합된 음의 화음을 인식할 수 있고, '열심히 경청함'으로써 화음의 요소를 구분할 수 있다. 그러나, 빛의 경우에는 그렇지 않다. 노란색으로 나타나는 빛을 우리가 아무리 열심히 바라보더라도, 그것이 순수한 노란색 광인지 또는 적색과 녹색광의 혼합인지를 구분하는 것은 불가능하다. 후안부에 있는 마이크로컴퓨터는 뇌로 '노란색'이라는 신호를 보낸다. 우리의 '본체 컴퓨터'인 뇌는 이 신호를 받아들이고, 원래의 입력 자료에 대한 그 이상의 정보는 가지고 있지 않다.

■ 1.4.4 물체의 재구성

나무에 있는 어떤 점 말하자면, 맨 꼭대기에 있는 잎으로부터 반사되는 광자를 생각해보자. 전안부에 있는 수정체에 의하여 초점을 맺는 것은 나무에 있는 특정한 점으로부터 수정체에 도달한 모든 광자들이 망막의 동일한 점을 향하게 되는 것을 의미한다. 이와 유사하게, 나무에 있는 다른 모든 잎으로부터의 광자들은 망막의 특정 대응점에 모이게 된다. 나무의 '상'은 눈의 뒷쪽에 형성되고, 이것이 뇌에 의하여 '나무'로 인식된다. 어떤 물체를 인지하는 것은 망막이 아니라 뇌의 업무이다. 어린이는 성장함에 따라, '나의 손가락', '어머니', 그리고 '테디'와 같은 물체를 재구성하는 능력이 발달되며, 또한 망막의 상은 물체에 대하여 위아래가 거꾸로 되어있다는 사실을 배우게 된다!

이제까지, 우리는 빛을 '광선들'로 표현하였고 빛의 특성이 입자인지 또는 파동인지를 상관하지 않았다. 사실상, 우리는 앞의 문장들에서 문맥에 따라, 광자와 파동 개념을 자유로이 바꾸었다. 앞으로는 주제에 따라 광자와 파동의 개념을 나타낼 것이다.

■1.4.5 왜 풀은 녹색인가?

색은 표면의 절대적인 물리적 성질이 아니라 표면에서 반사된 일종의 빛의 기능이다. 어두워지면 모든 것은 회색으로 보이지만, 노란 가로등 불빛을 받으면, 물건의 색은 아주 의미있게 변한다.

살아있는 식물은 그들을 성장하고 개화하게 해주는 광합성 과정에서 빛 에너지를 흡수한다. 적색과 보라색광은 가장 눈에 띄게 되고 흡수되는 반면에, 녹색광은 대부분 잎과 풀에 의하여 반사된다. 우리가 보는 녹색광은 광합성에 사용되는 빛이 아니다.

식물에 있는 *엽록소*는 녹색광을 반사한다.

■1.4.6 어둠 속에서 보기

겨울의 동틀 무렵 적외선 사진.
더블린 단과 대학교(UCD) 물리대학, 이언 오먼게인 제공

'어둠'은 눈을 활성화시키는 가시 스펙트럼이 충분하지 않다는 것을 의미하지만, 더 길거나 또는 더 짧은 파장의 전자기 방사선이 포함되어 있다. 적당한 온도에서 표면은 주로 적외영역에 있는 방사선을 방출한다. 비록 우리가 이 방사선을 볼 수 없더라도, 특별한 사진 필름에 인화될 수 있다. 오른쪽 사진은 이와 같은 열을 방사하는 표면을 보여주는 공기 중에서 찍은 적외선 사진의 예이다.

적외선으로 공중에서 찍은 더블린시(아일랜드의 수도)시 말라하이드 거리의 전망이다. 건물의 지붕은 주변에 있는 것보다 온도가 더 높기 때문에 선명하게 보인다. 이것은 겨울에 동트기 직전에 찍은 것으로, 그 시간에 도로 표면과 벌거벗은 토양은 식물보다 온도가 더 낮다. 들의 경계를 따라 있는 상록 울타리는 상대적으로 따뜻하다. 도로의 오른편을 따라 보이는 나무의 선에 주목하라!

감옥에서 탈옥을 시도하는 죄수는 밤의 어둠 속에서 숨을 곳이 없다. 아래의 사진에서 탈옥자들은 그들이 방출하는 방사선이 적외선 카메라에 의하여 기록되고 있다는 사실을 알지 못했다!

적외선 사진 : 밤의 탈옥자들. *www.imaging1.com, Sierra Pacific Innovations 제공*

적외선 카메라 작업에서 또 다른 장점은 이와 같은 방사가 구름을 통해서 전달된다는 것이다. 이것은 밤에도 작동될 뿐 아니라, 구름에 의해서도 방해받지 않는다.

■ 1.4.7 광학의 분류

우리는 다음 측면에서 빛의 연구에 접근할 수 있다:

- **기하광학** : 빛의 경로를 파동 또는 입자에 관계없이 광선에 의하여 나타낸다.
- **물리광학** : 빛의 파동성을 강조한다.

1.5 빛의 본성

■ 1.5.1 모순되는 증거

뉴턴은 확고하게 빛이 입자(미립자)에 의해 운반된다고 믿었으며, '광학〈Optiks〉'이라는 책에 그의 이론을 발표하였다(1704년). 빛의 미립자 이론의 열렬한 신봉자인 뉴턴이, 파동현상인 간섭을 증명한 뉴턴링을 최초로 관찰한 사람이었다는 것은 아이러니하다.

20세기가 시작되는 시점에, 수많은 실험은 미립자 이론을 확인해 주는 것 같았다. 빛은 입자의 성질을 가졌다. 그러나, 또 다른 실험들에서는 반대의 성질을 나타내었으며, 빛은 파동처럼 행동했다. 이와 같은 모순을 모순되지 않게 하는 것이 자연철학에서 중요한 문제로 대두되었다.

■ 1.5.2 파동으로서의 빛

파동은 서로 때로는 보강하고, 때로는 상쇄하는 간섭을 할 수 있다. 또한 모퉁이 주위에서 구부러질 수 있다. 1802년, 토머스 영(Thomas Young, 1773-1829)은 두 개의 폭이 좁은 슬릿에서 함께 나오는 빔이 특정한 점들에서 분명히 서로 상쇄되는 것을 보였다. 두 개의 파로 가정하면, 두개의 빔은 어두워지면서 상쇄간섭을 한다. 이것은 하나의 파의 골에 또 다른 파의 마루가 겹쳐져 '상쇄되는' 것으로 설명할 수 있다. 두 골과 두 마루가 함께 오는 다른 점에서, 두개의 파는 보강간섭을 하고, 빛의 세기가 증가되어 직관적으로 받아들이기 더 쉽다. 이러한 현상을 관찰하려면, 공간의 특정한 점에서 항상 보강간섭(동일 위상파)과 다른 점에서 상쇄간섭(다른 위상파)을 하도록 정렬하여야 한다. 이것은 진동하는 끈에 있는 마디와 배가 주는 효과와 유사하다. 우리가 영의 실험을 더 자세하게 논하면(8장 참조), 실험이 상대적으로 실행하기 쉽다는 사실을 알 것이다. 파동들과 연관된 뚜렷한 효과를 증명하는 것은 다음과 같은 설명으로 충분하다. 즉;

빛 + 빛 = 어둠

■ 1.5.3 맥스웰의 전자기파

제임스 클럭 맥스웰

제임스 클럭 맥스웰

빛의 파동성을 지지하는 또 다른 증거는 제임스 클럭 맥스웰(James Clerk Maxwell, 1831-1879)의 이론적 업적에서 나왔다. 맥스웰은 칼 가우스(Karl Gauss, 1777-1855), 앙드레 앙페르(Andre Ampère, 1775-1836)와 마이클 패러데이(Michael Faraday, 1791-1867)에 의하여 발견된 전기와 자기의 법칙들을 종합하였다. 맥스웰 시대에, 이 법칙들은 잘 성립되었지만 따로 분리된 독립적인 것으로 간주되었다. 맥스웰의 업적은 이 법칙들을 수학적인 네 개의 연립 미분 방정식으로 나타냄으로써 전기, 자기 및 흐르는 전류에서의 현상을 통일시킨 것이었다.

맥스웰이 종합한 실험적 증거:

1. ***쿨롱의 법칙은***, 정지하고 있는 두 전하에서 서로에게 가해지는 힘을 설명한 것으로, 가우스 이론이라는 또 다른 형태로 수학적으로 표현될 수 있다.
2. 자기에 적용되는 ***가우스 이론***은 자기 홀극자가 존재하지 않는다는 사실을 나타낸다.
3. ***앙페르***는 움직이는 전하는 자기장을 만든다는 사실을 발견하였다.
4. ***패러데이***는 변하는 자기장은 전기장을 만든다는 사실을 발견하였다. 맥스웰은 이것을 변하는 전기장은 차례로 자기장을 만든다는 이론으로 확장하였다.

이 법칙들을 설명하는 방정식은 모두 동시에 '참'이어야 한다(이것들은 연립 방정식이다). 맥스웰이 네 개의 방정식을 종합하여 문제를 해결하였을 때, 그는 동시에 '참'이 되는 네 법칙의 결과를 수립하였다. 결과는 전하를 가속해서, 사람이 공간을 통하여 전파될 신호를 창조할 수 있을 것이라는 예측이었다: 진동하는 전하는 일정한 속도로 공간을 진행하는 전자기파를 생성할 것이다. 맥스웰은 이 속도를 계산할 수 있었고, 측정된 빛의 속도와 실제로 동일한 값을 얻었다. 이 두 값은 거의 일치하였으므로, 빛은 전자기파임이 틀림없다.

■ 1.5.4 입자로서의 빛

1900년에, 막스 플랑크는 빛에 대한 파동이론에 상반되는 것처럼 보이는 성질을 발견하였다. 고온의 흑체 표면에서 방출된 전자기 방사선(흑체 방사선)의 스펙트럼 해석에서, 그는 새롭고 의외의 가정에 근거를 둔 전체 스펙트럼과 잘 일치하는 새로운 이론 모형을 발견하였으며, 빛의 방사를 일으키는 진동하는 전하는 불연속적인 에너지만을 가진다고 주장하였다. 이 에너지는 h가 보편상수이고, f가 진동수를 나타내는 hf의 단위(양자)로 나타낸다. 진동자는 에너지 nhf

를 가질 수 있는데, 여기서 n은 정수이나, 그 사이의 에너지 양은 존재하지 않는다; 그 이유는 알려지지 않았다.

이와 같은 모형은 그 당시의 '자연 철학'에 아주 생소한 양자화의 개념을 제시하였기 때문에 받아들여지기가 매우 어려웠다. 고전 물리학에서 물리량은 연속적인 범위의 값을 가진다고 가정하였다. 즉, 물리적 시스템의 에너지 또는 그 문제에 대하여 관찰할 수 있는 물리량에는 제한이 없다는 입장을 취하였다.

1905년 알버트 아인슈타인(Albert Einstein, 1879-1955)은 빛으로 그 개념을 확장하였다. 빛에 의하여 전달되는 에너지도 양자이다. 각 광자는 에너지 hf의 양자를 운반하고 사실상 입자같이 행동한다. 이것은 한 점에 집중시키기 보다는 오히려 에너지가 퍼지는 파동은 절대로 할 수 없는 행동인, 금속 표면에 전자를 때릴 수 있다.

광자는 에너지를 가진 입자로 행동할 뿐만 아니라, 운동량을 가져 전자와 충돌한 후 튀어나올 수 있으며, 그 결과는 두 개의 당구공이 충돌하는 것과 매우 유사하다(13 장의 콤프턴 효과 참조).

■ 1.5.5 이중성의 예?

파동-입자 이중성을 일상생활에서 유추하는 것은 불가능하다. 우리가 관찰하고자 하는 것에 따라 동일한 물건의 다른 성질을 관찰할 수 있다. 사람은 동시에 서로 독립적인 개념인 의사, 부모, 운동선수 및 민주주의자가 될 수 있다. 어떤 기계는 동시에 워드 프로세서, 컴퓨터, e-mail 발신기와 게임기가 될 수도 있다. 운동선수와 민주주의자는 서로 배타적인 것이 아니기 때문에, 이러한 유추는 좋은 것이라 할 수 없으나, 일상세계에서 입자는 절대로 파동처럼 보이지 않고 반대의 경우에도 그렇다!

또 다른 실례 즉, 물체의 모양이 관찰자의 관점에 달려있는 착시현상을 살펴보자. 우리가 그림을 해석할 때 우리의 마음속에서 구체적으로 물체를 재구성한다. 그 물체가 무엇인지는 때때로 아주 극적으로 다르게 보일 수 있다. 다음의 예는 완전히 상징적이고 확실히 다르게 보인다. 그러나 이것은 빛, 광자 또는 양자 이론과 직접적인 관계는 없다.

그림은 하나의 그림에 하나 이상의 '이미지'를 담은 모호한 상태이다. 1915년 '나의 아내와 장모'라는 유사한 그림이 만화가 힐(W.E. Hill)에 의하여 발표되었다. 그림을 처음 볼 때는 하나의 이미지만 보이고, 다른 것은 보이지 않지만, 하나의 관점에서 젊은 여자의 턱으로 보이는 것이 또 다른 관점에서 나이든 여자의 코로 보인다.*

하나의 그림에 두 개의 이미지

이것도, 파동-입자 이중성의 유추와는 가깝지 않다. 사람이 보는 물체는 보는 사람의 상상 속에 있는 추상적 개념이다. 물리적 현실은 모호함이 없는 캔버스의 재질, 그림물감, 그림의 틀이다! 고전적 세계에서 파동-입자 이중성의 좋은 예를 발견하는 것이 가능하지 않다는 사실은 놀랄 일이 아니다. 왜냐하면, 그것은 '아주 작은 세계'에서의 양자 현상이기 때문이다.

1.6 양자역학의 탄생

1.6.1 입자는 파동성을 가진다

1924년에 파동과 입자에 대한 우리의 관점에 새로운 견해를 주는 놀라운 아이디어가 제시되었다. 파리 대학에 제출된 루이 드 브로이(Louis de Broglie,

* 오하이오 버지 회사의 광고에 사용한 그림의 이전 버전으로 제목은 '나의 아내인가? 장모님인가?'이다.

1892-1987)의 박사 논문에서, 그는 빛 뿐 아니라 모든 물질은 입자와 파동의 성질을 모두 가진다고 주장하였다. 심사위원들은 납득하지 못했다. 드 브로이의 아이디어는 황당해 보이고, 그의 주장을 지원해 줄 실험적 증거가 없었다. 심사위원들은 그들의 견해를 확정하기 위해 의아하게도 드 브로이 논문을 추천한 아인슈타인과 상의하였다. 특히, 드 브로이는 입자의 운동량 p와 그것과 관련된 파장 λ 사이의 관계는 플랑크 상수를 포함한다고 주장하였다. 즉, 광자의 운동량과 파장 사이의 관계는 다음과 같은 관계식이 성립한다:

$$\lambda = \frac{h}{p} \quad \text{(드 브로이 방정식)}$$

그 당시에 드 브로이는 그의 주장을 지원해 줄 실험적 증거가 이미 존재하였다는 사실을 알지 못했으나, 일년도 지나지 않아 데이비슨(C.J. Davidson)과 거머(L.Germer)의 논문으로 공식적으로 인정되었다. 두 과학자가 결정을 통해 전자빔을 보냈을 때, 전자는 산란되어 광파의 회절 문양과 정확히 같은 문양을 만들어 냈다.

■ 1.6.2 코펜하겐 해석

1921년 닐스 보어는 물질의 최종 구성요소인 원자, 원자핵과 빛의 광자세계를 다루는 역학을 발달시키기 위하여 코펜하겐에 이론물리 연구소를 설립하였다. 전 세계에서 가장 저명한 물리학자들은 보어의 연구소를 다녀갔으며, 그들이 노력한 결과가 양자역학의 코펜하겐 해석으로 알려지게 되었다. 빛의 파동-입자 이중성은 곧 자연의 법칙의 중심에서 더 심오한 원리의 전조라는 것이 분명해졌다. 원자세계에서 물리적 실체는 중첩 상태로 존재한다. 예를 들면, 원자는 에너지 상태가 다른 혼합물로 존재하여, 에너지를 측정할 때만 주어진 에너지 상태를 구할 수 있다. 광자는 입자나 파동이 아니지만, 그것을 관찰하면 입자나 파동의 실체를 얻을 수 있다. 우리는 현상의 이해를 수정해야만 한다. 즉, 원자, 분자 및 광자의 세계에서, 물리적인 물체는 독립적인 존재를 가지지 않는다.

드 브로이의 입자-파동 가설을 최초로 인정하였고, 후에 광전자 효과의 양자 이론에 중요한 공헌을 했던 알버트 아인슈타인이 양자역학의 코펜하겐 해석에 대한 가장 독한 비평가 중 한 사람이었다는 사실은 아이러니하다. 그는 입자와 시스템의 물리적 속성이 측정방법이나 또는 측정이 이루어지는지 아닌지에 달려있다는 주장을 받아들일 수 없었다. 어떻게 관찰 행위가 물리적인 현실을 바꿀 수 있는가? 아인슈타인은 그가 보어에게 보낸 많은 편지 중 하나에서 불합리해 보이는 것에 대해 다음과 같이 표현했다: "어떻게 쥐가 우주를 바라보는 것으로 그것을 바꿀 수 있는가?" 논리적 단계는 아인슈타인 자신의 상대성 원리는 공간과 시간, 그리고 광속의 불변성에 관한 초기의 논리적 가성에서부터 유래되었다. 그에게 '자연에 대하여 가장 불가사의한 것은 그것이 이해될 수 있다'는 것이다. 양자역학의 철학은 논리적이지도 않고 이해할 수 있는 것도 아닌 것처럼 보였다!

아인슈타인은 빛의 속도가 보편적인 상수라는 사실을 기초로 상대성 원리를 발달시켰나. 진공의 공간에는 이정표가 없으므로, 절대적인 속도를 정의하는 기준이 없다. 이것이 그의 유명한 방정식 $E=mc^2$을 이끌어 낸 논리적 사고의 출발점이었다.

■ 1.6.3 우주의 전달

빛은 우주라는 무대의 주인 배우이며, 먼 곳에 있는 별과 은하계에서 정보를 가져다 준다. 그것은 먼 과거에 대하여 우리에게 얘기해 주며, 자연의 가장 기본적인 법칙을 이해하는 중추적인 역할을 한다. 이 책은 빛의 흥미로운 이야기를 전하도록 노력할 것이다!

제02장
기하광학: 반사

가장 빠른 경로

기하광학에서는 특별히 빛의 본성에 관심이 있는 것이 아니라, 빛이 어디로 가고, 갈 수 있는 경로가 많을 때 어떤 경로를 선택할 것인지를 아는 것이다.

모든 조건이 같으면 사람들은 빛이 최단거리 즉, 직선으로 A에서 B까지 진행한다는 사실을 알고 있다. 그러나 때때로 빛은 하나 또는 그 이상의 점에서 반사하거나, 유리나 물과 같은 다른 매질을 통과하는 경로를 따른다. 새로운 매질에 입사하는 각에 따라 굴절될 수 있다. 빛은 A에서 B까지 직선으로 진행하지 않지만, 가상 빠른 가능한 경로를 선택한다. 이것이 페르마의 최소시간의 원리로 알려져 있다. 반사각과 굴절각에 대한 기하광학의 모든 규칙들은 그 원리를 따른다.

이 장에서는 반사 현상을, 빛이 다른 매질을 만나면 방향을 바꾸는 굴절현상은 3장에서 다룰 것이다.

2.1 페르마의 법칙

■ 2.1.1 빛은 가장 빠른 경로를 택한다

방향을 나타내는 화살표로 '광선'의 경로를 나타내자. 점광원은 일반적으로 모든 방향으로 고르게 점에서 퍼지는 광선을 만들 것이다. 이 광선의 모두 또는 일부는 어떤 면에서 반사되거나 또는 투명한 매질로 굴절된다. 이들은 거울이나 렌즈에 의하여 반사 또는 굴절하여 초점을 맺을 수 있으며, 복잡한 광학기기에서, 여러 렌즈와 거울들은 최종 상을 만들기 위해 굴절과 반사를 반복할 것이다.

피에르 페르마는 모든 광선에 적용되는 기본적인 법칙을 제안하였다.

페르마의 최소시간의 법칙

빛이 점 A에서 점 B로 갈 때, 그것은 항상 가능한 가장 빠른 경로를 택할 것이다.

페르마의 법칙은 간단하고 일반적이라는 점에서 훌륭하다. 다른 매질이나 광학기기를 통하여 복잡한 경로로 진행하는 빛을 상상해보자. 어떤 두 점 사이의 경로가 아무리 복잡하다 할지라도, 항상 가능한 가장 빠른 경로를 택할 것이다! 기하광학의 모든 문제는 이 하나의 법칙에 의하여 지배된다.

■ 2.1.2 공기 중에서의 경로

가장 간단한 최소시간의 법칙은 빛이 어떤 두 점 사이의 직선을 따라가는 공기 중에서 적용된다. 광원에서 출발하는 모든 광선 중에서, 특별한 점에 도달하는 단 하나의 광선만이 최초에 정확한 방향으로 출발한 광선일 것이다. 즉, 점을 향한 직선인 그 특별한 광선은 가장 빠른 경로를 택할 것이고, 이 경우에, 가장 빠른 경로가 또한 가장 짧은 거리가 된다. 공기 중에서 직선은 가장 빠른 경로이다.

이것은 빛의 속도가 일정한 곳에서 적용되며, 그곳에는 점들 사이에 방해받지 않는 하나의 경로가 있다.

■ 2.1.3 반사를 통한 가장 빠른 경로

A에서 B까지 최단거리를 스크린으로 차단하였다고 가정해보자. 그림 2.1에서 보이는 바와 같이, 광선은 거울에 반사되어 화면 주위를 돌 가능성이 있다. A에서 B까지 가장 짧고 가장 빠른 경로는 어느 것인가?

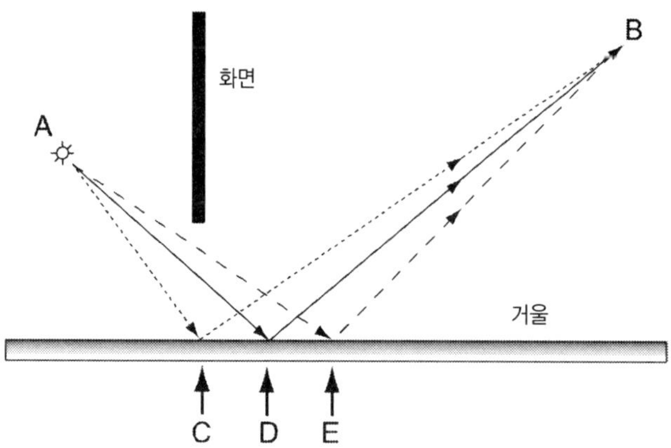

그림 2.1 최단거리는 차단되었으나, 거울은 또 다른 경로를 제공한다.

몇 가지의 합리적인 제안:

1. 반사점은 화면 바로 아래 'C' 이다.
2. 반사점은 광선과 거울이 이루는 각이 입사광선과 반사광선에 대해 같은 점 'D' 이다.
3. 반사점은 A와 B사이의 수평으로 반 지점에 있는 'E' 이다.

■ 2.1.4 반사의 법칙

그림 2.2에서 보이는 바와 같이, 거울 아래 BC=B*C인 점 B*를 만들고, 광선이 거울의 어떤 점 X에서 반사된다고 하자.

우리가 선택하는 점 X가 어떤 점일지라도 XB=XB* 이고, 광선이 거울의 어떤 점에서 반사하든지, 경로 A→X→B는 경로 A→X→B*와 같은 거리이다. 이 중 실선이 A에서 B*까지의 가장 짧은 거리이고, 따라서 A에서 B까지의 가장 짧은 경로이다. 그 경로에 대하여, 오직 그 경로 하나에 대하여, 광선과 거울이 이루는 각은 입사광선과 반사광선이 같다.

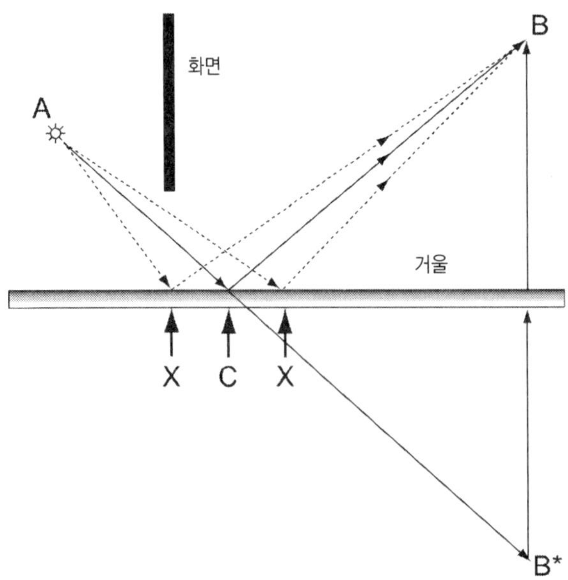

그림 2.2 반사의 법칙은 페르마의 법칙을 따른다.

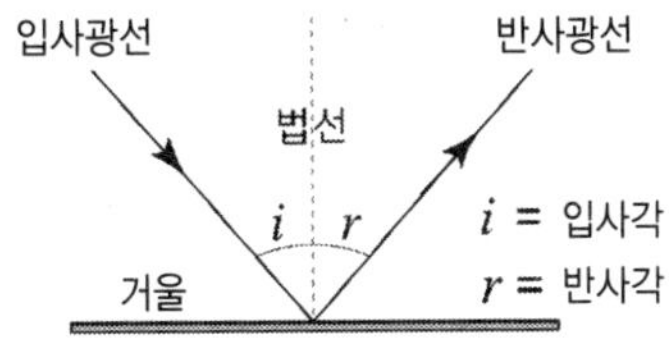

그림 2.3 반사의 법칙 $i = r$.

그림 2.3에 보이는 바와 같이, 법선에 대하여 입사각과 반사각을 정의하는 것이 일반적이다(법선은 반사점에서 표면에 수직인 선).

반사의 법칙: 입사각은 반사각과 같다. 이것은 페르마 법칙을 첫 번째로 적용한 결과이다.

2.2 거울

2.2.1 평면거울

거울 중에서 가장 간단하고 가장 흔한 것은 평면거울이다. 조명이 밝은 방에 서있는 앨리스를 생각해보사. 앨리스로부터 산란되는 일부 빛은 거울로 진행하여 반사된다. 우리는 이 결과가 거울의 반대편 같은 거리에서, 마주보고 있는 앨리스의 상이라는 사실을 알고 있다.

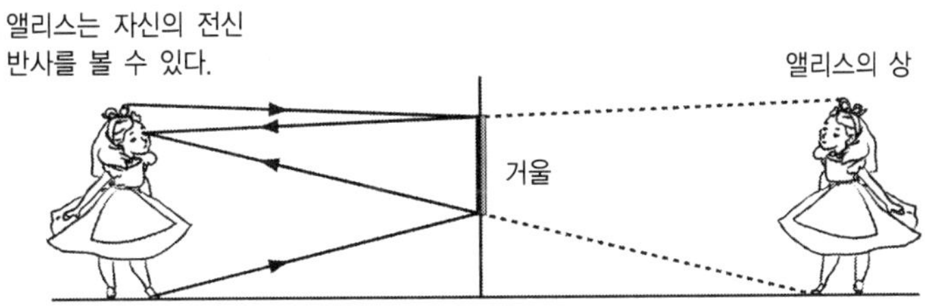

그림 2.4 전신 평면거울

그림 2.4에서, 거울에서 반사의 법칙을 따를 때 광선의 경로를 추적해 보자. 앨리스의 눈으로 반사되어 그녀에게 보이는 광선만 살펴보면, 추적을 위해 2개의 광선이 필요하다: 하나는 그녀의 머리끝에서 나오는 광선이고 다른 하나는 발끝에서 나오는 광선이다. 그림에 나타낸 것과 마찬가지로, 2개의 광선이 직접 그녀의 눈에서 반사된다. 거울의 더 높거나 낮은 점에서 반사된 앨리스로부터 나온 광선은 그녀의 눈에 도달할 기회가 없기 때문에 거울을 확장해도 소용이 없다. 그들은 부정확한 각으로 거울에 반사되어 공기 중으로 사라지고 보이지 않을 것이다. 적어도 앨리스에게는 보이지 않을 것이다!

앨리스는 전신 반사상을 보려고 거울을 가장 좋은 위치에 올려놓았다. 거울은 정확히 그녀의 키의 1/2 즉, 바닥과 그녀의 눈높이까지의 1/2인 점에서 그녀의 눈높이에서 머리끝까지의 1/2인 점까지의 크기가 필요하다.

> 평면거울에서 우리가 보는 것은 우리의 생각에서 재구성한 영상이다. 물론 거울 뒤에는 아무 것도 없으나, 반사된 광선은 어떤 것에서 발산하는 것처럼 보인다. 이와 같은 상을 허상이라 한다.

2.2.2 왼쪽에서 오른쪽으로 반전

평면거울에서 보는 상은 정립상이고 마주보는 방향이다. “돌아서서” 얼굴을 마주보면, 당신은 자신의 복제를 본다. 그러나 더 자세히 살펴보면, 당신이 보는 것은 정확한 복제도 아니고, 남들이 당신을 보는 것도 아니라는 것을 깨닫게 된다.

거울 속의 상은 특이한 방법으로 ‘돌아서 있다.’ 거울 뒤로 가서 ‘당신 자신’을 마주보도록 돌아섰다고 가정해보자. 돌아서는 동작은 중심 축 주위로 모든 것이 회전하면서, 당신의 오른쪽 팔은 거울의 왼쪽에서 보이고, 왼쪽 팔은 반대편으로 회전하여 오른쪽에서 보인다. 그것은 상이 만들어진 것이 아니다. 상에 있는 모든 점들은 독립적으로 반전하였다. 왼쪽이 오른쪽으로, 시계방향이 반시계방향으로 반전하였다.

사진의 어린 운동선수는 다른 사람들이 그를 보는 것처럼 자신을 보는 것이 아니다. 반대편 손에 공을 들고 있으며, 그의 셔츠의 숫자 13은 거꾸로 씌여졌다. 훨씬 더 눈에 띄는 것은 시계의 상이다; 시계는 반시계방향으로 돌아가고, 숫자는 똑바로 보이지 않는다.

거울 속 세상

■2.2.3 고르지 않은 곡면으로부터의 반사

이제까지는 평면에서의 반사만을 고려하였다. 반사점에서 법선에 대하여 각을 측정할 수 있다면, 구면거울에도 동일한 반사의 법칙이 적용된다.

광선이 거친 반사면을 만나면, 그림 2.5에서 보이듯이, 반사점에서의 법선은 모든 각에서 확산반사를 만드는, 임의의 방향을 갖는다.

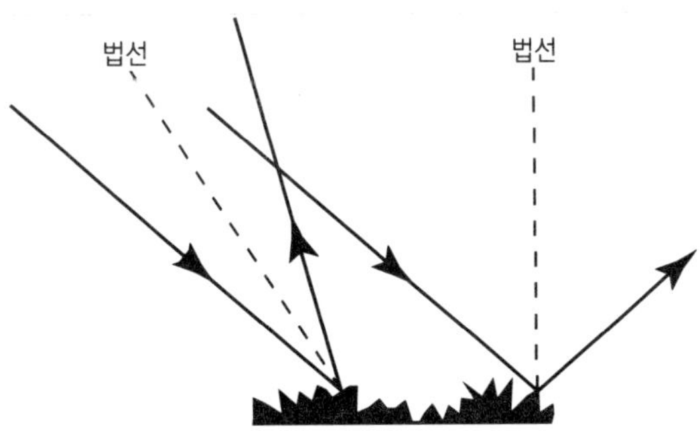

그림 2.5 입사광선은 정확한 반사점에서 법선에 대하여 반사한다.

■2.2.4 구면 오목거울

구면거울은 커다란 가상의 속이 빈 구의 일부가 되도록 곡률이 있는 반사면으로 이루어지며, 오목거울의 경우, 오목한 면이 입사광선을 향하고 있다. 기본적으로 오목면에서 반사된 광선들이 모이기 쉽다는 사실 때문에, 오목거울은 평면거울이 가지지 않는 재미있는 성질을 갖는다. 예를 들면, 평행광선(축에서 너무 멀리 떨어져 있지 않다면)은 초점에 모이게 되고, 역으로 초점에 위치한 광원은 축에 평행한 반사광선을 만든다. 이러한 성질은 많은 실제적인 응용이 가능하며, 일부는 그림 2.6과 2.7에 나타내었다.

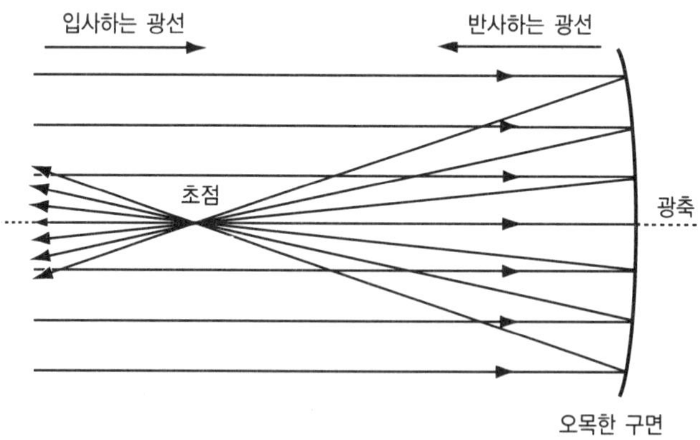

그림 2.6 오목거울에 입사한 평행광선은 반사 후 초점을 지난다.

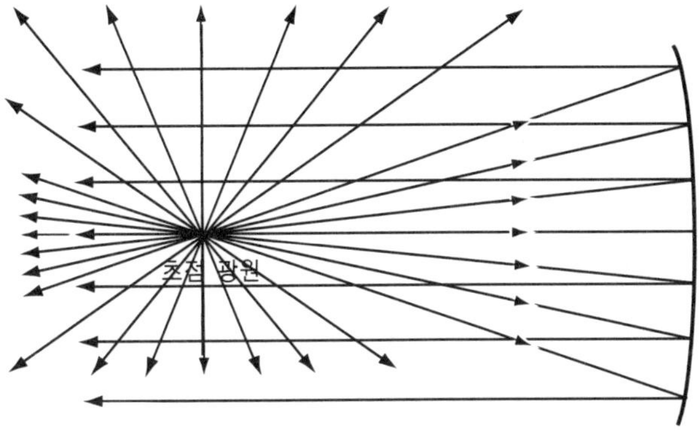

그림 2.7 초점에서 나온 광선은 반사 후 평행광선이 된다.

그러나, 구면거울에 반사된 모든 광선은 완전히 초점에 모이지 않을 것이고, 광축에서 멀리 떨어진 광선들은 축 가까이에서 입사한 광선들처럼 반사 후 거의 동일한 점들이 있는 축에서 교차하지 않을 것이다. 완전한 초점을 맺는 성질을 가진 거울을 만들려면, 표면은 구면이 아니라 포물면이어야 한다. 포물선의 기하학적 성질은 완전한 초점을 맺기 위한 기준을 실현한다. 부록 2.1에, 포물선 모양 거울의 이러한 성질을 페르마 원리로부터 직접 유도해 놓았다.

■ 2.2.5 오목거울의 응용

오목거울의 실제 응용은 우리가 기대하는 것보다 더 흔하다. 이들을 2 종류로 분류하면 다음과 같다:

1. 직진하는 빛 만들기

오목거울의 초점에 있는 광원(전자기파 광원)은 평행광선을 만들 것이다. 등대의 경우에 거울은 광범위한 평행광선을 만들면서, 광원 주위를 회전한다.

2. 초점을 향해 빛 모으기

커다란 오목거울의 전체 면을 비추는 빛은 초점에 집중될 것이다.

훅 헤드(Hook Head)에 있는 등대
아일랜드 조명 위원회 제공

헤일 망원경
칼텍대학 팔로마 천문대 제공

대형 간섭계형 전파 망원경 (VLA)
NRAO/AUI/NSF 제공

반사 망원경

평행광선에 대한 완전한 예는 멀리 떨어져 있는 별로부터 오는 빛이다. 희미한 광원으로부터의 빛을 커다란 거울의 전체면을 이용하여 효과적으로 모을 수 있고 한 점에 초점을 맺을 수 있다는 사실은 천체 망원경에서 분명하게 응용된다. 예를 들면, 팔로마산에 있는 헤일 망원경은 직경 5.1 m(200 인치)의 포물면 모양의 거울을 이용한다.

거울은 렌즈보다 광학적으로 더 유용하게 응용된다. 다음 장에서 렌즈를 다룰 것이다; 여기서는 거울에서는 발생하지 않는 문제인, 전자기 스펙트럼의 일부 파장은 유리렌즈에 의하여 흡수된다는 사실만 언급한다. 더욱이 고품질의 정밀한 거울은 커다란 렌즈보다 제작하기가 더 쉽고 값이 싸다.

우주로부터 오는 라디오파 또한 거울을 이용하여 초점을 맺는다. 동일한 27개의 라디오 안테나가 있는 대형 간섭계형 전파 망원경(VLA)가 뉴켈시코의 소코로 근처에 설치되었다. 직경 25m의 안테나가 세 가지 유형으로 정렬될 수 있다. 32쪽의 사진은 Y형의 설치이다.

■ 2.2.6 아르키메데스의 '살인 광선'

전설에 의하면, 아르키메데스(Archimedes, 287-212 BC)는 거울과 '화경(burning glasses)'의 정렬을 이용하여 시러큐스 포위공격에서 침입하는 로마 군단의 함대에 불을 질렀다. 이 사건을 기념하기 위하여 Guiglio Parigi의 그림이 피렌체에 있는 우피치 미술관에 전시되어 있다. 그림에서는 광선이 발산하고(수렴하는 것이 아니라) 있다는 점에서, 아마 그 화가는 물리학 법칙을 잘 모르는 것이 분명하다!

Parigi가 묘사한 정렬은 과학적으로 정확하지 않을 수 있으나, 거울을 이용하여 멀리 떨어진 점에 햇빛이 초점을 맺도록 하는 발상은 발산하는 광선처럼 그렇게 불합리해 보이지 않는다. 조르주 루이 르클레르 콩트 드 뷔퐁(George Louis LeClerc, Comte de Buffon, 1707-1788)은 아르키메데스의 방법을 이용하여 1747년에 불을 만들기 시작하였다. 그는 168개의 거울을 정렬하여 약 50 m 거리에서 햇빛이 초점을 맺도록 설계하였다. 이 시스템은 그 범위에서 실제로 가공할 무기로 사용될 수 있다는 것을 보이면서, 나무 판재를 즉시 점화시키는 데 성공하였다고 전해지고 있다! 그는 또한 44개의 거울을 이용하여 6 m 거리에서 주석 3 kg를 녹였다고 주장하였다. 뷔퐁의 방법은 정밀한 과학적인 연구에 의한 것은 아니었으나, 인정하기에 충분한 신뢰성이 있고 그의 초상화는 프랑스 우체국에서 발행한 우표에서 볼 수 있다.

2004년에, 디스커버리 텔레비전 채널 프로그램인 호기심 해결사(Myth Busters)에서는 시러큐스 전투의 전설에서 묘사한 것과 유사한 장치로 불을 점화하려고 시도하였으나, 그 시도는 실패하였다. 프로그램에서는 전설은 사실이 아니고, 아르키메데스의 살인 광선의 신화는 '무너졌다'고 결론지었다.

그러나, MIT 대학의 데이빗 월러스(David Wallace)와 그의 2.009 수강생들은 이해되지 않았다. 그들은 타당성 프로젝트에서 총 127개의 평면거울을 모아 거대한 오목거울을 만들어, 약 30 m 거리에서 나무로 된 배 모형에 햇빛이 초점을 맺는데 사용하였다. 살인 광선에 노출된 약 10분 후 선체는 활활 타올랐다. MIT 팀은 시러큐스의 포위공격에서의 조건이 그들의 재구성과 완전히 동일한 것은 아니라고 인정하였다. 아르키메데스가 이용한 거울은 유리가 아니라 구리였고, 배는 아마 30m 보다 훨씬 멀리 있었을 것이다. 그럼에도 불구하고, 그들은 아르키메데스의 설명을 증명하였고 배가 불탄 것은 확실하였다. 그 프로젝트는 또한 뷔퐁의 실험 결과도 확인하였다.

화경. *데이빗 월러스와 MIT 기계공학 2.009 교실 제공*

역사적 막간 : 피에르 페르마(Pierre de Fermat, 1601-1665)

1601년 프랑스 몽토방 근교에서 태어난 피에르 페르마는 변호사이며 공직자였다. 1648년 의회의 최고 대변인과, 위그도 교도와 카톨릭 교도 사이의 재판을 관할하는 칙령부 의장의 위치로 승진하였다. 명목상으로 높은 직책에도 불구하고, 그는 사법과 정부의 업무에 헌신하는 것 같지 않았다; 실제로 1664년 감독관이 상 바티스트 콜베르(Jean Baptiste Colbert*)에게 보냈던 비밀 보고서는 페르마의 업무 수행에 대하여 비판적이었다.

앙드레 라버네의 그라비어 인쇄물
프랑스 우체국 제공

페르마에게 수학은 취미였다. 그는 그의 '직업'에 싫증을 느껴 그의 상사가 염려하였던 것보다 더 많은 시간을 수학에 열중하였을 것이라고 추측된다. 그는 그의 업적을 거의 발표하지 않았다. 업적물의 대부분은 그가 사망한 후, 낙서 종이나 책 가장자리에 써 놓은 것으로 발견되었다. 그는 장난기가 있어서 증거를 밝히지 않고 결과나 정리를 언급함으로써 다른 수학자들을 괴롭히는 것을 즐겼다. 그의 아들 사무엘(Samuel)은 디오판토스(Diophantus' Arithmetica, 대수학 책의 세계 최고로 전 13권 중 제6권만 현존)의 사본 여백에 휘갈겨 쓴, 현대 마지막 공리로 유명해진 메모를 발견하였다.

페르마의 마지막 공리에는 방정식;

$$x^n + y^n = z^n$$

* Louis XIV의 주 재무장관

$n>2$일 때 x, y 및 z에 대한 0이 아닌 정수를 갖지 않는다고 진술하였다. 페르마는 "나는 이 여백이 너무 좁아서 나타낼 수 없는 실로 놀랄만한 증거를 발견하였다."고 적었다.

1908년에, 독일 다름슈타트 대학교의 수학자 파울 볼프스켈(Paul Wolfskehl)은 괴팅헨에 있는 과학 아카데미에 총 100,000마르크를 기증하였다. 그리고 페르마 공리의 모든 n값에 대하여 처음으로 완벽한 증거를 발표하는 사람에게 수여하도록 하였다. 1997년 영국의 수학자 앤드류 와일즈(Andrew Wiles)가 11년의 연구 끝에 일반적으로 완벽한 증거로 인정받은 것을 발표하기 전까지, 아무도 증거를 밝혀내는 데 성공하지 못하였다. 마지막 공리가 더 복잡해지면, 페르마 자신의 '놀랄만한 증거'는 옳지 않을 수도 있겠지만, 와일즈는 그의 결과에서 페르마가 옳았다는 것을 보였다.

페르마는 또한 수학에서 최대와 최소에 흥미를 가졌고 곡선과 곡면에 대한 접선을 발견하는 방법을 발전시켰다. 이 연구가 최소시간의 원리에 이르게 된 것이다. 그의 수학적인 방법은 1638년 봄, 데카르트와의 토론에서 중심 논제가 되었다. 공격적인 기질의 데카르트는 비판적이었으며, 페르마를 경쟁자로 간주하여 그의 수학적 추론을 인정하지 않았다. 그 결과, 두말할 필요 없이 당대의 가장 위대했던 두 수학자는 거의 협조를 하지 않았다. 마침내 데카르트가 페르마의 방법을 비난한 것을 그의 실수라고 인정하였을 때, 두 수학자 사이의 관계는 형식적인 평화를 유지하였으나, 둘 사이의 관계는 악화될 때로 악화된 상태였다.

페르마가 미적분과 유사한 방법을 이용하여 기하학적으로 뿐만 아니라 분석적으로, 그의 결론에 도달할 수 있었다는 사실은 놀라운 일이다. 미적분학은 약 50년 후에 아이작 뉴턴과 고트프리트 라이프니츠(Gottfried Leibnitz, 1646-1716)에 의하여 개발되었다.

최소시간의 원리에는 일정한 따라서 유한한 빛의 속도가 함축되어 있다.

당시에 빛의 속도는 전혀 알려지지 않았다. 페르마 시대에는, 1677년 뢰머에 의하여 c의 측정이 최초로 이루어졌을 때까지 빛의 속도가 무한한 것으로 믿었던 아리스토텔레스의 견해를 따랐다(1장 참조).

페르마는 빛이 순간적으로 투과되는지 확신하지 못했고, 매질마다 다른 유한한 속도를 가졌다는 것조차 확신하지 못했다. 그럼에도 불구하고, 아래의 가정을 전제로 물리적 굴절법칙을 수학적으로 유도하였다:

(1) '빛의 속도는 그것이 통과하는 매질에 따라 다르나'
(2) '자연은 가장 간단하고 신속한 경로와 방법에 의하여 운영된다.'

페르마 자신이 놀랍게도(1662년 클레르슬리에(Clerselier)에게 보낸 편지에 표현된), 그의 수학적 분석은 스넬의 굴절법칙으로 알려진 실험법칙이 되었다.

■ 부록 2.1 포물선 모양의 거울

포물선 모양의 거울 - 최소시간의 법칙에 대한 완벽한 예증

포물선의 정의는 '초점이라는 점과 준선이라는 직선으로부터 등거리에 있는 모든 점의 자취이다.' 이것은 구면수차가 없는 거울을 만드는데 필요하며, 그런 거울면은 회전 포물면 모양을 갖는다.

포물선 모양의 거울의 경우, 최소시간의 법칙을 직접적으로 적용하기가 더 쉽다. 거울로부터 무한한 거리에 점광원이 있고, 임의의 순간에 수많은 광자가 점광원을 떠나 모든 방향으로 퍼진다고 상상해 보자. 임의의 주어진 시간 후에, 그들은 발생하는 구면을 차지할 것이고, 그것은 점광원으로부터 무한대의 거리에 있는 평행면에서 또 다른 평행면으로 진행하는 광자의 면이 될 것이다.

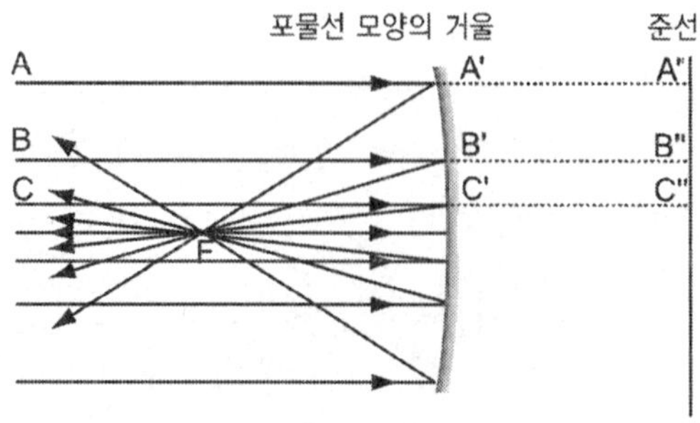

그림 2.8 포물선 모양의 거울

그림 2.8에 보이는 것처럼, 평행 빔 ABC에 도달한 3개의 광자를 고려해 보자. 그들이 거울에 반사된 후 진행한다고 가정하면, F까지 가는 데 가장 짧고 따라서 가장 빠른 경로는 어떤 것인가?

포물선의 기하학적 성질로 FA' = A'A", FB' = B'B", 그리고 FC' = C'C"

⇒ AF = AA", BF = BB", CF = CC" 가 된다.

ABC = A"B"C" 면들은 평행이기 때문에, AF = BF = CF 이다.

이것은 ABC 면에서(그리고 따라서 '무한대의 점'으로부터도) F까지 모든 광선들의 진행시간이 같다는 것을 의미한다.

동일한 경로들은 또한 가장 짧은 경로라는 것을 보임

그림 2.8에서 3광선이 택한 경로는 정확히 같으며, 또한 가장 짧은 경로이다. 예를 들면, AA'F 보다 거울에 반사된 후 A에서 F까지 가는 데 더 짧은 경로는 없다.

이것을 AB'F에 적용해 보자:

AA'F = AA", BB'F = BB" = AA" 그러나 AB' > BB'

⇒ AB'F > AA'F　　B'를 통한 경로가 더 길다.

그러므로, 다음과 같은 결론을 내릴 수 있다:

면 ABC를 함께 지나가는 광자들은 초점에 동시에 도달한다.

제03장
기하광학: 굴절

하나 이상의 가장 빠른 경로를 제공한다.

빛은 두 매질 사이의 경계를 통과할 때 경로를 바꾼다. 이러한 현상을 굴절이라 한다. 이 장에서는 굴절의 규칙과 응용을 다룬다. 기본 규칙은 항상 같다: 최소시간의 페르마 원리이다. 원리는 실험적으로 검증된 스넬의 법칙이 되는 것을 보인다.

렌즈는 굴절의 법칙이 적용되는 가장 일반적인 예이다. 렌즈를 만드는 기술은, 빛이 다른 경로들로 렌즈의 두께가 다른 지점들을 통과함에도 불구하고, 광원 A로부터 렌즈 반대쪽에 있는 목적지 B까지 가는 모든 경로에 동일한 시간이 걸리는 모양을 만드는 것이다.

또한, 경로의 기하학을 다루고 렌즈의 간단한 공식을 유도한다.

우리가 볼 수 없는 것을 보게 만든다.

광학계를 만드는 여러 렌즈의 조합을 학습한다. 이것의 좋은 예로 인간 눈의 광학계이다. 눈의 비정시를 다루고 렌즈를 이용해서 어떻게 비정시가 교정되는지도 다룬다.

마지막으로, 나안으로 볼 때 매우 작거나 멀리 있는 물체를 볼 수 있도록 하는 광학계를 설명한다.

3.1 굴절

■ 3.1.1 굴절률

시내 도로 주행의 경험으로 우리 모두가 알고 있듯이, 도로에 따라 속도가 같지 않다면 가장 짧은 경로가 반드시 가장 빠르지는 않다. 진공에서의 빛의 속도는 $c=2.99792458\times10^{8}\,\mathrm{ms}^{-1}$로 고정되어 있으며, 이것은 1초에 지구 둘레를 약 7.5바퀴 도는 거리와 같다. 빛은 또한 공기, 물, 유리나 석영과 같은 투명한 매질을 통과하며, 그 속도는 c보다 느리다. 더 느리다는 것을 매질의 굴절률 n으로 규정짓는다.

매질 1에 대한 매질 2의 굴절률의 정의는 ${}_1n_2=\dfrac{v_1}{v_2}$이다. 여기서 v_1과 v_2는 각각 매질 1과 2에서 빛의 속도이다.

유리

가시광선이 투과하는 가장 대표적인 인공 물질은 물론 유리이다. BC 1,500년 이집트인들이 유리를 만들 수 있었다는 사실은 흥미롭다. 유리는 알칼리금속이 들어가 있는 실리카(모래)로 만들어진다. 그로부터 약 1,000년 후 그리스 초기의 아리스토파네스(Aristophanes, ≃ BC 400)가 유리를 언급하였다.

다음 표에는 여러 재질의 진공에 대한 굴절률을 나타내었다(파장 589 nm를 기준으로).

재질	굴절률(n)
공기(1 기압, 15℃)	1.00028
물	1.33
석영(fused)	1.46
유리(crown)	1.52
유리(flint)	1.58

실제로 매질 1이 진공 또는 공기라면, $_1n_2$의 아래첨자는 생략하고 간단히 n으로 적는다.

진공(또는 공기)에서의 빛의 속도와 액체나 고체에서의 빛의 속도의 차이는 매우 의미가 있다. 예를 들면, 크라운 유리에서 빛은 공기에서보다 1.52배 더 느리게 진행한다. 이것이 굴절 현상이다 – 빛은 한 매질에서 다른 매질 사이의 경계를 통과할 때 그 경로를 바꾼다. 왜 이와 같이 경로 변화가 발생하는가는 분명하지 않지만, 놀랄 일은 아니다.

만일 자동차가 주행하다 모서리에 있는 진흙덩어리와 부딪힌다면, 경험으로 자동차가 궤도에서 이탈할 것이라는 사실을 안다. 이와 유사하게, 물속에서의 파동들은 얕은 물속에서 그 속도가 변하므로 방향을 바꿀 것이다. 실제로, 각을 변화시키는 원인이 되는 메카니즘의 특별한 모델을 언급할 필요가 없다; 인명 구조원 문제의 예로 설명한 것과 마찬가지로 페르마의 원리가 필요하다.

■ 3.1.2 인명구조원 문제

각의 변화에 대한 정확한 표현(***스넬의 법칙***)을 기본적인 '최소시간의 원리'로부터 직접 유도할 수 있는 방법이 있으며, 이것을 '인명구조원의 경로'의 예를 이용하여 설명할 것이다.

가장 빠른 경로를 찾는다.

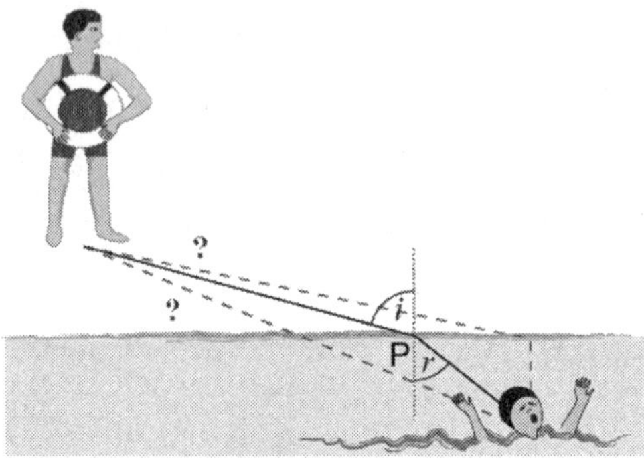

그림 3.1 인명구조원의 문제

수영을 하고 있던 사람이 곤경에 빠진 것을 목격한 인명구조원에게 당면한 문제를 생각해 보자. 비록 가장 짧은 거리가 아니더라도, 그는 가장 짧은 시간에 구조할 수 있기를 원한다. 사람의 달리기 속도는 수영 속도보다 훨씬 빠르므로, 가장 짧은 경로가 반드시 가장 짧은 시간이 걸리지는 않는다. 그렇다면 그는 어떤 경로를 택해야 할까?

아마 그는 본능적으로 직선거리를 택하려 하겠지만, 이것은 물속(느리게 움직이게 되는)에서의 거리가 너무 길어서, 가장 빠른 경로가 될 수 없다. 수영하는 사람이 보이는 둑까지 달려가서 직선거리로 수영해가는 방법은 육지에서 갈 수 있는 최대거리를 간다고 하더라도 가장 좋은 방법이 아니다. 왜냐하면 전체거리가 너무 길어지기 때문이다. 직감적으로 절충한 경로가 가장 빠르다는 것을 알 수 있으며, 구조원은 그의 출발 지점과 수영하는 사람이 마주 보이는 지점 사이의 어떤 지점에서 물로 뛰어들 것이다.

구조원은 그림 3.1의 P점까지 달려가서 그 지점에서 수영하면, 가장 짧은 시간에 수영하는 사람에게 도달할 것이라는 것이 밝혀졌다. 각 i와 r의 크기는 P점에서 정해지고 시간은 다음과 같을 때 가장 짧다.

$$\frac{\sin i}{\sin r} = \frac{\text{물속에서의 속도}}{\text{육지에서의 속도}} \quad \text{(부록 3.1 참조)}$$

■ 3.1.3 스넬의 법칙

빛은 두 지점 사이의 가장 빠른 경로로 진행한다. 빛이 소한 매질에서 밀한 매질의 경계를 지나면서 속도가 변할 때, 법선 방향으로 꺾인다. 한 매질에서 다른 매질로 진행하는 빛에 대하여 굴절각의 사인(sine)에 대한 입사각의 사인비는 일정하다. 이 사실은 1621년 스넬에 의하여 발견되었다(그 당시에 빛의 속도는 알려지지 않았고, 일반적으로 무한한 것으로 생각되었다). 페르마는 빛의 속도가 유한하고 다른 매질에 대해서도 일정하다는 가정 하에, 빛의 속도의 비가 일정하다는 스넬의 상수와 관련지을 수 있었다.

관계식은 다음과 같이 나타낸다:

$$\text{최소시간의 법칙} \Rightarrow \frac{\sin i}{\sin r} = \frac{v_1}{v_2} \quad \text{(스넬의 법칙)}$$

거꾸로 여행

빛의 속도가 모든 방향에서 동일하다고 가정하면, A에서 B까지의 가장 빠른 경로는 B에서 A까지 되돌아갈 때도 가장 빠를 것이다. 어떤 지점에서 빛의 방향을 되돌리면, 빛이 진행했던 경로를 따라 되돌아갈 것으로 기대한다. 이것을 가역성의 원리라 한다. 따라서, 물과 같이 밀한 매실에 있는 점물체에서 나온 광선에 대하여, $\sin i/\sin r$ 비는 이전과 같다. 물론, 이 경우, i와 r의 각은 바뀔 것이다. 즉, r이 입사각을, i가 굴절각을 나타낸다. 그러나, 역광선은 B에서 되돌아가는 것이 아니라, 물에서 반대 방향으로 반사되는 것이다.

■ 3.1.4 겉보기 깊이

낚시꾼이 물 표면 아래에 있는 물고기를 내려다 보면, 물고기는 실제 있는 거리보다 표면에 더 가까이 보인다.

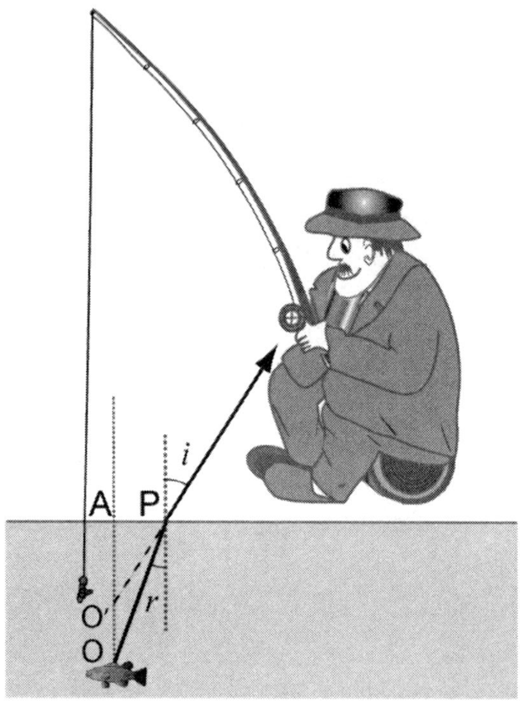

그림 3.2 물고기는 실제거리보다 더 가까이 보인다.

물고기로부터의 광선은 물 표면을 나올 때 법선 반대방향으로 꺾인다. 그림 3.2는 이것이 물고기가 인식되는 위치를 어떻게 바꾸는지를 보여준다.

광선은 점 O가 아니라 점 O′에서 발산하는 것처럼 보인다. 물체는 실제 깊이 AO와 관계가 있는 겉보기 깊이 AO′에 위치하는 것처럼 보인다:

$$\frac{\mathrm{AO}'}{\mathrm{AO}} = \frac{\tan r}{\tan i}$$

각 i, r이 매우 작을 때, $\frac{\mathrm{AO}'}{\mathrm{AO}} \cong \frac{\sin r}{\sin i} = \frac{1}{n}$

$$\frac{\text{실제 깊이}}{\text{겉보기 깊이}} = n$$

이 관계는 낚시꾼이 물고기 바로 위에 있을 때 즉, 각이 매우 작은 경우에만 성립된다. 각이 큰 경우에는 물고기가 일정하게 더 작은 겉보기 깊이로 보인다.

■ 3.1.5 유리로부터 나오는 광선이 직면한 딜레마

밀한 매질에서 나온 광선은 법선 반대방향으로 굴절된다. 그림 3.3과 같이 광선이 점점 더 큰 각으로 표면에 부딪힌다고 가정하면, 입사각 r이 임계각 θ_c가 되는 지점에 도달할 것이다($r=\theta_c$). 임계각에서, $\frac{\sin i}{\sin\theta_c}$는 $\sin i=1$ 인 경우이다. 최소한 이 원리에서 굴절광선은 법선으로부터 90°각으로 표면을 따라 진행한다. 실제로 굴절광선의 세기는 약해지고, 임계각에서는 매우 약해지게 된다.

딜레마는 이것이다: $\sin i$는 1보다 클 수 없기 때문에, 임계각보다 큰 입사각 ($r>\theta_c$)에서 표면에 도달하는 광선은 어떻게 될 것인가?

임계각 θ_c보다 큰 각으로 표면에 도달하는 밀한 매질에서 나오는 광선은 밖으로 나올 수 없기 때문에 내부로 전반사가 일어날 것이다.

광선이 유리에서 공기로 진행한다면, θ_c는 다음 식을 이용하여 계산할 수 있다:

$$\frac{\sin 90^\circ}{\sin\theta_c}=n$$

$$\sin\theta_c=\frac{1}{n}$$

$$\Rightarrow \theta_c=\sin^{-1}\left(\frac{1}{n}\right)$$

임계각		
물질	n	θ_c
물	1.33	48.8°
유리	1.52	41.1°

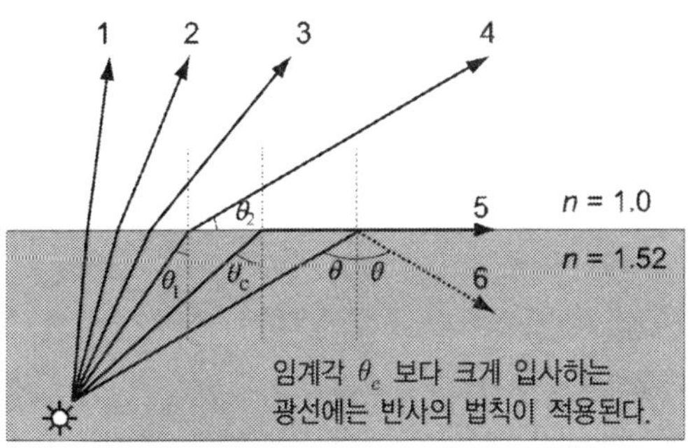

그림 3.3 내부 전반사

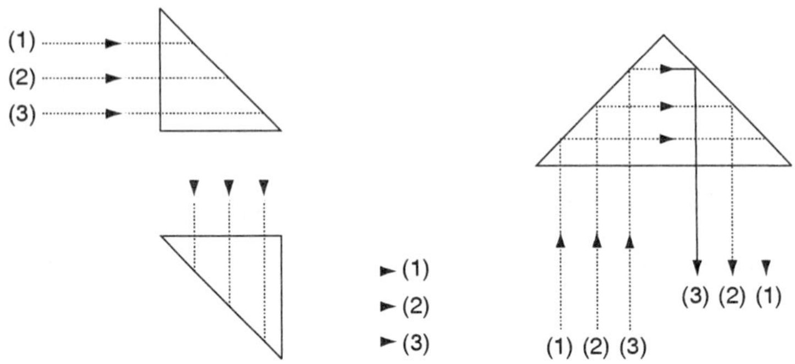

그림 3.4 전반사 프리즘

■ 3.1.6 내부 전반사의 실제 응용

유리의 임계각은 45° 이하이기 때문에, 이등변 삼각형의 직각 프리즘은 그림 3.4에서 보이는 것처럼 90° 또는 180°로 이상적으로 방향을 바꾼다. 이 과정에서 빛의 세기의 손실이 발생하지 않기 때문에, 오히려 거울보다 전반사 프리즘이 대부분의 광학기기에 사용된다.

빛을 전달하는 관과 광섬유

빛을 전달하는 관에서, 광선은 임계각 θ_c 보다 큰 각으로 계속해서 부딪히고 밖으로 나올 수 없다. 그림 3.5에서 알 수 있듯이, 광선은 매우 예리한 모서리 주위를 돌아 손실없이 파이프 끝에 도달한다. 각기 다른 지점에서 출발한 광선은 완전히 뒤섞여 반대편에 도달하기 때문에, 이와 같은 빛을 전달하는 관은 조명만을 전달할 때나 이미지를 형상화할 때 사용된다.

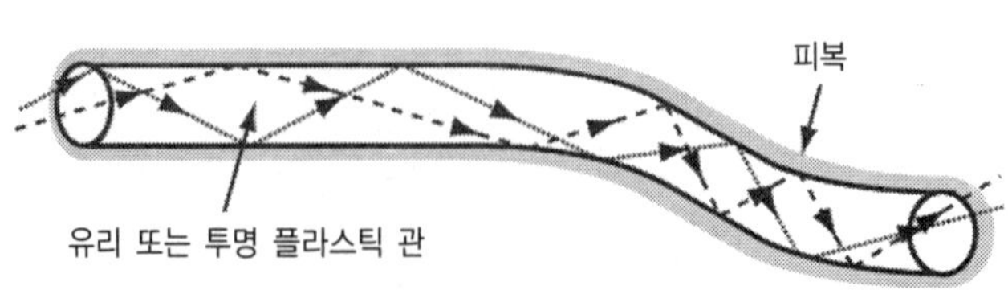

그림 3.5 빛을 전달하는 관(광관)

광섬유는 인간의 머리카락보다 얇지만 매우 강하다. 광섬유 케이블은 더 많은 데이터를 송신할 수 있고, 기존의 금속 케이블보다 접촉면에 덜 영향을 받는다. 이미지를 전달하려면, 각각의 직경이 ~수 마이크론 정도인 매우 가는 유리나 플라스틱 섬유 다발이 사용된다. 해상도가 좋은 이미지를 만들기 위하여, 물체의 매우 작은 부분으로부터 빛을 전달한다. 따라서, 광섬유 다발은 원거리 통신에서 광범위하게 사용된다.

의학 분야에서는 구부리기 쉬운 내시경이 비침습적인 방법으로 내부기관을 검사하기 위하여 사용된다. 내시경은 매우 작은 구멍을 통해 삽입하여 관찰하는 장치로 조직 내부에서 소정될 수 있다. 특히, 일반 수술은 쓸개 낭종 절개, 무릎 수술과 공동 수술이 포함된다. 또한, 레이저 수술에서, 광섬유는 레이저 빔을 유도하고 그 부분을 비추는 데 사용될 수 있다.

■ 3.1.7 광선이 경계에 닿을 때 선택의 자유

가역성의 원리는 그림 3.1의 인명구조원의 문제와 같은 상황처럼, 출발점과 광선의 목적지가 알려졌을 때만 적용된다. 빛이 두 매질 사이의 경계에 다다르면, 반사할 것인지 또는 굴절할 것인지에 대한 '선택의 자유'를 경험하게 된다. 이것은 공기와 같은 소한 매질에서 유리와 같은 밀한 매질로 진행할 때 또는 역의 경우에도 적용된다(그림 3.6).

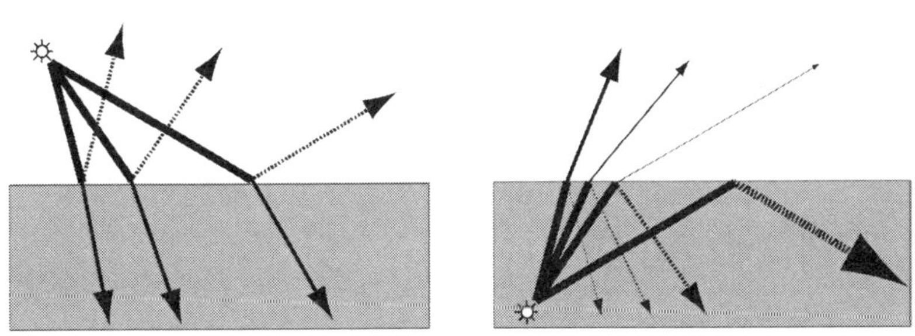

그림 3.6 유리와 공기 사이의 경계면을 진행하는 광선은 부분적으로 반사되고 부분적으로 굴절된다.

그림 3.6과 같이 빛이 유리에서 공기로 진행할 때, 입사각이 증가함에 따라 전달되는 빔의 세기는 약해지고 임계각에서 '0'이 된다. 그 지점에서는 선택의 자유는 없어지고 반사만 가능하다. 무엇이 특정 광선의 운명 즉, 반사 또는 굴절 여부를 결정하는 지를 이해하기는 어렵다.

'상품 진열창 효과'

부분반사의 예는 상품 진열창을 들여다 볼 때 일어난다. 우리는 유리창에 반사된 빛으로 자신의 이미지를 보고, 유리창을 투과하는 빛으로 진열된 상품을 본다. 첫 번째 경우에는 가게 밖에서 온 빛이 '다시 되돌아 온' 것이고, 두 번째는 가게 내부에서의 빛이 통과한 경우이다. 다른 방향에서 오는 광선에는 '선택의 자유'가 적용된다(상품 진열창의 경우에, 이 선택은 유리창의 양면에서 각각 두 번 경험한다).

■ 3.1.8 불가사의

뉴턴에게 부분반사는 매우 불가사의했다. 그는 부분반사가 지역적인 미세한 표면 특성에 의하여 결정되는 것이 아니라는 것을 깨달았다. 그 이유를 책에서 '내가 유리창을 깨끗이 닦을 수 있기 때문이다.'라고 밝혔다. 즉, 닦기 때문에 미세한 흠집은 빛에 영향을 미치지 않는다. 미세한, 분자 크기라도 요철과 구멍들이 닦아서 영향을 받을 수 있느냐는 것은 의심스럽다. 실험적으로, 실험에 사용한 흠집의 크기에 관계없이 두 매질사이의 경계에서 광선의 경로는 예측할 수 없다. 우리는 뉴턴이 자연의 대부분의 기본적인 현상을 탐구하였다는 사실을 알게 되었다.

'광자가 결정한다'

현상은 특히 광자의 관점에서 흥미롭다. 광자가 하나씩 표면에 도달할 때, 어떤 것들은 반사하고, 어떤 것은 계속해서 표면을 통과한다. 어떤 것이 일어나는지는 미리 결정된 것이 아니라 순전히 통계적인 것이다; 사실상 광자가 결정한다. 이제부터 양자역학 법칙의 예를 소개한다. 광자는 확률의 기본 법칙의 지배를 받는다. 더욱이, 실제 확률은 미래에 일어날 수도 또는 일어나지 않을 수도 있는, 외견상 불합리한 것들에 달려있다. 예를 들면, 그것이 나중에 더 반사하는 면을 만날지도 모른다!

미국 우편국 제공

광자의 이와 같은 불가사의한 행동은 리처드 파인만(Richard Feynman, 1918-1988)이 공동 창시한 양자 전자 역학(QED)의 시발점이 되었다.

■ 3.1.9 수수께끼 – 한 면이 유리창인 거울

첩보 영화나 목격자 대질에서 우리는 종종 한 면은 투명한 유리창으로 다른 쪽 면은 거울로 작용하는, 한 면이 유리창인 거울을 본다. 이것은 물리학적 원리로는 불가능한 것처럼 보인다. 그런데 어떻게 작용하는가?

대부분의 이런 거울은 모든 광선은 아니지만 일반 거울에서 반사되는 것보다 더 많은 광선이 반사되도록 부분적으로 은도금이 되어있다. 즉, 한 면은 더 밝고, 다른 면은 어두운 원리에 근거를 둔다.

마주하는 면이 유리창인 거울

양쪽 면에서 유리에 부딪친 빛은, 일부는 반사하고 나머지는 투과한다. 밝기의 차이로, 밝은 면의 유리에서 나오는 대부분의 광선은 밝은 면에서 나온 반사된 광선이다. 반대편은 통과한 빛의 대부분이 투과된 빛인, 어두운 면에 해당한다. 유리의 어두운 면에 매우 얇은층으로 은코팅을 입혀,

50 %의 빛은 투과되고 50 %의 빛은 반사되는 '반도금 거울'을 만들어 효과를 향상시킬 수 있다.

인간의 눈은 강렬한 빛에도 적응할 수 있다. 대질하는 목격자들의 눈은 밝은 빛에 적응되고 반대편에서 나오는 매우 약한 광선은 인지하지 못한다.

3.2 렌즈

■ 3.2.1 렌즈의 기능

렌즈의 기본 기능은 렌즈 면에 도달한 모든 광선들을 모아서 굴절에 의해 처방된 형식으로 광선을 다시 향하게 하는 것이다. 그림 3.7과 3.8에 어떻게 렌즈가 수렴하고 발산하는 지를 나타내었다.

평행광선은 초점에 수렴한다:

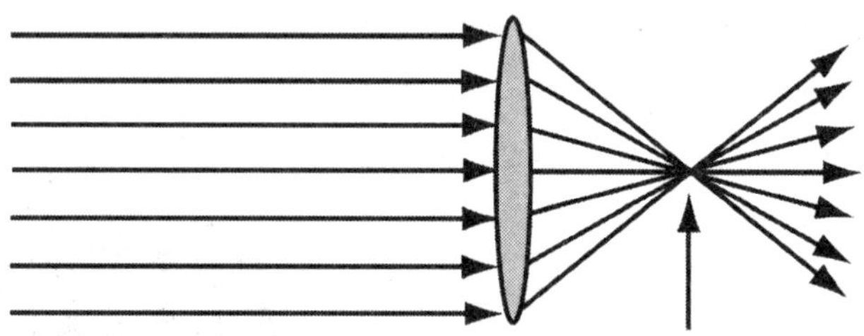

평행광선, 초점

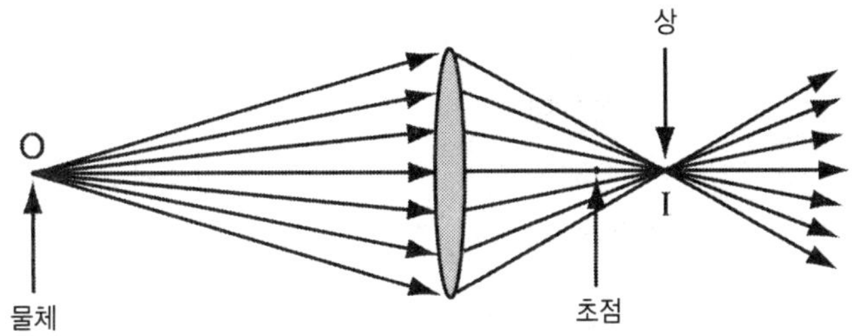

그림 3.7 수렴렌즈, 물체, 초점, 상

점광원 O(물체)로부터 나온 광선은 초점을 지나 점 I(상)에 수렴한다.
발산렌즈는 평행광선이 렌즈 앞에 있는 점에서 나온 것처럼 보이도록 발산한다.

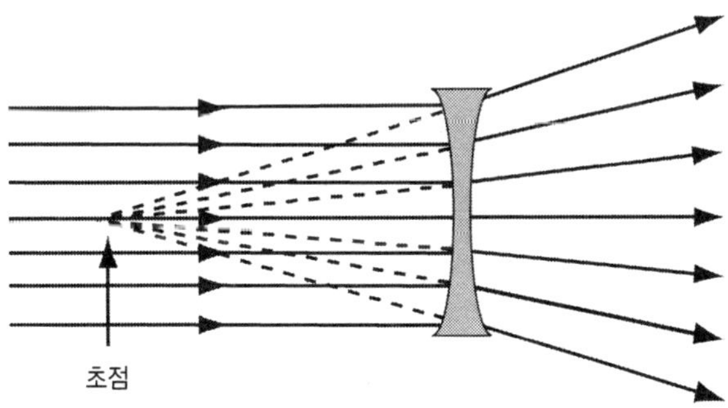

그림 3.8 발산렌즈, 초점

■ 3.2.2 렌즈에 적용된 페르마 원리

최소시간의 원리는 그림 3.7에 직접 적용하는 것이 가장 쉽게 보인다. 렌즈의 역할은 빔이 향하는 면에 부딪치는 광선들을 모두 모아 반대편에 초점을 맺는 것이다. 렌즈는 동일한 시간에 수많은 동일한 길이의 경로를 제공함으로써 이것을 실행한다. 빛은 공기에서보다 유리에서 더 천천히 진행한다. O에서 I까지의 직선 경로는 그것이 렌즈의 가장 두꺼운 부분을 통과할 때 빛이 감속해서 실제로 다른 경로와 동일한 시간이 걸린다. O에서 I까지 가는 광선이 직선이 아니면 렌즈의 더 얇은 두께로 진행하여야 한다. 즉, 광선들은 중심 경로와 동일한 시간이 걸리는 다른 경로로 진행한다.

문제는 광선이 축외의 임의의 한 점으로 렌즈에 입사했을 때, 렌즈의 두께가 나머지 거리를 정확히 보상해 주는 렌즈 모양을 만드는 것이다!

값이 비싼 렌즈는 모양이 복잡하고 많은 구성요소를 가질 수 있으나, 구면으로 된 하나의 렌즈는 특히 광선이 광축에 가까울수록 매우 잘 작용한다. 수렴렌즈의 초점은 평행광선이 렌즈의 굴절작용을 받아 함께 모이는 점으로 정의된다. 역으로 초점에 있는 광원은 렌즈를 통과한 후 평행광선이 된다.

3.3 물체와 상 : 수렴렌즈

■ 3.3.1 얇은렌즈를 통과하는 광선

주변부보다 중심부가 두꺼운 렌즈는 전면이 볼록면이고 후면이 오목면이라 하더라도 항상 수렴렌즈로 작용한다. 렌즈를 돌려 반대방향으로 해도 그 초점은 변하지 않는다. 이것은 렌즈의 모양에 관계없이 렌즈의 초점길이는 양쪽 면에서 같다는 것을 의미한다(그림 3.9). 따라서, 렌즈는 전·후면에 적용되는 하나의 값인 f로 나타낸다.

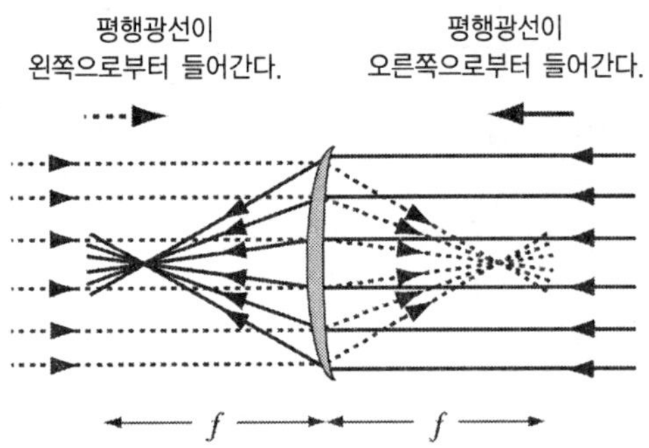

그림 3.9 초점은 얇은 렌즈의 전·후면에서 같은 거리에 있다.

■ 3.3.2 얇은렌즈에서의 주광선

우리가 거울에서 한 것처럼, 렌즈에서 선택된 특정한 점들을 통과하는 광선을 그릴 수 있다. 그림 3.10에서, 그와 같은 광선은 4개가 아니라 3개가 있다. 왜냐하면, 전·후면을 하나로 본 하나의 렌즈에서는 곡률 중심과 같은 것이 없기 때문이다; 전·후면은 각각의 곡률 중심이 있으나 각각은 완전한 렌즈로 빛을 추적하는 데 직접적인 의미가 없다.

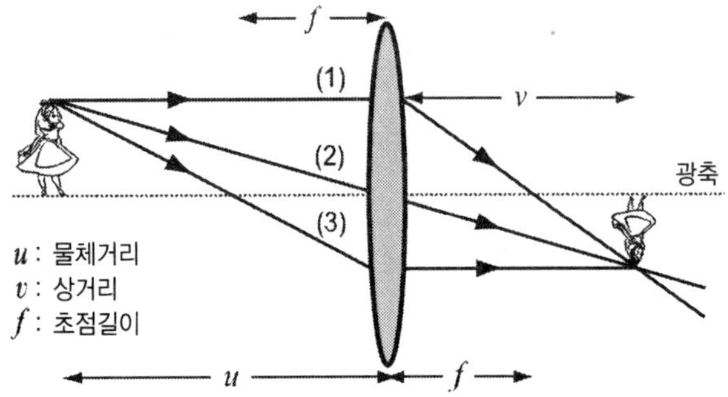

그림 3.10 수렴렌즈를 통과하는 주광선

광선 (1)은 광축에 평행하게 입사하고 반대 면에 있는 초점을 통과한다.
광선 (2)는 렌즈의 중심을 지나 꺾이지 않고 직진한다.
광선 (3)은 렌즈로 입사하는 중에 초점을 지나고, 반대편에서 축과 평행하게 출사한다.

■ 3.3.3 렌즈 방정식

물체거리와 상거리는 렌즈의 초점거리와 관계가 있다:

$$\frac{1}{u}+\frac{1}{v}=\frac{1}{f} \quad \text{(렌즈 방정식)}$$

$$\frac{\text{상 크기}}{\text{물체 크기}}=\frac{v}{u}$$

이 방정식은 부록 3.2에 유도해 놓았다.

배율은 위의 비와 관계가 있고 상의 위치를 나타내는 것과 같은 방법으로 정의될 수 있다. 규약에 의하여, 배율 $m = -v/u$로 정의한다. v/u 비의 부호가 + 일 때는 정립상이고, 부호가 -일 때는 도립상인 것에 유의한다.

■ 3.3.4 대칭

렌즈 방정식은 물체거리와 상거리 사이에 대칭성을 나타난다. 물체와 상이 바뀌었더라도 관계는 똑같이 유효할 것이다. 이것은 특히 물체가 점점 멀어질수록 상은 렌즈에 가까이 다가가고 그 반대의 경우도 성립되는 뉴턴식을 보면 더 분명해진다(부록 3.2). 물체가 무한대에 있는 극단적인 경우에, 상은 초점에 있다; 물체를 초점에 놓으면 상은 무한대에 있을 것이다. 즉, 평행광선으로 출사한다. 물체는 평행광선보다 더 멀리 놓을 수 없으므로 실물체의 상은 초점거리보다 렌즈에 더 가까울 수 없다.

■ 3.3.5 대칭이 아닌 경우

대칭에 관하여 재미있는 의문이 생길 수 있다. 상은 절대로 렌즈의 초점보다 더 가까이 맺힐 수 없다. 바로 앞에서 우리는 상과 물체는 서로 바꿀 수 있고 그 관계는 유효하다고 언급하였다. 그러나, 초점 안에 물체를 놓을 수 있지 않은가! 이것이 대칭을 깨뜨리지 않을까? 이런 경우 어떤 일이 발생하는지 생각해 보자:

렌즈를 통과한 광선은 물체와 같은 면에 있는 상으로부터 발산하는 것처럼 보인다. 그림 3.11에 도시한 바와 같이, 물체 대신 정립 확대 허상을 본다. 렌즈는 이와 같은 방법으로 확대경으로 사용될 수 있다.

물체를 확대경의 초점 또는 초점 안에 놓으면 렌즈는 확대경으로 작용할 것이다.

렌즈 방정식으로부터 직접 확대경 관계식을 유도할 수 있다:

$$\frac{1}{u} + \frac{1}{v} = \frac{1}{f} \Rightarrow v = \frac{uf}{u - f}$$

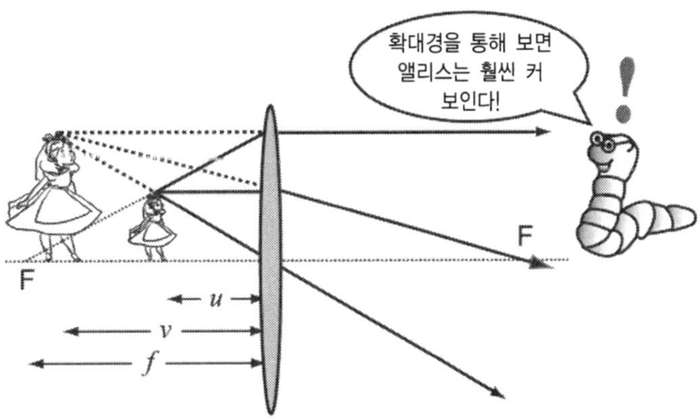

그림 3.11 물체를 볼록렌즈의 초점보다 더 가까이 놓는다. - 단순 확대경

$u < f$ 인 경우 상거리 v는 -이고 상은 허상이다.

$$배율\ m = -\frac{v}{u} \quad (v가\ -이기\ 때문에\ m은\ +이다.)$$

$$\Rightarrow 상은\ 정립상이다.$$

물체가 초점에 가까우면 가까울수록, 분모 $u-f$는 점점 더 작아지고 배율은 더 커진다.

물체-상 대칭은 어떤가? 어떻게 상을 초점 안에 맺게 할 수 있을까? 이렇게 하려면, 첫째로 수렴하는 빔이 있어야 하고 빛은 항상 정상적인 물리적 물체의 모든 점에서 발산하여야 한다. 또한, 2번째 렌즈가 필요하며, 이것에 의하여 차단될 때 상으로 수렴하는 빔을 만들어낸다. 첫 번째 렌즈의 상(광선이 도달하지 못하는)은 허물체로 작용하고 2번째 렌즈의 초점 안에 최종 상을 만들도록 작용할 것이다.

■ 3.3.6 직관적 접근 - 렌즈의 역할

우리는 렌즈 방정식과 주광선을 추적함으로써 상의 성질과 상거리를 얻을 수 있다. 얻은 결과를 형상화할 수 있고 렌즈가 '수행하려는' 업무를 고려하여 또 다른 방법으로 이해될 수 있다. 수렴렌즈의 역할은 점에서 발산하는 광선들을 모아서 그들을 함께 초점으로 가져가는 것이다. 그것이 가능하지 않다면, 최소한 빔이 덜 발산하도록 만드는 것이다. 무한대의 광원에서 오는 빔은 렌즈에 도달할 때 평행광선이 되고, 따라서 발산되지 않고 대부분 쉽게 초점을 맺는다. 물체가 점점 더 렌즈에 가까워질수록, 렌즈의 중심을 통과하는 빔은 점점 더 발산되고 역할은 더욱 어려워진다. 마지막으로, 물체가 초점 내에 있으면, 렌즈가 할 수 있는 최선은 덜 발산시키는 빔을 만드는 것이고, 이것은 실물체와 같은 쪽에, 멀리 떨어져 있는 물체로부터 오는 것처럼 보일 것이고 크기는 더 크게 나타날 것이다. 왜냐하면, 그림 3.11에 보이는 바와 같이, 렌즈의 중심을 통과하는 광선은 그것이 다른 광선을 만나기 전에 뒤쪽과 위쪽으로 투사되어야 하기 때문이다.

문제

1. 렌즈는 그림 3.12에 보이는 것처럼, 반만 사용되도록 가려져 있다. 옳은 것을 고르시오.
   1.1 물체의 오른쪽 반만의 상을 얻는다.
   1.2 물체의 왼쪽 반만의 상을 얻는다.
   1.3 흐리지만, 전체 상을 얻는다.

그림 3.12 **렌즈 마스크 I**

2. 렌즈는 그림 3.13에 보이는 것처럼, 중심부만을 사용되도록 가려져 있다. 옳은 것을 고르시오.
   2.1 물체의 중심부의 상만을 얻는다.
   2.2 전체 물체의 작은 상만을 얻는다.
   2.3 전체 상을 얻으며, 밝기는 어둡지만 보다 선명하다.

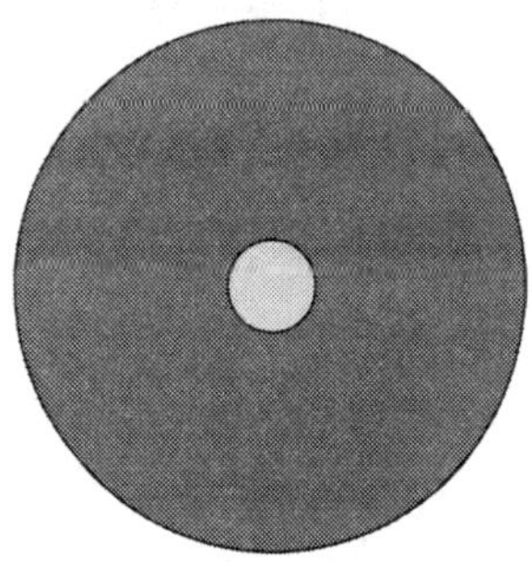

그림 3.13 **렌즈 마스크 II**

해답

물체의 임의의 점에서 나온 광선은 렌즈의 모든 점을 통하여 생긴 상에 대응하는 점으로 진행한다는 것을 상기하면 답을 얻을 수 있다. 그러므로 1.3과 2.3이 두 문제의 정답이다. 여전히 전체의 상을 얻을 수 있으나 흐려진다.

문제 2에서 우리가 얻는 광선은 그들이 근축 근사를 더 잘 수행한다는 점에서 빛의 세기가 약하더라도 상은 더 선명하다.

밝은 대낮에 카메라 렌즈의 조리개는 렌즈의 중심점만을 사용하기 위하여 충분한 빛을 가질 수 있을 만큼 줄어든다. 이것은 빛의 조건에 따라 홍채가 조절하는 인간의 눈에서도 마찬가지이다.

3.4 물체와 상: 발산렌즈

그림 3.14의 주광선들은 앞의 경우와 유사한 법칙에 따라 그려질 수 있다.

광축에 평행하게 입사한 광선 (1)은 뒤쪽으로 연장된 선이 초점을 통과하도록 발산된다.

광선 (2)는 렌즈의 중심으로 입사하여 편위되지 않고 직진한다.

광선 (3)은 물체에서 오른쪽 초점 방향으로 출발하여, 렌즈의 축에 평행하게 출사한다.

그림에서 광선은 모두 물체의 꼭대기에 있는 동일한 점에서 나온다. 상은 항상 물체와 같은 면에, 허상으로 생기고 물체보다 더 작고 렌즈에 더 가깝다.

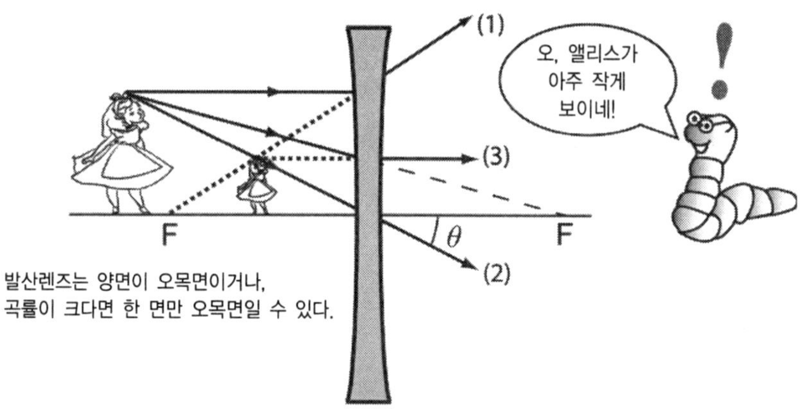

그림 3.14 오목렌즈를 통과하는 주광선

3.5 렌즈 조합하기

■ 3.5.1 일반적 방법

다음의 방법으로, 두 렌즈에 의하여 만들어진 마지막 상의 위치와 크기를 계산할 수 있다. 첫 번째 렌즈에 의하여 만들어진 상의 위치와 크기를 찾는 것부터 시작한다. 이 상은 두 번째 렌즈에 대한 물체가 된다. 이것은 두 번째 렌즈의 앞 또는 뒤쪽에 위치하는 지에 따라 실물체 또는 허물체가 될 수 있다. 그 때 마지막 물체의 위치와 크기가 계산된다. 과정은 렌즈의 수에 따라 반복될 수 있다.

■ 3.5.2 예 – 접촉되어 있는 렌즈

접촉되어 있는 2개의 얇은렌즈의 초점길이는 각각 $+f_1$과 $+f_2$이다. 합성 렌즈의 초점길이(F)는 얼마인가?

두 초점길이가 모두 +, 즉, 두 개의 수렴렌즈를 강조한 것에 주목한다. 그림 3.15에 나타낸 바와 같이, 평행광선이 첫 번째 렌즈에 부딪힌다. 이것은 첫 번째 렌즈의 초점거리 f_1에 초점을 맺을 것이고 두 번째 렌즈의 허물점으로 작용한다.

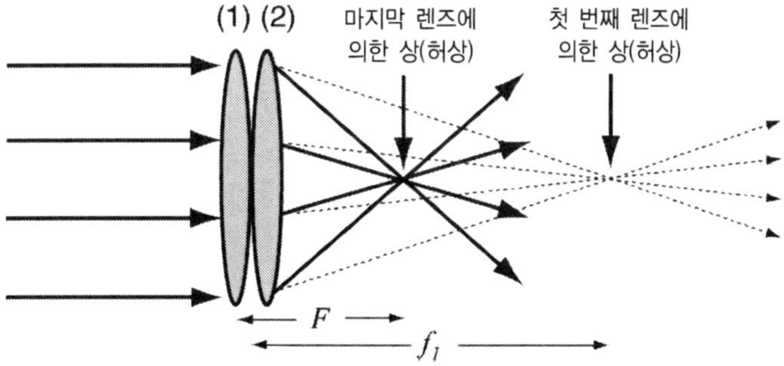

접촉되어 있는 두 수렴렌즈는 더 강한 합성렌즈를 만든다.

그림 3.15 접촉되어 있는 두 수렴렌즈의 합성

광선은 두 번째 렌즈에 의하여 차단되기 때문에 그 점에 도달할 수 없고 허물체로 작용한다.

정의에 의하여, 최종 상거리=합성렌즈의 초점거리이다.

렌즈(2)에 렌즈 방정식 $\frac{1}{u}+\frac{1}{v}=\frac{1}{f}$을 적용하면:

$u=-f_1$ (허물체거리)

$v=F$ (최종 상거리) $\Rightarrow \frac{1}{f_1}+\frac{1}{F}=\frac{1}{f_2}$

$f=f_2$ (2번째 렌즈의 초점거리)

$$\Rightarrow \frac{1}{F}=\frac{1}{f_1}+\frac{1}{f_2}$$

렌즈 중 하나가 발산렌즈라면, 그 렌즈의 초점거리 f에는 −값을 대입한다.

■ 3.5.3 렌즈의 굴절력

렌즈의 초점거리가 짧을수록, 렌즈에 더 가깝게 초점을 맺는다. 즉, 그것이 만들어내는 광선 방향의 변화가 더 커진다.

그러므로 렌즈 굴절력 P는 초점거리의 역으로 비례한다고 정의한다:

$$P \propto \frac{1}{f}$$

렌즈 굴절력의 단위는 디옵터(Diopter)이고, 1 D(디옵터)는 초점거리 1 m의 렌즈 굴절력으로 정의된다.

접촉되어 있는 두 얇은렌즈에 대하여, 합성렌즈의 굴절력은 간단히 각 구성렌즈 굴절력의 합이다. 단, 렌즈가 발산하면 P는 −값이라는 것을 기억한다.

렌즈와 정도는 덜하지만 거울은 광학기기의 중심 요소이다. 이와 같은 기기의 가장 기본적인 것이 인간의 눈이며, 이것은 입사하는 광선이 초점을 맺고, 신호의 선행 분석을 실시하고, 그리고 뇌로 정보를 전달한다.

3.6 눈

3.6.1 눈의 구조

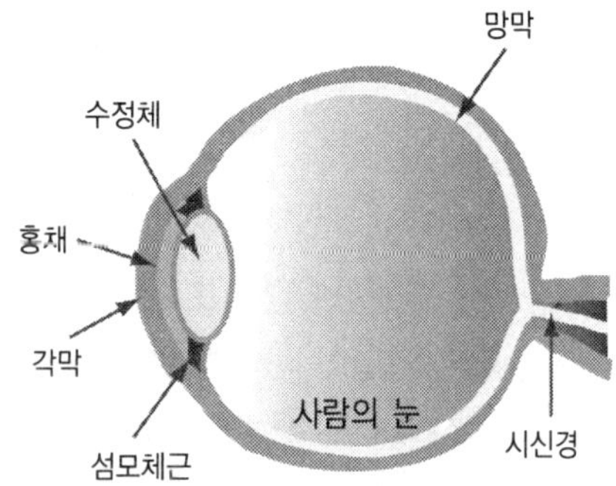

빛은 각막 – 눈에서 빛의 굴절이 일어나는 렌즈 시스템의 가장 강력한 부분 – 이라는 얇은 투명막을 통하여 눈에 입사한다. 각막 뒤에 있는 섬모체근에 의하여 조정되는 수정체는 망막에 선명한 상을 맺게 하기 위하여 조절을 한다. 망막은 감광성 막으로 미세한 광세포의 집합체로 작용한다. 이 미세한 단위를 간체와 추체라 하며(1억개 이상이 있다), 전기 신호를 일으키는 빛에 반응한다. 신호는 시신경에 의하여 뇌로 전달된다. 빛은 동공을 통과하며, 동공은 눈에 입사하는 빛의 세기를 조절하는 홍채 중심부에 있는 조정 가능한 원형의 개구이다. 홍채는 아름답게 착색되어 있어 눈이 색깔을 띠게 한다.

정상적인 인간의 눈에 있는 섬모체근은 사람이 원거리 물체 즉, 무한대에 있는 물체를 볼 때 이완된다. 그 때 수정체는 그림 3.16에 나타내었듯이, 평행광속이 수정체에서 약 22.2 mm 거리에 있는 망막에 초점을 맺게 한다.

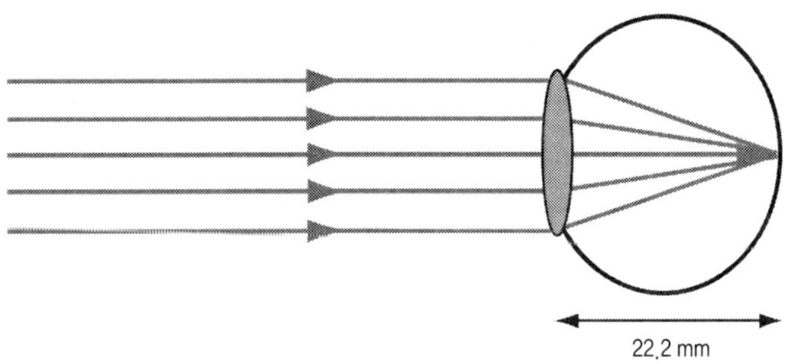

그림 3.16 정상적으로 이완된 눈은 평행광선이 망막에 초점을 맺는다.

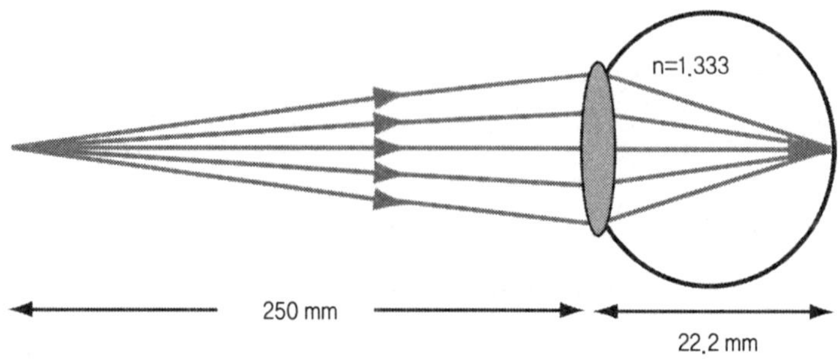

그림 3.17 선명시의 최소거리

근이 이완될 때, 눈의 굴절력은 $P=n/f=1.333/0.222=60$ D이다.

사람이 가까이에 있는 물체를 볼 때, 각 섬모체근의 긴장은 증가된다. 그 결과 표면의 곡률이 증가하고 초점 굴절력이 증가한다. 이 과정을 조절이라 한다. 그림 3.17에 나타낸 바와 같이, 25cm 거리에 있는 물체를 선명하게 보려면, 렌즈 방정식으로부터 쉽게 필요한 굴절력을 계산할 수 있다:

$$P=\frac{n}{f}=\frac{1}{u}+\frac{n}{v}=\frac{1}{0.25}+\frac{1.333}{0.222}=4+60=64\text{ diopters}$$

조절력이 충분하면 정상안은 60에서 64 D까지 굴절력을 증가시킬 수 있다.

망막에 생긴 상은 거꾸로 되어 있다(3.3 참조). - 갓난아기가 위에서 아래로 내려오는 어떤 것을 잡기 위하여 손을 위로 뻗을 때 깨닫는 사실! 1896년 스트래튼(G.M. Stratton)은 실험을 실시하였다. 그 실험에서 대상군은 일정기간 동안 특별한 거꾸로 상이 맺히는 특별한 안경을 착용하였다. 며칠 후에, 그는 그들이 이 안경을 착용하고 보았던 세계가 아주 정상으로 나타났다는 사실을 발견하였다. 실제로, 그들이 안경을 벗은 후에, 그들은 혼동되기 시작하였고 정상 시각으로 되돌아가는 긴 적응기간이 필요하였다.

렌즈 앞에 홍채가 있고, 홍채에는 변하는 빛 세기를 조절하기 위하여 열고 닫히는 동공이라는 가변적인 조리개가 있다. 망막에 있는 수용기도 빛 세기 순응 메카니즘을 갖는다. 그 결과, 눈은 강한 빛 세기에도 순응할 수 있다. 예를 들면, 태양광은 달빛에 비하여 100,000배 더 강한 세기를 갖고, 달빛은 별빛에 비하여 20,000배 더 강하다. 그러나, 인간은 밤에, 특히 달빛이 밝을 때 물체를 쉽게 구별할 수 있다.

■ 3.6.2 비정시

근시

눈의 굴절력이 너무 강하기 때문에 평행광선은 망막 앞에 초점을 맺는다(각막이나 수정체의 곡률 또는 굴절률이 너무 크거나 안축장이 정상보다 길 때). 그 결과, 원점이라는 특정한 거리보다 더 멀리 있는 물체에 대해서는 선명하게 초점을 맺을 수 없다.

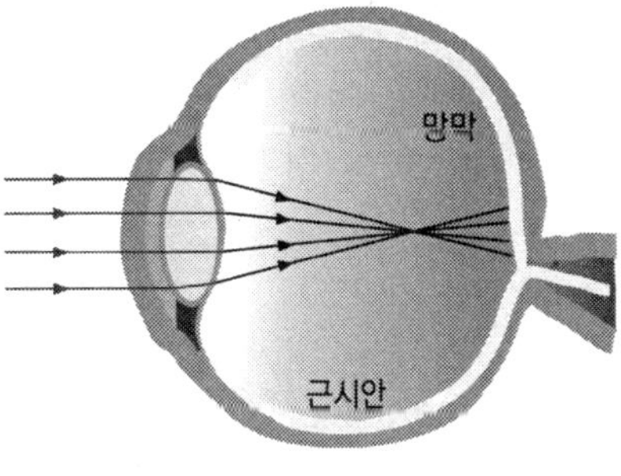

원시

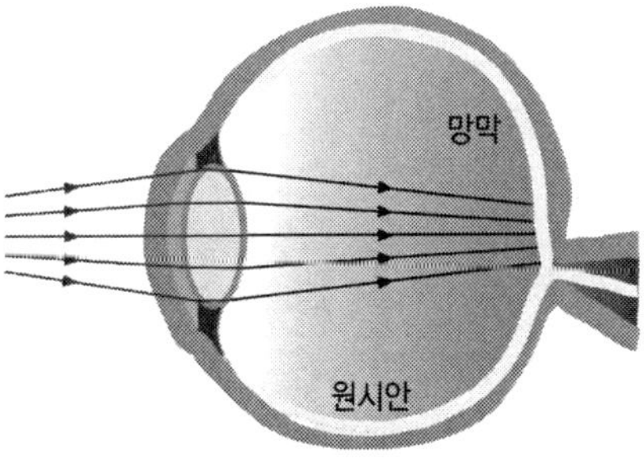

눈의 굴절력이 약하기 때문에 평행광선은 망막 뒤에 초점을 맺는다(각막이나 수정체의 곡률 또는 굴절률이 작거나 안축장이 정상보다 짧을 때). 원점은 눈 뒤에 있으며, 수정체의 조절력이 충분하지 않으면 선명하게 초점을 맺을 수 없으므로 수렴렌즈로 교정해 준다.

노안

나이가 증가함에 따라 수정체 경화 등의 이유로 완전히 조절하는 것이 가능하지 않다. 가입도를 처방하여 근용안경 또는 이중초점렌즈를 비롯한 다초점렌즈를 사용하여 보정할 수 있다.

난시

난시란 광학적 교정이 가능한 정난시를 말하며, 주로 각막의 전면이 토릭면으로 되어 있어 평행광선은 망막에 선명한 초점을 맺지 못하고 망막중심와 전후의 상공간에 스텀의 원추(Sturm's Conoid)상을 만든다.

난시안과 같은 광학적 성질을 갖는 토릭렌즈로 교정이 가능하다.

콘택트렌즈 또는 일반 안경을 사용하든지 간에, 눈에서부터 렌즈까지의 거리는 물체거리에 비하여 짧다. 우리는 얇은 합성렌즈를 기초로 교정렌즈 굴절력을 계산할 수 있다.

최초의 안경은 14세기에 만들어졌다. 1363년에, 기 드 숄리아크(Guy de Chauliac)는 연고나 물약으로 치료에 실패하였을 때 마지막 수단으로 안경을 처방하였다. 초기에는 볼록렌즈만 사용되었으며, 오목렌즈는 그 후 16세기에 소개되었다.

3.7 눈이 볼 수 없는 것을 보게 만드는 것

■ 3.7.1 원거리 물체

망원경은 아주 멀리 있는 물체를 보고 탐사하는 것을 가능하게 한다; 반면에, 현미경은 아주 작은 물체를 볼 수 있다. 태양계에서 해, 달 그리고 다른 위성들은 비교적 간단한 망원경으로 연구될 수 있다. 해와는 달리 대부분의 별은 너무 멀리 있어서, 가장 성능이 좋은 망원경으로 조차, 점상을 얻고 별 표면에 있을 수 있는 특징을 관찰하는 것이 가능하지 않다. 그러나, 망원경은 육안보다 더 많은 빛을 모으므로 상은 매우 밝고 수많은 새로운 별들을 볼 수 있다.

허블 우표
아일랜드 우편국 제공

베텔게우스(오리온 자리 1등별)
A.Dufree(CFA), R. Gilliland(SIScI), NASA,ESA 제공

1955년, NASA는 베텔게우스 별 주위에 대기의 광륜이 둘러싼 중심 원반으로 되어 있는 사진을 발행하였다(허블 천체 망원경으로 촬영). 베텔게우스는 약 430 광년 떨어져 있는 우리에게 가장 가까이 있는 별 중의 하나로, 반지름이 태양보다 약 1,800배인 매우 큰 별이다.

물체 크기에 대한 상 크기의 비로 정의된 배율은 천체 물체를 볼 때, 특히 점상을 얻을 때는 물론 이해할 수 없다. 그러나, 상이 유한한 크기일 때, 해상될 수 있는 가장 작은 각 크기의 관점에서 망원경 굴절력을 측정할 수 있다. 이것은 물체의 양 끝으로부터의 광선들이 이루는 각으로 두 물체에 의한 원주각을 측정하는 것이기도 하다.

베텔게우스의 경우에, 그림 3.18에 나타내었듯이, 각 크기는 약 0.5 초각이고, 이것은 50 km 거리에서 50 센트 동전의 각 크기에 해당한다.

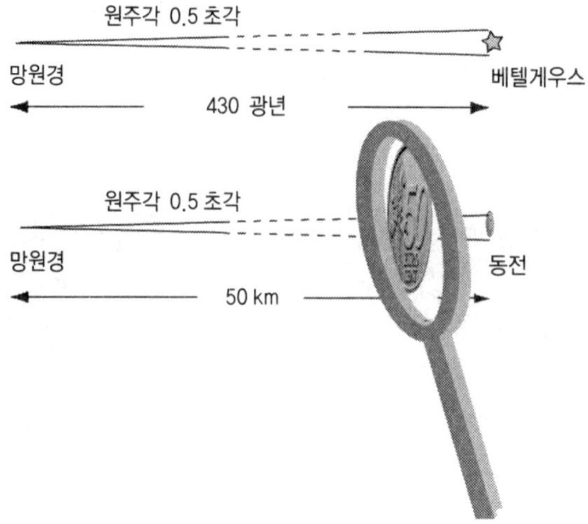

그림 3.18 베텔게우스의 원주각

■ 3.7.2 더 가깝지만 덜 선명한

유한한 거리에 있는 물체의 경우에는 상황이 매우 다르다. 그것에 가까이 다가갈수록 물체의 각 크기는 분명히 커질 수 있다. 우리가 점점 더 가깝게 다가갈수록, 좀 더 정밀하게 구별할 수 있지만 한계가 있다. 즉, 우리가 선명한 시야의 최소거리 내에 도달하면, 선명함은 사라지고 상은 희미해진다. 증가된 각 크기로 얻은 장점을 잃게 된다.

선명한 시야의 최소거리 '내에서', 이웃한 점들의 상은 중첩되고, 시력표에 있는 문자들은 합쳐진다. 문자들은 더 가까워지지만, 점점 더 분명하지 않다. 문제는 물체의 어떤 점으로부터의 광선들은 수정체가 망막에 초점을 맺을 수 있을 정도로 강하지 않아서 눈에 도달할 때 발산된다는 것이다. '작업'이 너무 부담이 커져 섬모체근의 긴장으로 아마 대부분 두통을 일으킬 것이다!

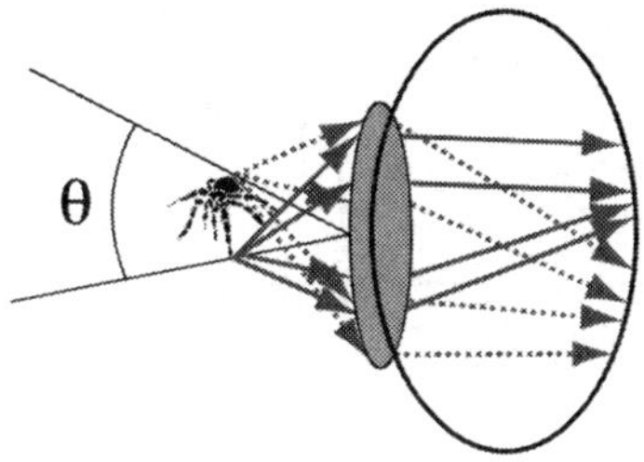

그림 3.19 너무 가까워서 편안하지 않다.

망막에 맺힌 실상은 뇌로 전달되어야 한다; 물체의 모든 점으로부터의 광선은 우리가 물체의 '실상'을 본다면 망막에 대응하는 점에 선명하게 초점을 맺어야 한다.

우리가 물체에 매우 가까이 다다르면, 각 크기는 증가하지만, 물체의 일정 지점에서부터의 광선들은 초점을 맺는 것이 불가능하게 된다.

그림 3.19에는 광선의 2세트 즉, 하나는 물체의 꼭대기에서 그리고 다른 것은 바닥으로부터 나오는 것을 나타내었다. 수정체는 2세트 중 모두 망막에 하나의 점으로 초점을 맺을 정도로 충분한 굴절력을 가지고 있지 않다. 결과적으로 망막에 도달한 중첩된 광선들은 밀림을 이루고 뇌에 도달한 메시지들은 혼동된다!

어떻게 물체의 각 점으로부터의 광선을 너무 발산시키지 않고 물체의 각 크기를 증가시킬 수 있을까?

■ 3.7.3 각배율

간단한 확대경

하나의 수렴렌즈가 가장 간단한 방법으로 상이 흐려지지 않고 각배율을 증가시키는 확대경으로 사용될 수 있다. 렌즈의 초점 안에 물체를 위치시키면 그림 3.20에 보이는 대로, 확대된 허상을 만든다. 실제로, 확대경의 초점에 물체를 위치시키면, 각 점으로부터의 광선은 평행광선이 되고 조절하지 않고 편안하게 볼 수 있다.

렌즈의 중심에서 볼 때 물체에 의한 원주각은 다음과 같다 : $\theta \cong \tan\theta = h/f$.

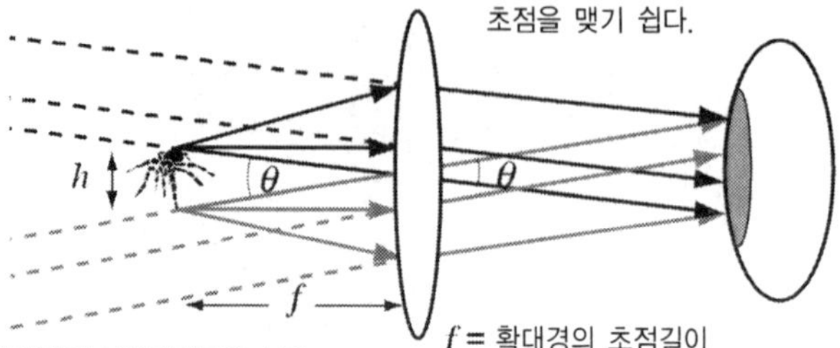

그림 3.20 간단한 확대경

관찰자가 렌즈의 우측에 있다면, 이것은 물체의 꼭대기와 바닥의 점으로부터 오는 광선들이 이루는 각이기도 하다. 이 광선들은 평행광선이고 편안하게 망막에 초점을 맺을 수 있다. 확대경의 기능은 상이 흐려지지 않고 효과적으로 관찰자로부터 초점거리 f까지 물체를 가까이 가져오는 것이다.

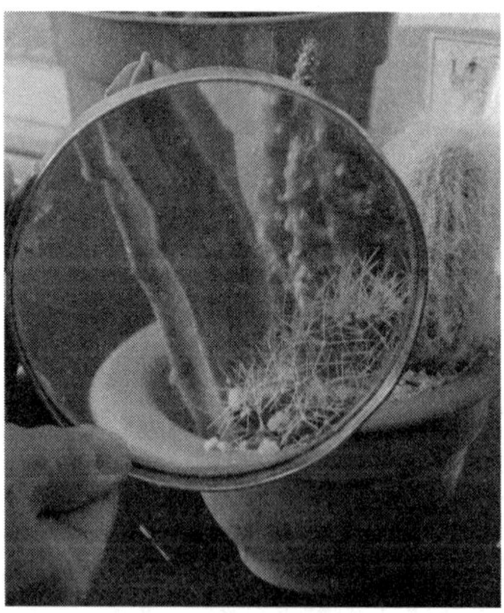

그림 3.21 간단한 확대경

각배율은 최소 명시거리($d = 25$ cm)에서, 물체가 가능한 한 정상안에 가깝게 놓일 때 각 크기(ϕ)에 대한 확대경을 통해 보이는 각 크기(θ)의 비로 정의된다.

작은 각에 대하여, 각 크기는 실제 크기/떨어진 거리와 같다.

$$\theta \approx \frac{h}{f} \text{ 와 } \phi \approx \frac{h}{d} \Rightarrow \text{각배율 } \alpha \approx \frac{d}{f}$$

일반적인 좋은 확대경의 초점거리는 7.5 cm 이다. 따라서 각배율 $\alpha \approx 25/7.5 \approx 3.3$이 된다.

이것은 우리가 물체를 눈으로부터 25 cm가 아닌 7.5 cm 떨어진 것처럼 효과적으로 관찰할 수 있다는 것을 의미한다. 비록 광학기기를 초점거리가 mm 단위인 질이 좀 더 좋은 렌즈로 만든다 하더라도, 근축이 아닌 광선 때문에 왜곡을 발생시키지 않는 큰 굴절력의 커다란 볼록렌즈를 만들기는 어렵다. 더 큰 확대력을 만들기 위하여, 일반적으로 복합 현미경을 구성하는 합성렌즈를 이용하는 것이 필요하다.

안톤 반 레벤후크(Antoon van Leeuwenhoek, 1632–1723)는 질이 높고 초점거리가 매우 짧은 렌즈를 수작업으로 만드는 훌륭한 렌즈 제작자였다. 그 당시에는 누구도 그의 기술을 따라갈 수 없었고 그의 사망 후 약 100년이 지난 후 복합 현미경이 개발될 때까지 현미경 검사법은 커다란 차질을 빚었다.

3.8 여러 렌즈의 조합

3.8.1 복합 현미경

가장 간단한 복합 현미경에는 2개의 렌즈가 사용된다. 대물렌즈는 초점거리가 짧고 관찰 중인 물체를 렌즈의 초점 바로 뒤에 위치시킨다. 이것은 도립 실상을 만들고, 물체보다 훨씬 크다(일반적으로 50배율이다).

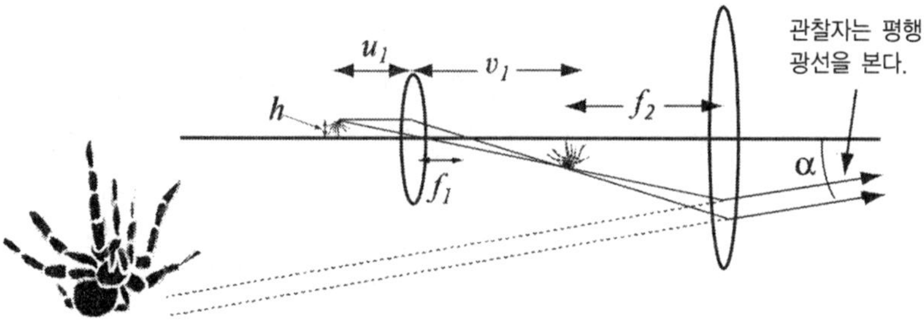

최종 상은 무한원에 있고 관찰자에 대한 각은 알파이다.

그림 3.22 복합 현미경

이 상은 접안렌즈로 관찰되고, 확대경으로 사용된다. 최종 상은 도립 허상으로 더욱 더 확대된다.

그림 3.22에 복합 현미경의 원리를 나타내었다. 초점거리 f_1인 대물렌즈(일반적으로 약 3 mm)는 약 15 cm 거리에, 초점보다 0.05 mm 약간 뒤에 위치한 물체의 도립 실상을 만든다. 중간 상의 배율은 $m \approx -v/u \approx 15/0.3 = 50$이다. 물체 크기가 h라면, 중간 상의 크기는 50 h이다. 이 상을 접안렌즈의 초점에 위치시키고 접안렌즈에 대한 물체가 된다. 각배율은 $\alpha \approx d/f_2$가 된다. 여기서 f_2는 접안렌즈의 초점거리이고, d는 최소 명시거리이다.

만일 $f_2 = 4$ cm라면,

$$\text{최종 상의 각배율은} = \frac{50 \times 25h}{4} = 312.5\text{이다.}$$

'무한대'에 있는 상의 개념, 이것은 검사하기 어려울 수 있다는 것을 시사하며, 반대에도 적용된다. 눈이 조절하지 않으면 평행광선이 편안하게 망막에 초점을 맺을 수 있다. 현미경에 의하여 만들어진 최종 상은 눈에 대하여 물체로 작용하고 일련의 점을 구성할 때 이미지화될 수 있다. 어떤 한 점에서 눈에 도달하는 광선들은 평행광선이다. 다른 점들로부터 온 광선들은 평행광선이 아니다. 각배율은, 꼭대기에 있는 점으로부터 온 빔과 바닥의 점에서 온 빔사이의 각으로 결정한다.

고배율 현미경에서, 접안렌즈와 대물렌즈는 렌즈의 합성을 이룬다. 이와 같은 합성렌즈는 배율을 높일 뿐 아니라 렌즈 수차에 의한 왜곡을 줄이도록 설계되었다. 게다가, 가장 간단한 현미경을 제외한 모든 현미경은 양안 접안렌즈를 갖추고, 장기간 동안 사용한다면 반드시 필요하다.

사람이 아주 가까이에 있는 물체를 볼 때, 인간의 눈이 무한대에 초점을 맺는 것은 자연스럽지 못하고 현미경 기사조차 적응하는 데 시간이 걸린다. 또한 두 개가 아니라 하나의 상이 양안으로 보이도록 하는 양안 접안렌즈에 적응하는 데 시간이 걸리며, 상이 위아래가 반대라는 사실에 익숙해져야 한다!

■ 3.8.2 망원경

네덜란드 안경사 한스 리퍼세이(Hans Lippershey, 1570-1619)는 튜브 내부에 두 개의 안경렌즈를 설치하여 '원거리 물체를 좀 더 가까이 그러나 거꾸로 보이게 만드는'데 성공하였다. 그는 그의 발명품에 특허를 신청하였으나, 기기는 '복제하기 너무 쉬울 것'이라는 점을 근거로 기각되었다.

망원경의 원리는, 대물렌즈는 상을 형성하고, 이것은 접안렌즈에 대하여 물체로 작용하고 도립된 최종 상을 만든다는 점에서 현미경의 원리와 비슷하다. 둘 사이의 중요한 차이는 망원경의 목적은 원거리 물체를 보는 것인데 반하여 현미경은 매우 가까이에 있는 작은 물체를 보도록 설계되었다는 것이다.

굴절 망원경에서 대물렌즈는 가능한 한 많은 빛을 모을 수 있도록 크고 비교적 긴 초점거리를 갖는다.

그림 3.23에서 접안렌즈는 간단한 볼록렌즈이며, 입사광선은 접안렌즈의 초점을 통과하여, 도립된 최종 상을 만든다.

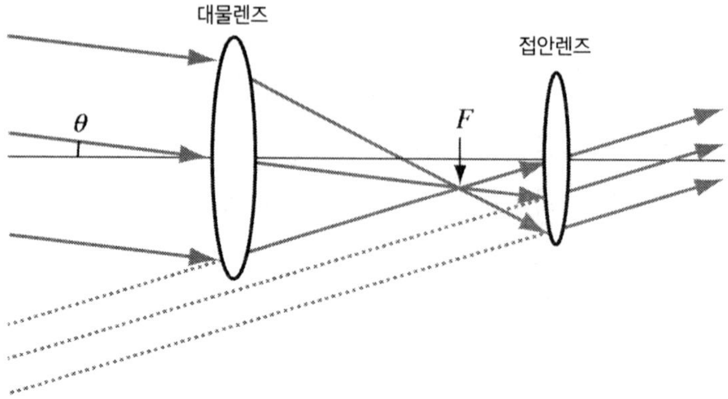

그림 3.23 굴절 망원경

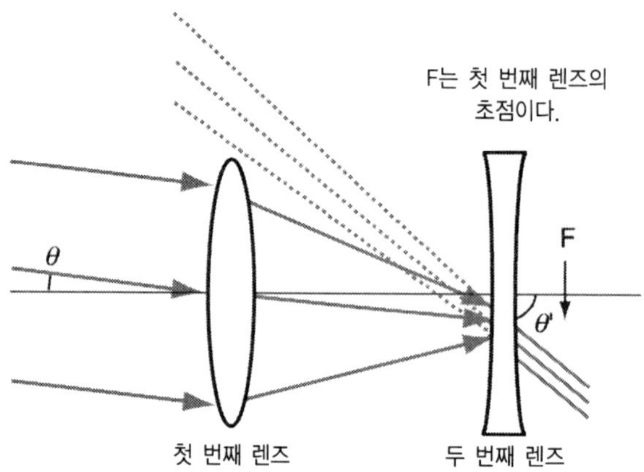

그림 3.24 갈릴레이식 망원경(도립상)

갈릴레이식 망원경(그림 3.24)에서, 대물렌즈는 볼록렌즈이고 접안렌즈는 오목(발산)렌즈 또는 오목렌즈 시스템이다.

대물렌즈의 초점 F 안에 위치한 오목렌즈는, 오목렌즈에 의하여 만들어진 상이 도립이 아니라는 점을 제외하면, F 또는 F 뒤에 놓인 볼록렌즈와 같은 방법으로 작용한다. 이것은 지상에서 사용할 때 분명한 장점이 된다.

$$\text{각 배율은 } \frac{\theta'}{\theta} \text{ 이다.}$$

3.9 페르마 원리에 대한 마지막 메모

페르마는 최소시간의 원리를 근거로 자연의 법칙을 공식화하는 데 시대를 앞선 사람이었다. 몇 년 후 모페르튀(Maupertius, 1698-1759)는 '자연은 최소작용의 원리를 따른다'는 좀 더 일반적인 법칙을 발표하였으나, 그것은 페르마의 최소시간의 원리에 비하여 훨씬 실험적 증거가 부족한 다소 정성적인 선언이었다.

일반 고전역학의 개척자들

정량적인 수학적 이론은 레온하르트 오일러(Lonhard Euler, 1707-1783), 조제프 라그랑주(Joseph Louis Lagrange, 1736-1813)와 윌리엄 해밀턴(William Rowan Hamilton, 1805-1865)에 의하여 한 세기 이상 대를 이어 발달되었다. 이것은 최소작용의 원리로 알려진 선언의 기초가 되었다. 이 원리는 빛 뿐만 아니라 모든 역학 시스템에 적용되었고 모든 시스템은 작용이 최소라는 특정한 수학 양의 식으로 시간으로 전개시킨다. 이것은 뉴턴역학을 포함한, 일반역학 이론의 근거가 되고, 좀 더 근본적인 기반을 제시한다. 우리는 최소작용의 원리가 상대성 원리와 양자역학에도 적용된다는 사실을 알게 되었다.

■ 부록 3.1 인명구조원 문제

*P*점을 찾기 위하여

그림 3.25에 나타낸 것과 같이, P의 위치를 A에서 수직으로 내린 경계면에 있는 점에서부터 거리 x에 의하여 나타내자.

경로에 대한 전체 시간 T는 인명구조원이 조절할 수 있는 유일한 변수 즉 x와 고정된 변수 v_1, v_2, h_1, h_2 및 d로 나타낼 수 있다:

$$T = \frac{\sqrt{h_1^2 + x^2}}{v_1} + \frac{\sqrt{h_2^2 + (d-x)^2}}{v_2}$$

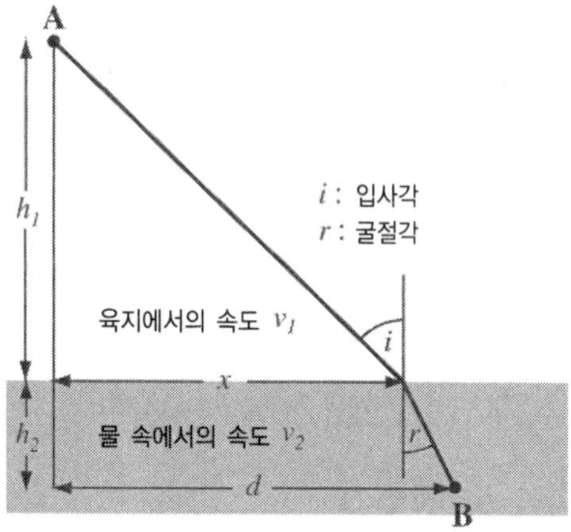

그림 3.25 인명구조원의 경로

최소 시간을 계산하기 위하여, x에 대하여 1차 미분을 한 후 0으로 한다:

$$\frac{dT}{dx} = [\frac{x}{\sqrt{h_1^2 + x^2}}/v_1] - [\frac{d-x}{\sqrt{h_2^2 + (d-x)^2}}/v_2]$$

$$\Rightarrow \frac{v_1}{v_2} = \frac{x/\mathrm{AP}}{(d-x)/\mathrm{PB}}$$

$$\frac{v_1}{v_2} = \frac{\sin i}{\sin r} \text{ (가장 빠른 경로에 대한 식)}$$

인명구조원은 각 i와 r이 위의 관계를 만족하도록 적당한 P의 위치를 계산하여야 할 것이다!

위 식의 계산에서, 시간을 변수 x의 함수로 나타내었고 미분 dT/dx를 0으로 놓은 것에 주목한다. 이것은 최대, 최소 또는 안장점(saddle point)이 될 수 있는 함수의 정지점을 제공한다. 수학적으로, 그것이 어떤 것인지를 결정하기 위하여, 2차 미분을 실시하면 그것이 그 점에서 -, + 또는 0인지를 정할 수 있다. 이 예에서 물리적으로 dT/ds=0인 점이 최소라는 것은 분명하지만, 좀 더 정확한 페르마의 원리에 의하면 시간의 최소값이 아니라 정지라고 언급하였다.

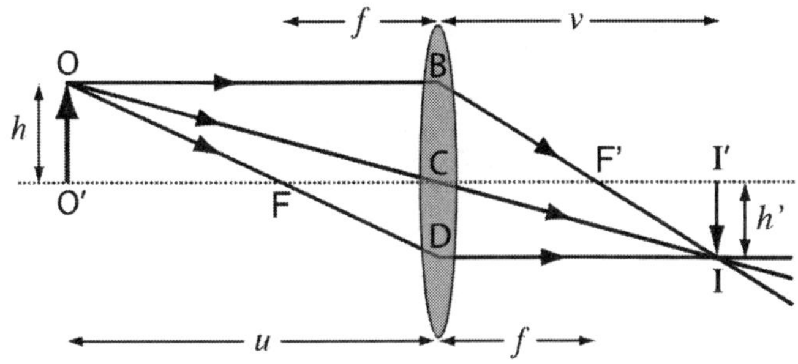

그림 3.26 볼록렌즈를 통과하는 주광선들

■ 부록 3.2 렌즈 방정식

상 크기가 물체 크기와 어떤 관계가 있는 가를 보여주기 위하여 물체와 상거리에 관한 그림 3.26을 사용할 수 있다.

COO′와 CII′의 닮은 삼각형에서:

$$\frac{h'}{h} = \frac{v}{u} \tag{3.1}$$

F′BC 와 F′II′의 닮은 삼각형에서:

$$\frac{h'}{h} = \frac{v-f}{f} \quad \text{[광선 (1)과 (2)]} \tag{3.2}$$

식 (3.1)과 (3.2)로부터

$$\Rightarrow \frac{v}{u} = \frac{v-f}{f}$$

$$uv - uf = vf \Rightarrow vf + uf = uv$$

이것을 uvf로 나누면:

$$\frac{1}{u} + \frac{1}{v} = \frac{1}{f} \quad \text{(렌즈 방정식)}$$

닮은꼴 삼각형 FOO′와 DCF로부터 같은 결과를 얻을 수 있다.

뉴턴 방정식

렌즈로부터가 아니라 초점으로부터의 거리를 측정하면, 얇은렌즈 방정식의 뉴턴식으로 알려진 관계식을 구할 수 있다.

그림 3.26을 이용하면:

초점으로부터 물체까지의 거리, x = O′F
초점으로부터 상까지의 거리, x' = I′F′

$$\frac{h}{x} = \frac{h'}{f} \quad \Rightarrow \quad \frac{h'}{h} = \frac{x}{f}$$

$$\frac{h'}{x'} = \frac{h}{f} \quad \Rightarrow \quad \frac{h'}{h} = \frac{x'}{f}$$

$$xx' = f^2 \quad \text{(뉴턴식의 렌즈 방정식)}$$

■ 부록 3.3 안경 굴절력의 계산

(안경렌즈와 눈은 접촉되어 있다고 가정한다.)

건강한 젊은 성인은 25 cm 떨어진 물체에 초점을 맺도록 눈을 조절할 수 있다. 굴절력 P는 렌즈 방정식으로부터 계산될 수 있다:

$$P = \frac{n}{f} = \frac{1}{u} + \frac{n}{v} = \frac{1}{0.25} + \frac{1.333}{0.02} = 4 + 60 = 64 \text{ D}$$

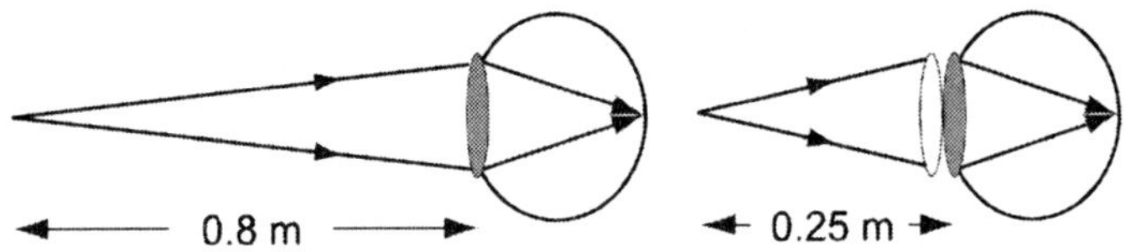

그림 3.27 근용 안경

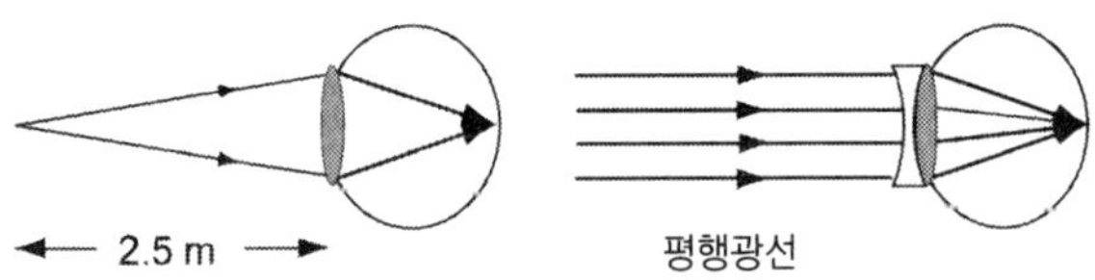

그림 3.28 원용 안경

비정시인 사람이 눈에서 80 cm~2 m 사이 거리에 있는 물체만을 선명하게 볼 수 있다고 한다. 정상 범위인 0.25 m~무한대까지 선명하게 보려면 교정렌즈 굴절력은 얼마인가?

근방시. 그림 3.27에 나타냈듯이, 조절력을 보충해주고 25 cm까지 근점을 회복하려면 안경의 도움이 필요하다.

정시안 : 동적 굴절력 = 64 D (예제 1)

비정시안 : 동적 굴절력 $= \dfrac{1}{u} + \dfrac{n}{v} = \dfrac{1}{0.8} + \dfrac{1.333}{0.0222}$

$$= 1.25 + 60 = 61.25\ \text{D}$$

25 cm까지 근점을 회복하기 위하여 안경은 64−61.25=2.75 D 굴절력의 볼록(수렴)렌즈로 피팅되어야 한다.

원방시. 정시안은 완전히 이완되었을 때 무한대에 있는 물체가 망막에 초점을 맺을 수 있다. 비정시는 완전히 이완되었을 때 무한대에 있는 물체가 망막 앞에 상을 맺는다(굴절력이 너무 강한 경우).

정시안 : 완전히 이완되었을 때 굴절력 = 60 D

비정시안 : 완전히 이완되었을 때 굴절력 $= \frac{1}{u} + \frac{n}{v} = \frac{1}{2} + \frac{1.333}{0.0222} = 60.5\,\mathrm{D}$

그림 3.28에 나타냈듯이, 원점을 무한대까지 회복하기 위해서는 안경은 오목(발산)렌즈로 피팅되어야 한다. 렌즈의 굴절력은 60−60.4＝−0.5 D이다. 만일 이 비정시안이 이중초점렌즈를 사용한다면, 원용부는 −0.5 D, 근용부는 −0.5+2.75＝2.25 D의 교정굴절력이 필요하다.

제04장

아득히 멀리서 온 빛 – 천문학

빛이 길고 긴 여행을 마치고 우리에게 다가올 때

고대 천문학자들로부터 시작해 보자. 빛을 눈으로 관찰하는 것 이외에는 간단한 장치조차 없었다는 것을 고려하면, 놀라울 정도로 잘 연구하였다! 그들은 지구가 둥글다고 결론을 내렸으며, 지구의 반경을 계산할 수 있있다. 달과 태양의 크기를 계산할 정도로 진전하였고, 달과 태양으로부터 지구까지의 거리를 매우 잘 추정해냈다.

측정방법이 더 정확해 지면서, 중세 천문학자들은 태양계 행성들의 경로 모형을 만들어냈다. 첫 모형은 지구의 관점에서 행성의 경로를 묘사하여 매우 복잡했으며, 지구는 태양계의 중심에서 정지한 것으로 가정되었다. 니콜라스 코페르니쿠스(Nicolas Copernicus)는 이 모형이 잘못되었고, 태양이 중심에 있으며, 지구와 나머지 행성들이 태양 주위를 돈다고 주장하였다.

빛은 우리에게 우주의 또다른 구역의 소식을 가져다 주는 전달자이다. 어떤 정보도 빛보다 더 빨리 여행할 수 없지만, 그 거리가 너무 멀어서 수 백만, 심지어 수 십억년이 지나서 도착한다.

4.1 지구

■4.1.1 지구는 둥글까?

아폴로 우주선에서 본 지구

현대의 위성 사진들은 지구가 둥글다는 것을 명확하게 보여준다. 그러나 고대 천문학자들에게는 지구의 형태가 전혀 분명하지 않았다. 그러나, 지구가 둥글다고 믿는 철학적 이유와 실험적 이유가 있었다.

지구. *NASA 제공*

그리스 철학자들은 사물이 '가장 완벽한 방법으로 존재하고 움직인다'는 전제 하에, 자연과 그 법칙들을 재구성할 수 있다고 하였다.

둥근 지구에 대한 사례는 아리스토텔레스(Aristotle, 340 BC)에 의해 이루어졌으며 수많은 '철학적' 근거가 되었다.

■4.1.2 지구가 둥글다는 철학적 근거

대칭. 구형은 완벽한 기하학적 형태이다. 이것은 다소 약한 주장일지 모른다. 하지만 자연과 자연의 법칙에서, 대칭은 여전히 물리학적 이론의 근거로서 추구되고 있고, 종종 상당한 성공을 이룬다는 것에 주목해야 한다.

중력. 아리스토텔레스는 지구의 구성 요소들이 지구의 중심에서 자연스럽게 안정된 상태가 된다고 가정하였다. 그 요소들은 중심을 향해 끌려져 둥근 형태로 쉽게 압축된다는 것이다. 이러한 추론은 철학과 물리의 결합인 것이다. 약 2000년 후에 아이작 뉴턴이 만유인력의 법칙을 정확한 수학적 형태로 공식화했지만, 물체가 떨어진다는 분명한 사실은 아주 오래 전부터 정당화되어 있었다.

일반적 직관 - 장횡(Zhang-Heng, 78-139) '하늘은 달걀과 같고 석궁 탄알처럼 둥글다. 그리고 지구는 달걀의 중심에 있는 노른자와 같다.'

이는 고대 중국 문명의 전형적인 예술적 표현이나 물리학적이든 철학적이든 어떤 기록도 분명하게 존재하지 않고 있다.

■ 4.1.3 지구가 둥글다는 실험적 증거

지구에서의 측정

에라토스테네스(Eratosthenes, 330 BC)는 태양이 여름의 첫날 정오에 수에네(오늘날 아스완댐 근처)에서 머리 바로 위에 있다는 것을 알아냈다. 태양 광선은 깊은 우물 아래 수직으로 비춰졌고 바닥에 있는 물에 의해 수직 위로 반사되었다. 바로 똑같은 시간에, 알렉산드리아 근처 그의 집은 수직한 태양으로부터 약 7.5도 떨어져 있는 것을 측정했다. 에라토스테네스는 수에네에서 알렉산드리아까지의 거리, 현대 용어로는 약 500마일이 거의 정북 방향임을 알아냈다. 그래서 그는 지구의 원주를 그림 4.1과 같이 계산하였다.

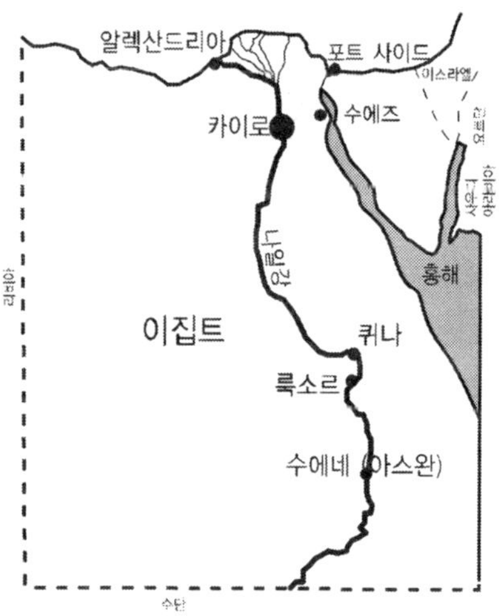

천문학적 측정

고대인들은 지구를 관찰하기 위해 우주 여행을 할 수 없었다. 그러나 지구가 달에 드리운 그림자를 평가할 수 있었다. 이러한 방법으로 달이 지구나 최소한 지구의 그림자를 볼 수 있는 '거울'로서 작용할 수 있었다! 먼저 달의 몇 가지 특성을 살펴 본 다음, 달 표면의 지구 그림자를 공부해 보자.

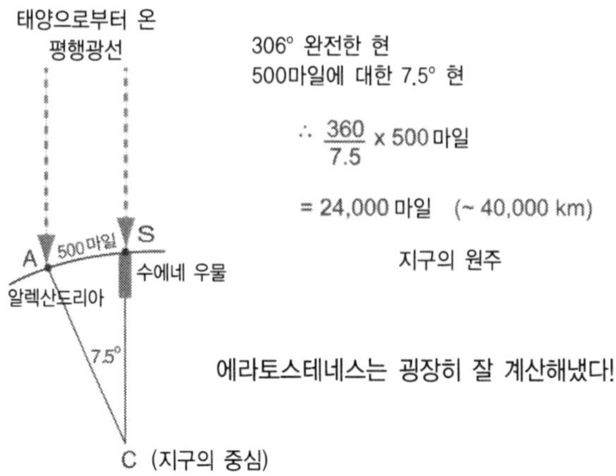

그림 4.1 지구가 둥글다는 것을 보여주기 위해 사용된 에라토스테네스의 방법

4.2 달

달은 우주에서 우리의 가장 가까운 이웃이다. 달은 빛을 발산하지 않으며, 반사된 태양빛에 의해 볼 수는 있지만, 비춰지는 부분만 볼 수 있다.

4.2.1 달의 모습

고대 천문학자들은 달이 태양빛에 반사되어 빛난다는 것과, 달이 대략 4주에 한 번씩 지구 주위를 돈다는 것을 알고 있었다. 그림 4.2와 같이, 달이 변화하는 모습을 관찰할 수 있고, 그 모습들은 정확히 햇빛이 비춰지는 달의 부분을 주어진 시간 내에 지구에서 얼마나 많이 볼 수 있느냐에 좌우된다.

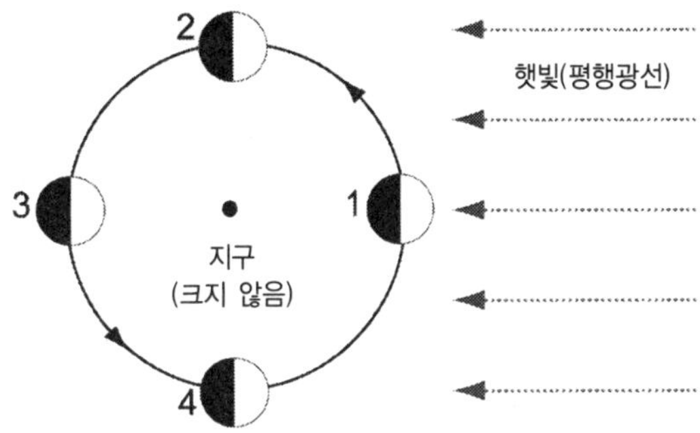

그림 4.2 달의 4개의 상. 제 1 상(새로운 달): 햇빛이 비추는 면이 지구로부터의 반대방향에 있어 지구에서 달을 볼 수 없음. 제 2 와 제 4 상(상현달과 하현달): 햇빛이 비추는 반을 볼 수 있다. 제 3 상(보름달): 햇빛이 비추는 달의 면이 지구를 향하고 있어 완전히 조사된 반구를 볼 수 있음.

■4.2.2 월식

가끔씩, 달, 혹은 달의 일부분은 완전히 다른 이유로 그림자 속에 있게 된다. 지구가 '중간에' 있어서 태양 광선을 가릴 수 있다. 이것을 월식이라 한다. 개기 월식이 일어나는 동안 완전히 어둡지는 않다. 먼지 낀 대기로 인해 산란된 태양 광선 때문에 약간의 불빛을 보게 된다.

2007년 3월 3일에 있었던 월식
브리안 오브레인의 아일랜드 타임즈 제공

'보름달'(그림 4.2의 제 3 상)이면 항상 월식이 일어나는 것처럼 보인다. 사실, 항상 그렇지는 않다. 지구, 달과 태양이 거의 일직선상에 있지 않기 때문이다. 그림 4.2는 단지 2차원적 표현이고, 그림 4.3처럼, 실제 상황은 3차원이다.

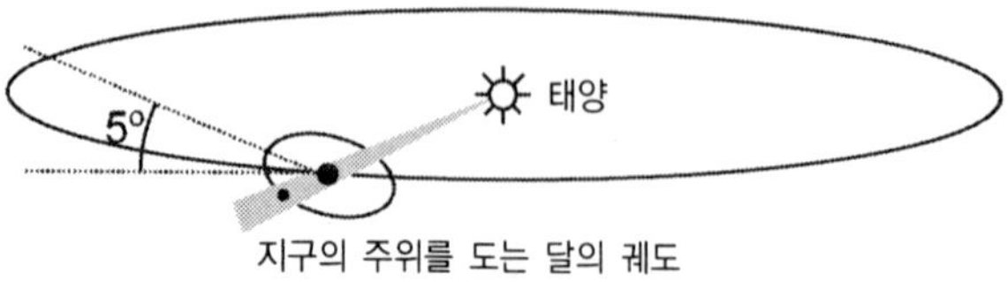

그림 4.3 지구궤도의 면과 달 궤도의 면

그러나, 여기서 달이 지구 주위를 도는 면은 지구가 태양 주위를 도는 면(황도면)과 같지 않다는 것을 알 수 있다. 두 면 사이의 각도는 약 5도이다. 월식은 보름달이며, 태양, 지구와 달이 일직선 상에 있는 경우, 달이 황도면을 가로지를 때 발생한다.

월식이 일어나는 동안 달은 지구를 가로지른다. 그림자의 크기와 형태로부터 지구의 크기와 형태를 추정할 수 있다. 그림 4.4에서는 태양과 정반대 방향에서 우주를 보고 있는 것이다. 지구의 그림자는 우리에게 정면으로 있다. 달이 모습을 나타내면, 달의 완전한 양지 바른 쪽, 즉 보름달을 보게 된다. 달이 지구의 그림자를 통과할 때 그것은 거의 완전한 어둠 속으로 빠져 든다!

그림 4.4 지구 고유의 그림자 보기

그리스인들이 월식을 아주 잘 관찰하고 측정할 수 있었는지가 놀랍다. 그들은 그림자의 크기가 지구의 크기와 똑같지는 않다는 것도 알아냈고, 필요한 수정도 하였다. 그 수정 내용은 다음에서 설명할 것이다.

■4.2.3 일식

일식은 달이 지구와 태양 사이의 일직선상에 있고, 달의 그림자가 지구에 드리워질 때 발생한다. 지구가 달에 비추는 태양을 가리는 것이 아니라, 달이 지구에 비추는 태양을 가리게 한다는 점에서 상황은 역전된다. 지구가 달 그림자의 중앙에 있으면 우리는 거의 완전한 어둠을 경험하게 된다. 태양에서 오는 모든 빛이 가려지기 때문이다.

개기 일식이 일어나는 동안, 태양은 달에 의해 거의 완전하게 숨겨지고, 그림 4.5처럼 지구와 태양의 각 크기($\approx 0.5°$)와 달의 각 크기가 거의 같아진다.

삼각형 구도법으로부터, 태양과 달의 직경 비율은 태양에서 지구까지의 거리와 지구에서 달까지 거리의 비율과 거의 같다. 지구상의 달 그림자는 달이나 지구의 크기와 비교해 볼 때, 단지 한 점이거나 달이나 지구의 크기에 비해 최소한으로 매우 작다.

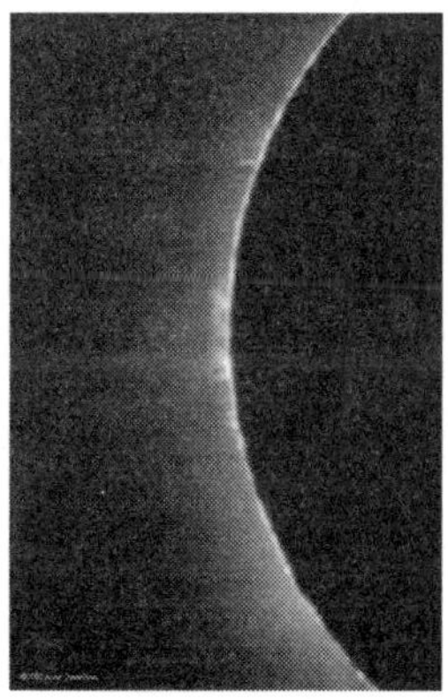

태양의 개기일식
NASA, 스팁 힐 제공

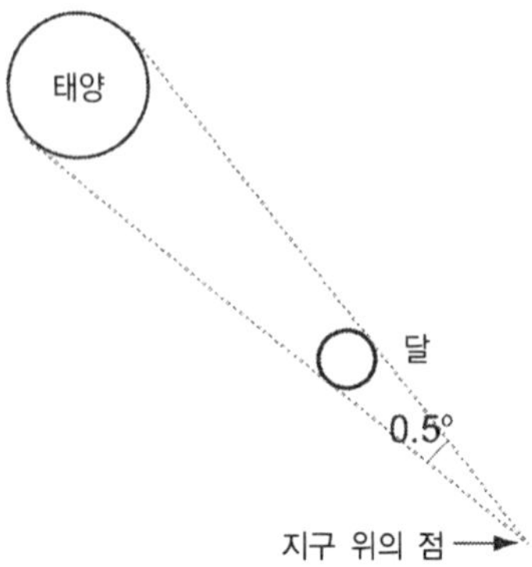

그림 4.5a 일식에 대한 광선 그림

그림 4.5b 1999년 8월 11일에 일어난 일식. 지구위 달 그림자

미르 우주 정거장에서 찍은 사진(그림 4.5b)에서 일식은 분명히 볼 수 있다. 달이 지구를 가로지를 때, 직경이 약 100 km인 그림자를 보여주고 있다. 달의 그림자이다. 지구가 회전하면, 달 그림자는 약 2000 km/h로 움직인다. 고대 천문학자들이 인공위성을 사용할 수 있었다면, 분명히 감동받았을 것이다!

지구 주위에서 달의 궤도는 정확한 원형이 아니며, 그림자의 크기는 일식의 순간에 지구에서 달까지의 정확한 거리에 의해 좌우된다. 가끔씩 달이 너무 멀리 있으면, 그림 4.7에 그려진 광선들은 지구 위의 한 점에서 만난다. 그렇다면 지구 표면에 완전한 개기일식을 볼 수 있는 지역은 없고, 얇은 고리 같은 태양빛이 달을 둘러싸고 있는 것을 보게 될 것이다. 이러한 현상을 금환식이라 한다.

월식과 일식의 중요한 차이점을 찾아내는 것은 흥미로운 일이다. 월식은 지구 어디서나 동시에 보인다. 일식은 그림자에 의해 덮히는 띠를 따라 다른 시간에 발생한다. 지구가 회전하고 그림자는 지구 표면을 가로질러 움직이기 때문이다.

4.3 크기와 거리

■4.3.1 태양과 달의 상대적 크기

이미 그림 4.5a에서 한 가지 정보를 얻었다. 즉,

$$\frac{\text{태양의 직경}}{\text{달의 직경}} = \frac{\text{지구에서 태양까지 거리}}{\text{지구에서 달까지 거리}}$$

이 비율은 지구에서 보면 달과 태양이 하늘에서 거의 같은 크기로 보인다는 사실에서 산출되었다. 등식 자체가 실제 크기, 즉 어느 것이 더 작고 더 가까우며, 어느 것이 더 크고 더 멀리 있는 지에 대한 정보를 제공하지는 않는다. 물론 태양이 가려져 있어 더 먼 물체라는 것은 분명하다.

아리스타르코스(Aristarchus, 310-230 BC)는 천문학적 크기와 거리를 결정하는 매우 독창적인 방법을 제안하였다. 달에 드리워진 지구 그림자의 크기는 놀라운 논리 사슬에서 다음 단계의 단서가 되었고, 지구와 달의 실제 크기를 비교하게 되었다. 다음에서 보게 되는 것처럼, 이 두 번째 단계는 첫 번째처럼 매우 정확한 것은 아니다.

■4.3.2 달에 드리워진 지구의 그림자

아리스타르코스는 월식이 일어날 때 달이 지구의 그림자를 통과하는 시간을 측정하여, 달에 드리워진 지구 그림자의 직경이 달 직경의 $2\frac{1}{2}$이라고 추정했다.

첫 번째 정보 : *달에 드리운 지구 그림자의 크기=2.5×달의 크기*. 이것이 실제 지구의 크기와 얼마나 연관되어 있는가?

■ 4.3.3 줄어드는 그림자

한 물체에 의해 드리워지는 그림자의 크기는 물체를 비추는 광선의 방향에 좌우된다.

빛이 태양과 같이 넓은 광원으로부터 나올 때, 그림자는 두 개 영역으로 나누어질 수 있다. 즉, 태양이 비추지 않는 영역인 본그림자와, 태양의 일부 지점에서 조명되나, 모든 지점에서 조명되지 않는 반그림자가 있다 (그림 4.6). 본그림자는 매우 잘 정의되어 있으며, 월식과 일식 양쪽을 토론할 때 언급되는 완전한 그늘 영역이다.

해변에 있는 파라솔 아래 그늘과 같이 더 흔한 상황에 적용해보자. 태양의 밝기 때문에, 반그림자는 매우 밝아 태양빛이 비춰진 영역과 거의 구별할 수 없다.

태양이 점광원이라면, 지구 뒤의 상상의 화면이 지구로부터 멀리 이동되면, 지구 그림자가 퍼져나가는 것을 예상할 수 있다. 그러나, 그림 4.6에서처럼, 태양은 넓은 광원이고 본그림자의 크기는 화면이 멀리 이동될 때 감소한다. 화면의 각 크기가 태양의 각크기보다 작을 때 본그림자는 사라진다.

그림 4.6 **본그림자와 반그림자**

흔한 경험을 통해, 지면으로부터 너무 위쪽으로 설치된 파라솔은 태양 전체를 가려주지 않고 거의 덮어주지도 않는다는 것을 알 수 있다. 실제로, 분산된 빛은 거의 쓸모가 없다!

천문학으로 돌아가기

달이 태양을 가로막을 때, 달 그림자의 본그림자는 지구에 도달할 무렵 한 점으로 줄어든다. 유사하게, 지구가 달 정면에 있을 때, 지구의 그림자는 달에 도달할 무렵 더 작아진다. 하지만 지구가 더 크기 때문에, 그림자는 한 점으로 감소되지 않을 것이다.

그림자 비교

태양이 아주 멀리 떨어져 있어서 지구와 달 영역에서 각크기가 변하지 않는다고 가정하면, 태양의 가장자리에서 나오는 광선들의 각도는 그림 4.7과 같을 것이다. 달 그림자의 끝이 점점 가늘어져서 지구와 달 사이에서 한 점이 되기 때문에, 지구 그림자의 직경은 같은 거리에서 같은 양만큼 감소할 것이다. 그러므로 달에 나타나는 지구 그림자는 지구의 실제 크기보다 거의 달의 직경만큼 작아진다.

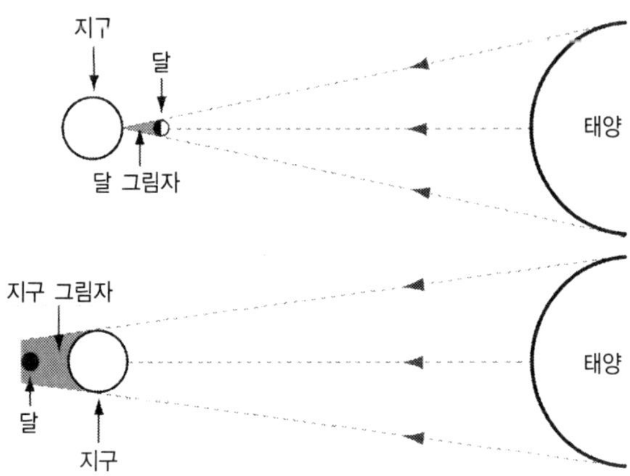

그림 4.7 그림자

아리스타르코스는 다음과 같이 결론을 내렸다 :

지구의 직경 = 달에 드리워진 지구 그림자의 크기 + 달의 직경

= 2.5 × 달의 직경 + 달의 직경

= 3.5 × 달의 직경

지구의 원주 ≈ 40,000 km (에라토스테네스)

달의 원주 ≈ $\dfrac{40{,}000}{3.5} \approx 11{,}500\ \mathrm{km}$

달의 직경 ≈ 3,650 km.

■ 4.3.4 달까지의 거리

아리스타르코스는 태양이 점광원이 아님을 알고 있었다. 지구에서 보면 달과 태양의 각크기가 거의 같으므로, 그림자의 크기가 더 줄어드는 것을 고려하여 수정했다.

즉, 달의 실제 크기를 알게 되면, 지구의 임의의 지점에서 달과 이루는 각도로부터 지구에서 달까지 거리를 계산하는 것이 얼마나 쉬운지를 보여주고 있다 (그림 4.8).

■ 4.3.5 태양까지의 거리

크기와 거리에 대한 조각 그림을 완성하기 위해 딱 한 가지 정보가 남아있다.

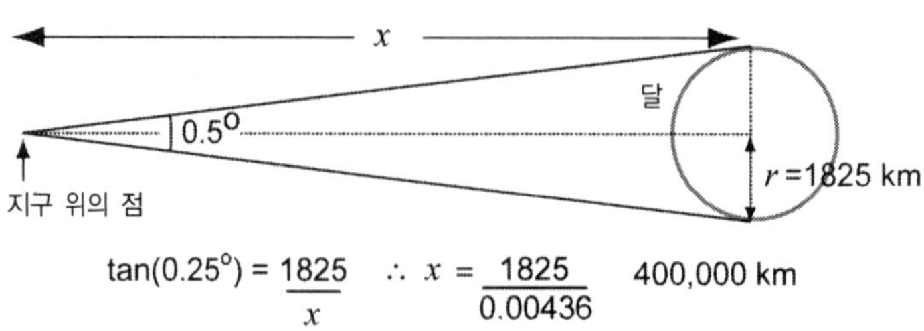

그림 4.8 지구로부터 달까지의 거리

달의 완전한 크기와 달이 지구로부터 떨어진 거리를 알고 있다. 지구에서 달까지 거리와 지구에서 태양까지 거리의 비율도 알게 되면, 모든 것이 멋지게 맞아 떨어질 것이다. 아리스타르코스는 이 정보를 구하는 방법에 대해 명확한 견해를 가지고 있었다.

달의 모습을 보여주는 그림 4.2로 돌아가서 좀더 자세히 살펴보면, 그림이 완벽하게 정확하지는 않다는 것을 알게 된다. 달이 정확히 상현달과 하현달일 때, 각 경우 양지바른 면은 그 면이 태양을 향하고 있기 때문에 안쪽으로 약간 기울어진다. 그림 4.9에서 그 상황은 더 분명해진다.

달에서 태양까지의 선은 달의 궤도 원의 접선이고 달에서 지구까지의 선은 중심에서 발산하는 선이다. 그 선들은 상호 수직이고 각은 90°이다. 상현달에서 하현달까지 궤도의 호는 하현달에서 상현달로 돌아가는 궤도의 호보다 더 길다는 것을 쉽게 일 수 있다. 달이 일정한 속도로 움직인다고 가정할 때, 위의 두 궤도 주행 사이에는 시간차가 있을 것이다. 이 시간차를 통해, 도표의 모든 각이 결정될 수 있고 그에 따라 지구와 태양 사이의 거리와 지구와 달 사이 거리의 비율이 정해진다. 일단 그 비율을 알게 되면, 필요한 모든 정보를 알게 되는 것이다.

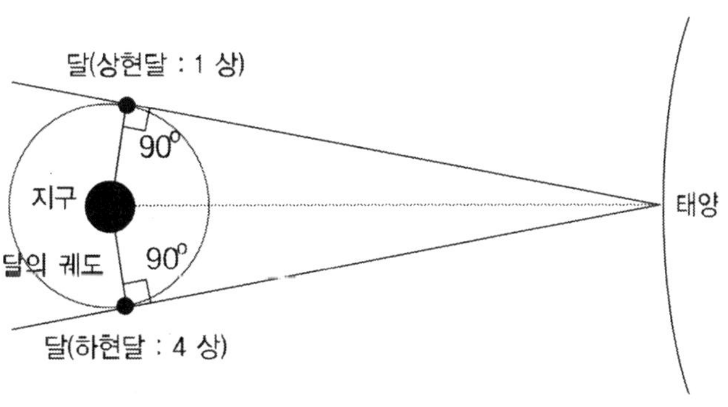

그림 4.9 상현달에서 하현달까지의 궤도의 호는 하현달에서 상현달로 돌아가는 궤도의 호보다 더 길다.

■4.3.6 실제 문제

아리스타르코스의 주장은 옳다. 하지만 그가 해결하지 못했던 한가지 문제가 있었다. 상상하는 것처럼 달이 어떤 모습을 하게 되는 정확한 순간을 결정하는 것이 매우 어렵다. 달이 4가지 모습 전부를 보이는 데 걸리는 전체 시간은 약 30일이다. 아리스타르코스의 시각적 추정은 1상에서 4상까지 가는 것이 4상에서 1상으로 되돌아가는 것보다 하루가 더 걸린다는 것이었다. 아리스타르코스의 자료를 이용하여, 지구와 달 사이 거리로 지구와 태양까지의 거리를 계산하는 그의 추론을 따라가 보자.

전체 주행 시간 ≅ 30일, 긴 부분 ≅ 15.5일, 짧은 부분 ≅ 14,5일.

상현달은 1/4일 이르고 하현달은 1/4일 늦다.

30일은 360°(1회 완전한 회전)에 상응하므로, 1/4일은 3°에 상응한다.

이것은 그림 4.10의 θ각의 크기가 3°임을 의미한다.

$$\frac{\mathrm{EM}}{\mathrm{ES}} \cong \sin 3° = 0.05$$

아리스타르코스에 따르면, 태양은 달보다 약 20배 더 멀리 있다.

방법은 정확한 반면, 결과는 너무 미미했다. 왜냐하면 달의 모습에 대한 측정은 극히 민감하기 때문이다.

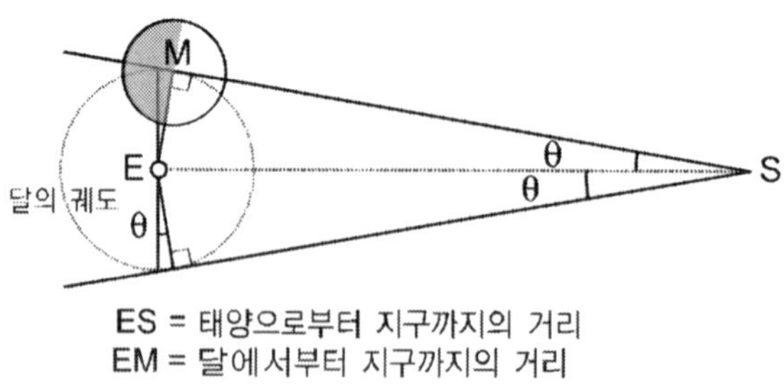

그림 4.10 아리스타르코스의 계산에서 사용한 기하학 도면

이제 지구에서 태양까지 거리가 지구에서 달까지 거리의 약 390배라는 것을 알게 되었다(각 θ는 3°가 아니라 0.15°이다).

마지막 실험의 답이 20개의 요소 중 하나에 의해 나왔다는 사실에도 불구하고, 고대 천문학자들의 추론에 매우 감명받지 않을 수 없다. 그들은 에라토스테네스에 의한 한가지 완전한 측정, 즉 알렉산드리아에서 수에네까지 거리의 측정으로 시작하였다. 이후, 달과 태양의 크기와 지구로부터의 거리를 결정하여, 일련의 비율들이 결정되었다. 태양까지의 거리를 제외하고 모든 것들이 거의 정확했다. 이 거리를 바탕으로, 추정된 태양의 크기도 거의 정확했다.

아리스타르코스의 지구와 태양 사이의 거리는 17세기 후반까지 수용되었다. 그는 시대에 한참 앞서 갔고, 심지어 태양이 지구 주위를 돌지 않는다고 의심하였다. 그는 지구가 태양보다 훨씬 더 작기 때문에 태양이 지구 주위 돌기보다는 지구가 태양 주위를 도는 것이 확실히 이치에 맞다고 추론했다.

우리가 이미 알고 있듯이, 2000년 동안 이 견해가 수용되지 못했다.

■ 4.3.7 지구, 달과 태양에 대한 요약

지구의 직경은 12,750 km(현대의 측정치, 에라토스테네스에 의해 얻어진 측정치와 거의 차이 나지 않음)이다.

달, 지구와 태양의 상대적인 직경.

대상	달	지구	태양
그리스인들의 생각	0.3	1	6
현대의 값	0.27	1	109

■ 4.3.8 천문학적 거리

이 거리에 대한 직관을 얻기 위해, 음속의 두 배인 최대 순항 속력(표 4.1에서와 같이, 시속≈2150 km 또는 마하 2)으로 콩코드 초음속 비행기가 직행하는 시간표를 구성해보자.

표 4.1 여정의 거리와 시간

여정	거리(km)	빛의 속력으로 여행	콩코드 비행시간
지구 한반퀴 돌기	40,000	0.13	18.5시간
지구-달	3.84×10^5	1.28초	7.4일
지구-태양	1.50×10^8	8.33분	7.9년

4.4 행성

4.4.1 방랑자별

그리스와 다른 고대 문화에서, 매우 밝은 별처럼 보이고 서로 연관되는 위치를 정확하게 유지하는 평범한 고정된 별들과 달리, 하늘을 가로질러 떠도는 듯이 보이는 천체가 관찰되었다. 고정된 별들은 현재 별자리라 부르는 형태로 남아있는 반면, 이 밝은 별들은 분명한 일직선이거나 곡선이 아닌 경로를 따라 움직인다. 그래서 그 별들은 그리스인들을 매우 당혹하게 하였다. 그러한 별들을 행성, 즉 그리스어로 '방랑자'라 불렀다. 사진에서 보이는 경로는 완주에 약 6개월이 걸리는 것이다. 우연히 천왕성의 궤적이 위쪽 우측의 점선으로 보인다.

4.4.2 프톨레마이오스의 천동설

그리스인들은 5개의 행성, 즉 수성, 금성, 화성, 목성, 토성에 대해 알고 있었다. 그들은 행성들의 경로를 주의 깊게 측정했고, 매우 불규칙하여 하늘을 떠도는 전형적인 '방랑자'로 보였다. 그림 4.11처럼, 행성이 대개 전과 같은 방향으로 계속 주행하기 전에, 짧은 기간 동안 방향을 바꾸고 급히 되돌아가는 고리 모양을 하고 있다.

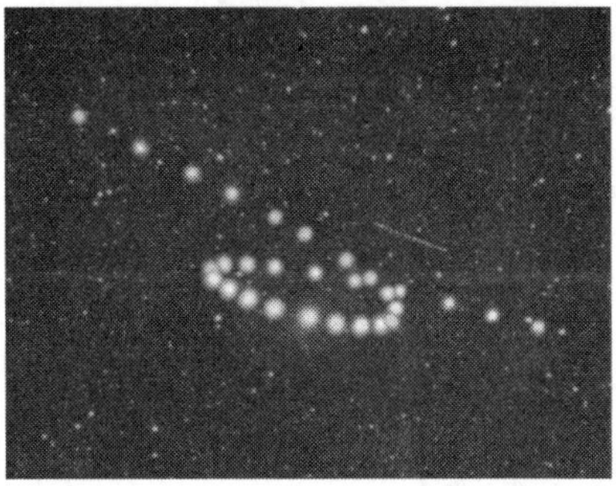

그림 4.11 화성의 경로. 2003년 12월 16일의 천체 그림. 나사 제공.

로도스섬에 있는 히파르코스(Hipparchus, 180 BC–125 BC)는 약 850개의 별에 관한 목록을 만들었고, 후에 클라우디우스 프톨레마이오스(Claudius Ptolemy, 85–165 AD)에 의해 확장되었다.

히파르코스와 프톨레마이오스는 둘 다 훌륭한 천문학자이자 수학자였다. 나무 막대기를 따라 정렬된 구멍을 눈으로만 살펴 측정한 것을 고려하면, 그들의 정확성은 정말 놀랍다. 히파르코스의 자료 중 일부는 현대 측정치의 0.2° 이내로 정확하다.

두 천문학자는 행성의 움직임에 대한 모형을 제작하기 위해 수학적 기술을 적용시켰다. 프톨레마이오스의 연구는 수년간 관찰한 결과를 포함한 13권으로 구성되었다. 그는 행성들이 각각 자신의 년수로 한 번씩 지구 주위를 돈다는, 소위 *기하학적* 모형을 개발하였다. 동시에 각 행성은 그림 4.12와 같이, *주원*이나 더 작은 원 안에서 주 궤도를 따라 움직이는 한 점 주위를 돌았다.

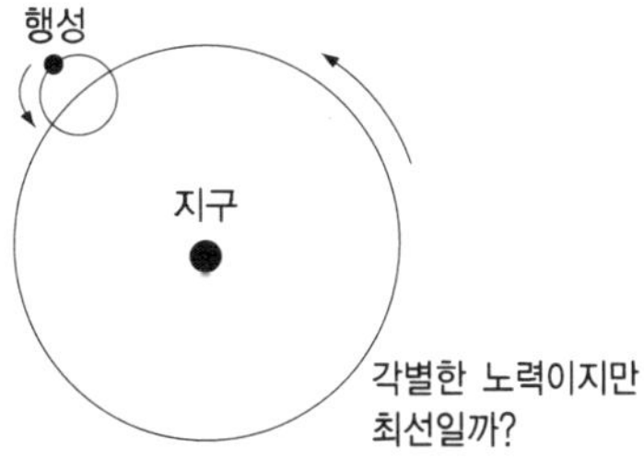

그림 4.12 행성 움직임에 대한 프톨레마이오스의 기하학적 모형

프톨레마이오스는 단순한 주원(epicycle) 형식이 완전하게 정확한 예측은 아님을 알아내어, 모형을 수정하였다. 그러나 더 복잡해졌다. 그는 행성의 궤도 중심을 지구로부터 약간 떨어지게 이동시켜야 했고, 주원 자체는 본원에서 기울어졌다. 마침내 5개 행성 모두의 위치를 정확히 예측한 모형을 제작하였고 이를 *알마게스트*(Almagest,〈천문학 집대성〉의 아랍어 번역판)라는 책으로 발표하였다. 이 책은 수 세기 동안 천문학자들과 항해사들에게 이용되었다.

히파르코스와 프톨레마이오스의 모형이 하늘에서 관찰된 행성의 위치를 잘 예측한 반면, 행성 움직임에 대한 *근거*를 제공하지는 못했다. 우리는 이를 위하여 1500년을 기다려야만 했다!

4.5 코페르니쿠스 혁명

이제 급속히 15세기로 이동한다. 비종교적 관점에서 보면, 지구는 우주의 중심에 있어야 한다. 반면에, 자연 철학자들은 지구, 나머지 행성들, 태양 그리고 서로 간의 관계가 더 단순하고 더 논리적인 방식으로 표현될 수 있는 모형을 원하였다.

■ 4.5.1 기준틀

인식하든 인식하지 않든 간에, 모든 측정은 기준틀의 관점에서 이루어진다. 일반적으로 가장 단순한 설명을 얻을 수 있는 관점으로 틀을 선택한다.

자전거 바퀴 가장자리에 장착된 반사경의 움직임을 설명한다고 해보자. 길 옆에 서 있는 관찰자가 그가 서있는 곳을 원점으로 하는 기준틀과 관련시킨다면, 그림 4.13과 같이 반사경의 움직임은 프톨레마이오스의 주원보다는 일련의 뾰족한 점으로 나타날 것이다. 그러나 그러한 설명이 반사경에 실제로 발생하는 것을 시각화하거나, 그 움직임을 통제하는 물리학적 법칙을 공식화하는 것은 쉽지 않다.

그림 4.13 길에서 달리는 자전거 바퀴 틀 위의 한 점의 경로

자전거 바퀴의 중심(바퀴와 함께 움직이는)이 원점이 되는 기준틀을 이용함으로써 훨씬 더 간단히게 설명할 수 있다. 그 기준틀에서 보이는 대로, 반사경은 단순히 원형으로 돌고 돈다. 또 다른 기준틀보다는 하나의 기준틀을 이용해야 하는 근본적 이유가 반드시 있는 것은 아니다.

더 가까운 시대로 뛰어넘어 가면, 알버트 아인슈타인은 20세기 초에 모든 *가속되지 않는* 기준틀은 동등하다는 공식적인 가정을 주장하였다. 이것이 그의 특별한 상대성 이론의 첫 단계를 형성하였다. 이 이론은 뒤에서 다룰 것이다(15, 16장).

■ 4.5.2 코페르니쿠스와 태양 중심 모형

폴란드 천문학자, 수학자이자 내과의사인 니콜라스 코페르니쿠스(Nicolas Copernicus, 1473-1543)와 올슈틴 대성당의 캐논(Canon)은 그리스인들이 행성의 움직임에 대한 모형을 개발할 때 겪었던 어려움이 주로 부적절한 *기준틀*을 사용했다는 사실을 알아냈다.

그리스인들은 지구가 우주와 태양계의 중심이라는 사상에 억눌렸다. 모든 측정은 지구가 원점인 정지해 있는 좌표계에서 이루어져야 했다. 태양과 나머지 행성들, 별, 달을 포함하여 그외 모든 것은 지구 주위를 돌아야 했다. 코페르니쿠스는 지구가 아닌 태양이 기준틀의 원점이라는 태양 중심설(지동설)을 채택하는 것이 훨씬 간단할 것이라고 인지하였다. 이러한 틀에서는 태양이 정지해 있고 행성들이 태양 주위를 돈다. 지구는 궤도를 따라 선회하는 행성들 중 하나일 뿐이다.

이 사상이 완전히 독창적인 것은 아니다. 아리스타르코스에 의해 천년 이상 전에 설명되었으나, 철학적 이유로 그의 동료들에 의해 무시되었다. 그리스 철학자들은 지구가 우주의 중심이 아니라는 것을 받아들이기가 불가능하였고, 아리스타르코스의 설명은 어쩔 수 없이 버려졌던 것으로 보인다.

사실, 코페르니쿠스의 연구와 갈릴레오의 연구에도 똑같은 '철학적' 이유로 상당한 반대가 있었다. 코페르니쿠스의 저서인 *천체의 회전에 관하여*〈De Revolutionibus Orbium Celestium〉는 1543년 그가 죽은 해에 비로소 출간되었다. 갈릴레오의 '이단적' 글을 근거로 한 로마 종교 재판과 갈릴레오의 대결은 이 장의 끝의 '역사적 막간'에서 기술될 것이다.

일단 지구가 아닌 태양이 행성계의 중심이라는 것이 수용되면, 모형을 시각화하기에 훨씬 더 쉬어진다. 코페르니쿠스는 궤도가 원형이고, 수성과 금성이 지구보다 태양에 더 가깝고, 화성, 목성과 토성은 외부 궤도에 있다고 추정하였다. 과거-현재 천문학 자료를 이용하여, 각 궤도의 반경과 각 행성이 완전한 선회를 완성하는 데 걸리는 시간을 계산하였다. 측정치 대부분은 현대 측정치의 1% 비율 내로 일치하였다.

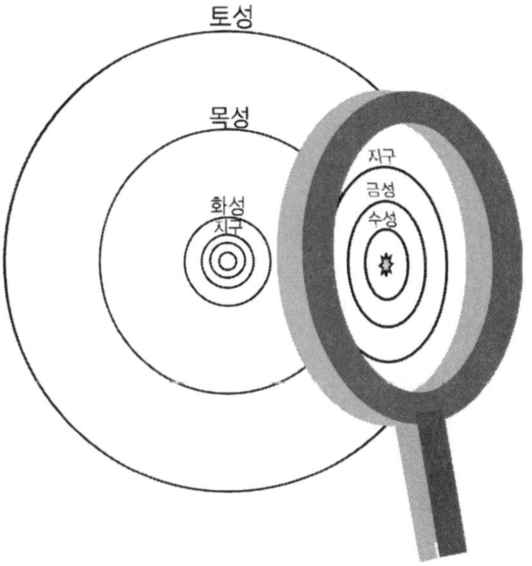

그림 4.14 코페르니쿠스 태양계 모델

그림 4.14는 그 모형을 단순화시킨 것이다. 궤도는 대략적인 척도에 따라 그려지지만, 황도면(천구상의 태양의 평균 궤도면)에 있는 것처럼 보인다. 행성의 궤도면은 황도에 대해서 기울어져 있다. 그러나 그 기울기는 작다. 가장 큰 기울기는 수성의 기울기이고, 황도에 대해 7° 기울어져 있다.

코페르니쿠스는 모형을 천문학적 관찰에 맞추기 위하여, 약간의 수정이 필요하다는 것을 알았다. 궤도의 일부를 만들어야 했고 다른 사소한 조정도 해야 했다. 그러나 그 모형의 압도적 특징은 대단한 단순성이었다. 태양을 원점으로 하여 세워진 기준틀이 사실에 대한 가장 분명한 설명을 제공하였다. 더 중요한 것은, 움직임을 통제하는 물리적 법칙의 공식을 위한 좋은 틀을 제공한다는 것이다.

코페르니쿠스는 각 행성에 대한 두 가지 특징적 시간차를 확인하였다:

별의 운행을 기초로 한 주기: 태양의 궤도를 완전히 한바퀴 선회하는데 걸리는 시간

두 행성간의 회합 주기: *지구에서 볼 때* 행성에 대해 상대적으로 같은 위치에 도달하는데 걸리는 시간. 이것은 주관적이다. 지구상의 관찰자에게만 의미가 있다.

표 4.2 코페르니안 시대에 알려진 행성들의 주요 수치

행성	항성 주기 (행성 년수)	궤도 주기 (코페르니칸 값, AU)	태양으로부터의 평균 거리 (현재 값, AU)
수성	88일	0.38	0.39
금성	225일	0.72	0.72
지구	1년	1.00	1.00
화성	1.9년	1.52	1.52
목성	11.9년	5.22	5.20
토성	29.5년	9.07	9.54

4.5.3 주전원은 어디서 왔는가?

'방랑자별'의 경로가 매우 복잡해 보이는 이유는 코페르니쿠스 모형의 특징을 더 세밀하게 분석해 보면 분명해진다.

그에 앞선 사람이 사용한 기준들이 적절하지 않았기 때문에 코페르니쿠스는 가장 적절한 기준들을 선택했다. 그림 4.15의 화성의 경로를 예로 들어 보자. 주기가 일년이고 화성 궤도 안쪽에서 움직이는 지구에서 관찰

한다. 태양에서 더 멀리 떨어진 화성은 완전한 일회전을 하는 데 1.9년이 걸린다. 지구가 안쪽에서 화성을 '따라 잡을' 때, 화성은 뒤로 움직이는 것처럼 보이지만, '따라 잡는 구역'에서 멀어지면 이는 더 이상 사실이 아니다(우연히, 우리는 태양이 '우리 뒤에' 있는 한밤 중에 화성을 볼 수 있다. 그러므로 화성의 궤도는 지구 궤도의 *바깥 쪽에 있는 것이 분명하다*. 반대로, 우리는 일출이나 일몰 때만 수성과 금성을 볼 수 있다. 이 때 수성과 금성은 지구에 비하여 태양의 방향에 있다).

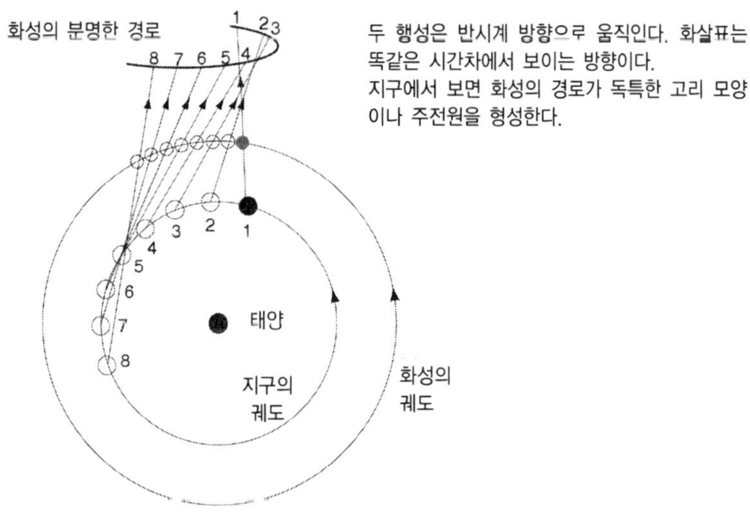

그림 4.15 지구에서 보이는 화성의 경로

4.6 코페르니쿠스 이후

매우 정확한 천문학적 관찰자로 알려진 티코 브라헤(Tycho Brahe, 1546-1601)는 코페르니쿠스 이론에 대한 실험을 시작하였다. 그는 지구가 실제로 궤도상에 있다면, 광대한 거리가 있는 지점에서 하늘을 관찰하는 이점을 가진다고 추론했다. 궤도상에 정반대 지점에서 관찰하면, 멀리 있는 별들의 형태는 다르게 보인다.

브라헤는 멀리 있는 별 중 일부는 다른 별보다 더 멀리 있어서, *시차*의 영향으로 지구 궤도 직경의 반대에 있는 끝지점에서 보는 것처럼 상대적 위치가 바뀔 것이라고 추정했다. 그는 높은 정확성에도 불구하고, 시차의 어떤 증거도 찾지 못하였고, 코페르니쿠스의 이론이 틀렸거나, 먼 별들까지의 거리가 시차에 비해 너무 커서 측정될 수 없다고 결론을 내렸다.

되돌아 보기:
왜 브라헤는 어떤 시차도 알아내지 못하였는가?

태양계 밖에서 가장 가까운 별 *센타우루스자리 프록시마*(센타우루스자리 알파의 동반성)까지 거리는 4.3 광년(272,000 AU)이고, 지구 궤도의 직경은 약 2 AU이다(AU는 천문단위로, 태양과 지구사이의 평균거리를 의미함).

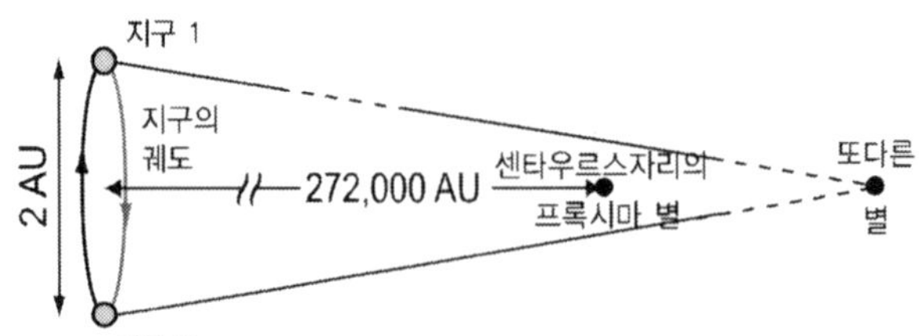

그림 4.16 시차가 없는 이유

그림 4.16을 축척하면, *센타우루스자리 프록시마*까지의 거리는 약 1.5 km일 것이다. 브라헤가 시도했던 것은 1 cm 사이에서 눈을 앞뒤로 '움직여' 1 km 이상 떨어진 물체 사이의 시차를 탐지해 보는 것에 비유될 수 있다.

요하네스 케플러(Johannes Kepler, 1571–1630)는 티코 브라헤의 조수로, 그의 천문학적 기록들을 물려받았다. 1609년에 케플러는 〈*새로운 천문학*(The New Astronomy)〉이라는 책을 출간하여 행성계에 대한 수학적 분석을 설명했다. 그는 코페르니쿠스가 모형을 약간 수정할 필요를 인지한 이유가 모형에 근본적 결점이 있어서가 아니라, *행성들의 경로가 원형이 아닌 타원형이기 때문임*을 증명하였다.

요하네스 케플러

케플러의 발견

케플러는 행성들의 궤도 크기와 선회 속도의 관계를 알아내려 했다. 시행착오를 거쳐, 그는 마침내 그 당시에 알려진 6개의 행성들에 대한 정확한 결과를 제공하는 공식을 알아냈다:

케플러 제 1법칙 : 태양 주위의 행성 궤도는 타원형이고 중심에 태양이 있다.
케플러 제 2법칙 : 행성을 태양과 결합시키는 선은 같은 시간에 동일한 면적을 지난다.

케플러 제 2법칙에 따르면, ASB 면적과 DSC 면적은 동일하다. 행성이 A에서 B까지 그리고 C에서 D까지 가는 데 걸리는 시간이 동일하다면, 이것은 AB가 분명히 CD보다 더 크고, 따라서 궤도의 속도는 행성이 태양과 더 가까우면 높아진다는 것을 의미한다.

이심률은 그림 4.17에서 크게 과장되어 있다. 한 예로, 지구 궤도의 이심률은 0.017이고 이것은 장축이 단축보다 1.00014배 길다는 것을 의미한다.

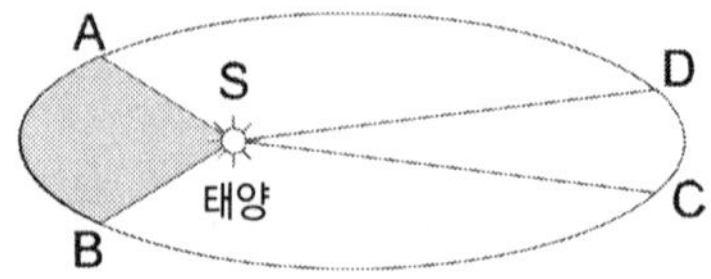

그림 4.17 케플러의 제 2법칙

케플러 제 3법칙 : 행성 운행 주기의 제곱은 장축 반지름의 세제곱에 비례한다.

T^2/a^3의 비율은 모든 행성에서 일정하다.

비례상수의 값은 단위에 따라 달라진다.

만일 T가 년수, 천문학적 단위가 a라면, $T^2/a^3 = 1$이다.

케플러는 이 공식에 매료되어 천체 사이에 어떤 조화성과 연관시키려 했다. 심지어, 행성들이 궤도에 따라 움직일 때 이들에 의해 만들어지는 천국의 음악이라고 생각했다. 한 가지 사실은 논쟁을 초월했다. 즉, 그 공식은 주기와 매우 정확한 궤도 반경의 관계를 설명했다는 것이다. 표 4.3에서 각 행성의 T^2/a^3 값은 동등하거나 1% 이상이다.

표 4.3 케플러 제 3법칙

행성	항성주기 T(년)	장축 반지름 a(AU)	T^2	a^3	T^2/a^3
수성	0.24085	0.3871	0.0580	0.0580	1.0
금성	0.6150	0.7233	0.3782	0.3784	0.999
지구	1.0000	1.0000	1.00	1.00	1.0
화성	1.8809	1.5237	3.54	3.60	0.983
목성	11.86	5.2028	140.66	140.83	0.999
토성	29.46	9.588	867.9	881.4	0.985

갈릴레오 갈릴레이

갈릴레오는 한스 리퍼세이(Hans-Lippershey)가 멀리 있는 물체를 크고 가깝게 보이게 하는 렌즈의 광학적 배열을 만든다고 들었을 때, 즉시 그만의 *망원경*을 제작하기 시작했다. 갈릴레오는 1609년 8월 29일자 편지에서, 이 새로운 발명품에 대해 이렇게 썼다: '*나는 그것을 제작하기 위해 고민하였고, 마침내 알아냈다. 그리고 아주 완벽하여 내가 만든 것은 플랑드르(Flemish)의 것을 훨씬 능가한다.*'

갈릴레오는 망원경의 배율을 약 6에서 30까지 높혔고, 천문학적 관찰에 사용했다. 1610년에 발간된 그의 저서, '행성에서 온 메시지(Message from the Stars)'에 기술하였다.

갈릴레오는 이 망원경을 사용하여 달에 있는 산과 분화구들을 보았고, 산의 그림자를 통해 산의 높이도 추정하였다. 별은 여전히 점물체들로 보였지만, 더 밝아 보였고 훨씬 더 많아 보였다(가장 강력한 현대의 망원경들조차 대부분의 별의 형상을 점물체 이상의 것으로 확대할 수 없다). 별과 대조적으로, 행성들은 밝은 원반으로 보였다. 갈릴레오는 금성의 '양지바른 부분'을 구별할 수 있었고, 금성이 달과 같은 상을 보여준다는 것을 알려주었다.

그는 이 후반의 관찰에 대해 이렇게 기술했다: '*나는 금성이 가끔 초승달 형태가 된다는 것을 발견했다.*' 이 발견은 하찮은 것으로 보일지 모르나, 실제로 우주의 지구 중심적 모형과 결정적으로 다르다. 지구 중심적 모형에서 금성은 항상 지구와 예상 태양 궤도 사이에 있으므로 금성에 조명된 전반적인 표면을 결코 볼 수 없어야 한다. 반면에, 관찰된 금성의 상은 코페르니쿠스의 모형과 매우 일치한다. 이 모형에서 금성은 달이 지구를 선회하는 것과 똑같은 방식으로 태양을 선회한다. 갈릴레오는 그의 결론을 애매하게 발표했고, 그것은 글자 그대로 다음과 같이 번역될 수 있다:

'*사랑의 어머니(금성)는 신시아(달)의 모습을 모방한다.*'

목성의 위성

표 4.4 목성의 위성과 현대 측정치

위성	항성주기 T(년)	T^2	목성으로부터의 평균거리 a(AU)	a^3	$\frac{T^2}{a^3}$
이오 (Io)	4.84×10^{-3}	24.43×10^{-6}	9.818×10^{-3}	2.238×10^{-8}	1.047×10^{3}
에우로파 (Europa)	9.72×10^{-3}	94.48×10^{-6}	4.485×10^{-3}	9.028×10^{-8}	1.047×10^{3}
가니메데 (Ganymede)	19.59×10^{-3}	38.38×10^{-5}	7.152×10^{-3}	3.658×10^{-7}	1.049×10^{3}
칼리스토 (Callisto)	45.69×10^{-3}	20.87×10^{-4}	1.257×10^{-2}	1.986×10^{-6}	1.051×10^{3}

아마도 갈릴레오의 가장 극적인 발견은 달이 지구를 선회하는 것과 똑같이 4개의 위성이 목성을 선회한다는 것이다. 갈릴레오는 목성의 위성 궤도 반경의 상대적 크기와 선회 시간들을 추정할 수 있었다. 그가 관찰한 결과들을 케플러에게 전했을 때, 케플러는 즉시, 비록 비례상수는 다르지만 그의 제 3법칙이 목성의 위성들에 적용된다는 것을 알았다. 케플러의 신비로운 법칙은 일반적으로 우주 전체에 적용되는 것 같다! 갈릴레오의 측정치는 아주정확하지는 않지만, 표 4.4에 보이는 바와 같이 현대의 측정치와 비교할 때 얼마나 놀라운 결과인지를 확인시켜 주었다.

쉽게 비교할 수 있도록 길이와 시간의 동일한 단위가 표 4.3과 4.4에 사용되었다.

갈릴레오는 이제 어느 때보다 더 코페르니쿠스의 이론이 분명히 옳다고 확신했다. 여기 또 하나의 천체인 목성과 그것 주위를 선회하는 행성들이 있다. 지구는 행성계의 유일한 중심체가 아니었다.

달이 지구 주위를 돌았지만 그것이 전부다. 태양과 우주의 나머지는 지구 주위를 돌지 않는다!

수치 확인

에드워드 바너드(Edward Barnard)는 1892년 목성의 다섯 번째 위성을 발견했다. 운행 주기는 0.498일이고 궤도 반경은 181,300 km이다.

이 위성도 케플러의 법칙을 따르는지 확인해 보자.

161,300 km = 1.2120×10^{-3} AU	$a^3 = 1.780 \times 10^{-9}$
0.498 일 = 1.3634×10^{-3} 년	$T^2 = 1.859 \times 10^{-6}$

T^2 / a^3 값은 1.044×10^3이고, 이것은 표 4.4의 값과 매우 일치한다.

지금은 전부 13개의 위성이 목성을 선회한다. 이후에 발견된 8개의 위성은 갈릴레오 시대의 위성들보다 훨씬 더 작지만, 모두 케플러의 법칙에 따른다. 이오 위성은 직경이 3600 km이고, 목성의 중심에서 420,000 km의 중간거리에서 42시간마다 선회한다. 우주선 *갈릴레오*에서 찍힌 이오의 근접 촬영 사진은 이오 위성이 그 육중한 목성을 선회할 때 목성에 그림자를 드리우고 있는 것을 보여주고 있다.

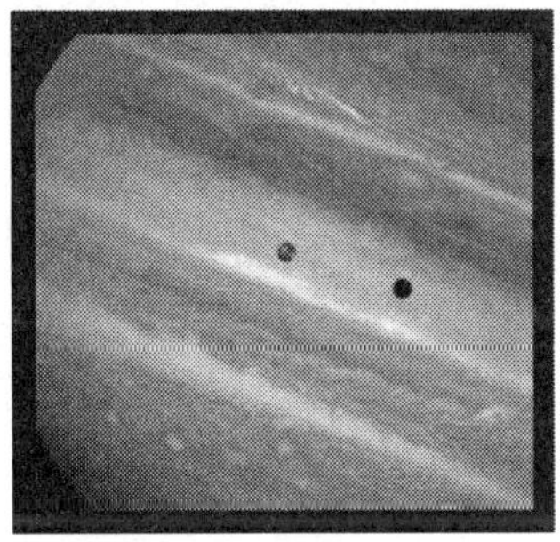

목성을 가로지르는 이오 위성의 이동.
NASA/JPL–애리조나 대학 제공.

4.7 균형 잡힌 태양계

지구의 크기와 비교하여 태양계의 크기는 방대하다. *태양*의 질량은 지구 질량의 300,000배이다. 가장 먼 것으로 알려진 *명왕성*은 태양으로부터 지구보다 약 40배 떨어져 있다. 그러나 전체 은하계의 관점으로 보면, 이것은 매우 '가까운 지역'이다. 우리에게 가까운 은하계인 *은하수*에는 수 십억개의 별들이 있으며, 그들 중 일부는 태양보다 훨씬 더 크다. 어떤 별들은 행성을 갖지만, 현재 기술로는 볼 수 있는 방법이 없으며, 간접적으로 추론할 뿐이다(7장을 보시오). *센타우루*

*스자리 프록시마*는 가장 가까운 이웃별이며, 약 4 광년 떨어져 있다. 역시 위성이 있겠지만, 너무 작아서 현재 기술로는 간접적으로도 탐지할 수 없을 것이다.

은하수는 나선형인 은하계의 일종이며, 나선형 팔들을 가진 원반 형태를 하고 있다. 그 원반(은하수)의 직경은 약 100,000 광년이고 태양은 나선형 팔들 중 하나로, 은하계의 중심에서 약 30,000 광년 떨어진 곳에 위치해 있다. 은하계의 총질량은 태양 질량의 1,500억 배라고 추정된다(약 10 광시(1 광시는 빛이 1시간 동안 움직인 거리)인 태양계의 직경, 또는 16 광분(1광분은 빛이 1분동안 움직인 거리)인 지구 궤도의 직경과 비교해 보시오.). NGC7331(종종 은하수의 '쌍둥이'라고 언급)은 수 백만 광년 떨어진 거대 은하계의 관찰자가 우리 은하계가 어떻게 보일지를 보여준다.

NGC7331. *NASA/JPJ-칼텍 제공.*

맑은 날 밤, 은하수는 하늘을 가로지르는 별들의 넓은 띠처럼 보일 것이다.

알버트 아인슈타인에 따르면, 어떤 정보도 빛의 속도보다 더 빨리 주행할 수 없다. 로마 제국의 흥망성쇠는 우리 은하계를 가로질러 겨우 1/50을 주행했다. 만일 누군가가 은하수 밖에서 지구를 관찰한다면, 그들은 지구를 호모 사피엔스가 나타나기 전의 모습으로 보게된다!

캘리포니아주의 데스밸리에서 보이는 은하수. *NASA/JPJ-칼텍 제공.*

역사적 막간 : 갈릴레오 갈릴레이(Galileo Galilei, 1564-1642)

갈릴레오는 1564년(윌리엄 셰익스피어와 같은 해) 2월 15일 피사에서 태어났다. 그의 가문은 귀족이었으나 재산은 많지 않았다. 그의 부친인 빈첸티오(Vincenzio)는 현악기에 관해 많은 발견을 한 음악가였고, 갈릴레오는 그 발견들을 자신의 연구에 결합시켰다. 그의 아버지의 소원은 갈릴레오가 수학보다는 의사로서 현실적인 직업을 갖는 것이었다. 그는 피사대학교 의과대학에 등록했으나 학업을 마치지 않았고 학위를 취득하지 못한 채, 플로렌스에서 수학을 가르치는 일을 하였다.

갈릴레오는 단호하며, 가끔 싸움을 좋아하는 성격이었고, 붉은 머리카락의 건장한 체격이었다. 친구들에게 충실했지만, 어리석은 사람들에게는 관대하지 않은 것으로 알려졌다. 동료와 적 양쪽에 대해 산문을 쓰는 것으로도 알려졌다. 글은 종종 재미있지만, 가끔 야비하게 보이기도 했다.

갈릴레오는 25세에 피사에서 수학을 가르치는 지위에 임명되었다. 보수가 별로 좋지 않았고, 그 일을 즐기지도 않았다. 그의 임무 중 하나는 의과대학 학생들에게 우주의 지구 중심적인 당시의 표준 모형을 이해할 수 있도록 유클리드 기하학을 가르치는 것이었다. 이 모형에서 지구는 중심에 정지한 상태로 있고 태양과 행성들이 복잡한 경로로 지구 주위를 돌았다. 의과대학생들은 이런 지식을 점성학에 적용하고 의료 업무에 적용할 수 있도록 천문학 공부를 해야 했다.

갈릴레오는 점성학을 할 시간도 없었지만, 상황을 더 역설적으로 만든 것은 지구 중심적 모형을 믿지 않았다는 것이라고 추정해도 괜찮을 것이다. 갈릴레오는 그 당시에는 불건전하고 심지어 이교적이라 여겨졌던 코페르니쿠스의 이론을 따랐다. 1543년, 코페르니쿠스는 '천체의 회전에 관하여' 라는 책을 발간했다. 이 책에서 그는 지구와 행성들이 정지해 있는 태양 주위를 돈다는 태양 중심 이론을 주장했다.

아일랜드 우체국 제공.

1592년, 갈릴레오는 파두아 대학의 수학 교수로 임명됐다. 여기서 18년을 보냈다. 그는 수학자였을 뿐 아니라, 실용적인 발명에 대한 훌륭한 재능도 갖고 있었다. 이런 것들 중 몇몇(보석의 밀도 측정용 고도 정밀 천칭과 1597년에 발명된 현재의 군사용 아날로그 컴퓨터라고 불림직한 것 등)은 피렌체의 실험 아카데미(Accademia Cimento)에 보존되어 있다. 그는 내연의 처인 마리나 감바(Marina Gamba), 아들, 두 딸과 함께 살았다. 그 때가 생애 최고의 시간들이었고, 많은 연구의 기초가 당시 만들어졌다.

크리스티아노 반티가 그린
로마 교황청과 마주한 갈릴레오.

1610년, 갈릴레오는 그의 학생들 중 한 명이었던 대공(大公) 코시모 2세의 '궁중 수학자 겸 철학자'가 되어 달라는 초청을 받고, 피렌체로 이사했다. 대공은 갈릴레오가 거절할 수 없는 제안을 했다. 갈릴레오의 봉급은 파두아 대학보다 5배가 되고 거의 가르치지도 않는다는 것이었다. 갈릴레오는 마리나 감바와 딸들을 피렌체에서 약간 떨어진 아르체트리의 수녀원에 맡겼다. 특히 그의 큰 딸 버지니아(Virginia)는 그의 힘든 노년기에 가장 훌륭한 후원자가 되었다고 한다.

갈릴레오는 수학적 논쟁을 관찰과 실험에 적용시키는 것을 개척했다. 그 때까지, 아리스토텔레스의 권위는 우주에 관한 철학적 논쟁 속에 둘러싸여 있었다. 우주 중심에 고정된 지구라는 프톨레마이오스식 체계는 성경 구절에 의해 지지되었다. 한 예는 여호수아 10장 12-14절이다: '신은 여호수아의 기도에 응답하여 태양이 가만히 있게 하였다.' 로마의 교회 당국은 '지구가 태양 주위를 돌고 태양이 우주의 중심에 있으며, 동쪽에서 서쪽으로 움직이지 않는다는 이론은 성서에 반대되므로, 옹호되거나 주장될 수 없다'고 진술하면서 코페르니쿠스의 연구를 비난하기도 했다.

1616년에 교황 바오르 5세 카디날 벨라민은 갈릴레오에게 코페르니쿠스의 이론을 옹호하지 말 것과 그 이론을 말이나 글로 토론하지 말 것을 경고했다. 그러나 1624년, 겉으로 좀 더 자유로와 보이는 교황 어번 8세를 만난 후, 타협이 이루어졌다. 이 타협에서 갈릴레오는 순수하게 수학적 가설로 다루어, '우주의 실제적인 구성'을 나타내지 않는 한, 그 이론에 관해 써도 좋다고 허락받았다.

1632년, 갈릴레오는 〈두 개의 중요한 세상 체계에 관한 대화(Dialogue Concerning the Two Chief World Systems)〉를 발간했다. 그 책은 전형적인 풍자적 방식으로 쓰여졌고, 프톨레마이오스와 코페르니쿠스 모형의 상대적 장점들에 관한 세 사람의 토론을 묘사했다. 코페르니쿠스의 사례는 갈릴레오를 대변했던 지식인인 살비아티(Salviati)에 의해 가장 설득력있게 주장되었다. 사그레도(Sagredo)는 부유한 귀족이었고 진리를 추구했던 관심있는 방관자였다. 아리스토텔레스학파의 철학자인 심플리치오(Simplicio)는 프톨레마이오스의 이론을 옹호했다. 그는 그다지 영리하지 않았으며 약했을 뿐 아니라 교황 어반(Urban) 3세에 의해 쓰여진 축어적 진술을 포함하는 주장을 이용했다고 묘사됐다. 두 개의 중요한 세상 체계에 관한 대화는 로마에서 받아들여지지 않아, 갈릴레오는 1633년 종교재판 법정에 출두하도록 소환되었다. 종교재판은 그에게 출두를 강요할 힘은 없었지만, 그는 자발적으로 로마 법정에 출두했다.

그 법정은 지구가 움직인다는 생각은 터무니없고 불경스럽진 않더라도, 잘못되었다고 결론지었다. 갈릴레오는 글이나 연설에서 그 이론을 토론하지 말 것을 명령 받았다. 그는 오늘날 소위 자택 감금이라는 명목으로 아르체트리에 있는 그의 주택에 감금됐고, '잘못'을 철회하라고 명령 받았으며 더 이상 어떤 글의 출간도 금지됐다. 그가 70세의 나이가 됐을 때 종교 재판관들은 갈릴레오가 더 이상 그들에게 문제를 일으키지 않을 거라고 생각하였다. 그들은 갈릴레오의 결심을 과소평가하고 있었다. 왜냐하면 갈릴레오는 평결이 발표됐을 때 'Eppuor si mouve'-'아무튼 그것은 움직인다.' 라고 중얼거렸다고 전해지기 때문이다.

갈릴레오의 예리한 문체와 냉소적인 재치는 영어 번역에서도 성공했다. 그의 역경에 대한 부족한 관심은 그의 말에서 반향된다: '나는 소요학파 사람들의 주장에 반대하는 논설의 코페르니쿠스 편에 섰다. 이 사람들은 실제로, 그들이 걸어서 돌아다니지 않기 때문에 그 이름(the Peripatetics)을 가질 자격이 없다. 그들은 어둠을 받드는 데 만족하고, 세심한 주의를 기울이지 않고 단순히 몇가지 잘못 이해된 원리를 기억하여 사색한다.'

3인의 토론

'나는 수년 전에 사그레도, 살비아티와 함께 어떤 소요학파 철학자의 참석하에 토론에 참여하였다. 진실을 이해함에 있어 소요학파 철학자의 가장 큰 장애물은 그가 아리스토텔레스를 해석한 것으로 얻은 명성인 것 같았다. 나는 현재의 논쟁에 질문자로 그들을 소개함으로써 이 글에서 그들의 명성을 살아있게 하기로 결심했다.'

그 토론은 지구가 움직이는지, 아니면 우주 중심에서 움직이지 않고 있는지에 대한 문제에 초점을 둔다. 심플리치오의 주장은 지구가 움직이고 있다는 것이었고, 이것은 주목할 만할 것이다. 왜냐하면 떨어지는 물체들은 수직으로 떨어지지 않을 것이고, 그것들의 움직임은 '횡단과 수직'의 복합이 될 것이기 때문이다. 살비아티는 매우 흥미로운 실험을 제안한다.

: '큰 선박 갑판 아래의 큰 방에서 친구와 입을 다물고 있어라. 그러면 모기, 파리와 다른 날개 달린 작은 생물들이 모여든다. 또한 커다란 통을 물로 가득 채우고 그 안에 물고기 몇 마리를 넣어라. 병도 하나 매달아 놓아라, 그러면 그 병이 물을 한 방울씩 똑바로 놓인 목이 좁은 병안으로 들어가게 한다. 선박이 움직이지 않고 있는 동안 이 모든 사항들, 즉 날개 달린 작은 동물들이 속도 비슷한 것과 함께 어떻게 방의 모든 부분을 향해 날아가는지, 물고기들이 어떻게 무심히 모든 벽면을 향해 수영하는지, 그리고 한 방울씩 떨어지는 물이 모두 어떻게 아래에 놓인 병에 떨어지는지를 관찰한 후, 배를 원하는 속도로 움직이게 하고 그 움직임이 일정하고 이리 저리 요동치지 않도록 해라. 당신은 위에서 말한 모든 결과에서 최소한의 변화를 식별하거나, 배가 움직이는지 가만히 있는지에 대해 조금도 알 수 없을 것이다.'

많은 부분들이 재미있고 종종 즐겁다. 중력의 신비한 매력을 보여주기 때문이다. 살비아티: '만일 탑 꼭대기에서 죽은 새와 살아있는 새를 떨어뜨리면, 죽은 새는 돌이 떨어지는 것과 같을 것이다. 처음에는 일반적인 평범한 동작을 하다가 돌처럼 하강 동작을 한다. 그러나 새가 살아 있는 채로 떨어진다면, 차이점은 돌은 외부 투사기에 의해 움직이고, 새들은 내부 원리에 의해 움직인다는 것이다.'

그 논쟁은 갈릴레오의 종교적 믿음에 영향을 주지 않았다. 성경이 평민들에 의해 이해되도록 의도되었고, 성경을 벗어나서 진보된 물리적 이론을 읽으려 하는 것은 무의미하다고 생각했다. 최종 재판이 있기 몇 달 전에 갈릴레오는 그의 친구 델리아티(Ella Deliati)에게 편지를 썼다: '자연이 그것의 작품을 인간의 입맛에 맞추려고 변화해 왔다고 아무도 주장하는 이는 없을 것이다. 만일 이것이(자연이 인간에게 맞추어 변화해온 것) 사실이라면, 나는 왜 세상의 다른 부분을 이해하기 위해 신의 작품이 아니라 말씀에 대한 조사로 시작해야 하는지를 묻는다. 그렇다면 신의 작품은 말씀보다 덜 존경스러운가?

말년에 갈릴레오는 명목상 자택 감금 하에 있었지만, 그의 입장을 확정하는 것에 방해되지는 않았다. 그는 딸 버지니아와 가까이에 있으려고 아르체트리에 남았고, 버지니아는 훌륭한 버팀목이었다다. 갈릴레오가 점점 더 아프고 약해지는 동안, 슬프게도 그녀는 1634년에 죽었다. 그럼에도, 갈릴레오는 여전히 그의 가장 위대한 저서라고 밝혀진, 〈새로운 두 과학(Two New Sciences Dialogue)〉을 계속 집필했다. 살비아티와 사그레도는 중심인물이지만, 그들은 변했다. 심플리치오는 더 이상 완고한 바보가 아니라 갈릴레오 자신의 젊은 시절의 생각을 나타낸다. 사그레도는 그의 중년 시기, 살비아티는 갈릴레오의 성숙한 모습이다. 그들은 물체의 움직임과 물질의 특성을 토론하고 있다. 사실, 많은 아이디어가 뉴턴 역학을 구성할 수 있었던 출발점을 형성한다.

갈릴레오가 묘사한 두 가지 새로운 과학은 운동의 과학과 물질과 구조의 과학이었다. 땅으로 떨어지는 물체에 관하여, 아리스토텔레스의 생각을 의심했다. 아리스토텔레스의 '설명'은 이것이 지구의 중심에 있는 자연적인 장소를 추구하는 물체들의 움직임이라는 것이었다. 또한 더 무거운 물체들이 그들의 자연 서식처를 향한 끌림이 더 강하기 때문에 더 빨리 떨어진다고 주장했다. 토론 과정에서 살비아티는 다음의 관찰을 한다:

'나는 아리스토텔레스가 하나와 다른 하나의 10배 되는 두 개의 돌이 100 큐빗(팔꿈치에서 가운데 손가락까지의 길이) 높이에서 동시에 떨어진다면, 속도가 매우 달라서 더 무거운 것이 땅에 도달했을 때 다른 하나는 10 큐빗 이상 떨어지지 않을 것인지를 실험으로 검증했다는 것이 매우 의심된다!'

갈릴레오는 이태리에서 출간되도록 허락되지 않아서, 그의 원고는 네덜란드에서 1638년에 출간됐다.

이것은 과학의 새로운 시대를 열었다. 세상은 한 사람이 주장하는 방식으로 만들어지지 않는다. 비록 그 주장이 당국에 의한 것이고, 그 당국이 아무리 존경받는다 할지라도, 자연의 법칙이란 발견된 후 실험에 의해 검증되어야 한다. 갈릴레오의 실험이 피사의 사탑에서 수행되었는지는 분명하지 않다. 그러나 신중하게 통제된 많은 실험에서 무게가 다른 부드러운 완성된 구체를 기울어진 평면에 구르게 하여 중력의 법칙을 시험했고 그 결과에서 불일치를 찾지 못했다.

갈릴레오는 1642년에 죽었다. 아이직 뉴턴이 태어난 같은 해이다. 뉴턴은 유명한 진술을 하였다. '만일 내가 다른 사람들보다 더 멀리 보았다면, 그것은 거장들의 어깨 위에 서있기 때문이다.' 갈릴레오 갈릴레이는 틀림없이 그 거장들 중 한 명이었다.

■ 부록 4.1 타원의 수학

타원은 여러 가지 수학적 방법으로 정의될 수 있다. 여기서는 물리학적으로 가장 관련있는 정의를 선택한다:

타원은 두 개의 고정된 점으로부터 거리의 합이 일정하도록 움직이는 한 점의 궤적이다. 두 개의 고정된 점들은 타원의 초점이라 불린다.

이 특성을 사용하여 타원을 간단하게 그릴 수 있다. 두 개의 핀을 초점에 고정시키고, 가느다란 줄로 고리를 만든다. 연필 끝으로 줄을 팽팽하게 당기면 삼각형을 이룬다. 줄이 팽팽한 상태로 연필을 종이에서 핀 주위로 움직이면 타원의 궤적이 형성될 것이다.

이심률은 타원의 늘어난 정도를 설명하는 것이다. 이심률이 작을수록, 초점들은 서로에게 가까워지고 원형을 닮게 된다. 왜냐하면 $e=0$인 경우, 초점들이 원의 중심에서 일치하기 때문이다.

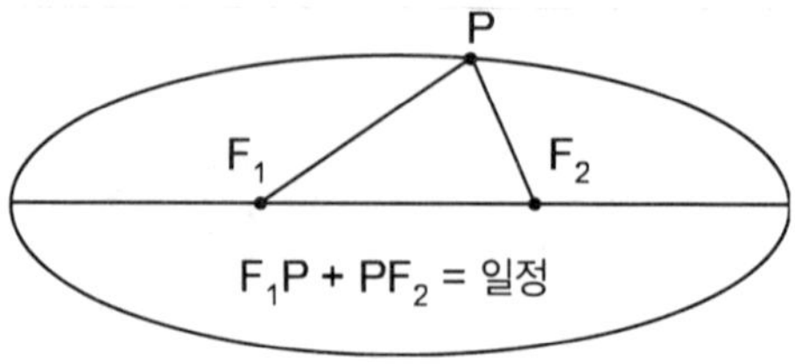

그림 4.18 타원의 성질

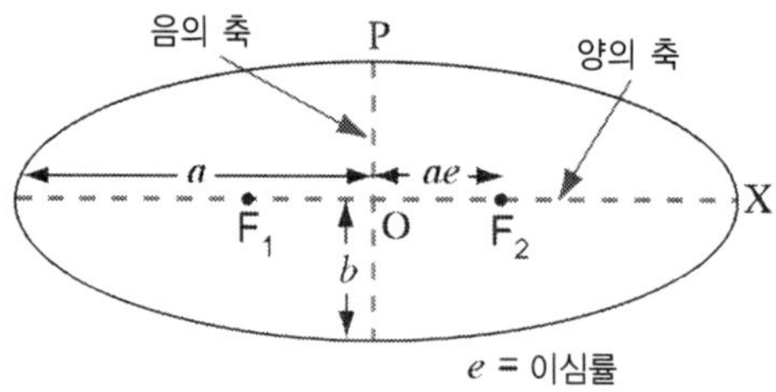

그림 4.19 타원의 이심률

타원의 정의로부터(그림 4.18과 4.19)

$$\mathrm{F_1P} + \mathrm{PF_2} = \text{상수} = \mathrm{F_1X} + \mathrm{XF_2} = (a+ae)+(a-ae)=2a$$

대칭으로부터,

$$\mathrm{F_1P} + \mathrm{PF_2} = a$$

삼각형 $\mathrm{OPF_2}$로부터

$$b^2+(ae)^2=a^2 \Rightarrow \frac{b^2}{a^2}=1-e^2$$

타원은 다음과 같은 비율을 가지는 닫힌 원뿔 곡선이다.

$$\frac{\text{단축 반지름}}{\text{장축 반지름}} = \sqrt{1-e^2}$$

제05장

과거에서 온 빛 - 천체물리학

아이작 뉴턴이 중력의 법칙을 발견하고, 중력이 지구든 달이든 우주의 어느 곳에서나 물질에 똑같이 적용된다는 것을 발견했을 때, 완전히 새로운 장이 열렸다. 행성의 궤도 계산뿐만 아니라, 심지어 지금껏 보지 못한 행성의 존재와 움직임을 예견하는 것도 가능해졌다. 천체물리학이라는 과학이 탄생한 것이다.

이제 물리학 법칙을 이용하여, 우주 역사를 원래의 '빅뱅'으로 추적하는 것이 가능해졌다. 엄청난 양의 에너지가 여전히 우리 주위에 있는 전자기 방사의 형태로 방출되었을 때, 후에 이것이 우주의 첫 순간에 대한 소식을 알려주는 전달자의 역할까지 확대된 빛의 기능이라는 것을 알게 되었다.

물리학 법칙은 여러 가지 흥미로운 것- *초신성*의 폭발로 보이는 별들의 충돌과 죽음, *맥동성*의 존재, 그리고 심지어 우주에서 나온 *'창'*, 즉 *'블랙홀'*의 존재를 예견하고 설명한다.

5.1 천체물리학의 탄생

지금까지 우리는 *천문학*이라는 과학 - 천체와 천체의 움직임에 대한 연구를 다루고 있다. 태양계의 질서와 구성에 대한 발견이 매혹적이기에 다음과 같이 의문을 갖게 된다: *행성들이 왜 그렇게 움직이는가? 대체 왜 움직이는가? 케플러의 법칙이 궤도의 반경과 주기의 특별한 관계를 설명하는가?* 이 질문들에 대한 답이 *천체물리학*의 영역에 속한다.

5.1.1 아이작 뉴턴과 중력

뉴턴은 과학적 세계와 과학적 세계 밖 전체에 걸친 운동의 *역학적 법칙*으로 잘 알려져 있다. 첫 번째 법칙은 물체가 *힘*의 작용에 영향을 받지 않는다면, *계속 정지 상태에 있거나, 일정한 직선운동상태에 있다*는 것이다.

모나코 우편국 제공.

지구와 달, 그리고 다른 행성들이 모두 움직이고 있지만, 직선으로 움직이지는 않는다. 만일 뉴턴의 운동 법칙이 지구상의 물체뿐만 아니라 천문학상의 물체에도 적용된다고 가정하면, 지구, 달, 행성들은 어떤 *힘*의 영향을 받고 있을 것이며, 일정한 거리에서도 다소 작용할 것이다. 이 힘은 지구와 다른 행성들이 궤도를 따라 도는, 예를 들어, 태양 같은 별에 의해 작용된다. 유사하게, 지구와 다른 행성들은 그들의 각 위성들에게 힘을 미친다.

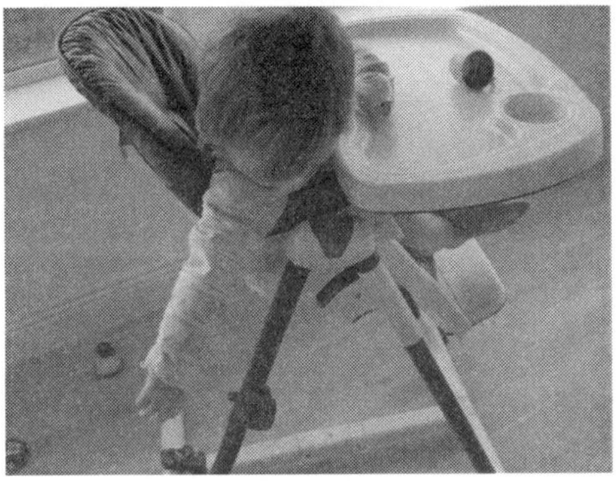

중력에 대한 처음 실험

*중력의 힘*은 그 신비함이 약간 떨어졌다. 왜냐하면 그것은 어린 시절부터 매우 친숙하기 때문이다. 물건을 떨어뜨림으로써 이미 중력에 대한 실험을 시작한다. 물체를 놓으면, 그것은 혼자서 간다. 줄도 없으며, 그것을 잡아당기는 것은 아무것도 없다 - 정말로 신비한 '약간 떨어져서 생기는 작용'이다!

■5.1.2 더 가까워지지 않으면서 떨어지기

뉴턴은 나무에서 사과가 떨어지는 것을 보고 명석하게 통합적인 생각을 해냈다. 사과가 떨어지게 하는 힘은 달이 궤도를 유지하는 것과 같은 힘일까? 우주 물질의 모든 입자는 어디서나 적용되는 법칙에 따라 모든 다른 입자를 끌어당길까? 달도 떨어지고 있지만, *더 가까워지지 않으면서 떨어지고 있을까?*

그림 5.1처럼 스키 점프 선수들은 점프를 시작하는 순간부터 떨어지고 있지만 처음에는 지면으로부터 그 높이가 줄어들지 않는다. 왜냐하면 경사로 인해 그가 떨어지는 것보다 더 빨리 지면이 낮아지기 때문이다. 물론, 이것은 지속되지 않으며, 짧은 시간 후에 점점 더 빠르게 높이가 줄어들기 시작한다 - 부드러운 착지를 할 때까지! 그가 얼마나 오래 공중에 머무느냐와 얼마나 멀리 가느냐는 출발 속도에 좌우된다.*

* 공중 부양 : 스키점프 선수들에게 꽤 영향을 미칠 수 있다. 공기 중 부양과 점성은 주요한 논쟁거리가 아니므로, 무시한다.

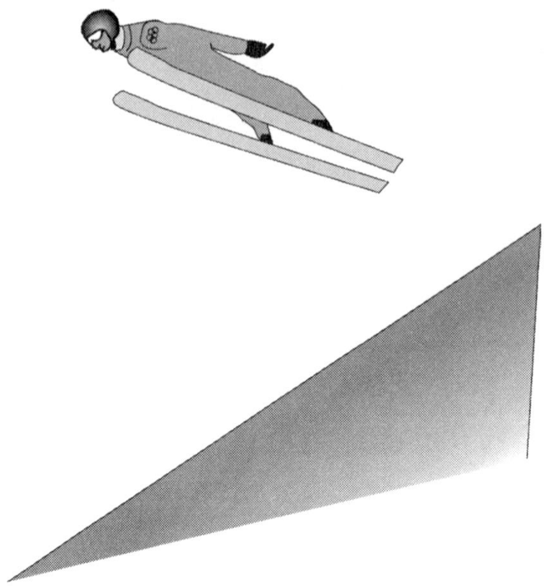

그림 5.1 어떻게 더 가까워지지 않으면서 떨어질 수 있을까?

이제 아주 빨라서 그의 점프가 그를 수평선 바로 위로 데려가는 상상의 '초인 운동선수'를 생각해보라! 만일 그 속도가 꼭 알맞다면(특정 궤도 반경에서 *궤도속도*와 같다면), 그의 비행 경로는 지구의 곡률에 정확히 대응할 것이다. 그림 5.2처럼 지면은 그가 지면을 향해 떨어지는 것과 같은 속도로 그로부터 계속 '떨어져 있을' 것이다. 그의 점프는 결코 끝나지 않을 것이다 - 즉 글자 그대로 '궤도로 진입'하고 영원히 궤도 안에 있을 것이다! 그는 계속 떨어질 것이다, 지구에 더 가까워지지 않으면서.

뉴턴은 중력의 힘이 달이 위치한 곳까지 확장된다면, 달도 떨어질 것임을 깨달았다. 달이 지구에 추락하지 않는 것은 달이 우리의 초인 운동선수처럼 움직인다는 사실로 설명될 수 있다. 달은 자체의 궤도 속도와 궤도면을 갖고 있다.

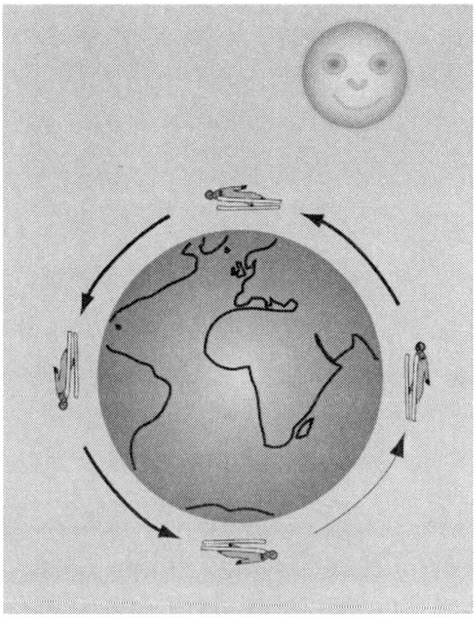

그림 5.2 초인적인 운동 선수는 여전히 떨어지고 있다?

■5.1.3 중력의 신비

지구는 멀리서 신비한 작용을 한다. 나무에서 익어가고 있는 사과건, 384,000 km 떨어진 달이건, 뉴턴은 어떻게 이런 작용이 전달될 수 있는지 가설을 세우지 않았으나, 어떤 힘이 모든 물체에 대해 지구에 의해 작용된다는 사실은 남아있었다.

뉴턴은 이 개념을 지구와 관련된 힘 이상으로 확장시키고, *우주의 모든 큰 덩어리가 다른 큰 덩어리를 끌어당긴다*는 일반적인 설명을 하였다. 단지 존재함으로서, 모든 물질은 그것 주위에 영향력 즉 중력장을 만들어 낸다. 그리고 이 중력장은 분명히 우주 속으로 확장될 것이다. 이런 영향은 우연히 그곳에 있는 다른 물질의 입자에 끌어당기는 힘을 만들어낸다. 이 영향력은 결코 멈추거나, '고갈'되지 않는다. 그것은 우리 우주 물질의 신비한 특성이다.

■5.1.4 뉴턴의 '중력의 법칙'

뉴턴은 계속하여 간단하고 논리적인 주장을 근거로 *중력의 힘*에 대한 보편적 공식을 만들어 냈다. 거리 d에 의해 분리된 두 개의 질점 사이의 인력을 다음과 같이 가정했다.

$$F = G\frac{m_1 m_2}{d^2} \quad \text{(뉴턴의 보편적 중력의 법칙)}$$

뉴턴의 중력의 법칙에 관해 주목할 것들:

1. 힘은 뉴턴의 두 번째 운동 법칙 즉, *관성*을 기초로 하여 정의된 질량에 비례한다. 예를 들어, 두 배의 관성을 가진 질량은 두 배의 중력이 작용할 것이다.
2. 힘은 *역제곱법칙*에 따른다. 즉, 거리의 제곱에 따라 *역으로* 감소한다. 이것은 그림 5.3처럼, 3차원으로 일정하게 퍼지는 영향력 장에서 가능한 관계이다.
3. 힘은 질량을 구성하는 종류와 무관하다. 알루미늄 질량의 인력은 동등한 질량을 갖는 치즈의 인력과 정확히 똑같다.

그림 5.3 역제곱 법칙 뒤에 숨어 있는 논리

4. 힘은 가려질 수 없으며, 진공이거나 방해하는 매체 자체가 중력을 행사하지 않는 한, 질량들 사이의 방해 매체에 좌우되지 않는다.
5. 끝으로 가장 중요한 것은, 상수 G는 보편상수이고 우주에 있는 모든 질량에 똑같이 적용된다.

■ 5.1.5 중력의 법칙에 대한 실험

지구 표면에서 중력으로 인한 가속

의심할 바 없이 중력에 대해 가장 잘 알려진 실험적 결과는 갈릴레오에 의해 발견된 것이다. 즉, 모든 물체는 똑같은 가속도, $g = 9.8\ \mathrm{ms}^{-2}$으로 떨어진다.

이 이야기는 갈릴레오가 피사의 사탑에서 다른 중량을 갖는 물체들을 떨어뜨렸고, 천년 이상 동안 널리 지지되고 있었던, 즉 더 무거운 물체가 가벼운 물체보다 더 빨리 떨어진다는 아리스토텔레스의 믿음과 반대로 모두 동시에 바닥을 쳤다고 전해진다.

갈릴레오의 결과는 우주 법칙의 직접적인 결과이다. 지구의 중심으로부터 떨어진 일정한 거리에서, 예를 들면 그림 5.4처럼, 표면에서 질량 m은 크기 F의 중력의 힘(무게)을 받는다.

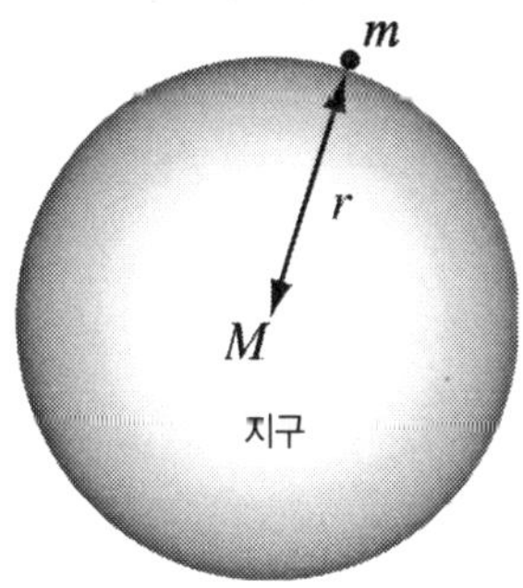

그림 5.4 지구의 중력

즉,

$$F = G\frac{Mm}{r^2}$$

만일 g가 중력에 기인한 가속도라면,

$$G\frac{Mm}{r^2} = mg$$

$$\Rightarrow g = G\frac{M}{r^2}$$

이 법칙에 의하면 g는 m에 의존하지 않는다.

지구 중심으로부터 같은 거리에 있는 모든 물체는 같은 속도로 떨어진다.

진공 상태에서, 깃털은 돌멩이만큼 빨리 떨어진다. 이것은 1971년 아폴로 15호 달 탐사 선장이었던 데이비드 스코트(David Scott)가 달 표면에서서 매의 깃털과 망치를 떨어뜨렸을 때 가장 분명하게 보여주었다. 비슷하게 설득력 있는 예는 공기를 뺀 유리관을 이용하여, 달이나 심지어 피사까지 가지 않고도 설정될 수 있을 것이다.

데이빗 스콧이 달표면의 샘플을 채취하고 있다. *NASA 제공.*

어느 별 혹은 행성의 표면에서도 떨어지는 물체의 가속도는 GM/r^2과 동등하며, 여기서 M은 질량이고, r은 별이나 행성의 반경이다. 그래서, 달의 질량을 예로 들면, $M=7.36\times10^{22}$ kg이고 반경 $r=1.74\times10^{6}$ m, 달 표면에서 $g=1.62$ ms^{-2}의 값을 제공한다. 그의 육중한 우주복에도 불구하고, 스코트 사령관은 매우 자유롭게 걸었고, 망치와 깃털은 함께 떨어졌지만, 지구에서보다 6배 더 천천히 가속했다. 목성에서는, 목성이 지구보다 대략 318배 더 무겁고 반경이 약 11배 더 크기 때문에, g의 값은 약 25.9 ms^{-2}이다.

중력은 보편적이나, g 값은 일정하다.

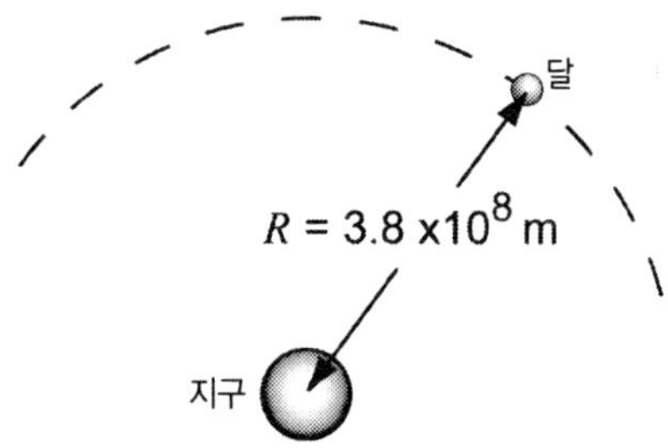

그림 5.5 달에서 지구중력의 값

■ 5.1.6 지구를 향한 달의 가속도

앞 장에서 보았듯이, 뉴턴은 지구 주위를 도는 달의 궤도 반경이 $R=3.8\times10^{8}\,\mathrm{m}$ 또는 지구 반경의 약 60배라는 것을 알고 있다.

지구 표면 가까이에서 사과가 $g=9.8\,\mathrm{ms}^{-2}$의 가속도로 떨어지므로 g'의 값, 즉 달로부터의 거리에서 지구의 중력에 기인한 가속도를 계산할 수 있다.

$$\frac{g}{g'}=\frac{(60r)^2}{r^2}=3600 \Rightarrow g'=\frac{9.8}{3600}=2.7\times10^{-3}\,\mathrm{ms}^{-2}$$

이것은 지구를 향해 달이 '떨어지고 있는' 가속도이다.

■ 5.1.7 달의 궤도 주기

일단 달이 떨어지고 있는 속도를 알았으므로, 뉴턴은 자신의 역학적인 운동 법칙을 이용하여 달의 궤도 주기를 계산할 수 있었다. 원 운동을 하고 있는 물체는 그 원형의 중심을 향한 가속도$=v^2/R$을 경험한다. 가속도가 지구 중력 $g'=v^2/R$의 결과라고 추정한다면,

$$v=2.7\times10^{-3}\times3.8\times10^{8}=1013\,\mathrm{ms}^{-2}$$

달의 궤도 주기

$$T = \frac{2\pi R}{v} = 2\pi \frac{3 \times 10^8}{1.013 \times 10^3} = 27.3 \text{ days}$$

관찰한 것과 잘 맞는다.

■ 5.1.8 케플러 법칙에 대한 설명

뉴턴은 케플러의 법칙 전부가 자신의 만유인력의 법칙에서 파생될 수 있음을 즉시 깨달았다.

실험적 관찰의 모든 결과는 뉴턴의 역학적 법칙에 근거하여 정당화되었다. 행성들의 상대적 주기인 목성의 위성들에 대한 상대적인 주기도 이해되었다.

표 4.3과 4.4의 T^2/R^3의 상수 값은 우연의 일치가 아니라, 타당한 것이었다(부록 5.1을 보시오).

의심할 바 없이 뉴턴은 그 유명한 진술을 했다.

우주를 구성하는 모든 구조가 즉시 내 앞에 펼쳐졌다.

5.2 천문학적 방법

■ 5.2.1 달과 떨어지는 사과

뉴턴은 역학적 법칙과 중력을 지구 밖에 적용시켜, 같은 법칙들이 어디서나 현상을 지배한다는 원칙을 확립했다. 나무에서 떨어지는 사과, 태양을 선회하는 지구, 목성의 위성들은 모두 정확히 똑같은 자연의 법칙에 영향을 받는다. 중력은 생활에 알맞은 환경을 제공할만큼 태양으로부터 꼭 알맞은 거리에서 지구를 선회하게 한다. 중력은 은하계의 모든 별의 움직임과 은하계 자체의 움직임도 통제한다.

똑같은 원리가 곧 다른 힘들과 다른 물리적 법칙으로 확장되었다. 전자기력과 핵력은 모두 우주를 움직이는데 중요한 역할을 한다. 태양은 핵융합에 의해 동력을 얻고, 태양의 열에너지는 전자기 법칙의 영향을 받는 전자파에 의해 모든 방향으로 전달된다.

■ 5.2.2 새로운 행성의 존재를 예측하기

1781년 잉글랜드 배스에 사는 윌리암 허셜(William Herschel, 1738-1822)은 집에서 만든 10피트 망원경을 이용하여, 새로운 행성인 천왕성을 발견하였다. 이것은 그 당시 태양에서 가장 먼 것으로 알려진 토성의 2배 만큼 태양으로부터 멀리 있었고, 약 84년의 궤도주기를 갖고 있었다. 아마도 천왕성에 대해 가장 흥미로운 것은 그 후의 세밀한 측정이 뉴턴의 중력 법칙에 의해 예측되는 경로를 따르지 않음으로써 천왕성이 '예상 외의 움직임을 보이고' 있다는 것을 증명한 것이다. 다른 행성들의 교란하는 힘을 고려하여도, 천왕성은 가장 세밀한 뉴턴의 계산법에 의해 산출되는 시간표를 정확히 따르지 않았다.

제시된 한 가지 가능한 설명은 뉴턴의 중력의 법칙은 천왕성에서 태양까지 만큼 먼 거리에서는 정확히 유지되지 않는다는 것이다. 그런 설명은 마지막 수단으로서만 수용될 수 있을 것이다. 실제로, 중력 법칙의 우주적 특성에 대한 믿음을 파괴한다면, 그것은 자연과학적 철학에 대한 거대한 후퇴가 될 것이다.

천왕성은 왜 '예상 외의 움직임을 보이고' 있는가?

캠프리지 대학에서 수학을 공부하는 학생인 존 애덤스(John Couch Adams, 1819-1892)는 아직 발견되지 않은 또 다른 행성이 천왕성 외부에서 선회하고 있다는 추정을 근거로 한 매우 어려운 수학적 과제를 수행했다. 미지의 타원형 궤도에 있는 미지의 질량체를 포함하는 3차원적 계산을 기초로 하여, 천왕성의 궤도를 교란하는 관찰을 설명하는 과제의 중요성을 가늠해 볼 수 있다.

그 계산은 1845년 9월 애덤스에 의해 완료됐고, 캠프리지 대학의 교수인 조지 에어리(George Airy, 1801-1892)에게 그의 결과물을 제시한 다음, 왕립 그리니치 천문대의 관리자인 제임스 챌리스(James Challis)에게 제시했다. 그는 "관측소의 사람이 특정 시간에 특정 방향으로 망원경을 맞춘다면, 그들은 지금까지 인간에게 알려지지 않은 새로운 행성을 관찰하게 될 것이다."라고 제안했다. 애덤스가 젊고 알려지지 않았기 때문에, 그의 제안은 왕립 그리니치 천문대에서 진지하게 받아들여지지 않았다.

해왕성이 거기에 있다!

그 후에 곧, 프랑스에서 연구하고 있던 장 요셉 르 베리에(Jean Joseph Le Verrier, 1811-1877)은 애덤스의 연구 결과와 매우 유사한 결과물을 아주 다르게 발표했다. 그는 베를린 천문대의 소장인 요한 갈레(Johann Gottfried Galle)에게 편지를 썼고, 진지하게 받아들여졌다. 갈레 자신이 분명히 한 시간 이내에 보았고, 그 예측된 행성을 발견했다. 그래서 또 다른 행성인 해왕성이 1846년 10월 태양계에 추가되었다. 이것은 뉴턴의 이론에 대한 승리였다. 그 이론이 보편적이라는 것에 대한 어떤 의심도 사라졌다.

이것은 아직 알려지지 않은 현상을 예측하는 고전적인 예이다. 이 경우, 거의 즉각적으로 확인되었다. 그 행성의 존재는 펜과 종이 이외에 어떤 도구도 없이 애덤스와 르 베리에에 의해 독립적으로 추론됐다. 르 베리에의 연구는 달의 분화구를 르베리에 분화구로, 그리고 파리의 도로를 르베리에 거리(Rue Le Verrier)로 명명하는 것으로 인정되었다.

명왕성

최근 20세기의 정교한 망원경을 사용하여, 천왕성과 해왕성의 움직임에 추가적인 교란이 발견되었고, 여전히 아직 발견되지 않은 또 다른 행성이 있다는 가설을 낳았다. 결국, 1930년에 비교적 작은 행성인 명왕성*이 애리조나주의 로웰 천문대에서 발견됐다.

---

* 2006년 8월 24일 프라하에서 내려진, 국제천문연맹(IAU)의 결정에 따르면, 명왕성은 더 이상 공식적으로 행성이라 여겨지지 않는다. 명왕성의 지위는 왜행성(40개 이상 중 하나인)으로 바뀌었다.

표 5.1에서, 행성의 질량들과 크기들이, 각각의 궤도 매개변수와 함께, 지구의 상응하는 수치들로 표현되어 있다.

모든 행성에 대해, 고도로 정확하게 $T^2 = a^3 \left(\text{or } \frac{T^2}{a^3} = 1\right)$임을 알 수 있다.

표의 마지막 열은 지구 궤도면에 대한 행성 궤도면의 기울기를 나타낸다. 명왕성과 더 적은 정도지만 수성을 제외하면 모든 행성은 대략 같은 평면으로 선회한다.

표 5.1 태양계의 주요한 행성과 특성 (2006년)

행성	반경 (지구=1)	질량 (지구=1)	항성주기 T(년)	장축반지름 a (AU)	T^2	a^3	황도에 대한 궤도 기울기
수성	0.38	0.055	0.2408	0.3871	0.0580	0.0580	7.00°
금성	0.95	0.82	0.6158	0.7233	0.3782	0.3784	3.39°
지구	1.00	1.00	1.0000	1.0000	1.00	1.00	0.00°
화성	0.53	0.107	1.8809	1.5237	3.54	3.60	1.85°
목성	11.2	317.8	11.86	5.2028	140.66	140.83	1.31°
토성	9.41	94.3	29.46	9.588	867.9	881.4	2.49°
천왕성	3.98	14.6	84.07	19.191	7.07×10^3	7.07×10^3	0.77°
해왕성	3.81	17.2	164.82	30.061	2.71×10^4	7.07×10^3	1.77°
명왕성	0.18	0.002	248.6	39.529	6.16×10^4	7.07×10^3	17.15°

5.3 또다른 별들과 그들의 '태양계'

5.3.1 또다른 태양의 행성

'그들'은 우리의 행성 지구를 아는가?

다른 태양계에서 지구와 유사한 행성에 살고 있는 '작은 초록 인간들'을 상상하면서, 그들이 매우 발달된 망원경으로 우리를 보고 있는지 상상해 보는 것은 흥미롭다! 그 답은, 우리의 태양에서 나오는 빛이 지구로부터 반사되는 빛에 대해 상대적으로 작은 강도를 완전히 차단할 것이기 때문에, 그들의 관찰 기술이 우리의 것보다 더 고도로 발달돼야 할 것이라는 것이다. 전에 언급됐던 것처럼, 그들이 은하수에서 우리와 가장 가까운 이웃이 되는 일이 발생하지 않으면, 지구에 관한 그들의 정보는 수 십 만년은 아니더라도 수 만년은 시대에 뒤떨어질 것이다.

최근 태양 이외의 별들을 선회하는 행성들의 간접적 증거가 입수되었고, 공상과학 소설에서 과학적 사실로의 이동이 어떻게 보일지에 관해 상당한 흥분을 일으켰다. 약간 과한 열정적인 조기 논평들에도 불구하고, 생명체(우리가 통신할 수도 있는 '작은 초록 인간들' 보다 훨씬 작은)를 부양할 것 같은 행성들에 대한 긴 탐색이 예상된다.

태양계 밖의 행성들에 대한 가장 설득력 있는 증거는 허블 우주 망원경에서 나온다. 이 망원경은 행성이 하나의 별 앞을 지나간 것의 결과로서 별에서 나오는 빛의 강도 감소를 측정했다. 2006년 10월 4일 언론 보도에서, NASA는 은하수 중심 영역의 일부를 조사하여 16개의 새로운 태양계 밖의 행성에 대한 증거를 발표했다. 그 후보 행성들은 틀림없이 최소한 측정 가능한 양의 빛을 차단시키는 목성만큼 육중할 것이다. 은하계 전체까지 조사한 자료로 추정해보면 은하수에는 목성 크기의 행성들이 약 60억 개 존재하는 것으로 나타난다! 16개의 후보 행성 중 5개는 '초단 주기 행성들'(USPPs)이 새로운 부류에 속하고, 이것들은 지구의 약 하루만에 그들 각각의 별을 선회한다. 이 행성들은 모별에서 단지 약 백만 마일, 지구가 태양에서 떨어진 것보다 백배 더 가까운 곳에 위치해 있다는 점에서 태양계의 행성들과 매우 다르다.

태양계 밖의 행성들은 도플러 효과(그 원천의 움직임의 결과로서 빛의 파동 빈도의 변화, 이것은 6장에서 설명된다)를 이용하여 탐지될 수도 있다. 이것은 행성들과 별들이 어떻게 서로 관련되고, 그리하여 우리와 어떻게 관련되어 움직이는 지를 고려하여 이루어질 수 있다.

중력에 의해 함께 묶여 있는 행성과 그 모별은 수소 분자의 원자와 유사한 방법으로 질량 중심을 선회한다(이 2원자의 분자에서, 두 원자는 그들을 결합하는 선을 따라 중간인 질량중심 주위를 회전한다). 그러나, 별은 행성보다 훨씬 더 크기 때문에,

별-행성계의 질량 중심은 별의 중앙에 무척 가깝고, 대부분 별의 내부에 무척 가깝다.

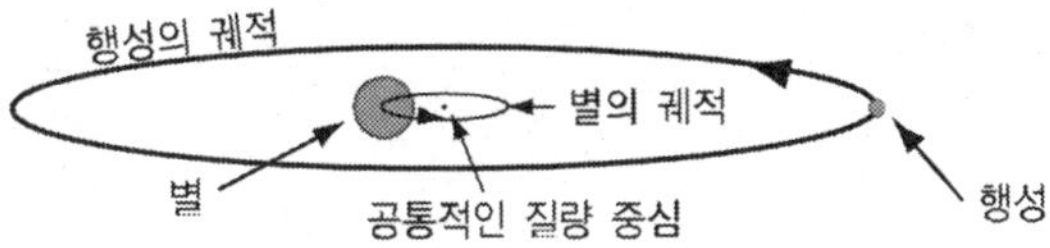

그림 5.6 행성은 다른 별 주위를 돈다 - 도플러 효과

그림 5.6처럼 질량 중심에 훨씬 더 가깝고 그 궤도 직경은 매우 작다.

그 별은 우리를 향해 움직이고, 그것의 작은 궤도를 돌 때 우리에게서 멀어진다. 별은 구성물의 특징적인 빛을 방출한다. 그 빛의 파장들은, 우리에게 접근할 때 보다 낮은(청색편이) 값들과 우리에게서 멀어질 때 보다 높은(적색편이) 값들 사이에서 진동하면서, 그 파장들의 알려진 값들 주변을 오르내릴 것이다. 그 행성 자체는 보이지 않지만, 우리는 그 별에 의해 방출되는 빛에서 행성의 영향을 알 수 있다. 이는 아주 작아서 매우 민감한 탐지 방법이 필요하다.

모든 초단 주기 행성들(USPPs) 중 가장 잘 알려진 것은 페가수스 자리 51이라 불리는 별을 선회할 것이다. 그것은 도플러 효과를 이용하여 1995년 처음 발견되었다. 그 목성 같은 행성은 단지 4일 만에 수성궤도 크기의 약 6분의 1궤도로 모별을 선회한다.

■ 5.3.2 또다른 은하계

은하수는 우주의 유일한 성운이 결코 아니다. 1924년 천문학자 에드윈 허블(Edwin Hubble, 1889-1953)은 그 당시 *은하계 밖의 성운*이라 알려진, 안드로메다 성운과 같은 것이 사실 우리 은하계와 유사한 광대한 별들의 집합체임을 증명했다. 그런 은하계의 한 쪽에서 반대 편까지 횡단하려면 100,000 광년 이상이 걸린다.

은하수에서 약 170,000 광년 떨어진 *대 마젤란 성운*이 가장 가까운 이웃이다. 4개 은하계의 '지역 그룹' 중 가장 큰 구성원은 M31, 즉 안드로메다 은하이고 약 220만 광년 거리에 있다(사진의 많은 밝고 큰 별들은 우리 은하계에서 나오는 것이고, 훨씬 더 가깝다).

M31-안드로메다 은하. *NASA-MSFC 제공.*

HCG 87 은하계. *NASA/ESA 제공.*

허블은 우주의 규모에서 은하수는 중요치 않으며, 수백억 개의 은하계 중 하나임을 알아차린 최초의 천문학자였다. 이제 우주에는 우리 은하계의 별들보다 더 많은 은하계가 있다. 우리 은하계로부터 200억 광년 이상의 거리에 은하계들이 있다.

1929년 허블은 다른 은하계에 의해 방출되는 빛의 기본 구성요소인 특징적 스펙트럼 광선의 파장에 체계적인 변화가 있다는 놀라운 발견을 해냈다(그는 측정된 파장들이 예상했던 것보다 더 길고, 그 광선들은 '적색편이(red-shift)'임을 알아냈다). 그는 이것을 *도플러 효과*로 돌리고, 실제로 모든 은하계들은 우리로부터 멀어지고 있다고 결론지었다. 은하계가 멀수록, 그것은 더 빨리 움직이고 있다. 100억 또는 200억 광년 떨어진 은하계들은 빛의 속도에 근접하는 속도로 물러나고 있다.

허블은 멀리 있는 은하계의 후퇴 속도 v와 우리와의 거리 r을 연결시키는 등식을 끌어냈다. 그는 그 자신의 거리 측정치들을 미국인 베스토 슬라이퍼(Vesto Slipher)에 의해 측정된 적색편이를 결합하여 *허블의 법칙*을 확립했다:

$$v = Hr$$

H는 허블의 상수이고, 그는 이것을 kpc당 초속 150 km라고 추정했다. 보다 최근에는 평균적으로 kpc당 초속 약 75 km으로 추정되었다(1 kpc $= 3.09 \times 10^{22}$ m). 일반적으로 수용되는 H값은 없다.

은하계가 멀수록, 우리로부터 더 빨리 멀어지고 적색편이는 더 커진다.

우리에게 더 가까운 별들은 적색편이가 더 작고 태양 주위를 도는 지구의 움직임 때문에 가끔 가려져서 보이지 않는다.

놀라운 결론

은하계들이 체계적인 방식으로 우리로부터 멀어지고 있다는 증거는 피할 수 없는 결론을 지시한다, 즉,

우주, 예를 들어 우리가 관찰할 수 있는 공간, 질량과 시간이란 것은 팽창하고 있다.

5.4 과거 재구성하기

물리학의 법칙들은 어떤 체계가 미래에 어떻게 발달할 것인가를 예측하기 위해 이용된다. 똑같이, 그 법칙들은 과거를 재구성하는 데에도 이용된다. 지금 있는 그대로 우주를 관찰하여, 먼 과거의 우주 모습의 모형들을 만들 수 있다. 이것은 매혹적인 연습, 즉 우리가 주변을 관찰하는 단서에 기초한 시사적 탐정 소설이다.

20세기 중반, 우주의 기원에 대하여 상충하는 두 가지 이론이 있었다.

5.4.1 변함없는 우주 모형

처음에는 1920년경에 제임스 진스(James Jeans, 1877-1946)에 의해 주장되고, 1948년 토머스 골드(Thomas Gold, 1920-)와 허먼 본디(Hermann Bondi, 1919-)에 의해 개정되고 후에 프레드 호일(Fred Hoyle, 1915-2001)에 의해 개정된 이 모형은 우주가 공간과 시간에서 균등하고 항상 그랬다. 시작도 없었고 끝도 없을 것이며, 우주는 평형 상태로, 항상 근본적으로 똑같은 상태로 있다는 것이다.

이 모형에 대한 예측 중 하나는 물질이 끊임없이 진공 상태로부터 창조되고 있다는 것이다. 그 창조는 극히 느리고, 10^{10}년 마다 m^3당 수소 원자 1개 차수임에도 불구하고, 우리는 무에서 유를 끊임없이 얻고 있다. 그래서 이 모형은 에너지의 보존 원리를 분명히 파기할 것이다.

■ 5.4.2 '빅뱅' 이론

이 우주론적 모형은, 그 때는 다소 논쟁의 여지가 있었지만, 우주의 팽창을 우주의 틀 안으로 통합시켰다. 만일 우주가 지금 팽창하고 있다면, 과거에 우주가 팽창하고 있지 않았을 이유가 없다. 과거의 더 작고 더 밀집된 우주에서 물질의 중력 때문에 우주의 팽창 이전에는 더 느렸을 것이다, 하지만 팽창은 항상 있었다.

조지 가모프(Geroge Gamow, 1904-1968)와 동료들은 팽창을 수학적으로 전환하여, 약 150억 년을 거슬러 올라가 우주는 무한히 밀집하고 무한히 뜨거운 한 점으로 시작됐다는 것을 발견했다.

아마도 그 최초의 순간에 우주가 탄생했고, '빅뱅' 처럼 폭발했을 것이다. 이것은 물리학 법칙을 초월하는 창조의 순간을 의미하고, 그 이론이 논쟁의 여지가 있는 이유이다. 동시에, 꾸준한 공식적 모형에서 묘사되는 바, 끊임없는 창조가 수용하기에 더 쉬운 이유를 알아내는 것이 힘들다.

빅뱅 직후 물리학 법칙이 지금의 법칙과 똑같다고 추정한다면, 최초의 순간들은 바로 1초의 일부분으로 돌아가서 재구성될 수 있다. 따라서, 최초 1초의 100분의 1 순간 동안, 온도는 약 10^{11} ℃이었다. 최초 3분 동안 우주는 섭씨 10^9 ℃로 급속히 냉각되었다. 전자, 양전자, 중성미자, 나중에는 양자와 중성자같은 기본 입자들이 격렬히 움직였다. 각각의 쌍들은 에너지로부터 계속 창조되고 있었고, 재빨리 소멸되었다. 핵의 힘은 반대 전하의 입자 쌍들을 만들었고, 움직이는 전하는 전자파를 발생시켰다. 결국 우주는 빛으로 가득차게 되었다.

우주의 매우 이른 역사에서 발생에 대한 연구는 매우 흥미로운 지적 모험이다. 물리학의 법칙을 근거로 어떤 수학적 모형들이 개발될 수 있고, 어느 정도까지는 고도의 에너지 입자 가속기에서 검증될 수 있다. 또 다른 접근 방법은 이 초기 순간들의 '우주론적 유물'에 대한 증거를 찾는 것이다.

5.4.3 과거의 돌풍

1960년에 벨 전화회사 연구소는 뉴저지주의 홈델시에 있는 언덕에 *에코* 위성과의 교신에 사용하기 위한 뿔형 안테나를 설치했다. 교신이 증명됐기 때문에, 2-3년 이내에 *텔스타* 위성이 발사됐고 그 에코 위성 시스템은 쓸모없게 되었다. 아노 펜지어스(Arno Penzias, 1933-)와 로버트 윌슨(Robert Wilson, 1936-)은, 무선 천문학자로 벨 연구소에 참여했었는데, 뿔형 안테나를 주시하고 순수한 연구를 위해 사용하는 것이 가능해졌을 때 그것을 무선 망원경으로 이용할 기회를 잡았다.

그 안테나를 사용하기 시작하자마자, 그들은 아무리 애써도 제거할 수 없는 골치 아픈 '*극초단파 소음*'의 잡음에 주목했다. 그 잡음은 7.35 cm의 파장을 가지며, 교신 영역보다 훨씬 짧았으므로 에코 시스템을 방해하지 않았었다. 그들은 뿔형 안테나를 뉴욕시 방향으로 향하게 했다 — 그것은 도시에 의한 간섭이 아니었다. 그들은 뿔형 안테나에 둥지를 튼 비둘기들도 제거했지만, 소음은 지속되었다. 계절에 따른 변화도 없었다. 그들이 내릴 수 있는 유일한 결론은 그것이 진성 전기장 신호이며, 모든 방향에서 오는 것으로 보인다는 것이었다.

에코 혼 안테나. *NASA 제공.*

뉴저지에서의 이런 '기술적' 문제들을 알아차리지 못한 채, 프린스턴 대학의 이론가인 토마스 제임스 피블스(P.J. Peebles, 1935-)는 1965년 봄에 존스 홉킨스 대학에서 강의를 했다. 그는 로버트 디키(Robert Dicke, 1916-1997)와 자신의 연구를 발표했고, 발표 내용은 초기 우주부터 남겨졌고 여전히 빅뱅의 '우주론적 유물'로서 나타나는, 전자기 방사능의 존재를 예측했다. 그런 방사능은 최초 몇 분간 물질이 형성되는 동안에 핵의 상호작용에서 나오는 에너지를 획득하는데 필요했다. 그 이론은 심지어 우주가 팽창했을 때, 방사능의 파장이 더 길어졌을 것이고 지금은 극초단파 영역에 있을 거라고 예측했다.

1965년 이래로, 펜지어스와 윌슨이 제거하려고 애쓰고 있었던 '골치 아픈' 방사능은 무선 천문학자들에 의해 연구되고 발표되어 왔다. 거의 의심할 바 없이 그것은 정확히 피블스에 의해 예측된 방사능, 즉 매우 먼 과거로부터 온 진짜 유물이다. 펜지어스와 윌슨은 황금, 즉 우주의 최초 순간으로부터 나오고 있는 신호를 발견했었다. 그들은 1978년 노벨 물리학상을 받았다.

5.5 별의 삶과 죽음

별의 중심핵은 '보일러실'이다. 우리의 태양같은 전형적인 별에서는 수소 핵들이 에너지를 유리시키는 열핵 반응에서 헬륨을 형성하게 된다. 그 결과 핵은 외부로 압력을 가하고, 그 압력과 별을 그 자체 안으로 붕괴시키는 경향이 있는 중력 사이에 정밀한 균형이 있게 된다.

■ 5.5.1 백색 왜성

라호르에서 태어난 인도인 천문물리학자 수브라마니안 찬드라세카(Subrahmanyan Chandrasekhar, 1910-1995)는 별의 진화에 대한 물리학적 모형에서, 양자역학의 법칙을 고전적인 중력의 법칙과 열역학을 처음으로 결합한 사람들 중 한 명이었다. 인도에서 잉글랜드로 항해하는 동안 그는 별의 '죽음'에 대한 이론의 기초, 특히 그 과정의 별의 원래 크기에 대한 의존도를 전개했다.

수소 '연료'가 고갈될 때, '보일러실' 내의 압력은 떨어지고 균형이 깨진다. 주로 헬륨인 중심은 지구에서 발견되는 가장 무거운 물질의 밀도보다 훨씬 더 커질 때까지 중력에 의해 압축된다. 더 나아가 헬륨의 핵융합이 탄소와 더 무거운 요소들을 생성하는 일이 발생하고, 더 많은 에너지와 더 많은 외향의 압력을 만들어내지만, 결국 중력이 이기고 별은 붕괴한다. 붕괴하는 동안, 중력의 잠재 에너지가 방사능과 열로 변환된다. 핵 외부의 물질은 발사된다. 별의 질량이 태양의 질량의 1.44배 이하이면(*찬드라세카 극한*), 별은 상대적으로 서서히 사멸한다. 그것은 *백색 왜성*이 되어 수십 억년에 걸쳐 사라진다. 그런 운명은 결국 우리의 태양을 기다리고, 우리의 태양은 마침내 차갑고 어두운 구체로 끝날 것이다.

각설탕 크기의 백색 왜성체를, 지구로 가져오면, 무게가 약 5톤이 될 것이다.

■ 5.5.2 초신성

별의 질량이 찬드라세카 극한보다 더 크면 훨씬 더 격렬한 죽음이 기다린다. 그끝은 극적으로 발생한다. 붕괴는 갑작스럽고, 핵은 전자가 원자의 핵에 존재하는 양자와 결합될 때까지 줄어든다. 별의 핵에서는 중력이 전기와 핵의 힘을 이긴다. 별의 나머지는 급속히 우주로 퇴출된다. 별은 초신성이 되고, 몇 주에 그 생애에 전에 방사했던 만큼 많은 에너지를 방출한다.

별의 핵만 남고, 완전히 중성자로 구성된다 : 중성자 별. 중성자 별의 밀도는 원자핵의 밀도와 같고, 약 10^{17} kg/m^{3}이다. 각설탕 크기의 중성자 별 물체는 무게가 약 1억 톤이 될 것이다.

비유해보면, 2차 세계대전 중 겉보기에 가장 무거운 탱크는 독일의 킹 타이거 2로, 무게가 70톤이었다. 농축된 중성자의 각설탕 크기의 무게는 백만개 이상의 타이거 탱크들 무게와 같을 것이다 — 사실, 20세기의 전쟁에 참가하는 모든 군대의 장갑차들을 합친 것보다 더 무거울 것이다!

5개의 초신성 폭발이 최근 1,000년 동안 우리의 은하계에서 기록되었다. 그 첫날은 1054년 7월 4일로 거슬러 올라간다:

'치호기(송나라 인종) 첫 해 첫 번째 날에, 5번째 위성인 손님별이 Tien-kuan(텐관)의 남동쪽에 나타났다. 1년 후에, 그것은 점차 볼 수 없게 되었다.' (송나라 중국어 원고)

중국인들이 본 것은 별의 탄생이 아니라, 별의 죽음이었다.

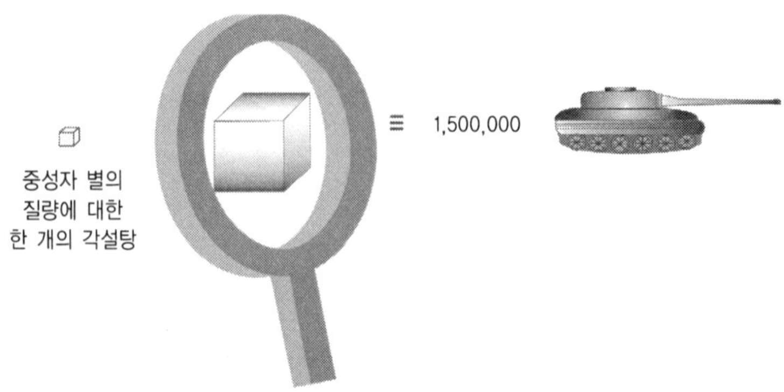

다른 은하계의 초신성

매년 현대 망원경으로 수백 개 초신성의 폭발이 먼 은하계에서 관찰되고 있다.

표 5.2 우리 은하계에 있는 초신성

년도	초신성
1054	중국별
1151	
1172	티코
1604	케플러
1667	카시오페아

대부분의 초신성은 아주 희미해서 연구하기가 매우 어렵다.

1987년 대 마젤란 성운에서 초신성 하나가 관찰되었다. SN1987a이라고 명명되었고, 태양의 질량의 약 20배 질량을 가진 샌덜릭 - 69 202 별의 죽음을 표시했었다. 최초 관찰은 1987년 2월 23일 칠레에서 이루어졌고, 지구의 회전으로 뉴질랜드와 호주, 남부 아프리카에서도 계속해서 관찰되었다.

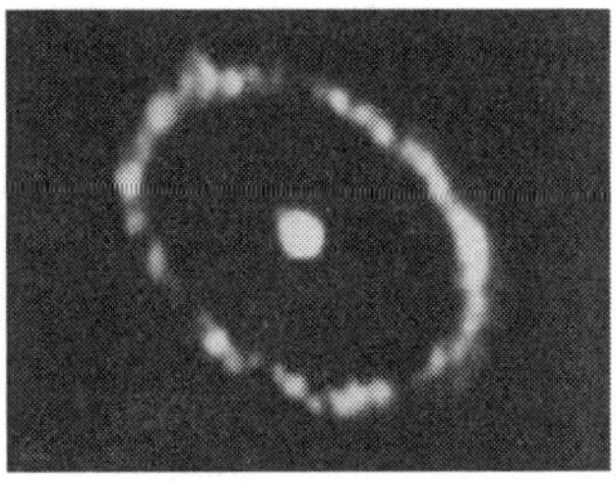

SN1987a 주위의 가스 고리.
NASA/ESA 제공.

오른쪽 사진은 1991년 허블 우주 망원경으로 촬영되었다. SN1987a 주위에 가스 고리가 있고, 초신성 폭발이 있기 수천년 전에 선소멸이 되있다. 고리의 먼 가장자리에서 나온 빛은 앞쪽 가장자리에서 나온 빛이 지구에 도달한지 거의 1년 후에 도달했다. 이것은 고리의 물리적 직경에 대한 매우 정확한 값을 제공하고, 각직경을 1.66초각과 비교할 때, 천문학자들이 지구로부터 대 마젤란 성운까지의 거리를 169,000 광년(5 % 이내까지)이라고 계산할 수 있게 했다. 다음 몇 해 동안 폭발적인 확장이 계속되어, 그 가스체가 더 투명해지면 천문학자들이 이 자취의 연대를 추정하는 가장 세부적인 연구를 수행할 수 있을 것이다.

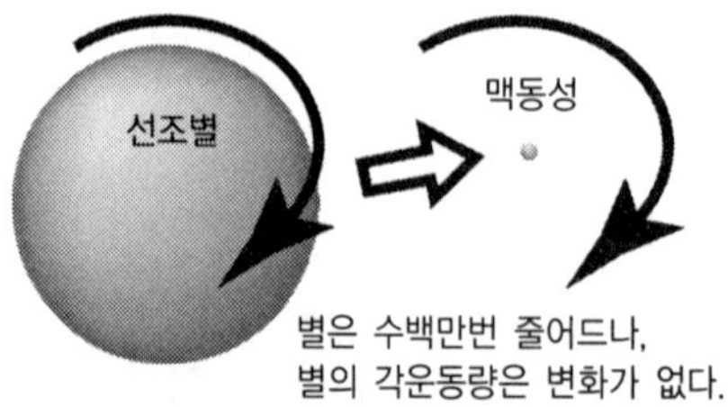

■ 5.5.3 맥동성

중성자별은 다른 별처럼 '빛나지' 않고, 꾸준한 빛의 흐름을 방출한다. 그것들은 전자파를 방출하는데, 이들은 특징적인 파장을 띠고, 그에 따라 중성자 별은 종종 '방사성 맥동성' 또는 맥동성이라 불린다.

모든 회전 물체는 각운동량을 가지며 별도 예외가 아니다.

조슬린 벨 버넬

맥동성은 '하늘의 등대'처럼 회전하는 전자기 복사 광선을 방출하며 급속하게 회전하는 자석처럼 작용한다. 질량은 모별의 핵에서 만들어지며 태양 질량의 1.44배보다 더 크다. 하지만 반경은 약 10 km까지 줄어든다. 지구가 그 광선 상에 있게 되면, 우리는 그 광선이 지나칠 때마다 맥동하는 근원을 보게 될 것이다.

맥동성에 대한 최초의 증거는 1967년 잉글랜드 캠브리지의 4.5 에이커 무선 망원경 장치에서 나왔다. 북 아일랜드 벨파스트에서 태어났고, 앤토니 휴이시(Antony Hewish, 1924-)의 지도 하에 연구 중이던 대학원생 조셀린 벨 버넬(Jocelyn Bell Burnell, 1943-)이 1.3초 떨어져서 터져 나오는 무선파의 근원을 발견했다. 진동이 규칙적이었고, 또 하나의 행성에서 오는 신호 같았다.

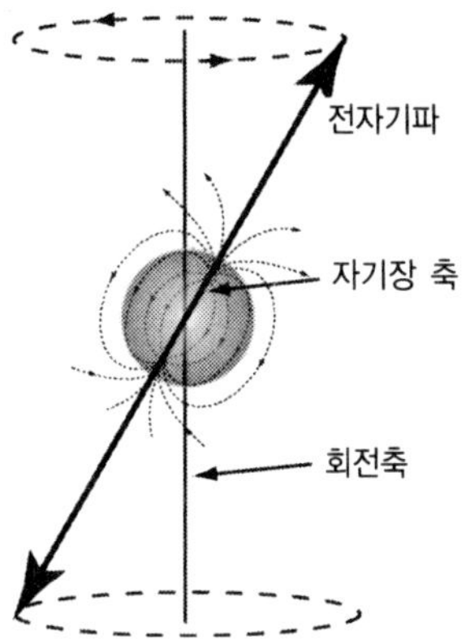

그림 5.7 하늘의 빛실

그 근원은 일시적 이름인 LGM1('Little Green Man 1', 작은 초록 인간 1)이 주어졌고, 주의깊게 관찰되었다. 한달 이내에 두 번째 근원이 발견되었고, 이때쯤 그 근원이 매우 발달한 외계인이 아니라 급속히 회전하는 자석처럼 동작하는 중성자 별임이 100% 분명해졌다.

조셀린 벨의 최초 기록표에서 발췌한 것이 오른쪽에서 보이는 것이다. 아래 기록은 1초에 1회 'p'자를 표시해서 LGM1은 $1\frac{1}{3}$초마다 파동을 발생시키고 있다. 그 신호는 약하고 종종 탐지 가능한 한계치 이하로 떨어지지만 다시 나타나면 여전히 그 상태를 유지하게 된다.

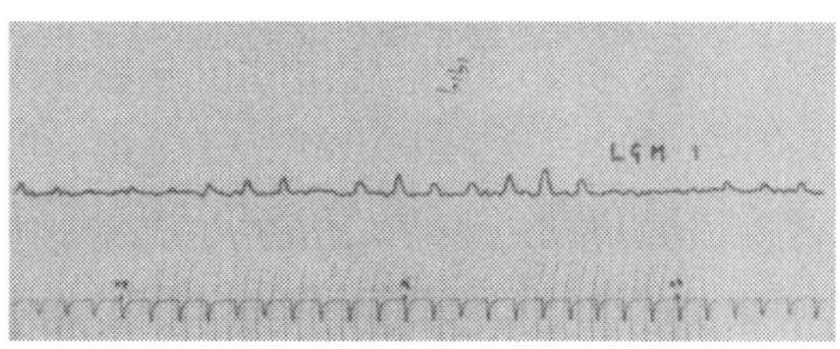

조셀린 벨 버넬 제공.

1974년 노벨 물리학상은 *'맥동성 발견에 대해'* 앤토니 휴이시에게, 그리고 *'무선 천문학의 선구적인 연구에 대해'* 마틴 라일(Martin Ryle, 1918-

1984)에게 주어졌다. 조셀린 벨에게도 공로가 마땅히 인정되어야 한다. 왜냐하면 그가 무선 망원경을 설치했고, 그 신호들을 처음으로 주목했기 때문이다.

중국의 *초신성 잔존물*은 1963년에 발견됐다. 그것은 5500광년 떨어진 게성운에 위치해 있다. 그것의 팽창을 추적하는 계산은 1054년에 지구로부터 관찰이 가능했을 것임을 보여주었다. 실제 폭발은 5500년 더 일찍, 즉 기원전 약 4500년에 발생했다.

■ 5.5.4 블랙홀

중성자별은 별의 삶과 죽음의 '선 상에 마지막'이 아니다. 중력은 여전히 작용하고, 물질을 더욱 단단히 압축하고 있다. 질량체가 한점에 집결되면 될수록, 내부로 끌어당기는 것은 더 커진다. 모별이 충분히 컸다면, 생겨나는 중성자별은 단순히 중간 단계이고, 그 자체가 중력 하에 안정될 수 없다. 챤드라세카는 모별이 약 3개의 태양계 질량를 초과하는 질량을 갖고 있다면, 발생하는 '전자 축퇴물질(중성자)별'은 더 이상 존재할 수 없음을 계산했다. 그것은 훨씬 더 그 자체 안으로 붕괴할 것이다 — 중력으로 향한 궁극적인 희생이 될 것이다. 그렇게 작은 부피로 농축된 큰 질량에는 중력의 힘이 지배하고, 아무것도 중력을 멈출 수 없다. 붕괴가 더욱 진행될수록 중력은 더 커지고 밀도는 무한해진다. 물리학의 법칙들은 더 이상 적용되지 않는다. 우리는 이 우주 너머에 있는 우리와 통신할 수 없는 또 하나의 세계로 향하는 창문에 도달한다. 물체는 빨려 들어갈 수는 있지만, 어떤 것도, 빛 조차도, 밖으로 나올 수 없다. 블랙홀이 있는 것이다.

로버트 오펜하이머

맨하탄 프로젝트에 대한 연구로 더 알려진 로버트 오펜하이머(Robert Oppenheimer, 1904-1967)는 일반상대성 이론을 육중한 별이 붕괴할 때 발생하는 것에 적용시킨 첫 번째 사람이었다. 최종 결과는 뉴턴의 고전적인 역학에 의해 예측되는 것과 대체로 같지만, 그

메커니즘은 상상하기가 더욱 어렵다. (4차원이며 15장에서 설명)시-공의 곡률은 극적으로 증가한다. 상상하기가 쉽지 않지만, 2차원적 유추는 납작한 막에 밀어 넣는 뜨개질 바늘과 같다. 그 막은 점점 더 왜곡되고, 결국 터져 못쓰게 될 것이다. 2차원적 우주의 존재가 끝나는 것이다.

블랙홀은 *시-공에 대해 특이하다.* 우리가 알고 있는 것처럼 공간과 시간이 소멸되어 버린다. 물리학의 법칙은 더 이상 적용되지 않는다.

오펜하이머의 연구는 많은 물리학자들과 수학자들에게 이론적 연구에 대한 풍부한 원천이 되었다. 스티븐 호킹(Stephen Hawking)과 로저 펜로즈(Roger Penrose), 존 휠러(John A. Wheeler), 그리고 물론, 챤드라세카는 그 주제와 관련하여 두드러진 인물들이다.

200년 이상 전에, 피에르시몽 라플라스(Pierre Simon Laplace, 1749-1827)는 다음과 같이 예측했다:

'밀도가 지구와 같고 빛을 내는 별은 그 직경이 태양의 직경보다 250배 더 클 것이고, 중력에 의한 인력의 결과로 어떤 광선도 우리에게 도달하도록 허용하지 않을 것이다. 따라서, 이러한 이유로 인해 우주에서 가장 큰 발광체들이 보이지 않을 것이다.'

■5.5.5 탈출속도

거대 질량체로부터 탈출하는 법

미래의 우주 여행자들이 직면할 첫째 장애물은 지구의 중력에 의한 인력이다. 중력을 극복하기 위한 에너지는 가연성 로켓 연료 형태로 제공될 수 있다. 대안으로는, 수평으로 속도를 증가시킨 다음 로켓을 위로 튀게 하여 지구로부터 떨어지고, 모터를 끄고 중력을 극복하기 위해 운동 에너지를 이용하는 것이다. 이 때 필요한 속도를 *탈출속도*라고 한다. 표 5.3은 탈출속도에 상응하는 수치들이다(부록 5.2는 지구와 같은 행성에 대한 탈출속도를 계산하는 방법이다).

표 5.3 여러 가지 탈출속도

탈출지	속력(km/s)	속력(mph)
지구	11.2	25,000
달	2.4	5,400
목성	58	130,000
태양	620	1.4 백만
중성자별	$\simeq 150{,}000 \simeq 0.5\,c$	3.4×10^{8}
블랙홀	$> c$	

c는 빛의 속력 ; 1 km/s = 2236.9 mph

■5.5.6 볼 수 없는 것들을 '보는' 법

블랙홀은 더 이상 공상 과학 소설이 아니다. 빛이 블랙홀로부터 빠져나올 수는 없을 지라도, 블랙홀 주변에서 발생하고 있는 것을 통해 블랙홀의 존재를 탐지할 수 있다. 블랙홀 가까이 있는 물체는 빨려 들어가는 하수구의 물처럼 블랙홀 주변에서 소용돌이친다. 전하가 소용돌이 칠 때, 전하는 전자파 – 우주로 돌려보내는 '마지막 헐떡임' 신호 – 를 방출한다. X-선과 다른 방사선은 블랙홀이 아니라, 블랙홀 안으로 소용돌이치는 물체의 응축 원반으로부터 방출된다.

블랙홀의 확장에 대한 예술적 표현. *NASA/JPL-칼텍 제공.*

2000년 2월에 찬드라 X-선 관측소에서 보고된 자료는 은하수의 중심 근처에 초대질량의 블랙홀, 사수자리의 존재에 대한 강력한 증거를 보여준다. 최근의 추정치에 의하면, 이 블랙홀은 태양보다 약 370만 배 더 육중하고 매우 농축되어서, 직경이 기껏해야 약 45 AU이다. 일반적으로 대부분의 은하계는 중심에 초대질량의 블랙홀을 숨기고 있다고 여겨진다.

■ 5.5.7 은하수의 이상한 사건

2002년, 태양에서 20,000 광년 떨어진 외뿔소 별자리에 있는 별인 V838 이 갑자기 밝아졌다. 최대 광도는 태양 광도의 약 일백만배였고 그 당시 은하의 가장 밝은 별 중 하나였다. 그림 5.8은 외뿔소 별자리의 영상이다. 첫째는 1989년에 촬영됐고, 별이 매우 '정상적'으로 보였다. 둘째는 2002년, 폭발하는 동안 촬영됐다.

그림 5.8 V838 폭발. *NASA, USNO, AAO와 레비(STScI) 제공.*

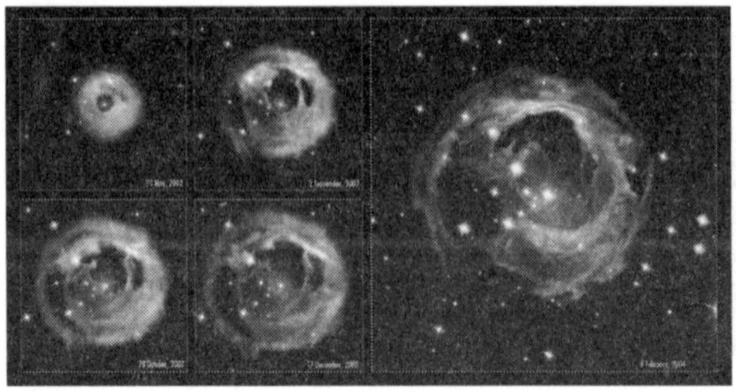

그림 5.9 **폭발에 의한 확장.** *NASA, 허블 유산팀(AURA/STScI)와 ESA 제공.*

연쇄적 사건들은 허블 우주 망원경에 의해 기록됐고 그림 5.9에서 입증된다. 방출된 방사선 스펙트럼의 조사에 대한 흥미로운 결과는 그것이 아주 풍부한 Li, Al, Mg 와 그외 원소들을 보여주는 것이다. 이것은 이 원소들이 별을 선회하고 있었던 행성에서 왔고, 폭발에 의해 증발되었다는 가설을 만들어준다. 약 50억년 후에 태양계가 유사한 운명에 처할지도 모른다!

■ 5.5.8 시간은 그대로 있다

블랙홀에 대해 예측되는 또다른 특별한 특성이 있다. 일반상대성 이론에 따르면, 시간은 강한 중력장 안에서 느리게 간다. 블랙홀의 극단적 환경에서 *시간은 우리와 비교하여 그대로 있다고* 결론 내려야 한다. '이러한 생각의 평가'에서, 한 우주 여행자가 블랙홀에 접근하고 있다고 해보자. 우리에게 그의 마지막 움직임은 매우 느리게 보일 것이다. 그의 맥박은 속도가 떨어지고, 그의 심장은 백년에 한번씩 박동한다. 결국 그는 '조만간 얼어 붙는다.' 그의 최종 모습은 빨려 들어가기 직전까지도 영원히 나타난다!

역사적 막간 : 아이작 뉴턴(Isaac Newton, 1642-1727)

아이작 뉴턴은 1642년 12월 25일* 크리스마스에, 농부였던 아버지가 사망한 지 3개월 후 링컨셔의 울스롭에 있는 어머니 집에서 태어났다. 뉴턴이 두 살이었을 때, 그의 어머니는 재혼했고 외할머니가 뉴턴을 보살피게 되었다. 뉴턴이 어머니와 계부에 의해 버려진 것을 분개했다는 것은 나중에 그의 자백 '나의 스미스 아버지, 어머니와 그 집을 태워버리겠다고 위협했었다'에서 분명하게 나타나고 있다.

1656년 뉴턴은 아버지의 농장으로 가서, 대부분의 시간을 기계 장치들을 수선하고, 수학 문제를 풀고, 그 자신의 실험을 고안하면서 보냈다. 외삼촌인 윌리암 아이스코프(William Ayscough)는 어린 아이삭이 농업에는 관심이 거의 없다는 것을 알아차렸다. 뉴턴의 재능이 다른 곳에 있다는 것을 알아채고 1661년 자신의 모교인 캠브리지에 있는 트리니티대학에 뉴턴을 보내도록 주선했다.

그의 어머니가 재정적으로 잘 사는 것처럼 보였으나, 뉴턴은 생활비와 학비를 위해 특대 장학생으로서 부유한 학생들을 위하여 하인처럼 행동하며 일해야 했다. 그의 일기를 통해 그가 학창 생활에 거의 관심이 없었으며, 논리학, 철학과 수학에 관해 그가 찾을 수 있는 것은 무슨 책이든지 읽으면서 고독한 생활을 추구했다는 것으로 알려졌다. 특히 유클리드 기하학의 훌륭한 논리에 매료되었다. 그 논리가 그가 생각하기에 부인할 수 없게 진실한 결론을 이끌어 냈기 때문이다. 이것이 그에게 〈특정 철학적인 질문(Questiones Quaedam Philosophicae)〉라는 제목의 논문을 쓰도록 자극했을 것이다.

---

* 1752년 영국에서 채택된 그레고리달력에 따르면, 이 날짜는 1643년 1월 4일이 된다.

그는 이 논문에 라틴어로 계몽적인 진술을 서문으로 썼다: '플라토는 나의 친구이고 아리스토텔레스도 나의 친구지만, 내 최고의 친구는 진실이다.'

1664년 뉴턴은 수학 학사 학위를 받았다. 캠브리지 대학은 대역병으로 다음 해 2년 동안 문을 닫았다. 런던에서만 30,000명 이상이 2년의 기간 동안 흑사병으로 죽었다. 뉴턴은 링컨셔로 돌아와 고립된 채 집에서 연구하면서 1665년과 1666년을 보냈다. 이 시간이 그의 인생에서 가장 생산적인 시기였다. 수학에 대해 폭넓게 읽었을 뿐 아니라 일련의 발견도 해냈다. 아직 25세가 되기도 전에, 광학에 대한 그의 생각, 아마도 더 중요한 운동의 법칙과 우주의 중력을 전개한 것이 그 때였다. 그는 차별화되고 완전한 계산법의 수학적 방법에 대한 기초도 펼쳤다. 그는 이 계산법을 '유율의 방식'이라고 불렀고, 겉보기에 관련 없어 보이는 면적, 곡선에 대한 접점들, 함수의 최대량과 최소량 등을 계산하기 위한 일반적 기법으로 그 계산법을 이용했다.

뉴턴은 그 후 오랫동안 그의 결과물들을 전혀 발표하지 않았다. 친구들에게 보낸 몇 편의 편지들과 광학에 대한 연구 일부를 제외하고는 그의 생각들을 비밀로 했다. 이것이 독일 철학자 고트프리드 빌헬름 라이프니츠(Gottfried Leibniz, 1646-1716)와의 우선권 논쟁을 야기하였다.

대역병이 지나간 후 캠브리지 대학이 1667년 다시 문을 열었을 때, 뉴턴은 연구 장학금을 신청했고 곧 선임연구원이라는 직함을 얻었다. 이것은 그를 동료들의 식탁에서 식사하도록 해주었다 — 특대장학생의 신분과 비교하면 상당한 신분 상승이었다. 동시에 더 급속한 승진이 뒤따랐다. 그 때, 즉 1669년에 바로우(Barrow)가 수학과의 루카스 석좌교수를 사임했고 뉴턴이 그 자리에 겨우 27세의 나이에 임명되었기 때문이다.

1670년 1월, 뉴턴은 루카스 석좌교수로서 그의 첫 강좌를 시작했다. 그 강좌에서 역병이 있었던 몇 해 동안에 홀로 수행했던 실험들을 설명했다. 그의 방에서 홀로, 가장 간단한 장비만을 이용하여, 빛에 관해 새롭고 기존의 견해들과 상충하는 것들을 발견했었다. 1672년에 그는 빛과 색채에 관한 그의 최초의 과학 논문을 발표했고, 그의 실험들을 도표 형식으로 설명했다.

'내 방을 어둡게 하고 필요한 정도의 햇빛을 들어오게 하기 위해 창문에 작은 구멍을 만들었을 때, 나는 삼각모양의 유리 프리즘을 얻었다. … 거기서 나오는 선명하고 강렬한 색채를 보는 것이 처음에는 매우 재미있는 순간의 여흥이었으나, 잠시 후에 나는 그 색채들을 좀더 신중히 고려하게 되었다.'

빛이 프리즘을 통과할 때 생성되는 색채를 띤 스펙트럼에 대한 오래된 '설명'은 광선이 유리 같은 매개체를 통과할 때 점차 변화된다는 가정에 근거하였다. 그 변화는 색채의 변화로 분명해진다. 빛은 프리즘의 얇은 끝에서 약간 변화되어 붉어진다. 그리고 프리즘의 중간을 통과할 때 좀 더 변하여 초록이 되고, 가장 넓은 부분을 통과할 때는 훨씬 더 짙어져서 보라색이 된다. 이것은 빛의 성질에 대해 아무것도 말하지 않았기 때문에 '설명'이라고 거의 일컬을 수 없을 것이다. 더구나 그것은 분명히 잘못되었다. 다른 두께를 갖는 블록을 통해 빛을 보냄으로써 쉽게 알게 될 것이다. 그러나 자연의 법칙을 검증하기 위한 실험을 수행하는 분위기는 없었다. 가설들이 검증되지 않고, 단지 아리스토텔레스 같은 철학자들의 인가로 간단히 받아들여졌다.

뉴턴은 빛이 유리 같은 물질을 통과함으로써 변화되지는 않지만, 물리적으로 분리됨을 보여주었다. 그에 따르면, 흰 빛은 여러 종류의 광선으로 구성되고, 각각의 광선은 다른 색상을 만들어낸다. 이런 광선들은 약간 다른 각도로 분산되고, 광선들이 유리로 들어갔을 때, 그 광선의 구성요소들은 분리된 후, 방해받지 않고 계속 나아갔다. 그는 색상은 빛과 어둠과는 아무 관계가 없다는 것도 발견했다.

뉴턴이 공들인 방법들은 그 자신의 말로 설명될 수 있다: '나는 내 질문의 실험 대상을 계속 내 앞에 두고, 첫 번째 여명이 점차 열려 조금씩 완전하고 분명한 빛이 될 때까지 기다린다.'

뉴턴은 가설에 의존하지 않고, 심화된 실험에 의해 그의 발견들을 지속적으로 확인했다. 또 하나의 거꾸로 된 프리즘을 사용하여, 그는 그 색상들을 재결합하고 원래의 흰 빛을 재생할 수 있었다.

'그런 이유로 백색은 빛의 일반 색이다. 왜냐하면, 빛은 광선들이 발광체의 다양한 부분으로부터 임의적으로 달려왔을 때, 모든 종류의 색채를 갖는 광선들이 섞인 총합체이기 때문이다.'

그러나 뉴턴은 또 다른 실험에서 색이 일단 분리되면 그것은 더 이상 변화될 수 없다는 것을 보여주었다. '그 다음 나는 빛이 통과하여 벽에 도달하기 전에 다시 굴절할 수 있도록 또 다른 프리즘을 설치했다… 어느 광선도 다른 종류의 광선들로부터 분리됐을 때, 색을 바꾸려는 최대의 노력에도 불구하고 색채가 바뀌지 않았다 …'

당대의 확립된 견해와 반대되는 뉴턴의 생각은 많은 사람들에게 수용될 수 없었다. 사람은 확립된 정설은 변경될 필요가 없을 뿐 아니라, 완전히 잘못됐다는 것도 인정하기를 꺼리기 때문이다. 또 한 명의 캠브리지대학교 물리학자인 로버트 후크는 뉴턴을 가혹한 논쟁에 연루시켰다.

그것은 가혹하고 사적이었으며, 양쪽 모두에게 큰 상처를 주었다. 너무 심하여 뉴턴은 자주 말하길, '내가 다른 사람들을 더 만난다면, 그것은 내가 거인들의 어깨 위에 섰기 때문이다'는 숨겨진 날카로운 비판을 담은 것으로 생각된다. 후크는 굽은 등을 가진, 작고 다소 뒤틀린 사람이었다.

그 비평과 싸움은 뉴턴을 움츠러들게 했고, 특히 그의 생각을 더 이상 발표하지 않게 했다. 그의 저서 〈광학(Optikcs)〉은 30년이 지난 1704년에 비로소 등장했다. 그는 당시 친구였던 라이프니츠에게 보낸 편지에서 털어놓았다: '나는 빛에 대한 이론을 발표한 것 때문에 생기는 논쟁으로 너무 박해를 받아서, 그림자를 좇는 나의 손님처럼 큰 축복과 헤어진 것에 대해 나 자신을 비난했다.'

역병 기간 동안의 외로운 연구로 거슬러 올라가, 뉴턴의 가장 위대한 업적, 즉 힘과 운동을 통제하는 법칙들의 공식화는 수년 동안 발표되지 않았다. 떨어지는 사과에 대한 이야기는 그의 친구 윌리엄 스터클리(William Stukeley)가 쓴 전기에서 처음 나왔다. 윌리엄 스터클리는 사과나무 아래서 뉴턴과 차를 마신 것으로 묘사한다. 떨어진 곳에서 작용의 신비는, 그 작용에 의해 물체들이 접촉없이 서로에게 다소 힘을 행사하기 때문에 논쟁의 주제가 되었다. 이와 똑같은 종류의 힘이 달에서, 그리고 떨어지는 사과에 작용될 수 있을까?

뉴턴은 갈릴레오가 그만 두었던 부분에서 계속했다. 갈릴레오는 지구 표면에 있는 모든 물체는 중력 하에 똑같은 가속도를 가진다는 것을 발견했었고, 뉴턴은 그 이유를 설명하는 일반적 법칙을 공식화했다. 뿐만 아니라, 왜 달이 지구를 선회하는 데 약 27일이 걸리는 지를 계산했나. 1687년 마침내 그 유명한 〈자연철학의 수학적 원리(Phiolsophiae Naturalis Principia Mathematica)〉가 등장했다. 빛 스펙트럼에 관한 논쟁으로 야기된 뉴턴의 좌절이 지연의 주된 원인일 가능성이 많아 보인다. 1692년 뉴턴은 만성적인 불면증, 신경 우울증과 과민성으로 고통받았다. 그는 학구적인 삶을 그만두고 다른 일을 찾기로 결심했다. 그러나 귀족계급의 런던 학교인 치터하우수 학교의 교장직 제안은 정확히 그가 원했던 것이 아니었다. 그는 다소 외교수완이 없게 다음과 같이 썼다: … 내가 생각하지도 않았던 마차 이외에도, 연봉 200 파운드, 그리고 런던 분위기와 내가 좋아하지 않는 그런 삶의 방식에 매이게 되었다 …'

1699년, 그는 당시 엄청난 1500파운드의 연봉으로 영국 조폐국의 국장에 임명됐다. 그는 이 직책을 매우 진지하게 받아들였고, 그의 재능과 상상력을 동전 위조를 막는 방법을 발명하는데 썼다. 1703년 그는 잉글랜드 과학계의 대단한 권력이 있는 영국 학술원의 회장으로 선출됐고, 사망 시까지 매년 재선출되었다. 1704년 뉴턴은 앤 여왕으로부터 기사작위를 받았다 - 이 영예를 얻은 최초의 과학자였다.

누가 계산법의 발명자인가에 관한 라이프니츠와의 논쟁이 뉴턴의 삶의 말년을 대부분 지배했다. 1684년 라이프니츠는 그의 논문, 'Nova Methodus pro Maximis et Minimis itemque Tangentibus'를 발표했다. 그것은 지금 우리가 미분법이라 부르는 것을 포함했다. 특히 탄젠트를 계산하는 방식은 뉴턴의 방식과 똑같은 원리를 근거로 했다. 2년 후인 1686년에, 라이프니츠는 적분법을 발표했고, 지금은 친숙한 적분 기호가 처음 등장했다.

역사적 상황으로 보면, 뉴턴의 미발표된 미분계수에 관한 연구는 1671년에 작성되었지만 1704년에야 등장했고, 그 후 그의 저서, 〈광학의 두 개의 수학적 부록〉으로 등장했다. 1736년 존 콜린스(John Collins)는 뉴턴의 사망 9년 후 그 저서를 영문 번역본으로 만들었다.

한편, 1710년 존 킬(John Keill)은 영국왕립학회에서 발간하는 〈영국왕립학회 철학 회보〉(The Philosophical Transactions of the Royal Society)에 라이프니츠가 뉴턴의 연구를 효율적으로 단지 기호만을 바꾸어 도용했다고 비난하는 기사를 썼다. 라이프니츠가 이것을 읽고 크게 반대하여, 즉시 영국학술원의 서기장에게 편지를 보내 결코 미분계수에 관해 들은 적이 없으며 사과를 요구하였다. 아마도 뉴턴 자신의 협조로 만들어진 킬의 답변은 훨씬 더 공격적인 언어로 그 비난을 재진술했다. 라이프니츠는 즉시 철회를 요구했고 그것은 큰 논쟁을 위한 준비 단계가 됐다.

영국왕립학회는 그 주장들을 조사할 위원회를 구성했다. 영국왕립학회의 회장인 뉴턴에게 그 위원회는 거의 공평할 수 없었고, 예상대로 위원회의 보고서는 뉴턴에게 유리하게 결론을 내렸다. 그 문제를 단단히 매듭짓기 위해 뉴턴은 익명으로 그 보고서에 호감을 보이는 비평을 썼고, 1712년 영국왕립학회 회보에 실렸다.

뉴턴은 곧고 정직하고 세심하게 정당했으나, 그의 확신에 대해서는 타협하거나 상대편에게 관대하지 않았다. 그가 '재치는 적을 만들지 않고 점수를 따는 기교다.' 라는 말의 창작자라고 한다. 그러나 그는 쉽게 화를 냈고 공격적인 경향이 있었다. 친구들의 다수는 결국 적이 됐다.

예상할 수 있듯이, 그는 넋을 놓고 자주 생각에 빠졌다. 빈번히 어떤 문제에 대해 연구하기 위해 식탁에서 사라져서는 다시 돌아오는 것을 잊어버려 식사에 초대한 손님들을 곤란하게 하였다고 한다.

뉴턴이 그의 발견들과 자연의 법칙들이 어떻게 존재하게 되었는지에 대한 깊은 의문에 매료됐었다는 것은 분명하다.

■ 부록 5.1 뉴턴의 우주 중력 법칙에서 파생된 케플러 제 3법칙

케플러 제 3법칙을 유도하려면, T^2/r^3은 원형 궤도에 대해 항상 일정하고,

$$F = \frac{mv^2}{R} = G\frac{Mm}{R^2}$$

$$v^2 = \frac{GM}{R}$$

$$T = \frac{2\pi R}{v} \Rightarrow T^2 = \frac{4\pi^2 R^2}{v^2} = \frac{4\pi^2 R^3}{GM}$$

$$\frac{T^2}{R^3} = \frac{4\pi^2}{GM},\ \text{이것은 일정함.}$$

■부록 5.2 탈출속도

사람이 지구로부터 더 멀어지면, 지구의 중력이 줄어 움직이는데 요구되는 일은 더 작아진다. 그러므로 사람은 다음과 같이 행해진 일을 적분해야 한다:

전체 일:

$$W = \int_R^\infty \frac{GMm}{r^2} = \left[- \frac{GMm}{r} \right]_R^\infty = \frac{GMm}{R}$$

$W=$ 운동에너지 $= \frac{1}{2}mv^2$

$$\frac{1}{2}mv^2 = \frac{GMm}{R}$$

$$v = \sqrt{\frac{2GM}{R}} = \sqrt{\frac{2 \times 6.668 \times 10^{-11} \times 5.976 \times 10^{24}}{6.378 \times 10^6}}$$

탈출속도 $v = 1.12 \times 10^4\ \mathrm{ms^{-1}}$ (약 400,000 km $\mathrm{hr^{-1}}$)

계산에 사용된 상수:

$G = 6.668 \times 10^{-11}\ \mathrm{Nm^2kg^{-2}}$(만유인력상수)

$M = 5.976 \times 10^{24}\ \mathrm{kg}$(지구의 질량)

$R = 6378\ \mathrm{km} = 6.378 \times 10^6\ \mathrm{m}$ (지구의 반경)

제06장 파동의 소개

파동이란 무엇인가? 파동은 너무도 다양하여 다른 유형의 파동을 서로 관계없는 분리된 독립체로 여겨진다. 어떤 지역의 지진에 의한 파괴나 악기의 음색과 같은 사건들은 공통적인 특징을 갖고 있을까? 이번 장에서는 이 두 사건과 다른 많은 현상들 사이의 공통점을 탐구할 것이다.

파동은 한 곳에서 다른 곳으로 에너지를 운반한다. 또한 정보를 전달하는 전달자의 역할도 한다. 여기서는 서로 다른 유형의 파동들과, 그것들이 어떻게 생성되는지, 무엇으로 '만들어지는지', 그리고 어떻게 운반자와 전달자의 기능을 수행하는지에 대해 살펴볼 것이다.

파동의 움직임을 다루기 위해, 파동의 성질을 수학적으로 표현할 필요가 있다. 그래야 자연에서 볼 수 있는 파동과 관련된 많은 현상을 정량적으로 예측할 수 있을 것이다. 파동을 수학적으로 분석하기 위해서는 가장 간단한 형태의 파동 - 연속적인 사인파 - 을 이용하는 것이 가장 편리하다. 다소 놀라운 일이지만, 가장 복잡한 주기파도 이러한 여러 개의 사인파를 더함으로써 간단하게 구성될 수 있다는 점을 찾아내는 것은 즐거운 일이다.

6.1 파동 – 통신을 위한 기본 수단

바닷가의 밀려오는 파동. *존택스 제공.*

*파동*에 대해 이야기할 때, 해안으로 파도가 다가오는 바닷가나, 바다 위에서 폭풍에 흔들리는 배를 상상해 볼 수 있다. "가장 일반적인 통신수단으로 쓰이는 것이 무엇인가?"라는 물음에 대하여 '파동'이라는 대답이 선뜻 나오지는 않을 것이다. 하지만, 태양에서 오는 열과 빛은 파동에 의해 운반된다. 광파나 음파가 없다면 서로 보거나 이야기할 수 없다. 심지어 촉각도 파의 다발로 구성된 신경 자극의 전이를 필요로 한다.

모든 공간에 퍼져있고, 이것 없이는 우주가 존재할 수 없는 *전자기파*는 이 책의 기본 주제이다. *빛*은 전자기파 집단의 한 구성요소일 뿐이다. 이들 파동은 다음 장에서 보듯이, 신비한 방법으로 전파된다.

이제까지 전자기파의 발생과 다양한 이용에 대해 설명하였고, 이것은 매우 당연하게 여겨진다. 전파는 우리가 최신 뉴스를 보고 듣고, 가장 좋아하는 텔레비전 프로그램을 시청할 수 있도록 해주는 원격 통신을 용이하게 한다. 우주 탐사기로부터 달의 표면에 대한 정보도 얻을 수 있다. 레이저는 의학적으로 열쇠구멍과 같이 아주 조금만 절개한 뒤 수술할 수 있는 파동을 만들어내고, X-선은 영상

진단과 방사선 치료에 이용되며, 적외선은 근육을 가열하여 고통을 경감시킨다. 극초단파로는 요리를 하고, 레이더파는 비행기와 선박을 인도한다. 끝으로 가장 중요한 점은 리모컨에서 나온 아주 작은 적외선이 TV세트 앞에 가지 않고도 채널을 돌릴 수 있도록 해준다는 것이다!

겉으로 보기에 끝이 없는 다양한 파동에 대하여 알게 되면, 다음과 같은 의문을 가지게 된다: 모든 파동은 공통점이 있을까? 어떻게 파동을 수학적으로 다룰 것인가?

빛이 파동처럼 작용한다는 정의는 무엇인가?

■6.1.1 매질 내 역학적 파동

매질이 파동에 의해 동요될 때, 개개의 입자들은 각자의 평형 위치에서 진동하고 상호간의 작용을 통해 에너지를 전달한다.

연못 한 가운데 떨어진 돌멩이는 물 표면에 계속해서 커지는 원을 그리며 퍼지는 파동을 만들어낸다. 퍼지는 파동은 무엇인가 확실히 널리 퍼져나간다는 것을 보여주지만, 물 자체가 퍼지는 것은 아니다. 파동의 진로 위에 떠 있는 오리는 위아래로 흔들리지만 반드시 전파 방향으로 움직이는 것은 아니다. 각 물 입자의 국소적 진동에 포함된 에너지는 이런 입자들의 알짜 이동 없이 연못의 한가운데에서 가장자리로 전달된다.

물 속으로 깊게 들이가는 막대에 의해 발생한 표면 파동.
로저 맥래수스 제공.

파동은 평형 위치 근처에서 조정되는 국소 진동에 의해 한 장소에서 다른 장소로 에너지, 운동량, 그리고 정보를 전달한다.

자연적으로 발생하든 인공적으로 생산되든, 파동은 전달되는 요동의 유형에 따라, 또한 물체가 국소적으로 변하는 방향과 에너지가 이동하는 방향의 관계로 분류될 수 있다.

분자들은 주기적으로 변하는(규칙적인 간격을 두고 스스로 반복되는) 외부의 힘에 의해 자극을 받을 때 진동하고, 역학적인 파동이 일어나기 시작한다. 개개의 분자들은 국지적으로 남아있지만, 에너지는 분자에서 분자로, 즉 한 장소에서 다른 장소로 이동된다. 에너지는 분자간 상호작용에 의해 물질을 통해 전달되지만, 상호작용의 정확한 성질은 물질에 따라 결정된다. 거시적으로, 분자간 반응의 정도를 물질의 탄성이라고 부른다.

역학적 파동은 이웃하고 있는 분자들의 상호작용에 의해 전파되며, 진공 상태에서는 존재하지 않는다.

■ 6.1.2 횡파

에너지는 전이되는 방향에 수직 또는 수평 방향으로 진동하는 입자에 의해 전달될 수 있다. 돌멩이에 의해 요동이 발생했을 때, 수면이 위아래로 움직였지만, 파동은 수평방향으로 이동했다. 이런 종류의 파동을 횡파라고 부른다.

횡파는 국소적인 요동이 에너지의 전파 방향에 수직인 파동이다.

횡파를 유지하기 위해서 특정 형태의 결합이 필요하다. 분자들이 서로 결합되었을 때, 횡파는 퍼진다. 그 결합은 분자가 위아래로 움직일 때, 이웃하는 분자들을 끌어당긴다. 분자를 동요시키기 위해서는 힘이 필요하며, 이러한 현상을 기술적으로 *전단응력에 대한 저항력*이라고 한다. 이러한 결합은 고체와 액체에 존재한다.

어린이들이 일렬로 손을 잡고 있을 때, 만약 한 어린이가 폴짝 뛰면 양쪽의 어린이들은 위로 당겨지게 될 것이다. 결합은 손을 잡고 있는 상태이다.

만약 어린이들이 손을 잡고 있지 않다면 아무런 결합도 없고, 한 어린이가 위로 뛰더라도 다른 어린이들에게 영향을 미치지 않는다.

운동경기에서 자주 볼 수 있는 '파도타기'는 횡파의 또 다른 예이다.

■ 6.1.3 종파

횡파는 기체에서 퍼져나갈 수 없다. 기체가 사실상 전단응력에 대한 저항력을 갖고 있지 않기 때문이다. 공기 분자들은 고체나 액체의 분자들보다 훨씬 더 멀리 떨어져 있고, 결과적으로 인접한 공기층을 끌어당기려는 점성력이 너무 작아서 횡방향으로 요동하며 퍼질 수 없다. 그러나 분자들 사이에는 압착에 저항하는 힘이 존재한다. 짐을 가득 실은 버스는 타이어 내부의 압축 공기에 의해 유지된다. 수륙양용보트의 일종인 호버크라프트는 압축 공기층을 타고 달린다.

호버크라프트 박물관 제공.

1887년, 존 던롭(John Dunlop)은 아들의 세발 자전거를 위해 압축 공기를 채운 타이어를 발명했고, 1889년에 특허를 획득했다. 그 특허권의 해설을 읽어보면 다음과 같다. '바퀴의 둘레를 덮고 있는 장치. 울퉁불퉁한 길에서 탑승자에게 쿠션을 제공하고, 바퀴들이 땅에 닳아 찢어지는 것을 줄여주며 운송 수단과 지면 사이의 마찰결합을 제공한다.'

압축된 기체의 진동이나 일련의 진동들은 기체의 탄성과 온도에 좌우되는 속도로 기체를 통해 전송된다. 인간의 귀는 이러한 압력을 감지할 수 있는 섬세한 도구다. 이런 감각을 소리(음, 음향, 느낌, 울림)라고 부른다.

종방향 진동의 전달 메커니즘은 버스를 기다리는 사람들이 질서정연하게 서 있는 줄로 설명할 수 있다.

버스가 다가오면, 줄의 뒤쪽에 있는 사람들은 그들 앞에 있는 사람들을 밀기 시작한다. 버스가 멈출 때까지 이 압력이 줄의 앞쪽으로 전해져 온다. 개개의 사람들은 압력과 같은 방향으로 움직인다.

음파는 일련의 압축으로 퍼져 나간다. 기타줄과 같이 진동하는 막은 인접한 공기에 다양한 압력을 가하고 압력의 변동이 종파로 전송된다.

종파란 국소적인 요동이 에너지의 전파 방향에 평행인 파동이다.

고체의 각 분자는 이웃하고 있는 모든 분자들과 결합되기 때문에 어떤 방향에서 오든, 힘이 적용되면 배열의 평형상태가 왜곡될 것이다. 이는 고체가 횡파와 종파를 모두 전파할 수 있다는 것을 의미한다. 예를 들어, 지하 폭발은 대지를 통해 전달되는 횡방향과 종방향의 지진파를 발생시킨다. 그림 6.1처럼 슬링키(slinky, 스프링처럼 생긴 장난감)를 이용하여 종파와 횡파가 동시에 생성되는 것을 증명할 수 있다.

물결은 횡진동과 종진동의 혼합이다. 물의 요소들은 수면에 대하여 수직 및 수평으로 진동하며 원형이나 타원형으로 움직인다.

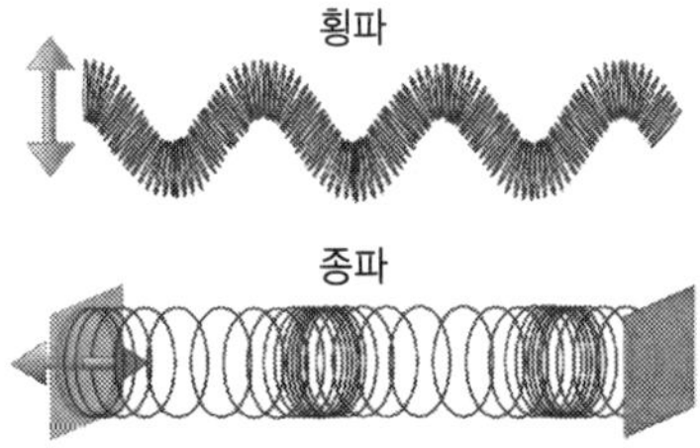

그림 6.1 슬링키에서의 횡파와 종파

파도가 해변에 도달할수록 물의 깊이가 감소하면서 입자의 움직임이 변화한다. 어떤 지점에서 모래의 마찰에 의해 파도가 부서진다.

태평양의 바다폭풍. *밀라 진코바 제공.*

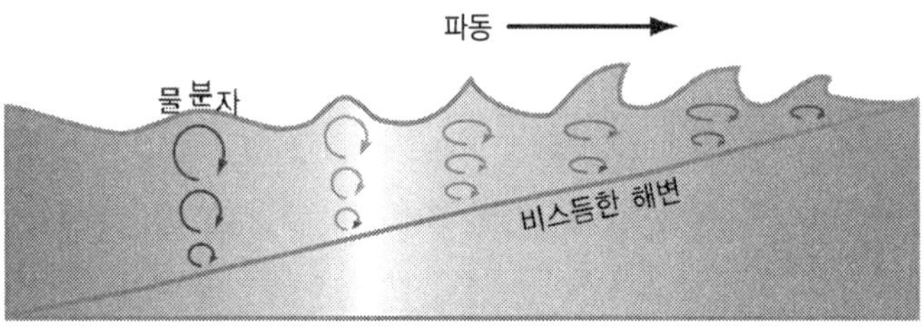

파도는 바다에서 오는 것처럼 보이지만 바닷물을 들여오지는 않는다!

6.2 진행파에 대한 수학적 표현

■ 6.2.1 파동의 생성

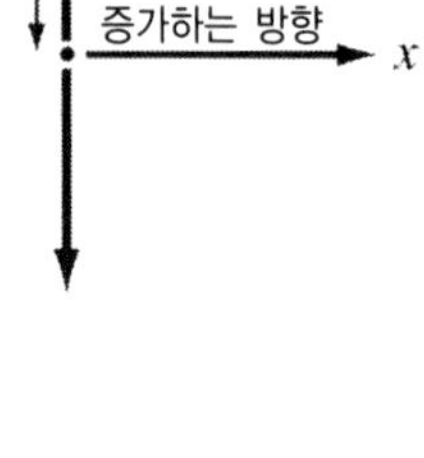

파동의 수학적 표현은 진행파가 공간 내의 주어진 위치에서 지속적으로 진동하는 기본 요소들로 이루어진다는 가정을 기초로 한다.

물질의 매질 내에 있는 간단한 횡파를 선택해보자. 각각의 진동하는 입자의 최대 이동거리를 진폭 A라고 부른다.

■ 6.2.2 각의 사인(sine)값에서 파동의 모습까지

*어떤 각의 사인값*은 직각 삼각형의 두 변 사이의 비율이다. 굴절과 같은 많은 물리적 현상들이 각의 사인값으로 정의된다(예 3장 스넬의 법칙). θ에 대하여 $\sin(\theta)$ 값으로 나타내는 함수를 *사인 함수*라고 부른다. 이것은 주기파의 물리적 성질을 나타내는 기본 함수이다.

사인 함수의 생성

그림 6.2a에 있는 삼각형 ABC의 빗변을 시계 반대 방향으로 돌리면서 각 θ를 증가시켜 보자. θ를 0에서 90°까지 증가시키면, $\sin(\theta)$ 값은 0부터 1까지 증가하고, $\theta=180°$에서 0으로 떨어지고 난 뒤 변 BC가 음의 y-방향을 향하면 음수가 된다. 마지막으로, θ가 360°가 되면 $\sin(\theta)$ 함수는 $\theta=0$일 때의 초기값으로 돌아간다. 변 AC를 가상의 원에서 계속해서 돌린다면, $\sin(\theta)$ 함수는 그림 6.2b에 묘사된 것처럼 주기적인 순환이 계속해서 반복될 것이다.

만약 반지름을 일정한 각속도 ω(초당 라디안)로 돌린다면, θ는 일정한 속도로 변하고, $\theta=\omega t$이다. 그러면 이 그래프는 매질 속의 고정된 위치에서 입자의 수평 변위가 시간에 따라 어떻게 변하는지 보여준다. 이런 입자는 $y=\sin(\omega t)$ 함수로 표현되는 *단조화 운동*으로 진동한다.

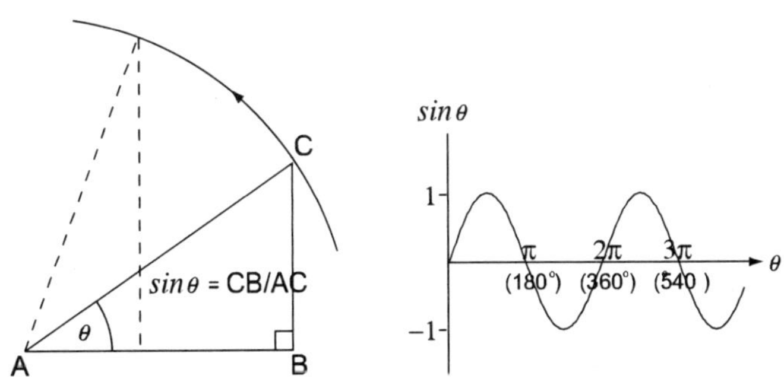

(a) (b)

그림 6.2 (a) $\sin(\theta)$ = 높이/빗변 (b) 사인함수

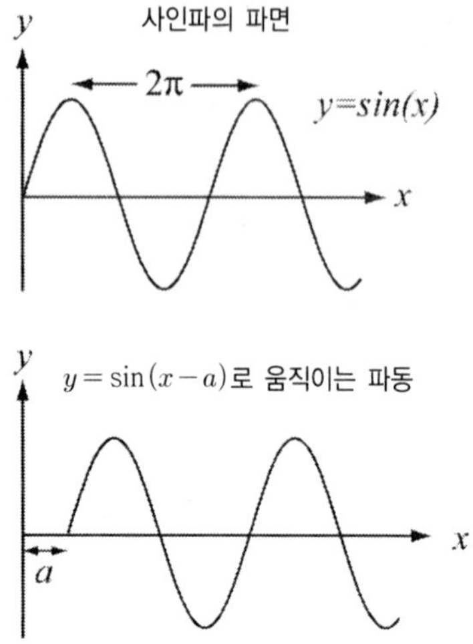

그림 6.3 진행하는 사인파

횡파를 전달하는 연속적인 매질 속에서는, 어떠한 입자도 고립 상태에서 진동하지 않으며 이웃하고 있는 입자에 움직임을 전달하여 *단조화파*를 생성할 것이다. 그림 6.3의 위쪽 그림은 주어진 시간에 연속적인 입자들의 평형(y)상태에서 횡변위를 주는 파동의 '사진'을 묘사한 것이다. 파동의 형태는 $y = \sin(x)$ 함수이며, 이때 x는 전달 방향(x축 방향)에서의 거리이다. 이 형태는 거리 $\lambda = 2\pi$마다 반복되는데 이 거리가 파동의 *파장*이다.

아래쪽 그림의 곡선은 파동이 x방향으로 거리 a만큼 이동했을 때 찍힌 또 다른 순간의 사진이다. 이 파동을 원래의 수식에 *위상 차*$= -a$를 도입하여 표현한다. 원래 원점에 있던 첫 번째 정지점은 이제 $x = +a$ 위치에 있다. 파동 위의 다른 모든 점들도 같은 거리만큼 이동했다.

■ 6.2.3 움직이는 사인파의 표현

지금까지 우리의 수학적 표현은 고정된 시점에서의 파동을 나타낸다. 이것은 정해진 순간의 파동을 보여주는 '순간 사진'이다. 우리는 시간에 따라 위상이 $a = vt$의 비율(여기서 v는 파동의 속도)로 변하도록 하여 움직이는 파동을 표현할 수 있다.

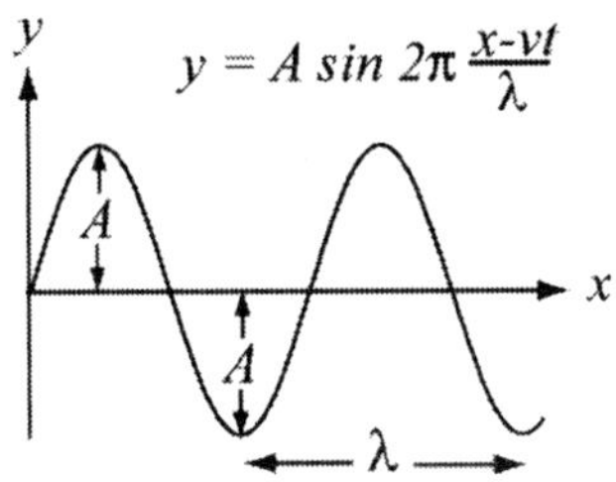

그림 6.4 최종적인 생성

범위 수정

우리는 정확한 파의 진폭을 구할 수 있도록 사인 함수에 A인자를 곱하여 식을 수정한다. 또한 파동의 마루 사이의 거리가 다음과 같이 2π 대신 λ가 되도록 범위를 조정할 수 있다:

$$y = A\sin\left(\frac{2\pi x}{\lambda}\right)$$

$x = 0,\ \lambda,\ 2\lambda,\ 3\lambda,\ \cdots$ 등에 대한 이 함수의 값은 $+A$이다. 위의 식을 시간에 따라 변하는 위상변위와 결합시키면 다음 식을 얻는다:

$$y = A\sin\left\{2\pi\left(\frac{x - vt}{\lambda}\right)\right\} \tag{6.1}$$

이것은 x-축을 따라 왼쪽에서 오른쪽으로 속도 v로 움직이는 진폭 A와 파장 λ의 단진동파를 보여준다.

■ 6.2.4 파동의 매개변수

어떤 입자가 한번 진동을 끝내는 데 걸리는 시간을 주기 T, 초당 진동의 횟수를 진동수 $f = 1/T$라고 한다.

파동은 시간 T동안 거리 λ를 움직이는데 이 때 파동의 속도는 $v = \dfrac{\lambda}{T} = \lambda f$이다.

파동 식 6.1은 종종 다음과 같이 쓰인다:

$$y = A\sin(kx - \omega t)$$

여기서 $k = 2\pi/\lambda$이며 *파수*라 불리고 $\omega = 2\pi v/\lambda = 2\pi f$는 *각진동수*로 알려져 있다(이는 또한 그림 6.2a에 표시된 원의 동경벡터의 각속도이다).

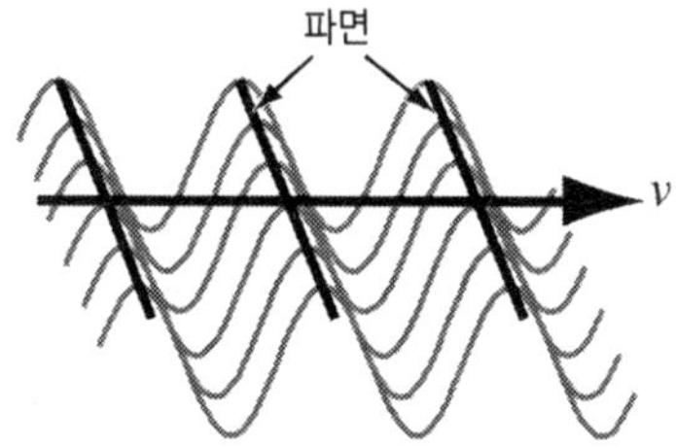

흔히 어떤 시간에 파동에 의해 동등하게 옮겨지는 점들을 연결한 표면인 파면으로 파동을 그리는 것이 편리하다.

6.3 파동의 중첩

■ 6.3.1 중첩 원리

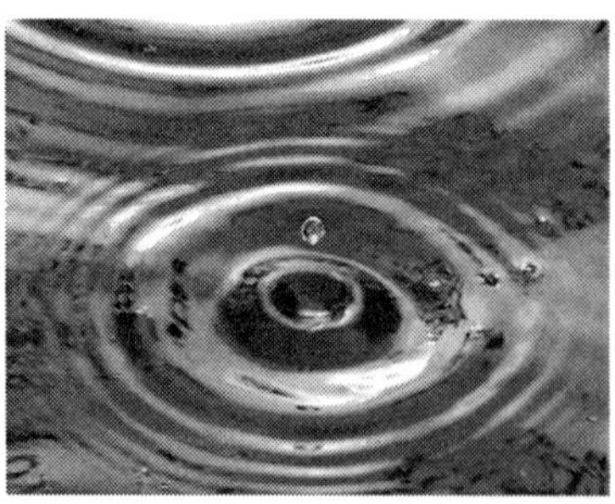

빗방울. *피오트르 피에랑스키 제공.*

중첩 원리는 한 개 이상의 파동에 의해 동시에 요동하는 어떤 입자의 총 변위가 각 파동에 의한 변위의 단순한 선형 합이라는 것이다.

빗방울이 수영장 표면에 떨어질 때, 이 빗방울들은 퍼져나가며 서로 겹치는 원형 표면파를 생성한다. 각각의 파동은 다른 파동의 존재에 영향을 받지 않고, 각각 독립적으로 물 입자를 옮긴다. 어떤 입자의 총 변위를 얻기 위해, 각각의 파동에 의한 변위를 단순히 더한다.

6.4 중첩 원리의 적용

■ 6.4.1 같은 방향으로 움직이는 두 파동의 중첩

두 개의 동일한 사인파가 같은 방향으로 이동한다:

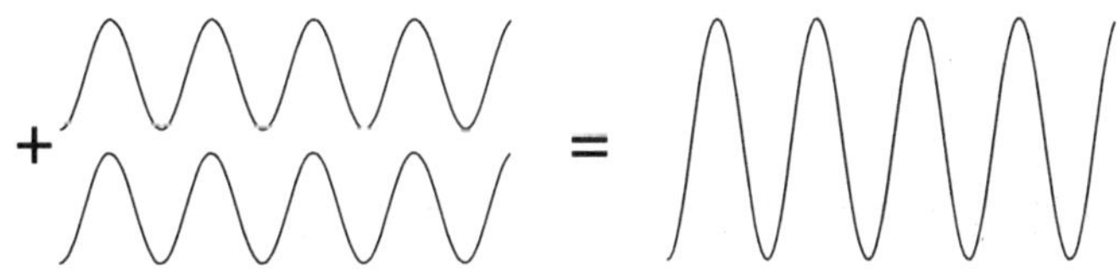

같은 위상의 파동 : 개별 파동이 결합하여 총 진폭이 각각 파동의 두 배가 되는 파동이 된다.

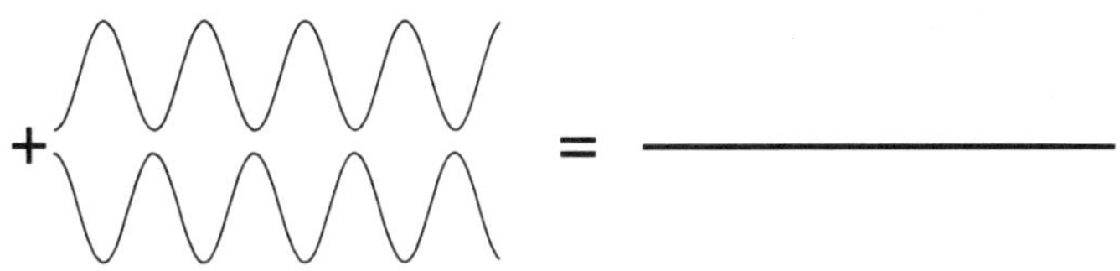

다른 위상의 파동 : 개별 파동이 결합하여 총 진폭이 0이 된다.

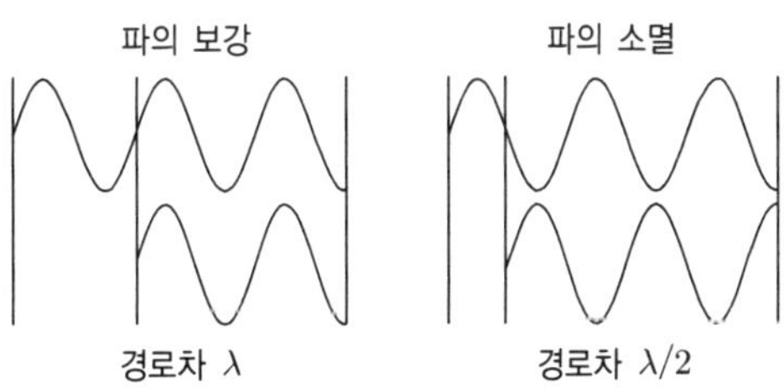

그림 6.5 경로차와 위상차

■ 6.4.2 경로차와 위상차

두 파원이 같은 위상의 주기파를 방출할 때, 파동이 겹치는 어떤 점에서 요동의 총진폭은 두 파동의 위상 차이에 따라 결정된다.

이러한 위상차는 각 파동이 파원으로부터 이동된 거리에 달려있다. 두 파원에서 나오는 파동들은 만약 경로차가 0이거나 정수배의 파장(λ, 2λ, 3λ 등) 이라면 위상이 같을 것이다. 그림 6.5와 같이, 만약 경로차가 반파장이거나 반파의 홀수배($\frac{\lambda}{2}$, $\frac{3\lambda}{2}$, $\frac{5\lambda}{2}$ 등)라면, 이 파동들은 위상이 완전하게 어긋날 것이다.

■ 6.4.3 반대 방향으로 진행하는 두 파동이 만날 때

만약 횡진동이 한쪽 끝이 고정된 실을 아래로 진동시키면서 밀어낸다면, 이 진동은 반사되어 위로 진동하면서 돌아올 것이다. 이는 뉴턴의 제3운동 법칙에 따른 것인데, 반사점에서 작용과 반작용은 반대라는 것이다(위쪽이 아래쪽으로 반사된다는 사실은 특별히 중요하지 않다; 실제적으로 더 중요한 것은 진동이 처음 보낸 것과 같은 속도로 돌아온다는 점이다). 만약 지지대가 단단하다면, 에너지는 거의 흡수되지 않을 것이고 진동의 진폭은 크게 줄어들지 않을 것이다.

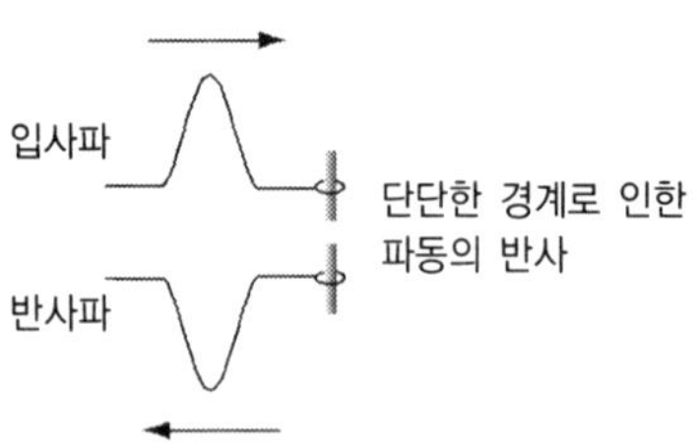

만약, 하나의 진동 대신 연속적인 파동이 벽과 같은 단단한 경계에서 반사된다면, 반사파가 생성된다. 같은 실에서 반대 방향으로 움직이는 두 개의 동등한 파동처럼 상상하기 힘든 경우가 있다.

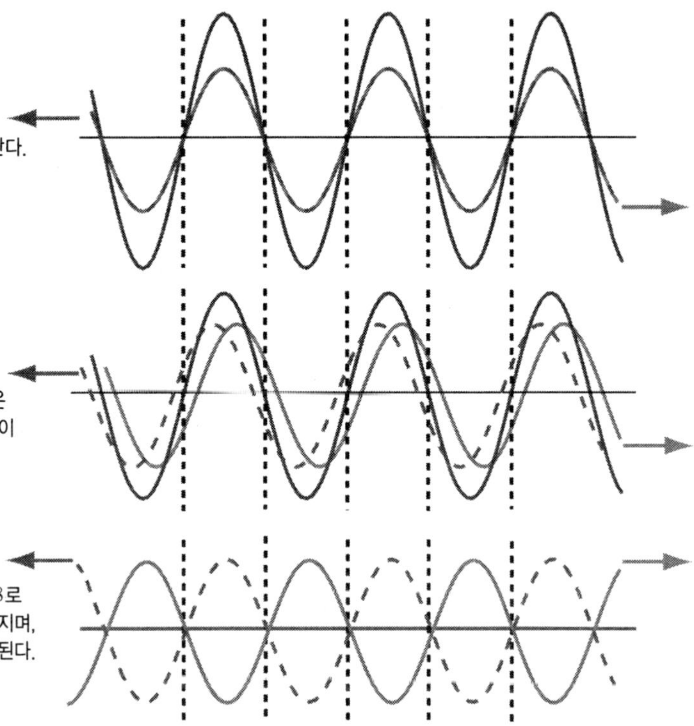

그림 6.6 두 파동이 만나서 위상이 옮겨진다.

입사파와 빈사파는 그림 6.6에 보이는 것과 같이 서로 겹칠 것이다. 그에 따른 무늬는 세 번 보이고, 두 파동이 만나는 상태를 보여준다. 오른쪽으로 이동하는 파동은 흐린 실선으로 표시되고 왼쪽으로 이동하는 파동은 대시 선으로 표시된다. 두 파동은 동일하며 반대쪽을 향해 같은 속도로 움직인다.

그림 6.6a는 두 파동이 일치하는 순간에 찍힌 '순간 사진'이다. *그 순간*의 합성파는 같은 파장을 가지며 진폭은 두 배이다. 두 파동에 의한 요동이 0이 되는 지점에서, 합성파 역시 0이다. 이 점들은 점선으로 표시되어 있으며 *마디*라 불린다.

짧은 시간이 지난 뒤, 그림 6.6b와 같이, 두 파동은 각각 (흐린 실선 파동은 오른쪽으로, 대시 선 파동은 왼쪽으로) 약간씩 이동했다. 지금 당신이 마디가 있던 공간의 한 지점에 앉아 있다고 상상해 보라. 시간이 지남에 따라, 어느 한 파동에 의한 변위가 당신을 위로 올라가게 할 것이고, 다른 파동에 의한 변위는 아래로 내려가게 할 것이다. 예를 들어, 마디에서, 대시 선으로 표시된 파동은 올라가고, 흐린 실선으로 표시된 파동은 내려간다. 하지만 파동의 모양이 대칭이기 때문에, 변위가 상쇄되고 그 결과는 0이 된다. 따라서, '마디 위에 앉아 있으므로' 당신은 요동치지 않게 된다! 마디는 *공간에서 고정된 상태를 유지한다.*

마디 사이의 중간 지점에서, 합성파는 최대로 요동하고, 실은 각 파동의 진폭의 두 배로 진동한다. 이런 점들은 *파의 배라* 불린다.

이 논의는 일반적인 법칙으로 훨씬 간단하게 나타낼 수 있다: 왼쪽과 오른쪽으로 이동하는 파동이 동일하기 때문에, 마디가 움직일 수 있는 더 좋은 방향이 없고, 따라서 마디는 원래 있던 자리에 남아 있게 된다.

그림 6.6c는 두 파동이 만나는 상태를 마친다. 파동들은 각각 $\lambda/8$ 거리만큼 움직였다. 이 순간에 흐린 실선과 대신 선 파동들은 완전히 다른 위상이며, 그 결과는 어디에서나 0이다. 연속되는 마디나 배 사이의 거리는 $\lambda/2$이다.

(실의 길이가 무한대인 경우에만 효과적으로 적용된다. 현실적으로 이 해석은 돌아오는 파동이 다시 반사되지 않고, 다른 한쪽 끝에서는 다른 파동이 아직 끝에 도달하지 않을 때까지만 지속될 것이다.)

■ 6.4.4 양쪽 끝이 고정된 실

위에 설명한 상황은 반사파가 누군가 붙들고 있거나 무엇인가에 부착된 실의 다른 쪽 끝에 도달할 때 일어나게 되는 일을 무시한다는 점에서 다소 비현실적이다. 반사파는 처음 지점으로 돌아올 때 다시 반사되고 파동은 계속해서 앞뒤로 흔들릴 것이다 - 원칙적으로는 *영원히*! 그러나 이번에는 다른 위치에 마디와 배가 생성되고, 진동은 곧 사라질 것이다.

만약 실의 길이가 배 길이의 몇 배에 해당한다면, 실의 먼 끝에서 반사된 파동에 의해 생성되는 마디와 배는 처음 파동과 반사된 파동에 의해 만들어지는 마디

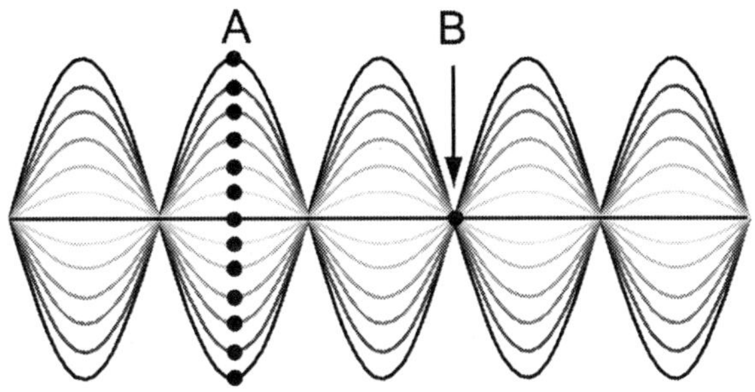

그림 6.7 진동하는 실의 동일 시간대 입자의 위치

및 배와 정확히 같은 위치에 있게 될 것이다. 이런 경우에 파동들은 결합하여 정상파를 만든다.

실의 입자들은 같은 방법으로 계속해서 진동하지만, 그림 6.7과 같이, *모든 입자는 파동의 진동수와 같은 위상에서 진동한다*는 중요한 차이점을 갖고 있다. 그림의 점들은 서로 다른 명암으로 나타낸 같은 시간대의 실 입자들의 연속적인 위치를 보여준다. A와 같이 배에 위치한 입자들은 최대 진폭으로 진동하고 B와 같이 마디에 위치한 입자들은 전혀 진동하지 않는다. 인접한 입사들의 동시간의 위치는 같은 명암의 곡선 위에 놓여 있다. 정상파의 독특한 특징은 에너지가 전달되지 않고 입자의 진동 에너지로 저장된다는 것이다.

정상파는 두 개의 파동에 의해 요동하는 입자들의 진동에 에너지를 저장한다.

(현실적으로, 완벽하게 단단한 지지대와 같은 것은 존재하지 않으며, 반사할 때마다 적은 양의 에너지가 줄에서 '흘러나갈' 것이다.)

■ 6.4.5 정상파

길이가 고정된 실은 실의 길이에 '딱 들어맞는' 정확한 수의 반파장들에 상응하는 다수의 고유모드를 가지고 있다. 진동의 진폭은 실의 양쪽 끝에서 0이 되어야 한다.

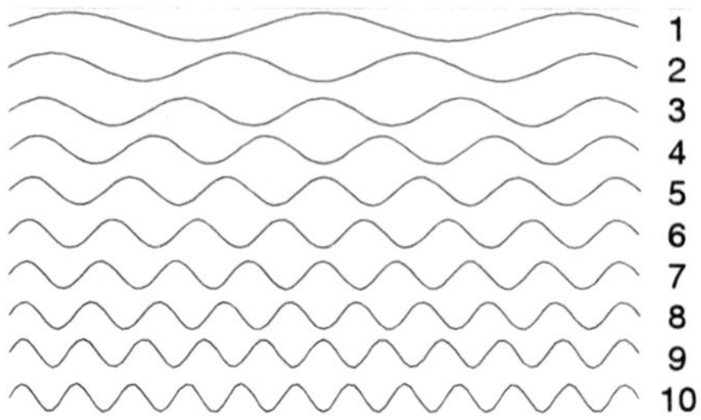

고유 모드의 진동수는 실의 *고유 진동수*(f_n)이라 하며, 다음과 같다.

$$f_n = nvf_1 = n\frac{v}{2L}$$

수학적인 논의는 부록 6.3에 있다. 더 이상 물리적인 이해를 제시하지는 않지만, 진행파와 정상파의 차이를 아주 분명하게 구분해주고, 언제라도 입자의 위치를 계산할 수 있도록 해준다.

6.5 강제 진동과 공진

실이나 공기와 같은 다른 물질에 파동을 만들기 위한 진동자를 사용할 수 있다. 만약 실이나 다른 시스템이 진동의 고유 진동수를 갖고 있다면, 그 다음에 일어날 움직임은 진동자의 진동수가 이런 진동수들 중 하나와 일치하느냐에 달려 있다.

■ 6.5.1 강제 진동

진동자가 실에 진동을 주는 상황을 가정해보자. 파동은 실을 따라 내려갈 것이고 먼 끝에서 반사되게 되는데, 이 끝은 고정되어 있으므로 마디이다. 입사파와

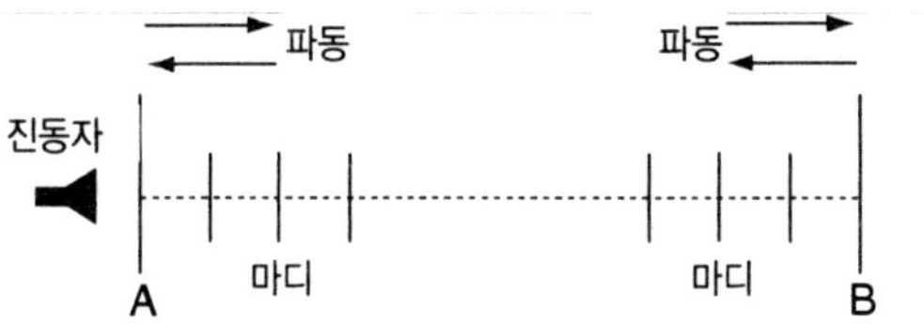

그림 6.8 마디와 정상파의 조건

반사파가 만나기 때문에, 거리 $\lambda/2$로 분리된 마디가 생길 것이다. 반사파는 또 다른 마디인 진동자 끝으로 돌아온다(진동자에 의해 생성되는 파동의 진폭은 작다고 가정한다). 그림 6.8과 같이, 각 끝에서 반사될 때 생성되는 마디의 위치가 실에서 정상파가 만들어지기 위한 조건을 보여준다.

만약 진동자의 진동수가 실의 고유 진동수 중 하나가 아니라면, B에 고정된 끝은 A에서부터 정확한 반파장의 배수가 되지는 않으며, 정상파가 생성되기 위한 조건도 충족되지 못한다. 실을 따라 올라오는 반사파는 진동자에 의해 흔들리는 파동과 위상이 다르다. 따라서, 진동자가 계속해서 실쪽으로 에너지를 쏟아낸다고 해도, 이 에너지는 주로 실의 양끝에서 흡수된다. 파동 그 자체는 작은 진폭의 진행파이다. 이런 형태의 움직임은 특수 진동을 갖는 전기 회로에서도 찾아볼 수 있다. 에너지는 회로의 저항에 의해 흡수된다.

■ 6.5.2 진동과 공진의 고유 진동수

팽팽하게 당겨진 실을 튕길 때, 요동은 양쪽 방향으로 퍼져 나가고 각 끝에서 반사된다. 입사파와 반사파는 결합하여 실의 고유 진동수 중 하나를 갖는 정상파를 만들 수 있다. 이제 진동자가 실의 한쪽 끝에 연결되어 있다고 가정해보자. 진동자의 진동수가 고유 진동수 중 하나와 일치한다면, 진동자에서 나오는 각각의 새로운 파동은 실의 먼 끝에서 반사되는 파동을 강화시킬 것이다. 그 파동의 총 진폭은 다른 진동수의 진폭보다 더 클 것이다; 이것을 *공진*이라 한다. 진동의 진폭은 시스템의 탄성과 다른 제약 조건들에 의해 제한된다.

현수교나 기타줄, 혹은 오르간 파이프 안의 공기와 같이 어떤 방식으로든 제약을 받는 모든 역학적으로 유연한 시스템은 자극을 받으면 진동하게 되는 고유 진동수를 갖고 있다.

6.6 공진 – 삶의 한 부분

우리는 공진 성질을 많은 방식으로 이용한다. 예를 들어, 울림실은 음향 악기의 소리를 증폭시키는 데 쓰이고, 전기 회로의 공진 성질은 라디오, 텔레비전, 핸드폰의 무선 통신을 전송하고 수신하는 데 이용되며, 레이저는 공진 원리에 의해 작동된다.

공진 시스템은 때때로 우리가 통제할 수 없는 상황을 발생시킬 수도 있다. 통제되지 않은 공진 진동에 의한 엄청난 결과들이 있다.

6.6.1 타코마 해협의 현수교 참사

토목 공학 역사상 가장 큰 실수는 7백만 달러를 들여 지은 타코마 해협 현수교의 설계이다. 이것은 준공 당시 세계에서 세 번째로 긴 현수교였으며, 다리의 지지탑은 서로 반마일 이상 떨어져 있었다.

1940년 7월 1일 공식 개통.
워싱턴 대학 도서관 제공.

준공 전, 다리의 웅장한 움직임으로 인해 말괄량이 제르시라는 별명까지 얻기도 했다. 약 1미터에 달하는 진폭을 가진 진동이 규칙적으로 나타나는 특징이 있었고, 이로 인해 관광객이 몰려 들었다.

1940년 11월 7일, 약 40 mph의 속도로 계속 불어오는 바람 속에서 다리가 격렬하게 뒤틀리기 시작했고, 결국 붕괴되어 183 m에 달하는 구간이 계곡 아래로 떨어져 나갔다. 유일한 사상자는 개 한 마리였다.

보라색의 비틀리는 흔들림.
워싱턴 대학 도서관 제공.

조사위원회의 1941년 보고서는 참사의 원인을 일종의 공진으로 보았다. 이것은 (군인들이 현수교 위를 행군하며 만드는 주기적인 움직임이 기존의 공명 진동 안에 맞물리는 것과 같은) 강제 진동의 간단한 유형이 아니었다. 바람은 간단한 공명 진동을 일으킬 정도로 충분히 큰 규칙적인 자극을 유지시킬 수 없었다.

그날 이후. *워싱턴 대학 도서관 제공.*

붕괴의 정확한 원인에 대한 논쟁이 계속되어 왔지만, 분명한 *사실은* 연속된 사건들을 수학적으로 철저하게 분석하는 것만이 그 원인을 충분하게 이해할 수 있다는 것이다.

■ 6.6.2 멕시코시 지진

멕시코시 지진.
조지 파라라스 카라야니스 제공.

'1985년 9월 19일 대지진 기간 동안 멕시코시에서는 새 건물들이 심각하게 용해되고 훼손되었다. 비록 진앙은 300 km 이상 떨어져 있었으나 2초 동안에 진폭의 최고점이 집중되면서, 멕시코 계곡에는 중력가속도 g의 17 %에 달하는 가속이 일어났다. 멕시코시에서 일어난 극심한 피해는 단색 지진파 때문이었고, 이 2초 동안에 멕시코시 시내의 건물들에 11개의 조화공명진동이 발생했다. 15세기에 호수가 있던 자리인 멕시코시 시내 아래의 응고되지 않은 퇴적물로 이루어진 30피트 층에서 지반 가속도가 상승하면서 많은 건물들이 붕괴되었다.' (*Pararas-Carayannis, G. 1985년 발췌**)

6.7 회절 – 파동은 모퉁이에서 휘어질 수 있다

모든 파동은 모퉁이 주위에서 퍼져 나갈 수 있다 – 이런 현상을 회절이라 부른다. 회절의 대표적인 예는 밀물이 해변에 가까운 바위나 장애물 사이를 지나가는 것이다. 옆의 사진은 버지니아주의 체사피크만에 있는 킹스밀 해안을 따라 놓여진 석조 방파제를 촬영한 것이다. 석조방파제는 해안의 침식을 방지하기 위해 설치되었다. 밀물의 에너지는 마찰 효과와 굴절 및 회절에 의해 점차적으로 약화된다. 바다가 방파제 뒤의 해안가를 침식시킨 반원형의 길은 회절 효과의 아주 분명한 증거이다.

버지니아 해양 연구소의 해안 연구 프로그램 중 체사피크만 방파제, *www.vims.edu 제공.*

* drgeorgepc.com

6.8 사인의 마법과 자연의 간단함

이 단계에서 떠오를 수 있는 자연계에 존재하는 파동의 성질은 흔히 사인 곡선과 아주 다르지만, 이를 설명하기 위해 간단한 사인파를 선택한 이유가 무엇일까 하는 점이다. 간단한 사인파의 수학적 계산이 다소 쉽기도 하지만, 훨씬 더 끌리는 이유가 있다.

자신의 생애 첫 공연에 대해 걱정하는 젊은 첼리스트가 어느 날 이른 아침에 동네 공원의 한적한 모퉁이에서 연습하기로 결정한다.

파형은 전혀 사인 곡선이 아니지만 놀랍게도 이것이 주기적일 경우, 이를 진폭과 진동수가 다른 여러 개의 사인파가 합쳐진 것으로 표현할 수 있다.

기대하지 않았던 이중주

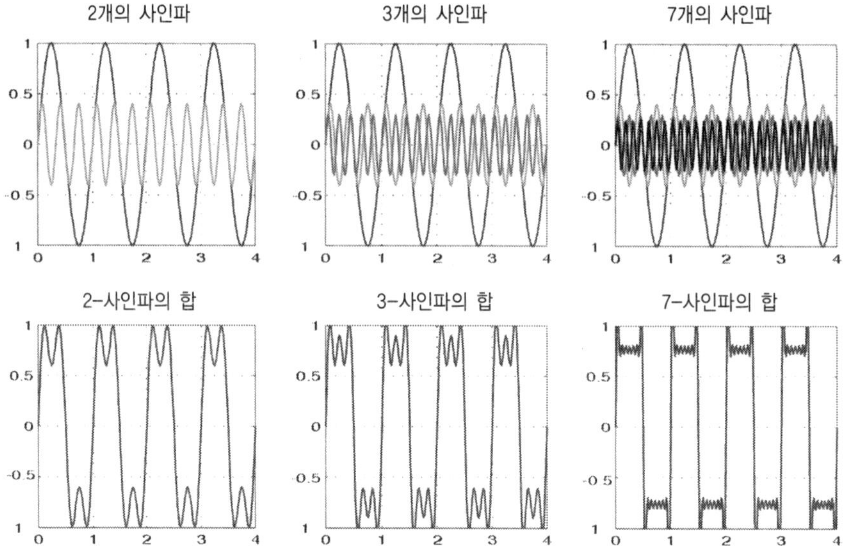

그림 6.9 사각파의 진화

■ 6.8.1 여러 사인파의 합

합성파형이 어떻게 생성될 수 있는지 묘사하기 위해 사각파형을 예로 들 수 있다. 우리는 그래프를 통해 특정한 진동수와 진폭을 갖는 사인파의 진폭을 더하여 점차적으로 사각파와 같은 모습이 되는 상태를 보일 수 있다.

그림 6.9에 2개, 3개 및 7개의 사인파와 이를 각각 더한 파형이 제시되어 있다. 더 많은 사인파를 더할수록, 합성파는 점점 더 사각파에 가까워지는 것을 볼 수 있다.

구성 요소가 되는 사인파의 진동수는 모두 사각파 진동수의 정수배이다(부록 6.3 참조). 어떤 조화파를 그 구성 요소인 사인파로 분해하는 수학식을 *푸리에 해석*이라 부른다.

따라서 간단한 사인파가 악기에서 나오는 음파와 같이 복잡한 파동을 포함한 모든 주기파의 수학적 표현을 위한 기초라는 점이 증명된다. 이런 파동을 묘사하기 위한 과정의 핵심은 구성 요소가 되는 사인파의 상대적인 진폭과 진동수를 아는 것이다. 이것이 자연의 진정한 조화와 간단함의 본질이며, 이는 우리가 알고자 하는 바를 찾아나가면서 더욱 분명해진다.

역사의 막간 : 장 밥티스트 조셉 푸리에(1768-1830)

장 밥티스트 조셉 푸리에는 중부 프랑스의 버건디 지역의 대성당이 있는 작은 도시인 오세르에서 태어났다. 그는 대성당의 음악가가 운영하는 지방 학교에서 교육을 받은 다음 왕립군사학교에 입학하였다.

푸리에는 공부를 마친 후 정식으로 군에 입대하려 했으나, 낮은 사회적 지위 때문에 거절당한다. 1787년에 그는 베누아수 르와르에 있는 베네딕트 사원에 들어 갔으나, 2년 후에 수학 분야의 경력을 쌓기 위하여 사원을 떠나게 된다. 그는 다시 오세르로 돌아와서 예전에 학생이었던 학교의 교사가 된다. 수학계에 아주 중요한 기여를 남기고자 한 그의 의도는 오세르의 수학 교수였던 보나드에게 보낸 편지로부터 알 수 있다.

"어제는 나의 21번째 생일이었습니다; 이 나이에 뉴튼과 파스칼은 이미 불멸의 큰 명성을 얻었습니다."

1789년 프랑스 혁명의 시작으로 아주 불안정했던 몇 년 동안, 푸리에는 정치에 아주 적극적인 관심을 가졌으며, 1793년에 지역 혁명 위원회에 가입하기도 하였다. 정치적 이상가였던 그는 다음과 같이 썼다.

"평등에 대한 당연한 생각으로, 우리들 사이에 왕과 성직자가 없고 유럽에 오랫동안 점유되었던 이중 지배로 인해, 아주 자유로운 정부에 대한 숭고한 희망을 상상하게 되었습니다. 내 생각에 프랑스 혁명은 그 어떤 나라도 결코 하지 못한 가장 위대하고 아름다운 것입니다."

그 당시 프랑스의 정치는 매우 복잡하였다. 자유당이라고 하는 몇 개의 소수 그룹들이 같은 정치적 이념을 가지고 있음에도 불구하고, 서로 다투면서 존재하고 있었다. 시민으로서의 푸리에는 1794년 테러 희생자들을 지지했다는 이유로 체포되어 수감되었다. 이때는 바로 로베르트 피에르에 의한 공포 정치 기간으로 수감에서 단두대 처형까지의 시간이 매우 짧았다. 운 좋게도 푸리에는 수감된 지 얼마 되지 않아 로베르트 피에르가 단두대에서 처형되어 살아날 수 있었고, 정치적 분위기도 바뀌게 되었다. 푸리에는 석방된 후, 파리에 있는 에꼴 노말로 갔다. 그 곳에서 저명한 수학자인 라그랜지, 레플라스와 몽지 아래에서 공부하였다. 푸리에는 새로 만들어진 폴리텍 대학에서 교사로서의 직위를 약속받았다. 그 해 다시 같은 죄목으로 수감될 때까지 연구를 계속하였으며, 곧 풀려나 1795년 말이 되기 전에 직장으로 복귀하게 된다. 2년 안에 푸리에는 폴리텍 대학에서 분석학과 기계학의 교수로 라그랜지 교수의 지위를 잇게 된다.

푸리에는 프랑스 혁명 후반기에 젊은 시절에 있었던 군대 경력으로부터 더 이상 제외될 수 없게 되었다. 1798년에 나폴레옹의 말타 지역인 이집트 원정대로 선발되어 과학 분야의 조언자로 참여하게 된다. 원정대의 시작은 좋았다. 1798년 6월에 말타 지역에 있던 점령군이 알렉산드리아를 함락시키고 3주 후에 나일강의 델타 지역을 점령하게 된다. 나폴레옹의 군대는 나일강 전투에서 넬슨 대령이 이끄는 영국 군대에 의해서 함락되고 나폴레옹은 영국 군대로 인해 프랑스와의 연락이 거의 단절되었다. 그럼에도 불구하고 나폴레옹은 이집트에서 프랑스 정책를 본따 행정구조를 재편해 나간다.

푸리에는 이집트 남부에 지방관으로 임명되었고, 카이로의 이집트 성문법의 초안자 중 한 사람이 된다. 그는 계속해서 열에 대한 수학적인 부분뿐만 아니라, 열 치료에 대해서도 그의 사상을 전개시켜 나갔다.

나폴레옹은 이집트에서 패배한 3만 명의 군대를 이끌고 비밀리에 프랑스로 돌아왔다. 푸리에 역시 1801년에 폴리텍 대학에서 다시 교수로 일하기를 기대하며 돌아왔다. 하지만, 오랫동안 프랑스에 머무르도록 허락되지 않았으며, 이집트에서의 행징가로서 딕월한 능력을 알아본 나폴레옹이 다시 그를 이제르 지방의 장관으로 임명하게 되었다. 그는 거대한 늪지대의 배수구와 그레노블에서 퓨린으로 이어지는 도로 건설의 책임을 맡게 된다. 그레노블에 있는 동안, 푸리에는 수학적 연구뿐만 아니라, 이집트에 관한 글쓰기를 할 수 있는 시간을 가지게 된다. 그는 1815년 워털루 전쟁에서 나폴레옹의 마지막 패배 직전에 부탁을 받아 로네 지역의 제독으로 임명되었다.

이 시점에 푸리에는 그 임무를 사임하여 다시 파리로 돌아오게 되며, 작은 집을 얻어서 살지만, 직장은 없었으며, 오히려 탐탁치 않은 정치적 전과 경력만 갖게 된다. 제자들 중 한 명이 그를 이름만 있는 공직을 얻을 수 있게 보증을 서주었다. 푸리에는 이 기간 동안에 그의 가장 중요한 수학적 업적을 완성하였다. 그의 주요한 업적은 열 전도율을 기술한 것이었는데, 이것은 실제로 열이 무엇인가에 대한 증명을 보이려는 시도 없이 파동의 평형과 유사한 차별적 평형 상태라는 측면에서 열의 전도를 설명하였다. 이 작업의 결과는 다음과 같았다. 이 평형 상태는 단순한 사인파 함수로부터 만들어질 수 있는 주기적인 함수를 사용하여 해결되어질 수 있다. 푸리에는 파리에서 1840년에 사망하였다.

■ 부록 6.1 실에서 횡파의 속도

팽팽하게 당겨진 실에서 횡파의 속도는 실의 장력과 질량, 그리고 길이에 따라 다르다는 것을 볼 수 있다. 일정한 속도 v로 실을 따라 움직이는 하나의 파를 생각해보자:

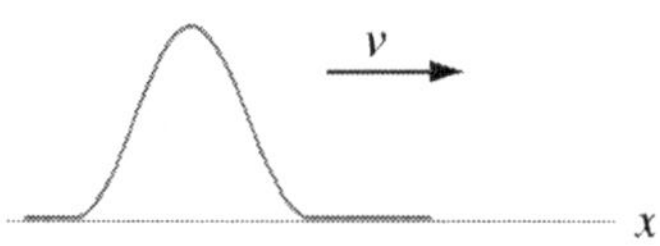

파동이 실의 어떤 지점에 도달할 때, 장력의 한 성분이 급격히 실에 직각으로 작용하며 그 지점에서 실을 이동시킨다. '결합'으로 인하여, 뒤따르는 입자들이 평형 위치로부터 옮겨지고 파동은 실을 따라 이동한다. *각 입자의 반응이 빠를수록*, 가속은 더욱 커지고, 더 빠르게 오르락 내리락하며, *파동은 더 빠르게 진행한다. 장력이 증가하면 파의 속도가 증가한다. 질량(운동에 저항하는 양)의 증가는 파속을 감소시킨다.*

속도의 계산

파동의 최고점 주변에 길이 $2L$의 매우 작은 부분을 주목하여 여러 개의 가정을 해본다.

그림 6.10에서 t를 파동의 왼쪽 절반에서 A에서 C까지 이동하는 동안의 시간이라 하고 입자의 평균 횡속을 u라고 하자.

L이 짧을 때, 호 AB≈현 AB이다.

$$\mathrm{AC} = vt \qquad \mathrm{BC} = ut, \text{ 그리고 } \frac{\mathrm{BC}}{\mathrm{BD}} = \frac{u}{v} = \tan\theta$$

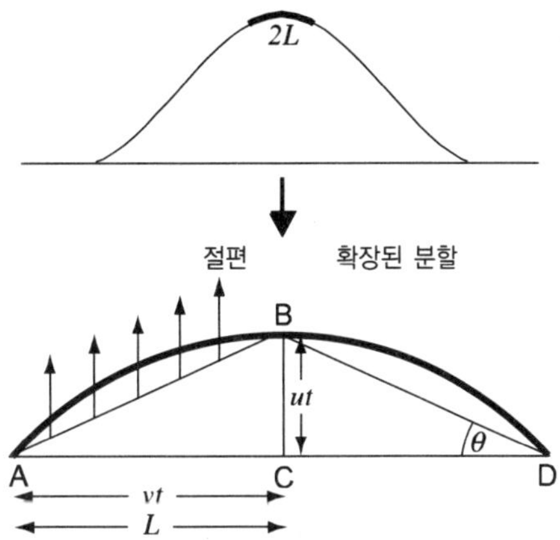

그림 6.10 선을 따라 가로지르는 펄스의 최고점

작은 값의 θ에 대해

$$\sin\theta \approx \tan\theta = \frac{u}{v}$$

원의 중심을 향하는 힘 $F = T\sin\theta = \frac{Tu}{v}$이고, 이 때 T는 실의 장력이다.

$$\frac{L}{t} = v \Rightarrow T = \mu v^2 \text{이고,} \ v^2 = \frac{T}{\mu} \text{이므로}$$

충격량 $Ft = \frac{Tut}{v} = mu$이고, 전달되는 운동량 $m = \frac{Tt}{v} = \mu L$ (μ는 단위 길이 당 질량으로, 실의 성질임)이다.

실에서 횡파의 속도는

$$v = \sqrt{\frac{T}{\mu}} \tag{6.2}$$

파동의 속도는 실의 성질에만 달려 있을 뿐, 파동의 진동수에는 영향을 받지 않는다.

모든 역학적 파동에 대해 동일한 표현이 적용된다.

부록 6.2의 무차원 해석은 어떤 매질 속에서 모든 횡파의 속도는 적절한 탄성계수를 질량과 관련된 상수로 나눈 비율과 관계가 있다는 것을 보여준다.

■부록 6.2 차원 해석

차원 해석은 실에서 횡파의 속도에 대한 식 (6.2)가 옳은 형태라는 것을 확인시켜 줄 것이다.

우리는 다음 식을 알아냈다.

$$v^2 = \frac{T}{\mu}$$

왼쪽 변의 차원은:

$$(\frac{L}{T})^2 = \frac{L^2}{T^2}$$

오른쪽 변의 차원은:

$$\frac{ML}{T^2} \Big/ \frac{M}{L} = \frac{L^2}{T^2}$$

이는 식 (6.2)가 맞는 형태라는 것을 보여준다.

차원 해석은 파동의 유형과 물질의 성질에 영향을 받지 않기 때문에, 물질 속의 파속에 대한 일반적인 해석이 다음과 같이 될 것이라 추론하고 나타낼 수 있다.

$$v \propto \frac{\text{탄성 계수}}{\text{질량관련 상수}}$$

■부록 6.3 양쪽이 고정된 실의 고유 진동수 계산

우리는 오른쪽으로 이동하는 파동에 의해 발생하는 변위를 $y_1 = A\sin(kx - \omega t)$, 왼쪽으로 이동하는 파동에 의한 변위를 $y_2 = A\sin(kx + \omega t)$라고 쓸 수 있다(실의 모든 위치에서, $y_1 + y_2 = 0$인 경우가 있는데, 이는 y_1과 y_2에 대해 이런 표현을 사용하는 것이 옳음을 보여 준다).

중첩의 원리를 이용하면, $y = y_1 + y_2$,

$$\begin{aligned} & y = A[\sin(kx - \omega t) + \sin(kx + \omega t)] \\ \Rightarrow \quad & y = 2A\sin(kx)\cos(\omega t) \end{aligned} \tag{6.3}$$

[삼각함수의 성질을 이용하면 $\sin(A+B) = 2\sin\left(\frac{A+B}{2}\right)\cos\left(\frac{A-B}{2}\right)$].

식 (6.3)에는 $(kx - \omega t)$항이 없는데, 이는 파동이 퍼져나가지 않는다는 것을 뜻한다. 예를 들어, 우리가 만약 $x = a$에서의 한 입자를 관찰한다면, 이 입자 진동의 진폭은 $2A\sin(ka)$이고, 이는 상수이다. 각각의 입자는 파동의 진동수로 단진동을 하고 모든 입자는 같은 위상에서 진동한다.

단조화 운동에서, 진동하는 특정 입자의 총 에너지는 일정하다 - 정상파는 에너지를 저장한다.

실 한쪽 끝에 달린 진동자는 매우 작은 진폭의 파동을 생성하기 때문에, 실 끝의 '진동자'는 거의 고정된 상태로 생각할 수 있다. 실의 다른 한쪽 끝 역시 고정되어 있다면, 정상파가 유발될 수 있다. 진동자가 $x=0$에 놓여 있고 실의 다른 쪽 끝은 $x=L$에 놓여 있다고 가정해보자. $x=0$과 $x=L$에서 변위는 항상 0일 것이다.

$$\text{즉, } y = 2A[\sin(kx)\cos(\omega t)] = 0$$

이것은 n이 정수일 때, $\sin(kL) = 0$이고 $kL = 0, \pi, 2\pi = n\pi$라는 것을 뜻한다. $y = Asin(kx - \omega t)$를 식 (6.2)와 비교하면, $k = \frac{2\pi}{\lambda}$이고, $\lambda = \frac{2L}{n}$라는 것을 알게 된다. 파장은 실의 길이에 의해 하나로 고정된다; 이것이 *고유* 파장이다.

고유 파장은 $\lambda_n = \frac{2L}{n}$이라는 일련의 값을 갖는다. 이에 상응하는 고유 진동수(*기본* 진동수로도 불리는)는 $f_n = n\frac{v}{2L}$이다. 첫 번째 조화 진동수는 $f_1 = \frac{v}{2L}$이다. 두 번째 조화 진동수는 $f_2 = \frac{v}{L}$이다. 세 번째 조화 진동수는 $f_3 = \frac{3v}{2L}$ 등이다.

v는 물질 자체에 따라 결정되기 때문에(실의 파동에 대한 $v = \sqrt{\frac{T}{\mu}}$), 진동하는 실은 같은 길이의 진동하는 막대나 실제 진동하는 공기 기둥의 고유 진동수와 같은 값을 갖지 않을 것이다.

제07장
음파

파동과 파동의 성질에 대한 중요성은 음파에 대한 논의를 포함하지 않고는 완성될 수 없다. 주파수가 20-20,000 Hz 범위인 소리는 인간의 청각과 관계가 있다. 많은 동물과 새가 이 주파수대의 위아래 범위에서 소리를 내거나 감지할 수 있고, 이것은 그들에게 의사소통의 수단과 생존을 위한 보조수단을 제공한다.

소리의 지각은 자극을 지각과 결부시키는 일반적인 생물학적 법칙을 따른다. 우리는 실제 변화와 인지되는 변화의 관계와, 음파를 측정할 수 있는 속성과 음의 크기와 음조 및 음색의 질이 어떤 연관성을 갖는지 살펴볼 것이다.

옥외콘서트에서의 음악은 실내에서 연주되는 똑같은 음악과는 매우 다른 소리를 낸다. 왜냐하면 실내에서는 반사파들이 파동의 형태를 왜곡하여 소리를 변조시키기 때문이다. 훌륭한 객석을 설계하는 것은 과학과 예술 둘 다의 문제이다.

음원이나 청중의 움직임에 기인한 소리 주파수의 겉보기 변화(이를 도플러 효과)는 유용하며, 때로는 중요한 정보를 제공한다. 이것은 몇몇 동물들과 새들이 길을 찾고 먹이의 위치를 파악할 때 이용된다. 비행기가 공기 중에서 음속보다 빠르게 움직일 때 익숙하게 들을 수 있는 충격음파 또한 도플러 효과와 관계가 있다.

7.1 소리와 청취

■ 7.1.1 압력파로서의 소리

공기 속에서 음파는 종파이다. 예를 들어, 음파는 확성기의 막의 진동에 의해 생성될 수 있다. 막이 진동하기 시작할 때, 이웃 공기 분자의 왕복 운동이 발생하고, 그림 7.1처럼 고압(공기가 밀한 부분)과 저압(공기가 소한 부분)이 교대하는 영역을 생성한다. 공기가 밀한 부분과 소한 부분은 역학적 동요의 전파원리에 따라 밀려난다. 고압지역은 저압지역보다 점들이 더 밀집된 것을 알 수 있다(평균 압력은 보통 대기압이다).

진동판, 공기 및 고막의 진동폭은 모두 다르다. 저압지역에서 입자들은 고압지역에서보다 더 쉽게 옮겨지고, 따라서 저압은 높은 변위를 의미하며, 고압은 낮은 변위를 의미한다.

음파는 다양한 압력들이 고막에 작용하여 고막을 진동하게 만든다. 그 진동들은 이도(耳道)라고 불리는 소실(小室)로 전달된 후, 서로 연결된 조그만 뼈들을 따라 전송되고, 마침내 뇌에 신경자극으로 받아들여진다.

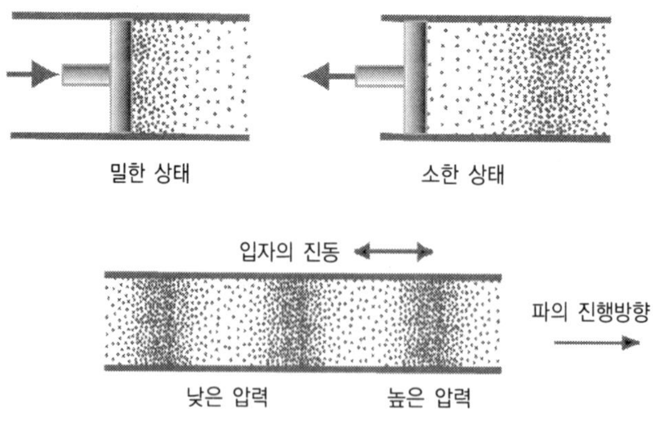

그림 7.1 압력파는 음원으로부터 청취자에게 이동한다.

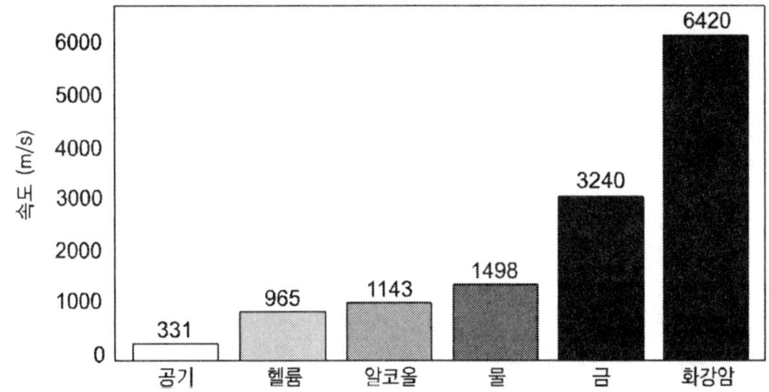

그림 7.2 여러 가지 매질에서 측정된 음파의 속력

■ 7.1.2 소리의 속력

소리의 속도는 물질마다 다르다. 예상하는 것과 반대로 소리는, 기체보다는 액체와 고체에서 더 빠르게 이동할 수 있는데, 고체와 액체 속의 입자들이 가깝게 붙어있고 너 빨리 반응하기 때문이다. 그림 7.2에서 일부 측정된 값들을 볼 수 있다. 기체에서 소리는 종파로 퍼져나가지만, 고체에서는 횡파로도 퍼져나갈 수 있는데, 이는 고체가 어떤 형태의 전단응력에도 저항하기 때문이다.

주어진 매질에서 소리의 속도는 그 주파수에 영향을 받지 않는 것으로 알려져 있다.

■ 7.1.3 초음파와 초저주파 불가청음

인간이 들을 수 있는 주파수의 범위는 20-20,000 Hz이다. 20,000 Hz를 상회하는 주파수는 *초음파*라고 부른다. 초음파는 수정진동자가 진동전기장에 의해 영향을 받아 마치 진동판처럼 형태가 변화할 때(압전 효과) 생성된다. 많은 동물들이 초음파를 의사소통의 수단으로 사용한다. 또한 초음파는 의학과 산업에서 광범위하게 사용된다. 초저주파 불가청음은 주파수가 20 Hz 이하인 음파에 붙여진 이름이다. 이 음파들은 일반적으로 인간이 들을 수 있는 저주파음과 동반된다. 이 음파의 자연적인 음원은 파도, 번개, 포유동물의 울음소리가 포함되고, 인공적인 음원은 모터, 초음속 비행기, 폭발 등이 속한다. 초저주파 불가청음은 배멀미나 운전자의 피로감과 같은 불쾌한 효과를 유발할 수 있고 방한용 귀마개와 같은 보호 장비를 관통할 수도 있다. 초저주파 불가청음은 크게 감쇠되지 않고 대기를 통해 수천마일을 이동할 수 있다.

7.2 도구로서의 소리

음파는 장애물을 만나면 반사된다. 이는 물체의 위치, 성분 및 움직임이 먼 거리에서 결정될 수 있는 원격 감지 분야에 큰 영향을 끼쳐왔다.

반사음의 강도와 주파수에 대한 세밀한 분석은 영상 기법의 전범위에 걸쳐 기초가 된다. 대부분의 적용 사례에서, 소리는 일련의 진동으로 방출된다. 음원과 반사면 사이의 거리는 소리의 진동이 방출되고 메아리가 감지되는 사이의 시간으로부터 계산된다. *음향탐지법*(*echolation*)이라는 용어는 반사파를 사용하여 거리를 측정하는 방법을 설명하기 위한 신조어이며, 일상적으로 배 밑의 물의 깊이를 측정하는데 사용된다.

표면의 각기 다른 부위로부터 반사파가 되돌아오는 시간을 측정하여 반사면의 윤곽을 그릴 수 있다. 반사파는 표면의 특성에 따라 파의 세기가 달라진다. 반사율이 높은 표면에서는 세기가 강해지고 흡수율이 높은 반사면에서는 세기가 약해진다. 또한 (도플러 효과를 이용하여) 방출된 음파와 반사된 음파 사이의 주파수 차이를 측정하여 움직이는 표면의 속도를 알 수 있다.

수중음파탐지기(SONAR)

소리는 물속에서 먼 거리를 이동한다. 소리를 기반으로 하는 수중 통신체계는 물속에 종을 설치한 등대선이 항해용 보조기구로 사용되었던 19세기에 이미 사용되었다. 지나가는 배가 청진기를 이용하여 울리는 소리를 감지했다. 이러한 것이 오늘날의 수동 수중음파탐지기의 시초이다.

수동 수중음파탐지기. 어떤 소리도 방출하지 않는 도청기. 해양 생태연구와 잠수함에서 감지당할 위험을 최소화하기 위해 사용된다. 전시에 수동 수중음파탐지기를 사용할 때는 소위 새우들이 '달려들어 무는 소리'와 같이 예상하지 못한 여러 가지의 수중 잡음이 감지되었다. 잡음의 원인은 여러 가지가 있다. 배의 프로펠러, 엔진 및 진동성 굴착과 같은 인공적인 것, 고래와 다른 해양생물과 같은 생물학적인 것과 조류나 해저의 지진과 같은 자연적인 것들이 있다. 해저에서 발생하는 반사파는 수중소음의 수준을 증가시킨다. 현대의 많은 수동 수중음파탐지기는 매우 진보된 신호 식별능력과 광범위한 수신기를 갖고 있어서 방향과 거리의 탐색능력이 개선되었다.

능동 수중음파탐지기. 대부분의 수중음파탐지기는 능동적이며 음향탐지법을 통해 정보를 수집한다. 그 소리는 종종 초음파 주파수를 갖는 고강도의 가느다란 파속(pulse beam)으로 방출된다.

초기의 능동 수중음파탐지기는 1917년 폴 랑쥬벵(Paul Langevin, 1872-1946)이 발명한 초음파 잠수함 탐지기였다. 초음파는 변환기라고 불리는 동일한 장치에서 방출되고 감지되었다. 반사파는 역압전 효과(inverse piezoelectric effect)를 이용해 감지되는데, 이 효과는 입사되는 초음파가 탐지기에서 수정진동자를 '압착'하여 진동하는 전기신호를 만든다. 이것이 역압전효과의 첫 번째 실용적인 응용이었다.

현재 능동 수중음향탐지기가 수없이 많이 이용되고 있다. 군사용으로 잠수함과 기뢰의 탐지, 항해와 수중미사일 등에 광범위하게 이용하고 있다. 민간용으로는 정확한 수중탐사, 해저통신, 물고기 떼나 가라앉은 비행기 또는 난파선의 위치를 찾는 데에도 사용된다. 변환기는 배의 용골에 장착된 회전 데크에 고정되어 있거나 해저의 바로 위쪽에서 조그만 '수중 탐사체'를 따라 끌려간다.

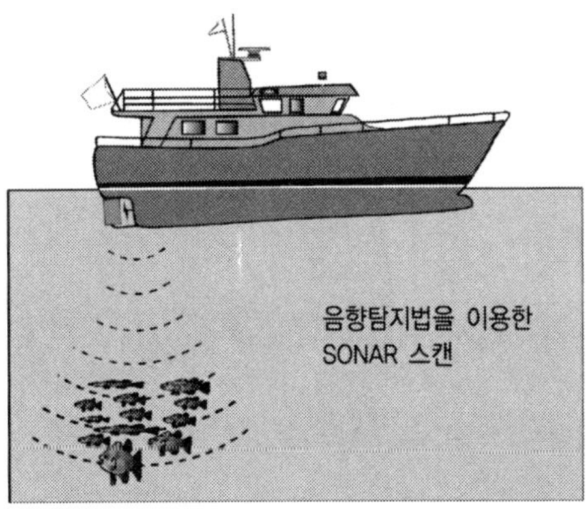

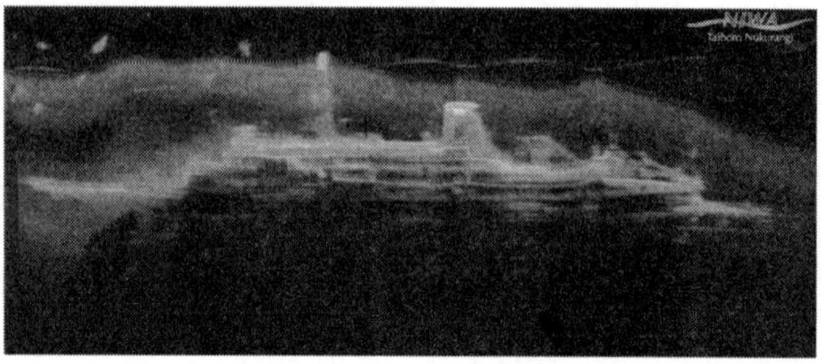

가라앉은 크루즈 여객선.
뉴질랜드 넬슨의 켄 그랜지 국립 해수 대양 연구소 제공.

가라앉은 크루즈 여객선 미하일 레르몬토프의 '유령과 같은' 이 사진은 해양생태계를 발견하기 위한 연구 프로젝트의 일환으로 구매된 675 kHz의 주파수에서 작동하는 측방 감시형 수중음파탐지기를 이용하여 기록된 것이다.

초음파는 가청음보다 더 빨리 흡수되지만 분해능이 커서 기뢰처럼 작은 물체를 찾는데 적당하다. 해저수색 장비는 보다 낮은 주파수(보통은 고주파수의 가청음과 아주 낮은 주파수의 초음파)에서 작동한다.

자연에서의 초음파

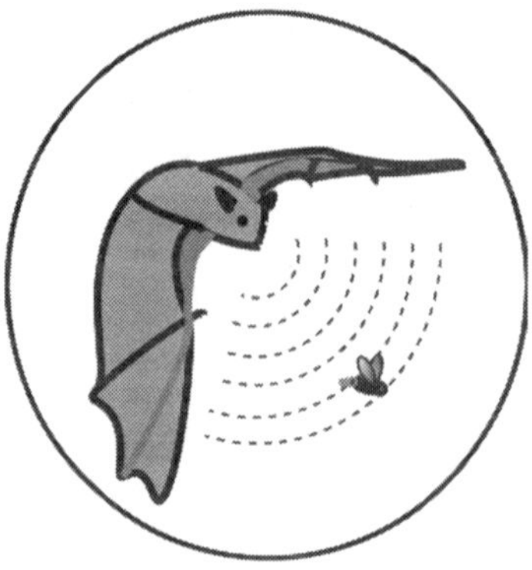

박쥐들은 비행할 때 먹이와 장애물을 구별하기 위해 초음파를 이용한다. 그들은 일반적인 주위의 소리로부터 메아리를 고립시킬 수 있다. 박쥐들로 꽉 찬 동굴에서 한 마리의 박쥐는 자신의 신호와 다른 박쥐들과 관련된 신호를 구별할 수 있다. 박쥐의 음파탐지 장치의 시간분해능(200만분의 1초 정도)과 박쥐가 먹이의 위치를 구별할 수 있는 정밀도는 음파탐지기 제조자들이 부러워하는 수준이다.

의학에서의 초음파

초음파에너지는 뼈, 힘줄 및 콜라겐이라고 불리는 고농축 단백질로 된 조직막과 같은 조직에서 더욱 빨리 흡수된다. 이러한 특성이 의학에서 진단과 치료 과정의 기반을 형성한다. 초음파는 X-선과 같이 전리방사선(ionizing radiation)과 관련된 독성 부작용을 야기하지 않는다.

진단 도구로서의 저강도 초음파

조직의 영상과 신체 내부 유체의 속도측정은 의학에서 매우 귀중한 도구가 되어왔다. 진단초음파의 세기는 가능한 열을 최소로 흡수하도록 낮게 유지된다. 반향(echo)이 도착하는 시간과 상대적인 세기는 조직 구조를 상세하게 영상화하는데 사용된다. 초음파 이미지의 세밀한 정도는 주파수와 함께 증가하지만 초음파의 침투능력은 반대로 감소한다. 예를 들면, 주파수가 1 MHz인 초음파 에너지의 50 % 가량이 신체 조직의 4 cm 정도에서 흡수되지만, 주파수가 3 MHz인 초음파는 같은 양의 에너지가 2-2.5 cm에서 흡수될 것이다. 이러한 점이 초음파 기술의 효율을 제한한다.

*초음파 검사법*은 의학 분야에서 널리 쓰이는 펄스반사(pulse-echo) 영상기법이다. 초음파가 자라는 태아의 이미지를 얻기 위해 처음 사용된 이후로 거의 50년이 지났고, 이제는 의료 업무에 기본적으로 사용되고 있다. 변환기를 환자의 검사하려는 부위에 인접한 피부에 놓는다. 피부에 바르는 연결젤은 초음파 에너지의 99.9 %가 몸으로 들어가도록 도와준다. 초음파 탐침을 환자의 배에서 이리저리 움직이면서 여러 각도에서 태아의 영상을 얻는다.

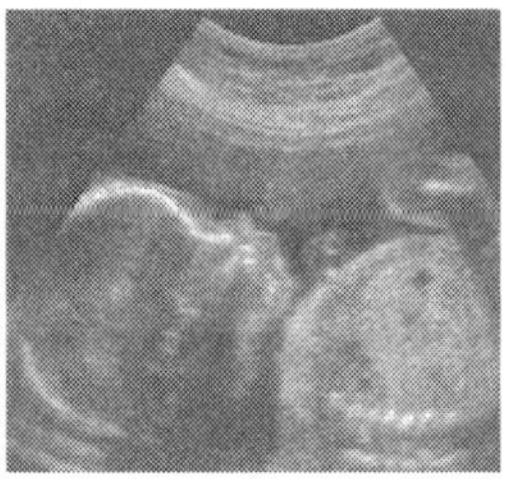

태아 사진.
사우스햄프튼의 성 앤 병원의 웨식스 태아 의학 연구소 제공.

도플러 초음파

그림 7.3에 예시한 것과 같이 진동하는 초음파가 몸속으로 투입되고 신체 조직과 체액에 의해 부분적으로 반사된다. 움직이는 혈액의 입자들에 의해 반사된

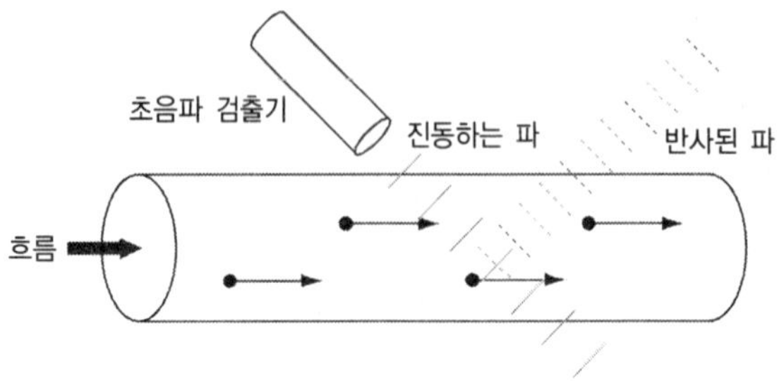

그림 7.3 도플러 혈관 방출 관찰

파동의 주파수는 초음파 발생원에서 방출되는 파동의 주파수와는 다르다. 두 주파수 사이의 차이는 직접적으로 혈액의 속도에 비례한다(부록 7.1 - 도플러효과 참조). 대동맥, 경동맥, 탯줄과 기타 수많은 혈관에서 혈액 입자들의 속도는 주파수의 변동을 측정하여 계산할 수 있다.

혈액 입자들의 속도는 혈관의 지름과 측정 지점에서 혈관 내벽의 균등성에 달려 있다. 예를 들어 이런 기술을 이용하여 혈류의 속도를 측정하고 동맥벽에 축적된 지방침전에 의한 혈류의 비정상적인 상태를 발견할 수 있다.

열치료

초음파가 신체를 통과할 때, 조직은 초당 수천번 팽창하고 수축하면서 열을 발생시킨다. 확대경으로 햇빛을 종이에 집속시켜서 구멍을 내도록 태우는 방법과 같이, 세기가 강하고 초점이 잘 맞은 초음파는 주변 조직을 손상시키지 않고 표적이 되는 조직의 온도를 100℃ 이상으로 가열시킬 수 있다. 집속된 초음파는 세포를 죽일 수 있고 몇 가지 유형의 암을 치료하기 위해 사용된다.

충격파 쇄석술(lithotrispy)

충격파 쇄석술은 초음파를 이용하여 신장결석을 비침습적으로 파괴하는 방법이다. 몸의 외부에서 생성된 충격파는 결석을 무해한 가루로 부순다. 주위의 신체 조직이 손상되는 것을 피하기 위해 충격파가 단순하게 신장을 향하지 않고 결석에만 집속되도록 한다. 초음파원 S는 은으로 된 타원형 반사체의 한쪽 초점에 위치하고 환자의 신장결석이 타원의 다른 쪽 초점에 놓이도록 한다. 은으로 된 표면에서 반사된 초음파가 결석에 집속되어 결석을 부순다. 은으로 된 표면에서 반사되지 않은 파동은 단순히 퍼져나가면서 약해진다. 그림에서 음영이 있는 부분은 신장의 결석에 수렴하는 파면을 나타낸다(결석을 향하는 파동만 보인다).

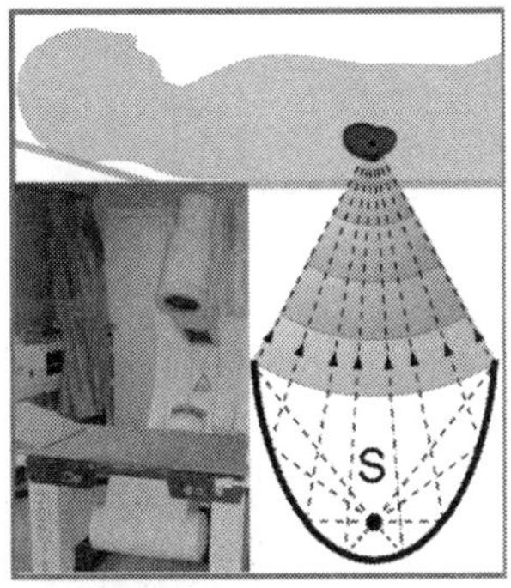

쇄석기. *더블린 UCD 의학대학의 마크 퀸란 제공.*

음향 공동현상

액체는 적당한 온도로 열을 가하거나 대기압을 낮추면 끓는다. 어떤 경우라도, 결과는 공동상태, 즉 액체 속에서 증기거품이 형성된다. 파동에 의해 야기되는 것과 같은 국소적인 압력 변화가 거품을 형성시킬 수 있다. 음향 공동현상은 액체가 강력한 초음파에 노출되어 반복적으로 거품이 형성, 성장 및 붕괴될 때 일어난다. 거품이 커지면서 에너지가 파동으로부터 흡수되고 거품이 터질 때 에너지가 방출된다. 거품의 붕괴 또는 파열이 국소적으로 열을 발생한다. 이에 대한 연구에서 거의 완전히 깨진 거품의 내부온도가 10,000 K에 도달할 수 있다고 제시하였다. 낮은 주파수의 초음파 거품들이 팽창하고 수축할 때, 파란 불빛의 섬광이 보일 것이다. 이런 현상을 *음향발광현상(sonoluminescense,* 소리와 빛에 관한 그리스 단어에서 유래됨)이라고 한다.

표면 부식과 세척

배의 프로펠러가 부식되는 것은 이미 오래전부터 알려진 음향 공동현상 때문에 생기는 표면부식의 한 가지 예이다. 프로펠러가 움직일 때 음파와 거품을 만들어낸다. 거퓸의 반복되는 파열에 의해 발생하는 열이 프로펠러의 표면을 부식시킨다. 음향 공동현상은 효과적이면서 유독하지 않은 세척 방법이다. 표면의 때를 제거하기 위해 부드러운 세제가 들어 있는 전해조에 물체를 담그고 5–10초 동안 고강도의 초음파를 조사한다. 잠겨 있는 물체에서 먼지가 떨어져 나오는 것을 흔히 볼 수 있다. 공동현상의 다른 적용은 *지방흡입술*에서 신체에 삽입된 탐침으로부터 나오는 소리가 지방세포들을 파괴하고 침식시키는 것이다.

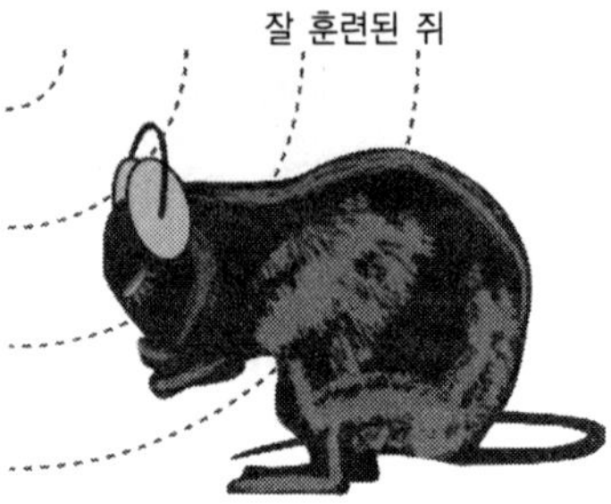

흑사병의 관리

쥐와 같은 설치류의 신경계를 완전히 붕괴시키지만, 사람과 고양이나 개와 같은 포유동물에게는 해롭지 않고, 가끔 들리지 않는 주파수의 강한 초음파를 방출하는 흑사병 통제 장치가 있다.

자연에서의 초저주파 불가청음

철새들은 여름이나 겨울에 이동할 때 수 천 마일을 날아갈 수 있다 - 이는 뛰어난 항해 기술이다. 가장 훌륭한 조류 항해사는 메시지를 전달하는데 사용되는 비둘기이다. 비둘기의 비범한 귀소(歸巢)본능이 대중 스포츠인 비둘기 경주의 토대가 된다. 비둘기들은 구름이 끼고 바람이 부는 상황에서도 집으로 날아갈 수 있고 밤에도 비행할 수 있도록 훈련을 받는다. 비둘기들이 지구의 자기장을 나침반으로 사용한다는 것은 잘 알려진 사실이지만, 방향감각은 비둘기들이 둥지로 되돌아가기에는 충분하지 않다. 비둘기들은 그들의 위치와 목적지를 연결시킬 수 있어야 한다. 즉 지도가 필요하다. 초저주파 불가청음

은 매우 정밀한 귀소 과정에서 일정한 부분을 담당하고 있다고 여겨진다. 지진이나 파도처럼 자연적인 원인에 의해 발생되는 초저주파는 공기 중으로 퍼져나간다. 초저주파는 가파른 산허리와 같은 지형적인 특징에 의해 반사되고 비둘기들에게는 비행 보조수단으로 제공될 수 있다. 많은 새들이 설명할 수 없는 일로 인하여 실종되거나 늦게 돌아오는 경우가 있었다. 1997년 6월, 60,000마리의 영국 비둘기들이 프랑스에서 방출되었고, 그들 가운데 1/3 정도는 영국으로 돌아오지 못했다. 콩코드 초음속 비행기에 의해 발생되는 저주파수의 충격파가 지나는 경로를 지난 다음에 새들이 방향 감각을 잃어버렸다는 설이 제기되었다.*

코끼리와 초저주파 불가청음

코끼리는 밀접하게 결합된 가족 무리로 살지만 때때로 수 km에 걸쳐 흩어지기도 한다. 코끼리는 자주 공동생활에 참여하는데, 이는 그들이 잘 발달된 의사소통체계를 갖추고 있다는 것을 의미한다. 코끼리들은 시력이 나쁘기 때문에 소리라는 수단을 통해 원거리에서 의사전달을 한다. 보존 프로그램은 이런 소리를 이용하여 코끼리의 수, 위치 및 행동을 관리한다.

대부분의 소리 신호는 불가청음 주파수대에 매우 가까운 5-30 Hz 범위의 주파수대를 가지며, 매우 먼 거리까지 전달될 수 있다. 그림 7.4는 숲속의 코끼리가 내는 소리 신호의 독특한 분광사진을 보여주며, 여기서 헤르츠(Hz) 단위의 주파수를 초 단위의 시간으로 그래프에 나타낸 것이다. 소리의 세기는 그래프에서 어둡게 표시되었다.

* J.T. Hagstrum, The Journal of Experimental Biology, 203: 1103-1111(2007); Proc. 2007년 메사추세츠 캠브리지에서 열린 제63회 네비게이션 연구소 정기 총회

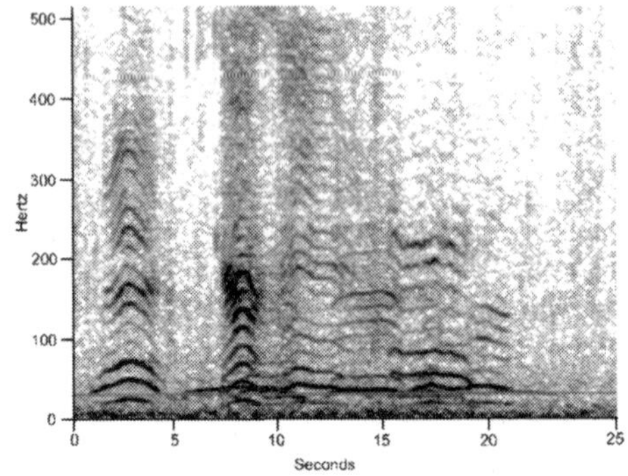

그림 7.4 **코끼리 소리.** *코끼리 청음 프로젝트-www.birds.cornell.edu 제공.*

위험 신호의 청취

본래 핵무기 지하 실험에서 나오는 폭발을 관찰하기 위해 만들어진 무선국의 망은 이제 허리케인이나 지진, 유성과 같은 잠재적인 재해에 대한 중요한 정보원이 되었다. 과학적인 이해가 필요하지만, 이런 망은 임박한 자연 재해에 대한 초기 경보 시스템으로 이용될 가능성이 있다.

1999년 대기 중에서 운석이 폭발하면서 발생한 적외선 소음이 네덜란드 왕립 기상센터의 과학자들에게 감지되었다.

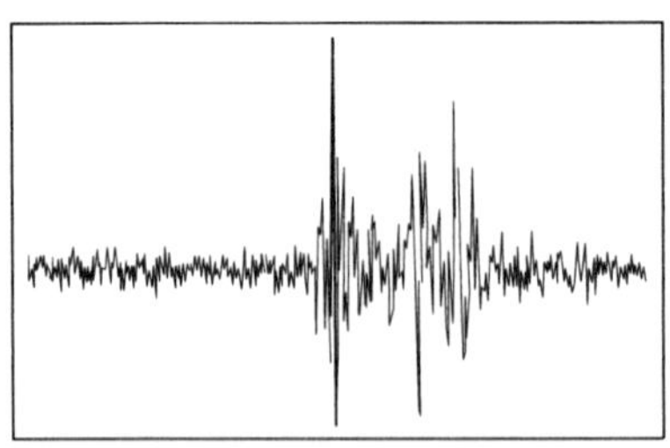

국립 네덜란드 기상 서비스의 한스 핵 제공.

7.3 음파의 중첩

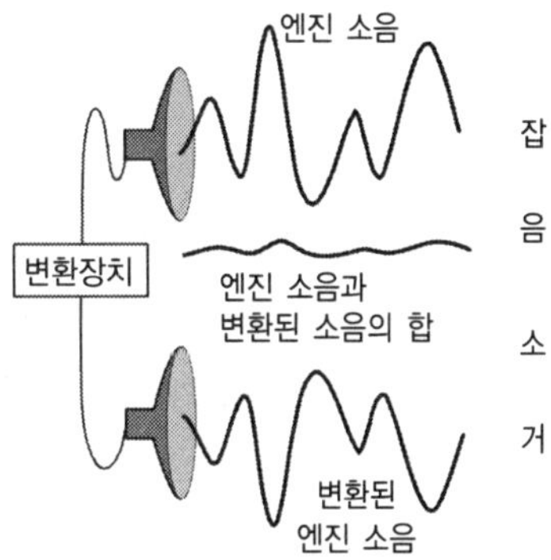

우리가 듣는 소리들은 보통 많은 음파들이 중첩된 결과이다. 파동의 중첩은 소리의 세기를 증폭시키거나 감소시킬 수 있다. 배경의 소리를 감소시키는 방한용 귀마개와 같은 수동적인 보조 수단은 저주파수의 소음을 충분히 제거시키지 못한다. 비행기 조종사들은 저주파수의 심한 엔진 소음을 억제하기 위해 *소음 제거법*, 즉 소음을 능동적으로 억제시키는 방법을 널리 사용한다. 조종사의 헤드셋에 달린 작은 마이크로폰이 조종석 주위의 소음을 전기 신호로 전환시키고, 이 전기 신호가 작은 스피커를 통해 소리로 다시 바뀌어 재방출된다. 조종사에게 들리는 소음은 주위 소음과 방출된 소음의 파동이 합쳐진 상태이며 조종석의 주위소음보다 훨씬 더 약한 상태가 된다. 이 기술은 엔진에 의해 지속적으로 발생되는 저주파수의 소리에 대해 가장 효과적이다.

■ 7.3.1 정상파

양쪽 끝이 열린 관

관 속의 공기 기둥은 양쪽 끝이 묶여있는 실과 매우 유사한 방식으로 자연적인 공진 주파수를 갖는다. 정상파는 관의 한쪽이나 양쪽 끝이 열려있을 때 만들어 질 수 있다. 열려 있는 끝부분(또는 바로 바깥)에서 공기 분자들은 자유롭게 진동하고, 오직 공기의 탄성에 의해서만 통제되기 때문에 열린 끝부분은 배(anti-node)가 된다. 닫힌 끝부분은 거의 완벽하게 견고한 경계이므로 마디가 된다. 그림 7.5는 양쪽 끝이 열린 길이 L의 관에서 처음 두 개의 조화파를 나타낸 것이다.

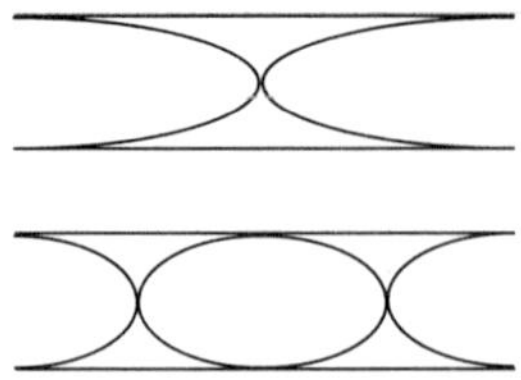

그림 7.5 양쪽 끝이 열린 관에서 정상파

파이프의 양쪽 끝에서 최대로 변위되기 때문에, *기본적인 대칭상태는 양쪽 끝이 고정된 줄에서와 같다*(줄에서 마디의 위치는 길이가 같은 관에서 배의 위치와 같다). 관에서 반파장의 정수배로 맞추어질 수 있다.

양쪽 끝이 열린관에서의 자연진동수는 $f_n = \dfrac{nv}{2L}$ *여기서* $n = 1,\ 2,\ 3,\ \cdots$.

한쪽 끝이 닫힌 관

그림 7.6은 한쪽 끝이 닫힌 관에서 첫 번째와 두번째의 진동 모드를 나타낸다. 한쪽 끝은 마디를 이루고 다른 쪽 끝은 배를 이루는 상태로 대칭이 깨지기 때문에 양쪽 끝이 열린 관의 진동모드와 같지 않다.

한쪽 끝이 닫힌 관에서 나오는 소리에서는 홀수번 째의 조화파만 발견된다.

대칭성의 파괴가 자연 진동수의 절반을 제거한다.

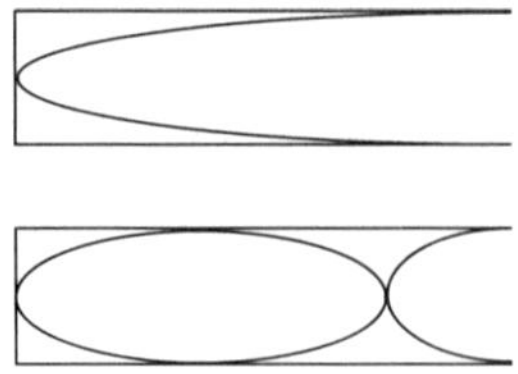

그림 7.6 한쪽 끝이 닫힌 관에서의 정상파

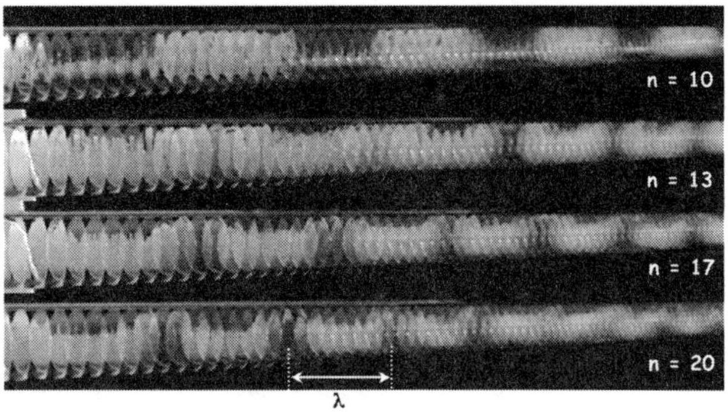

그림 7.7 관에서의 정상파

방풍 유리관 속에서 음파의 배는 그림 7.7에서 보는 것처럼 동등하게 간격을 이루는 비누막처럼 보이도록 할 수 있다. 색을 띤 비누막은 배의 위치를 나타낸다. 이 사진은 관 속에서 정상파를 가시화하고 측정할 수 있는 새로운 실험장치의 일부분이다.*

■ 7.3.2 맥놀이

거의 같은 주파수를 가진 두 음이 동시에 연주될 때, 그 결과는 *맥놀이*라고 불리는 소리와 정적이 주기적인 간격으로 박동하는 음이 된다. 그 효과가 그림 7.8에 잘 예시된다.

주파수가 60Hz와 55Hz인 파동이 중첩된다고 가정해보자. 60Hz 파동은 0.1초당 6회 진동하지만 55Hz 파동은 같은 시간 동안 5.5회 진동한다. 만약 두 파동이 어떤 특정한 시간에 위상이 같다면 그로부터 0.1초가 지난 후에는 위상이 완전히 반대가 될 것이다. 0.1초가 다시 더 흐르면 그들의 위상은 다시 같아지게 되어, 소리와 정적이 간헐적인 주기로 나타난다.

---

* F. Elias, S. Hutzler and M.S. Ferreria, 간격이 규칙적인 비누막을 사용한 음파의 가시화. *Eur. J. Phys.* 28: 755-765 (2007)

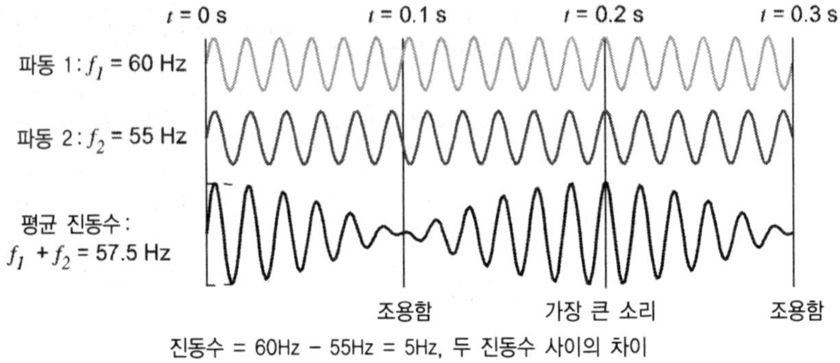

그림 7.8 **박동 – 진폭 모듈레이션의 예**

만약 거의 같은 주파수를 가진 몇 개의 음들이 동시에 연주된다면 큰 소리의 폭발음은 두 음을 연주할 때보다 더 짧아진다. 그 사이에 몇 개의 파동만 위상이 같을 때 더 희미한 소리가 발생한다. 파동의 수가 극단적으로 커지면, 모든 파동들이 같은 위상일 때 한번만 현저한 폭발음이 발생한다. 다른 시간에 위상이 같은 파동의 수는 매우 적어진다.

7.4 소리의 세기

소리의 세기는 파동이 진행하는 방향에 직각으로 $1\ \mathrm{m}^2$의 면적을 통과하여 전달되는 일률(단위시간당 에너지)이다.

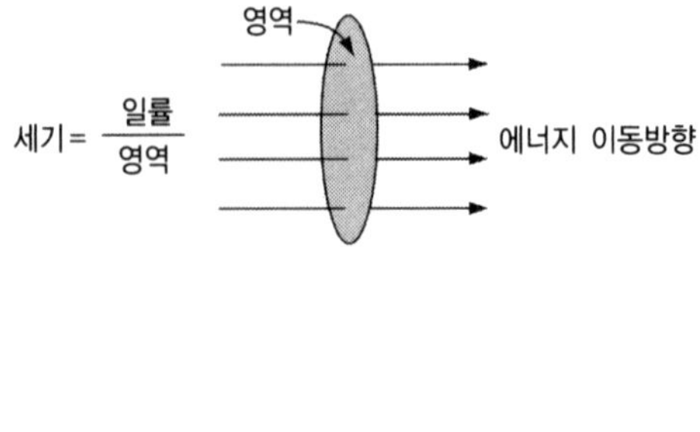

한 점의 음원에서 나오는 소리가 모든 방향으로 같은 속도로 이동하면, 파면은 점점 더 커지는 일련의 구를 형성한다. 음원으로부터의 거리가 증가할수록, 에너지가 퍼지는 면적은 커지고 에너지는 '약화'된다.

점 음원에서 나오는 음파

파면은 다음과 같은 세기를 갖는 동심성 구를 형성한다.

$$I = \frac{P}{A} = \frac{P}{4\pi r^2}$$

퍼져나가는 파면의 총 일률은 동일하게 유지되기 때문에, 음원으로부터 거리 r_1에서의 세기는

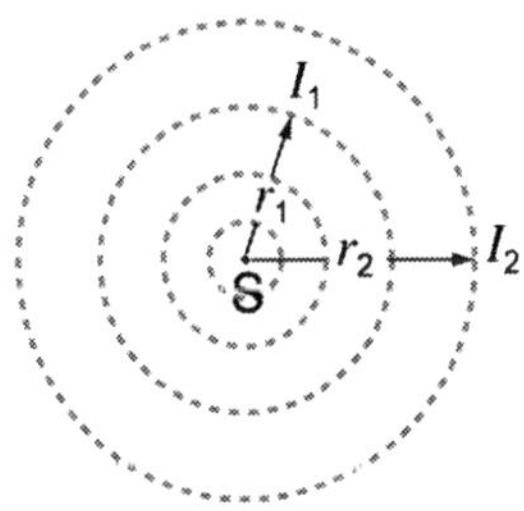

$$I_1 = \frac{P}{4\pi r_1^2}$$

이고, 음원으로부터의 거리 r_2에서 소리의 세기는

$$I_2 = \frac{P}{4\pi r_2^2}$$

소리의 세기는 $\frac{1}{r^2}$만큼씩 감소하는데, 여기서 r은 음원으로부터의 거리이다.

음원으로부터의 거리를 두 배로 증가시킬 때, 소리의 세기는 1/4만큼 감소한다.

■ 7.4.1 소리의 실제 세기와 감지된 세기의 차이

의미없는 것

어떤 종류의 지각력은 주관적이어서 직접적으로 정량화될 수 없다. 예를 들어, 병원에 있는 간호사들은 종종 환자들에게 그들이 느끼는 고통을 1에서 10까지의 수로 표현해보라고 한다. 환자에 따라 대답은 폭넓게 달라진다. 심지어 같은 환자에 대해서도, 그 수는 순수하게 지표로만 받아들여져야 한다. 주사 한 대가 2수준의 고통을 준다고 가정해보자. 두 개의 동일한 주사를 함께 맞으면 4수준의 고통을 줄까?

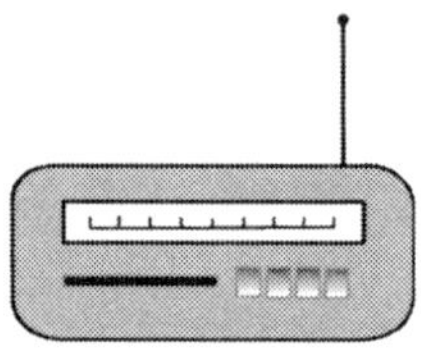
이 라디오는 두 배로 소리가 크다.

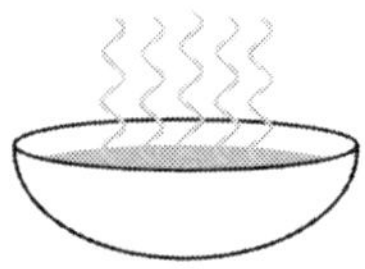
이 스프는 두 배로 맛있다.

나는 너를 10배 이상 사랑한다.

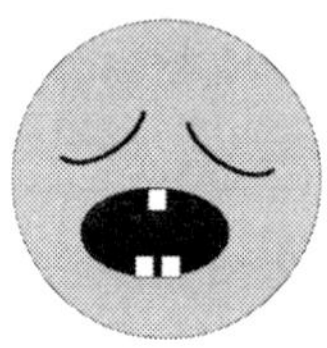
치통이 두 배나 된다.

왼쪽의 네 가지 표현은 단위가 정의되지 않고 지각의 정도를 정량화한 것이다. 이 숫자들은 기본적으로 임의적이기 때문에, '나는 너를 10배 이상 사랑해'라는 말은 의미를 변화시키지 않고 '나는 너를 100배 이상 사랑해'라는 말로 바뀔 수 있다. 이러한 검사는 반복할 수가 없다.

의미있는 것

- 내가 라디오 소리를 겨우 들을 수 있도록 당신이 라디오 소리를 조절했다.
- 소금이 이 스프를 먹을 만하게 만들어 주었다.
- 나는 제인만큼 리사를 좋아한다.
- 나는 아스피린의 효력이 시작된다고 생각한다.

이 표현들은 또한 지각의 변화를 정량화하지만, 이번에는 아주 작은 표준 단계가 단위로 도입되었다. 예를 들어, 두 번째 표현에서 우리는 소금을 넣은 스프의 맛과 넣지 않은 스프의 맛을 비교하고 있다. 이 검사는 여러 번 반복될 수 있으며 같은 결과가 얻어질 것이다. 지각의 변화가 바로 감지될 수 있다. 최소 단계의 크기는 환경에 따라 크게 좌우된다. 촛불 하나가 어두운 방을 밝힐 수 있지만 밝은 대낮에는 지각되지 않을 것이다. 바이올린 독주회를 방해할 수 있는 기침이 록 콘서트에서는 거의 들리지 않는다.

■7.4.2 지각의 정량화

최소 지각 차이의 개념은 에른스트 베버(Ernst Weber, 1795-1878)에 의해 소개되었다. 그는 인간의 여러 감각 기관들에 대해, 자극의 물리적인 크기와 감각의 지각된 세기 사이의 관계를 묘사하기 시작했다. 첫 번째 실험 중 하나에서 그는 사람의 눈을 가리고 한쪽 손에만 아주 작은 단계의 무게를 증가시키고 다른 쪽 손의 무게와 '최소 지각' 차이의 단계를 기록했다.

그림 7.9는 이런 실험을 보여준다. 역도 선수가 양쪽 손에 같은 무게의 덤벨을 들고 훈련하고 있다. 무게가 가벼울 때(위쪽 그림) 한쪽에 적은 양의 질량이 더해졌다는 사실을 알아채지만, 무거운 무게를 들고 있을 때에는(아래쪽 그림) 위와 똑같은 적은 양의 질량이 더해지는 것을 알이채지 못한다. 베버-페히너(Weber-Fechner) 법칙은 감각을 다루는 것으로 감각이 신체적 한계에 도달했을 때에는 적용되지 않는다.

결국 우리는 자극 그 자체의 차이에 반응하는 것이 아니라 이런 차이를 지각하는 것에 반응하므로, 우리에게 중요한 것은 감각의 지각이다.

그림 7.9 무게의 차이가 같지 않지만 지각된 무게의 차이는 같다

베버는 모든 감각에 대해, 주어진 자극에서 지각할 수 있는 감각의 최소 변화량 ΔS는 현존하는 자극의 세기 I에 직접적으로 비례한다는 것을 발견했다: 즉,

$$\Delta S = k\frac{\Delta I}{I} \quad (k\text{는 상수})$$

구스타프 테오도르 페히너(Gustav Theodore Fecher, 1801-1887)는 베버 밑에서 의학을 연구했다. 그는 *감각의 크기 S는 감각을 얻기 위해 필요한 역치 이상에서 지각할 수 있는 최소 단계의 숫자로 측정될 수 있다*고 제안했다.

베버 식의 각 변을 적분하면,

$$S = \int \Delta S = k\int \frac{\Delta I}{I} = k \log_e I \quad (\text{베버-페히너 법칙})$$

감각은 자극의 로그값에 비례한다.

■7.4.3 세기의 수준(음의 크기)

세기의 수준 또는 음의 크기라는 용어는 때때로 소리를 지각하는 정도로 사용된다. 귀는 광대한 범위의 소리 세기를 감지할 수 있는 뛰어난 기관이다. 베버-페히너 법칙은 우리가 어떻게 소리를 *인지*하고, 이 소리들이 얼마나 *시끄러운지*를 알려준다.

세기의 수준은 데시벨(dB)이라는 차원이 없는 단위로 표현될 수 있다.

데시벨은 스콧 알렉산더 그레이엄 벨(Scot Alexander Graham Bell, 1847-1922) 이후에 명명되었다. 벨은 평생 청각 장애인의 교육에 관심을 가졌으며, 일반적으로 그가 1876년 특허를 낸 전화기를 발명한 사람으로 알려져 있다. 그러나 최근 미 의회의 결의안은, 1860년 초보적인 통신회선을 소개한 이탈리아계 미국인 발명가 안토니오 메우치(Antonio Meucci)의 업적에 관심을 기울였다. 그의 업적은 뉴욕의 이탈리아어로 된 신문에 실렸었다.

알렉산더 그레이엄 벨,
아일랜드 우편국 제공 우표.

자신의 '*텔레트로포노*'에 대한 정식 특허를 신청할 수 없어서, 메우치는 1871년 12월 28일 갱신 가능한 1년짜리 특허를 신청했지만, 1874년 이후 특허권을 유지하는데 필요한 10달러를 지불하지 못해 그 권리를 잃었고, 특허권이 벨에게 주어진 것이다. 메우치는 법적 조치를 취했고, 1887년 1월 미국 정부는 벨에게 발행된 특허권을 취소하는 절차에 착수했다. 이 사건의 재판은 대법원으로 송치되었으나 1889년 메우치가 숨지면서 종결되었다.

메우치의 공로는 2002년 6월 11일 미 의회에 의해 공식적으로 인정되었다.

결의: "안토니오 메우치의 삶과 업적이 인정되어야 하며, 전화기의 발명에 대한 그의 노력이 공인되어야 한다는 의견에 대해 미 하원은 결의한다." *토마스 제퍼슨 紙, 미 국회도서관*

세기 수준의 계산

베버-페히너 법칙을 이용하여 다음과 같이 쓸 수 있다:

$$\text{세기의 수준} = 10 \log_{10} \frac{I}{I_0} \text{ dB}$$

인간의 귀로 들을 수 있는 최소의 세기 I_0는 약 10^{-12} Wm^{-2}이고 이는 0dB에 해당한다.

10배에 달하는 세기는 10dB에 해당하며, 100배 큰 세기는 20dB에 해당한다.

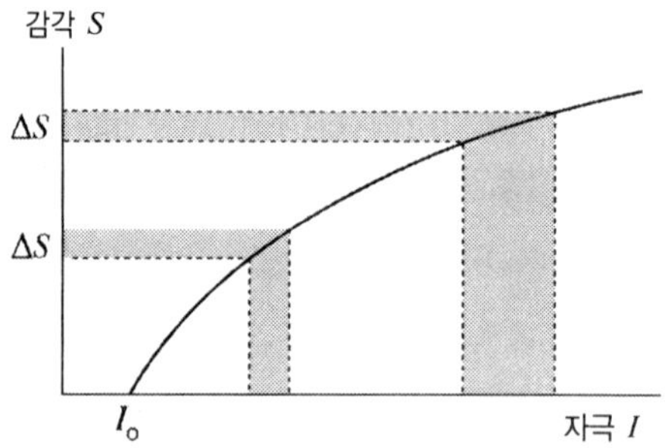

그림 7.10 감각과 자극

베버-페히너 법칙을 그래프로 표현한 그림 7.10에서, 자극 I에 따른 감각 S를 나타내었고 ΔS는 감각의 증가를 지각할 수 있는 최소량을 의미한다. 이 그림은 자극이 증가함에 따라 지각할 수 있는 감각의 최소 증가량을 만들기 위한 자극의 변화량이 훨씬 더 커지는 것을 보여준다.

'청각의 한계점'은 0dB의 세기에 해당하고 '고통의 한계점'은 120dB의 세기에 상응한다. 100dB 이상의 세기에 오랫동안 노출되면 청각이 영구적으로 손상될 수 있으며, 150dB에서는 고막이 파열될 수 있다.

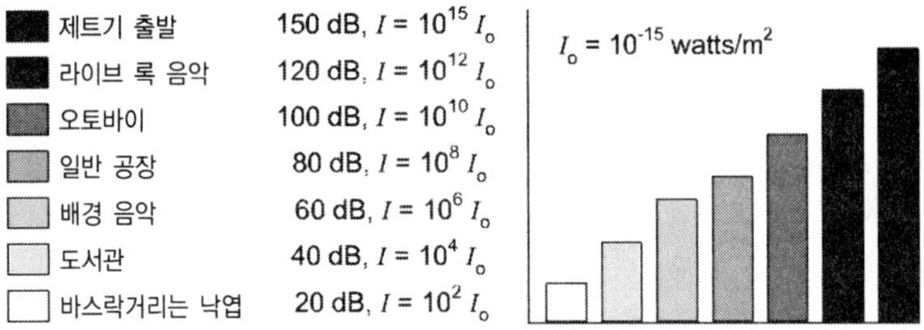

일반적으로 접하는 소음의 데시벨 수준

예 - 우는 아기

두 아기가 울고 있으면 한 아기가 울 때보다 소리의 세기를 두 배로 만들 것이다. 하지만 우는 소리가 '두 배로 시끄러워질까'? 아기가 세 명일 때는 어떨까?

아기 한 명 $L_1 = 10\log I_1$ dB

아기 두 명 $L_2 = 10\log I_2 = 10\log 2I_1 = 10\log I_1 + 10\log 2 = L_1 + 3.01$ dB

아기 세 명 $L_3 = L_1 + 10\log 3 = L_1 + 4.77$ dB

한 아기의 우는 소리의 세기가 공장에서 나오는 약 80 dB의 평균 배경 소음과 동일하다고 가정할 때, 두 아기가 내는 소리의 세기는 83 dB로 증가할 것이고 세 아기가 우는 소리의 세기는 대략 84.8 dB 정도로 증가할 것이다.

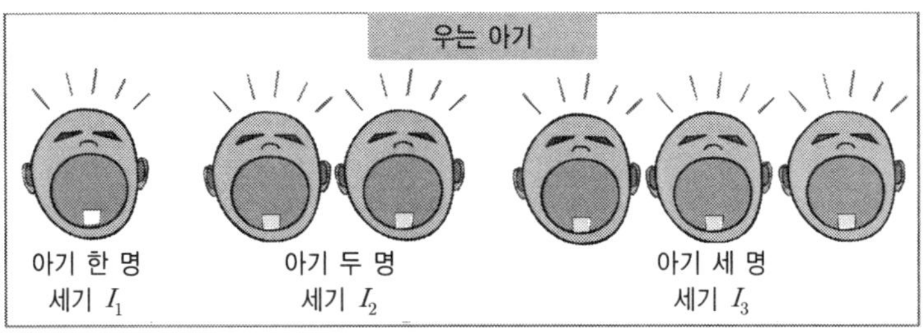

■ 7.4.4 불쾌지수

시끄러움은 음파에 대한 우리의 허용도에 영향을 주는 유일한 요인이 아니다. *다음 중 어떤 소리가 더 불쾌할까?*

(a) 58 dB로 5초 동안 또는 55 dB로 5시간 동안?
(b) 오후 3시에 58 dB 또는 오전 3시에 55 dB?
(c) 누군가 55 dB로 칠판을 손톱으로 긁는 소리?
(d) 58 dB 크기의 헨델의 *수상 음악*?

소음으로 만들어지는 불쾌한 정도를 단순히 데시벨로만 측정해서는 안 된다. 어느 누구도 단순히 어떤 소리의 데시벨 값이 불쾌감을 주지 않는 정도이기 때문에 그 소리에 의해 불쾌해지지 않는다고 말할 수는 없다. 이것은 아주 타당성이 있으며, 그 이유는 소음의 수준을 지배하는 법칙이 소리의 데시벨 수준만 기초로 하며 우리의 지각은 기초로 하지 않기 때문이다.

7.5 다른 감각들

■ 7.5.1 음의 높이

음의 높이란 음의 주파수를 지각하는 것이고 어느 정도까지는 소리의 배음 성분과 세기의 영향을 받는다. 음의 높이는 주파수가 증가함에 따라 증가한다. '순' 음은 사인파의 형태를 띠며 명확한 음의 높이를 갖는다. 대부분의 소리는 서로 다른 음이 결합된 것이며 하나의 음높이를 내지는 않는다. 악기가 만드는 복잡한 음질은 기본음질의 주파수와 관계되는, 음높이에 대한 하나의 감각을 준다.

피타고라스는 최초로 음향 실험을 했다. 1492년 그는 나폴리에 있는 음악 이론에 관한 목판화를 보고 수학적인 진동수의 비와 조화로운 음악 사이의 상관관계를 규명했다.

*음정*이란 쌍을 이루는 음들 사이의 음높이 차이를 뜻한다. 이것은 음의 주파수 비율과 관계가 있으며 주파수 자체와는 관련이 없다(예를 들어, 200 Hz의 음과 400 Hz의 음 사이의 음정은 2000 Hz의 음과 4000 Hz의 음 사이의 음정과 같다). 화음은 2:1이나 3:2와 같은 작은 정수비의 음징을 가지며 모든 음익의 기초를 형성한다. 동일한 음정을 가진 음의 쌍들은 함께 연주하면 비슷한 소리를 낸다. 예를 들어, 440 Hz와 660 Hz의 음의 쌍은 330 Hz와 495 Hz의 음의 쌍과 비슷한 소리를 낸다(두 음정 모두 3:2이다).

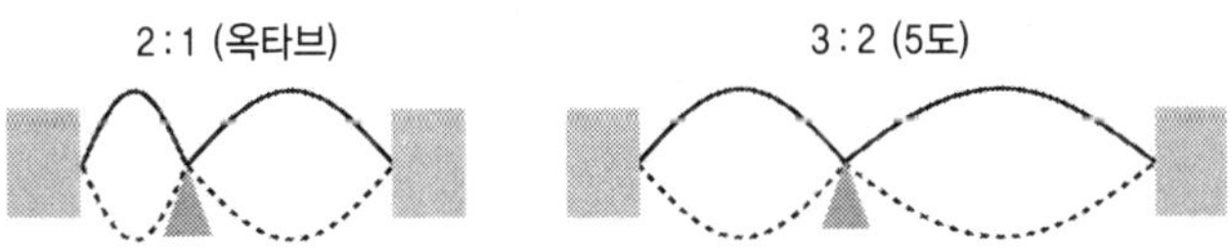

가장 중요한 음정은 *옥타브*이다. 만약 서로 다른 옥타브의 음표가 동시에 연주된다면, 음조 차이를 알아내기 힘들 것이다. 음계는 음악을 만드는 음의 집합이다. 옥타브는 보통 반복되는 음정이다(주요 온음계인 도-레-미-파-솔-라-시-도'에서 도와 도' 사이의 간격이 한 옥타브이다). 우리의 귀는 한 음계 안의 음을 서로 연결되어 있는 것처럼 인식한다.

고대 아일랜드의 피리

2004년 아일랜드의 동쪽 해안, 위클로주의 청동기 유적지에서 고고학 작업이 진행되던 중, 여섯 개의 선사시대 피리가 발견되었다. 그 유적지는 택지개발공사 전, 계획 법규에 따라 조사되던 중이었다. 주목 나무로 만들어진 여섯 개의 피리는 나무로 만들어진 여물통 바닥에서 발견되었으며, 방사성 탄소를 이용한 연대

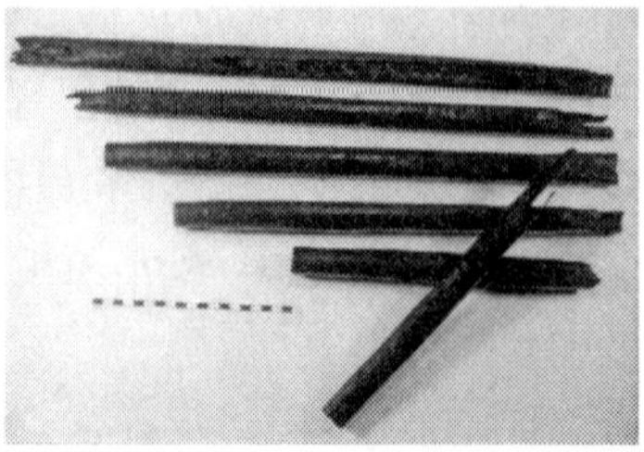

고대 파이프.
마가렛 고웬 회사 www.mglare.com

측정법을 통해 여물통 내벽을 만들기 위해 사용된 목재 핀의 연대가 기원전 2120년과 2085년 사이라고 추정되었다. 이 피리들은 구멍이 뚫려 있지는 않지만 원래 한 세트였다는 사실을 제안할 수 있는 증거가 있다. 앞의 사진은 센티미터 눈금 표시와 함께 놓인 피리의 사진이다.

■ 7.5.2 음질

각각의 악기는 고유한 음을 갖고 있다. 음높이가 정확하게 같은 개별 음표들이 서로 다른 악기로 연주된다면 다른 소리를 내며, 우리는 음표들이 서로 다른 음질을 갖고 있다고 말한다. '으르렁거리는', '그윽한', 그리고 '장엄한'과 같은 용어들이 음질을 묘사하기 위해 사용된다. 우리는 종종 목소리의 음질로부터 아는 사람을 구별할 수 있다.

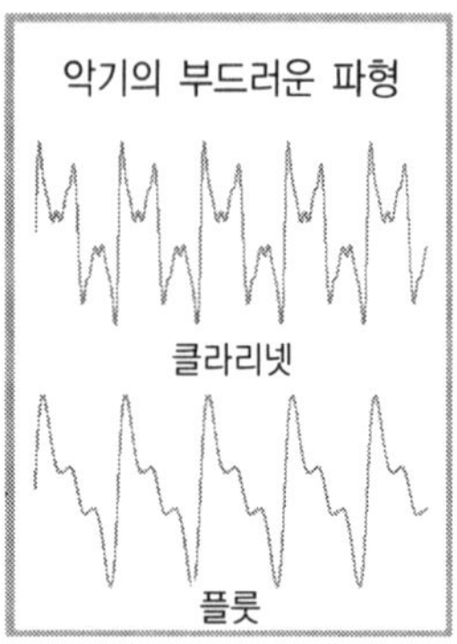

소리의 음질은 파형의 모양에 따라 결정된다. 가장 간단한 파형인 *사인파*는 *순음*이라고 불린다. 다른 모든 주기파형(*복합음*)들은 6장에서 본 것처럼 사인파와 배음의 일부가 합쳐진 것으로 표현될 수 있다. 배음의 숫자와 상대적인 세기가 파형의 모양을 결정한다. 음질에 관해서는, *복합음은 순음의 조합*이라고 한다. 몇몇 사람들은 다른 사람들보다 서로 다른 음을 구별하는 능력이 더 발달되어 있다.

■ 7.5.3 열린 공간과 막힌 공간에서 소리의 전파

열린 공간에서 소리의 완벽한 재생

그림 7.11에 예시된 것과 같이, 열린 공간에서 음파는 음원에서부터 거의 완벽하게 재생된 소리를 듣는 사람까지 직접 이동한다. 소리의 크기는 음악가와 듣는

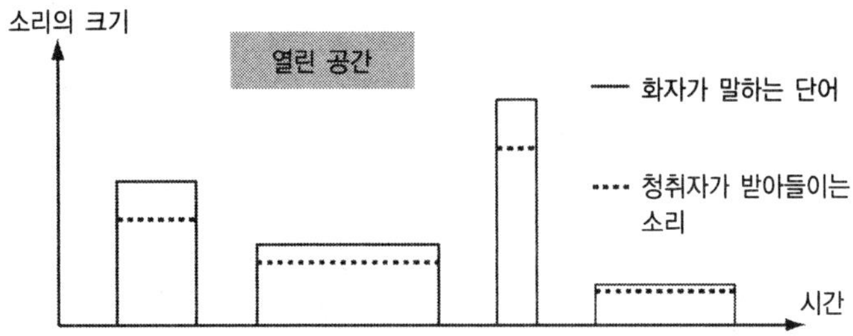

그림 7.11 열린 공간에서 말한 단어와 들은 단어의 비교

사람이 얼마나 떨어져 있는지(두 사람이 함께 붙어 있을 때를 제외하고)에 달려 있다. 듣는 사람이 음원에서부터 멀리 이동할수록, 소리의 크기는 감소한다.

제한된 공간에서는, 주변에 의한 반사가 소리를 상당히 왜곡시킬 수 있다. 잘 알려진 사례가 바로 큰 동굴 속에서 나는 소리의 메아리이다. 사람이 말하는 각각의 단어에 대한 메아리가 동굴 속에서 울려 퍼지므로, 연속되는 단어들이 완전히 섞여서 알아들을 수 없게 된다.

방이나 홀 또는 다른 강당에서 악기 소리와 목소리를 들을 때, 벽, 천장, 바닥과 다른 면에 의한 다양한 반사로 인해 모든 방향에서 쏟아지는 '주위의' 소리를

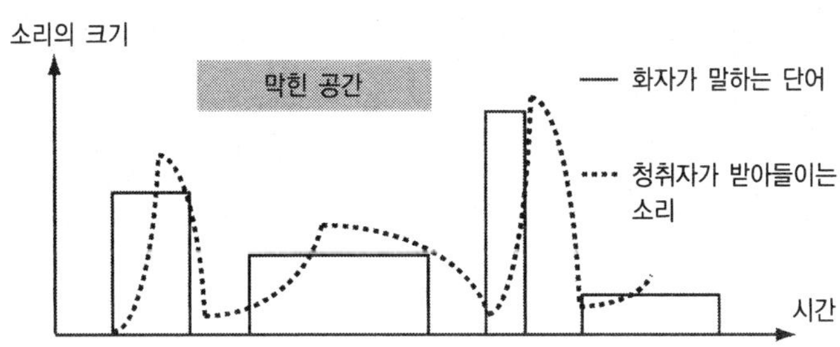

그림 7.12 막힌 공간에서 말한 단어와 들리는 단어의 비교

받는다. 그림 7.12는 단어들이 왜곡되는 상태를 보여 준다; 소리는 둘러싸인 공간에서 더 크고 열린 공간에서처럼 빠르게 사라지지 않는다.

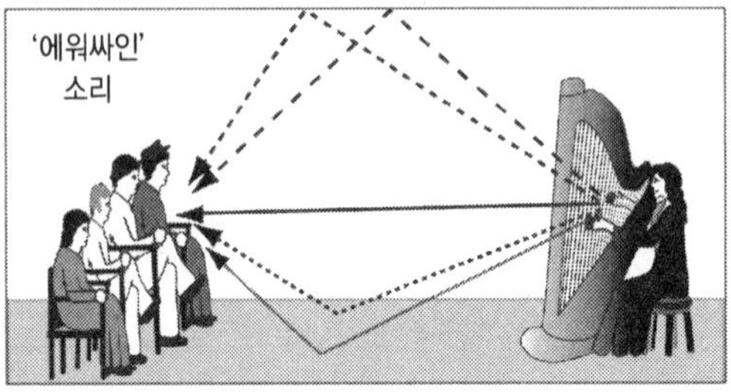

반사의 정도와 유형은 반사면의 성질에 따라 다르다. 반사 법칙(입사각=반사각)은 매끄러운 표면에서만 성립한다; 거친 표면은 모든 각도로 소리를 반사시킨다. 강당에 있는 청중에게 도달하는 소리의 크기는 소리를 흡수하는 표면의 성질과 분포에 의해 좌우된다. 우리는 다음과 같이 서로 다른 세 가지 변수를 확인할 수 있다 - 소리의 크기가 거의 일정한 수준에 도달하는 시간, 소리의 크기에 대한 값, 그리고 소리가 들리지 않을 때까지 걸리는 시간.

소리의 감쇠는 *잔향*이라고 불리며 매우 중요한 변수이다. 한 음(또는 단어)으로부터 나오는 잔향은 종종 다른 음이 만들어질 때 들을 수 있다. 우리는 소리의 크기가 60 dB까지 감소하는데 걸리는 시간을 잔향 시간으로 정의하여 잔향을 정량화한다. 그림 7.13은 두 가지 서로 다른 잔향 시간에 대하여 연속되는 단어의 진폭이 연속적으로 진행하는 것을 보여 준다(왼쪽 그림은 잔향 시간이 더 낮을 때 기록된 것이다).

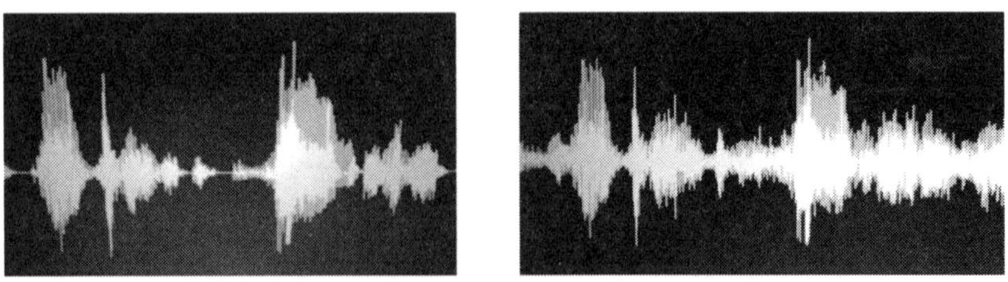

그림 7.13 잔향의 수준이 증가하면 말이 뒤죽박죽으로 변한다.

7.6 음악에서의 현과 관

현악기

팽팽하게 당겨진 현들은 특유의 주파수로 진동한다. 현악기는 진동하는 현의 표면적이 너무 좁아서 주위의 공기를 효과적으로 압축시키지 못하기 때문에 진동을 증폭시키기 위해 공명판을 사용한다.

공명판에 평행하게 고정된 현과 공명시키는 본체가 있는 악기를 보통 류트(기타와 비슷한 현악기)라 한다. 초창기의 류트는 목이 길며 짐승이나 거북이의 가죽과 같은 물질로 만들어졌다. 기원전 2,500년경 이집트와 메소포타미아(현재의 이란)에 류트가 존재했다는 증거가 있다. 유럽의 류트는 가벼운 나무로 만들고 목이 짧은 어라우드(*Aloud,* 나무 막대라는 뜻)라는 전통적인 아랍의 악기를 모방한 것이다. 유럽인들은 프렛(악기의 연결부에 꽂힌 금속 조각)을 도입하여 아랍의 디자인을 수정했다.

아직까지 남아있는 가장 오래된 기타(줄이 6개)는 18세기 말 경 나폴리에서 만들어진 것이다. 현대 기타의 본체 모양은 대부분 19세기 중후반 스페인의 기타연주가이자 세빌 지역에서 기타를 제작하던 안토니노 데 토레스(Antonino de Torres, 1817-1892)에 의해 표준화된 것이다.

*보통 기타(어쿠스틱 기타)*는 증폭을 위한 외부의 수단을 사용하지 않는다. 줄을 튕기므로 발생하는 진동이 기타의 몸체로 전달되고, 진동하는 현의 주파수로 울려 퍼진다. 공실에서 생성된 소리는 향공을 통해 공기 중으로 나온다. 현은 악기의 기러기발에서 목까지 팽팽하게 당겨져 있다. 현이 진동하는 길이는 서로 다른 음높이를 가진 소리를 내기 위해 줄을 프렛쪽으로 눌러서 짧아지도록 할 수 있다.

어쿠스틱 기타. *매시모 귈리아니 제공.*

*바이올린*의 현대적인 모양은 16세기 중반으로 거슬러 올라간다. 초창기 바이올린들은 이탈리아 북부에서 만들어졌다. 1600년까지, 바이올린 생산의 중심지는 크레모나로, 이곳은 니콜로 아맘티(Nicolo Amamti, 1596-1684)와 안토니오 스트라디바리(Antonio Stradivari, 1644-1737)가 활동했던 곳이다. 수 세기 전에 만들어진 바이올린들이 지금도 아름다운 소리를 간직하고 있는 사실은 주목할 만한 일이다. 실용 물리학과 음향학만을 알고 있던 스트라디바리와 같은 바이올린 제작자들은 너무도 훌륭한 악기를 만들 수 있었기 때문에 매우 높이 평가된다. '해머'로 알려진 스트라디바리의 바이올린은 2006년 공개 경매에서 350만 달러에 팔렸다.

관악기

팽팽하게 당겨진 줄과 같이 공기의 기둥은 기둥의 길이와 한쪽 끝이 열렸는지 아니면 양쪽 끝이 열렸는지('정상파'를 참조하라) 여부에 따라 달라지는 일련의 주파수로 진동하도록 만들 수 있다.

클라리넷과 플루트 같은 목관 악기들은 일련의 음공과 함께 길고 가느다란 공기 기둥을 갖고 있다. 음공을 열거나 닫으면서 음의 높이를 변화시킨다. 모든 음공이 닫혔을 때 가장 낮은 음(기본음)이 만들어진다.

클라리넷은 리드 악기이다. 리드의 진동에 의해 정상파가 발생한다. 공기기둥의 한쪽 끝부분이 닫혔을 때 예상할 수 있는 것과 같이, 연주하는 동안 마우스피스가 닫히고 짝수의 배음이 강하게 억제된다. 반면에 *플루트*는 양쪽 끝이 열려있다. 공기가 열린 마우스피스를 통해 흡입될 때 정상파가 만들어진다. 인접한 홀수와 짝수의 배음이 매우 동등하게 표현된다.

7.7 도플러 효과

응급 현장으로 돌진하는 자동차의 사이렌에서 나오는 소리는 응급차가 현장에 가까워질수록 더 높은 주파수를 갖고, 현장에서 벗어날수록 더 낮은 주파수를 갖는 것처럼 보인다. 파원이나 관측자의 움직임이 원인이 될 수 있는 가청 주파수의 겉보기 변화를 *도플러 효과*라 부른다.

도플러 효과는 오스트리아 물리학자 크리스티안 요한 도플러(Christian Johann Doppler, 1803–1853)의 이름을 딴 것으로, 그는 주파수의 변화를 속도 변화의 함수로 표현하는 식을 개발했다. 이 식은 삼년 뒤인 1845년 네덜란드의 기상학자인 크리스토프 하인리히 디트리히(Christoph Heinrich Dietrich)가 음원으로 트럼펫을 이용하고, 트럼펫 연주자와 관측자를 교대로 수송하기 위해 기차를 활용하여 이들 식을 증명하였다.

크리스티안 요한 도플러.
호주 우편국 제공.

인디 카 경주(경사진 경주로에서의 자동차 경주)나 F1 경주의 팬들은 차가 질주하며 그들을 지나갈 때 나타나는 주파수의 겉보기 변화에 익숙할 것이다. 차가 관람객에게 다가올 때, 주파수가 증가하며, 차가 멀어질 때 주파수가 감소하는 것을 경험한다.

7.7.1 움직이는 관측자

관측자가 음원을 향해 달려갈 때, 초당 진동수는 증가한다. 이것은 마치 바다로 뛰어드는 것과 같다. 당신이 1초 동안 지나치는 쇄파(해안을 향해 달려오며 부서지는 큰 파도)의 숫자(주파수)가 많아진나. 쇄파로부터 밀어지도록 달려갈 때에는 반대의 효과를 가진다. 쇄파 사이의 거리(파장)는 두 경우 모두 같으며, 이것은 주파수의 겉보기 변화가 있음을 의미한다. 주파수는 관측자가 음원에 다가갈 때 높아지고 음원으로부터 멀어질 때 낮아진다.

■7.7.2 움직이는 음원

점으로 된 음원은 구면파를 방출한다. 음원이 고정되어 있으면, 파면은 음원을 중심으로 동심구를 이룬다. 음원이 움직이기 시작하면, 생성된 음파를 압착하면서 자신이 만든 파면을 쫓아간다.

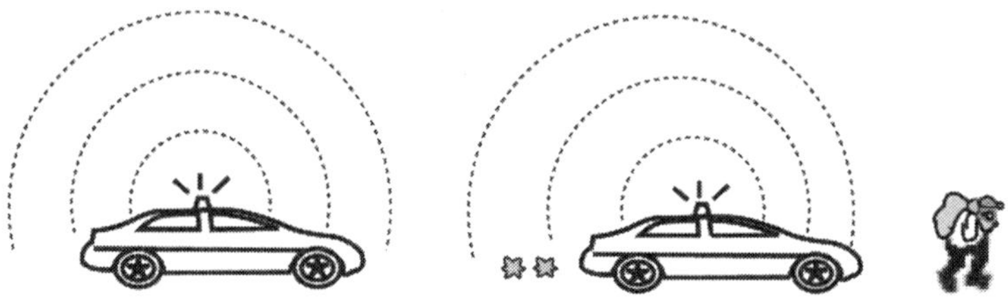

위의 그림은 연속적인 파면이 오른쪽으로 가면서 눌리는 것을 보여준다. 파의 속도는 변하지 않지만 파장은 음원 앞에서 더 짧다. 음원 앞에 있는 관측자는 음원 뒤에 있는 관측자보다 초당 더 많은 파동을 받고 더 높은 주파수로 측정될 것이다.

일반적으로, 주파수는 음원과 관측자가 서로에게 다가갈 때 높아지고, 이 둘이 서로 멀어질 때는 낮아진다.

■7.7.3 두 가지 도플러 효과?

한 관측자가 공기 중에서 소리의 속도의 절반에 해당하는 속도로 정지된 음원에 다가가고, 이어서 관측자는 멈춘 상태에서 음원이 같은 속도로 움직여 관찰자에게 다가갔다. 두 경우에 겉보기 주파수는 같을까?

관측자가 움직일 때: $f' = f(1+0.5) = 1.5f$

음원이 움직일 때: $f' = \dfrac{f}{0.5} = 2f$

이에 대한 대답은 거의 절대적으로 '아니오'이다! 왜냐하면 음파의 속도와 관측자의 속도는 매질과 관련하여 독립적으로 측정될 수 있기 때문이다. 이것은 우리가 매질 속에서 무엇이 움직이고 무엇이 정지해 있는지 말할 수 있게 해준다는 뜻이다.

■ 7.7.4 음속과 거의 같은 속도로 음원에서 멀어지는 것

항공기의 기수는 음원과 같은 방식으로 압력파를 만든다. 만약 항공기가 음속과 거의 같은 속도로 비행한다면, 기수는 항공기에 의해 발생되는 파동을 거의 '따라잡을' 것이다. 겉보기 파장은 극도로 작아지고 주파수는 매우 높아진다.

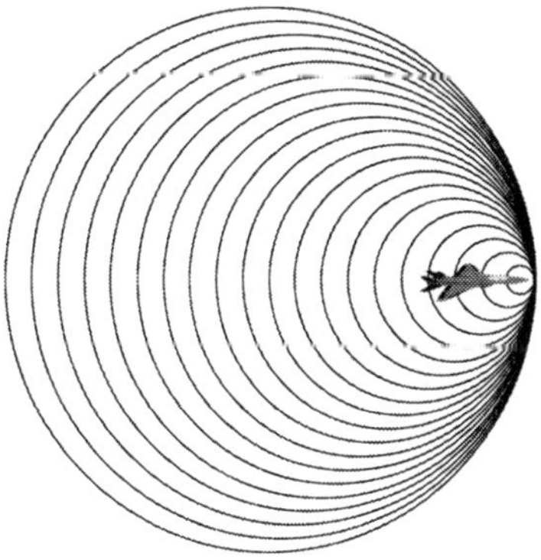

공기 중에서 음속의 0.9배 정도로 진행하는 근원에 의해 방출되는 파동의 모양

■ 7.7.5 충격파

항공기가 음속보다 빠르게 움직인다면, 항공기에 의해 생성되는 파면을 추월하고 충격파를 생성하게 된다. 겹쳐지는 구형 파면이 서로 보강하여 바깥쪽으로 향하는 매우 높은 압력의 원뿔모양의 파면을 형성한다. 구형 파면이 개별적으로

에른트스 마하.
오스트리아 우편국 제공.

압축될 때보다 압력이 훨씬 더 크고 세기는 1억 W/m^2(약 200 dB에 해당하는)에 달할 수 있다. 항공기가 음속을 돌파할 때 내는 폭발음인 소닉붐(sonic boom)은 항공기 끝부분에서 이루어지는 원뿔 표면에 한정되는 압력파에 의해 생성되는 가청음이다. 이를 에른스트 마하(Ernst Mach, 1838-1916)의 이름을 따서 *마하 원뿔*이라 부른다.

오스트리아 물리학자인 에른스트 마하는 물체가 음속보다 빠른 속도로 공기를 통과한다면, 원뿔형 충격파가 생성될 수 있다고 처음으로 제시하였다. 항공기의 속도는 종종 *마하 수*로 나타낸다. 1 마하=일반적인 환경조건에서 공기 중에서 음속.

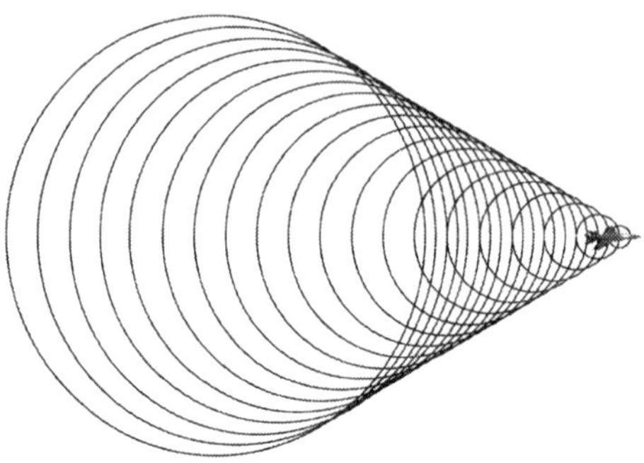

마하 2의 속도에서 충격파

항공기가 음속 장벽을 깰 때(대기 중에서 음속을 초과할 때) 충격파에 의해 생성되는 원뿔을 마하 원뿔이라 부른다.

초음속 항공기에 의해 만들어지는 압력파가 항공기의 항로를 따라 지면을 휩쓸고 지나갈 때, 압력의 변동이 아주 커서 심각한 손상을 초래할 수 있다. 콩코드 여객기는 사람이 없는 지역이나 대양을 지날 때에만 초음속으로 이동하도록 되어 있다.

마하 원뿔이 이루는 각의 절반은 속도가 증가할수록 작아진다.

충격파

X15 제트기. *NASA 제공.*

힘차게 나아가는 오리. *피오르 피란스키 제공.*

■7.7.6 충격파와 빛

광학적 충격파는 고에너지의 전자와 양자가 빛의 속도보다 더 빠른 속도로 물질을 통과할 때 생성될 수 있다. 이런 파동은 *체렌코프 빛*이라 한다.

파벨 알렉세이비치 체렌코프(Pavel Alekseyvich Cherenkov, 1904-1990)는 1958년 노벨 물리학상을 공동 수상한 세 명의 러시아 물리학자 중 한 명이다. 1934년 박사 과정 학생이었던 체렌코프는 고속의 전자가 투명한 액체를 지나갈 때 푸른빛의 희미한 발광을 발견했다. 노벨상의 공동 수상자인 이고르 탐(Igor Tamm)과 일리야 프랭크(Ilya Frank)는 체렌코프가 발견한 현상을 해석하였다.

체렌코프 빛은 원자로의 노심에서 방출된다. 한 원자로가 최대 전력으로 가동되는 동안 1초에 10^{15} 이상의 핵분열을 일으킨다. 각각의 핵분열은 거대한 양의 에너지를 생성하는데, 이 에너지는 대부분 핵분열의 생성물에 의해 운반된다. 이런 감쇠는 종종 물속에서 빛의 속도를 뛰어넘는 속도로 이동하는 고에너지의 전자를 생성한다. 이의 결과로 특유의 짙은 푸른빛을 방출한다.

베리타스 영상 장치.
베리타스 공동연구 제공.

중성자별이나 블랙홀과 같은 천체물리학적 물체들은 지구의 상층대기에서 작용하고 광속보다 빠르게 움직이는 전자를 생성하는 고에너지의 감마 방사선을 방출한다. 이런 전자들에 의해 방사되는 체렌코프 빛은 남부 애리조나의 베리타스와 같은 일련의 지상 영상 망원경에 의해 관측된다.

역사적 막간 : 소리 장벽

해수면 위의 공기 중에서 소리의 속도는 약 $350ms^{-1}$ 혹은 760mph(m/h)이다. 공기는 4만 피트 상공에서 점점 냉각되어, 이때 음속은 약 660mph 이다.

비행기가 점점 더 빨라져서 마하 1 속도에 접근하게 되면, 불가사의한 일들이 발생한다. 1차 세계대전에서 몇몇 조종사들은 그들이 급강하를 하고 있을 때 전투기 속에 있는 조절장치가 얼어버렸다고 보고하기도 하였다. 또한 계속해서 조절 장치들이 심지어 어떤 속도에서는 반대로 움직이기도 했다는 소문이 있었으나, 결국 이것은 거짓이었다.

1940년대 말에 프로펠러 비행기들은 600mph 이상의 속도로 날 수 있는 제트기들로 대체되기 시작하였다. 그리고, 이들이 음속보다 빨리 날 수 있는지, 혹은 음속만큼 날 수 있는지를 밝혀내는 것이 아주 중요한 문제가 되었다. 만약 비행기가 음파를 추월하게 된다면, 어떤 일이 일어날까? 물론 음파의 속도보다 빠른 비행물체에 의해 만들어지는 파장에 의해 음파의 간섭이 예견될 수 있을 것이다. 마하 원뿔이라는 형태를 만들어냈는데, 이것은 마치 물결의 속도보다 더 빠른 속도로 움직이고 있는 배에 의한 활 모양의 파동처럼 생긴 것을 일컫는다. 하지만, 아무도 그 비행기가 새롭고 아주 커다란 압력과 만나게 될 것인지를 설명할 수는 없었다. 그러한 압력은 보통 바람 터널 속에서 측정될 수 있지만, 이러한 일들은 아마도 마하 0.85 이상을 넘어설 수는 없다.

비행기가 초음파 장벽과 만나게 되었을 때, 통과할 수는 없지만, 오히려 초음파 장벽을 파괴할 수 있다는 가설들이 있었다. 1946년에 제프리드 하빌랜드가 아버지의 Dh108 제트기를 타고 마하 1을 통과하려는 시도를 했었다.

하지만, 비극적으로 그 비행기는 파괴되었고, 그는 사망하였다. 이러한 소리 장벽의 불가사의는 또 다른 발견을 위한 도전이었다.

1947년에 미국에서 제작된 새로운 로켓 비행기인 *X-1*은 마하 1을 초과한다고 여겨졌다. 이 비행기의 중요한 실험이 캘리포니아 사막에 있는 뮤로에어 기지에서 이루어졌다. 이 시험의 조종사는 알려지지 않은 비행에 대한 호기심과 강철과 같은 용기를 갖고 있으며, 비행기의 속도가 마하 1에 가까워질 때 발생할 수 있는 예견할 수 없는 문제에 즉각적으로 반응할 수 있는 능력으로 비행을 시도해야 했다. 척 이거는 시험 조종사의 대표였으며, 그의 비행 기술은 전설적이었다. 그가 조종실에 들어서자마자, 그에게 비행기가 생소한지 아니면 익숙한지 여부에 관계없이 비행기와 일부분이 되라는 명령을 받았다. 척은 전투기 조종사로서 놀라운 기록들을 보유하고 있었다. 그는 프랑스에서 저격되었지만, 프랑스 지하조직의 도움을 받아 스페인으로 피신하여 영국으로 되돌아오기도 하였다. 군대의 규칙상 그의 귀환 때문에 다시 전장에 나가는 것을 금하였지만, 예외적으로 에인스 하워 장군의 특별한 허락에 의해서 자신의 비행 중대로 되돌아가 전투 임무를 계속할 수 있었다. 척은 웨스트 버지니아 사람이었고, 냉담한 남부의 느린 말투와 관대한 성격을 지녔으며, 자신감에 넘치고 조종사들 사이에서도 상당한 존경을 받는 인물이었다. 만약 누군가가 *X-1*을 조종하여 소리 경계까지 도달할 수 있다면, 그건 바로 척이었다.

척 이거. *NASA 제공.*

시험 비행과 최종 기록을 위한 계획은 현대의 컴퓨터화된 기술에 비하면 원시적인 수준이었다. 비행을 시작하기 위하여 *X-1*은 B29 폭탄이 장착된 격실 아래에 매달려 있어야 했으며, 약 25,000 피트의 높이까지 올려져야만 했다. 그 지점에 이르면, 척은 사다리를 타고 내려가서 조종석에 미끄러지듯 들어가 해치를 닫고 폭탄처럼 떨어지기를 기다려야 했다. 문자 그대로 *X-1* 은 폭탄이고, 매우 폭발성이 있는 휘발성 연료와 액체 산소를 가지고 이 일을 수행하였다. 그가 출발하자마자 위에 있던 모 비행기는 사라지고 *X-1* 의 로켓 엔진을 점화하여 모 비행기로부터 앞으로 전진해 떨어져 나갔다. 만약 그 엔진이 점화에 실패한다면, 연료와 함께 장착되어 있던 *X-1* 은 발사되지 못하고 아마도 급강하하게 될 것이다.

1947년 10월 14일 비행기를 마하 0.97까지 도달하기 위한 계획이 세워졌다. 그의 태연한 성격처럼 시험 비행 이틀 전에 그는 아내와 승마를 갔다. 말이 날뛰고 그를 내팽겨쳐 갈비뼈가 2개 부러지고 말았다. 이로 인해 그는 오른쪽 팔을 올릴 수가 없었는데, 만약 그날 다친 것이 알려지게 된다면, 앞으로 지상근무만 해야 하는 것도 잘 알고 있었다. 그래서 그는 시험을 하기로 결정한 후 그의 가장 가까운 친구이며 비행기 엔지니어인 잭 리들리에게 고백하였고, 잭은 비밀을 지킬 것을 약속하고 가능한 그를 도와주었다. 아주 사소하지만, 결정적인 문제가 있었는데, 그것은 바로 그가 *X-1*의 조종실에 들어간 이후에 그의 머리 위에 있는 유리를 닫기 위하여 오른손을 올려서 닫아야 하는데 그것이 어렵다는 것이었다. 그는 부러진 빗자루의 손잡이를 이용하여 척이 왼손으로 레버를 당길 수 있는 장치를 만들어주었다. 조종실을 닫는 문제가 해결되자, 자유 낙하할 때 엔진에 불이 붙는 것은 그다지 걱정거리가 되지 않았다.

X-1 옆의 모 비행기. *NASA 제공.*

시험의 아주 중요한 순간에 *X-1*은 격실 아래로부터 자유롭게 강하하기 시작하고 바로 로켓 엔진의 시동이 켜졌다. 마하 속도가 0.88, 0.92,...0.96에 도달하였다. 잠시 충격이 있었지만, 점점 더 빨리 날게 되자, 비행이 점점 부드러워지고 안정된 상태로 되었다. 연료가 남아 있었기 때문에, 척은 좀더 가속하였다. 그리고, 계기 바늘이 마하의 최고 눈금을 넘어섰고, 결국 마하 1.0에 눈금을 맞추며 약 20초간 유지되었다. 관측국은 멀리서 이를 탐지하고 최초의 비행기로부터 나오는 초음파 굉음을 탐지했음을 보고하였다. 소리 장벽이 깨어진 것이다.

*X-1*이 모 비행기로부터 떨어지기 시작함.
NASA 제공.

척 이거가 후에 기록하기를: 실제 소리의 장벽이 하늘에 있는 것이 아니라, 초음속 비행에 대한 우리의 지식과 경험에 있다. 일단 소리 장벽이 깨어지게 되자 비행기는 점점 더 빨리 발전하게 된다. 비행기들은 그들 스스로의 힘으로 이륙하여 마하 1에 도달하고 그 이상을 가속할 수 있다.

F-104 록히드 스타파이터가 최초로 자가 동력으로 올라가서 마하 1에 도달한 비행기다. 그 비행기는 10만 피트 상공에 도달할 수 있고, 음속의 2배 가까이 비행할 수 있다. 1963년 11월 10일에 척은 *F-104*를 타고 시험비행을 하였다. 마하 2 이상의 속도로 비행하면서, 그는 비행기 동체 후미에 있는 추진 로켓에 점화를 걸어 약 104,000 피트 상공에 도달하였고, 그 비행기는 통제를 벗어나 고장을 일으켜 급속히 추락하기 시작하였다. 이후 데이터 기록은 그 비행기가 사막에 추락하기 전에 14번의 스핀회전을 하였다고 보고하고 있다. 척은 탈출하기 전 13회 회전까지는 비행기 동체 안에 있었다. 그의 자서전에 쓴 것처럼, "나는 값비싼 비행기를 잃게 되는 것이 싫었다.

*X-15*의 잔해. *NASA 제공*

하지만, 탈출하는 것 외에는 그 어떤 것도 생각할 수 없었다". 그는 아주 성공적으로 탈출하였지만, 비행기 안에 있는 방출 의자의 로켓모터에 의해 얼굴에 심한 화상을 입게 되었다. 척이 X 시리즈 시험 비행을 하다가 폭발에서 유일하게 살아남은 생존자는 아니었다. 위의 사진은 잭 맥케이가 네바다주 머드 레이크에 비상착륙한 직후 *X-15*의 추락을 보여주고 있다.

척의 선구자적인 시험 비행이 있고 난 정확히 50년 후인 1997년 10월 15일에 소리 장벽은 지상에서도 깨어졌다. 영국 공군 조종사 앤디 그린이 조종한 제트 엔진을 단 자동차가 네바다주의 블랙 락 사막을 가로지르는 반대 주행에서 2번이나 소리 장벽을 깼다. 그 자동차는 6마일 이상의 거리를 가속할 수 있었으며, 기록에 따르면, 6마일 이상 지난 후 멈추어졌다. 두 번의 운행은 759와 766mph 음속에 이르렀으며 둘 다 일반적인 조건에서 748mph로 계산되어진 음속보다 빨랐다. 후에 단단한 사막의 지면을 조사했을 때 마하 파에 의해 분쇄되는 것으로 밝혀졌다.

엔디 그린의 쓰러스트 슈퍼 소닉 자동차는 길이가 54피트이고 넓이가 12피트였다. 이 자동차는 약 5만 파운드의 추진력과 11만 마력의 힘을 지닌 미국 전투기를 응용한 미국 전투기 팬텀파이터(F-4)로부터 발전한 롤스로이스의 제트 엔진에 의해 동력을 얻는다.

공기 역학 설계는 결점이 없어야만 한다. 만약, 자동차 앞부분이 아주 약간만이라도 들려진다면, 모든 무게는 앞바퀴로부터 이탈하게 된다. 만약,

자동차의 앞부분을 조금 올린다면, 또 자동차는 뒤로 뒤집어지게 된다. 그 대신에 올린 앞부분을 조금 내리면 그것은 또한 앞으로 뒤집어지게 된다. 당시에 기술자 중의 한 사람이 언급한 것처럼 "만약 앞부분을 조금 올리면 당신은 날게 되겠지만, 만약 그것을 내린다면, 당신은 또한 땅을 파고 들어가게 될 것이다."

■부록 7.1 도플러 주파수 변화의 유도

움직이는 관측자에 의해 측정되는 겉보기 주파수

그림 7.14에서 S는 음원이고 O는 관측자이다.

관측자는 1초에 v_0의 거리를 달려, 초당 $\frac{v_0}{\lambda}$개의 별도의 파동과 만난다.

음원은 주파수 $f = \frac{v}{\lambda}$로 파동을 방출한다.

관측자는 주파수 $f' = \frac{v + v_0}{\lambda}$을 측정한다. 즉,

$$f' - f + \frac{v_0}{\lambda} = f\left(1 + \frac{v_0}{v}\right)$$

위의 식은 다음과 같이 쓸 수 있다.

그림 7.14 도플러 효과 - 움직이는 관측자와 정지해 있는 음원

$$\frac{f'}{f} = \frac{v + v_0}{v}$$

만약 관측자가 같은 속도로 음원에서 '멀어진다면', 그는 주파수를 다음과 같이 측정한다:

$$f' = f\left(1 - \frac{v_0}{v}\right)$$

우리가 상식적으로 추정했을 때, 관측자가 음원에 다가갈수록 주파수는 높아지고 음원으로부터 멀어질수록 주파수는 낮아진다.

움직이는 음원에서 방출되는 소리의 겉보기 주파수

음파의 점원이 시간 t동안 S_0에서 S까지 일정한 속도 v_S로 움직인다. 그림 7.15는 파면 W_0(점원이 S_0에 있을 때 방출된 파면)와 W_1과 W_2(점원이 S_0에서 S로 움직일 때 동일한 시간차를 두고 방출된 파면)의 위치를 보여준다.

$$S_0X = vt \qquad S_0S = v_St$$

점원 앞에 있는 관측자에게 도달하는 파동들은 거리 $S_2X = (v - v_S)t$ 에서 압축되고 우리는 다음과 같이 파장을 계산할 수 있다:

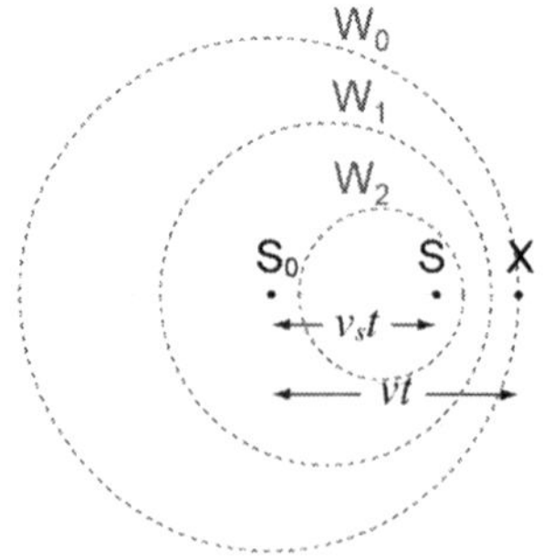

그림 7.15 움직이는 음원에서의 도플러 효과

$$\frac{\lambda}{\lambda'} = \frac{vt}{(v - v_S)t} \tag{7.3}$$

음속 v는 상수이므로, $f\lambda = f'\lambda'$이고, 따라서 $\lambda' = \frac{f\lambda}{f'}$이다.

식 (7.3)에 λ/λ'를 대입하면, $\frac{f'}{f} = \frac{v}{v - v_S}$

즉, $$f' = \frac{fv}{v - v_S}$$

만약 점원이 같은 속도로 관측자에게서 멀어지면, $f' = \frac{fv}{v + v_S}$이다.

비수학적인 분석 역시, 음원과 관측자가 서로 가까워질 때 주파수가 높아지고 이 둘이 서로 멀어질 때에는 낮아진다는 똑같은 결과를 보인다.

요약 (S는 음원을 의미하고 O는 관측자를 의미한다.)

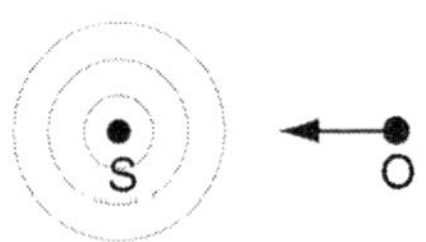

$$\frac{f'}{f} = \frac{v + v_0}{v}$$

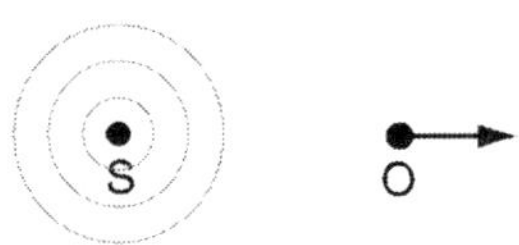

$$\frac{f'}{f} = \frac{v - v_0}{v}$$

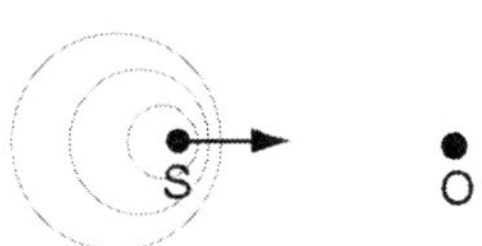

$$\frac{f'}{f} = \frac{v}{v - v_S}$$

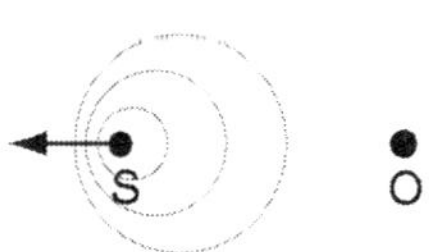

$$\frac{f'}{f} = \frac{v}{v + v_S}$$

마하각의 계산

항공기의 속도가 음속을 초과할 때 발생하는 충격파에 의해 생성되는 원뿔을 마하 원뿔이라 부른다. 각 ϕ를 계산할 수 있다.

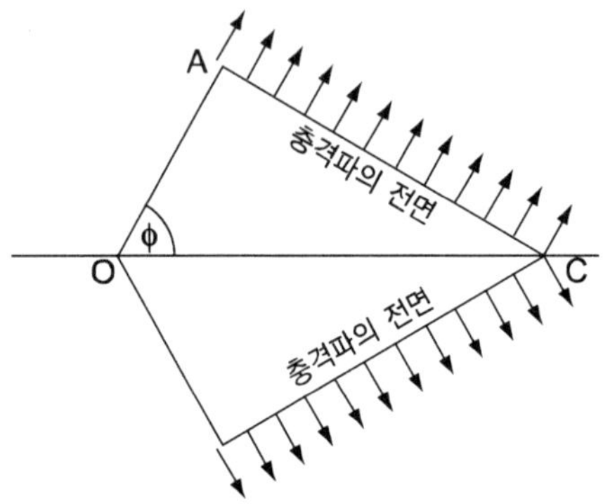

그림 7.16 **마하 원뿔**

분출에 의해 생성되는 압력파는 항공기가 움직임에 따라 확장한다.

만약 시간 t동안 항공기가 O에서 C로 움직이고, 같은 시간동안 파동이 A에서 C로 이동한다면, OA$=vt$이고 OC$=v_{\mathrm{A}}t$이며, 이 때 v는 음속, v_{A}는 항공기의 속력이다. 마하 원뿔은 모든 파면에 대해 공통 접선이므로, OAC는 직각 삼각형이다.

$$\sin\theta = \frac{vt}{v_A t} = \frac{v}{v_A}$$

마하 원뿔의 반각은 속력이 증가할수록 점점 더 작아진다.

제08장
파동으로서의 빛

많은 시간을 들여 파동을 살펴보았다 - 이제는 파동을 보면 알아볼 수 있어야 한다! 이 장에서는 광선이 파열(wave train)처럼 행동한다는 증거를 살펴보겠다.

빛의 파동성이 명백하다는 것을 예측하기 위해 네덜란드 수학자 크리스티안 호이겐스(Christiaan Huygens, 1629-1695)가 처음으로 세안한 해석을 사용하겠다. 그는 파열이 계속 스스로 재발생하고, 파동위의 각 지점은 *2차적인 작은 파동*의 새로운 파원으로 작용한다는 가설을 기초로 하였다. 스넬의 굴절 법칙은 빛이 파동으로 행동한다는 압도적인 증거가 아니라면 우연이라는 호이겐스의 해석을 사용하여 유도될 수 있다.

더 확실한 논쟁이 가능하다. 만약 정말 빛이 파동이라면, 광파가 상쇄적으로 간섭한다는 즉, 빛에 더 많은 빛을 더하면 어두워질 수 있다는 실험을 실시할 수 있어야 한다.

우리가 얇은 슬릿(틈)과 같이 매우 작은 구멍을 통해 광속을 보낼 때, 호이겐스의 해석은 흥미로운 예측을 제시한다. 슬릿의 벽이 2차적인 작은 파동의 일부를 절단시키고 출사광속을 불균형상태로 만들 것이다. 빛을 옆으로 퍼뜨리고 균형이 잡히지 않은 작은 파동들이 보강, 상쇄 간섭하여 특징적인 모양을 이룰 것이다.

실용적인 면에서, 빛의 파동성은 광학기기의 분해능을 제한시킨다. 배율이 무제한인 현미경과 망원경을 만드는 것은 불가능하다. 광학계가 아무리 정교하더라도 광파를 사용하여 파동 자체의 구조보다 더 미세한 구조를 조사할 수는 없다.

영의 실험에서 두 개의 얇은 슬릿은 간섭성이 있는 광원의 역할을 한다. 빛이 슬릿으로부터 함께 나올 때 보강 간섭과 상쇄 간섭을 이루어 회절무늬 내부에 검은 선의 무늬를 갖는다. 이것은 빛과 빛이 더해져서 어두워지는 예이다!

매우 많은 슬릿을 가진 회절격자에서 나온 빛의 간섭현상을 이용하여 원자구조를 조사할 수 있다. X-선을 이용하여 더 깊은 부위를 조사할 수 있고 자연이 우리에게 결정 고체의 형태에서 완벽한 회절격자를 제공하는 것은 행운이었다.

8.1 파동으로서의 빛

수세기 동안, '자연 과학자'들은 두 가지의 상반된 이론에 직면했는데, 그 중 하나는 빛이 파동이라는 것이고 다른 하나는 빛이 입자의 흐름으로 이루어졌다는 것이다. 이 장은 *빛의 파동 이론에 대한* 증거를 제공한다.

8.1.1 아무것도 없는 곳에서의 파동의 신비

파동은 에너지와 정보를 한 곳에서 다른 곳으로 전송하며, 빛도 확실히 그렇게 한다. 에너지는 빛의 형태로 태양에서 지구로 이동되고 우리가 보는 모든 것에 관한 정보도 빛에 의해 우리 눈에 전달된다. 물론, 에너지와 정보를 운반하는 것이 파동만의 특징은 아니다. 입자들도 에너지를 운반하고 정보를 전송하는데 사용될 수 있다!

빛은 도저히 파동이 될 수 없다는 격렬한 논쟁이 있다. 빛은 빈 공간을 통해서 이동할 수 있다. 햇빛은 사실상 물질의 입자, 원자 또는 분자가 없는 곳에서 1억 마일을 이동할 수 있다. 기체, 액체 및 고체에서 음파와 다른 파동들은 진동이 한 입자에서 다른 입자로 전달되도록 매개를 필요로 한다. 만약 아무런 매개가 없다면, 진동하는 것이 없을 때 어떻게 진동이 전달될 수 있는가?

파동 이론의 주창자는 우주를 침투하는 보이지 않는 매질이 존재한다고 제안하여, 아주 만족스럽지는 않지만 간단한 방법으로 이러한 역설을 해결하려고 시도했다. 광파를 전달하는 능력 외에는 아무것도 알려진 속성이 없는 이 가설에 근거한 매질을 '에테르'라고 하였다. 하나의 현상과 그 현상에만 적용된다면 어떤 이론도 만족스럽지 못하다. 에테르 가설의 신빙성을 제공하기 위해서는, 독립적인 증거가 있어야 하고, 에테르의 몇 가지 징후를 관찰하기 위해 많은 정교한 실험들이 특정 현상들을 관찰하기 위해 고안되어야 한다.

이런 일련의 실험들은 1880년대 로스엔젤레스에서 알버트 마이켈슨(Albert Michelson, 1852-1931)과 에드워드 몰리(Edward Morley, 1838-1923)에 의해 실행되었다. 지구가 태양 주위에서 회전하며 궤도를 여행하는 것처럼 지구 표면을 지나치면서 불어오는 '*에테르 바람*'을 감지하고자 시도하는 것이었다(이들의 실험에 대해 15장에서 더 자세히 살펴볼 것이다). 마이켈슨과 몰리의 최대 노력에도 불구하고, 에테르 바람에 대한 어떤 증거도 발견되지 않았다. 에테르가 존재하지 않는다거나, 만약 존재한다면 그것은 보이지 않고 탐지할 수 없는 것이라고 결론지어야 했다! 보이지 않고 탐지할 수 없는 어떤 것이 존재한다고 할 수 있는지는 철학자가 결정하도록 남겨놓아야 한다.

8.2 매질과 무관한 파동의 특성

8.2.1 중첩

매질과 무관한 파동의 속성들을 고려하여 에테르에 대한 모든 논쟁을 피할 수 있다. 일반적으로 파동은 *중첩의 원리를* 따른다. 중첩의 원리는 두 개 이상의 겹쳐진 파동의 알짜 효과는 단순히 각각의 파동에 의해 야기된 개별적인 효과의 합이라는 것이다. 줄에서의 파동, 물에서의 파동 및 모든 종류의 횡파와 종파에 적용된다. 이것은 파들이 서로를 통과하고 상호작용에 의해 영향을 받지 않고 독립적

그림 8.1 어느 것도 사랑을 방해하지 않는다.

으로 진행하는 것을 의미한다. 이에 대한 예는 6장에서 물의 표면에 떨어지는 빗방울에 의해 생성된 중첩된 파동 사진에서 볼 수 있다.

빛이 유사한 방식으로 행동하는 것을 설명하기 위해 특별한 실험을 마련할 필요가 없다. 그림 8.1은 가정에서 흔히 볼 수 있는 상황이다. 아버지의 TV 시청은 그의 시선을 가로지르는 애정의 메시지에 의해 방해받지 않는다.

세상은 빛으로 가득 차 있다. 모든 파장의 광속이 세상의 모든 작은 공간에서 교차한다. 이제 모든 인류는 서로와 자연적인 배경 위에서 독립적으로 중첩하는 라디오파와 TV파, 레이더, 적외선 및 기타 방사선을 추가시키고 있다. 중첩현상은 빛이 파동이라는 결정적인 증거는 아닐지라도 파동이라는 가설과 일치한다.

■ 8.2.2 호이겐스의 원리

네덜란드의 천문학자 겸 수학자인 크리스티안 호이겐스는 빛은 반짝이는 물체가 진동할 때 생성되는 역학적인 파동이며 주위의 에테르를 움직이게 한다고 믿었다.

호이겐스는 1690년 발행된 *빛에 관한 논문*에서, *호이겐스 원리*라고 알려진 파면을 복원시키는 기하학적인 방법을 이용하여 기하광학의 법칙을 유도하는 방법을 보여주었다.

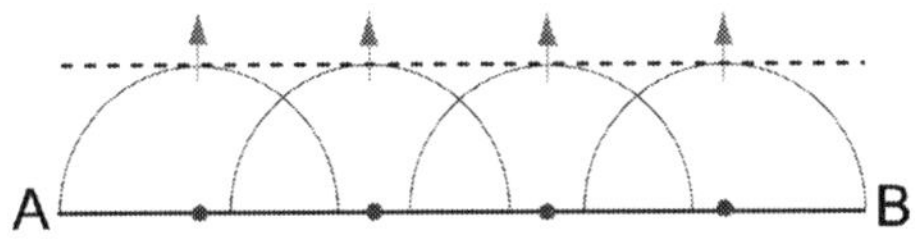

그림 8.2 호이겐스의 작도

호이겐스의 원리를 따르면, 앞으로 나아가는 파면의 모든 점은 2차 구형 소파의 파원으로 여겨질 수 있다. 어떤 순간에 파면의 앞쪽을 향하는 표면은 그 이전에 발산한 소파의 포락선에 해당하며 파동의 속도로 퍼진다. 소파 자체가 단순히 파면을 재구성하는 메커니즘이고 물리적 실체를 가졌는지 여부와는 관계가 없다.

호이겐스의 해석을 균일한 매질을 지나가는 평면파에 적용할 수 있다. 그림 8.2에서 선AB는 무한한 평면파의 파두면의 단면을 나타낸다. 이 경우 2차 소파의 포락선은 소파의 공통 접선이며, 원래 파동의 속도로 앞으로 진행하는 평면파를 나타낸다.

'무한한 평면파'의 경우, 대칭성으로부터 소파들의 접선은 앞으로 곧게 진행하는 직선이 된 것이다.

■ 8.2.3 호이겐스 원리와 굴절

빛은 상대적으로 덜 조밀한 매질에서 더 조밀한 매질로 들어갈 때 방향을 바꾼다. 3장에서 빛은 항상 가장 최단 경로를 선택한다는 가정을 토대로 유도될 수 있는 *스넬의 굴절 법칙*의 적용을 보았다. 이제 그림 8.3을 이용하여 같은 법칙이 호이겐스의 해석을 이용하여 파동 이론에 입각하여 유도될 수 있다는 것을 볼 것이다.

A와 C는 유리나 물과 같이 투명하지만 더 조밀한 매질의 표면에 접근하는 입사 평면파면에 있는 점들이다. 점 A에서 유리로 진행하는 2차 구형의 소파는 파면의 점 C가 경계면에 닿을 때까지 거리 AD를 이동한다. 이 순간에 A와 B사이의 모든 2차 구형 소파의 공통 접선은 D와 B 사이의 점들을 통과하고, 호이겐스의 원리에 따르면 새로운 파면을 형성한다. *파동은 공기보다 유리에서 더 느리게 진행하기 때문에* AD < CB이며, $\theta_2 < \theta_1$이고 파동은 법선쪽으로 휘어진다.

그림 8.3의 작도로부터 스넬 법칙이 직접 유도된다:

빛이 대기 중에서 v_1의 속도로 진행하고 유리에서는 v_2의 속도로 진행한다면,

$$\mathrm{CB} = v_1 t \text{ 이고 } \mathrm{AD} = v_2 t$$

이 때, t는 빛이 C에서 B (혹은 A에서 B)로 진행하는데 걸리는 시간이다. 삼각형 CAB와 DAB는 정삼각형이므로,

$$\sin\theta_1 = \frac{\mathrm{CB}}{\mathrm{AB}} \text{ 이고 } \sin\theta_2 = \frac{\mathrm{AD}}{\mathrm{AB}}$$

$$\frac{\sin\theta_1}{\sin\theta_2} = \frac{v_1}{v_2} = n, \text{ 여기서 } n\text{은 굴절률이다.}$$

$$\frac{\sin\theta_1}{\sin\theta_2} = n \text{ (스넬의 법칙)}$$

빛이 조밀한 매질로 입사할 때 법선을 향해 안쪽으로 꺾인다는 사실은 빛이 입자가 아니라 파동으로 행동한다는 주장을 뒷받침한다. 예를 들어, 총알은 물에 비스듬하게 입사할 때, 속도가 느려지지만 원래의 방향을 유지한다. 아마도 우리는 '모든 가능성을 고려하여' 굴절이 파동이론의 증거로 채택될 수 있다고 말할 수 있다. 그러나, 그것이 입자 이론을 배제시키고 파동 이론에 대한 의심을 버릴 수 있는 증거는 아니다!

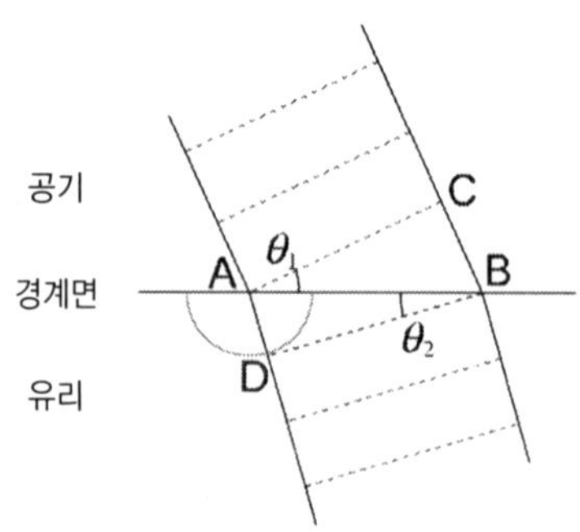

그림 8.3 호이겐스의 정의와 굴절

■ 8.2.4 회절

6장에서 파도가 장애물 주위에서 꺾여 만으로 침투하면서 퍼지는 것을 보았다. 이와 같이 모서리 주위에서 파동이 꺾이는 것은 물에서 일어나는 파동의 공통적인 특징이다. 특징적으로, 파면이 협곡이나 항구의 입구로 다가오면, 새로운 원점으로부터 반원을 이루면서 퍼진다. 아무튼파동은 협곡으로 오기 전에 평면파면을 가졌었다는 것을 '잊은' 것처럼 보이며, 적어도 부분적으로 옆으로 퍼져나간다!

잔물결통 실험

잔물결통의 실험에서 더욱 분명한 생각을 얻을 수 있다. 평면파를 좁은 구멍('좁다는 것'은 파동의 파장보다 훨씬 더 크지 않음)으로 보낸다. 구멍을 빠져나오는 파동은 해변의 파도가 보였던 것처럼 퍼져나간다. 면밀히 살펴보면, 파동이 사라지는 것처럼 보이는 곳을 따라 두 개의 발산하는 선으로 이루어진 V의 정점을 볼 수 있다. 이들 선을 따라서 파동이 상쇄 간섭을 하여 수면이 고요한 영역을 만든다. 동영상을 촬영했다면, 이들 영역은 마치 줄에서 1차원 파동의 마디처럼 공간에서 정지하고 있는 것을 볼 수 있다.

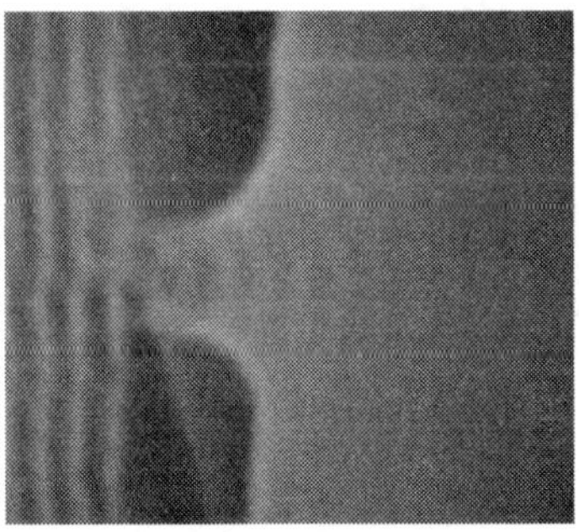

좁은 틈이 있는 잔물결통에서 발생한 물결파.
더블린 대학교 물리학과 제임스 엘리스 제공.

■ 8.2.5 호이겐스 원리와 회절

호이겐스의 해석을 슬릿에서 빠져나오는 파동에 적용해보자.

그림 8.4처럼, 슬릿의 가장자리 근처에서 빠져나오는 구형의 소파는 평행한 파면을 유지하기 위한 이웃하는 소파가 없다. 결과적으로 소파의 포락선은 가장자리 주위에서 조금 꺾인다. 파동은 슬릿의 뒤쪽에 있는 '기하학적인 그림자'까지 퍼져나간다.

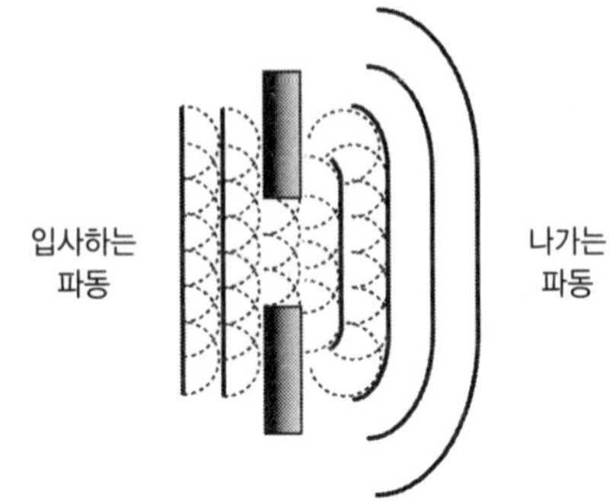

그림 8.4 평면파가 좁은 슬릿을 통과하는 모습

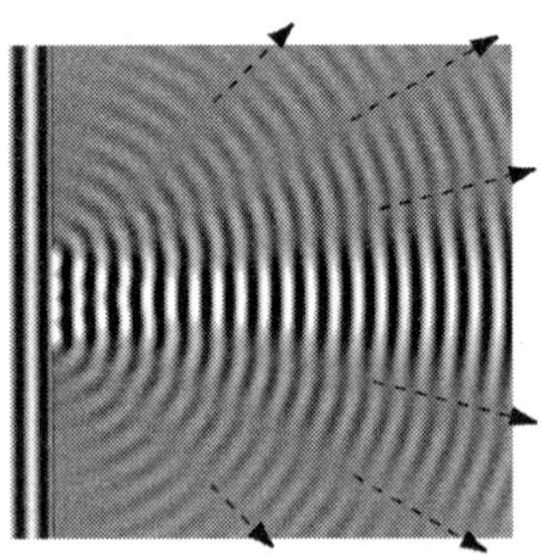

그림 8.5 수면파를 컴퓨터로 재현한 모습

슬릿으로부터 나오는 물결파가 만드는 무늬를 재구성하기 위해 호이겐스의 방법을 사용할 수 있다. 그림 8.5의 컴퓨터로 재현한 모습이, 잔물결통의 실험에서 본 것과 아주 유사하다는 것을 알 수 있다.

8.3 빛의 특성

■ 8.3.1 빛의 회절

빛의 실험을 위해 광속이 가느다란 수직으로 된 틈을 빠져 나오도록 장치를 약간 변화시키겠다. 슬릿으로부터 뒤쪽으로 약간 떨어진 곳에 광선과 직각을 이루도록 스크린을 놓는다. 물결파와 똑같은 방법으로 빛이 슬릿을 통과하여 간섭무늬를 만들도록 회절한다면 스크린에 나타나는 마지막 영상에서 증거를 볼 수 있다.

물결파에 대하여 시행했던 것과 같은 방법으로 호이겐스의 방법을 사용하여 영상의 형태를 예측할 수 있다. 그림 8.5를 보면서 그림의 오른쪽에 스크린이 놓여 있다고 상상해보라. 겹쳐지는 작은 파가 스크린에 도착해서 보강 간섭을 일으킬 때 밝은 띠가 생긴다. 스크린에서 어두운 부분은 물결이 잔잔한 영역에 해당한다. 중앙의 밝은 띠는 다른 방향보다 전방으로 더 많은 빛이 진행하기 때문에 다른 부위보다 더 밝다. 회절 법칙에 따르면 가운데에 밝은 띠가 있다. 양쪽의 두 번째 최고점은 훨씬 덜 밝으며 폭은 중앙의 밝은 부위의 절반 정도가 된다.

회절무늬의 폭은 슬릿의 너비에 대한 파장의 비율에 따라 달라진다. 그림 8.6에 나타난 세기 변화의 페턴은 호이겐스의 원리가 영상의 형태를 예측하는데 사용된 부록 8.1의 수학적 계산으로부터 얻은 것이다.

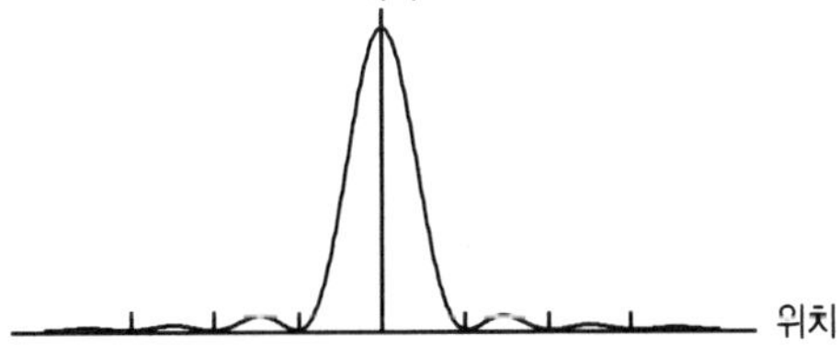

그림 8.6 하나의 틈으로부터 회절된 빛의 상에서 세기의 분포

■8.3.2 빛 실험

실험 장치는 아주 간단하다. 틈(슬릿)과 레이저 광선은 개략적인 모습이지만 스크린에 나타난 영상은 실제 사진이다. 중심에 최대의 세기를 갖는 밝은 점이 있고 그 왼쪽과 오른쪽에 보다 작은 피크들이 있다. 이들 피크는 제 2의 작은 파동들이 보강 간섭하는 곳에서 나타나고, 소멸 간섭이 이루어지는 마디들에 의해 분리된다. 틈은 수직방향이지만 회절무늬는 수평방향으로 퍼지는 것을 주목해라.

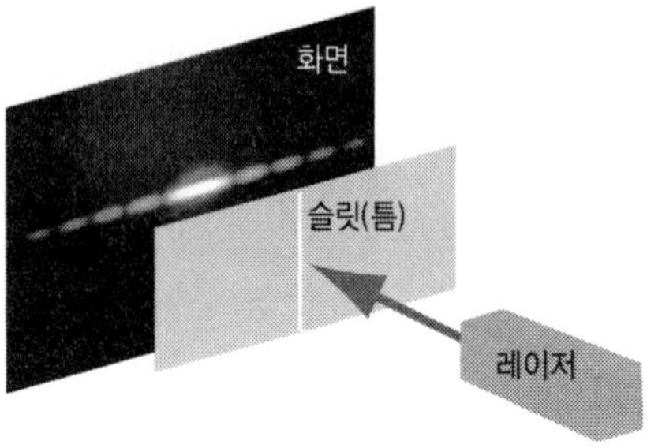

단일 슬릿의 회절실험

일반적인 성질과는 대조적으로, 슬릿의 폭이 좁아질수록 중앙의 밝은 부위가 이루는 각의 폭은 증가한다. 마침내 점광원을 갖고 스크린에서 중앙의 밝은 부위가 가장 넓어지도록 하는 한계에 도달한다. 세 개의 영상은 위에서 아래로 가면서 슬릿의 너비가 감소할수록 중앙의 밝은 부위가 수평방향으로 확대되는 것을 보여준다.

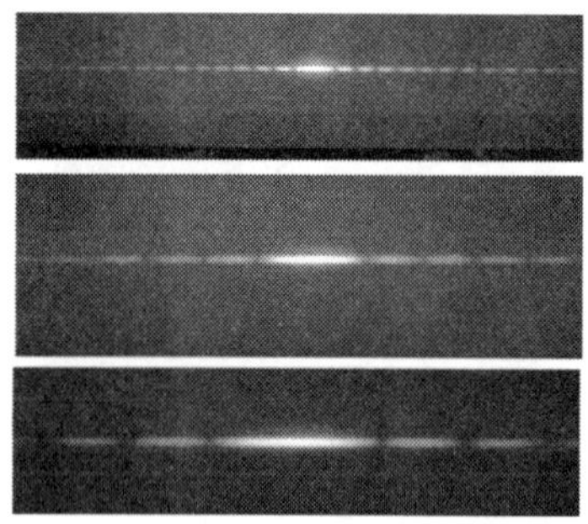
폭이 다른 슬릿에 의한 회절무늬

■8.3.3 다른 모양의 구경

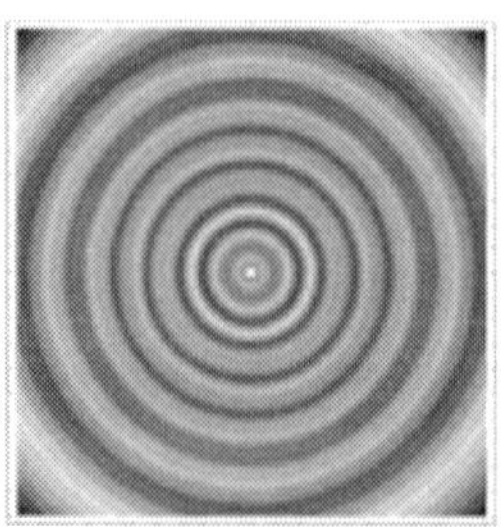
원형 구경의 회절무늬

사각형 구경에 의한 회절무늬는 수직과 수평의 단일 슬릿에 의한 무늬가 중첩된 모습이다. 대칭적인 무늬는 구경의 비율을 반영한다. 원형 구경(구멍)의 회절무늬는 대칭성으로부터 예측할 수 있는 것처럼 동심원 모양의 밝고 어두운 고리가 교대로 연속된다.

240-241쪽에 있는 회절영상들은 더블린대학교 물리학과의 제임스 엘리스(James Ellis)의 자료를 인용한 것이다.

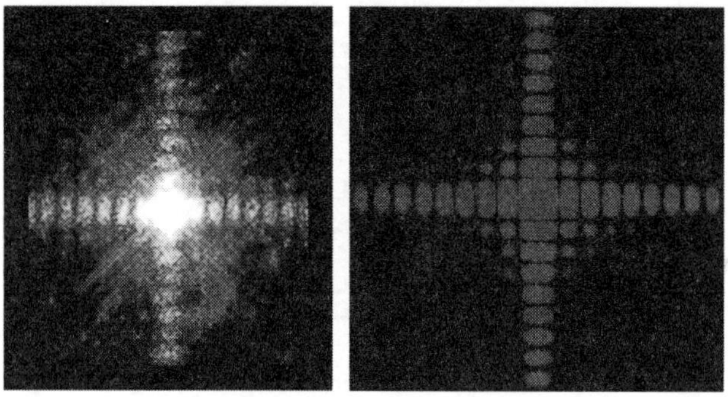

사각형 구경에 의한 회절무늬: 실제(왼쪽)와
컴퓨터에 의한 재현(오른쪽)

■8.3.4 불투명한 원반의 흥미로운 예

중심에 검은 점이 있는 구멍에 의한 회절무늬가 구멍과 비슷한 크기의 작은 불투명한 원반에 의한 회절무늬와 동일한 대칭성을 갖는다고 예상하는 것은 지극히 합리적이지만, 이것은 파동이론이 예측하는 것은 아니다.

1818년, 어거스틴 프레넬(Augustin Fresnel, 1788–1827)은 프랑스 과학원이 후원하는 경연대회에 회절의 파동이론에 관한 논문을 제출했다. 심사위원회의 일원인 시에몽 푸아송(Simeon Poisson, 1781–1840)은 프레넬의 이론을 삭은 원형 원반에 의한 빛의 회절에 적용했다. 대칭성으로부터 원반의 원주 주변에 있는 모든 파원에서 나오는 작은 파동들이 원반의 아래쪽에 있는 어떤 중심점에서 만날 때 모두 위상이 같을 것이다. 그러므로 그의 이론은 회절무늬의 정 중앙에 밝은 점이 있어야 한다고 추정하는 것이다! 빛의 파동이론을 믿지 않았던 푸아송은 이것을 터무니없는 것이라고 여겼다. 다행히 심사위원회의 또 다른 일원이었던 도미니크 아라고(Dominique Arago, 1786–1853)는 간단한 실험을 통해 곧바로 '터무니없다고 여긴' 점의 존재를 입증했다. 프레넬

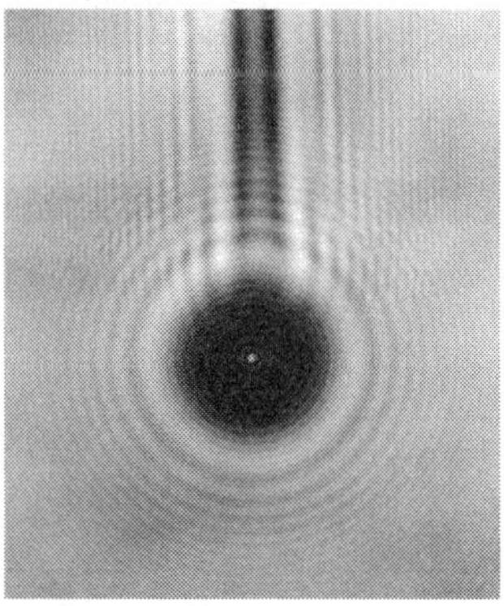

푸아송 반점: 바늘에 매달려
있는 볼 베어링의 그림자.
*미국 뉴욕주 쉬넥터디 유니온
대학의 크리스 존스 제공.*

은 그 대회에서 우승했고 파동이론은 다시 인정을 받았다. 이 점을 일반적으로 푸아송의 점이라고 부르는 것은 역설적이다.

8.4 우리가 구별할 수 있는 한계가 있는가?

광학계가 공간상에 밀접한 물체를 구분할 수 있는 정도는 빛의 파동성에 의해 제한된다.

■8.4.1 영상은 겹칠 수도 있다

광학기기의 분해능은 이웃하는 점을 분리된 상으로 만드는 능력이다. 몇 가지 종류의 구경(눈의 동공, 카메라의 렌즈, 망원경의 대물렌즈 등이 그 예이다)을 통해 광학기기에 들어가는 빛은 회절된다. 점광원의 상은 절대로 점이 아니라 동심원의 밝은 고리들을 동반하는 빛이 모인 곳이다. 이것은 허블 우주 망원경의 다중분광망원경 카메라로 찍은 사진에서 분명하게 설명된다.

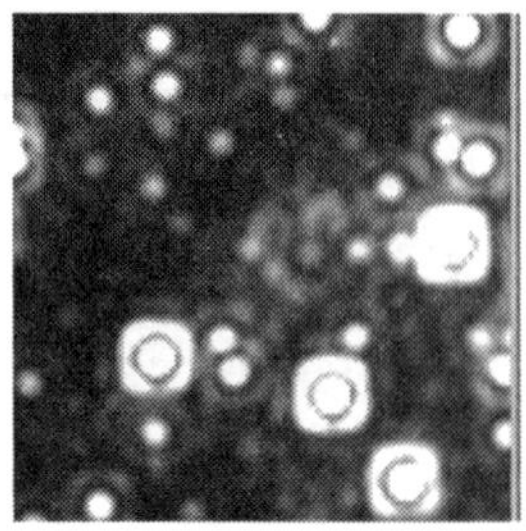

은하의 중심에 있는 별들의 상.
NASA JPL-칼텍 제공

■8.4.2 레일리 기준

존 윌리엄 스트러트 레일리경(John William Strutt Rayleigh, 1842-1919)은 희귀한 기체인 아르곤의 발견으로 1904년 노벨물리학상을 받았다. 그의 업적은, 실험적으로나 이론적으로 모두 물리학의 거의 전 분야에 영향을 주었다. 레일리는 햇빛이 대기 중의 작은 입

로드 레일리

자들에 의해 산란되어 하늘이 청색으로 보이는 것을 설명하는 이론을 개발하였다. 화성과 달의 분화구가 그에 의해 이름이 붙여졌다.

망원경이 한 무리의 별들을 향하게 될 때, 각각의 별에서 나오는 빛들은 구경을 통과하고 독립적으로 회절된다. 각각의 별들의 상이 분해되는 정도는 회절무늬가 겹쳐지는 정도와 관계가 있다.

중첩되는 정도는 두 개의 별에서 나온 광속이 이루는 각의 크기에 달려 있다. 이 각이 작아질수록 각각의 회절무늬가 점점 더 하나로 합쳐진다.

같은 밝기의 두 점광원을 분해하기 위한 경험적인 레일리 기준은 첫 번째 물체에 의한 회절 무늬의 중심 최대점이 두 번째 물체에 의한 회절 무늬의 첫 번째 최소점과 일치할 때 두 물체가 '정확히 분해된다'는 것이다.

그림 8.7에서 두 별의 상은 레일리의 기준에 따라서 정확히 분해된다. 이 상태에서, 두 별에서 나온 광속이 이루는 각은 회절무늬 중앙의 밝은 부위가 이루는 각 너비의 1/2과 같은 값을 갖는다(부록 8.1 참조). 이 값은 망원경에 의해 정확하게 분해되는 물체의 최소 각 분리값이다. 이를 각 분해능 혹은 회절 한계라고 한다.

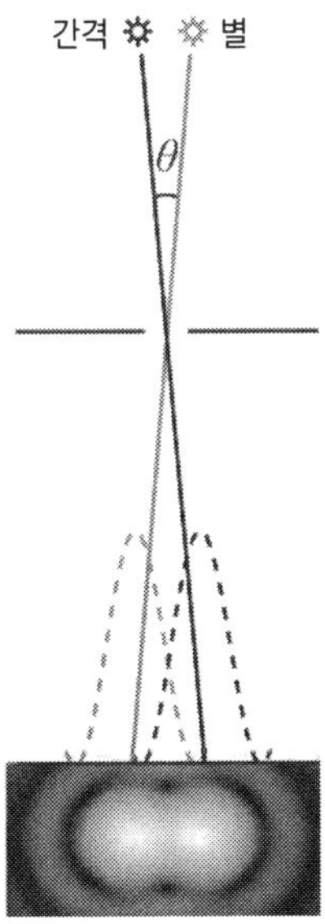

그림 8.7 먼 거리에 있는 한 쌍의 별의 상

$$\text{각 분해능 } \theta = \frac{\lambda}{a}$$

(원형의 구경에서는 $\theta = \dfrac{1.22\lambda}{a}$.)

각 분해능을 향상시키기 위해 구경의 크기를 늘리거나 파장의 값을 줄일 수 있다.

8.5 다른 전자기파

빛의 속도로 진행하고 빛과 같은 파동의 구조를 갖지만, 다른 방법으로 생성되면서 엄청나게 다른 파장을 가질 수 있는 다른 전자기파들이 있다. 라디오파는 에너지가 가장 낮고 감마선은 에너지가 가장 크다.

어떤 맥락에서는 보이지 않는 전자기파에 익숙하다. 라디오파는 라디오와 TV, 적외선은 야간 식별용 쌍안경, 자외선은 햇볕 화상, 극초단파는 요리, X-선과 감마선은 의학적 치료와 관계가 있다.

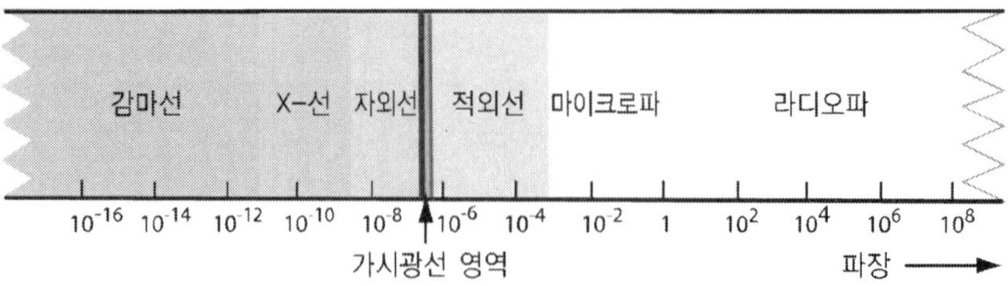

전자기파 스펙트럼

■8.5.1 별에서 온 메시지

10장에서 보겠지만, 전하가 가속될 때마다 전자기파가 만들어진다. 우주는 전자기 스펙트럼에 걸친 다양한 파장의 방사선으로 가득 차있다. 이들은 자연적인 파원으로부터 나오고, 다양한 천체물리학적인 현상에 대한 정보를 운반하며 행성간의 공간을 수십억 광년동안 횡단한다.

라디오파는 가시광선을 제외하고 처음 발견된 우주 방사선이다.

잰스키 안테나.
국립 무선 천문학 연구소/AUI/NSF 제공.

그린 뱅크 망원경.
국립 무선 천문학 연구소/AUI/NSF 제공.

칼 구테 잰스키(Karl Guthe Jansky, 1905-1950)는 벨 전화기 연구소에 라디오 기술공으로 고용되었다. 그는 벨연구소에서 대서양을 횡단하는 무선 전화 시스템에 사용되는 단파 라디오 신호를 방해하는 출처를 알 수 없는 연속적으로 발생하는 불가사의한 잡음을 조사해달라는 부탁을 받았다. 잰스키는 잡음이 우주 즉, 은하계의 중심에서 온다는 것을 발견했다.

잰스키의 발견은 1933년 5월 5일의 *뉴욕 타임즈*의 1면 기사에 실렸고, 이어서 NBC 라디오는 '잰스키의 항성 소음'에 대한 녹음내용을 방송했다. 언론의 호의적인 관심에도 불구하고, 잰스키는 그의 고용주로부터 지구 밖의 라디오파에 대한 연구를 계속하도록 허락받지 못했다. 그로부터 훨씬 뒤인 1998년, 벨연구소는 우주전파가 맨 처음 감지되었던 장소에 칼 잰스키 기념비를 세움으로써 그의 업적을 인정했다.

다수의 강력한 우주전파의 근원이 확인되었던 2차 세계대전이 끝나고 나서야 우주전파의 방사가 우연히 발견되었다. 오늘날 작동하고 있는 가장 큰 전파망원경은 웨스트 버지니아주의 그린 뱅크에 있는 국립 전파 천문학 관측소

(National Radio Astronomy Observatory)에서 작동하며 완전하게 조종될 수 있는 직경 100 m의 접시이다. 30년 이상 지난 후에, 잰스키의 안테나가 있는 부지로부터 1마일이 안되는 곳에서 펜지아스(Penzias)와 윌슨(Wilson)은 처음으로 말로만 전해지던 빅뱅의 잔여물인 우주 극초단파를 감지했다(5장 참조).

■ 8.5.2 우주에 있는 다른 창문

지구의 대기는 우주에서 나오는 높은 에너지의 전자기 방사선을 흡수한다. 천문학에서 초기에 얻은 여러 가지 중요한 결과는 산 꼭대기에 설치되거나 기구와 로켓에 의해 운용되는 장비들로 입증되었다. 1961년 우주 감마선을 탐지하기 위한 장비들을 실은 위성 *익스플로러 XI*의 발사는 새로운 시대를 열었다. 스펙트럼의 모든 영역에 있는 전자기 방사선을 장기간 관측하는 시대가 시작되었다.

라디오파는 안테나에서 상대적으로 에너지가 낮은 전자에 의해 방출된다. 안테나는 빛이나 X-선, 또는 다른 형태의 에너지가 높은 전자기 방사선을 방출하지 않는다. 라디오파를 방출하는 입자들은 빛이나 다른 형태의 전자기 방사선을 생성하기 위해 자신들의 에너지를 모을 수 없다. 특별한 에너지를 갖는 전자기파를 감지하는 것은 파동의 공급원이 최소한 그 에너지를 가진 개개의 입자를 함유하고 있음을 암시한다.

현대 기술은 다른 에너지를 갖는 전자기 방사선의 방출을 감시할 수 있도록 해준다. 그러한 '다중파장'의 관측은 복잡한 시스템이 수백만 광년 떨어진 곳에 있든지 아니면 연구실에서 우리의 바로 옆에 있든지 관계없이 복잡한 시스템을 연구하는데 매우 중요하다.

가시광선의 에너지보다 10^{13}배 더 높은 에너지를 가진 감마선이 게성운이라고 불리는 초신성의 잔여물로부터 나오는 방사선에서 감지된다는 것은 생각해볼 만한 일이다.

8.6 두 광원에서 나오는 빛

영국의 박사이자 의사인 토마스 영(Thomas Young, 1773-1829)은 1803년 영국 학술원의 역사적인 모임에서 광파 사이의 간섭현상을 증명했다. 영은 창문의 블라인드 구멍을 통해 방으로 들어오는 햇빛에 얇은 카드를 세로로 삽입했다. 이것은 효과적으로 두 개의 광원을 만들었다. 카드 뒤에 놓인 스크린에 보이는 색깔을 띤 띠들은 간섭이 일어났다는 증거였다.

■ 8.6.1 영의 실험

위상이 같은 두 개의 다른 점 S_1과 S_2를 출발한 파동이 P지점에 도착했을 때 일반적으로 위상이 같지 않을 것이다. 빛의 세기는 중첩하는 파동의 위상이 같고 보강 간섭이 일어나는 점에서 가장 강하다. 슬릿에서 나온 광파는 다른 경로를 따라 이동한다. 슬릿 S_1과 S_2로부터 이동하는 파동들 사이의 경로 차이가 스크린의 점 P에서 0이거나 파장의 m배 라면, 그 파동들은 그 점에서 위상이 같을 것이다.

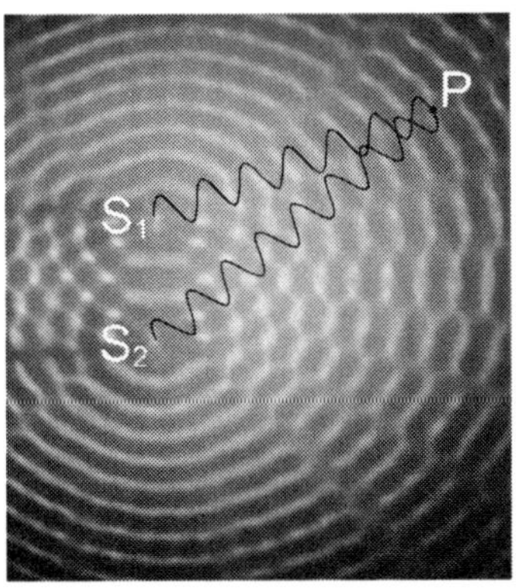

보다 익숙한 영의 장치에서는, 카드가 한 쌍의 좁은 슬릿으로 대체된다. 그림 8.8에서 예시된 전형적인 장치에서, 전등에서 나온 빛이 하나의 슬릿에서 회절되고 두개의 2차 슬릿을 비춘다. 이들 슬릿을 통과한 빛이 중첩하고 슬릿 뒤에 있는 스크린에 간섭 띠가 나타난다. 띠 사이의 간격을 측정하여 빛의 파장을 구할 수 있다.

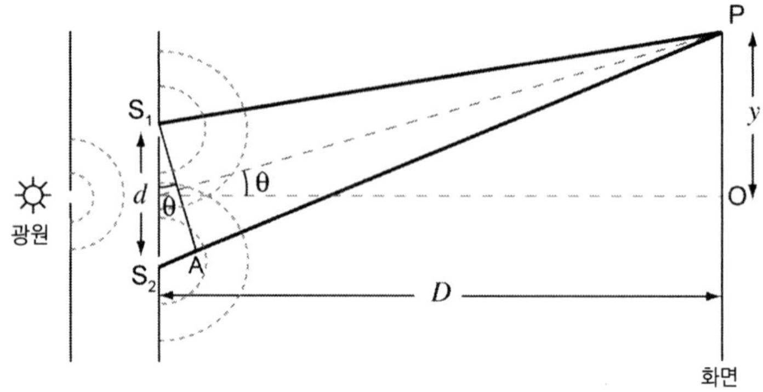

그림 8.8 이중 슬릿에 의한 간섭

$$\text{경로 차} = S_2A$$

슬릿의 간격이 슬릿과 스크린 사이의 거리보다 훨씬 더 작으면 $(d \ll D)$,

$$\angle S_1AS_2 = 90° : \qquad \sin\theta = \frac{S_2A}{S_1S_2}$$

$$S_2A = d\sin\theta \approx d\theta$$

보강 간섭에 대해서는

$$d\theta = m\lambda$$

m은 간섭의 '순서'이자 하나의 정수다($m = 1, 2, 3, \ldots$).

스크린 위의 밝은 점들은 일련의 간격이 좁고 동일한 띠를 형성한다.

그림 8.8에서, $\theta = \tan\theta = \frac{y}{D}$. 밝은 선들은 스크린의 중심으로부터 거리 $y = \frac{D\lambda}{d}$, $\frac{2D\lambda}{d}$, $\frac{3D\lambda}{d}$에서 발견된다.

빛의 파장 값을 구하기 위해 인접한 선들 사이의 간격 $\left[\frac{D\lambda}{d}\right]$을 측정할 수 있다.

더 일반적인 용어로, 같은 진폭의 두 파동이 중첩될 때, 교란의 크기는 한 파동의 진폭의 두 배(완전히 같은 위상)와 0(완전히 다른 위상) 사이이다. 파동들이 스크린의 중심에서 같은 위상이면 빛의 세기는 그 지점에서 최대가 된다. 중심에서 측면으로 이동할수록 파동 사이의 위상 차가 점진적으로 변한다. 전체 진폭은 빛의 세기가 최소인 0을 향해 천천히 감소하고 그 후에 최대값을 향해 천천히 증가한다. 진폭의 주기적인 변화가 스크린 전체에서 반복되면서, 넓고, 일정한 간격으로 밝고 어두운 띠가 교대로 형성된다. 그림 8.9는 스크린에서 보인 띠들과 함께 빛의 세기가 띠들 전체에서 측면으로 다르게 분포하는 모습을 보여준다.

햇빛(뉴턴의 실험에서 사용되었던 것과 같이)은 다소 연속적인 파장의 스펙트럼을 포함하고 있기 때문에 다중색채의 띠들을 만들며 파장에 대한 매우 빈약한 추정치 이외의 어떤 것을 얻기가 힘들다. 빛이 단색성(한 파장만을 가짐)이라면 윤곽이 뚜렷한 한 가지 띠들로 구성된 집합을 이룬다. 대부분의 빛이 하나의 파장으로 방출된다면 재래식 램프도 똑같다. 레이저 빛은 우리가 얻을 수 있는 단색성이고 아주 명확한 간섭무늬를 만든다.

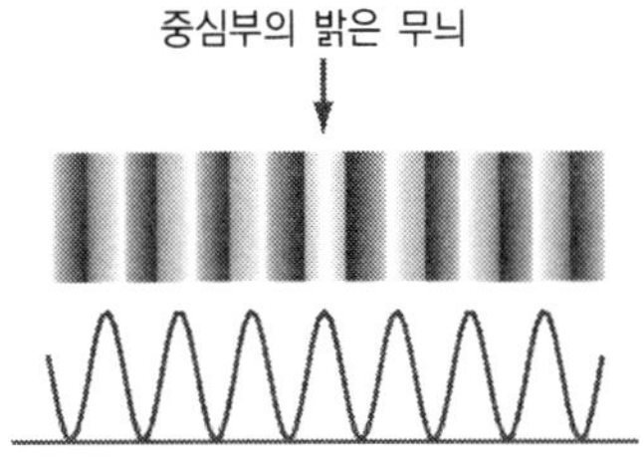

그림 8.9 이중 슬릿에서의 간섭무늬

슬릿 사이의 간격이 변화된다면 어떤 일이 일어날까?

보강 간섭을 위한 조건은 $d\theta = m\lambda$ 이다. d가 증가될 때, $m\lambda$가 일정하게 유지되려면 인접한 밝은 띠들 사이의 각 θ가 감소해야 한다. 이것은 슬릿의 간격이 증가할수록, 띠들이 더 가까워지는 것을 의미한다. 빛의 세기는 중심의 밝은 띠로부터 측면으로 거리가 증가할수록 균일하게 감소한다. 이에 대한 내용은 다음 섹션에서 다루겠다.

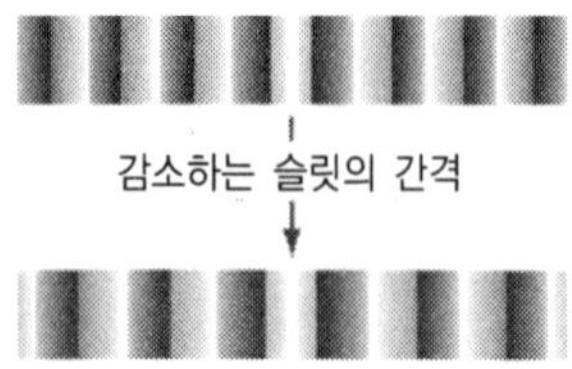

19세기 중반부터, 빛의 파동 이론이 일반적으로 받아들여졌다.

아이작 뉴턴의 위업은, 유일하지는 않지만, 빛이 더 조밀한 매질에서 더 느리게 진행하는 것을 보이기 위해 호이겐스의 소파가 사용됐던 시기로부터 토마스 영이 빛의 간섭현상을 입증한 시기까지 거의 한 세기 동안 파동 이론이 광범위하게 채택되는 것을 연기시킨 하나의 요인이었다.

■8.6.2 무늬 속의 무늬

회절은 두 개의 슬릿으로부터 빛을 함께 가져오고 간섭이 이루어지도록 한다.

슬릿의 회절무늬가 하나로 합쳐진다. 어두운 띠들이 가장 밝은 정점의 안쪽에 나타난다. 슬릿을 막으면 어두운 띠들이 밝아진다! 스크린을 가로지르는 빛의 세기가 실제로 변화하는 것을 그림 8.10의 아래쪽 사진에서 볼 수 있다.

간섭무늬의 세기는 회절무늬에 의해 '변조된다'고 말한다.

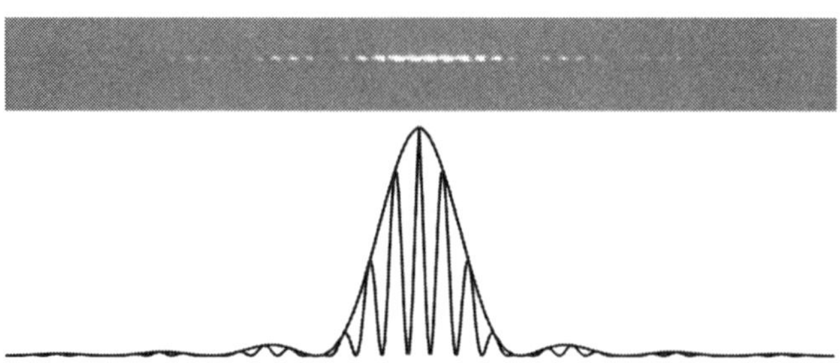

그림 8.10 빛 사이의 간섭이 한 쌍의 더 넓은 슬릿을 형성한다.

8.7 도구로서의 간섭

간섭계를 이용하여 길이를 정확하게 평가할 수 있다. 그런 도구에서 단일광속이 일반적으로 두 개의 광속으로 쪼개진 다음, 다시 결합되기 전까지 다른 경로로 진행한다. 각각의 광속이 진행하는 경로의 길이에서 어떠한 차이는 변함없이 유지되고 간섭무늬가 보일 수 있다. 파장의 일부분에 해당되더라도 경로 차이가 변하면, 각각의 밝고 어두운 띠들의 위치가 변한다. 위치가 이동하는 양이 경로 차이의 변화량을 측정한 값이다.

8.7.1 마이켈슨 간섭계

마이켈슨 간섭계는 1880년 알버트 마이켈슨과 에드위드 몰리가 에테르를 통해 지구의 속도를 측정하는 과정에서 발명되었다.

그림 8.11에서 전형적인 마이겔슨 간섭계의 사진과 그에 해당하는 구조도를 볼 수 있다.

광속이 그 광속과 45°로 기울어진 절반만 은도금된 유리판(광속 분리기)에 도달한다. 빛의 절반 정도는 반사되어 평면 거울, M1을 향해 진행한다. 나머지는 유리판을 통과하여 두 번째 평면 거울, M2를 향해 진행한다. 두 개의 거울에서 각각

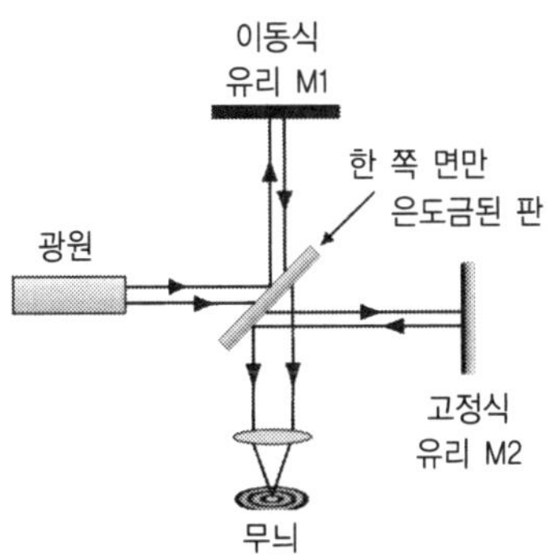

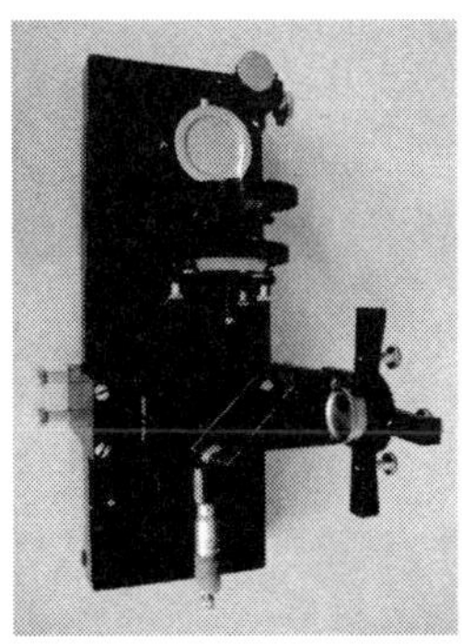

그림 8.11 마이켈슨 간섭계

반사된 광속이 광속분리기를 향해 되돌아온다. M2에서 나온 빛의 일부는 절반만 은도금된 거울의 뒤편에서 반사되고 M1에서 반사되어 이 거울을 통과하는 빛과 결합한다.

움직일 수 있는 거울 M1의 위치가 조정되면, 경로 차는 변하고 간섭무늬가 팽창하거나 수축한다. 원칙적으로, 시야에서 표시한 부분을 통과하는 무늬의 수를 세어서 거울이 이동된 거리를 측정할 수 있다. 실제로 그 거울은 각각의 단계를 밟아 이동되어야만 하고, 각 단계는 어느 하나의 고리가 시야에 남아 있도록 아주 작아야 한다. 각 단계로 움직인 후, 거울의 위치를 조정하여 고리가 원래 자리로 되돌아오도록 한다. 이런 단계적인 방법으로 수천 개의 무늬를 셀 수 있다.

길이의 새로운 기준

1880년대에, 1 m는 파리 근처의 박물관에 있던 쇠막대에 있는 두 미세한 눈금 사이의 거리라고 정의되었다. 비록 간접적이고 일반적으로 여러 번 철회되긴 했지만, 연구소에서 사용된 자들은 원칙적으로 표준 미터(m)에 맞춰 눈금이 정해졌다. 심한 부정확성이 잠재하는 이 방법은 매우 불만스러웠다.

마이켈슨은 빛의 파장에 의해 미터를 정의하기 위하여 그의 간섭계를 사용했다. 정확성은 1/100,000 mm보다 좋았다. 그의 방법은 훨씬 더 정확할 뿐 아니라, 길이의 직접적인 측정이 적절히 장비를 갖춘 실험실에서 길이를 직접 측정할 수 있다는 잇점을 가졌다.

마이켈슨의 업적은 길이의 새로운 원자 수준의 표준을 위한 길을 닦아놓았고, 1925년에 사용되었지만 공식적으로는 1960년 이후부터 사용되었다.

마이켈슨 간섭계는 물질의 특성을 조사하기 위해 사용될 수 있다. 예를 들어, 투명한 물질이 기계의 한쪽에 삽입되거나, 금속과 같은 불투명한 물질을 광택이 나도록 연마하여 한쪽의 거울을 대체할 수 있다.

8.8 박막

박막의 간섭

간섭은 비누방울과 같은 박막이 제공하는 두드러진 색을 띠도록 하는 원인이 된다. 막의 상부표면에서 반사된 빛이 하부표면에서 반사된 빛과 간섭하여 보통 온갖 종류의 색을 띠는 간섭무늬를 생성한다.

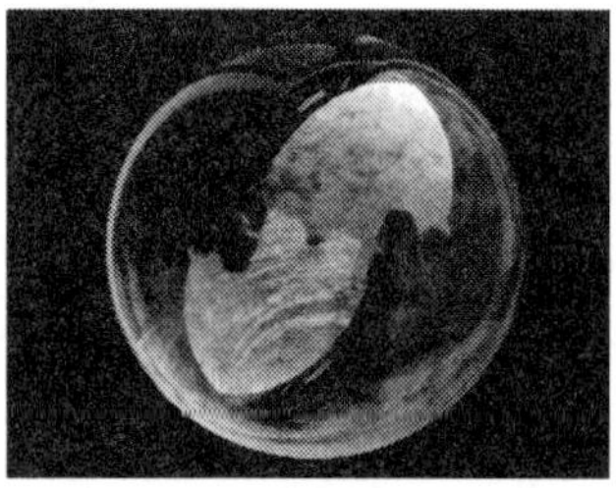

비누방울.
밀라 진코바 제공

아래의 사진들은 수직 공명관에 수평으로 놓인 비누막에 생성된 화려한 무늬를 보여준다*. 관 속의 고주파수(850 Hz 이상)의 음파가 막을 통과하면서 두께를 변화시킨다. 좌측과 우측의 상은 주파수가 다른 두 개의 음파에 의해 형성된 것이다. 어떤 한 주파수에서 무늬의 정확한 형태는 막의 처음 두께와 피동의 진폭에 따라 달라진다. 근접한 프린지의 간격은 막의 두께가 변하는 정도를 반영한다.

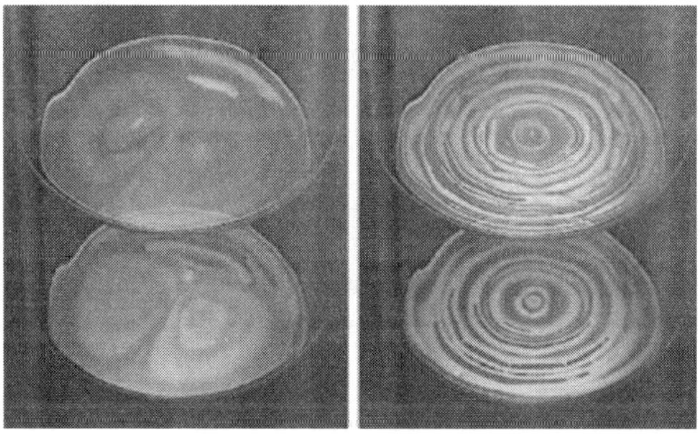

음파가 비누막이 진동하도록 자극한다.
더블린의 트리니티 대학 스테판 숄저 제공.

* 간격이 규칙적인 비누막을 사용한 음파의 가시화. Eur. J. Phys. 2: 755-765(2007)

■ 8.8.1 뉴턴의 고리

뉴턴은 볼록 렌즈와 판유리 사이의 공기 막에서 발생하는 간섭을 증명했다. 렌즈의 하부표면에서 반사된 빛은 유리판에서 반사된 빛과 간섭하여, 그림 8.12에서 설명된 것처럼 렌즈와 유리 사이의 접점에 중심이 있는 밝고 어두운 고리가 교대로 형성되는 무늬를 만든다. 뉴턴의 측정은 렌즈와 유리판 사이의 공기층의 깊이가 고리들의 간격과 관련이 있음을 보여주었다. 그는 복잡한 논쟁에 얽혀있는 빛의 입자이론을 이용하여 이 현상을 설명하려고 시도했다.

간섭무늬는 공기 막의 원형대칭성을 반영한다. 고리들은 막의 두께가 더 빠르게 변하는 렌즈의 가장자리를 향할수록 점진적으로 더욱 가까워진다. 뉴턴의 고리들은 단색광에서 가장 우세하게 보인다.

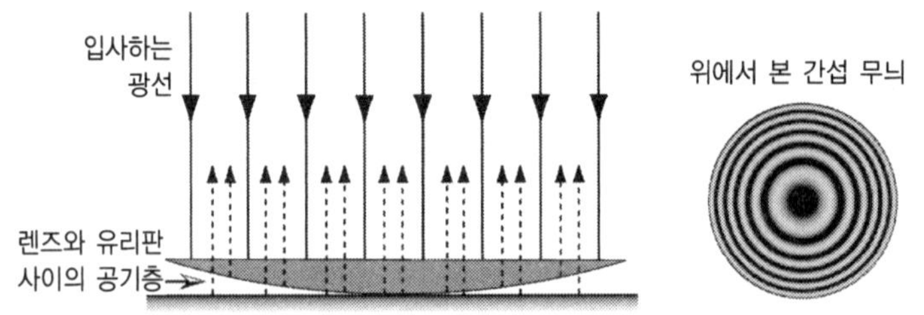

그림 8.12 뉴턴의 고리

뉴턴의 고리 구조에서, 접점에서 공기 막의 두 표면에 의해 반사된 파동들 사이의 위상차가 180°인 경우 무늬의 중심에 어두운 점을 만든다. 접점에서 막의 두께가 너무 얇아서 파동 사이에 유의한 부가적인 경로 차이를 만들지 못한다.

■8.8.2 무반사 코팅

1886년 레일리경이 박막의 광학적 효과를 처음으로 언급하였다. 그는 유리 표면에서 반사된 빛의 양은 시간이 지나면서 유리 표면이 조금씩 흐려지기 때문에 감소한다는 것을 주목했다. 그는 유리 표면에 굴절률이 다른 피막이 형성되기 때문에 이러한 현상이 발생한다고 생각했다. 지금은 광학적 성능을 향상시키기 위해 유리보다 굴절률이 낮은 유전체 물질을 유리 표면에 입히는 작업이 보편적으로 이루어지고 있다.

빛이 유리조각을 통과할 때, 대략 입사광 세기의 4 %가 각각의 표면에서 반사된다. 모두 합하면, 입사광선의 총 7.7 %가 반사된다. 카메라의 복합렌즈의 표면에서 반복되는 반사가 카메라나 다른 유사한 장비에서 상당한 양의 원치 않는 미광을 발생시킬 수 있다.

반사를 감소시키기 위해, 그림 8.13에 예시한 것처럼 밀도가 공기보다 높지만 유리보다는 낮은 유전체 물질의 박막을 입힐 수 있다. 반사파가 모두 더 밀한 매질의 표면에서 반사되고 180°의 '위상전진'(고정된 경계선에서 역학적 파동의 전도와 유사하게)이 발생하기 때문에 반사로 인한 위상차가 일어나지 않는다.

막의 두께가 $\lambda/4$이면, 빛이 수직으로 입사할 때 두 개의 반사파 사이의 경로차가 $\lambda/2$이며 소멸간섭으로 반사된 빛의 세기가 크게 감소한다. 단일 층의 무반사 코팅은 오직 하나의 파장에 대한 반사만 제거할 수 있으며, 인접한 파장은

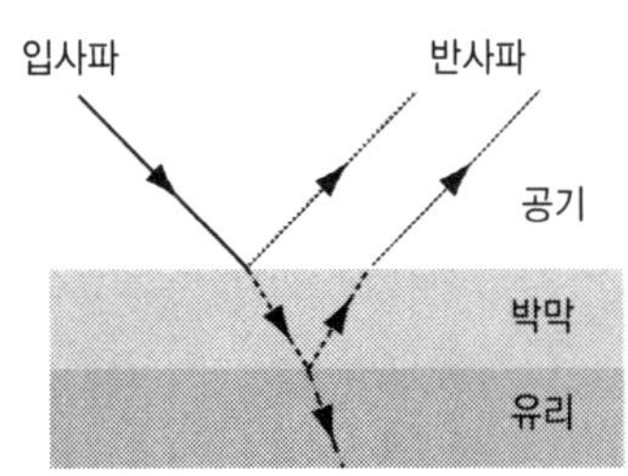

그림 8.13 무반사 코팅(코팅의 공기와 접하는 표면에서 발생하도록 유의하게 기여를 하는 반사만이 보인다).

2색성 필터. *NASA/JPL 제공.*

부분적인 소멸간섭이 일어날 것이다. 단일 코팅은 전체 반사를 약 1%로 감소시킬 수 있다(부록 8.2 참조).

반사된 빛 사이에서 완전한 소멸간섭이 일어날 수 있는 조건은 입사각에 달려 있다. 그러나 이것은 많은 경우에 입사하는 빛의 대부분이 표면과 수직을 이루기 때문에 심각한 문제가 아니다.

이색성 필터는 좁은 범위의 파장을 선택적으로 투과시키는 정확하게 고안된 다층의 박막 코팅이다. 나머지 빛은 반사된다. 그림은 다른 이색성 필터로 코팅된 여러 가지의 유리 원반을 보여준다. 반사되는 빛을 최소화하여 광학계의 투명도를 향상시키고 다중막 코팅으로 100%에 가까운 투과율을 얻을 수 있다.

8.9 회절격자

두 개의 슬릿에서 나오는 빛에 의해 밝고 어두운 띠가 넓게 연속되는 상이 형성된다. 슬릿의 수가 증가하게 되면, 보강 간섭을 위한 조건, $d\sin\theta = m\lambda$을 모든 인접한 슬릿의 쌍에 적용한다.

만약 인접한 슬릿들이 같은 간격으로 분리되고 실험적인 배열이 동일하다면, 슬릿의 숫자에 관계없이 세기가 최대인 점들은 스크린 위에서 정확히 같은 위치에 있게 된다. 슬릿의 숫자가 증가할수록 더 많은 빛이 전송되고 그림 8.14에서 볼 수 있는 것처럼 그 빛은 더 좁고 밝은 대역으로 집중된다.

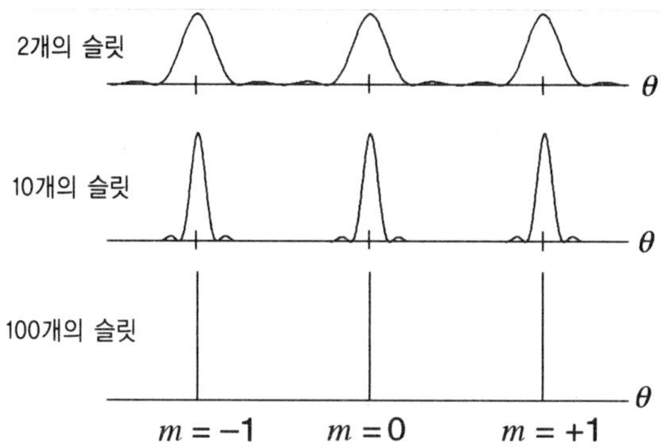

그림 8.14 최대치는 슬릿의 숫자에 관계없이 동일한 곳에서 발생한다.

회절격자(간섭 격자와 동등하게 불릴 수 있는)는 전형적으로 수만 개의 틈을 가지고 있고 최대치들은 극단적으로 좁은 선을 형성한다. 다른 파장들이 다른 각도에서 보강 간섭을 하기 때문에 회절격자들은 빛을 *분산*시킨다.

휘선은 $\sin\theta = m\dfrac{\lambda}{d}$ 인 모든 각에서 발견된다.

0차수 휘선의 색은 스펙트럼에서 선의 상대적인 세기를 반영하는데 왜냐하면 모든 빛이 그곳에서 위상이 같기 때문이다(나트륨 등의 불빛은 589.0 nm와 589.6 nm의 한 쌍의 강한 방출선인 '나트륨 이중선'이기 때문에 오렌지 색이다).

그림 8.15는 세 개의 강한 원자 방출선을 갖는 가상 광원의 스펙트럼을 보여준다. 스펙트럼선들은 m이 증가할수록 더욱 잘 분리되지만 더 높은 차수의 선들은 각각의 슬릿이 한정된 너비를 갖기 때문에 세기가 약해진다.

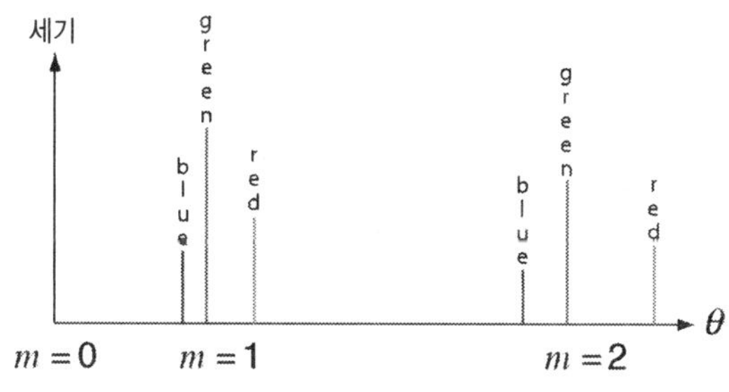

그림 8.15 강한 방출 선들을 갖고 있는 가상적인 광원의 스펙트럼

빛은 원자의 전자가 허용된 에너지 수준사이에서 전이될 때 방출된다. 각각의 원자는 고유의 특징적인 스펙트럼, 즉 그들의 '지문'을 갖고 있다. 무거운 원자들은 가벼운 원자들보다 더 복잡한 스펙트럼을 가지며, 분자 스펙트럼에서는 몇몇 선들이 대역으로 번지기도 한다. 일반적으로, 원자가 더 조밀하게 결합될수록 스펙트럼은 더 복잡해진다. 회절격자들은 매우 복잡한 물질일 수도 있는 특성을 분석하는데 필요한 파장을 고도로 정밀하게 측정할 수 있도록 해준다.

■8.9.1 실용적인 회절격자

격자의 기본요건은 점들이 규칙적으로 배열되어 산란시키는 중심점으로 작용하고 입사광선을 재방사해야 한다. 정확한 세부사항은 해상력과 분광감도의 요건에 영향을 받는다. 보통의 연구용 격자들은 mm당 600개 정도의 슬릿이 있다.

투과격자

어떤 방법에서는, 인접하게 배치된 평행선들이 유리와 같은 투명한 물질의 표면에 그어진다. 서로 다른 성분의 파장에 대한 최대값은 서로 다른 각도에서 광속을 형성할 것이다. 그러므로 격자는 프리즘과 같이 많은 색을 분리시키지만 한 가지 중요한 차이가 있다. 격자에서는, 긴 파장이 짧은 파장보다 더 많이 편향되지만 프리즘에서는 그 반대이다. 색을 정확하게 분리시키기 위해서는 아주 많은 숫자의 아주 얇은 슬릿이 밀집되어 있는 격자를 이용해야 한다.

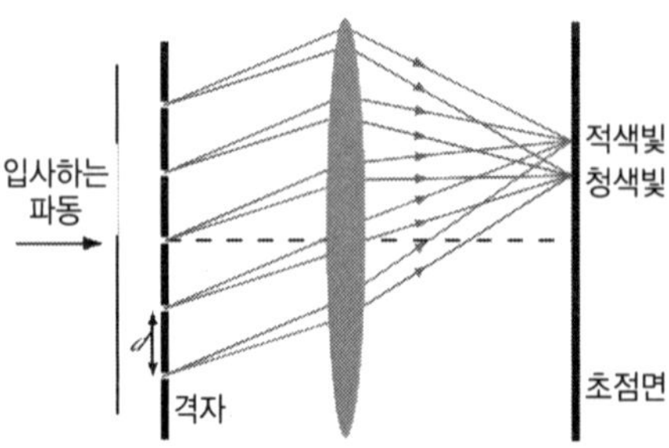

투과격자의 절편

컴팩트 디스크에 있는 홈이 격자와 같이 작용할 수 있다.

빛은 이런 유형의 격자가 있는 유리를 통과한다. 유리는 파장에 따라 각기 다른 정도의 빛을 흡수하고 이것은 효과적으로 투과격자의 이용을 가시광선의 파장으로 제한한다.

반사격자

유리표면에 증착된 알루미늄과 같은 고반사 물질에 홈이 그어진다. 홈의 가장자리가 입사광에 의해 조명될 때 슬릿과 마찬가지 방법으로 가간섭성 광원처럼 작용하지만, 이번에는 빛이 입사광과 같은 방향으로 나온다. 반사격자는 빛의 흡수가 무시할 수 있는 정도이기 때문에 가시광선과 자외선 모두를 측정하는데 쓰일 수 있다. 이런 이유로 반사격자가 거의 항상 분광학의 연구에 사용된다. 품질이 좋은 격자는 mm당 10,000개 정도의 홈이 있다.

8.9.2 컴팩트 디스크

깨끗한 플라스틱 디스크 표면의 나선형으로 배열된 궤도에 아주 작은 자국이 있는 컴팩트 디스크에 정보가 기록된다. 자국들은 대략 1 μm 떨어져 있는 반면에 궤도의 자국은 mm당 625개의 홈들이 있는 궤도응집도에 해당하는 1.6 μm 정도 떨어져 있다. 표면에 입혀진 알루미늄의 얇은 층은 표면이 반사성을 갖도록 만든다. CD가 백색광으로 조명될 때 대칭적인 무지개 효과가 나타난다.

8.10 다른 '빛'

광학기기의 해상력은 최종적으로 회절에 의해 제한된다. 해상될 수 있는 물체의 최소 크기를 측정하는 각도해상력은 방사선의 파장과 구경의 크기에 의해 제한된다. 빛을 방출하고 빛을 반사시키는 물체들에 대해서, 2배 이상 변화될 수 있는 유일한 매개변수는 구경의 크기이다.

2006년 10월에 '여명을 보았다'는 애리조나주의 그러햄 산에 있는 커다란 쌍안 망원경은 22.8 m와 동등한 구경을 제공하기 위해 설치된 8.4 m의 쌍둥이 거울을 가지고 있다. 이것은 현재 멀리 떨어져 있는 빛을 방출하는 천체를 찾기 위한 가장 좋은 도구이다.

8.10.1 X-선 회절

특정 상황에서 물체를 비추기 위해 다른 종류의 '빛'을 사용할 수 있다. X-선은 가시광선보다 1000배 정도 더 짧은 파장을 가지며, 대체로 훨씬 더 작은 물체들을 해상할 수 있다.

회절격자로서의 결정

독일 물리학자 막스 폰 라우에(Max Von Laue, 1879-1960)는 다재다능한 과학자였고 그의 업적과 관심은 넓은 분야에 걸쳐 있었다. 1912년 2월, 그의 연구 조교였던 P.P. 에발트가 결정 광학에 대한 조언을 얻기 위해 찾아왔다: '*하지만 대화하는 동안 나는 갑자기 공간격자의 격자상수와 비교하여 더 짧은 파장이 취하는 행동에 대하여 분명한 의문점이 떠올랐다. 그리고 그 순간에 광학에 대한 나의 직감이 갑자기 답을 주었다: 격자 스펙트럼이 뒤이어 일어나야 한다는 것이다. 결정의 격자상수가 10^{-8} cm 정도라는 사실은 잘 알려져 있었다. X-선 파장은 빈과 좀머펠트에 의해 10^{-9} cm 정도라고 추정되었다. 그러므로 X-선이 결정을 통해 전송될 수 있다면 파장과 격자상수의 비율은 매우 좋은 것이었다. 나는 즉시 에발트에게 X-선으로 간섭현상이 발생할 수 있을 것으로 예측된다고 말했다.*'

폰 라우에는 설명을 계속했다: '*과학의 유명한 거장들, 빌헬름 빈과 아놀드 좀머펠트는 회의적이었다. 발터 프리드리히(walter Friedrich, 1883-1968)와 파울 크니핑(Paul Knipping, 1883-1935)이 마침내 내 계획에 따라, 애초에 매우 간단한 장치를 사용하는 실험을 수행하도록 허락받기 전에는 어느 정도의 외교 수완이 필요했다.*'

그 계획은 기대 이상으로 성공적이었다. 두 명의 연구생들이 폰 라우에가 예측한 그대로 간섭무늬를 관찰했다. 이제 X-선이나 분자 자체의 크기와 비슷한 파장의 빛으로 결정의 구조를 관찰하는 것이 가능해졌다. 그 '관찰'은 각각의 원자와 분자에서 반사된 결과로 직접 생기는 간섭무늬에 의한 것이다. X-선 결정학에서 이와 같은 획기적인 연구를 기획한 공로로, 폰 라우에는 1914년 노벨 물리학상을 수상했다.

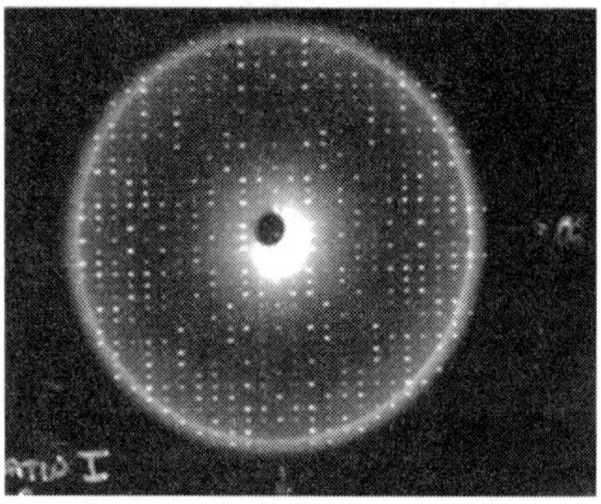
단백질 결정의 X-선 회절무늬.
NASA-MSFC 제공.

결정은 특이한 회절격자이다. 빛을 회절시키기 위해 사용되는 보다 전통적인 격자들과 달리, 엄청난 수의 원자가 3차원으로 배열되어 있다. 각각의 원자가 입사하는 X-선을 산란시켜서 복잡한 회절무늬를 만든다. 암염은 완전히 밝혀진 첫 번째 결정 구조였다.

결정은 벌집과 같이 동일한 *단위 격자가 겹겹이 쌓인* 것처럼 보일 수 있다. 기본적인 원자 배열이 각각의 격자에서 복제되고 회절무늬의 대칭성은 격자에 배열된 원자의 대칭성을 반영한다. 정확히 같은 회절무늬를 갖는 두 개의 결정은 없다; 각각은 빛을 방출하는 원자와 같은 방식으로 고유의 '지문'을 갖는다.

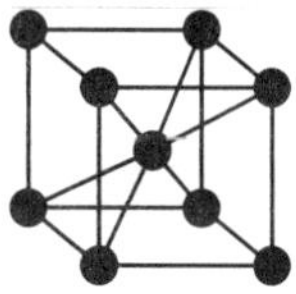
단위 격자

점들의 라우에 무늬는 영국의 물리학자 윌리엄 헨리 브래그(William Henny, 1862-1942)에 의해 이론적으로 설명되었다. 그와 그의 아들 로렌스 브래그(Lawrence Bragg, 1890-1971)는 X-선을 이용해 결정 구조를 밝힌 공로로 1915년 함께 노벨 물리학상을 받았다. 그 때 25세였던 로렌스는 현재까지도 가장 어린 수상자이다. 브래그 부자는 결정 구조를 체계적으로 조사하기 위한 도구로 X-선 회절을 개발했다. 그들은 결정에 있는 수많은 원자 표면의 각각에서 반사되는 X-선을 분석하여 내부구조를 거의 정확하게 밝혀낼 수 있었다.

브래그의 법칙

브래그의 법칙은 원자의 서로 다른 평행면의 집합을 고려하고, 이 면들에서 반사되는 X-선 사이에서 보강 간섭의 조건을 적어 내려감으로써 결정 회절의 계산을 단순화시킨다. 그림 8.16의 각 면에 있는 원자의 배열은 광학 회절격자에 있는 슬릿의 배열과 유사해 보인다.

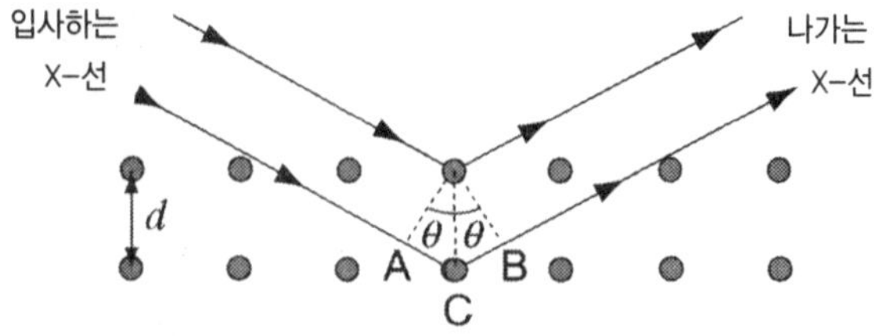

그림 8.16 브래그의 법칙

입사선과 출사선 사이의 경로 차 = AC + CB = $2d\sin\theta$.

보강간섭의 조건: $2d\sin\theta = n\lambda$ (빛에 대한 조건과 유사)

브래그의 법칙을 이용한 결정 구조의 연구는 언뜻 보이는 것만큼 결코 간단하지가 않다. 보강 간섭을 위한 조건은 아주 간단하지만, 필수적으로 각각의 슬릿을 단위격자로 교체했고 다른 각도에서 원자의 많은 평행면의 집합이 존재할 것이다.

의학에서의 X-선

X-선은 1896년 독일의 물리학자인 빌헬름 콘라드 뢴트겐((Wilhelm Conrad Rontgen, 1845-1923)에 의해 발견됐다. 물리학에서의 가장 첫 번째 노벨상은 1901년 X-선을 발견한 공로로 뢴트겐에게 수여됐다. 그는 X-선을 의학적 영상촬영 도구로 사용한 첫 번째 사람이었다. 왼쪽의 우표는 세 번째 손가락에 낀 반지가 선명하게 표시된 그의 아내 손의 X-선 사진을 보여준다. 이런 종류의 X-선 사진은 아직까지도 뼈의 구조를 관찰하기 위해 광범위하게 사용되고 있다.

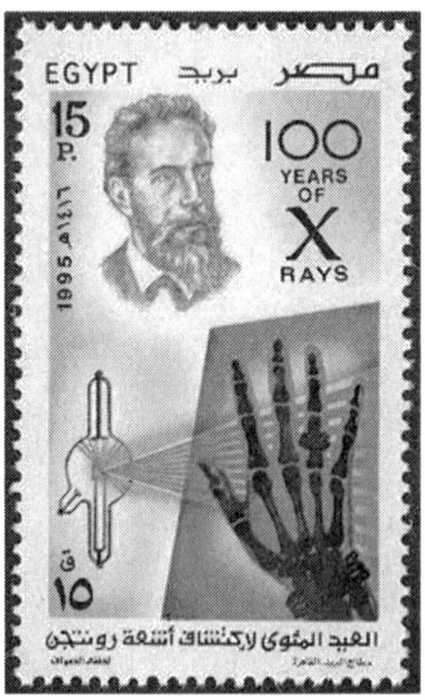

뢴트겐 기념우표.
이집트 우편국 제공.

X-선 회절 기술은 복잡한 DNA 분자의 구조를 풀어내는 데에도 사용되었다. 영국의 대학원생인 프랜시스 해리 콤튼 크릭(Francis Harry Compton Crick, 1916-2004)과 미국의 동물학 박사후 과정

제임스 듀이 왓슨.
미국 국립 도서관 제공.

연구원인 제임스 듀이 왓슨(James Dewey Watson, 1928-)은 DNA가 가장 중요한 유전 인자라고 믿었다. 이 사실을 규명하기 위해 그들은 분자가 어떻게 스스로를 복제하고, 유전 정보를 저장하고 돌연변이가 되는지 알 필요가 있었다. 영국의 생물 물리학자인 모리스 프레드릭 윌킨스(Maurice Fredrick Wilkins, 1916-2004)는 원래 더블린 출신으로, 외과의사의 아들이었다. 그는 런던의 킹스 컬리지의 생물물리학과에서 일했다. 그의 DNA에 대한 X-선 회절 연구는 왓슨과 크릭이 DNA의 분자 구조를 발견하는 데 결정적인 역할을 했다. 이 업적으로 세 명의 과학자가 1962년 노벨 의학상을 공동으로 수상했다.

분자 생물학자인 로잘린드 엘시 프랭클린(Rosalind Elsie Franklin, 1920-1958)은 DNA를 규명하는데 중요한 공헌을 했다. 그녀와 윌킨스는 런던 킹스 컬리지의 생물물리학과에서 일했으며 그녀의 X-선 회절 사진이 핵심 자료였다. 그녀는 노벨상을 받기 4년 전에 암으로 세상을 떠났다.

■8.10.2 전자의 회절

광학 현미경은 회절에 의해 크게 제약을 받으며 최대 약 2,000배까지만 확대할 수 있다. 120 keV의 에너지를 가진 전자는 적색광의 파장보다 약 100,000배 더 짧은 파장을 가지므로 전자 현미경은 광학 현미경보다 훨씬 높은 배율을 갖는다.

전자 현미경

공기 분자에 의한 전자의 산란을 막기 위해, 현미경이 높은 진공상태로 유지되는 금속실린더 안에 설치된다. 전자 광선은 광학 렌즈가 아니라 자석에 의해 집속된다. 자성 렌즈는 철봉들 안에 장착된 구리선 코일로 구성된다. 구리선을 통과하는 전류가 철봉들 사이에 자기장을 생성한다(10장 참조).

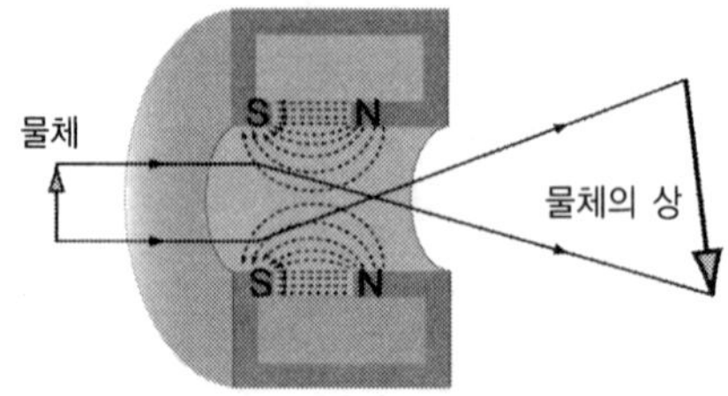

그림 8.17 자성 렌즈

그림 8.17에서 보이는 것처럼 자기장은 축을 따라 가장 약해져서 축에 인접하는 전자들이 축에서 멀리 있는 전자들보다 덜 강하게 편향된다. 전반적인 영향은 평행한 전자빔이 한 점으로 모아진다는 것이다. 자성 렌즈의 전자들은 광학 렌즈의 빛보다 훨씬 덜 얌전하다. 자성 렌즈의 전자들은 자기장 내에서 휘감아 돌기 때문에, 상이 물체와 관련하여 회전된다.

투과 현미경. 전자는 투명한 물질에서도 매우 한정된 정도만 통과한다. 투과 전자현미경에 사용되는 표본들은 전자가 투과할 수 있도록 아주 얇아야 하고(10 nm~200 nm), 높은 진공을 견딜 수 있도록 준비되어야 한다.

반사 현미경. 고체의 표면이 전자를 회절시키기 위해 사용될 수 있고, 다소 광학 반사 격자처럼 작용한다. 회절된 전자의 에너지와 세기는 표면의 원자가 배열된 상태를 반영한다.

전자 현미경은 거의 원자 수준에서 구조를 검사하기 위해 재료 과학에서 처음 사용되었다. 전자 현미경들은 세포 연구를 위해 생물학 및 의학에서 광범위하게 사용된다.

8.11 간섭성

역학적 파동과 달리, 광파는 끊임없이 고정된 진동수로 파동을 방출하는 발진기에서 나오지 않는다. 전류가 네온 가스를 통과할 때 빛을 발산하는 네온 램프를 예로 들어 보자. 전기 에너지의 일부가 각각의 원자로 옮겨지고 그 원자들은 동요된다. 어느 원자가 자극에 최초로 반응하는지, 혹은 정확히 몇 개의 원자가 어느 때에, 어떤 위상으로, 어떤 방향으로 빛을 발산하는지 알 수 있는 방법이 없다.

원자들은 '그 자체들로 하나의 법칙'이다. 하나의 원자가 빛을 발산할지라도 옆에 있는 원자는 영향을 받지 않는다. 원자들은 협동하여(혹은 일치하여) 작용하지 않는다고 말할 수 있다.

큰 폭죽이 펼쳐지는 것을 보는 것과 같다. 여러 가지 색의 불꽃이 무작위로 펼쳐지고 다음 불꽃을 언제 어느 곳에서 볼 수 있는지, 어떤 색이 나타나고 어떻게 펼쳐질지 모르면서 사로잡히는 것과 같다.

리버댄스에서 나온 한 차례의 무용수들이 종종 오랜 기간 동안 동일하게 반복되는 소리를 만들어낸다(그들은 통일된 무리의 무용수들이다). 많은 순서에서, 무용수들의 열은 거의 같은 지점에서 춤추는 한 명의 특별한 무용수 주변에서 회전한다. 그 사람 주위에서 둥글게 움직이는 모든 무용수들은 시간에 맞추기 위해 보폭을 증가시켜야 한다. 그들은 아마 물리적으로 서로 독립적이지만, 시간을 맞추기 위해 서로에 의해 자극을 받는다.

원자들의 자극은 간섭성 광원의 생성에 중요하다.

■ 8.11.1 위상에 대한 의문점

우리는 과거 경험으로부터 영이 그의 간섭에 대한 설명에서 두 개의 램프를 사용했을 것이고, 같은 방법으로 두 개의 발진기가 역학적 파동의 간섭을 보여주기 위해 사용될 수 있다는 것을 예상할 수 있다. 그는 빛이 생성되는 방법 때문에 성공하지 못했을 것이나.

진동수가 동일한 두 파동 사이에서 간섭이 일어날 수 있는

기본적인 조건은 두 파동 사이의 위상 차이가 일정하게 유지되는 것이다. 두 램프에서 나오는 광파들 사이의 위상 차이는 완전히 임의의 방식으로 다르다.

하나의 램프에서 나오는 빛은 파동들 사이에서 위상이 고정된 관계를 갖지 않는 엄청난 수의 개별적인 파열(축구 경기를 보러 흘러들어가는 군중처럼)로 구성되고 위상은 완전히 임의의 방식으로 다양하다. 간섭현상을 설명하기 위해 두 개의 램프에서 나오는 빛을 이용할 수 없다. 영의 슬릿과 같은 간섭 실험에서는, 두 개의 파열이 동일한 광원에서 나왔으며 그렇기 때문에 간섭성이 있었다. 어떤 임의의 위상 변화가 두 개의 슬릿에서 나오는 빛에서 동시에 발생한다.

8.12 편극

'편극'이라는 단어는 '극의' - '방위를 가질 수 있는' - 이라는 단어에서 유래하였다.

모든 전자기파는 횡파이며 따라서 편극될 수 있다.

8.12.1 전자기파의 편극

전자기파는 횡파이며 편극될 수 있다.

전파. 간단한 무선 송신기에서, 전자는 안테나 옆의 전선 속에서 위아래로 진동하고 이것은 안테나 속의 전자를 같은 방식으로 진동하게 만든다(마치 이 전자들이 서로 결합된 것처럼). 전자들은 한 방향으로 진동하기 때문에, 전기장 역시 한 방향으로 진동하고 파동은 편극된다.

광파. 광파는 편극되지 않거나, 부분적으로 편극되거나 완전히 편극될 수 있다. *편극되지 않은* 빛에서 전기장의 방향은 진행 방향에 직각인 평면 안에서 불규칙적으로 변한다.

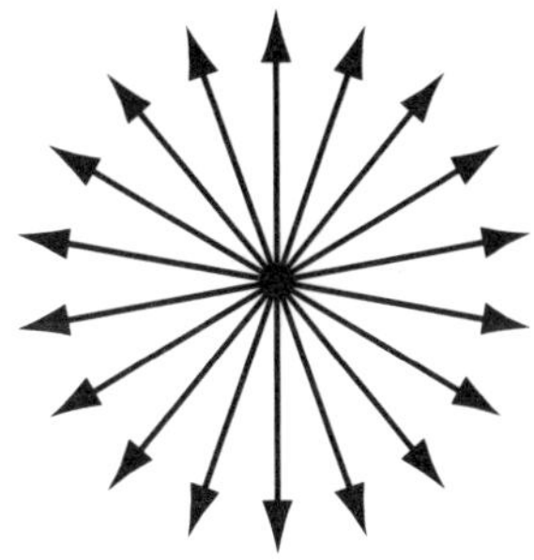

*평면 편광*의 전기장은 그 면에서 한 가지 방향으로 진동한다.

■ 8.12.2 빛이 인조 편광판을 지날 때 무슨 일이 일어날까?

이 간단한 모형에서 우리는 편광자를 가느다란 슬릿으로 표현한다. 입사광은 진행 방향에 직각인 평면 전체로 퍼지는 전기장 벡터를 갖는다. 슬릿과 평행한 벡터는 손상되지 않고 통과한다. 그림 8.21에 표현된 것처럼, 잔류한 것들 중에는 슬릿에 평행한 성분만 빠져나온다. 이런 진동들은 슬릿 방향으로 편극되어 빠져나오고 크기가 줄어든다.

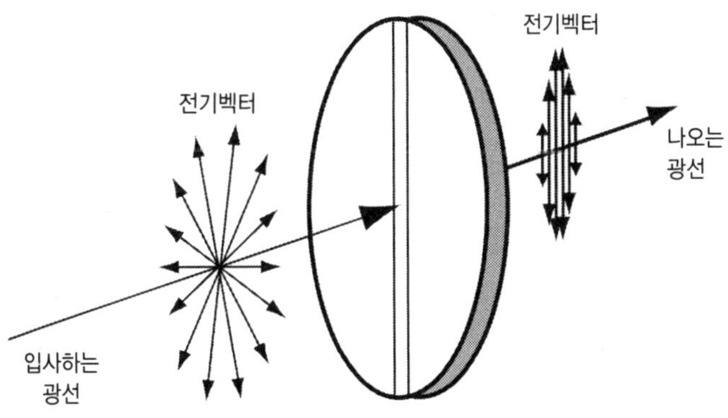

그림 8.21 **편광 과정의 모형**

편극면의 변화

이미 편극된 광파가 인조 편광판을 통과할 때를 생각해보자. 투과된 빛의 세기는 일부분 편극의 상대적인 방향에 영향을 받을 것이다. 에티엔-루이스 말뤼스

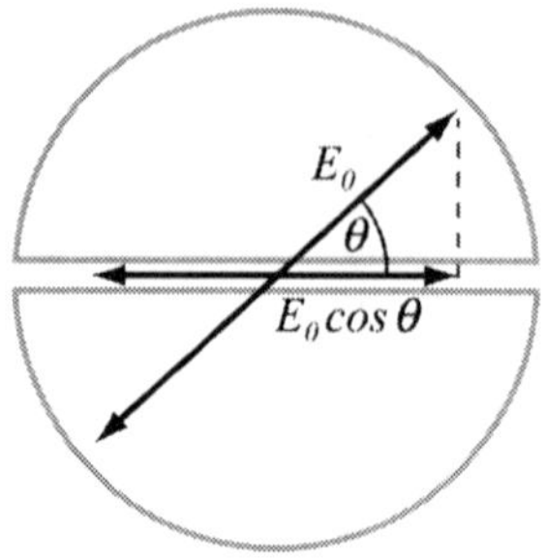

E_0 = 입사파의 진폭
$E_0\ \cos\theta$ = 횡파의 진폭
그림 8.22 **말뤼스 법칙**

(Etienne-Louis Malus, 1775-1812)의 이름을 딴 법칙은 그림 8.22로부터 직접 설명된다. 입사광의 전기벡터가 진폭 E_0를 갖고 슬릿에 대해 θ의 각을 가질 때, 슬릿 방향으로 향하는 성분($E_0\ \cos\theta$)만 통과될 수 있을 것이다.

투과된 광파의 세기는 진폭의 제곱에 비례한다:

$$I \propto (E_0\ \cos\theta)^2$$

투과된 빛의 세기는 $I \propto \cos^2\theta$ (말뤼스 법칙)

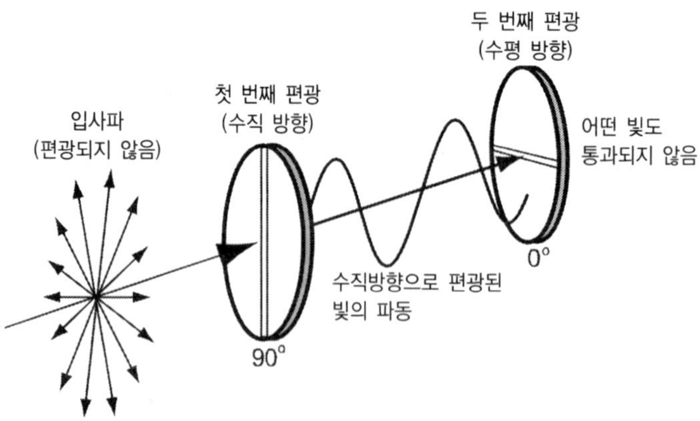

그림 8.23 **'교차된' 편광판**

'교차된' 인조 편광판

다음으로 편광 축이 서로 수직이 되도록 배열된 두 개의 인조 편광판을 생각해보자. 첫 번째 인조 편광판을 투과한 빛은 두 번째 슬릿에 대해 $\theta=90°$의 각으로 편광되고 어떤 빛도 통과하지 못한다.

편광 물질

편극되지 않은 빛을 평면 편광으로 변형시키는 투명한 물질은 독특한 분자 구조를 갖고 있다.

전형적인 편광 물질: 분자들이 한 방향으로 배열되려는 경향이며 다소 '펼쳐진' 모습이다.

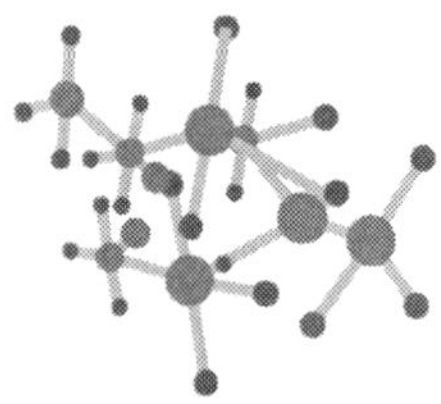

전형적인 비편광 물질: 원자 배열이 너무 대칭적이어서 모든 방향에서 흡수되는 전기 에너지를 갖고 빛이 한 방향으로 빠져나가지 못하게 한다.

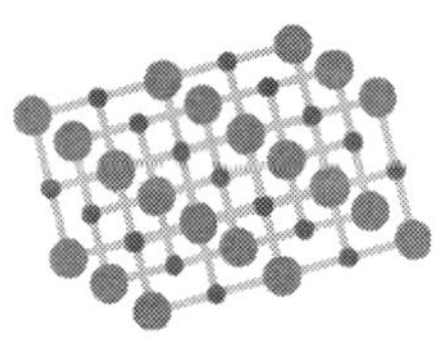

편극과 거미

회갈색 북유럽 거미는 주안(principla eye) 뒤쪽에 한 쌍의 광 감지기관을 갖고 있다. 이것들은 '정상적인' 눈이 아니라, 햇빛의 편극 방향을 감지하는 여광기로, 태양의 위치가 변함에 따라 바뀐다. 한 연구에서 이 '거미 나침반'이 새벽과 해질녘, 그리고 거미가 밖으로 나와 먹이를 찾을 때 가장 잘 작동한다는 것을 보여주었다.

■ 8.12.3 반사에 의한 편극

백색광이 투명한 물질의 표면을 비출 때, 파동의 전기장이 표면과 상호작용을 하여 부분 편광을 만든다.

반사파와 굴절파는 비편광의 단일 광속에서 나오므로, 만약 반사파가 한 방향으로 부분 편극된다면, 굴절파 역시 이를 보완하는 방식으로 부분적으로 편극된다(만약 두 파동이 다시 합쳐진다면, 결과적으로 빛은 편극되지 않을 것이다).

선글라스는 눈부심을 줄인다

편광 필터는 선글라스에서 활용된다. 물과 같이 매끄러운 수평면에서 반사된 햇빛은 수평면으로 강하게 편광된다. 렌즈의 편광축이 수직방향으로 놓인 선글라스를 착용하면 빛의 수평 성분이 많이 흡수되고, 눈부심을 현저하게 감소시킨다.

역사적 막간 : 토마스 영(Thomas Young, 1773-1829)

토마스 영(1773-1829)

토마스 영은 1773년 영국 서머셋의 유복한 퀘이커교 가문에서 태어났다. 그는 유아천재로 2살 때 능숙하게 책을 읽었다. 그가 6살이 되었을 때 성경을 2번 읽었다. 1년 후, 기숙학교에 보내졌고, 그곳에서 수학과 언어를 공부했다. 그는 프랑스어, 이탈리어, 그리스어 그리고 라틴어로 된 책을 잘 읽을 수 있을 정도로 발전하였다. 독학으로 물리학과 자연역사를 공부했고 망원경과 현미경을 만드는 방법을 배웠다. 학교를 졸업한 후 아랍어와 터키어를 공부하기 시작했고, 대학에 들어갈 때까지 그는 뛰어난 그리스어와 라틴어 학자였고 아이작 뉴턴의 업적을 읽었다. 인생의 마지막이 될 때까지 내 인생을 결코 게으르게 보낸 적이 없었다고 매우 만족스럽게 말했다.

영은 런던, 에든버러, 괴팅겐 그리고 캠브리지의 대학에서 의학을 공부했다. 대학 생활 동안 퀘이커파의 교리·습관으로부터 멀리 떠돌게 되었고 음악, 춤 그리고 연극과 같은 사회생활을 즐겼다. 실제로 그는 '신사 학자'의 모든 외부적 자질을 갖췄다. 영은 괴팅겐대학을 졸업한 후 1년이 지난 1797년에 삼촌 리차드 브록클리스비 경의 죽음으로 인해 10,000파운드와 런던에 있는 집을 상속받았다. 3년 후 영은 런던으로 이사했고 의학을 실습하기 시작했다. 환자의 확신을 얻을 수 없었기 때문에 정말로 성공적인 실습이 되지 못했다. 즐기고 지낼 수 있는 부자이기 때문에 영은 다른 흥미를 추구할 수 있었고 정기적으로 영국학술원의 회의에 참가했다. 거기서 그는 죠셉 뱅크(학술원 원장)과 벤자민 톰슨(왕실기관의 창시자)를 만났다. 그들의 추천으로 인해 자연철학의 교수, 저널의 편집장 그리고 1801년에 영국의회의 의장으로 임명되었다. 그는 광학, 동물학, 식물학 그리고 측정 기술과 같은 광범위한 영역에 대해 강의를 했다. 영은 보다 일반 청중을 위한 대중강연을 해주기를 부탁받았다. 험프리 데비(Humphry Davy)의 화학에 대한 대중 강연과 명백히 다르게 이해하는데 어려움이 있었고 흥미를 끌만한 것이 거의 없었다. 1년 후, 럼퍼드(Rumford)는 영국을 떠났고 영은 뒤이어 사임을 했고 의사로 되돌아갔다.

영은 언어에 대한 열정을 가지고 있어 1813년에 로제타돌에 새겨져 있는 상형문자 글과 나일강 어귀에서 로제타의 이집트인 마을근처에서 발견된 검은 현무암 판을 연구하기 시작했다. 이 돌은 요새를 짓기 위해 땅을 파는 나폴레옹 군인의 그룹에 의해 발굴되었다. 브리태니커 백과사전의 부록에 익명으로 출판된 영의 상형문자를 보다 포괄적으로 해독하는 업적을 이룰 수 있는 기초를 쌓았다. 그 로제타돌은 기원전 196년 이집트의 왕 프톨레마이오스의 첫 번째 기념일을 축하하기 위해 세워졌다고 입증되었다.

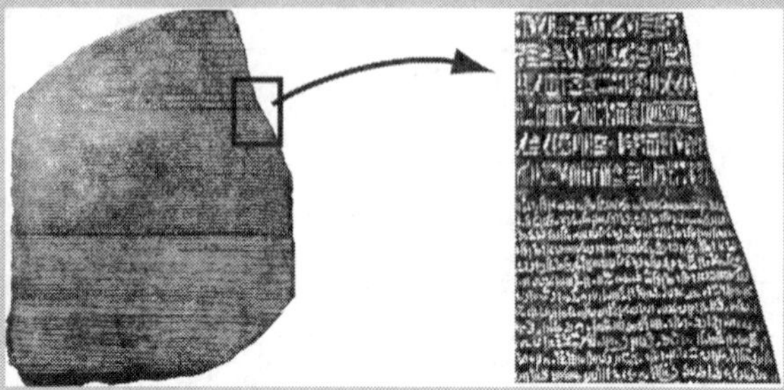

로제타 돌

토마스 영의 이름은 빛의 파동성을 확실히 입증한 실험과 동의어이다. 그러나 그는 생리적 광학의 창시자라고도 생각될 수 있었다. 영은 눈이 렌즈의 곡률반경을 변경함으로서 다른 거리에 있는 물체에 어떻게 초점을 맞추는지를 설명했다. 그는 난시안을 설명했고 측정했다. 그리고 다양하게 혼합된 원색에 대한 실험을 기초로 한 3개의 다른 감각기관의 관점에서 색각이론을 제안했다. 그가 프랑스 한림원의 외국 회원으로 뽑혔을 때인 1827년 그의 과학적 업적이 국제적으로 인정을 받게 되었다.

영은 1811년부터 세상을 떠날 때까지 왕립외과대학에서 의사로 근무했다. 그는 영국왕립협회의 외국인 간사장, 경도 위원회 간사장, 노티칼 알마낙(Nautical Almanac)지의 편집장, 왕실보장보험 회사의 경리과 검열관과 의사 등을 거쳤다.

영은 너무 넓은 영역에 흥미를 가지고 있어 아마도 한 분야에 지속적으로 기여하지 못했다. 그는 비록 말을 더듬을지라도 어떤 과제에 대한 지식을 찾는데 열정을 쏟는 진정한 학자였다. 다음 문장은 웨스트민스터 아베이에 있는 그의 비문으로부터 가져온 것이다:

"인간이 배울 수 있는 거의 모든 분야에서 박식한 사람"

■부록 8.1 단일 슬릿의 회절

단일 슬릿의 회절무늬에서 중앙의 밝은 대역의 너비

슬릿 뒤 스크린에 있는 밝은 대역의 너비와 분리도는 슬릿과 스크린 사이의 거리에 따라 달라진다. 이런 이유로, 슬릿 뒤에 있는 스크린에서 빛의 세기 분포는 보통 스크린에서의 위치에 대한 함수가 아니라 각도의 위치(빛이 슬릿을 떠나는 각)로 설명한다.

중심의 밝은 대역의 양쪽에 있는 최소점의 각도 위치는 마음속으로 슬릿을 둘로 나누고 그림 8.24에서 A와 B처럼 한 쌍의 점에서 나오는 소파가 소멸간섭하는 각을 계산하여 구할 수 있다.

점 A와 B에서 나온 광선 사이의 경로차는 AD이다.

삼각형 ADB는 직각삼각형이다:

$$\sin\theta = \frac{\mathrm{AD}}{\mathrm{AB}} \text{이고 } \mathrm{AD} = \frac{a}{2}\sin\theta$$

광선들은 위상이 완전히 다르다.

$$\mathrm{AD} = \frac{\lambda}{2} \text{일 때}$$

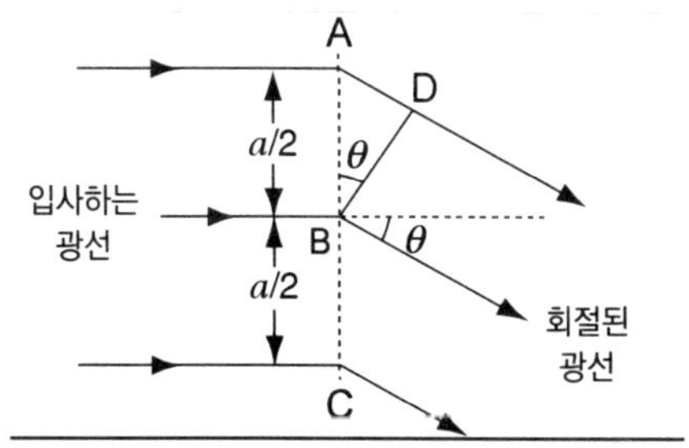

그림 8.24 첫 번째 최소치 위치의 계산

θ의 대응값은 $\sin\theta = \dfrac{\lambda/2}{a/2} = \dfrac{\lambda}{2}$로 주어진다.

$$\theta = \sin^{-1}\frac{\lambda}{a}$$

θ값이 작을 때,

$$\theta \approx \frac{\lambda}{a}$$

슬릿의 위쪽 절반에서 A와 같은 모든 점에 대하여 아래쪽 절반에서는 B와 같은 점이 있다. 이런 모든 쌍의 지점에서 $\theta \approx \dfrac{\lambda}{a}$의 각도로 진행하는 빛은 소멸간섭하고, 최초의 최소값을 발생시킨다. 같은 각도에서 위로 향하는 대응하는 광선 또한 소멸 간섭한다. 더 높은 차순의 최소값들은 두 광선 사이에 경로 차가 $\lambda/2$의 홀수배인 각도에서 발생한다.

각도 위치에 의한 세기의 변화

각도 위치에 대한 세기의 식을 구하려면 스크린의 여러 다른 지점들에 도착하는 호이겐스 소파의 전체 진폭을 계산할 필요가 있다. 소파들은 같은 위상으로 슬릿을 떠난다고 추정되므로, 스크린에서 위상 차이들은 오직 경로 차이와 관계가 있다.

$\lambda/2$의 경로 차는 위상 차 π와 일치한다.

$$\text{일반적으로, 위상 차} = \left(\frac{2\pi}{\lambda}\right) \times (\text{경로 차})$$

Δx 만큼 분리된 두 개의 인접한 광원으로부터 θ의 각도로 진행하는 빛에 대해서, 경로 차 $= \Delta x \sin\theta$이다.

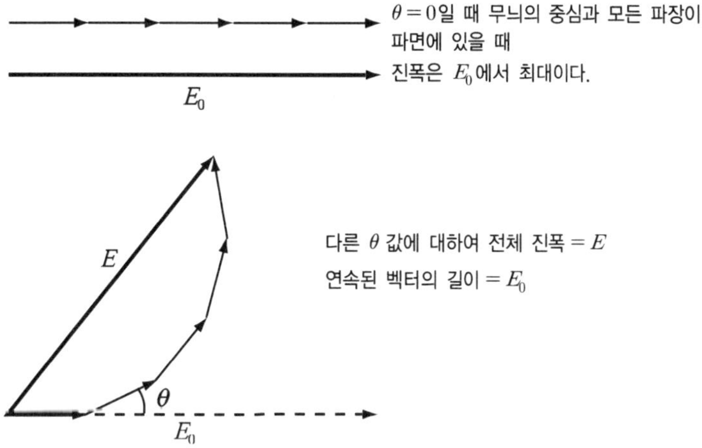

그림 8.25 5개 소파에 대한 위상자를 나타낸 도표

$$\text{인접한 소파 사이의 위상 차 } \Delta\phi = (\frac{2\pi}{\lambda})\Delta x \sin\theta.$$

슬릿이 아주 많은 숫자의 동일하고 간격이 균등한 호이겐스 소파의 파원으로 간주될 때 위상자의 첨가라고 불리는 벡터기술을 이용한다. 각각의 소파는 위상자에 의해 표현되고, 위상자의 길이는 전기장의 진폭을 나타낸다. 동일한 파원에 대해서, 모든 위상자들은 같은 길이를 갖는다. 소파 사이의 위상 차는 대응하는 위상자들 사이의 각도로 표현된다.

스크린의 어느 점에 도착하는 모든 소파를 합하기 위해 인접한 파원들에서 온 위상자들을 슬릿의 맨 위에서 시작하여, 머리에서 꼬리까지 벡터 양식으로 배열한다. 전체 진폭은 그림 8.25에 예시된 것처럼, '위상자 사슬'의 두 말단을 잇는 선에 의해 주어진다.

매우 많은 파원들에 대해서는, 각각의 진폭들이 아주 작아서 위상자 사슬들이 부드러운 원호를 형성한다. 그림 8.26을 이용해서 E_0로 E를 표현할 수 있다.

$$\text{호 AB} = R\phi = E_0$$

$$\sin\frac{\phi}{2} = \frac{\text{AB}}{\text{OA}} = \frac{E}{2R}$$

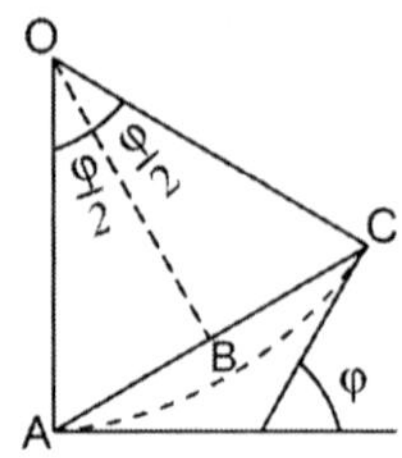

그림 8.26 많은 숫자의 위상자

$$E = \frac{E_0}{\phi/2} \sin\frac{\phi}{2}$$

$$\text{강도} \propto \text{진폭}^2$$

$\alpha = \dfrac{\phi}{2}$라 두면,

$$\frac{I}{I_0} = \frac{E^2}{E_0^2} = \left(\frac{\sin\alpha}{\alpha}\right)^2$$

$$I = I_0 \frac{\sin^2\alpha}{\alpha^2}$$

$$\alpha = \frac{\phi}{2} = \frac{\pi}{\lambda}\alpha\sin\theta$$

그림 8.27은 세기가 각도의 함수로 스크린에서 변하는 상태를 보여주고 최소치의 각위치를 포함시켰다.

중심 정점의 양쪽에서 최소값들의 각 분리는 주요 최대값의 각 너비라고 언급되기도 한다.

$$\text{주요 최대값의 각도 너비} = \frac{2\lambda}{a}$$

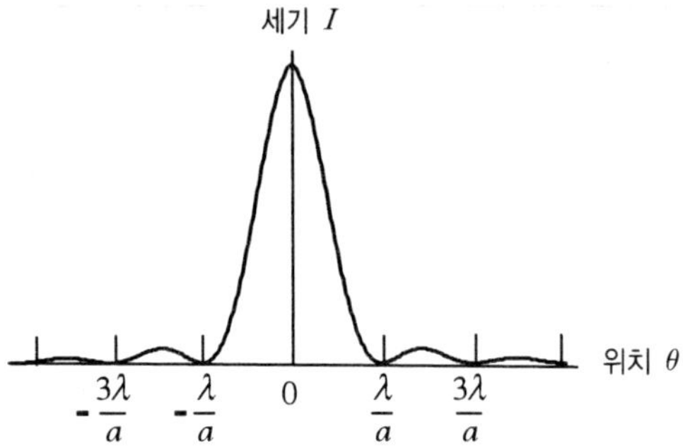

그림 8.27 각 위치의 함수로 나타낸 세기의 그래프

■ 부록 8.2 박막의 반사율

두 물질 사이의 경계면에서 반사된 빛의 백분율(반사율)은 굴절률과 입사각에 좌우된다.

코팅되지 않은 창유리(굴절률=1.52)에 대해서는,

$$\text{반사율 } R = \left\{ \frac{1 - n_{\text{유리}}}{1 + n_{\text{유리}}} \right\}^2 = 4.3\%$$

굴절률 n_c의 물질로 코팅된 같은 창유리에 대해서는,

$$R = 100 \times \left\{ \frac{n_{\text{유리}} - n_c^2}{n_{\text{유리}} + n_c^2} \right\}^2$$

이것은 $n_c = \sqrt{n_{\text{유리}}} = 1.23$ 일 때 $R = 0$이라는 흥미로운 결과를 준다. 이 굴절률을 가진 적합한 물질은 없다. 불화마그네슘($n_c = 1.38$)은 싸고 튼튼하며 널리 쓰인다. 불화마그네슘(MgF_2)의 단일 코팅에 대해서는, $R = 1.3\%$이다.

제09장
영상 만들기

이제 영상제작에 대해 알아보겠다. 여기서는 초기 그리스인들의 시절부터 현대에 이르기까지 영상제작의 발달과정을 살펴본다. 사진은 비록 실제의 예술 작품일지라도 2차원 영상에 불과하며, 사진을 다른 각도에서 보더라도 원근감의 변화가 없다.

홀로그래피, 즉 3차원 영상은 헝가리 물리학자인 데니스 가버(Dennis Gabor, 1900-1979)에 의해 발명되었나. 우리는 사신에서 부속한 정보가 무엇인지, 사진의 3차원, 그리고 완전한 사진을 만들기 위해 그 정보(3차원 정보)를 어떻게 암호화할 수 있는지에 대하여 살펴보겠다. 우리는 홀로그래피가 하나의 예술 형태와 과학적 도구로써 실용적이고 상업적으로 빠르게 적용된 통합 기술이라는 점을 알고 있다.

9.1 영상의 생성

영상화의 광학적 원리는 기원전 4세기에 이미 알려졌으며, 그 당시 아리스토텔레스는 눈에 피해를 주지 않고 일식을 지켜보는 방법을 설명했다. 태양에서 나오는 빛을 금속판에 뚫린 작은 구멍에 통과시키고, 금속판의 밑에 있는 땅에 영상을 만들었다. 태양의 모양이나 위치의 변화가 그 영상에 의해 재생되고, 눈에 위험을 주지 않는 상태에서 관측될 수 있었다.

■9.1.1 사진술

카메라 주름 상자, 즉 '암실'의 광학적 원리는 아리스토텔레스로 거슬러 올라가지만 암실의 사용에 대한 최초 기록은 레오나르도 다 빈치(Leonardo da Vinci, 1442-1519)의 원고에서 발견되었다. 이것은 한쪽 벽에 작은 구멍이 있는 방이나 상자와 같이 간단할 수 있다. 상자로 들어가는 빛은 반대편 벽에 있는 거울에서 반사되고 그 상이 상자의 윗부분에 설치된 반투명 유리에서 관찰된다. 카메라는 시각적 상을 2차원 형태로 투사한다. 17세기에는 카메라 주름상자가 과학자와 예술가들에 의해 사용되었다.

요하네스 케플러는 1600년대 초에 이런 도구들 중 하나를 이용하여 태양을 관측했고 그 도구에 이름을 최초로 붙인 사람이라고 한다. 그의 휴대용 카메라 주름상자는 매우 독창적이었다. 구조가 텐트와 같았고, 암실과 '실험실'의 역할을 제공하였다.

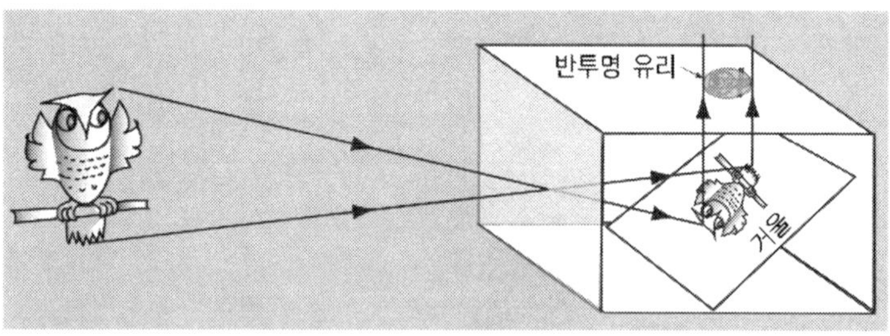

카메라 주름상자

카메라 암실은 그림을 베끼기 위해 사용되었다. 페인트칠을 하기 위한 기초 그림과 같이 상이 종이에 투사되고 화가가 세부적인 모습을 그렸다(실제의 3차원 대상보다 2차원 상으로부터 그림을 그리는 것이 훨씬 더 쉽다). 유명한 17세기

네덜란드 화가인 요하네스 베르메르(Johannes Vermeer)는 카메라 주름상자를 이용했을지도 모른다(이것에 대한 실제 문서화된 증거는 없지만, 그의 기법에 대한 연구로부터 그가 카메라 주름상자를 사용했을 것이라고 믿어진다).

카메라 암실은 다양한 모양과 크기가 있었다. 몇 가지는 10명 이상을 수용할 수 있었다. 16세기 무렵, 상의 질을 향상시키기 위해 디자인을 수정하여 조리개 입구에 렌즈를 설치하였다.

1685년, 독일의 수도사인 요한 찬(Johann Zahn, 1631-1707)은 렌즈계를 이용하여 디자인을 더욱 정교하게 만들었다. 그의 카메라는 현대 카메라의 표본이 되었으며, 오늘날의 단일 렌즈 반사 카메라와 디자인이 유사하다. 그의 카메라에서 부족한 것은 기계적인 셔터와 물체의 상을 영구적으로 기록하는 방법이 없었다는 점이다.

9.1.2 사진의 역사

니에프스의 회광통신기

1727년 독일의 내과의사인 요한 하인리히 슐체(Johann Heinrich Schulze, 1687-1744)는 빛이 상을 영구적으로 기록하는 사진을 만드는데 핵심인 은색 소금을 짙게 한다는 것을 발견했지만, 그가 발견한 사실의 중요성을 깨닫지 못했다. 자연으로부터 얻은 최초의 영구적인 사진은 프랑스인 조세프 니세포르 니에프스(Joseph Nicéphore Niépce, 1765-1833)에 의해 얻어졌다. 1826년 여름, 카메라 주름상자를 이용하여 가르 그라에 있는 그의 시골집 모습의 상을 유대의 감광성 아스팔트 용액으로 코팅된 백랍판에 투사했다. 아스팔트는 빛에 노출되면 점차 굳어져서, 약 8시간이 지나면 노출되지 않았던 부분을 씻어내어 상을 드러낼 수 있다. 니에프스는 그의 사진을 런던으로 가져와서 그가 회광통신기라 불렀던, 그의 처리과정을 영국왕립학회에 발표했다. 그러나 그의 발명품은 사람들의 관심을 얻지 못했다.

니에프스는 실망하여 회광통신기를 집주인 프란시스 바우어(Francis Bauer)의 집에 놔두고 프랑스로 돌아왔다. 헬리오그래프는 프란시스 바우어의 집에 방치된 채 잊혀졌다가, 1952년에 사진 역사가인 헬뮤트 겜샤인(Helmut Gemsheim, 1913-1995)에 의해 발견되었다. 겜샤인은 헬리오그래프가 진품이라는 점을 확인하고 구입하였으며, 지금은 텍사스 대학교의 해리 랜슨 센터에 그의 다른 소장품과 함께 전시되어 있다. 불활성 기체에 밀봉되어 있고, 통제된 조명하에 어두운 환경에서 보아야 한다.

아래쪽 왼측에 있는 그림은 1952년에 촬영된 니에프스의 사진을 해로우에 있는 코닥 연구소에서 흑백 인화법으로 만든 것이다. 백랍판의 겉조직과 고르지 못한 상태가 분명히 보일 정도로, 원본을 정교하게 베낀 것이다. 겜샤인은 이에 만족하지 않았고 1977년까지 원본의 재생을 허락하지 않았다. 우측의 사진은 수채화물감을 사용하여 겜샤인 자신이 수정한 코닥의 인화본이다. 인화본의 왼쪽에 가정집의 왼쪽 상부가 있고, 그 옆에는 가지들 사이로 하늘을 조금씩 보여주는 배나무가 있다. 중앙에는 헛간의 경사진 지붕이 보이고, 오른쪽에는 가정집의 다른 쪽 측면부가 보인다.

조셉 니에프스가 재현한
'창문으로 본 유리?'

헬뮤트 겜샤인에 의해 수채화 물감으로
똑같은 재현이 이루어졌다.

해리 랜솜 센터에서 제공한 이미지.

은판 사진

루이 다게르

루이 다게르(Louis Daguerre, 1787-1851)도 사진술을 실험하고 있었던 프랑스인 화가였고, 1829년부터 1833년 니에프스가 사망할 때까지 니에프스와 협력하여 작업했다. 다게르는 요오드화 은으로 코팅된 동판을 노출시켜 숨어있는 상을 만들고, 수은 증기에 노출시켜 현상되도록 한 다음 일반 소금 용액을 이용하여 고정될 수 있는 방법을 개발하기 위한 노력을 계속했다. 그 결과 사본을 만들 수 있는 네가티브 필름을 만들어서, 실제적인 사진술을 탄생시켰다. 1839년, 알려진 바와 같이, '은판 사진'은 파리에서 개최된 Academic des-Beaux Arts와 Academic des Science의 공동학술대회에서 뛰어난 천문학자 겸 물리학자인 프랑수아 아라고(Francois Jean Dominique Arago, 1786-1853)에 의해 소개되었다.

예술가의 아틀리에. 다게르, 1837.

이후 40년 동안, 사진의 질이 아주 현저하게 향상되었다. 천문학자들은 신속하게 기술을 이용했다. 달의 첫 번째 은판 사진은 1840년에, 베가 별의 은판 사진은 1850년에 만들어졌다. 천문학적인 사진을 얻기 위한 노출 시간은 빛의 수준이 낮기 때문에 매우 길었지만 빛에 더욱 민감한 판을 개발하여 상황을 크게 향상시켰다.

1879년 은행의 하급 직원이자 헌신적인 아마추어 사진사인 죠지 이스트먼(George Eastman, 1854-1932)은 자신의 첫 번째 특허인 건조한 판을 사진 감광유제로 코팅하는 방법에 대한 특허를 얻었다. 그 다음 해에 건판을 상업적으로 생산하기 시작했고, 1881년 1월에 사업가인 헨리 스트롱(Henry A. Strong)의 재정적 도움을 얻어 뉴욕주 로체스터에 본부를 둔 이스터먼 건판 회사를 설립하였다. 더욱 중대한 진전이 이루어진 것은 1885년 이스트먼과 윌리암 워커가 감겨진 종이 고정장치를 개발하고 특허를 얻은 점이다. 이것은 감겨진 종이 필름을 담고 있는 카세트였으며, 상업적으로 이용할 수 있는 거의 모든 카메라의 뒤쪽에 있는 판 고정장치에 부착될 수 있었다. 이스트먼의 건조 감광유제 판은 천문학에서 광범위하게 이용되었다. 1880년 미국의 내과의사 겸 아마추어 천문학자인 헨리 드레이퍼(Henry Draper, 1837-1882)는 오리온 성운, 즉 오리온 별자리의 사냥꾼의 검에서 빛이 띠 모양으로 널리 확산되는 부분을 촬영했다. 이 성운은 육안으로도 볼 수 있다.

코닥 카메라

1888년 코닥 카메라가 출시되어 일반 대중들이 사진 촬영술을 이용할 수 있게 되었다. 이 카메라는 100개의 노출 필름을 포함하여 가격이 25달러였다. 사용 후에, 카메라 전체를 공장으로 보내면, 공장에서 필름이 현상되었다. 사진과 새로운 필름이 담긴 카메라는 10달러의 비용으로 고객에게 보내졌다. 표어는 "당신이 버튼을 누르면, 나머지는 우리가 합니다."였다. 1889년 종이 필름이 셀룰라이트로 만들어진 투명 필름으로 대체되었다.

브라우니 상자카메라.
린 무니 제공.

브라우니 상자카메라. 1900년 이스터먼 건판회사는 저렴한 휴대용 카메라를 판매했다. 몸체는 간단한 상자였고 필름 카세트는 현상하기 위해 제거될 수 있었다. 브라우니라는 이름의 카메라가 1달러에, 필름은 15센트에 판매되었다.

코닥 카메라와 브라우니는 사진 역사의 연대기에 코닥이라는 이름을 확립했다.

천연색 사진 촬영

제임스 클럭 맥스웰은 자신을 다음 장에서 설명될 빛과 전자기 방사 이론에 국한시키지 않았다. 그는 천연색의 형성에 실질적인 관심을 가졌고 1860년대에 천연색 사진 촬영 체계를 보여주었다. 그는 청색, 녹색 및 적색 필터를 사용하여 격자무늬 리본의 세 개의 분리된 흑백 상을 만들었다. 각각의 흑백 상이 적절한 필터를 통과한 빛에 의해 조명되고 화면에 투사되도록 하여 물체의 색상들이 재생되었다. 이것은 채색된 빛의 양을 적절하게 가산하여 천연색 상을 만드는 가산합성법이라고 하는 첫 번째 사례였다.

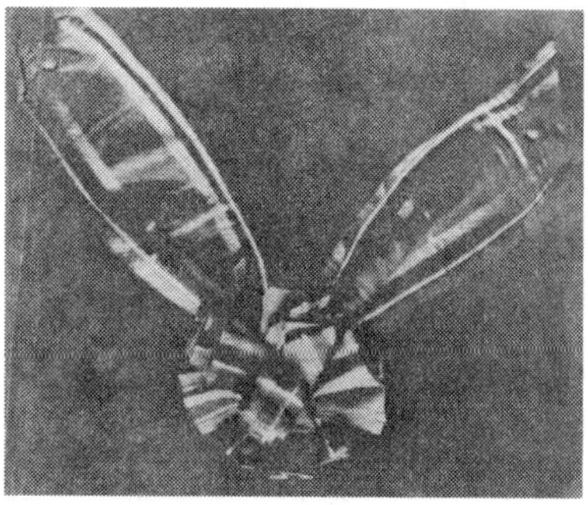

제임스 클럭 맥스웰의 타탄 리본 이미지

실제적인 천연색 사진 촬영은 1904년 프랑스에서 첫 선을 보였다. 그 때 뤼미에르(Lumiere) 형제인 오귀스트(Auguste)와 루이스(Louis)는 프랑스 과학원에서 그들의 오토크롬 처리과정을 발표했고, 1907년 시장에 출시되었다. 근본적으로 하나의 판에 필터와 감광 유제를 결합시킨 것이다. 필터는 조그만 녹말 알갱이가 염색되어 유리 판에 뿌려진 상태에서 투명한 감광유제로 코팅되었다. 유리판을 노출시킨 후 유리판을 현상하여 투과된 빛으로 관찰할 수 있는 투명한 상(슬라이드)을 만들었다. 맥스웰의 더욱 원시적인 방법과 같이, 촬영된 상은 가법에 의해 만들어졌고, 투사에 의해서만 볼 수 있었다. 초기 컬러 사진용 감광판은 기존 카메라에 사용될 수 있었기 때문에 대중적이었지만, 노출 시간이 매우 길었다(밝은 햇빛에서 흑백 필름의 0.1초 미만과 비교하여 1초 이상 소요되었다).

이스트먼-코닥사는 1935년 최초의 칼라 사진용 네가티브 필름인 코닥크롬을 출시하여 다시 일반 대중에게 칼라 사진촬영에 관심을 갖도록 하였다. 이 필름은 세 개의 감광유제가 다른 층으로 구성되었다. 각 층은 서로 다른 원색에 민감하고, 발색제가 가입되어 현상하는 동안 은이 형성되는 곳에 적절한 염료를 침전시킨다. 이런 필름은 출력이나 슬라이드에 사용될 수 있다.

디지털 사진 촬영

디지털 영상화는 감광 필름의 화학적 변화를 기본으로 하는 영상화를 거의 완전히 대체하고 있다. 디지털 카메라에서는 상이 눈의 망막과 같은 것이 아니라, 격자망에 배열된 전자 상 감지기(pixels)를 이용하여 기록된다. 노출되는 동안 각각의 감지기에 들어오는 빛이 전기 신호로 기록되는 전자로 변환된다(제 13장 광전 효과 참고). 노출 후에 신호들이 메모리 칩에 저장되고 카메라는 다음 노출을 위한 준비를 한다.

■9.1.3 핵을 이용한 사진 감광 유제

사진 감광 유제에서, 취화은의 결정체(요오드화은의 작은 비율을 가진)는 젤라틴에 떠있다. 빛에 노출되면 녹말 알갱이의 일부를 변화시켜 '숨어있는' 상을 만든다. 화학적인 현상과정이 변화된 알갱이를 검어진 은 알갱이로 변화시킨다. 변화되지 않은 알갱이는 고정용액을 이용하여 씻어낸다.

1945년 사진 감광 유제가 완전히 다른 목적으로 사용될 수 있다는 점이 발견되었다. 빠르게 하전한 핵 크기의 입자가 감광 유제를 통과할 때, 입자들은 빛과 똑같은 효과를 나타낸다. 은 입자들은 현상될 때 고공 비행 제트기의 응축 흔적과 비슷하게 보이는 변화된 흔적을 남긴다.

일포드사는 적자를 감수하며 사진 감광 유제의 기본 입자를 개발하기 위한 연구에 상당한 노력을 기울였다. 은과 젤라틴의 일반적인 비율의 8배 정도를 포함하는 감광 유제를 생산하므로, 하나의 양성자나 광자의 통과로 생성되는 이온화가 높은 배율의 현미경으로 선명하게 볼 수 있는 흔적을 만드는데 충분할 정도의 민감도를 갖도록 성공했다. 17장에서 볼 수 있는 것과 같이, 이 기법은 입자 물리학의 많은 선구적 실험에 중요한 역할을 했다.

■9.1.4 사진 상의 해석

애벌레는 그림 9.2에서 보이는 물체가 무엇인지 여러 가지로 해석할 수 있지만, 그림 9.2에서 보이는 것처럼 원뿔을 추가하면 애벌레에게 전에 본 것을 상기시킬 것이다.

그림 9.2 질문에 대한 답은?

이것은 우리가 사진을 볼 때 일반적으로 발생하는 것의 예이다. 우리의 뇌는 2차원의 상을 3차원 물체로 해석하기 위해 유사한 상에 대한 엄청난 기억력을 이용한다. 이용할 수 있는 정보의 양이 한정되기 때문에 해석이 정확하지 않을 수도 있다.

벌레가 그림 9.2에서 탑의 측면 주위를 볼 수 있는 것처럼, 우리는 사진 속의 물체를 둘러 볼 수 없다. 우리가 사진을 어떻게 보더라도(위에서, 혹은 아래에서, 왼쪽에서, 오른쪽에서) 어떤 새로운 것도 볼 수 없다.

9.2 홀로그래피

9.2.1 발명가

'홀로그램'이란 말은 '완전한 글쓰기'라고 번역되는 그리스어 홀로스(holos)와 그래마(gramma)에서 유래한다. 홀로그래피는 1947년 헝가리의 과학자 데니스 가버가 전자현미경의 낮은 해상력을 향상시키기 위해 '렌즈가 없는' 상을 만드는 방법을 개발하려고 노력하는 동안 발명되었다. 가버는 홀로그래피에 대한 연구로 1971년 노벨상을 받았다.

가버는 노벨상 수상 연설에서 다음과 같은 용어로 사진술과 홀로그래피의 차이점을 설명했다: "일반적인 사진 상에는 중요한 정보가 빠져있다. 사진의 상은 광파의 세기를 재생하지만 위상에 관해서는 아무런 정보를 주지 않는다. 위상은 파동이 어느 방향에서 나오는지, 상이 만들어지는 물체로부터 얼마나 멀리 나아갔는지에 좌우된다. 만일 비교할 게 없다면 위상을 잃게 된다! 파동에 어떤 기준, 즉 가간섭성 배경을 첨가한다면 무슨 일이 발생하는지 알아보도록 하자."

종래의 광원에서 나오는 빛에 대한 간섭 무늬를 얻는 것과 관련된 몇 가지 실제적인 어려움이 있었으며, 고품질의 홀로그램은 1960년 레이저의 발명 후에야 만들어졌다.

■ 9.2.2 원리

홀로그래피의 원리는 그림 9.3에서 하나의 점 물체의 가장 단순한 경우를 고려하여 예시하였다. 물체가 O점에 있다고 가정해보자. 기준광원 S(더 좋게는 레이저)에서 나오는 빛을 물체에 비춘다. 그림은 기준광원으로부터 나온 광파가 오른쪽으로 직접 퍼지는 것을 보여준다. S에서 나오는 광파는 O에 있는 물체를 비추고, O에서 반사된 후 기준광원에서 직접 나오는 파동과 겹친다. 두 파동이 공간의 정지된 지점에서 결합하고 보강간섭과 소멸간섭을 일으킨다.

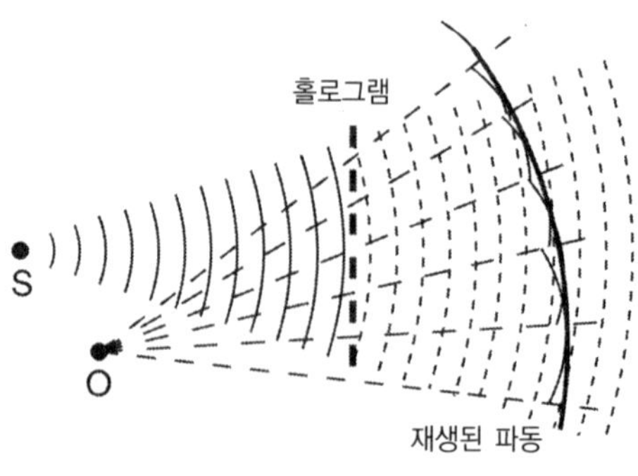

그림 9.3 홀로그래피의 정의

홀로그램은 광파가 겹치는 영역에 사진 필름을 놓아서 만들 수 있다. 가장 밝은 빛은 두 파동의 위상이 같고 보강간섭이 일어나는 곳에 있게 될 것이다. 필름이 현상될 때 굳은 양화 기록(a hard positive record)을 만들 수 있고, 가장 밝은 빛이 이런 최대치에서만 전달된다. 이것이 홀로그램이다. 이제 홀로그램을 필름이 원래 있었던 곳으로 되돌려 놓을 수 있다.

이제 홀로그램을 떠나는 파동에 대하여 호이겐스의 구조를 이용할 수 있다. 전송 지점에서 시작되는 작은 파동은 모두 홀로그램에 도달하기 이전의 과거 경력과 무관하게 위상이 같은 상태에서 출발한다. 물체를 제거하고, 물체가 있던 곳을 기준광원민으로 비출 수 있다. 가버의 언설을 다시 한 번 인용하면: '위상들이 기준광원 S에 대하여 맞지만, 슬릿에서 위상이 일치하기 때문에, 물체 O에 대해서도 맞게 된다. 그러므로 O에서 나오는 파동은 재구성된 것으로 보인다.'

■ 9.2.3 홀로그램 만들기

그림 9.4에서 레이저로부터 나오는 빛은 광속분리기(빔 스플리터)를 통과한다. 절반(기준빔)은 90°로 반사되고, 발산 렌즈를 통과한 후 계속하여 오른쪽에 있는 홀로그래피 필름을 비춘다. 다른 절반(물체빔)은 광속분리기(빔 스플리터)를 통과하여 직선으로 나아간 다음 또 다른 발산 렌즈로 반사되어 물체(예를 들어, 서양 장기 말)를 비춘다. 광속이 물체로부터 반사되어 홀로그래픽 판에서 기준광속과 합쳐진다.

그림 9.5에서 사진 감광판이 현상되고 홀로그램이 전과 거의 똑같은 곳에 위치한다. 서양장기 판과 말들이 사라지고, 광속분리기도 사라지며, 기준광속만 남는다. 홀로그램을 통해 바라볼 때 여전히 3차원 상으로 서양장기 말들을 보게 된다. 그림 9.5의 오른쪽 사진은 홀로그램에서 우리가 보게 되는 것, 즉 '서양 장기 게임의 유령'이다.

현상된 홀로그래픽 필름은 '일반' 사진과 비슷하지 않다. 흑색과 백색의 줄무늬가 불규칙적인 형태로 배열되어 있다. 이것들은 간섭 무늬이고, 물체로부터 반사된 빛의 파면이 불규칙하기 때문에, 예를 들어 영의 슬릿실험에서 볼 수 있는 간섭무늬와 아주 다르다.

그림 9.4 홀로그램의 제작

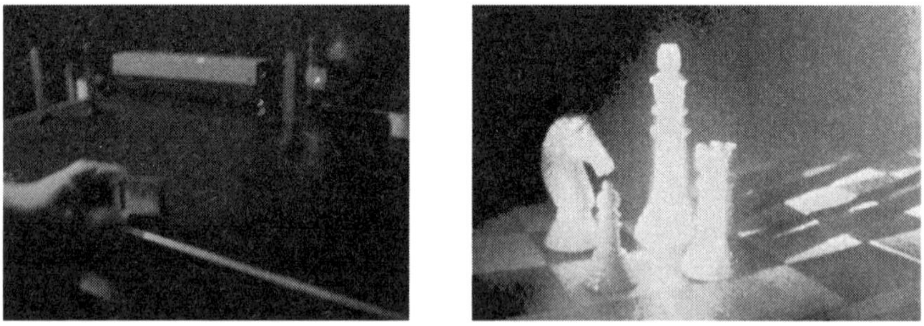

그림 9.5 완성된 제품. 더블린, UCD, 물리학과의 제임스 엘리스 제공.

필름의 어느 곳에서의 밝기는 반사된 빛의 세기뿐 아니라 물체광속과 기준광속 사이의 경로 차이에 의해서 결정된다. 물체의 여러 부분에서 나오는 빛의 진행거리는 물체의 형태에 좌우되므로, 간섭 무늬는 물체 표면의 암호화된 지도이며, 상은 허상이다.

■ 9.2.4 왜 홀로그래피 상은 진짜처럼 보이는가?

우리가 다른 각도에서 상을 바라보면 물체의 다른 쪽을 보게 되어 완전한 3차원 그림을 보게 된다! 이것은 물론 일반 사진과는 완전히 다르다. 왜냐하면 일반

사진에서는 필름의 한 부분에 있는 상의 일부분만 보기 때문이다(그림 9.6에서, 관찰 1과 관찰 2 사이의 관찰각은 45° 정도 분리되어 있지만, 실제로 분리각도는 상당히 더 작다).

우리가 설명한 홀로그램은 투과 홀로그램이고 물체광속과 반사된 광속이 필름을 동일한 방향으로 통과하므로 만들어진다. 반사 홀로그램은 물체광속과 반사된 광속이 필름을 서로 반대 방향으로 통과하므로 만들어진다. 이것은 홀로그램의 표면에서 반사된 빛을 통해 바라볼 수 있다.

최초의 '백색광' 홀로그램, 즉 반사홀로그램은 1947년에 만들어졌고, 최초의 백색광 투과 홀로그램은 1968년에 만들어졌다. 이러한 기술의 발전으로 홀로그래피가 일반 대중의 관심을 끌게 되었다.

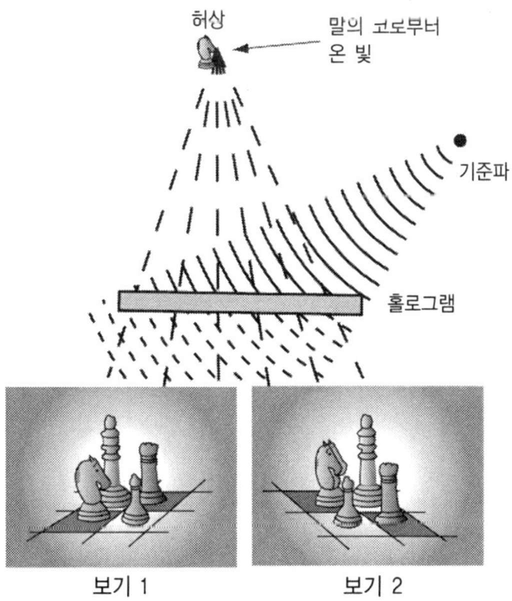

그림 9.6 상을 다른 각도에서 바라본 모습

■9.2.5 홀로그래피의 적용

홀로그래피 기법은 매우 폭넓게 사용된다. 잘 알려진 적용의 예는 슈퍼마켓 계산대에 사용되는 레이저주사기와 신용카드에 사용되는 양각된 상이다. 의료분야에서 적용되는 예는 광섬유를 사용하여 살아있는 장기 내부의 홀로그래피 영상을 관찰하는 것과 컴퓨터 단층 촬영술이 대표적이다. 최근 홀로그래피 영상을 컴퓨터 데이터로 보관할 수 있는 재료가 개발되었다.

린도우인

홀로그램은 박물관의 소장품과 같이 매우 연약한 물체들에 관한 정보를 저장하기 위해 이용될 수 있다. 1984년, 철기시대 사람의 유해가 린도우 모스(영국 케셔 지역의 토탄 늪지대)에서 발견되었다. 홀로그래픽 상을 이용하여 원래 모습의 모형을 구축하였다.

다른 파동에서 얻는 홀로그램

홀로그래피 영상화는 빛의 파동에 국한되지 않는다. 모든 전자기방사와 심지어 음파를 이용하여 홀로그램을 만들 수 있다. 자외선과 X-선을 이용한 홀로그램은 가시광선 홀로그램보다 해상도가 더 높다.

제10장 전기가 있고, 자기가 있고, 그리고 빛이 있다.

우주에는 신비한 '먼거리 작용'을 수반하는 현상이 존재한다. 이들 중 가장 잘 알려진 것은 아이작 뉴턴이 만유인력의 법칙에 의해서 지배된다는 것을 보여준 중력이다.

전하들 사이에는 서로 힘이 작용하고, 인력과 척력 둘 다 있을 수 있다. 만약 전하가 서로에 대해 상대적으로 움직인다면, 더 복잡한 일련의 법칙에 의해 지배되는 새로운 힘이 나타난다.

제임스 클럭 맥스웰의 천재성이 이들 법칙을 하나로 묶었는데, 이것들이 전자기파의 선날을 이끈다는 것을 보였고, 그리고 맥스웰이 정확히 예견했던 것처럼 일정한 속력으로 우주를 교차한다는 것을 알았다.

10.1 '먼거리 작용'의 신비

10.1.1 중력

전기를 다루기 전, 5장에서 이미 다루었던 주제로 시작하고, 전기와 그것과의 관련성은 곧 명백하게 될 것이다. 떨어지는 물체는 중력이라고 불리는 신비한 힘 때문에 지구가 그것들을 끌어당길 것이다. 아이가 걷는 것을 배우기 위해서는 이 힘과 싸워서 균형을 찾는 기술을 배워야한다. 친밀하다는 것이 신비의 의미를 줄어들게 만들지만, 다음과 같은 수수께끼는 여전히 남아있다; 보이는 어떠한 연결도 없이 물체가 지구로 어떻게 당겨질 수 있을까? 이것이 자연에서 일어나는 먼거리 작용이라는 수많은 이상한 현상을 만나게 되는 첫 번째 예이다.

아이작 뉴턴은 중력을 자연의 기본 법칙으로써 깨달았다. 더 나아가서 그의 논리적인 주장은 물체들의 거리가 멀어짐에 따라서 그들이 서로 끌어당기는 힘은 거리의 제곱에 비례하여 감소한다는 것이다. 이것을 수식으로 나타냈고 실험으로 확인했으며, 그 식은 다음과 같다. 질량을 갖는 두 개의 물체 m_1과 m_2가 거리 d만큼 떨어져 있다면:

$$F = \frac{Gm_1m_2}{d^2} \quad \text{(뉴턴의 만유인력 법칙)}$$

여기서 G는 우주의 모든 곳에서 같은 값을 갖는 고유상수이다.

'*가설은 만들어 내지 않는다*'-뉴턴은 그러한 '먼거리 작용'의 어떠한 철학적 뜻도 생각하고 싶지 않았다. 그의 〈프린키피아(Principia)〉의 세 번째 책에서 다음과 같이 말했다:

'그러나 지금까지 나는 중력의 이러한 성질들의 원인을 발견할 수가 없었다.... 나는 어떤 가설도 만들지 않았다. 중력은 실제로 존재하고 그리고 우리가 묘사했던 법칙에 따라서 행동한다.'

그가 기대했던 대로, 뉴턴은 많은 비평을 들었다. 고트프리트 라이프니츠(Gottfried von Leibnitz, 1646-1716)에게 보낸 편지에서, 크리스티안 호이겐스는 다음과 같이 썼다: '나는 뉴턴의 인력의 원리에 대한 이론이 불만족스럽고 불행함을 느낀다. 그것은 나에게 어처구니 없는 것으로 여겨진다.' 프랑스의 철학자 르네 데카르트는 그의 비밀을 시적으로 표현했다: '이들 물질을 구성하는 입자들의 혼들이 실제로 신성한 종류의 지식을 갖고 태어나서, 그것들이 어떤 매개체 없이 매우 먼 거리에서 일어나는 것을 알고 그것에 맞게 행동한다, 라고 가정해야 한다.'

철학적인 비밀들은 남겨두더라도, 물질의 모든 조각들은 그 주위 공간을 침투한 감응력이 작용하여 다른 물질을 끌어당긴다. 이 영향은 거리에 따라서 점차적으로 감소하지만 결코 완전히 사라지지는 않는다. 이것을 중력이라고 부른다.

■ 10.1.2 정전기력

고대 그리스 인들은 호박을 가죽으로 문지르면 작은 밀짚조각들을 끌어당기는 것을 발견했다. 이 현상을 지금은 대전이라고 부른다. 이것은 호박의 그리스 단어인 $\varepsilon\lambda\varepsilon\kappa\tau\rho o\nu$에서 유래됐다. 그리스인들은 그들이 보고 있는 것이 굉장한 크기의 숨겨진 힘에 대한 작은 실마리였다는 것을 거의 깨닫지 못했다. 이 힘의 근원은 바로 전하이다. 이 힘은 또한 먼 거리에서도 작용한다. 이것은 중력보다 훨씬 더 강하다–실은 약 10^{36}배 더 강하다.*

전기적 힘과 중력 사이의 주된 차이는 물질의 종류는 한가지여서 중력은 항상 인력만 작용하는 반면에, 전하에는 두 종류가 있다는 것이다. 그것들을 양전하와 음전하라고 부른다(이러한 이름들은 완전히 관습적인 것이다; 그것들을 '검정' 그리고 '흰색'이라고 불러도 마찬가지이다. 혹은 어떤 두 개의 이름을 반대로 표현해도 마찬가지이다). 반대의 전하들은 끌어당기는 반면에 같은 전하들은 서로 밀어낸다. 이것은 음으로 대전된 전자들이 핵에 양으로 대전된 양성자들이 끌려기게

---

* (주) 상호작용의 세기는 차원 없는 결합상수로 불리는 숫자로 나타내어질 수 있다. 그리고 그 값은 전하들 사이의 상호작용에 대해서는 $1/137 = 7.3\times10^{-3}$이고 중력의 상호작용에서는 5.3×10^{-39}이다.

해서 원자들을 결합시키는 힘이다. 그 같은 힘이 분자들의 화학적 결합에 근원이 되고, 결과적으로 물질은 전기적인 힘들에 의해서 서로 단단하게 결합된 혼합물을 이루는 것이다. 전기적은 힘들은 모든 화학적 생물학적 과정에서 '장면 뒤(보이지 않는다는 뜻임)'에서 작용하고 있는 것이다.

양전하과 음전하의 균형은 너무도 완벽해서 물질에서 거대한 전기적인 장력들은 볼 수가 없다. 원자핵의 양전하는 음전하를 가진 전자들로 인해서 전기적으로 중성이 된다. '대전된' 물질들은 약간의 잉여전자를 갖고, 이것이 음 혹은 양전하를 초래하고, 결과적으로 전기력은 밖으로 표출된다.

정량적인 전기적인 실험들은 18세기에 시작되었고, 그 현상의 근원에 대한 다양한 이론들이 제안되었다. 미국에서 벤자민 프랭클린(Benjamin Franklin, 1706-1790)은 폭풍우 속에서 극적이고도 위험한 실험을 수행했는데, 그것은 그를 번개가 전기적인 효과임을 깨닫게 했다. 영국성직자이며 학교 선생님인 조셉 프리스틀리(Joseph Priestley, 1733-1804)는 프랭클린이 영국에 있을 때 만났고 좋은 친구가 되었다. 프리스틀리는 검전기용 피스공과 대전된 금속 컵을 사용하여 그리 모험적이지 않은 실험을 더 정밀하게 수행했다. 그는 피스공이 매달려서 컵의 바깥쪽에 접근해 있을 때 그것은 인력을 경험하고, 컵 안쪽의 어느 곳에 매달아도 어떤 힘도 나타나지 않는다는 것을 알아냈다. 이것이 그에게 뉴턴의 중력과 연관된 계산을 상기시켰고, 그래서 그는 전기력과 중력현상 사이의 유사성이 있음을 추론하게 됐다. 그는 '전기의 인력은 중력과 같은 법칙이 작용하여, 거리의 역제곱을 따른다'고 결론지었다. 헨리 캐번디시(Henry Cavendish, 1731-1810)는 유사하나 보다 정확한 실험으로 프리스틀리의 가정을 확인하였으나, 그는 너무도 수줍음이 많은 남자여서 그의 결과를 출판하지 않았다. 그것은 그가 죽은 뒤 몇 년 뒤에 알려지게 되었다.

■ 10.1.3 쿨롱의 법칙

찰스 쿨롱(Charles Coulomb, 1736-1806)은 프리스틀리와 캐번디시의 가설에 대한 명확한 증거를 신뢰했고, 전기적으로 대전된 두 개의 구 사이의 힘이 그것들의 거리 제곱에 역비례하며 변한다는 것을 보였다. 그는 '밀 알갱이의 만분의 일정도 크기'만큼 작은 힘들을 측정할 수 있는 매우 정교한 비틀림저울을 설계했다.*

그는 정지하고 있는 두 개의 전하 q_1, q_2 사이에서 적용되는 힘의 법칙에 대한 표현(이 표현을 그의 이름을 따옴)을 확립했다:

$$F = \frac{kq_1q_2}{d^2} \quad \text{(쿨롱의 법칙)}$$

여기서 k는 또 다른 보편상수이다.

k의 값은 사용되어지는 단위에 따라 달라진다. 만약 힘과 거리에 대한 표준 단위를 사용하고, 전하들인 q_1, q_2를 쿨롱(C)으로 표현한다면, 이때 k의 값은

$$k = \frac{1}{4\pi\epsilon_0} = 8.99 \times 10^9 \text{ N} \cdot \text{m}^2/\text{C}^2$$

이다.

상수 $\epsilon_0 = 8.85 \times 10^{-12}\ \text{C}^2/\text{N} \cdot \text{m}^2$는 진공에서의 유전율이다.

전하가 진공 속을 지나갈 때 서로에게 힘을 작용한다. 중력의 경우에서처럼 '먼거리 작용'을 갖고 있는데, 이것이 주된 수수께끼를 준다. 다시 데카르트의 말에 따르면, 전하는 '멀리서 일어날 것을 신비롭게 안다'.

아주 현명한 사람이 관찰한다면, 쿨롱의 법칙은 전기력에 대한 전체 이야기를 말하는 것이 아니다. 이 법칙은 오직 전하들이 정지 상태에 있을 때 적용된다. 정지해 있는 전하와 관련된 일련의 현상들은 정전

* 밀 알갱이는 개념적으로 밀의 알갱이의 질량이고 근본적으로 프랑스에서 정의 되어지는 것은 약 10밀리그램에 해당되는 양이다.

학의 주제를 이룬다. 더욱 복잡한 것은 전하들이 움직일 때 작용하기 시작한다. 이 복잡성이 매우 중요한 것으로 판명되는 데, 왜냐하면 움직임이 없다면 빛도 우주도 없었을 것이고, 우리도 없었을 것이다! 그것이 전기동역학 과제에 대한 중요한 특징이다(10.4절).

10.2 '힘의 장'

■ 10.2.1 벡터장

먼거리 작용과 연관되어진 어떤 개념적인 어려움들을 회피한 중력과 전기력들의 표현은 물질을 구성하는 각 입자와 각 전하는 공간주위에 영향을 주어 '힘의 장'을 만든다는 것이다. 물질은 단지 그것의 존재만으로도 중력장을 생성하고, 전하는 유사하게 전기장을 만든다. 이 장들은 그 장의 원천으로부터 모든 방향으로 연속적으로 뻗어나간다. 두 번째 입자가 첫 번째 입자에 의해 생성된 중력장에 위치해 있다면, 그 입자는 힘을 느끼게 되고, 전기장 내에 있는 두 번째 전하에게도 같은 것이라고 말할 수 있다. 동시에, 중력장은 전하에 영향을 주지 않고, 또한 대전되지 않은 입자들은 전기장에 영향을 받지 않는다. 이것은 그런 장을 받는 어떤 것이 거기에 있든 없든 간에 그러한 장들이 존재한다는 것으로 추측할 수 있다.

전기장의 세기($\overrightarrow{E}$)를 주어진 점에서 단위 양전하는 전기장에 의해 가해지는 힘에 비례한다고 정의할 수 있다. 즉,

$$\overrightarrow{F} = q\overrightarrow{E}$$

힘은 크기와 방향을 갖는 벡터양이다. 그러므로 중력장과 전기장들도 벡터장이다.

장이 보이도록 하기 위해서는, 장 벡터를 시료가 있는 점에서 그릴 것이다. 거기서 장의 세기는 벡터의 길이와 두께로 표현되어질 수 있다. 그러한 그림은 설명하기에 쉽고, 이것이 종종 기상관측소에서 바람과 풍향을 표현하는 데 사용된다.

■ 10.2.2 물리법칙을 나타내기 위한 그림

장을 지배하는 물리법칙을 도표로 나타낸다는 것은 또 다른 유용성이 있다. 그림 10.1은 바람이 불어오는 길 또는 바다에서 조류의 세기를 자세히 나타낸 것을 보여준다. 이것이 기체 법칙들이나 혹은 유체역학들의 법칙들에 대한 정보를 주지는 않는다. 필요한 것은 장의 특징들을 묘사하는 것뿐만 아니라 장을 지배하는 물리법칙들의 그림이고, 이것은 아마도 이들 법칙의 결과를 예견하는데 사용될 수 있다.

쿨롱의 법칙에 의해 부가된 조건들을 부합하는 전기장의 표현은 일반적으로 마이클 패러데이에게 신뢰를 받았다. 그의 생각은 그림 10.1에 나타낸 표현과는 약간 다른 점이 있다. 그것은 그가 벡터 대신에 가설적인 '힘의 선'으로 그렸다. 어떤 점에서 힘의 선에 대한 접선은 그 점에서 장의 방향을 나타낸다. 선의 밀도는 장의 세기를 나타내는 것이다.

그림 10.1 벡터 장

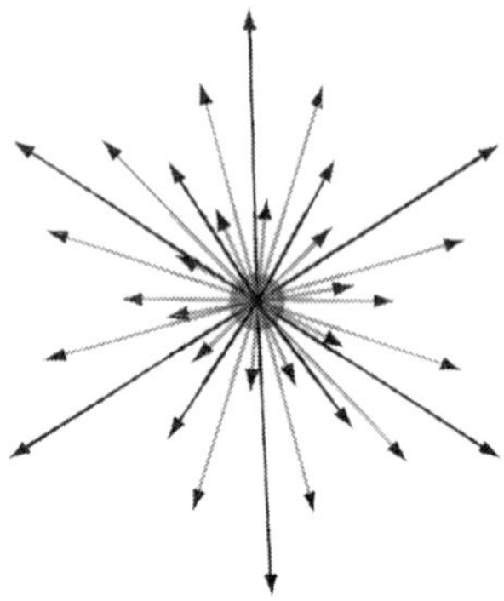

그림 10.2 하나의 양전하에 의한 전기장

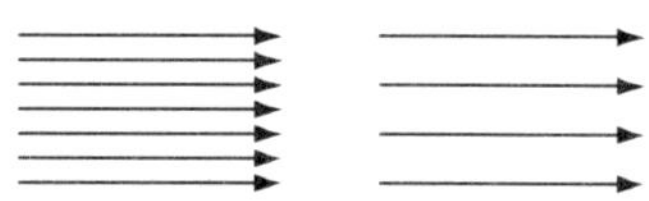

패러데이의 관행은 힘의 선들의 밀도에 의해 장의 크기를 나타낸다.

가장 간단한 전기장은 그림 10.2에서 예시한 것처럼 하나의 양전하에 의한 것이다. 힘의 선은 대칭적으로 뻗어나간다. 모든 선은 전하에서 출발하고, 한번 전하로부터 멀어진 것은 다시 생성되거나 소멸되지 않는다. 만약 가상의 구를 전하 주위에 그린다면 모든 힘의 선은 그 구를 지나게 될 것이다. 놀랍게도 이렇게 간단하고 명확한 관찰이 중요한 물리적 결과들을 이끌어 낸다.

미켈 패러데이

전하로부터 나오는 수많은 선들이 전하의 크기에 비례한다는 법칙을 만들었다. 관행적으로 전하 q로부터 방출되는 선의 수는 q/ϵ_0가 되도록 선택된다. 이것은 1.13×10^{11}의 선들이 하나의 단위 전하로부터 나오는 것을 의미한다(1 쿨롱).

패러데이의 방법에서 아주 자연스럽게 나타나는 이점이 있다. 그린 가상의 구의 표면적은 구가 점점 커짐에 따라서 반경의 제곱에 비례하며 증가한다.*

* 뉴턴의 논리와 비교하라. 그림 5.3 참고

그러므로 전하로부터 멀어짐에 따라 힘의 선들의 밀도는 반경의 제곱에 반비례하여 작아져서 구의 면을 지나갈 것이다. 만약 어떠한 새로운 선들이 나타나지 않는다면 그리고 공간에서 어떠한 선도 사라지지 않는다면, 이 그림에서 힘의 장은 역제곱법칙에 따른다는 것을 보여준다! 위의 주장은 구의 면의 선택에 제한 받지 않는다. 만약 어떤 폐곡면으로 전하를 감싼다면, 모든 선은 그것을 조만간에 지나칠 것이다.

■ 10.2.3 가우스의 정리

장의 도식적인 표현을 발전시키기 위해서는 칼 프리드리히 가우스(Karl Friedrich Gauss, 1777-1855)에 의한 수학적인 정리를 사용하는 것이 유용하다. 면을 통해 지나간 전기선속 ϕ_E는 면적 A에 전기장 E의 수직성분을 곱한 양으로 정의된다.

전기장이 면에 수직일 때($\theta=0°$), $\cos\theta=1$가 되어 면을 지나는 전기선속은 최대값을 갖게 되고, 마찬가지 방법으로 장이 면에 평행할 때는 전기선속이 0이 된다($\theta=0°$ 그리고 $\cos\theta=0$). 면을 지나는 장의 선 갯수는 장에 대한 면의 기울기에 의존한다. 장의 선 갯수는 또한 $\cos\theta$에 비례해서 전기선속에 비례한다는 것은 알기 쉽다. 도식적인 표현에서 전기선속 ϕ_E를 장의 선에 대한 각도에 상관없이 면을 지나는 장의 선의 갯수로써 정의하는 것이 간단하고 유용하다.

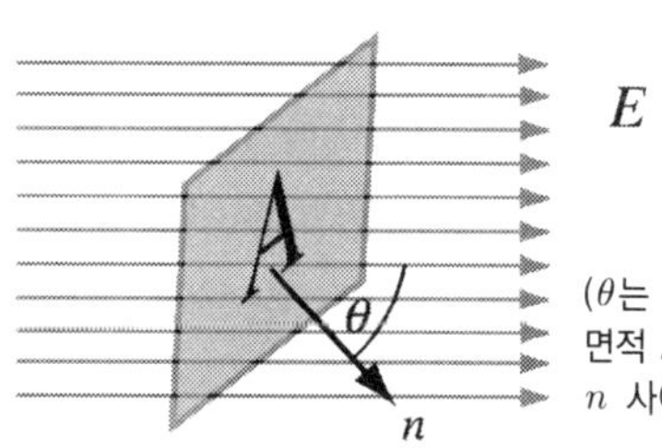

(θ는 전기장 E와 면적 A에 대한 수선 n 사이의 각이다.)

$$\varphi_E = E_n A = EA\cos\theta$$

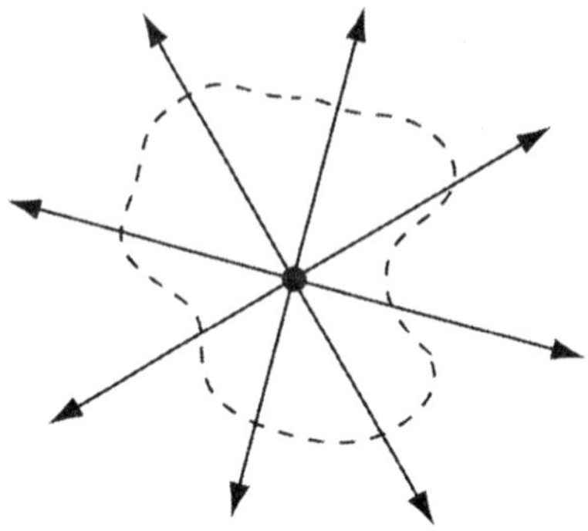

그림 10.3 임의의 폐곡면을 가로지르는 전기력선

가우스 면

(임의의 모양이나 크기의) 면이 하나 혹은 더 많은 전하들을 감싸고 있는 것을 가상해보자. 외부로 나가는 전체 전기선속은 면을 가로지르는 선의 수와 같다(밖으로 나가는 선들은 양의 값이고, 안으로 들어오는 선들은 음의 값이다). 선이 어느 한점을 가로지르는 곳에서의 각도는 전체 전기선속이 관여되는 한 의미가 없다.

그러한 가상의 면이 가우스 면으로 알려져 있다.

만약 하나 이상의 전하를 가지고 있다면 전기력선은 다른 전하의 부호나 위치에 따라서 다른 방향으로 휘어질 것이다. 만약 단지 두 개의 전하들이 있다면 그 도표는 그림 10.4에 보인 것처럼 비교적 간단히 그려질 것이다.

만약 하나 또는 두 개의 전하가 포함되어 있고, 어떤 새로운 선도 생성되거나 소멸되지 않는다면 폐곡면을 가로지르는 알짜 선의 수는 내부 전하들의 산술적인 합에 비례한다는 것을 보이는 것은 어렵지 않다. 만약 약간의 양전하와 음전하가 임의로 산재된 많은 전하들을 가지고 있다면 그다지 명확하지 않다. 그런 장의 선을 그리는 것은 실용적이지 않다. 왜냐하면 마치 스파게티 더미처럼 보일 테니까! 가우스는 만약 어떤 폐곡면에 의해, 공간에 어떤 형태로 분산되어 있는, 어떤 수의 전하를 둘러싼다면, 그 면을 지나는 전체 알짜전속은 그 속에 쌓여져 있는

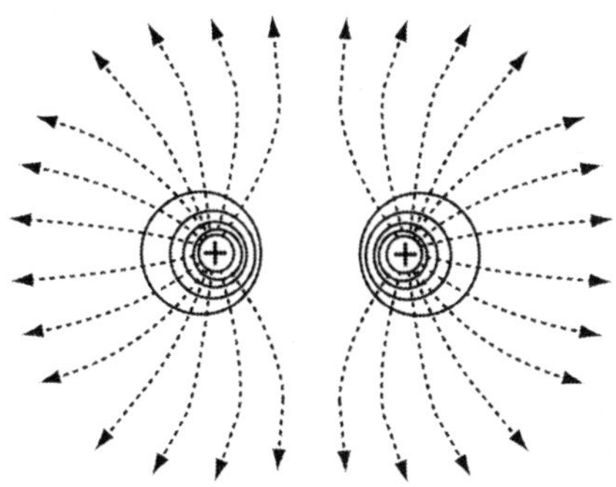

그림 10.4 크기가 같은 두 개의 양전하에 의한 전기장. 두 개의 전하를 포함하는 어떤 면을 가로지르는 선제 선기선속은 각각의 전하로 인한 전속의 두 배가 될 것이다.

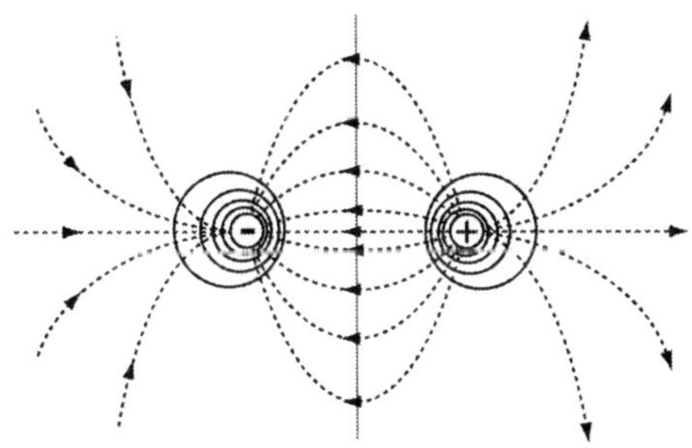

그림 10.5 크기는 같으나 반대 전하인 두 개의 전하로 인한 전기장. 모든 장의 선들은 양 전하에서 시작되어 음전하에서 끝난다. 이것은 무한대로 가는 것으로 나타나는 것을 포함한다. 그러한 선들은 궁극적으로 돌아와서 음 전하에서 끝나게 된다. 어떤 선들은 두 개의 전하들을 감싸고 있는 임의의 가우스 면에 결코 도달하지 못하지만, 그 면을 통해 나가는 어떤 선은 궁극적으로 돌아온다. 그러한 면을 지나가는 전체 전기선속은 0 이다.

알짜 전체 전하에 비례한다. 방정식으로 표현하면 $\int E_n dA = q/\varepsilon_0$이고, 여기서 왼쪽 항은 면에 대한 전기선속의 적분을 나타낸다. 이 이론은 힘의 장이 쿨롱의 법칙을 따르기 때문이라는 것에 주목해야 한다. 가우스의 이론은 전기장의 역제곱 성질을 도식화해서 표현하기에 매우 유용한 방법이다.

칼 프레드릭 가우스
(1777–1855)

그림 10.6에서 양전하와 음전하를 갖는 많은 전하 사이를 임의의 모양으로 폐곡면을 그린다. 이들 전하의 어떤 것은 그 면의 바깥에 있고 어떤 것은 그 면의 안쪽에 있다. 여기에서도 가우스의 정리는 마찬가지로 성립한다. 그 면을 통해 바깥으로 나아가는 알짜 전기선속은 면 내부에 있는 알짜 전체 전하에 비례한다.

쿨롱법칙은 생생하게 마음에 그리기 쉬운 방법으로 두 전하들 사이의 정전기적인 힘을 표현한다. 가우스의 정리는 전하들의 분포에 상관없이 같은 법칙으로 표현되고, 어떤 임의의 방법으로 공간에서 분포되어 있는 전하들에 의해 생성되는 전기장에 적용된다. 가우스의 이론은 어떤 특별한 상황에 관계 없이 전기장의 고유의 성질을 나타내며, 전기나 자기를 지배하는 다른 법칙들과 수학적으로 쉽게 결합된다.

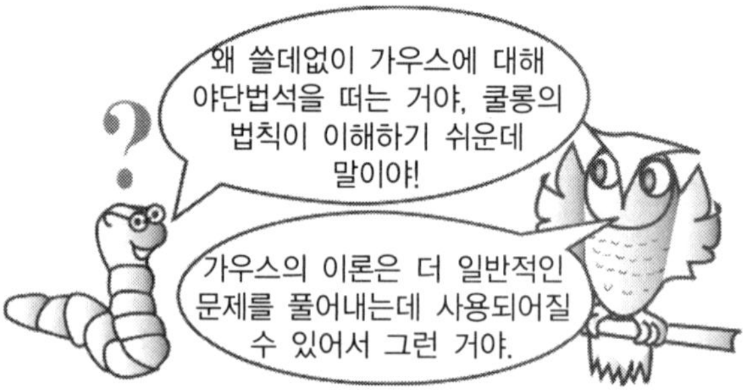

그림 10.6 가우스의 법칙. 어떤 가상의 폐곡면을 통하는 알짜 전기선속은 그 면에 의해 둘러싸여 있는 알짜 전하에 직접적으로 비례한다. 물리적 법칙은 그림처럼 표현된다.

■ 10.2.4 전기장에서의 에너지

일반적으로, 만약 여러 힘이 작용하는 입자들로 구성된 계를 만들기 원한다면, 반드시 일을 해야만 한다. 여기서 일이 곧 에너지이다. 예를 들어, 지구의 표면으로부터 물체를 들어 올리려면 '위치에너지'가 필요하다. 이 에너지는 물체에 단독으로 속하지 않고 지구-물체를 이루는 계에 속한다. 그러므로 같은 설명이 중력적인 상호작용 하에서 일련의 입자들로 구성된 어떤 계들에도 적용된다.

마찬가지로, 일련의 전하계도 전기적 위치에너지를 소유한다. 한 예로써 그림 10.7에 나타난 평형판 콘덴서 같은 전기적인 콘덴서이다.

양전하와 음전하가 콘덴서의 반대 판에 있어서 서로가 끌어당기게 되지만 판 사이가 떨어져 있기 때문에 그 판사이의 매체를 지나갈 수가 없다. 이 계는 잡아당겨진 용수철을 닮았는데, 마치 용수철이 위치에너지를 가진 것과 비슷하다.

(a)경우의 에너지는 사과-지구 계에 속하고, 지구의 표면에 대해서 사과의 위치에 의한 것이다. (b)의 경우는 전하의 위치에 의한 에너지인데, 이것이 어디에 위치해 있다고 말할 수 있을까? 이 질문이 꽤 하찮게 보일 수도 있지만, 만약 에너지 보존의 원리로 확장시키려면 에너지는 전체 계에서뿐만 아니라 국소적으로도 보존되어야 한다. 즉 공간의 모든 지점에서 보존되어야 한다.

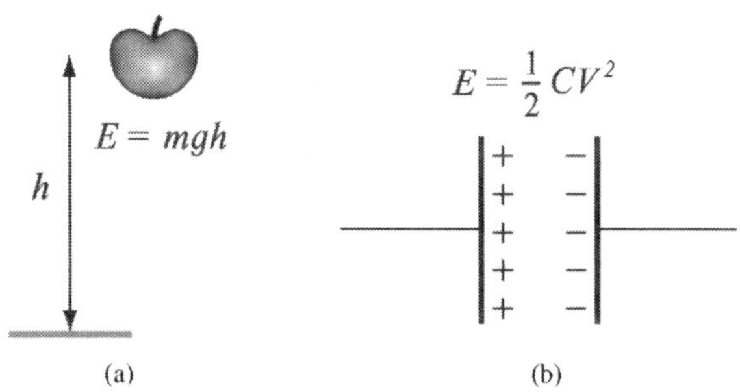

그림 10.7 (a) 지구의 표면위의 사과의 에너지 (b) 대전된 전기적 콘덴서의 에너지

국소적인 보존은 만약 에너지가 어떤 지역에서 사라진다면 그것은 반드시 그 지역의 경계를 지나가야만 한다. 그리고 또한 어떤 체적 내에서 에너지의 변화의 비율은 그 범위의 경계를 지나는 알짜 에너지의 흐름과 같다. 만약 에너지가 어떤 한정된 점에 위치해 있지 않다면, 국소적 보존은 의미가 없는 것이다. 에너지가 장내에서 입자의 성질이라기보다는 장의 성질이라고 가정함으로써 국소적 보존을 이룰 수 있다. 장내의 모든 지점에는 어떤 에너지 밀도가 있다. 이 개념은 중력장이나 전기장의 모형에 매우 잘 맞는다.*

물론 장의 개념이 '먼거리 작용'의 수수께끼를 풀어주지는 못한다. 그러나 그것은 공간의 다양한 지점들에서 어떤 조건들을 표시하는 지도를 만들 수 있게 해준다. 벡터장의 경우에 있어서 공간 안의 주어진 지점에서 타당한 조건들은 그 지점에서 벡터의 방향과 크기에만 의존한다. 우리는 다른 위치에서 무슨 일이 일어나는지 알 수가 없다. 모든 정보들은 그 벡터에 포함되어 있다.

10.3 자성

10.3.1 자기적 물질

고대문명 이래 알려진 또 다른 신비로운 힘이 존재한다. 마그네시아 도시근처에서 발견된 철 조각(혹은 천연 자석)은 접촉 없이 서로를 끌어당기는 성질을 가지고 있다. 이러한 성질을 자성이라고 부른다.

천연자석의 조각을 매달아서 회전이 자유로워진다면, 이것은 스스로 남과 북의 방향을 가리키려고 한다. 그것을 이용해서 천연자석은 13세기의 이른 시기에 항해에 사용되어졌다. 페레그리누스(Petrus Peregrinus de Maricourt)가 1296년 친구에게 보낸 편지에서 그는 북극을 가리키는 극과 남극을 가리키는 극으로 구성된 자기적인 나침반을 묘사했다. 그는 또한 같은 극은 밀어내고 다른 극은

---

* 균일한 전기장 E에 대한 에너지 밀도의 간단한 계산은 부록 10.1을 보라.

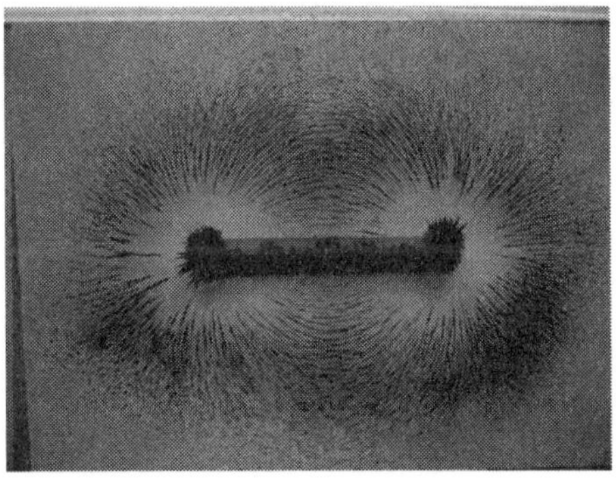

그림 10.8 자석주위의 철가루들

끌어당기는 것을 발견했으며, 아마도 그는 지구가 그자체로 자석인데, 지리학적으로 북극에는 남극자석이 지리학적인 남극에는 북극자석이 된다는 것을 처음으로 깨달았다.

자서전에서 알버트 아인슈타인은 그의 나이 4살 때 자기 나침반에 대해서 매혹적인 경험을 언급했다: "이 바늘은 완전히 고립되어 있는데, 북쪽을 가리키려는 어쩔 수 없는 힘을 가지고 있다!" 분명히 중력의 힘은 모든 사물에게 아래로 떨어지도록 하는 '어쩔 수 없는 힘'을 주고 있는데, 이것은 젊은 아인슈타인에게는 너무도 당연한 것이었다. 그러나 그는 몇 년 후에 불가사의한 물체 때문에 중력으로 되돌아갔다. 천연자석의 조각을 순수한 철의 조각 근처에 가져가면 철은 자화된다. 이것은 철을 줄로 갈아서 그 주위에 흩뿌려 놓음으로써 쉽게 증명될 수 있다. 이 철가루는 그림 10.8에서 보인 것처럼 '머리에서 발끝까지' 선들의 모양으로 스스로 배열하려고 한다.

철가루의 모양은 자기장의 지도이다. 이 장은 작은 나침반 바늘을 사용해서도 탐지될 수 있다. 이 자기력선이 실제로 존재하지 않는 것은 전기장이나 중력장의 경우와 마찬가지다. 만약 철가루가 뿌려진 면을 톡톡 두드린다면, 그 철가루들은 비슷한 모양으로 다시 재배열하지만 반드시 정확히 같은 선들이 되지는 않는다.

자화의 특징은 단 하나의 자극을 고립시키는 것이 불가능하다는 것이다. 만약 자석을 두 개로 자른다면, 각각 N-극과 S-극을 가진 두 개의 자석이 생긴다.

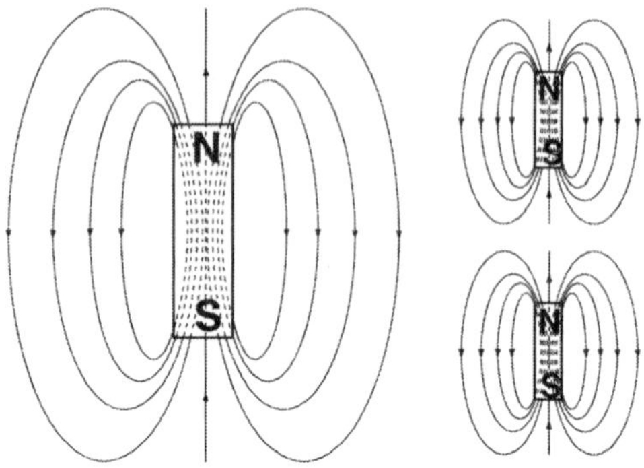

그림 10.9 자기 폐곡선

자기력선은 항상 폐곡선을 형성한다(이것은 전기장이나 중력장의 선들과는 다르다). 자기장의 선들은 결코 점광원로부터 발생하지 않는다. 각각의 선들이 완전한 폐곡선을 이루기 위해서 막대자석 안에서도 연속적으로 이어진다.

자극은 항상 쌍으로 구성된다. N-극(혹은 S-극)없이 S-극(N-극)을 가질 수 없다! 이 성질은 자성에 대한 가우스 정리를 적용함으로써 수학적으로 표현할 수 있다. 이것은 단 하나의 극을 둘러 쌀 수 있는 면은 없다는 것을 말한다.

자성에 대한 가우스의 법칙
가상의 폐곡면을 통해 나오는 알짜 자속은 항상 0이다.

10.4 전기동역학

10.4.1 전류

지금까지 오직 정지해 있는 전하를 논의해 왔다. 그러나 만약 속박되지 않은 전하가 전기장 속에 들어가면, 그것은 움직일 것이다. 그림은 주어진 방향에서

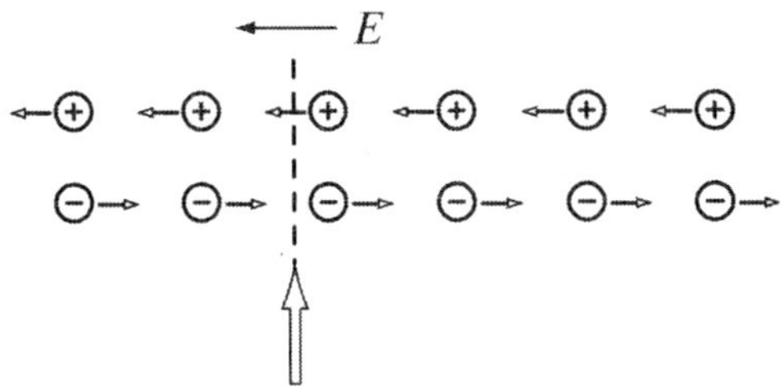

그림 10.10 전류의 크기는 단위시간당 한 점을 지나는 전체 알짜 전하 양이다.

전하의 알짜 움직임으로 전류를 도식적으로 표현한 것이다. 전기장의 방향으로 움직이는 것은 양전하이고 반대 방향으로 움직이는 것은 음전하이다.

■10.4.2 암페어의 발견

1820년에 앙드레 마리 앙페르(André Marie Ampère, 1775-1836)는 움직이는 전하들이 정지 상태에 있을 때와는 다른 새로운 힘을 생성한다는 놀라운 발견을 했다. 이 힘은 두 전류가 서로 평행하게 흐르는 매우 간단한 실험에서 명백해졌다. 앙페르는 전류가 흐르는 두 개의 전선이 전류가 같은 방향으로 흐를 때는 서로 끌어당기고, 서로 반대방향으로 흐를 때는 서로 밀어낸다는 것에 주목했다. 전류가 흐르기 시작하기 전이나, 오직 한 쪽에만 전류가 흐를 때는 어떠한 힘도 없었다.

앙드레 마리 앙페르
(1775-1836)

두 전선은 전류가 흐르거나 안 흐르거나 전기적으로는 중성이다. 앙페르는 양전하와 음전하가 움직이든 정지해있든 언제든지 미묘하게 균형을 이루지 않는 이유를 알지 못했다. 전하가 움직일 때 어떤 일이 일어난다.-자연은 이제 우리에게 다른 법칙을 주었다!

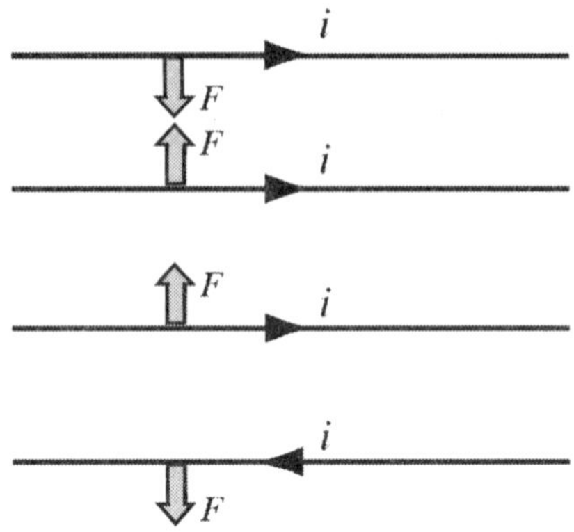

그림 10.11 평행한 전류들은 끌어당기고 반대인 경우는 밀어낸다.

10.4.3 전기에 관련된 단위의 정의

전류의 SI 단위인 암페어는 1946년에 앙페르의 실험에서 정의되었다. 암페어는 무시할 수 있는 단면적을 가지는 무한히 긴 2개의 직선도체를 진공 중에 1 m 떼어놓았을 때, 도체의 단위 길이 당 2×10^{-7} N의 힘이 작용하게 하는 전류의 크기이다. 모든 다른 전기 단위들은 이 정의로부터 유도된다: 예를 들면 쿨롱(C)은 1 암페어(A)의 전류가 흐를 때 1초당 어떤 지점을 지나는 전하의 양이다(부록 10.2를 보라).

> 자연의 기본 전하 전달자인 전자는 음전하이고 크기는 $e = 1.6 \times 10^{-19}$ C이다.

10.4.4 에르스텟의 발견

쿨롱이 발견했을 때와 거의 같은 시기에, 덴마크 과학자 에르스텟(Hans Christian Oersted, 1777-1851)도 전류로 실험을 하고 있었다. 에르스텟은 1820년 대중강연에서 전류는 전지에 의해서 전선에 발생될 수 있다고 보여줬다. 이 전선은 전선의 온도가 올라감에 따라 빨갛게 빛을 내기 시작했고, 이로써 전류가 열과 빛을 만들어

한스 크리스챤 오르스테드

낸다는 것을 보였다. 강연이 진행되는 동안 전류와 관련된 어떤 자기적인 효과가 있다는 것에 정신이 팔렸다. 이러한 일이 일어나는 동안, 손에 들고 있던 자성을 띠는 나침반이 있었는데, 그것을 그가 가져와서 그 전선 아래에 놓았다. 아마도 나침판은 그 전선을 따라서 정열하지 않을까? 간신히 눈에 띌 정도의 가장자리에서 홱 움직이는 것을 제외하고는 아무 것도 일어나지 않은 것처럼 보였다. 관중이 약간 술렁이기 시작했고, 그래서 에르스텟은 그의 실험 장치를 제쳐두고 계속해서 그의 강연을 진행했다. 그는 이전에 시도하지 않았던 어떤 것도 대중적인 공개실험은 결코 하지 않는다는 중요한 규정을 깨버렸다!

그 후에 방해받지 않는 실험실에서 다시 시도했다. 이때 그는 더 강한 전류를 사용했고 나침반의 바늘에 대한 영향은 더욱 가시화 되었나. 바늘은 전류에 수직한 방향으로 방향을 바꾸었다. 에르스텟은 오직 하나의 결론에 도달했다: 전기와 자기사이에는 연관성이 있다는 것이다. 과학의 역사에 있어서 실황으로 청중 앞에서 중요한 발견이 이루어졌다는 것은 처음이자 마지막이라는 것이 분명하다! 에르스텟의 발견 이후 몇 달 동안 전류의 자기적 효과에 대한 연구에 활발한 움직임이 뒤따랐다. 앙페르는 에르스텟의 실험을 개량하여 전선에 수직인 면에서 자기력선은 전류가 흐르는 전선 주위에 원을 형성한다는 것을 발견했다.

전류가 흐르는 전선주위의 철가루들

프랑스 물리학자들인 장 바티스트 비오(Jean-Baptiste Biot, 1774-1862)와 펠릭스 사바르(Felix Savart, 1791-1841)는 전류가 흐르는 전선 근처에서 자기장의 크기와 방향에 대한 수학적인 식을 고안했다. 비오-사바르 법칙에 따르면, P 지점에서 전류 i가 흐르는 전선의 dl 길이에 의한 자기장 dB의 크기는:

$$dB = \frac{\mu_0 i\, dl \sin\theta}{4\pi r^2}$$

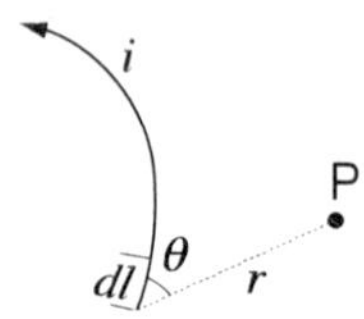

그림 10.12 비오-사바르의 법칙

'무한히 긴' 곧은 전선에 대해서 이 식을 사용하면 그 전선에서 전류 i는 아래 그려진 것처럼 전선을 둘러싼 일련의 동심원에 의해 나타낼 수 있는 자기장을 일으킨다는 것을 볼 수 있다. 전선으로부터 수직 거리 r만큼 떨어진 곳에서 자기장 B의 크기는:

$$B = \frac{\mu_0 i}{2\pi r}$$

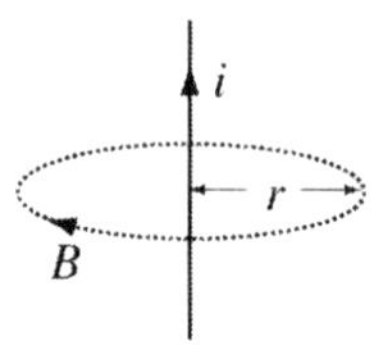

자기장은 테슬라(T)로 측정되며, 이 단위는 세르비아 과학자 니콜라 테슬라(Nikola Tesla, 1856-1943) 이후로 쓰였다. μ_0는 자기상수 또는 투자율로 부른다. SI단위계에서 이 값은 정의에 의해 $\mu_0 = 4\pi \times 10^{-7}$ Tm/A*이다.

전류의 각 부분에서 기여는 P지점까지 거리의 제곱으로 감소하는 반면, 무한 도선에서 생성된 자기장 B는 $1/R$로 감소한다는 것에 주목해보면 흥미롭다. B의 방향은 항상 전류에 수직한 면에 있다. 원인과 결과 사이의 다소 복잡한 관계는 마치 철가루에서 보인 것처럼 이전에 언급했던 전선 주위에 동심원을 형성하는 자기력선들을 만들어낸다.

---

* $\mu_0 = 4\pi \times 10^{-7}$ Tm/A^2 로 쓰여진다; 전류, 전하, 자기장의 단위를 정의한 요약이 부록 10.2에 있다.

■10.4.5 앙페르 법칙

앙페르가 에르스텟의 발견소식을 들었을 때, 그는 즉시 전류에 대한 일로 돌아갔고, 자기적 현상에 대한 수학적인 이론을 발전시키는데 집중하였다. 전류 주위에서 자기력선은 전기력선들과는 꽤 다른데, 그 이유는 자기력선들은 시작도 끝도 없는 닫힌 고리의 형태를 취하지만, 반면에 전기력선들은 항상 전하에서 시작하고 끝난다. 위에서 봤던 것처럼, 전하가 전기력선의 근원으로서 작용하는 것과는 다르게 자기력선의 근원으로서 작용하는 하나의 고립된 자극에 대한 증거는 없다.

앙페르는 만약 고립된 자극이 존재한다면, 전류가 흐르는 도선 근처에 있는 그러한 하나의 자극은 영원히 자기 고리주위로 모는 힘을 경험할 것이라고 계속해서 주장했다. 더 나아가서, 각속도를 계속해서 증가시키는 접선방향으로 힘이 있어서, 이것은 영원히 계속되기 때문에 에너지 보존법칙과 조화시키기는 어렵다!

막대자석은 자석의 방향에 따라 N-극과 S-극에서 다른 힘을 느낄 것이다. 다시 말하면, 에너지 보존 법칙으로부터 그것의 초기 방향이 무엇이든 지간에, 전류 주위에 완벽하게 어떤 경로를 따라 자석을 가져가는 데에는 어떤 역학적인 일도 필요없다고 가정할 수가 있다. 각각의 N-극과 S-극에 행해진 일은 반드시 같거나 반대이다.

어떤 원형경로에서 자기장은 반지름에 반비례하고($B\propto 1/R$) 그리고 경로길이는 반지름에 비례하기 때문에($\propto R$), 큰 원 주위에 자석의 N-극의 끝을 가져다 놓는데 행해진 일은 작은 동심원 경로에 S-극의 끝을 가져다 놓는데 행해진 일에 의해 완벽하게 상쇄된다.

어떤 원 주위를 완전히 한 바퀴 도는데 행해진 일은 같다. 이 가정이 한 원형경로에 한정된 것이 아니기 때문에, 어떤 닫힌 고리 주위로 (가상의) 단위 자극을 가져가는데 행해진 일은 같고, 그것은 정확하게 도선에 흐르는 전류 i에 비례한다고 말함으로써 일반화 되어질 수 있다. 비례상수는 자기상수 μ_0이고 이것은 비오-사바르 법칙에서 살펴보았던 것이다.

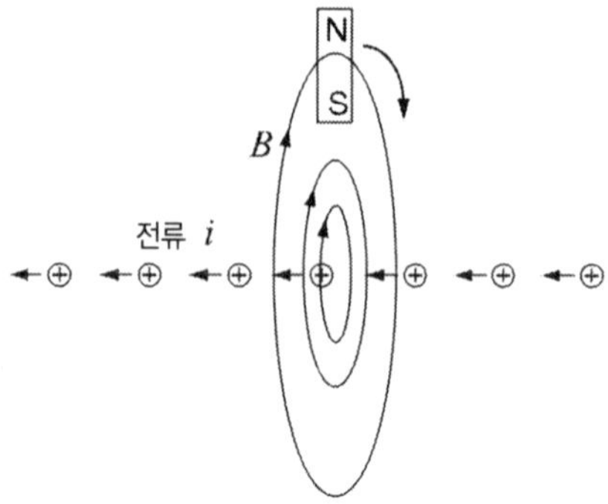

그림 10.13 전류주위에 완벽하게 막대자석을 가져간 상태

수많은 실험적인 평가가 이 가정이 확실하다는 것을 입증했고, 이 법칙은 다음과 같이 기술될 수 있다:

$$\int \overrightarrow{B} \cdot \overrightarrow{ds} = \mu_0 i \quad \text{(앙페르 법칙)}$$

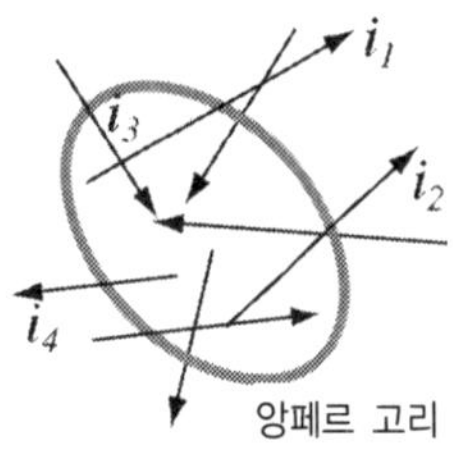

이 법칙은 임의 방향으로 나가는 꽤 많은 전류로 만들어진 자기장에 적용되도록 확장될 수 있다. 가령 전류가 흐르는 전선이 모든 방향에서 서로 교차하면서 나오고 있다고 가정해 보자. 만약 $i_{total} = i_1 + i_2 + i_3 + i_4 \cdots$이 그 고리를 통해 지나가는 전류의 산술적인 합이라면, 그러면

$$\int B \cdot ds = \mu_0 (i_{total})$$

(그 고리 바깥으로 지나가는 어떤 전류는 이 적분에는 기여하지 못한다.)

앙드레 앙페르.
모나코 우편국 제공.

이 식은 전하주위를 둘러싼 임의의 가우스 면 대신에 임의의 앙페르 고리를 그렸다는 점과 가우스의 면안에 둘러싸여진 전체 전하 대신에 앙페르 고리를 통해 나오는 전체 전류를 취했다는 점을 제외하면 정전기에서의 가우스의 법칙과 닮았다.

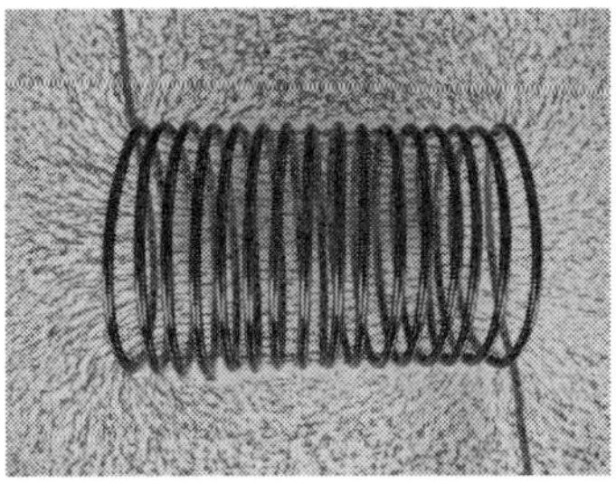

사실 자기장을 생성하는데 가장 효과적인 방법은 진선을 많이 감은 코일에 전류 i를 흘러주는 것이다. 이렇게 해서 만들어진 자기장은 왼편의 철가루의 모양에서 보는 것처럼 막대자석에 의해 생성되는 자기장의 모습과 매우 닮았다.

조지 스토크(1819-1903)

앙페르 법칙은 아일랜드 수학자이며 1849년부터 캠브리지 대학에서 석좌 수학교수로 지내온 죠지 스토크(George Stokes)의 수학적인 이론에 의해 더욱 더 확고해졌다. 스토크스의 이론은 모든 벡터장에 적용되어지고 닫힌 고리를 따라 순환이라고 불리는 경로적분과 그 고리로 둘러싸인 어떤 면적에 대해 벡터 선속의 면적적분은 같다는 것이다. 스토크 이론을 전자기학에 적용하면 앙페르 법칙과 똑같은 관계를 얻어낸다.

10.4.6 전하에 대한 자기장의 효과

전류가 자기장을 만들어 낸다는 사실은 전기와 자기사이에 연관성이 있다는 것이다. 자기장 또한 전하에 힘을 가할 것이라고 기대된다. 그러나 실험적인 증거는 다음과 같은 생각을 뒷받침하지 못했다:

정지해 있는 전하는 자기장에 의해 영향을 받지 않는다.

이것이 결코 완전한 이야기가 아니다. 자성에 대한 전하의 그런 면역력은 완전하지 않고, 오로지 전하가 자기장에서 '여전히 정지하고 있을' 경우에만 적용한다.*

평행한 전류들이 서로 밀어내고 반대로 흐르는 전류들은 서로 끌어당기는 암페어의 발견은 전하가 움직일 때 어떤 새로운 일이 일어난다는 첫 번째 실마리를 주고 있다. 전류 사이의 힘에 대한 메커니즘은 다음과 같이 명확하게 말할 수 있다:

하나의 도체에서 움직이는 전하들은 그 도체 주위에 원형의 자기력선으로 표현되는 자기장을 생성한다. 두 번째 도체에서의 전하들은 자기장이 있는 곳에서 움직이는데, 이러한 경우에 있어서 자기장은 전하의 움직이는 방향에 수직으로 형성하여 힘이 생겨나는 원인이 된다. 마찬가지로 첫 번째 도체에서 움직이는 전하들은 두 번째 도체에서 흐르는 전류로 인해서 생겨나는 자기장에 의해 영향을 받게 된다. 각각의 경우에 있어서 전하들은 그림 10.14처럼 그들의 움직임에 수직한 방향으로 힘을 경험하게 된다.

이제 법칙을 명확히 말할 수 있다: 자기장으로부터 힘을 느끼기 위해서는 전하는 자기력선에 비스듬한 방향으로 움직이어야만 한다. 이 힘은 자기장의 방향에 수직이고 또한 전하가 움직이는 방향에 수직이다.

그림 10.14는 지면에 수직한 방향에서 밖으로 나가는(x방향) 양전하 q를 그린 것이다. 자기장은 y방향에 있다. 따라서 생겨나는 힘은 z방향으로 작용한다.

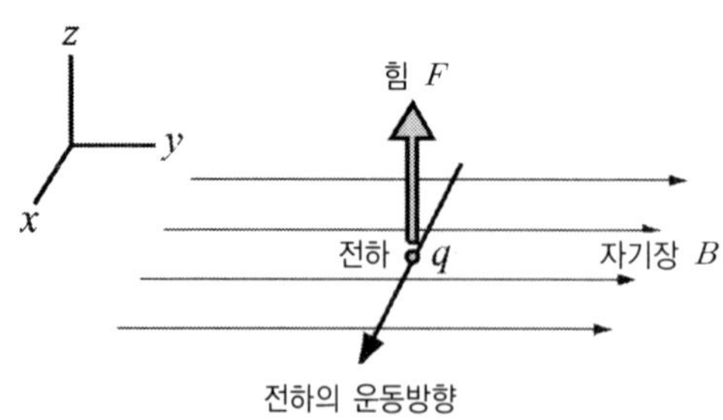

그림 10.14 자기장 속을 통해 움직이는 전하에 작용하는 힘

* 우리는 이 시점에서 '정지한'의 의미를 정의하려고 시도하지는 않을 것이다.

■ 10.4.7 전자기학

1820년에 별개의 주제라고 여겨져 왔던 전기와 자기의 통합에 중대한 이정표를 찍었다. 에르스텟과 쿨롱의 발견들은 전기와 자기가 복잡하고 매혹적인 방법으로 서로 연관되어 있다는 것에 대한 첫 번째 실마리를 제공하였다. 전자기 법칙들은 미묘하고 복잡하다, 그리고 전기력선과 자기력선으로의 표현은 현상을 설명하는 그림을 그린 것이다.

전기 모터의 발명

새롭게 발견된 법칙들은 실용적인 면에 있어서 전기적 에너지를 운동의 역학적인 에너지로 바꾸는 방법을 알려준다는 것이 명백하게 되었다. 전류는 자기장을 만든다. 전류가 자기장 속에서 흐를 때 전하는 힘을 받게 된다. 이 두 가지 사실은 전류와 힘 사이에 연관이 있음을 보여준다. 어떤 기계적인 발명 솜씨를 가진다면, 전기적 에너지를 사용하여 기계적인 시스템을 움직이는 전기모터를 만들 수 있게 된다. 그러한 모터는 처음에 뉴욕의 버몬트에 있는 대장장이의 가게에서 토머스 데이븐포트(Thomas Davenport, 1802-1851)와 오렌지 스말레이(Orange Smalley, 1812-1893)에 의해 만들어졌다.1834년에 배터리로부터 전류를 사용하여 회전운동을 만들어 내는데 성공하였고, 같은 배터리를 이용하여 강력한 전자석을 만들었다. 다른 말로 말하면, 자기장을 생성하는 전류는 결과적으로 그자신의 자기장에 의해 영향을 받는다!

그 당시에는 전기로부터 역학적인 일률의 생성은 중요하게 보이지 않았었다. 이 세계를 바꾸는 발명품은 아직까지는 상업적인 성과물이 아니었다.

■ 10.4.8 움직이는 전하들 사이의 상호작용

전하들이 움직일 때 그것들은 정전기력 이외에 서로에게 힘을 작용한다. 이러한 힘들의 크기와 방향은 각 전하의 움직이는 방향과 속력에 따라 다르다. 그리고 주어진 순간에서 그들의 상대적인 위치에 따라서도 다르다. 자기장의 개념은 이러한 힘들을 묘사하는데 훨씬 더 쉬워졌고, 자기력선은 움직이는 전하들의

움직이는 전하

상호작용을 지배하는 법칙들을 가시화 하는데 특히 유용하다. 힘의 선과 자성에 대한 전체적인 개념은 단지 그림을 그리는데 필요한 도구에 불구하다. 기본적인 본질은 정지해 있거나 움직이고 있는 전하이다. 거기에는 '자기적으로 하전된 입자들'과 같은 존재는 없다. 자성은 전기 없이 그 자체만으로 존재하지 않는다.

10.5 자기의 도움으로 전하를 움직이기

10.5.1 패러데이의 발견

1820년대 전류가 자기장을 만든다는 발견들은 반대로 자석이 전기장을 만드는데 이용될 수 있을까?라고 하는 생각을 하게 되었다. 만약 그렇게 된다면 자석에 의해 만들어진 전기장이 전하에 힘을 작용할 수 있게 되어, 전하를 움직이게 하여 전류를 만들게 된다.

가장 간단한 실험은 전선 옆에 자석을 갖다 놓는 것이었다. 그렇게 함으로써 과연 전선에 전류가 흐를 수 있을까? 가장 강한 자석을 이용한 실험에서 조차도 전류의 징조조차 발견하는데 실패하였다.

그 뒤에는 강한 전류가 흐르는 전선으로 자석을 대신했다. 첫 번째 전선에 전류가 흐를 때 어쨌든 두 번째 전선에서 같은 방향으로 아주 작은 전류라도 만들어 낼 수 있을까?? 다시 첫 번째 전선에 아무리 큰 전류를 흘려주어도, 그리고 그것들을 함께 가까이 놓아도 전선에 아주 약한 전류의 흐름조차도 감지할 수 없었다.

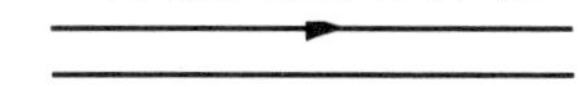

1840년 마이클 패러데이는 그 동안 전류를 발생시키는 데 필수적인 것을 놓쳐왔다는 것을 깨달았다. 단순하게 자기장은 그 존재만으로는 전기장을 만들 수 없다. 전기적 효과는 단지 자기장이 변화할 때에만 나타난다. 일정한 전류를 흐르게 하는 대신 그는 첫 번째 전선에 전류를 변화시켰을 때, 놀라운 일이 일어났다. 즉, 갑자기 두 번째 전선에서 전류가 생겨났던 것이다. 지금은 이러한 현상을 전자기 유도라고 부르며, 두 번째 전선의 전류를 유도 전류라고 부른다. 전류를 멈추거나 흐르게 함에 의해 패러데이는 이웃하는 전선에 전류를 만들었고, 그 전류도 역시 멈추거나 흐르기 시작하였다.

전자기 유도에 대한 정량적으로 말하기 위해 전기 선속 Φ_E를 정의하였던 것과 같이 자기 선속 Φ_B를 정의하는 것이 편리하다. 다시 말하지만, '선속'이라는 이름은 실제 물리적인 움직임을 뜻하는 것이 아니다. 자기 선속은 단위면적을 가로지르는 자기력선의 개수를 측정하는 것이다.

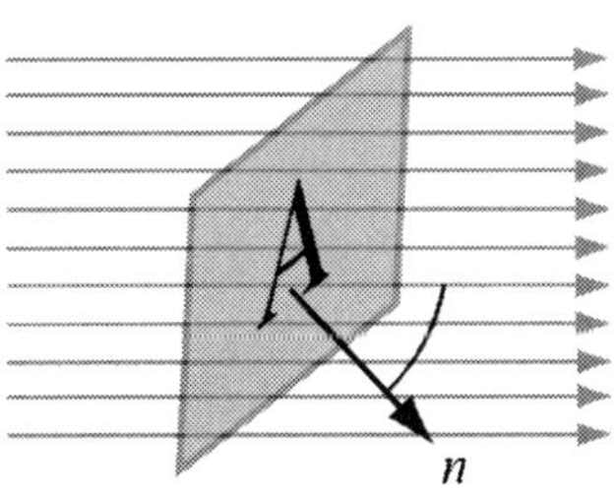

$$\varphi_B = B_n A = BA\cos\theta$$

전류를 유도하는 방법은 많이 있다. 전선 폐회로(그림 10.15와 10.16)를 향하도록 자석을 움직여서 자기장을 변화시킬 수 있다. 자석을 움직임으로서 폐회로를 지나는 자기 선속은 증가하고 그러면 전선에 전류가 흐른다. 선속이 증가할수록 전류는 흐르지만 선속이 최대값에 도달하였을 때에는 전류는 흐르지 않는다. 만약 자석을 폐회로로부터 멀리 하게 되면 폐회로에 반대방향으로 전류가 흐른다. 전류의 방향은 폐회로를 통과하는 선속이 증가하는지 감소하는지에 달려있다. 전류의 크기는 자석이 움직이는 빠르기에 의존한다.

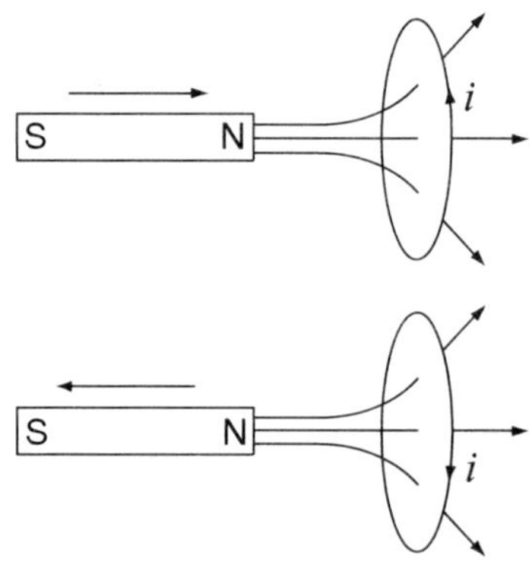

그림 10.15 폐회로를 통과하는 자기 선속의 변화에 의해 유도되는 전류

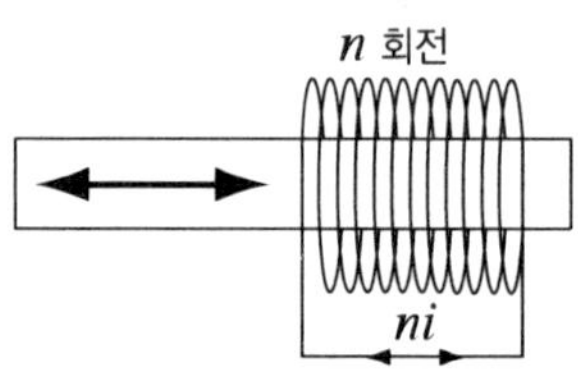

그림 10.16 전류는 n배 증가된다.

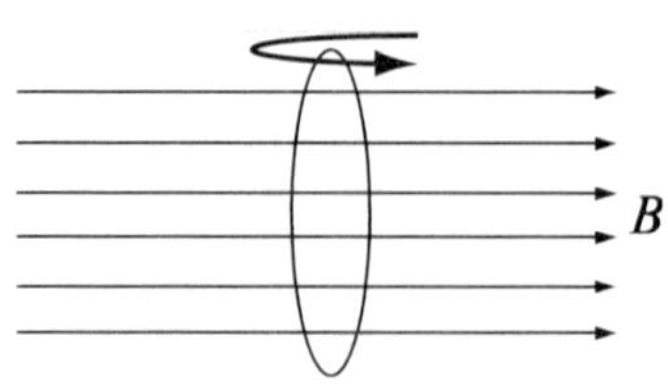

그림 10.17 발전기의 원리

자기장 속에서 회전하는 코일은 유도전류를 만드는 또 다른, 그리고 더 실제적인 방법이다(그림 10.17). 폐회로가 한 바퀴 회전할 때마다 전류는 두 번의 비율로 방향이 바뀌게 된다. 코일이 회전을 멈추면 전류도 흐르지 않는다. 더 큰 전류를 만들기 위해 회전하는 코일을 한 개의 폐회로 대신 사용할 수 있다. 그런 장치가 바로 발전기이다.

발전기에서 자기의 역할이 수동적이라는 것을 아는 것은 흥미롭다. 그러나 자기장의 존재가 회전하는 코일의 역학적 에너지가 전기에너지로 바뀌는 것을 가능하게 한다. 코일을 회전시키기 위해서는 일을 해 주어야만 한다. 에너지 보존법칙이 우리가 아무것도 하지 않으면 어떤 것도 얻을 수 없다는 것을 말한다.

■ 10.5.2 전자기 유도에 관한 패러데이의 법칙

패러데이는 '변화하는 자기장이 전기장을 만든다'는 것을 발견하였다. 이 사실을 정량적으로 묘사하기 위하여 기전력(EMF)라고 불리는 양을 정의하는 것이 필요하다. 그것은 '단위 양전하가 폐회로 둘레를 완전히 한 바퀴 움직이게 하는데 필요한 일'로서 정의된다.

전자기 유도에 대한 패러데이의 법칙 : 유도 기전력은 폐회로를 통과하는 자기 선속의 변화율에 비례한다. 이를 수학적으로 기술하면,

$$\mathrm{EMF} = \int \vec{E} \cdot \overrightarrow{ds} = \frac{-\,d\phi_B}{dt}$$

(음의 부호는 유도되는 전기장의 방향이 자기 선속의 변화에 반대하는 방향을 나타낸다. 만일 이것이 그렇지 않았다면, 자기지속적인 인과관계는 무한히 에너지가 지수 함수적으로 증가하는 결과가 될 것이다.

10.6 맥스웰의 합성

10.6.1 사실들을 함께 놓기

19세기 중엽까지 전기와 자기현상을 포함하는 실험결과들이 복잡하며 명백하게 연결되지 않은 것은 놀라운 일이 아니었다. 전기장과 전류, 자기장과 유도전류를 포함하는 많은 법칙들이 독립적인 것으로 보였다. 이것들은 한 법칙과 다른 법칙 사이에 어떠한 논리적 연결을 가지지 않고 꽤 복잡하였다. 1864년, 제임스 클럭 맥스웰은 모든 법칙들을 함께 놓고 통합해서 하나의 아름답고 통일된 모습을 형성한다는 것을 보여 주었다. 맥스웰은 본질적으로 오직 4개의 법칙들만이 있다는 것을 깨달았다: 전기에 대한 가우스 정리, 자기에 대한 가우스 정리, 앙페르 법칙 그리고 패러데이 법칙.

그 시기에서 4개 법칙 모두는 매우 잘 입증되었으며 실험에 의해서 확인되었다. 맥스웰은 그것들을 동시에 방정식으로 표현하였다. 그리고 통합된 4개의 법칙으로부터 나타나는 결과를 설명하기 위해 수학적 힘을 사용하였다.

결과들은 드라마틱하게 놀라웠다. 방정식의 해들은 전기와 자기의 상호작용이 어떻게 전자기적 신호를 발생시켜서 놀라운 속력으로 전파하고 통신정보의 수단을 제공하며 심지어 수백만 마일 떨어진 곳에 에너지를 전달할 수 있는 것을 보여주었다. 물리학의 역사에서 상상할 수 없는 차원의 실제적인 결과를 가진 새로운 장이 열렸던 것이다.

10.6.2 앙페르 법칙의 중요한 확장

맥스웰은 법칙중의 하나, 즉 (10.1) 방정식에 의해 주어졌던 앙페르 법칙이 불완전하다는 것을 곧 깨달았다. 이 방정식은 전류, 즉 움직이는 전하에 의해 생산되는 자기장을 바르게 정량화한다. 맥스웰은 또한 물리적으로 움직이는 전하가 없이도 자기장을 생성하는 것이 가능하다는 것을 지적하였다. 전기 축전기를 충전하는 과정에서 어떤 일이 일어나는가를 봄으로써 이것이 왜 그렇게 되는지 쉽게 이해할 수 있다.

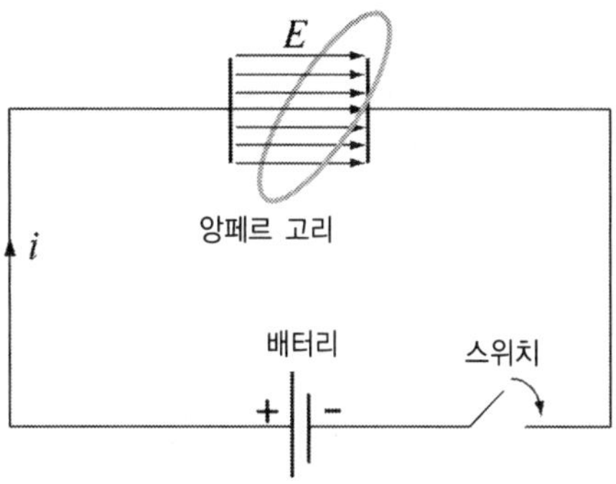

그림 10.18 축전기가 충전됨에 따라 두 판 사이의 전기장 E가 증가한다.

축전기는 전하를 저장하는 장치이다. 가장 단순한 형태로는 두 장의 편평한 판을 나란하게 일정한 간격만큼 떨어뜨려 놓아 만들 수 있다. 그림 10.18은 배터리, 스위치, 그리고 축전기로 구성된 전기회로를 나타낸 것이다. 스위치가 닫히면 전류가 흐른다. 하지만 전하는 축전기 판 사이를 가로질러 갈 수가 없다. 양과 음의 전하는 축전기가 완전히 충전될 때까지 축전기의 서로 반대 판에 쌓이게 된다.

전류가 흐르는 동안 앙페르 법칙에 의해 도선을 중심으로 하는 동심원들의 자기력선을 가진 자기장이 만들어진다. 그러나 전하의 실제 흐름이 없는 영역, 즉 축전기의 중심부근에는 자기효과가 있겠는가? 이것을 나침반 바늘을 가지고 실험적으로 탐구할 수 있지만, 또한 논리적으로 유추할 수도 있다. 앙페르 법칙 밑에 깔려있는 논리는 폐회로의 크기나 모양에 달려있지 않다는 것이다. 하나의 앙페르 폐회로가 회로주위에 아무렇게 그려진다면, 폐회로 주위에서의 자기장에 대한 적분($\int B \cdot ds = \mu_0 i$을 상기해라)값은 고리에 의해 묶여진 표면을 통과하는 전류에 대하여 같은 값을 가진다. 전류가 흐르는 도선을 자르는 표면을 선택할 수도 있고, 전류가 흐르지 않는 축전기 안의 표면을 선택할 수도 있다. 이것은 축전기 안에서 어떤 일이 일어나든지 관계없이 자기장의 형성에 동등하게 기여한다는 것이다.

맥스웰은 축전기를 통과하는 전류는 없다하더라도, 전기장 E는 변화하고 있다는 것을 알았다. 이것은 축전기 둘레의 어떤 앙페르 고리를 통과하는 전기선속을 변화하게 한다. 그는 이 변하는 전기선속은 전하의 흐름과 같은 자기 효과를 가진다고 제안하였다. 그리고 방정식의 오른쪽 편에 $\epsilon_0 d\phi_E/dt$로 표현되는 두 번째 항을 더하여 일반화된 앙페르 법칙을 만들어 냈다. 그는 이 항을 변위전류 (i_d)라고 불렀다. 이것은 실제 전류, 즉 전하의 흐름이 아니다. 그러나 물리적 전류와 같은 효과를 가진다. 일반화된 형태의 앙페르 법칙이 이제는 다음과 같다.

$$\int \vec{B} \cdot \vec{ds} = \mu_0(i + i_d) = \mu_0 i + \mu_0 \epsilon_0 d\phi_E/dt$$

왼쪽편의 적분의 값은 앙페르 고리의 위치에 무관하고 그 순간에 고리를 꿰고 지나가는 전하에 의한 전류와 변위전류 합의 μ_0배이다.

맥스웰의 확장은 어떤 방정식에 부가적인 항 하나를 더한 것보다 훨씬 더 큰 것이다. 그것은 자기장이 움직이는 전하가 없을 때에도 생산될 수 있다는 것을 나타낸다. 또한 시간에 따라 변화하는 전기장에 의해서도 생산될 수 있다는 것이다. 전기장의 근원인 전하가 그 과정에서 더 이상 중요한 역할을 하지 못한다. 그 장들은 새로운 본성을 갖는다.

맥스웰의 근본적인 연구인 〈전기와 자기에 대한 취급(Treatise on Electricity and Magnetism)〉은 1873년에 처음 발간되었으며 새로운 과학적 시대의 주춧돌의 하나로서 뉴턴의 원리와 견줄 만 하다고 할 수 있다.

■ 10.6.3 네 가지 법칙

1. 쿨롱의 법칙/가우스의 정리

$$\int E_n dA = \frac{q}{\epsilon_0}$$

폐곡면을 통과하는 전기선속 = 폐곡면 안쪽의 알짜 전하

2. 자기력선은 항상 폐회로를 형성한다.

자기 홀극은 없다. 가우스에 의해 표현된 형태

$$\int B_n dA = 0$$

폐곡면을 통과하는 자기선속 = 0

3. 앙페르 법칙(맥스웰의 확장)

$$\int \overrightarrow{B} \cdot \overrightarrow{ds} - \mu_0 (i + i_d) = \mu_0 i + \mu_0 \epsilon_0 d\phi_E / dt$$

전류 또는 변화하는 전기장은 자기장을 생성한다.

4. 패러데이 법칙

변화하는 자기선속은 전기장을 생성한다.

$$\int \overrightarrow{E} \cdot \overrightarrow{ds} = \frac{-d\phi_B}{dt}$$

■10.6.4 전류를 켰을 때....

맥스웰 방정식은 전자기 법칙을 정량적인 형태로 나타내었고, 다양한 실험 데이터들의 조합에 기초하여 논리적인 결론으로 이끄는 강력한 수학적 기법을 사용할 수 있게 하였다. 맥스웰은 방정식의 해로부터 발생한 전자기 신호가 어떤 정해진 속력으로 전파하는 것을 예견하였다.

수식적으로 방정식을 푸는 것보다 차례로 각 방정식을 고찰하는 것이 더 교육적이며, 사건들의 놀랄만한 연결이 전류 스위치를 켜는 것과 같은 단순한 행동에 의해 시작된다는 것을 보여준다.

전류를 켜자마다 전선을 둘러싼 주위의 위에서 바라 보았을 때 반시계방향으로 자기장(B)이 나타난다. 그 그림은 전선에 일정한 전류 i가 흐를 때의 상황을 나타낸다. 스위치를 넣는 순간으로 돌아가면 처음에는 전선에 전류는 흐르지 않으며, 자기장도 없다. 그런다음 전류가 흐르기 시작하였을 때 전선으로부터 멀리 떨어진 지점에는 여전히 자기장은 없다. 자기장이 순간적으로 나타날 수 없다는 것을 패러데이의 법칙으로부터 유추할 수 있다. 만일 그렇다면 어느 곳에서나 자기장이 0에서 어떤 값까지 즉시 변할 것이고, 이것에 의해 주위의 모든 공간에서 아주 큰 선속의 변화 $d\phi_B/dt$가 나타나게 되어, 이것이 다시 무한히 큰 전기장을 유도하게 될 것이다. 따라서 자기장의 생성은 유한한 속력으로 전선으로부터 펴져 나온다고 결론을 내리는 것 이외에 다른 선택이 없다.

논의를 단순하게 하기 위해, 전류에 의해 생성되는 자기장이 일정한 경우를 생각하자(그러한 균일한 자기장 B는 전선 대신에 무한히 큰 얇은 판모양의 전하가 움직이는 경우에 가능할 수 있다). 자기장의 전파율은 두 경우에서 같다.

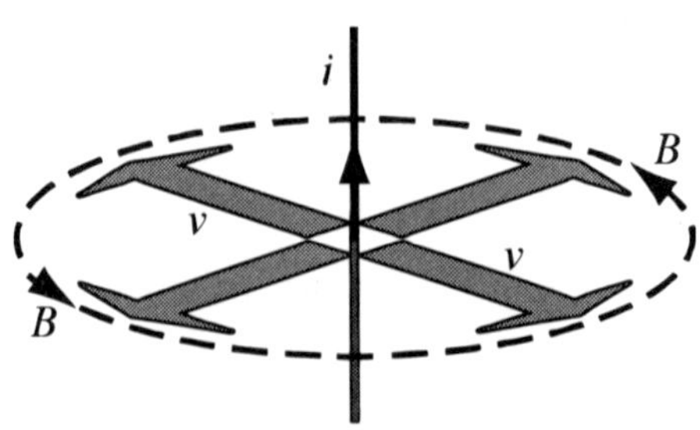

그림 10.19 전류가 흐르는 전선 주위의 자기장

■ 10.6.5 전파하는 자기장

스위치가 닫혀 전류가 흐르는 순간 자기장은 모든 방향으로 조수에 의한 파동(조수파)과 같이 퍼져나가게 된다. 그림 10.20에서 보는 바와 같이 왼쪽에서 오른쪽으로 퍼져나가는 자기장의 앞쪽 가장자리의 일부분이 어떤 지점에 도달하였다. 그곳의 왼쪽에는 자기장이 페이지에 수직한 방향으로 있으나, 오른쪽에는 아무것도 없다. 왜냐하면 조수파는 아직 그 지점에 도달하지 않았기 때문이다.

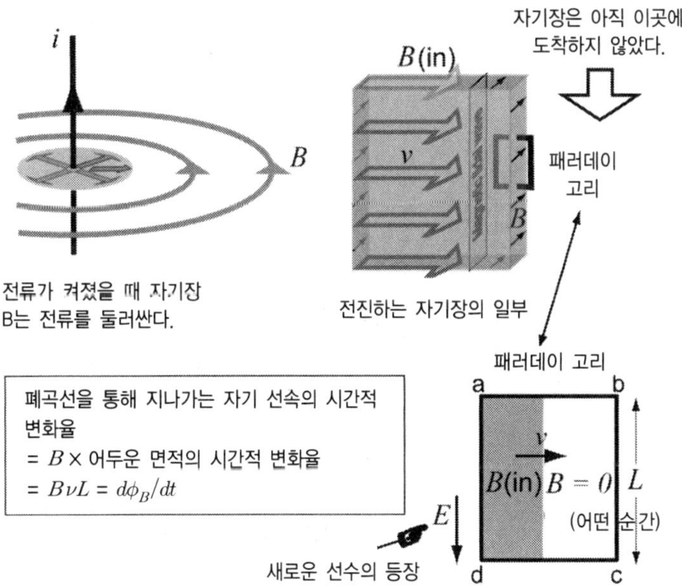

그림 10.20 자기 조수파

이제 '자기적 조수파'의 앞쪽 가장자리의 어떤 점에 패러데이의 폐곡선를 놓아 보자(그림 10.20 아랫부분). 폐곡선을 가로지르면서 자기장 B가 상수인지 아닌지 걱정하지 않기 위해 될 수 있는 한 고리를 작게 만들 수 있다.

패러데이의 법칙은 폐곡선을 통과하는 자기선속이 변함으로써 전기장이 유도되는 것을 말한다. 그 과정은 다음과 같다.

$$\int \overrightarrow{E} \cdot \overrightarrow{ds} = -\frac{d\phi_B}{dt}$$

그러나 $\frac{-d\phi_B}{dt} = BvL^*$ 그리고 $\int \overrightarrow{E} \cdot \overrightarrow{ds} = EL$

$$\Rightarrow BvL = EL \text{ 그리고 } v = \frac{E}{B}$$

전기장 E는 고리의 bc를 따라 0이며, ab와 cd에 수직하다. 그러므로 적분에 단지 ad를 따르는 것만이 기여한다.

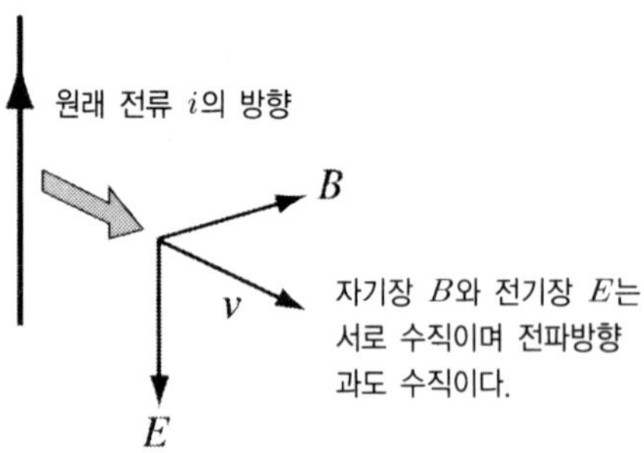

그림 10.21 자기장에 직각으로 유도되는 전기장

들어오는 자기장 B가 원래의 전류의 방향과 반대방향이면서 자기장의 방향과 수직한 방향으로 전기장 E를 발생시키는 것을 유추해왔다. 또한 그림 10.20과 관련된 방정식을 동시에 풀어서 v의 표현을 구했다. 전기장과 자기장은 두 장의 크기의 비율과 같은 일정한 속력으로 함께 전파해 갈 것이다:

$$v = \frac{E}{B}$$

* 그림 10.20의 설명 참조

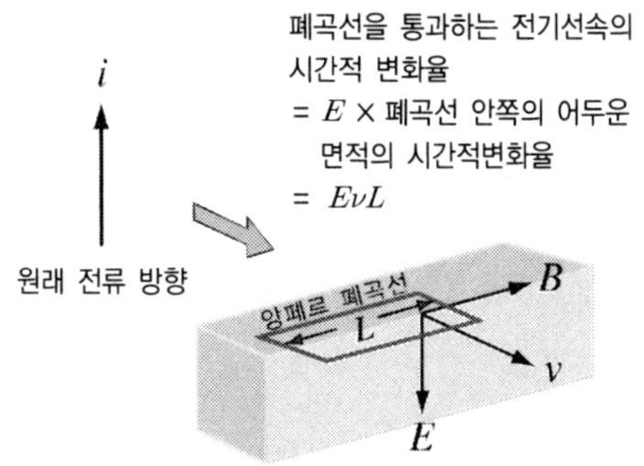

그림 10.22 앙페르 폐곡선을 통과하는 변화하는 전기선속

다음 단계는 그림 10.22에서 묘사되었다. 새로운 선수(new player)가 지금 등장해서 그 행동에 기여한다. 그것은 전에 그곳에 없었던 전기장이다. 즉 전기장이 더 이상 0이 아니다. 완전한 인과관계를 가지게 되었다.

그림 10.22에서 앙페르 폐곡선을 고려하자. 이 폐곡선의 면은 전기장 E에 수직하다. 조수파가 전진할 때처럼, 폐곡선을 통과하는 전기선속은 일정한 비율로 증가하고, 앙페르 법칙에 의해 아래의 방정식과 같이 새로운 자기장을 생성하게 된다.

앙페르 법칙(맥스웰 확장)

$$\int \overrightarrow{B} \cdot \overrightarrow{ds} = \mu_0 I + \mu_0 \epsilon_0 \frac{d\phi_E}{dt}$$

전하와 전류가 없는 자유공간을 고려하면 $I = 0$이다.

그러나 전기선속의 변화율은

$$\frac{d\phi_E}{dt} = EvL$$

$$\rightarrow \int \overrightarrow{B} \cdot \overrightarrow{ds} = BL = \mu_0 \epsilon_0 LvE$$

$$\rightarrow v = \frac{B}{E\mu_0\epsilon_0}$$

다음과 같은 식으로 쓸 수 있다. 즉

$$v = \frac{1}{v\mu_0\epsilon_0} \rightarrow \quad v^2 = \frac{1}{\mu_0\epsilon_0} \quad \rightarrow v = \left(\frac{1}{\mu_0\epsilon_0}\right)^{1/2}$$

조수파가 전파하는 속력은 물리상수에 의해 표현되는 정확한 값을 갖도록 전자기법칙에 의해 유도된다.

자유공간에서의 유전율 $\epsilon_0 = 8.85 \times 10^{-12}\,\mathrm{C^2/Nm^2}$

그리고 자기 투자율 $\mu_0 = 4\pi \times 10^{-7}\,\mathrm{NA^{-2}}$

$$\rightarrow v^2 = \frac{1}{\epsilon_0\mu_0} = 8.9875 \times 10^{16}$$

$$\rightarrow v = 2.99 \times 10^8\,\mathrm{m/s}$$

10.7 그때 빛이 있었다.

■ 10.7.1 원인과 결과 – 요약

한 전하가 가속되어진다면 원인과 결과의 끝없는 고리를 시작하게 할 것이라는 것을 맥스웰 방정식에 표현된 법칙들로부터 알 수 있다. 전하가 움직이기 시작하는 순간부터 가속되는 동안, 그 전하는 변화하는 전기장을 만들게 되어, 이것이 자기장을 야기한다. 이전에 없었던 자기장을 갖게 되고, 4번째 법칙에 따라 자기장의 변화는 전기장을 생성할 것이다. 그 장들은 그들의 발생지를 떠나 스스로를 영원히 유지한 채 공간으로 전파해 나간다. 하나가 변화됨으로 다른 것이 생겨나고, 이것들이 차례로 처음 것을 다시 생겨나게 한다.

지금까지 본 것과 같이, 맥스웰은 독립적으로 결정되었던 전기상수와 자기상수에 의해 장이 전파되는 속력을 계산할 수 있었다. 상수들의 실제 값들을 넣고 계산해 본 결과는 매우 익숙하다. 왜냐하면 최근에 피조 등에 의해 측정되었던 빛의 속력과 같기 때문이다. 그는 자신의 글에서 "빛은 전기와 자기 현상을 일으키는 물질 속에서 횡파로 존재한다는 결론을 피할 수가 없다."

맥스웰이 언급하였던 에테르라고 불리는 매질은 볼 수도 없고, 냄새도 없으며, 단지 빛을 전파하기 위하여 존재한다고 제안된 물질이다. 파동의 속력은 4.2절에서 본 것처럼 물질의 탄성에 의존한다. 빛이 그렇게 빠르게 진행한다면, 그 속력으로 진동을 전달시키기 위해서는 철보다 더 단단하고 강해야만 한다. 그런데 어떻게 해서 에테르는 물체를 아무런 저항없이 에테르를 통과하여 나가게 하는가?

이것은 알버트 아인슈타인의 특수상대성이론이 만들어질 때까지 해결되지 않는 수수께끼였다. 결국 에테르 아이디어는 묻혀버렸다(15장). 그러는 동안 실험적으로 검증될 수 없는 부적절한 물질에 대한 다소 당혹스런 개념들이 생겨나기도 하였다.

■ 10.7.2 전자기 펄스 만들기

그림 10.23에서 회로 스위치가 닫혀있는 동안 일정한 전류가 흐른다. 전류가 흐르는 전선 주위에는 1820년에 에르스텟에 의해 발견되었고, 앞에서의 그림에서 동심원을 이루는 철가루가 그려진 것처럼 자기장 B가 존재한다(B는 동심원의 자기력선으로 나타냄). 이 자기장의 세기는 전선으로부터 거리가 멀어질수록 매우 빠르게 감소하며 몇 cm 정도에서 무시할만한 크기가 된다.

맥스웰은 1840년에 패러데이에 의해 특별하게 제안된 부가적인 지식을 이용하여 전류가 흐르기 시작하는 순간에 꽤 신기한 것이 일어난다는 유추를 하였다. 전선 주위의 동심원 모양의 자기장이 순간적으로 나타나지 않고 조수파와 같이 방사상으로 퍼진다.

그림 10.23에서 인과관계의 연속적인 고리에 의해 서로 생성과 다시 생성하는 교차하는 전기장과 자기장으로 구성된 이 조수파의 맨 앞부분의 일부를 보여

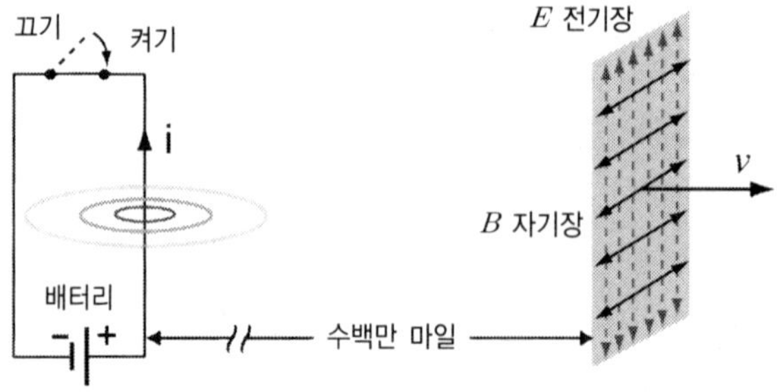

그림 10.23 전기장 E와 자기장 B의 묶음이 발사되었다.

준다. 이 전자기 펄스는 에르스텟의 지속적인 자기장의 흔적이 없는 곳으로도 계속 전파해 나간다. 이 장들은 독립적으로 출발하여 자유공간을 통하여 수백만 마일 떨어진 곳으로 스스로 전파해 갈 것이다.

■ 10.7.3 전자기파

그림 10.23에서 설명된 이상적인 예는 전류 스위치가 갑자기 단 한번만 켜지는 것에 대한 것이다. 실제로 한 번의 짧은 파는 별로 중요하지 않다. 전자기파를 생성하는 주기적으로 변화하는 전류의 효과가 더 흥미롭고 실제적이다.

전기장과 자기장은 서로 수직하다. 그들은 진행방향에 수직한 위상에서 연속적으로 진동하며 변화한다. 위의 그림에서 근원이 되는 전하는 y축을 따라 진동한다. 전기장 또한 y축 방향으로 진동하며 반면에 자기장 벡터는 항상 z축을 따라 진동한다.

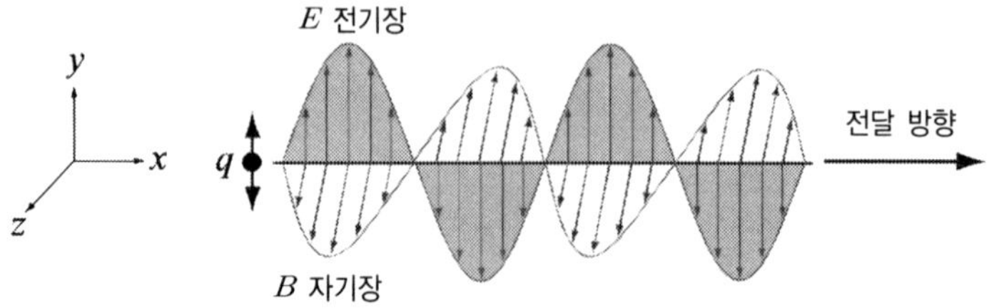

그림 10.24 전자기파

■10.7.4 실질적으로 이론을 적용하기

전자기파에 대한 맥스웰의 예견은 1864년에 이루어졌으며, 그와 동시에 많은 물리학자들에 의해 실험적으로 그러한 파를 생성하기 위한 시도들이 뒤따랐다. 매우 높은 주파수를 지닌 교류전류를 만들 수 있는 기술이 부족하였기에 맥스웰의 생각은 많은 물리학자들에 의해 회의적으로 취급되었다. 그러나, 20여년 후인 1887년에 독일의 물리학자 하인리히 헤르츠(Heinnrich Hertz, 1857-1894)는 아주 큰 전위차를 갖는 두 지점에서 전기 스파크를 발생시켜 빠르게 진동하는 전하를 효과적으로 생성하는 방법을 발견하였다.

아주 큰 전위차는 그림 10.25의 왼쪽에 보이는 기구와 같이 두 작은 구 사이에 '스파크 틈'을 건너뛰어 발생되었다. 전자들은 틈의 양 쪽에 있는 금속표면의 단자로부터 자유로워져 스파크를 형성하면서 방전된다. 그 스파크들은 고주파로 앞뒤로 뛰어넘어 진동하는 전하의 효과를 만들어 전자기파를 생성한다.

검출기는 스파크 틈과 비슷한 작은 틈을 가진 폐회로 전선으로 구성되어 있다. 전자기파가 원형 폐회로에 도달할 때 폐회로는 전자기파를 감지하는 안테나의 역할을 하여 전류가 유도된다. 그로 인하여 작은 스파크들이 두 번째 틈에서 발생하게 된다. 송신과 수신의 라디오 통신의 기초가 설립된 것이다.

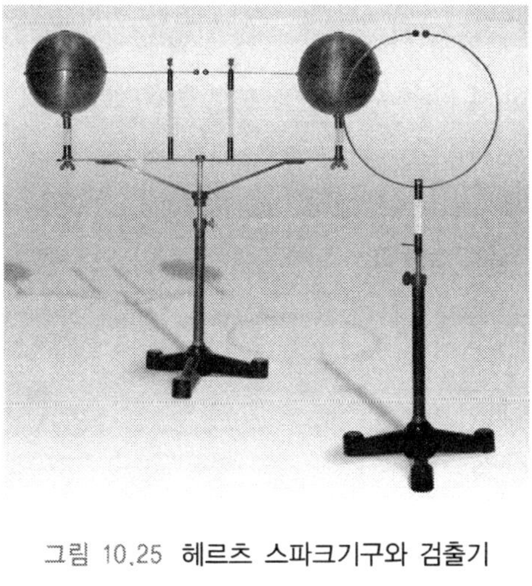

그림 10.25 헤르츠 스파크기구와 검출기

헤르츠는 그의 발견에 대한 실질적인 중요성을 깨닫지 못했다. 이 현상이 어떻게 이용될 수 있는지에 대한 질문에서 기록되어 있는 그의 응답은 이러했다. '아무 곳에도 쓸모가 없다. 이것은 단지 신비한 전자기파가 있다고 하는 맥스웰의 주장이 옳다는 것을 증명하는 실험일 뿐이다. 맨 눈으로는 볼 수 없지만 그곳에 있었다.'

그 당시 10대였던 구글리에모 마르코니(Gugliemo Marconi, 1874-1937)는 헤르츠의 실험에 대하여 읽고 헤르츠의 발견이 신호의 전송에 응용될 수 있는 실질적으로 매우 이용가치가 있다는 것을 깨달았다. 젊음의 열정과 사업가로서의 비전을 갖고 그는 방법의 개발에 착수하였고, 1895년에 이태리의 그의 아버지의 농장에서 약 2 km 떨어진 지점에 무선으로 신호를 보내는데 성공했다. 1899년까지 그는 영국해협을 가로지르는 무선통신을 수행하기 위해 충분하게 기술을 개량하였으며, 1901년 12월에는 최초로 대서양을 가로질러 신호를 보냈다.

구글리에모 마르코니. *아일랜드 우편국 제공.*

특히 미국 해군이 마르코니의 발명품에 감동을 받았다. 그것은 바로 바다 위를 자유롭게 움직이는 선박들이 통신할 수 있는 방법이었다. 메시지가 증가할수록 한꺼번에 전송되어지는 것이 문제가 되었고 또한 개별적인 메시지를 구별하기가 어려워지게 되었다. 마르코니는 각 전송기가 특별한 주파수의 파동을 보내고 수신하는 곳에서도 같은 주파수로 '라디오 소음'을 제거하여 조절할 수 있도록 함으로서 이 문제를 극복할 수 있었다. 1912년 비극의 타이타닉 침몰에 따라, 바다에서 24시간 선박들 사이의 무선통신을 관할하게 되었다.

역사적 막간 : 제임스 클락 맥스웰(James Clerk Maxwell, 1831–1879)

제임스 클락 맥스웰은 스코틀랜드 갤로웨이에서 어린 시절을 보냈다. 3살 때부터 사물이 어떻게 움직이는지에 특별한 관심을 보였으며, 부모는 자물쇠의 원리에서부터 우주의 작동원리 등 다양한 주제에 대한 끝없는 질문에 답해야만 했다. 그의 어머니가 어린 아들의 교육을 책임지고 그녀의 지도하에 읽기, 쓰기, 셈하기에 대한 기초와 성경의 문구를 암송하게 하였다. 8살 때, 어머니는 아들이 성경의 가장 긴 시편 176편을 모두 암송할 수 있다고 자랑했다. 이것은 아마도 훈련이 엄청난 기억력을 갖도록 도운 것 같으며, 나중에 그는 오랜 기간 동안에 걸쳐 축적된 정보들을 기억할 수 있었다. 이러한 재능은 과학적 업적 뿐 아니라 많은 주제에 대한 일반적인 그의 지식을 보면 명백하다. 직업 중에 서커스에서 전문직으로 암기하는 사람과 같았다.

제임스의 어머니는 그의 훌륭한 아들이 성장하는 것을 보지 못하고 일찍 세상을 떠났다. 1839년에 그녀가 죽자 더 이상 제임스를 집에서 교육시키기가 어렵게 되었다. 기정교사가 고용되었으나 곧 그만 두었고, 아버시는 그의 아들을 에딘버러 대학에 보냈다. 제임스는 첫날 트위드 복장과 발가락이 있는 사각신발을 신고 그곳에 도착했다. 이상한 복장과 느리고 머뭇거리는 말투로 인해 그는 멍청한 놈이라는 별명으로 불리게 되었다. 외톨이가 된 젊은 맥스웰은 울퉁불퉁한 학교 교정을 좋아하지 않았고, 다른 학생들에게 따돌림을 당했다. 몇 년이 지나자 맥스웰의 능력과 수학에 관한 뛰어난 재주가 점점 더 부각되기 시작했다. 맥스웰이 14살이 되었을 때, 〈난형곡선에 대한 논문〉이라는 제목의 과학적 논문을 완성하였다. 그 방법은 완전한 타원체를 그리기 위해 한 지방의 화가가 실패한 시도에 의해 영감을 받았다고 한다. 그의 아버지는 그것을 그 대학의 자연철학 교수인 존 프로브에게 보여주었고 존 교수는 그것을 에딘버러 왕립학회에 출판하였다.

학교를 떠난 후 맥스웰은 대학과정의 필수 분야가 철학이었던 에딘버러 대학에서 1년을 보냈다. 그 과정은 주입식보다는 교육을 강조하였고 경쟁적인 시험도 없었다. 과학적 훈련은 그에게 열린 마음으로 선입관 없이 문제에 접근하는 능력을 주었다. 반면에 철학은 그가 본질을 떠난 과학적 이론들의 불필요한 부분들을 벗겨낼 수 있게 하였다.

학생으로서 맥스웰은 학부생동안 프로비스의 개인 실험실을 사용할 수 있는 특권을 가졌으며, 종종 프로비스의 실험을 도왔다. 그는 색깔분야에 흥미를 발전시켰고 편광에 대한 니콜프리즘을 발명한 윌리엄 니콜에게 소개되었다. 전형적으로 젊은 맥스웰은 집에서 가공되지 않는 편광판을 만들고 몇 가지 실험을 하고 물 색깔에 대한 실험결과를 니콜에게 보냈다. 니콜은 한 쌍의 니콜프리즘을 그에게 선물로 주었다.

1850년에 맥스웰은 캐임브리지로 옮겼다. 그는 완고한 캐임브리지 전통을 따라 느슨한 태도를 버렸다. 아침 6시에 의무적인 예배가 있을 것이라고 말하자 그의 반응은 모범적이었다: '예, 나는 더 늦게까지 머물 수 있을 것입니다' 그는 한 학기를 피터하우스 대학에서 보냈다. 그리고 나서 그는 가장 크고 자유로운 트리니티 대학으로 옮겼다.

그는 졸업 후 1855년에 펠로우가 되자마자 에버딘에 있는 마리샬 대학의 교수직을 얻었다. 그곳에서 자연철학 전 과정을 맡아 가르쳤다. 시범강의 준비는 그의 많은 의무 중의 하나였다. 한 시범강의에서 한 학생을 강단 위에 세우고 그의 머리카락을 비벼 전기로 거의 머리카락을 곤두세웠다. 그는 학생들이 스스로 실험을 하도록 하였다. 당시로는 혁신적인 것이었다.

쉬는 동안에도 맥스웰은 연구했고 1859년에 토성의 고리의 구조에 대한 논문으로 아담스 상을 받았다. 논문은 토성의 고리가 가스로 이루어질 수 없고 수많은 작은 입자들로 이루어져 있다는 것을 증명하는 것이었다.

맥스웰은 1860년에 런던의 킹스 대학의 자연철학 교수로 선발되었고 그곳에서 전자기에 관한 대부분의 중요한 연구들을 수행하였다. 그는 패러데이의 연구, 상호작용하는 물체들 주변 공간으로 확장하는 '역선'의 개념에 깊은 감명을 받았다. '내가 패러데이의 연구를 계속 생각함으로써, 그가 현상을 인식하는 방법이 비록 전통적인 모양이나 수학적 기호가 나타나지 않더라도 역시 수학적인 것이라는 것을 알았다'.

1864년 맥스웰은 런던의 왕립학회에서 발표하고 1865년에 첫 논문 〈전기자기장의 동역학적 이론〉을 출간하였다. 그는 다음과 같은 관측과 함께 논문의 결론을 내렸다: '복사열과 다른 복사광선이 포함되어 있는 빛은 전자기장을 통해 전파되는 파동의 형태에서의 전자기적 교란이라고 믿을만한 확실한 이유가 있다'

1865년 그는 대학을 떠나 글렌레어로 되돌아갔다. 그곳에서 자유롭게 연구하고 그의 아버지처럼 집을 새롭게 지을 작정이었다.

맥스웰은 1871년에 칩거생활을 그만두고 초대 캐번디쉬 물리실험실 교수가 될 것을 권유받았다. 그는 유명한 캐번디쉬 연구소를 설계하여 1874년에 열었다. 우리가 알고 있는 형태의 맥스웰의 방정식이 1873년 그의 저서 〈전기와 자기〉에 나타났다.

맥스웰은 많은 물리학의 분야에 근본적인 공헌을 한 다재다능한 뛰어난 이론가이면서 실험가였다. 전자기 뿐만 아니라 그의 이름은 기체 역학이론, 색채이론, 기하광학 그리고 열역학 분야에 연관되어 있다. 맥스웰과 헉슬리는 유명한 브리태니커 백과사전 9판의 편집자였다.

맥스웰은 1879년에 사망했다. 그의 죽음 직후 데이비드 에드워드 휴즈는 한 전기회로에서 헐거워진 연결을 통해 진동하는 스파크가 런던의 그레이트 포트랜드 거리에 있는 그의 집의 다른 방에서 전기신호를 감지할 수 있는 전자기적 신호를 생성한다는 것을 거의 우연히 발견하였다. 심지어 바깥의 거리에서도 감지할 수 있었다. 그는 '귀에 들리는 박스를 귀에 대고 돌아다니는 미친 교수'로 알려지게 되었다. 지금은 그가 최초의 움직이는 전화기에 대한 실험을 하고 있었다는 것을 안다.

데이비드 휴즈

1880년 2월 20일에 휴즈는 그의 장치를 왕립학회 사람들에게 발표했다. 그러나 사람들은 꽤 회의적이었다. 특별히 에드워드 스토커스(1819-1903)는 그 신호는 유도에 의해 생성된 것이고 전자기파에 의한 것이 아니라고 하여, 휴즈의 열정을 감소시켰다. 그 결과로 그의 아이디어는 발표되지 못했다. 최초의 전자기파의 실험적 수행은 1887년 헤인리 헤르츠에 의한 것으로 인정되었다.

올림픽 게임에서 한 육상선수가 장대를 깨끗하게 한다. 태양으로부터 오는 전자기파 그리고 일정한 방향으로 반사되어지는 전자기파는 텔레비전 카메라 안에서 전자들을 진동하게 한다. 지구전역에 수백만 텔레비전 세트속에 있는 2차 전자의 일부만이 유사한 진동을 한다. 육상선수로부터 카메라 안으로 들어간 파동은 유럽, 아시아, 아프리카, 아메리카, 그리고 오스트레일리아에 있는 텔레비전 스크린을 통해 빠져 나온다. 심지어 모든 세트들을 선으로 연결할 필요가 없다. 맥스웰에 의해 발견된 자연의 법칙이 그를 따르는 많은 과학자들에 의해 영리한 방법으로 응용되었기 때문에 이 모든 것이 가능하게 되었다.

전자기파를 생성하고 감지하는 것에 대한 발견은 인류 역사를 변화시켜왔다. 텔레비전을 통해 보는 것과 같이, '먼 거리에서 행동하고 통화하는 것', 혹은 직접 그리고 우주선을 타고 먼 행성으로 떠나는 것 등이 평범한 일이 되었다. 맥스웰의 파동은 모바일 폰을 연결하기도 하고, 어둠속에서 배를 볼 수 있도록 하고, 비행기를 안전하게 도착지로 인도한다. 짧은 전자기파, 즉 X-선은 물질을 침투하고 진단과 치료의 목적으로 의학에서 이용된다.

누구도 리처드 파인만의 이야기보다 맥스웰의 유산에 대해 잘 표현할 수 없을 것이다: '인류 역사의 매우 긴 관점으로부터 볼 때, 즉 지금으로부터 1 만년전 가장 광대한 사건이 19세기 맥스웰의 전기동력학의 법칙의 발견이라는 것을 판단하는데 조금도 의심할 여지가 없다. 미국 남북전쟁은 같은 10년 동안의 이 중요한 과학적 사건과 비교할 때 대수롭지 않은 일이 될 것이다.'

■ 부록 10.1 균일한 전기장의 에너지 밀도

전기용량의 정의 : $C = Q/V$

전기용량이 C인 축전기를 충전하는데 해 주는 일

$$dW = Vdq = \frac{q}{C}dq$$

전하 q로 충전된 축전기에 dq만큼의 전하를 더하기 위해 해 주는 일

$$W = \int dW = \int_0^Q \frac{q}{C}dq = \frac{1}{C}\int_0^Q qdq = \frac{Q^2}{2C} = \frac{1}{2}CV^2$$

평행판 축전기

표면 넓이가 A이고 분리된 간격이 d인 두 개의 나란히 놓여진 판으로 구성된 축전기의 경우, 분리된 간격 d가 판의 치수보다 많이 작을 때 전기장 E는 균일하게 되고 판사이의 부피에 가둬진다.

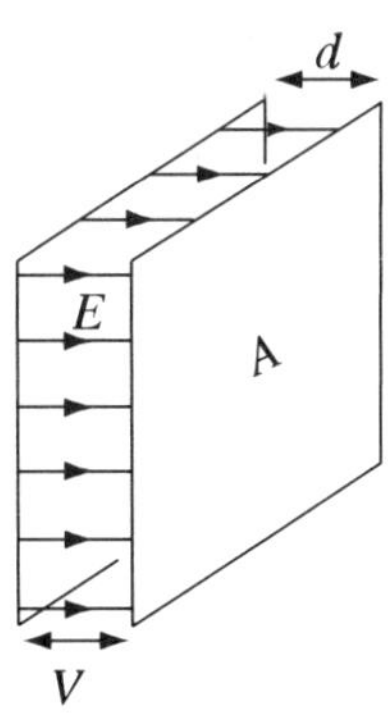

평행판축전기의 전기용량

$$C = \frac{A\epsilon_0}{d}$$

$$\text{전기장의 에너지} = \frac{1}{2}CV^2 = \frac{1}{2}\frac{A\epsilon_0}{d}(Ed)^2$$

$$= \frac{1}{2}\epsilon_0 E^2 Ad \ (V = Ed \text{를 기억해라})$$

에너지 밀도 $u_E = \frac{\text{에너지}}{\text{용량}} = \frac{1}{2}\epsilon_0 E^2$

■부록 10.2 단위와 차원

앙페르의 정의, 전류의 단위 : 전류가 흐르는 두 전선 사이에서 단위 길이당 작용하는 힘

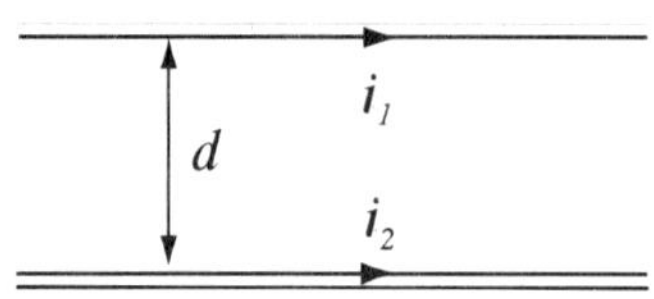

$$F = \frac{\mu_0 i_1 i_2}{2\pi d}$$

$i_1 = i_2 = 1\ \text{A}$, $d = 1\text{m}$일 때, 정의에 의해 $F = 2\times10^{-7}\ \text{Nm}^{-1}$이다.

$\mu_0 = 4\pi\times10^{-7}\ \text{NA}^{-2}$(자유공간에서의 투자율)

쿨롱의 정의, 전하의 단위 : $1\text{A} = \text{Cs}^{-1}$

전자기파의 속력의 크기

$$\text{쿨롱의 법칙 : } F = \frac{q_1 q_2}{4\pi\epsilon_0 d^2}$$

⇒ 자유공간에서의 유전율 $\epsilon_0 = 8.854\times10^{-12}\ \text{C}^2\text{N}^{-1}\text{m}^2$

⇒ $\mu_0\epsilon_0 = 8.854\times4\pi\times10^{-19}\ \text{NC}^{-2}\text{s}^2\text{C}^2\text{N}^{-1}\text{m}^{-2}$

⇒ 빛의 속력 $c = \left(\frac{1}{\mu_0\epsilon_0}\right)^{1/2}\ \text{ms}^{-1}$

(수치적으로 $2.998\times10^8\text{ms}^{-1}$)

제11장
'빛의 원자' -
양자 이론의 탄생

뜨거운 그을음으로부터의 빛

이번 장에서는 과학의 역사 중 가장 매혹적인 사건들을 이야기 한다. 이 사건들은 20세기 초반에 일어난 '흑체복사'라 불리는 것에 대한 실험적인 증거와 이론적인 예측 간의 불일치로부터 일어난 일로 다소 재미없게 시작된다. 타고 있는 숯이나 녹아있는 금속과 같은 것들의 뜨거운 표면으로부터 빛 색깔의 분포는 알 수가 없나.

열과 열의 전달에 대하여 잘 정립된 이론인 고전 열역학은 일반적으로 보이는 스펙트럼의 어떤 부분은 잘 설명하긴 했지만, 그 과정에 있어서의 특정한 모델을 설명하기에는 결정적으로 잘못된 것이 있다.

빌헬름 칼 빈(Wilhelm Carl Wien, 1864-1928)은 짧은 파장에서의 실험을 비교적 잘 설명하는 모델을 만들었다. 그러나 이 모델의 경우 긴 파장에서의 경우가 잘 설명되지 않아, 공식을 조정하거나 수학적으로 수정할 수밖에 없었다. 레일리경이 제시한 좀 더 상세한 모델은 긴 파장에 잘 맞는 양상을 보였지만, 파장이 짧은 경우에 예상된 복사 에너지가 무한대로 가는 양상 - 자외선 모순 - 을 보였다.

1901년 막스 플랭크는 혁신적인 제안을 하였다 - 그는 이 제안을 '자포자기 행동'이라 불렀다. 주어진 파장까지만 빛의 에너지를 제한함으로 그는 정확한 공식을 유도할 수 있었고, 이 공식은 실험에서 얻은 결과와 모든 부분에서 잘 일치하였다. 사실 이 공식은 빈의 표현을 조정한 것과 같았지만, 이번에는 타당한 물리학적 추론에 기초한 것이었다. 그럼에도 불구하고 아직 다뤄야 할 것들이 많이 남아있었다: 플랭크는 에너지의 방출은 어떠한 에너지의 단위로만 - 양자 단위인 hf의 정수배 - 가능하다는 가정을 만들어야만 했다.

그 당시까지 자연 철학을 이해한다는 것은 물리적인 개체가 가질 수 있는 값에는 어떠한 제한이 있을 수 없다는 것이 내재되어 있었다. 따라서 이러한 자연이 불연속하다는 것은 굉장히 반사회적이어서 플랭크는 가설을 발표하는 것을 두려워하였다. 사실 그의 가설은 1913년 닐스 보어의 연구가 성공하기 전까지 일반적으로 받아들여지지 않았다. 1905년 알버트 아인스타인이 양자화의 개념을 그의 광전효과 이론으로 발전시킨 것과 같은 주목할 만한 것을 제외하고, 물리학자들은 오랫동안 정립되어온 믿음을 버리는 것을 꺼렸다.

이 장을 좀 더 자세히 따라가기 위해, 기본적인 역학과 열역학의 약간의 지식들이 도움이 되겠지만, 토론부분에서의 자세한 부분들 - 특히 11.2절 - 을 훑어보며 지나간다면 개념들에 대하여 좋은 느낌을 가질 것이다. 그리고 11.5.1-11.5.4절을 만나게 되면, 그곳에 나오는 수학적 개념들을 다시 훑어보고 지나가면 된다. 만약 수학적인 표현에 익숙한 독자라면, 물리학의 역사에 있어 가장 근본적인 발견인 플랭크의 발자취를 따라가는 것을 즐기게 될 것이다.

11.1 복사에 의한 에너지 방출

■ 11.1.1 물질은 어떻게 전자기 에너지를 방출하는가?

물질은 양성자와 전자를 포함하는 원자 또는 분자로 구성되어 있으며, 그 양성자와 전자는 각각 양전하와 음전하를 가지고 있다. 전기적으로 중성인 물질이

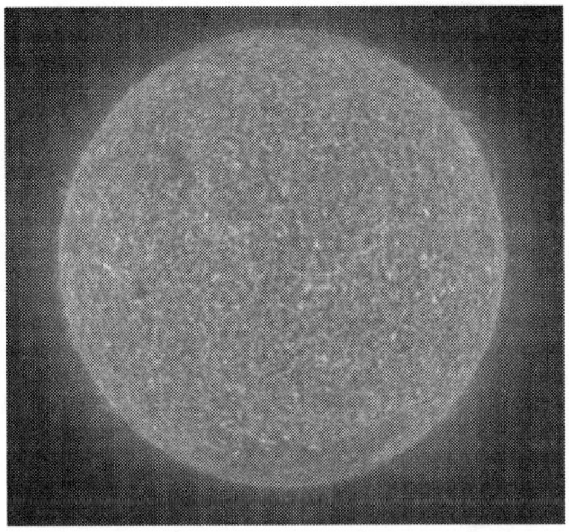

그림 11.1 뜨거운 표면에서 어떤 것이 일어나는가?

라고 할지라도 항상 전기적인 활성이 있는데, 이것은 원자 진동이 온도가 상승함에 따라서 더욱 빨라지기 때문이다. 맥스웰이 예견하고, 1888년 헤르츠가 입증한 것과 같이, 진동하는 전하는 전자기파를 방출하고 그 과정에서 에너지를 잃기 때문에 점점 느려지게 된다. 이것이 뜨거운 표면이 그 주변으로 빛을 방출히므로 생각할 수 있는 한 방법이다. 결국 열적 평형은 초당 방출하는 평균에너지와 복사를 흡수하는 것이 평형을 이룰 때 이루어진다.

■ 11.1.2 실험적인 결과들

그림 11.1에서 보이는 태양과 같이 주변보다 높은 온도인 표면으로부터 방출하는 전자기 복사에 대한 실험적인 연구는 가장 효율적으로 빛 에너지를 방출하는 표면은 또한 에너지를 완벽하게 흡수한다는 것을 보여준다. 모든 빛이 흡수되어 아무것도 반사하지 않을 때 표면은 검게 보인다. 이러한 이유로부터 위의 현상을 흑체 복사라 부른다.

뜨거운 기후에서는 보통 흰 옷을 입는데, 이것은 태양열을 흡수하기보다는 반사하기 때문이다. 또한 흰 옷은 밤 동안에는 체온을 유지하는 경향이 있다. 경험적으로 뜨거운 태양빛에서 검거나 짙은 옷을 입는 것은 좋은 생각이 아니다.

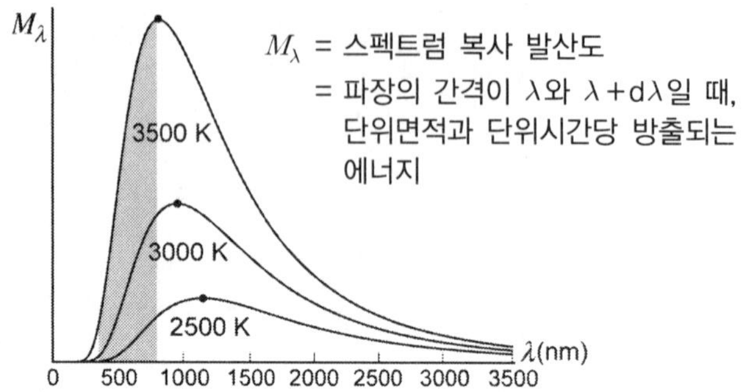

그림 11.2 검은 표면의 복사 스펙트럼 분포(가시영역은 약 450–750 nm 영역이다).

■ 11.1.3 흑체 복사 스펙트럼

그림 11.2는 서로 다른 파장에서 방출되는 에너지의 상대적인 양에 대한 실험적인 결과를 보여준다. 어떠한 주어진 파장 λ에서 스펙트럼 복사 발산도 (M_λ)는 단위 파장, 단위 면적에서 복사되는 전자기 에너지의 시간적 비율(일률)의 척도로서 정의된다.

검은 표면에서 방출되는 전자기 에너지의 스펙트럼은 보편적인 것이다. 이것은 표면의 온도에만 의존하며, 물질의 크기나 모양 혹은 화학적인 조성과는 무관하다. 위의 그림은 각각 다른 세 온도에서의 스펙트럼 복사 발산도 (M_λ)를 파장의 함수로 보여주며, M_λ의 단위는 단위 면적과 단위 파장당 일률이다.

2000 K 이하의 온도에서는 가시광선 영역에서 작은 비율의 일률만 방출된다.

■ 11.1.4 스테판-볼츠만 법칙(Stefan-Boltzmann law)

주어진 온도의 모든 파장에서 방출되는 총 일률(M)은 해당하는 곡선의 밑의 면적으로 나타낼 수 있다.

$$\text{총 방출된 일률} = \text{복사 발산도} = M = \int_0^\infty M_\lambda \, d\lambda$$
$$= \text{주어진 온도 } T\text{에서의 곡선 밑의 면적}$$

곡선 밑의 면적은 온도가 증가함에 따라 빠르게 상승하며 이것은 그림 11.2에서 확실히 볼 수 있다.

조셉 스테판(Josef Stefan, 1835-1893)은 스테판 법칙으로 알려진 실험적인 관계 - 총 방출되는 에너지는 표면의 절대온도의 네제곱에 비례하여 나타난다 - 를 1879년에 처음 발표하였다. 이로부터 약 5년 뒤, 루드비히 볼츠만(Ludwig Boltzmann, 1844-1906)은 열역학적인 논증을 사용하여 스테판-볼츠만 법칙으로 알려진 관계를 유도하였다.

조셉 스테판.
오스트리아 우편국 제공.

스테판-볼츠만 법칙: $M = \varepsilon\sigma T^4$

M = 단위 면적에서 단위시간당 방출되는 총 에너지
ε = 방사율 (검은 표면에서 1)
σ = 스테판-볼츠만 상수 = $5.67 \times 10^{-8}\,\mathrm{Wm^{-2}\,K^{-4}}$
T = 절대온도 (K)

루드비히 볼츠만.
오스트리아 우편국 제공

■ 11.1.5 빈의 변위법칙(Wien's displacement law) ; 파장의 분포

표면의 온도가 올라가면 스펙트럼에서의 봉우리는 더 짧은 파장(높은 주파수)으로 이동한다. 이것은 석탄 덩어리, 철로 만들어진 봉 혹은 텅스텐 필라멘트가 가열되면서 빛을 내는 것과 같은 일상의 경험에서 볼 수 있는 것들과 유사하다. 이러한 현상들은 온도가 올라가면 더 밝아질 뿐만이 아니라 두드러지는 빛의 색깔이 진한 빨강에서 밝은 노랑으로 그리고 백열상태로 바뀐다. 이 실험적인 사실들은 온도와 곡선의 봉우리의 파장과의 관계가 빈의 변위법칙을 따르는 것을 보여주는데, 이 법칙은 온도가 높으면 높을수록 복사가 최대가 되는 파장이 더

짧아진다는 것을 나타낸다. 이 관계를 그림 11.2에서 볼 수 있다. 온도가 2500 K 일 때 최대치는 1160 nm에서 일어나며, 3000 K 일 때는 970 nm에서, 3500 K일 때는 830 nm에서 나타난다.

$$\text{빈의 변위법칙: } \lambda_m T = \text{일정}$$

λ_m = M_λ이 최대일 때의 파장
T = 절대온도

실험으로 찾아낸 빈 상수의 값은 2.9×10^{-3} mK이다.

빈의 법칙을 사용하면, 물체의 온도를 방출되는 빛의 색으로부터 알아낼 수 있다. 예를 들어, 태양의 스펙트럼 복사 발산도는 파장이 약 500 nm 일 때 최대치를 가진다. 따라서 태양의 표면 온도를 다음과 같이 계산해 볼 수 있다:

$$\lambda_m T = 2.9 \times 10^{-3} \Rightarrow T = \left(\frac{2.9 \times 10^{-3}}{500}\right) \times 10^{-9} = 5800\,\text{K}$$

복사가 최대가 되는 파장이 가시 스펙트럼의 중간 정도로 정확히 떨어진다. 인류의 진화 관점에서 볼 때 이것은 결코 놀라운 일이 아니다(태양 표면의 온도와 태양 안쪽에 있는 핵의 온도인 $\sim 1.5 \times 10^7$ K와 혼동해서는 안 된다). 빈의 법칙으로부터 멀리 떨어진 물체에 다가가지 않고도 그 물체의 온도를 추정할 수 있다!

■ 11.1.6 광온도계

비접촉 방법으로 고온을 측정하는 방법 중 하나는 텅스텐 램프의 필라멘트의 밝기와 뜨거운 물체의 밝기를 비교하는 방법이 있다. 광온도계라 불리는 위의 방

법을 이용하는 실험기구를 사용하면 뜨거운 용광로, 녹은 유리, 핵폭발, 태양표면의 온도를 측정할 수 있다.

텅스텐의 잇점은 녹는 점이 약 1800 K인 철이나, 1350 K 인 구리와 비교하여, 약 3700 K으로 훨씬 높다는 것이다. 태양의 표면 온도와 같은 매우 높은 온도를 측정할 때 물체의 밝기를 차폐방법으로 감소시켜 측정한다.

11.2 흑체복사 스펙트럼의 고전적 이론 모델

■ 11.2.1 공동복사(Cavity radiation)

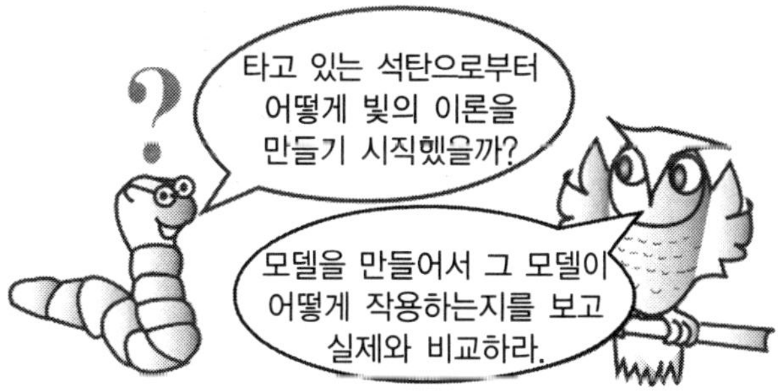

흑체복사에서 사용된 고전적인 이론은 높은 온도의 안쪽 벽을 가진 공동-이는 오븐과 유사함-으로 구성된 언뜻 보기에는 그럴 듯하지 않은 모델을 사용하였다. 안쪽 표면에서 방사되는 복사는 공동 안을 이리저리 튕겨서 다니면서 벽에서 반사하거나 흡수될 것이다. 벽에 의해 방출하는 에너지와 흡수되는 에너지가 같아지게 되면 결국 평행상태에 도달하게 될 것이다. 이러한 때의 공동 안의 복사는 오븐의 온도에서 평형 흑체복사로서 정의될 것이다. 이 상태는 공동의 크기나 형태 혹은 그 벽의 물질과는 상관이 없다.

그림 11.3처럼 모든 방향에서 공동을 종횡으로 움직이며 에너지를 운반하는 복사를 도시화할 수 있다. 평형상태일 때 어떠한 곳으로도 알짜 에너지의 흐름이 없을 뿐 아니라, 공동 내부에서 어느 면적 요소를 가로지르는 흐름은 모든 방향에서 같아져 상쇄된다. 그럼에도 불구하고 같은 온도로 둘러싸인 곳에서 에너지의

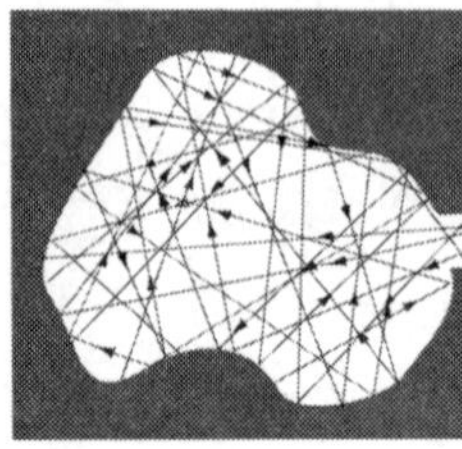

그림 11.3 전자기 파는 공동안에 구속되고, 벽에서 반사된다. 파장의 영역이 λ, $\lambda + d\lambda$일 때, 단위 부피당 복사되는 에너지는 $\psi_\lambda d\lambda$ 이다.

그림 11.4 공동으로부터 방출되는 복사는 불타고 있는 석탄에서 나오는 빛과 같이 보인다.

연속적인 흐름이 있는데, 이것은 정량적으로 표현할 수 있으며 그 점에서의 복사 에너지 밀도(ψ)라 부른다.

공동의 벽에 작은 틈새가 있다. 이 생각은 그 틈새를 통해 들어간 어떤 복사도 밖으로 나갈 수 있는 기회가 실제로 없다. 결과로서 공동 안으로 들어간다 함은 완벽한 흡수가 일어나는 것을 의미한다. 더욱 중요한 것은 이것은 또한 완벽한 방출체 또는 복사가 공동을 떠나는 창이 된다.

■ 11.2.2 공동모델의 열역학

루드비히 볼츠만은 공동에 관한 이론적 모델을 제시하였는데, 그 모델에서 그는 공동을 소위 카르노 순환이라 불리는 열역학적인 엔진으로 다뤘으며 전자기 복사를 작동물질로 간주하였다. 이 모델을 그 당시까지 잘 정립된 열역학의 법칙들에 적용하므로서, 그는 총에너지 밀도(ψ)의 T^4 의존성을 발견하였고, 그 공로로 스테판-볼츠만 법칙에 자신의 이름을 포함시킬 수 있었다.

■ 11.2.3 빈의 변위법칙

빈의 변위법칙 역시 같은 모델로부터 유도될 수 있었다. 빌헬름 칼 빈은 흑체복사 스펙트럼의 형태가 가스에서 분자 속력의 분포와 놀랄만한 유사성을 띤다는 것을 알게 되었다. 그는 이러한 유사성은 우연의 일치가 아니라고 생각하였다. 왜냐하면 흑체에 있는 분자가 열적으로 요동하게 되면 그것들의 속도와 가속도는 열적으로 요동하게 된 가스의 분자속도와 관련된다고 생각하였다. 진동하는 전하로부터 생긴 복사는 분자에너지의 분포와 유사한 특성을 잘 나타낼 수 있다. 이러한 것에 기초하여 빈은 그의 변위법칙($\lambda_m T=$일정)이 어떠한 파장에서 공동 복사의 에너지 밀도가

빌헬름 칼 빈

$$\Psi_\lambda = T^5 f(\lambda T) \quad \text{(빈의 스펙트럼 분포 법칙)}$$

와 같이 변화한다고 진술한 보다 일반적인 법칙에 대한 특수한 경우라는 것을 보일 수 있었다.

여기서 $f(\lambda T)$는 알려지지 않은 함수이다. 만약 이 함수에 대해서 알고 있다면 곡선의 형태를 알 수 있을 것이다. 곡선의 봉우리는 T^5에 의존한다. 앞에서 보았듯이, 곡선 밑의 면적은 T^4에 비례한다.

M_λ / T^5을 λT에 대하여 그려보면 곡선위의 각점은 λT의 주어진 값에 대응한다는 의미에서 독특한 곡선을 얻을 수 있다. 만약 다른 온도를 선택한다면, 즉 다른 T값, $\lambda_1 T_1 = \lambda_2 T_2$의 관계에 따라 대응하는 λ값을 가지게 될 것이고, 곡선에서 같은 지점을 얻을 것이다. 빈의 변위 법칙은 그래프의 정점에 대한 특별한 경우이다.

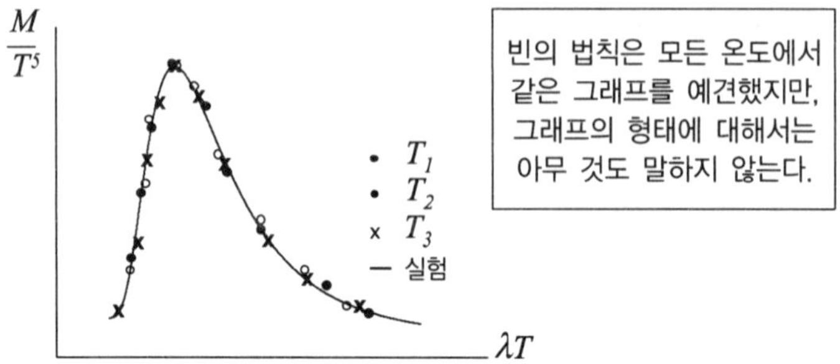

그림 11.5 빈의 변위 법칙의 실험적인 증거. 한 온도에서 측정한 값들은 $f(\lambda T)$를 결정한다. 다른 온도에서 측정한 점은 같은 곡선 안에 있다.

그림 11.5의 그래프에서 x축 위에서의 각점은 λT값에 대응하며 가장 큰 값은 $\lambda T = 2.9 \times 10^{-3}\,\mathrm{mK}$일 때 일어난다.

빈의 논리는 또한 19세기에 정립된 원리에 기초한 것이다. 고전적인 열역학의 강력한 방법은 스테판-볼츠만 법칙뿐 아니라, 그래프로 설명된 실험 결과에 의해 입증된 $f(\lambda T)$함수의 존재까지도 예견할 수 있다는 것이 주목할 만하다. 그 시점에서 순전히 열역학적인 논리에 기초하여 이 모든 것이 가능했다. 이것은 현재 함수의 형태를 수학적인 표현으로 유도하기 위하여 좀 더 상세한 모델로 보충되어야 한다.

■ 11.2.4 함수 $f(\lambda T)$는 무엇일까?

첫번째 시도 - 데이터를 수학적으로 맞추기

빈은 기본적으로 경험에 의거한 식을 제시하였다.

$$\Psi_\lambda = \frac{C}{\lambda^5 e^{C'/\lambda T}} \quad \text{(빈의 경험적인 분포법칙)}$$

여기서 상수 C와 C'는 짧은 파장에서의 실험값과 잘 일치하지만, 긴 파장에서는 잘 일치하지 않는다.

■ 11.2.5 두 번째 시도 - 빛의 파동성을 통합한 모델

레일리 경은 제임스 진스(James Jeans, 1877-1946)의 수학적인 정보들로부터 공동의 벽에서 에너지 교환과 전자기파의 진동의 모드에 관한 보다 더 구체적인 모델을 제시하였다. 레일리는 공동 안에서 복사가 앞뒤로 반사되면, 각각의 주파수에 대해 정상파의 형태가 생길 것이라 주장했다.

복사 파장 λ가 더욱 짧아질수록 정상파의 존재 혹은 진동의 모드가 존재할 가능성이 더 높아질 것이다. 레일리는 파장 λ와 $\lambda + d\lambda$ 사이에서 단위 부피당 진동의 모드의 수를 유도하였고 그 관계는 다음과 같다.

$$dn_\lambda = 8\pi \frac{d\lambda}{\lambda^4}$$

에너지 등분배원리라 부르는 잘 정립된 열역학 원리는 어떤 주어진 온도에서 열적 평형인 시스템에서 각각의 자유도와 관련된 평균 운동에너지는 같은 값을 갖는나고 기술한다. 또한 질 정립된 기체의 운동에 관한 이론에 따르면, 각 분자에 대하여 자유도 당 에너지의 값은 $\frac{1}{2}kT$이다(여기서 k는 볼츠만 상수).
같은 기준을 공동안의 정상파에 적용해보면 다음과 같은 관계를 얻는다.

$$\Psi_\lambda d\lambda = \frac{8\pi k T d\lambda}{\lambda^4} \quad \text{(레일리-진 법칙)}$$

주파수가 더 높아지고 파장이 점점 짧아질수록 모드수의 증가는 극적으로 나타난다. 이는 소위 자외선 모순이라는 것을 일으킨다. 각각 모드가 여전히 같은 에너지인 kT를 가진다고 가정하면 Ψ_λ의 값은 파장 λ가 0으로 접근할수록 무한대로 발산한다. 이러한 결과로부터 에너지 복사의 무한 값을 얻게 되는데, 이는 분명히 사실이 아니다. 이 모델은 아주 기초에서부터 무언가 잘못된 것이다.

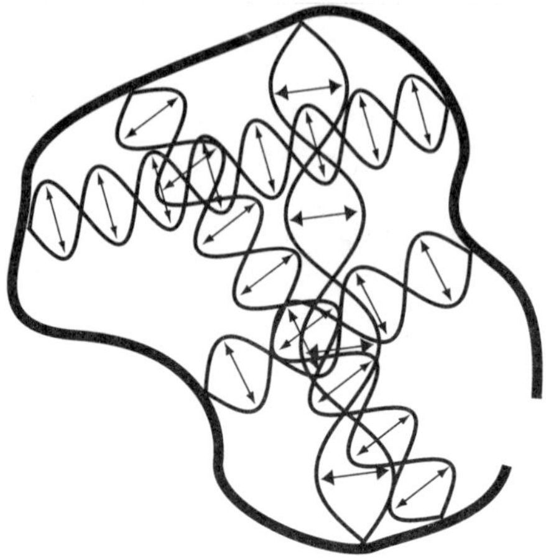

그림 11.6 공동안의 정상파

■11.2.6 어떻게 이론적인 모델이 반만 맞을 수 있는가?

빈의 변위법칙이 물리적으로 납득할만한 논의에 기초를 두고 있고 실험을 잘 설명하고 있다고는 하지만, 그의 스펙트럼 분포를 나타내는 식은 의심받을 여지가 있다. 지수 함수와 적당한 상수를 결합하여 적절하게 사용하면 어떠한 실험의 결과도 잘 맞출 수 있는 것을 발견할 수 있다. 그러나 레일리-진의 법칙은 훨씬 더 신중히 다루어져서 당시 많은 자연철학자들은 그것을 그만두라고 하기를 꺼려했다. 이 법칙은 좋은 모델로 보이는 것을 기반으로 하여 정밀하게 이끌어낸 것이었다. 게다가 이 법칙은 긴 파장영역에서 실험으로 얻어낸 스펙트럼과 굉장히 잘 맞았다. 거기에는 어떠한 임의의 계수가 없었다; 대신 기본적인 물리 상수인 k가 나타났다. 이러한 자연철학자 중 한 사람이 막스 플랑크였다.

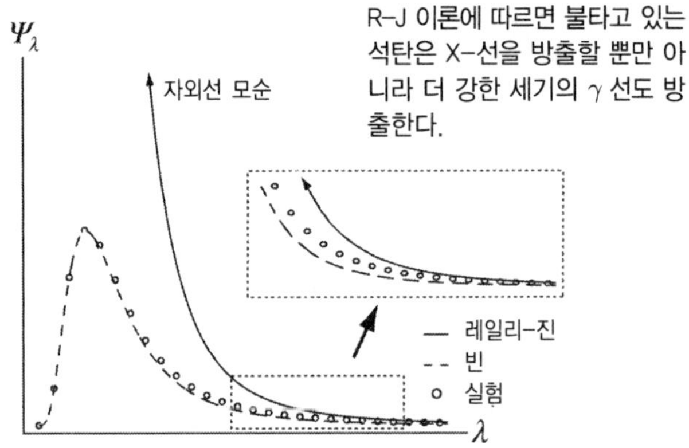

그림 11.7 두개의 '반만 맞는' 이론적인 모델들

11.3 막스 플랑크의 등장

11.3.1 추측의 시작

공식이지 설명은 아니다.

플랑크는 첫번째 단계로 짧은 파장에서는 빈의 식 그리고 긴 파장에서는 레일리-진의 식이 되도록 경험적인 공식을 만들고자 노력하였다. 수학적으로 그리 어렵지는 않았다. 플랑크는 빈의 법칙의 분모에 추가적인 항을 넣음으로 간단히 공식을 만들 수 있었다. 단지 수학적으로 잘 맞도록 하기 위하여 트릭을 쓴 것이었지만, 이것은 통했다!

플랑크의 두개의 곡선의 수학적인 합병

빈의 스펙트럼 분포 법칙

$$\Psi_\lambda = \frac{C}{\lambda^5 e^{C'/\lambda T}}$$

레일리-진 법칙

$$\Psi_\lambda = \frac{8\pi k T}{\lambda^4}$$

플랑크의 '행운의 추측'

$$\Psi_\lambda = \frac{C}{\lambda^5 (e^{C'/\lambda T} - 1)}$$

■ 11.3.2 플랑크의 '행운의 추측' 공식이 모든 파장에서 적용됨을 보기

짧은 파장 $(e^{C'/\lambda T} \gg 1)$

$$\Psi_\lambda = \frac{C}{\lambda^5 (e^{C'/\lambda T} - 1)} \Rightarrow \frac{C}{\lambda^5 e^{C'/\lambda T}}$$

플랑크 ⇒ 빈

긴 파장 $(C'/\lambda T \ll 1)$

그리고 $e^x = 1 + x + x^2/2! + x^3/3! + \cdots \rightarrow 1 + x$ ($x \ll 1$이기 때문에)

$$\Psi_\lambda = \frac{C}{\lambda^5 (e^{C'/\lambda T} - 1)} \Rightarrow \frac{C}{\lambda^5 \left(\frac{C'}{\lambda T}\right)} = \frac{C'' T}{\lambda^4}$$

플랑크 ⇒ 레일리, 진

플랑크는 그의 공식을 1900년 10월 19일에 열린 독일 물리학회에서 단지 '논평'의 형태로 발표하였다. 그의 '논평'의 제목은 간단하게 '빈의 복사 법칙의 진보에 관하여' 였고, 이것은 물리적으로 중요한 진술보다는 일종의 추측으로 발표되었다. 그럼에도 불구하고 이 공식은 올바른 공식으로 보였다. 수업이 끝나고 밤을 새워 가면서 흑체 스펙트럼에 관하여 신중한 측정을 계속하고 있었던 두 명의 독일 물리학자 하인리히 루벤(Heinrich Rubens, 1865-1922)과 퍼디낸드 쿨바움(Ferdinand Kurlbaum, 1857-1927)은 이 공식과 그들의 실험 결과를 비교하여 보았고, 완전히 일치하는 것을 발표하였다. 시간이 흐른 뒤 플랑크가 시인한 것처럼, 그러한 실험적인 입증은 중요했다: '루벤의 개입이 없었다면 양자이론의 창설이 완전히 다른 방법으로, 아마도 독일이 아닌 곳에서 일어났을 것이다.'

■ 11.3.3 코드를 깨기 위한 시도

그러나 다음 단계는 훨씬 더 어려웠다. 수학적 표현으로 하는 것과 기본적인 물리학의 원리로부터 얻어진 공식은 완전히 다른 것이다. '행운의 추측'으로 얻어진 식에 의해 주어진 복사 스펙트럼의 미세한 단계에 숨겨진 비밀은 무엇일까?

플랑크는 고전 법치에 근거하여 그가 할 수 있는 모든 것을 해보았지만 성공하지 못하였다. 이러한 법칙들을 시도하고 검증하려고 했지만 흑체복사와 완벽하게 일치하는 어떠한 공식도 이끌어낼 수 없었다.

■ 11.3.4 자연의 비밀

당시의 자연철학자들은 과학에서의 모든 주요한 질문들은 다 풀렸다고 믿고 있었다. 약간의 미진한 부분들과 기본적인 물리 상수 값을 결정하는 것 정도만 남았다고 생각하였다. 흑체복사도 그러한 미진한 부분 중 하나였다.

그러나 막스 플랑크는 당시의 생각들에 공감하지 않았다. 그는 '타고있는 석탄으로부터 나오는 빛의 색' 으로부터 시작하여 이러한 현상들 속에는 더 깊은 의미가 있다고 확신하게 되었다. 아마도 빛은 물질의 구성성분이나 그것이 어디에서부터 오는지 우리에게 말해주는 전달자와 같지 않을까? 진동하고 있는 원자나 분자들이 잘 이해하지 못하는 신호를 보내고 있지는 않을까? 이러한 신호에 자연이 암호화한 숨겨진 비밀이 있는 것은 아닐까?

■ 11.3.5 '자외선 모순'의 이유

레일리-진 모델의 주요한 특징은 공동안에 모든 전자기 진동 모드가 포함된다고 하기 전에, 자유공간에서 모든 전자기 진동모드가 가능하다는 가정이 있었다. 공동 안에서 모드의 수는 정상파를 이루는 조건에 의해 제한이 되지만, 파장이 더욱 짧아지고 주파수가 증가할수록 급속하게 증가한다. 11.2.5절에서 본 것처럼 이것은 자외선 모순을 이끈다.

따라서 다음과 같은 하나의 결론이 가능하다:

무언가가 높은 주파수를 금지한다.

11.4 플랑크의 절망에 대한 행동

고전적인 방법들에 지친 플랑크는 자연의 법칙은 연속적이라는 그 당시의 믿음에 반하는 혁명적인 하나의 가설을 발견하였다.

■ 11.4.1 양자 가설

아마도 자연의 법칙 가운데 어떤 고주파 진동 모드를 허용하지 않는 것이 있다. 이 법칙은 주파수가 높을수록 더 많은 모드들이 허용되지 않아야만 한다. 따라서 높은 주파수 진동의 일부분만이 활성화될 것이다. 이 법칙은 공동 벽안에서 진동하고 있는 전하에도 적용할 수 있다.

플랑크는 1901년 그가 쓴 편지에서 다음과 같이 적었다: '값이 얼마든 그것이 얼마나 높다고 할지라도 이론적인 해석은 반드시 발견되어야만 했기 때문에 모든 과정은 절망의 행동들이었다.'

제안된 자연의 법칙은 진동이 양자 단위의 정수로 구성된 에너지만을 가질 수 있다는 것이다. 진동자의 주파수에 의존하는 그런 양자의 값은 다음과 같다.

플랑크의 양자 가설: $E = hf$

여기서 f = 진동자의 주파수

플랑크는 그의 가설을, 그가 직전 '논평'을 한지 채 2달이 지나지 않아, 1900년 12월 14일 독일 물리학회에서 발표하였고, 이날은 종종 '양자이론의 생일'이라고 여겨진다.

플랑크는 그의 상수의 값을 복사 스펙트럼 데이터를 피팅하여 얻었고, 그 값은 $h = 6.55 \times 10^{-34}$ Js이었다. 이 기본적인 상수의 현재 값은 다음과 같다.

플랑크 상수 $h = 6.625255 \times 10^{-34}$ Js

복사 법칙의 두번째 보편상수의 해석은 훨씬 더 어려웠고, 에너지와 시간의 곱으로서의 그것을 작용의 기본 양자라 불렀다.

■ 11.4.2 양자 차별

그 가설은 높은 주파수를 강하게 차별 대우한다. 에너지 교환의 단위가 점점 더 커지면 '에너지 교류'는 점점 더 어려워진다. 플랑크는 전기적인 진동은 진동자 그 자체와 같은 주파수의 복사를 방출할 것이라고 추정하였다. 이것은 hf 값의 불연속적인 양자의 형태로만 일어날 수 있고, 다른 값을 가지는 에너지 상태는 금지될 것이다. 마찬가지로 만약

진동자가 에너지를 받는 입장이 될 경우, 같은 수의 '묶음'으로만 받아들일 수 있다. 고전적인 유사점을 보기 위하여 어떠한 제한된 경제제도에서 1000달러 지폐로만 거래를 하는 사람은 사업을 수행해나가기 어렵다는 것을 발견할 것이다.

■ 11.4.3 플랑크 가설의 요약

1. 진동자는 $E = nhf$ 라고 하는 불연속한 일련의 값에서 하나만 가질 수 있다.
2. 복사의 방출과 흡수는 이들 에너지 준위들 간의 전이와 관련이 있다. 방출되거나 흡수하는 에너지는 준위 사이의 에너지차인 hf 의 크기를 갖는 복사에너지의 양자 형태로 나타난다.

뜨거운 표면으로부터 방출되는 빛은 hf 라는 에너지의 불연속적인 양자로 나타나게 된다(f는 복사의 주파수). 진동자가 광자를 방출하게 되면, 진동자의 에너지는 초기 상태인

$$E_n = nhf$$

에서

$$E_{n-1} = (n-1)hf$$

로 떨어진다.

상수 h는 자연의 기본적인 상수 중 하나이다.

■ 11.4.4 양자는 방출된 후에 무엇을 하나?

플랑크는 에너지의 양자에 관한 어떤 구체적인 추정은 하지 않았다; 특별히 그는 공간에 어떻게 분배되는 지에 대해서는 아무것도 말하지 않았다. 그 당시 그는 이러한 것을 파동의 형태로, 공간상의 모든 파면에서 에너지가 퍼져나가

소멸될 것이라는 것 이외에 다른 것을 그려볼 이유가 없었다. 1920년 그의 노벨상 강연에서, '방출된 후 에너지에 어떠한 일이 일어날 것인가? 호이겐스의 파동 이론의 직감으로 양자는 모든 방향으로 퍼져나가 점점 소멸될 것인가? 아니면 뉴턴의 유출론에 따라 한 방향으로 날아갈 것인가?'

다음 두 개의 장에서 양자가 국한되어 있는지 아닌지 기이하고도 때때로 모순되는 증거들을 볼 것이다.

> 오래 전, 1926년, 길버트 뉴턴 루이스(Gilbert Newton Lewis, 1875–1946)는 빛의 양자를 '광자(photon)'라는 말로 도입하였다. 현재 이 이름은 일반적으로 쓰이고 있고, 여기에서 이것을 소개하는 것은 이 책의 남은 부분에서 자유롭게 이것을 사용하고자 함이다. 기억해야 할 것은 우리는 역사적으로 앞서가고 있다.

■ 11.4.5 양자 가설이 '자외선 모순'을 어떻게 해결할 것인가?

수학적으로 세세하게 들어가지 않는다고 하여도, 양자 차별은 자연이 원자 진동자의 에너지에 제한을 가한다는 것을 의미한다. 오직 특별한 에너지만이 허용된다. 주파수가 더 높아질수록 제한은 더욱 커질 뿐 아니라 허용되는 에너지 준위 사이는 더욱 떨어지게 된다. 자외선 모순은 이러한 제한의 증가로 방지될 수 있는데, 왜냐하면 더 높은 주파수에서는 허용되는 에너지 준위가 더욱 더 떨어지게 되고 다른 것들은 허용되지 않아 존재하지 않게 되기 때문이다.

크기에 대한 감찾기

1. 전형적인 광자의 에너지는 어떻게 되는가?

파장이 $\lambda=500$ nm(가시광의 중간정도)인 광자의 에너지를 계산해보면,

$$E=hf=\frac{hc}{\lambda}=\frac{6.63\times10^{-34}\mathrm{Js}\times3\times10^{8}\mathrm{ms}^{-1}}{500\times10^{-9}\mathrm{m}}=3.98\times10^{-19}\mathrm{J}$$

거시적으로 보면 이 결과는 아주 작은 에너지의 양이다; 양자화는 거시적인 기준에서는 무시할 수 있는 결과이다. 그러나 원자적 기준에서는 이 결과는 주요한 역할을 한다.

2. 인간의 눈이 감지하기 위해 얼마나 많은 광자가 있어야 할까?

인간의 눈의 최대 민감도는 약 2×10^{-18} W이다. 500 nm인 파장을 지닌 광자가 얼마나 많이 있어야 이 정도의 양이 될까?

각각의 광자의 에너지는 3.98×10^{-19} J이다. 그렇기 때문에 눈은 $2\times10^{-18}/3.98\times10^{-19}\cong5$개의 광자가 있으면 느낄 수 있다.

만약 플랑크의 양자 가설로 흑체 스펙트럼의 올바른 공식이 유도되는 것을 기꺼이 받아들일 수 있다면, 11.5.5절 '반작용의 가설'을 건너뛰어라.

만약 공식들이 수학적으로 나오게 되었는지에 관한 매혹적인 이야기가 궁금하다면 계속 읽어나가라.

11.5 발상에서 공식으로 - 수학적인 여행

■ 11.5.1 에너지 분배의 고전법칙

만약 우리가 가스의 온도를 올린다면, 예를 들어 분젠 불꽃을 사용하여 에너지를 가하는 방법으로, 원자 혹은 분자들은 열교란에 의하여 들뜨게 될 것이다. 그러나 이러한 열에너지는 동일하게 나누어 질 수 없고, 어떤 것은 다른 것보다 더 많은 에너지를 가지게 될 것이다. 에너지 분배에 관한 고전 맥스웰-볼츠만 법칙이 기술하는 것은, 어떠한 온도 T에서 열적으로 평형인 가스 안에서, 에너지가 E인 분자의 수는 $e^{-E/kT}$에 비례한다.

$$\text{비율} = \frac{\text{에너지가 } E_1\text{인 분자의 수}}{\text{에너지가 } E_2\text{인 분자의 수}} = \frac{e^{-E_1/kT}}{e^{-E_2/kT}}$$

이제 분자 대신 진동자에 같은 분배의 법칙을 적용하여 보자.

■ 11.5.2 평균 에너지

스펙트럼 복사 발산도는 주파수가 f인 진동자의 평균에너지 $\langle E \rangle$에 직접적으로 비례한다. 이제 $\langle E \rangle$의 표현을 유도하여 보자.

(a) 고전 이론에 따르면 분배가 연속적이라고 추정하고

(b) 에너지 준위가 불연속적이라는 양자 가설을 사용하면

$$\text{각각의 경우의 } \langle E \rangle = \frac{\text{총 에너지}}{\text{총 진동자의 수}}$$

N_T를 주파수가 f인 진동자들의 총 개수라 하자.

■ 11.5.3 고전적 이론

연속적인 고전 에너지 준위

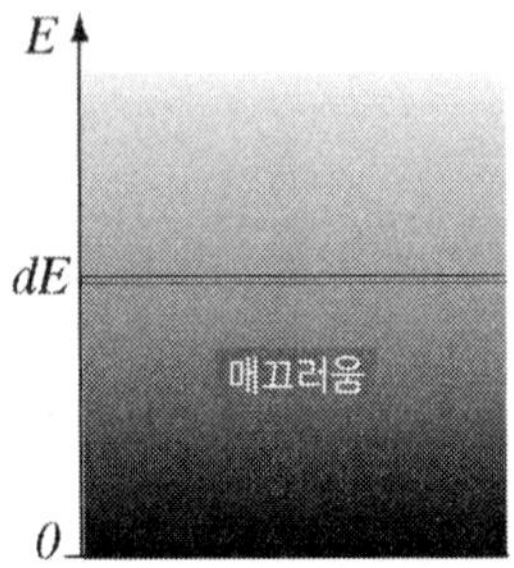

에너지가 높아질수록
개체의 밀도는 낮아진다.

에너지의 분배가 연속적이라 가정하면, 총 에너지는 적분을 통해서 얻을 수 있다. 분자의 총 수를 나눔으로서 레일리-진에 의해 사용했던 것처럼 진동자당 평균 에너지 kT에 대한 잘 알려진 고전적인 결과를 얻을 수 있다.

$$N(E, E+dE) = N_T e^{-E/kT} dE$$

$$\langle E \rangle = \frac{\int N_T e^{-E/kT} dE}{N_T}$$

$$-kT|e^{-E/kT}|_0^{\infty} = -kT(0-1)$$

평균 에너지 $\langle E \rangle = kT$

■ 11.5.4 양자적 이론

$$N_1 = N_0 \ e^{-hf/kT}$$

$$N_2 = N_0 \ e^{-2hf/kT}$$

$$N_3 = N_0 \ e^{-3hf/kT}$$

$$\langle E \rangle = \frac{N_0 E_0 + N_1 E_1 + N_2 E_2 + N_3 E_3 + \cdots}{N_0 + N_1 + N_2 + N_3 + \cdots}$$

$$= \frac{N_0 hf (0 + e^{-hf/kT} + 2e^{-2hf/kT} + 3e^{-3hf/kT} + \cdots)}{N_0 (1 + e^{-hf/kT} + e^{-2hf/kT} + e^{-3hf/kT} + \cdots)}$$

$x = e^{-hf/kT}$ 라 두면,

$$\langle E \rangle = \frac{hf(0 + x + 2x^2 + 3x^3 + \cdots)}{1 + x + x^2 + x^3 + \cdots} = \frac{hfS'}{S}$$

양자화된 에너지 준위

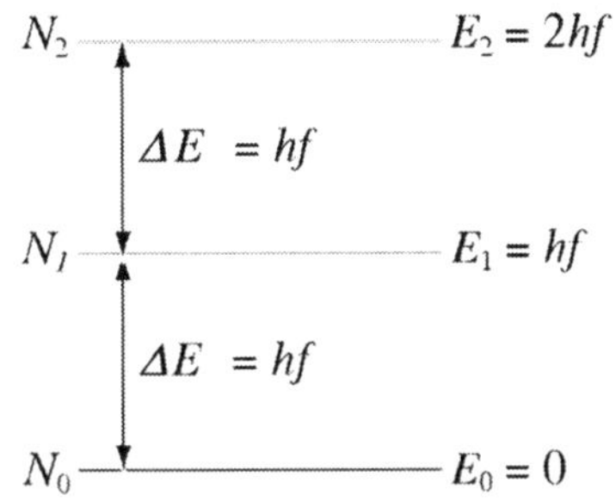

N_0, N_1, N_2 = 각각의 주파수에서 진동자의 수.
에너지가 높아질수록 준위간의 거리가 더 커진다.

> 만약 어떤 에너지 준위들만이 가능하다면 그 적분은 불연속적인 항들의 급수로 대체된다. 평균에너지에 대한 표현은 완전히 다른 모양을 취한다!

두 개의 무한 급수들을 계산하기 위하여 이항정리를 사용하면

$$(1+x)^n = 1 + nx + \frac{n(n-1)}{2!}x^2 + \frac{n(n-1)(n-2)}{3!}x^3$$

그리고

$$(1-x)^{-1} = 1 + x + x^2 + x^3 = S \text{ 과}$$

$$(1-x)^{-2} = 1 + 2x + 3x^2 + 4x^3 = \frac{S'}{x}$$

을 유의해서

$$\Rightarrow \langle E \rangle = \frac{hf\,S'}{S} = \frac{hf\,x}{(1-x)} = \frac{hf}{(x^{-1}-1)}$$

평균 에너지 $\Rightarrow \langle E \rangle = \dfrac{hf}{e^{hf/kT}-1}$ 이식은 어디서 본 듯하지 않니?

사람들은 플랑크의 경험적인 공식과 유사한 분모에 있는 표현을 보았을 때의 그가 느낀 전율을 상상할 수 있을 것이다. 물론 이 시대에서 이 표현은 수학적으로 다루어 나온 것이 아니라 물리적인 논쟁으로부터 나온 것이다. 양자 가설이 실험 데이터를 맞출 수 있었다!!

양자 차별

열적 평형상태에서 진동자의 평균에너지는 kT가 아니라 더 작은 값을 가지는데, 이것은 온도 T뿐만 아니라 주파수 f에도 의존한다. 주파수가 늘어남에 따라 진동자의 수는 줄어드는데 그것은 단지 큰 양자만을 받아들일 수 있기 때문이다.

$$\langle E \rangle = \frac{hf}{e^{hf/kT}-1} = \frac{hf}{1 + hf/kT + (hf)^2/2!(kT)^2 + \cdots - 1}$$

낮은 주파수에서는 그 평균은 고전적인 값에 접근한다.

$\langle E \rangle \Rightarrow kT$ (만약 f^2과 그 보다 더 높은 차수를 무시한다면)

주파수 f를 늘리면 → 양자차별이 싹트기 시작한다.

$\langle E \rangle \Rightarrow \ll kT$ (높은 차수가 지배하기 시작하면서 급속히 감소한다.)

플랑크의 복사 법칙

새롭게 계산된 평균 에너지와 함께 레일리-진에 의해 결정된 진동 모드의 수를 조합하여 아래와 같은 식을 얻는다.

$$\Psi_\lambda d\lambda = \frac{8\pi}{\lambda^4}\frac{hf}{e^{hf/kT}-1}d\lambda$$ (플랑크의 첫번째 경험적인 공식과 같지만 임의의 상수가 없다.)

이것은 다음과 같이 쓸 수 있는데

$$\Psi_\lambda d\lambda = T^5 f(\lambda T)d\lambda, \text{ 여기서 } f(\lambda T)d\lambda = \frac{8\pi}{(\lambda T)^5}\frac{ch}{e^{ch/k(\lambda T)}-1}d\lambda$$

식 (11.1)의 빈의 열역학 공식에 따른다.

■ 11.5.5 반작용 가설

모든 자연 철학의 개념들은 잘 이해되고 있고, 단지 약간의 해결되지 않은 미진한 부분들은 해결될 것이라 강하게 믿고 있었던 사람들은 갑자기 강한 타격을 받게 되었다. 자연의 과정이 어떤 '점프'에 의한 것이고 연속적이지 않다는 것은 플랑크를 포함한 대부분의 물리학자들에게 완전히 낯선 것이었다.

'물질의 원자가'가 그 중 하나이다; 원래 그리스인들에게서 제안된 이 개념은 잘 정립되어 있었다. '에너지의 원자가'는 완전히 다른 이야기였다. 플랑크 자신도 처음에는 그 개념을 받아들이기를 꺼려했고 그의 양자 개념이 단순히 수학적인 장치인지 아니면 그가 자연의 근본적인 법칙을 발견한 것인지에 대하여 장담하지 못하였다. 세월이 지나 그는 '불연속적인 에너지 준위로부터 물리를 지키기' 위해 몇 년 동안 노력을 하였지만 성공하지 못하였다고 기록하였다. '양자 개념은 고전 이론의 틀 안에 들어가기를 완강히 거부하였다'. 분명히 더 우려하였을 그는 후대에 물리의 법칙이 바뀐다는 것을 충분히 인식했다.

역사적 막간 : 막스 플랑크(Max Plank, 1858-1947)

막스 플랑크는 덴마크 도시였던 킬(그 당시는 홀스타인)에서 1858년 4월 23일에 태어나, 1947년 10월 4일 괴팅헨에서 사망하였다. 그의 아버지 줄리어스 빌헬륨은 킬대학에서 헌법학 교수였다. 그의 어머니는 에마 팻지그였다. 그는 16살의 어린 나이에 뮌헨대학에 들어가 물리를 공부하였다. 재미있는 사실은 그의 교수였던 필립 본 졸리(Philipp von Jolly, 1809-1884)는 그 당시 그에게 약간의 세세한 부분을 제외하고 거의 모든 문제들은 다 해결되었기 때문에 물리는 거의 끝나가는 과학이라고 말하였다. 그래서, 그가 경고한대로, 더 이상 연구하거나 발견할 가망이 거의 없었다. 그러나 교수가 강의한 젊은 사람에 의해서 그가 얼마나 틀렸는지가 증명될 것이라고는 알지 못하였다!

PLANCK, Max Karl Ernst Ludwig
Nobel Laureate PHYSICS 1918
© Nobelstiftelsen

플랑크는 1880년까지 뮌헨에 있었다. 그 중에 1년은 베를린(1877-1878)에 있었는데 그곳에서 구스타프 키르히호프(Gustav Kirchhoff, 1824-1887)와 허먼 본 헬름홀츠(Herman von Helmholtz, 1821-1894) 밑에서 공부하였다. 그곳에서 시간을 즐기지 못했던 것 같다; 키르히호프의 강의를 '건조하고 단조로운'이라 표현하였고, 헬름홀츠의 강의는 '준비가 안되었고 무성의한' 이라고 표현하였다. '이것들은 그에게 우리만큼이나 수업을 지루하게 했다는 명백한 인상을 주었다'.

뮌헨에 돌아와서 플랑크는 21살의 나이에 열역학에 관한 논문으로 박사학위를 받았고, 일년 뒤에 뮌헨에서 다시 한번 예외적으로 어린 나이에 강단에 서게 되었다. 1885년에는 킬대학에서 교수로 임명되었고, 바로 직후 그의 어린 시절의 연인이었던 마리머크와 결혼하였다. 마리는 1909년에 죽었고 얼마 시간이 지나지 않아 그녀의 사촌인 매가 본 외슬린과 재혼하였다.

1889년 플랑크는 베를린 대학으로 옮겨가 키르히호프가 맡고 있던 이론물리학과장을 맡게 되었다. 플랑크는 1927년까지 38년 동안 그곳에서 머물며, 1900년에 발견한 복사 공식을 포함하여 그의 가장 뛰어난 업적들을 남겼다.

플랑크는 그의 자서전에 그가 걸어왔던 외로운 길에 대하여 불안하고도 불확실한 분위기로 둘러싸여 있었고, 그와 동시대를 살았던 다른 성공한 사람들인 큐리 혹은 러더포드 경과는 달랐다고 기술하고 있다. 그는 그의 에너지 양자 가설을 '흑체복사에 대한 이론적인 설명은 어떠한 대가를 치르더라도 반드시 발견되어야만 한다'라 하며 '절망의 행동'이라 불렀다. 심지어 그의 유명한 논문이 출판된 이후에도 그의 상수 h의 소개를 고전적인 물리에 맞추려고 노력했지만 성공하지 못하였다.

1900년이 지나고 얼마동안 아무도 플랑크의 발견에 대한 중요성을 알지 못하였다. 양자가설은 아서 알 데이가 1902년 워싱턴에서 미국 물리학회에 보고하였지만, 이 보고는 고려할 가치가 없다고 여겨졌고, 그 후 몇 년간 어떠한 교재나 논문에도 언급되지 않았다. 요컨데 이 가설은 물리적으로 그리 중요성이 없는 편리한 방법 정도로 여겨졌다.

일반적인 회의론에 대해서 1910년까지 헨드릭 에이 로렌츠가 괴팅헨에서 강의했던 '물리학의 새로운 그리고 오래된 문제들'이라는 제목이 붙은 강의 모음에 있는 진술에서 묘사해 볼 수 있다: 우리는 그 현상들의 메커니즘이 플랑크의 이론으로 밝혀진 것이라고 말할 수는 없습니다… 유한한 부분으로 이 에너지의 분배에 대한 근거를 보기는 어렵다. 왜냐하면 그 부분들은 서로 같지도 않을 것이기 때문이다.

독일 물리학자들의 의견이 어쨌건 간에, 양자 이론이 영국해협을 건너 영국으로 넘어가는 데는 오랜 시간이 걸렸다. 러더포드는 1908년 그의 친구 윌리암 브래그에게 보낸 편지에 쓰기를: '대륙에 있는 사람들은 플랑크의 이론의 물리적인 생각에 전혀 관심이 없는 것 같다… 내 생각에 영국사람들의 관점이 훨씬 더 우호적인 것 같다.' 1919년 노벨상의 수여식에서 행한 강연에서, 플랑크는 양자이론의 근원에 대한 이야기를 그 자신만의 독특한 관점에서 하였다. 괴테가 말했던 '인간은 노력하는 한 방황한다'라는 말을 인용하면서, 그가 얼마나 많은 위험과 어려움에 직면했었는지, 또한 그를 진리에 결정적으로 가깝게 했던 단계들에 대하여 말하였다.

양자가설은 닐스 보어가 1913년 발표하였으나 원자이론에 대해 이 가설을 소개하였을 때 가장 큰 지지를 얻었다. '작용의 양자에서 양자가설은 분광학의 미지 세계에서 오랫동안 찾아왔던 열쇠를 발견하기 위한 이론을 무너뜨렸다… 사실에 저항하려고 하지 않는 비평하는 사람들에게 남아있는 어떠한 결정도 없고, 사실에 저항하고자 하는 어떠한 결정도 남기지 않았고, 그러나 상수 h는 보편적인 물리상수의 시스템에 들어오게 되었다'라고 플랑크는 회고했다.

양자역학이 발전하고 있을 때 플랑크에 의해 소개된 새로운 과학철학의 중요성은 더욱 더 나아가기를 계속하였다. 그 생각은 너무 이상해서 심지어 창시자까지도 어리둥절하게 했다. 플랑크 자신도 종종 헷갈렸다: '만약 어떤 사람이 말하기를 그가 양자 문제를 어지러워하지 않고 생각할 수 있다면, 그는 그것들에 대한 첫 번째 것을 이해하지 못했다고 밖에 할 수 없다'.

플랑크는 커트 멘델손을 '짙은 정장 안에 날씬한 몸매, 풀을 먹인 흰 셔츠와 검은 타이를 맨 전형적인 프로이센 관리같지만 그의 벗겨진 머리의 거대한 돔 밑으로 꿰뚫어 보는 눈을 가졌다'라고 묘사한 적이 있다. 그는 그의 또래보다 흥미나 격려가 부족함에도 불구하고, 새롭고 신기한 길에 대하여 활활 타오르는 강력한 힘을 가진 성격을 가지고 있다.

플랑크의 삶은 그의 어린 시절 프로이센 군대가 킬시를 점령했을 때부터 극적이면서도 비극으로 종지부를 찍었다. 그의 큰 아들은 1916년 버든전투에서 전사하였다. 나치 점령기 동안 그는 어떠한 정책들에 대해, 특별히 유대인 차별을 공개적으로 반대하였다. 다른 아들인 어윈이 히틀러 암살기도와 관련하여 1945년 처형당했을 때 그는 개인적인 고난을 다시 한번 겪었다. 얼마 지나지 않아 베를린에 있는 그의 폭파된 집에서 그를 구하기 위하여 미국 군대가 보내졌다.

■ 부록 11.1 플랑크의 복사 공식으로 스테판-볼츠만 법칙의 유도와 스테판 상수값의 계산

$$\begin{aligned}\Psi_\lambda d\lambda &= \int_0^\infty \frac{8\pi hc}{\lambda^5}\frac{1}{e^{hc/\lambda kt}-1}d\lambda \\ &= \frac{8\pi k^4 T^4}{c^3h^3}\int_0^\infty \frac{x^3\,dx}{e^x-1} \\ &= \frac{8\pi k^4 T^4}{c^3h^3}\left[\frac{\pi^4}{15}\right] = \frac{8\pi^5 k^4}{15c^3h^3}T^4 \\ &\Rightarrow \Psi = 7.54\times 10^{-16}\,T^4\,\mathrm{J\,m^{-3}}\end{aligned}$$

$x = hc/\lambda kT$ 라 하면
$\Rightarrow \lambda = hc/xkT$
$\Rightarrow d\lambda = -(hc/x^2kT)dx$

$k = 1.38\times 10^{-23}\,\mathrm{JK^{-1}}$
$c = 3.0\times 10^{8}\,\mathrm{ms^{-1}}$
$h = 6.63\times 10^{-34}\,\mathrm{Js}$

그러나 복사 발산도 $M = \dfrac{c\Psi}{4}$ 으로 주어지므로

$$M = 5.66\times 10^{-8}T^4\,\mathrm{Jm^{-2}s^{-1}K^{4}} \quad \text{(스테판-볼츠만 법칙)}$$

이는 실험과 좋은 일치를 보인다. 따라서,

$$\sigma = 5.70\times 10^{-8}\,\mathrm{Wm^{-2}K^{-4}} \quad \text{(스테판 상수)}$$

제12장
양자역학의 발전

플랑크의 양자가설은 새롭고 매혹적인 이야기의 시작에 불과하다. 1913년 닐스 보어는 원자 행성모형에서 양자화의 생각을 전자의 궤도까지 확장시켰다. 빛이 중심적인 역할을 하는 이 모델에서 원자내의 전자는 높은 궤도에서 낮은 궤도로 떨어지면서 에너지 손실이 일어난다고 가정하면, 이것은 그 궤도 자체의 정보를 준다. 그 결과로 1922년 오슬로에서 있었던 노벨상 수락 연설에서, 보어는 다음과 같이 말할 수 있었다 '우리는 원자의 존재가 입증될 것이라는 것을 의심의 여지없이 믿을 뿐만 아니라, 심지어 각 원자들의 구성성분에 대한 자세한 지식까지도 가지게 될 것이라고 믿는다.'

아마도 원자의 구조에 대해 배우는 것보다 더욱 신나는 것은 '매우 작은 것의 세상'에 적용한 자연의 법칙을 발견하는 것이다. 이러한 법칙들은 양자화 원리와 그 결과에 굉장히 의존하고 있다. 1921년 보어는 유명한 코펜하겐 연구소를 창설하였는데, 그 곳에는 그 당시의 세계 최고의 물리학자들이 함께 일하였다. 그들은, 자연의 아주 기초적인 법칙에 대한 우리의 시각을 완전히 바꾸어 놓은, 코펜하겐 양자 역학 해석을 발전시키는 것을 도왔다 - 플랑크의 원래 가설과는 상당한 거리가 있다.

이 장에서 이러한 발전들의 흥미로운 이야기를 다룰 것이고, 이 이야기는 물리 법칙에서 사용되는 철학, 물리 그리고 수학적인 모델들을 포함할 것이다. 양자가 지배하는 세상을 역학이 어떻게 그것을 다루는지는 베르너 하이젠베르그와 어윈 슈뢰딩거에 의해 독자적으로 발전하였다. 처음 볼 때 분필과 치즈처럼 다르게 보였던 그들의 방법이 어떻게 나중에 이르러 같은 것에 대하여 두 개의 다른 표현이 되었는지에 대해서 말할 것이다.

폴 디랙은 1927년에 상대성이론과 양자이론을 하나로 결합시켰다. 그는 반물질 존재의 예측을 포함해서 기대하지 않았던 예측들로부터 상을 받았다. 그 중 가장 인상적인 예로서는 나중에 실험으로 검증될 '마음의 발견'을 들 수 있다.

이 장은 코펜하겐의 양자역학 해석과 양자현실의 개념을 따르는 분명한 역설로 막을 내린다.

12.1 양자역학의 발전

12.1.1 진동자로부터 광자로, 그리고 또 다른 것으로

1901년 막스 플랑크는 흑체복사 스펙트럼에 대한 설명을 제공하기 위하여 '절망의 행동'이었던 양자가설을 도입하였다. 그에게 있어 이것은 커다란 내딛음이었는데 너무 새롭고 논란이 많아 얼마 동안 발표하기를 꺼려했다. 그는 모든 결과를 깨닫지 못하였지만 흑체복사보다 훨씬 더 진행되었다.

1905년 아인슈타인은 양자 가설을 진동자나 진동자가 방출하는 빛에만 적용하지 말고, 바로 빛의 본성 그 자체에 적용하자고 제안하였다. 그는 빛이 각각의 에너지 덩어리로 혹은 에너지가 hf인 '광자'로 생각되는 실험적으로 제공된 증거를 지적하였다. 아인슈타인의 광전효과 이론에서 정량화된 것처럼, 에너지가 매우 집중된 양자는 전자를 때려 금속표면으로부터 나오게 할 수 있다. 이 내용은 13장에서 자세하게 다룰 것이다.

몇년이 지나 양자화가 모든 자연 법칙의 기본이 된다는 것을 깨닫게 되었다. 아이작 뉴턴에 의해 발견된 역학의 법칙은 양자화의 효과를 거의 무시하였기 때문에, 일상 세상에서 잘 맞는다. 매우 작은 세상인 원자와 분자의 세상에 들어가게 되면, 이 효과를 더 이상 무시할 수 없게 된다; 사실 이것은 자연법칙의 특징을 어느 정도까지 완전히 바뀌게 하였다. 양자역학 이론에 있는 법칙들을 나타낼 수 있도록 수학적인 방법도 발전해야만 했고, 이것은 고전역학의 뉴턴의 법칙도 일상세상의 조건하에서 특별한 경우로서 통합한다.

■ 12.1.2 원자 행성 모델

어떤 사람이라도 뒤늦게 깨닫고 보니, 원자 구조에 있어서 양자화가 가장 중요한 역할을 기대할 유일한 것이라고 말할 수 있을 것이다. 원자 모델이 구축된 시대로부터 10년, 20년 동안 급속한 발전이 일어났고, 이러한 발전은 원자 구조를 가시화하고 그것의 기능을 설명할 수 있도록 해주었다. 사실 어니스트 러더포드(Ernest Rutherford, 1871-1937)에 의한 구조가 이미 1911년에 구축되어 있었다. 그의 학생인 한스 가이거(Hans Geiger, 1882-1945)와 어니스트 마즈덴(Ernest Marsden, 1889-1970)과 함께 발견한 것은 원자 질량은 매우 작고 양전하를 띈 핵에 집중된다는 것을 발견하였다. 전자는 음전하를 나르며 바깥쪽 층을 차지한다.

양전하와 음전하는 서로 끌어당기기 때문에 전자가 핵으로 떨어지는 것을 방지하기 위해서 어떠한 역학이 반드시 필요했다. 얼마 지나지 않아, 닐스 보어와 아놀드 좀머펠트는 원자 행성 모델을 내놓았는데, 이것은 전자가 핵주위를 도는 것은 태양계의 코페르니쿠스 모델에서 태양 주위를 행성들이 도는 것과 같은 방식이라 하였다. 중력이 끌어당김에도 불구하고 지구가 태양에 끌려 들어가지 않는 것처럼, 전기적인 끌어당김이 전자가 핵에 부딪히지 않고 궤도에 머무를 수 있도록 작용한다.

■ 12.1.3 양자 그림의 등장

궤도운동을 하는 행성과 전자는 중요한 차이점이 있다. 전기적으로 중성인 행성과는 다르게 전자는 전하를 가지고 있고, 이것이 궤도의 안정성을 주는 중요한 결과임에 틀림없다. 가속하는 전하는 전자기 복사를 방출할 것이라는 맥스웰의 예견은 원자계에서조차 적용되어야만 한다. 궤도 운동하는 전자는 일정한 구심

가속도를 받을 것이기 때문에 반드시 에너지를 복사해야 한다. 위성이 지구에 들어오려고 할 때, 마찰로 에너지를 잃기 시작하는 것처럼 전자도 안쪽으로 나선을 그리며 핵에 충돌할 것이다. 그렇다면 왜 전자는 그렇게 안 되는 것일까? 물론 정상 원자는 안정하기 때문에, 돌고 있는 전자가 에너지를 복사하는 것을 막는 무언가가 있을 것이다.

닐스 보어는 자연의 법칙은 원자를 안정하게 할 것이라는 가정을 하였다. 이 법칙은 단지 어떤 전자 궤도 만이 가능하다고 기술하고 있다. 허용된 궤도의 각운동량 (L)은 항상 $h/2\pi$의 정수배이다.

$$L = \frac{nh}{2\pi}, \quad \text{여기서 } n = 1,\ 2,\ 3,\ \cdots$$

플랑크 상수가 다시 한번 나타났는데, 이번에는 다른 맥락이다! 여기서 그것은 궤도에 있는 허용된 전자의 각운동량을 결정한다.

h가 보편상수이기 때문에, 보어의 양자화 조건은 전자궤도의 크기에 대한 수치적인 값을 준다. 이 궤도를 원자의 크기를 정의하는데 사용할 수 있으며, 대략 10^{-10} m정도로 밝혀졌다(부록 12.1에 나와 있는 수소 원자의 경우를 참조).

■ 12.1.4 양자 도약 - 원자로부터 나오는 빛

보어의 모델에서 전자들은 안쪽으로 나선을 그리며 연속적으로 떨어지지 않는 대신 높은 에너지의 궤도에서 낮은 에너지의 궤도로 떨어진다. 고전적인 물리에서 기대하는 것과 같이 연속적으로 에너지를 잃기보다는, 정확히 처음과 나중 궤도의 에너지 차이만큼 에너지를 갑자기 잃으면서 에너지가 hf인 빛의 광자를 내보낸다. 그래서 파장이 불연속적인 스펙트럼을 보는 것은 다른 궤도간의 전이에 의한 것이다. 원자마다 허용된 궤도가 다르기 때문에, 원소의 특성에 따른 주파수의 스펙트럼을 보게 된다.

수소는 특유의 '지문'을 가진다; 헬륨이 그러하고 철도 높은 온도에서 증발할 때 그렇다. 어떤 시료에서 방출되는 빛으로부터 원소들을 상세히 분석할 수 있고, 멀리 떨어져 있는 별과 같이 빛의 근원에 접근할 수 없다고 할지라도 알 수 있다.

■ 12.1.5 가장 낮은 궤도

$n=1$일 때 원자는 바닥상태(ground state)라고 불리는 가장 낮은 에너지에 있다. 바닥상태에 있을 경우는 에너지를 잃을 수 없고 그렇기 때문에 빛을 방출할 수 없다. 바닥상태에서는 전자가 갈 다른 곳이 없기 때문에 그 상태에서 무기한으로 머물게 된다. 양자 조건은 안정된 우주를 보장하여 준다!

가장 간단한 원자는 수소 원자이다. 이것은 양성자 주변의 궤도에 단지 하나의 전자를 가지고 있다. 원자가 들뜬 상태(excited state)가 될만큼 충분히 높은 온도가 되면, 전자는 더 높은 궤도(들뜬 상태) 중 하나에 있게 된다. 전자가 높은 궤도에서 낮은 곳으로 양자 점프를 하게 되면 빛의 광자는 다음과 같은 에너지를 방출한다.

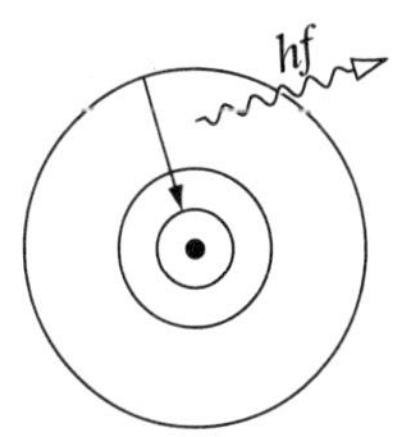

양자 점프

$$hf = E_i - E_f$$

여기서 E_i = 초기상태의 에너지이고, E_f = 최종상태의 에너지이다.

■ 12.1.6 결정론의 종말

전자가 높은 에너지에서 낮은 에너지 상태로 떨어져야만 한다는 것은 그 자체로 합리적이지 않다. 그러나 뉴턴의 역학을 적용해보면 특별한 순간에 도약을 하는 어떠한 이유가 있을 것이라고 기대할 수 있다. 아마 보기 힘들거나 불가능할 수 있지만 전이를 일어나게 하는 어떠한 내부 메커니즘이 있어야만 한다.

그 당시의 생각에 따르면, 양자점프는 매우 기이한 것이었다. 이러한 과정이 일어나는 것을 제안할만한 어떠한 직접적인 원인과 결과에 대한 증거가 없었다. 전자가 어떤 주어진 상태에 얼마나 오래 있었다 할지라도 자발적으로 도약한 것처럼 보였다. 뉴턴의 도약 결정 지시가 가버린 것이다. 새로운 철학이 모습을 드러내고 있었다. 원자를 지배하는 법칙은 사건의 발생을 결정하는 것이 아니라 사건이 발생할 확률을 결정하는 것이었다. 또한 한 상태에서 다른 상태로 전이를 하는 동안 그 규칙에 대해서는 아무것도 알 수 없는 것으로 나타났다. 이러한 물리적인 물체에 불확실한 상태는 동일하게 낯선 생각이었다.

전자의 미래는 알 수 없다.

■ 12.1.7 새로운 생각의 방식

기본적인 물리적인 과정을 이해하기 위해서는 새로운 접근이 요구되었다. 어윈 슈뢰딩거의 말을 인용하면: '그 일은 아직 아무도 못 봤다는 것을 보는 것이라기보다는 모두가 본 것에 대해 아무도 생각하지 않았던 것을 생각하는 것이다.'

오래되고 잘 정착된 습관들이 잘 사라지지 않고, 많은 물리학자들이 새로운 생각을 받아들이는 것이 어렵다는 것을 알았다. 바로 1916년까지만 해도 소문에 의하면 슈뢰딩거는 '만약 누구라도 이 양자 점프에 관하여 집착해야 한다면, 내가 이 문제에 관여했던 것을 결코 후회할 것이다'라고 스스로 외치는데 앞장섰다. 이것에 대하여 보어는 다음과 같이 답변했다: '그러나 우리는 당신의 업적이 이 이론에 굉장히 많은 것을 고취할 수 있게 해주었기 때문에 당신에게 매우 감사하고 있습니다.'

또 다른 해결해야 할 개념적인 문제가 있었다. 원자 모형을 글자로만 받아들일 수 없다는 것이 분명해졌다. 원자의 성질과 가능한 예측을 나타내는 수학적인 표현으로 다루어져야만 했다. 심지어 원자가 안정하다고 해도 전자의 위치는 결정할 수 없었다. 궤도운동을 하는 전자를 실제로 보는 것은 불가능했다. 아마도 보다 나은 머릿 속의 그림은 고리 모양을 한 핵 주위의 '전자구름'의 그림이다.

12.1.8 코펜하겐 해석

1921년 닐스 보어는 코펜하겐 학교를 열어 초창기에는 물리에서 직면한 문제를 바꾸고 있는 이해할 수 없는 새로운 주제에 초점을 맞췄다. 시간이 있을 때마다 그 당시 최고의 물리학자들이 보어의 연구소에 참석하였다. 그들은 거대한 지적능력과 상상의 '두뇌집단'을 형성하여 양자역학의 코펜하겐 해석을 발전시켰다. 플랑크의 발견과 보어의 원자 모형은 흥미로운 모험에서의 첫 걸음에 불과한 것이었다.

12.2 행렬역학

12.2.1 하이젠베르그의 접근

베르너 하이젠베르그(Werner Heisenberg, 1901–1976)는 1924년에 연구소를 처음 방문한 보어의 젊고 명석한 학생 중 한명이었다. 그의 이론을 구축하는데 있어 발견되지 않은 많은 양들을 포함하는 모델에 기초하여 이론을 구축하기보다는, 실험으로 제공되는 양들을 가지고 이론을 구축해야만 한다고 생각하였다. 전자의 궤도와 같은 것은 직접적으로 측정할 수 없다: 그렇다면 직접적으로 관측할 수 있는 사실에 관련된 수학적인 공식을 만들려고 노력하는 것이 더 낫다.

12.2.2 수소 원자로부터의 빛

하이젠베르그는 수소 원자에서 전자가 궤도간 전이를 할 때 방출하는 빛의 주파수를 다루는 것부터 시작하였다. 이러한 것들은 숫자들의 행렬 안에 나열할 수 있었고, 그것들은 궤도 m에서 궤도 n으로 전이하기 때문에 생기는 주파수이며, 그 주파수들은 행 m과 열 n의 각각의 자리를 차지할 것이다. 그것들은 수소 원자에 대하여 자연이 우리에게 말하는 모든 것을 나타내는 실험적인 수이다.

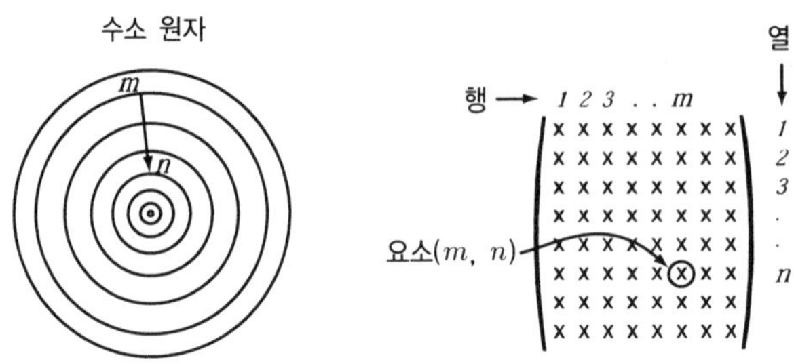

궤도 m에서 궤도 n으로의 전이

빛 주파수의 행렬

12.2.3 모든 것을 위한 행렬

하이젠베르그의 생각은 근본적으로 그 전에 제안되었던 것들과는 매우 다른 것이었다. 그는 물리적으로 관측 가능한 에너지, 운동량, 위치, 주파수 그리고 속도와 같은 양을 가지고 행렬을 만들었다. 따라서 '에너지 행렬', '위치행렬' 등이 있었다.

원자는 물리적인 그림으로 나타내어지는 것이 아니라, 순전히 수학적인 모델에 의해 나타냈다. 전자의 궤도를 생각하는 것 대신, 원자 모델을 빈공간의 행과 열을 가진 행렬로 생각하였을 것이다. 각각의 빈 공간들은 특정한 원자들에 대한 필요한 정보들을 얻어 숫자로 채우고자 했다.

어떠한 정해진 방식에 따라 한 행렬을 다른 행렬에 적용하는 것은 실험적 관측의 결과들을 나타내는 숫자들의 조합을 주었을 것이다. 예를 들어 '주파수 행렬'을 '수소 행렬'에 적용하는 것은 수소에 의해 방출되는 빛의 주파수의 관측 값을 줄 것이다. 또 같은 주파수의 행렬을 나트륨 원자의 행렬에 대입하면 나트륨에 의해 방출되는 스펙트럼선을 주었을 것이다.

■ 12.2.4 게임의 규칙

처음으로 풀어야할 문제는 한 행렬을 다른 행렬에 적용하는 규칙을 정의하는 것이었다; 두번째는 적절한 행렬을 수소와 같은 시스템과 주파수와 같은 관측량에 대한 적절한 행렬을 만드는 것이다. 이것은 실험과 잘 일치하는 결과를 이끌어낼 것이다.

하이젠베르그는 괴팅겐으로 돌아갔고 그곳에서 운 좋게 그의 교수인 맥스 본(Max Born, 1882-1970)을 만날 수 있었다. 맥스 본은 19세기 영국의 수학자인 아서 케일리(Arthur Cayley, 1821-1895)가 창안한 행렬 대수학에 익숙한 사람이었다. 케일리는 순전히 수학적인 공식의 형식주의로 행렬을 더하고, 곱하고, 나눌 때의 자체모순이 없는 물리와는 전혀 무관한 규칙들을 정의하였다. 본은 하이제베르그의 일하는 태도에 끌렸고 또 다른 재능있는 젊은 박사후 과정생 파스쿠얼 조단(Pascual Jordan, 1902-1980)에게 연구를 돕도록 하였다.

흥미로운 것은 그 당시의 물리학자들은 행렬이 무엇인지 알지 못하였거나 이론적인 모형에 적용하는 것을 꺼려했다는 것이다. 1925년 하이젠베르그가 조단에게 보낸던 편지에서 그 당시의 상황을 그려볼 수 있다: '지금 괴팅겐에 있는 수학자들이 에르미트 행렬에 대해서 너무 많이 이야기를 하고 있지만, 나는 심지어 행렬이 무엇인지도 알지 못하네!'

■ 12.2.5 자연의 법칙

지금까지 물리의 역사에서 수학적인 언어는 매우 잘 작용해왔다. 선형대수학은 뉴턴의 법칙에 적용할 때 잘 작용한다. 미분 수학은 맥스웰에게 전자기파의 존재와 성질들을 잘 예측할 수 있게 해주었다. 적어도 어떤 순간에서는 자연은 인간의 논리에 접근 가능한 것처럼 보였다! 알버트 아인슈타인이 말하기를: '인간의 사고에 의한 모든 산물이 있은 후에 존재하는 수학은 실제 물체에 감탄할만큼 잘 적용된다는 것이 어떻게 있을 수 있을까?' 이것에 대하여 그 스스로 대답하기를: '신은 교활하지만 악이 있지는 않았다.'

■ 12.2.6 하이젠베르그 방법의 예시

수소에서 방출되는 복사의 주파수를 얻기 위한 행렬의 공식 (즉, 수소의 '스펙트럼선')은 다음과 같은 형태로 쓰여졌다.

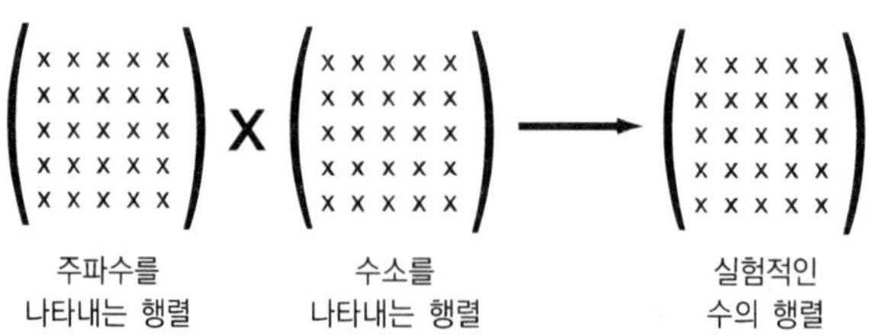

주파수 행렬을 수소원자의 행렬에 적용하는 것은 케일리의 행렬대수학에서 행렬 곱셈의 규칙을 따른 것이다.

■ 12.2.7 행렬이 교환하지 않는다!

하이젠베르그는 그의 계획에서 우려했던 무언가를 알아차렸을 때 그의 생각에서 많이 벗어나 있지 않았다. 물리적인 현상은 지금까지 대수학으로 표현되어 왔다. 대수학에서는 숫자 A에 B를 곱한 것과 B에 A를 곱한 것이 같은 결과를 준다. 이것을 곱셈의 교환 법칙이라 하는데 행렬의 경우 이것을 따를 필요는 없다. 만약 사용하는 행렬들이 두개의 물리적 관측량을 결정하는 것이라면, 이러한 결정을 하는데 있어 계산하는 순서에 따라 다른 결과를 얻을 것이다. 따라서 만약 행렬 [A]가 관측 가능한 A를 나타내고 행렬 [B]가 관측 가능한 B를 나타낸다면, A의 측정 뒤에 B의 측정을 하는 것은 [B][A] ('A뒤에 B')와 같이 표현하는 것이 자연스러울 것이다. 만약 [B][A]≠[A][B] 라면, A뒤에 B를 측정하는 것과 B 뒤에 A를 측정하는 것이 같지 않다고 결론을 내릴 수 있다.

하이젠베르그는 행렬대수학에서 교환하지 않는 성질이 그의 이론에 근본적인 실수를 낳을 수 있다고 느꼈다. 그러나 폴 디랙(Paul Dirac, 1902-1984)은 보어, 하이젠베르그, 조단이 논문을 빨리 받아보고, 비교환은 아마도 기본적인 자연현상을 지배하는 가장 중요한 현상일 것이며, 이러한 비교환은 사실 정확한 것이라는 것을 알아차렸다. 이론이 틀린 것이 아니라 아주 반대로, 행렬 방정식이 우리에게 무언가를 말하려고 하는 것이다!

■ 12.2.8 행렬로 이루어져야만 하는 자연의 법칙

하이젠베르그가 다음으로 할 일은 다른 물리적 관측량에 대하여 어떤 종류의 행렬로 나타내야 하는가를 정하는 일이었다. 이 시점에서 이론과 실험을 일치시키는 것이 필요했기에, 실험적으로 결정된 수를 이론에 넣기 시작했고 그때까지도 그것은 완전히 추상적인 것이었다.

하이젠베르그의 발견 중 가장 잘 알려져 있고 가장 기본적인 발견은 관측량인 위치와 운동량을 수반했다. 그는 전자나 양성자와 같은 입자의 위치와 운동량을 나타내는 행렬은 반드시 다음의 교환 조건을 따라야만 한다는 것을 발견했다.

$$[q]\,[p]-[p]\,[q]=\frac{ih}{2\pi}[I] \qquad (12.1)$$

여기서

> 자연의 법칙은 좌표 q와 운동량 p를 지배한다

[p]는 물리적으로 관측 가능한 운동량을 나타내는 행렬
[q]는 물리적으로 관측 가능한 위치를 나타내는 행렬
[I]는 단위 행렬, 그리고
h는 플랑크 상수이며 $i=\sqrt{-1}$.

더욱 특별하게, 만약 한 고정된 좌표에서 생각한다면, 즉 x방향에서 말하면,

$$[x]\,[p_x]-[p_x]\,[x]=\frac{ih}{2\pi}[I] \qquad (12.2)$$

여기서 p_x는 운동량의 x방향 성분이다.

12.3 순서가 중요

12.3.1 하나의 물리량 측정은 다른 물리량의 측정을 방해함

고전 물리에서 물리계의 성질은 관측자에 의존하지 않는다. 예를 들어, 우리가 입자를 관측하든 아니든 상관없이 그 입자는 어떤 위치와 운동량을 갖는다. 원리적으로는 그것의 운동량을 방해하지 않고 그것의 위치를 측정할 수 있고, 반대의 경우도 마찬가지다. 또한 이러한 변수들 중에 하나 혹은 다른 것 중 어떤 것을 먼저 측정하거나 혹은 동시에 위치와 운동량을 측정한다고 해도 아무런 차이가 없다.

식(12.1)과 식(12.2)에 의해 기술되는 규칙을 보면 무언가 매우 다르다. 그들이 말하는 것은 운동량을 측정한 후에 위치를 측정하는 것과 위치를 측정하고 운동량을 측정하는 것은 같지 않다는 것이다. 그 차이는 행렬의 언어를 사용하면 수량화 할 수 있고 그 양은 플랑크 상수 h로 표현된다. 자연상수는 플랑크가 상상했던 것보다 훨씬 더 알 수 없고 깊은 역할을 한다!

비록 원리적으로 입자의 운동량 혹은 위치를 임의적인 정확도까지 측정할 수는 있지만, 두개의 관측량을 동시에 측정하는 것은 불가능하다. 위치와 운동량은 계의 상호보완적인 성질이지만, 두개를 동시에 아는 것은 이론이 허용하지 않는다. 이러한 생각은 우리가 느끼는 물리의 법칙에 대한 직관과는 굉장히 다른 방향으로 가고 있다. 그러나 우리의 직관은 매일 살고 있는 일상적인 경험에 근거하고 있는 것이다. 그러나 전자와 원자의 세상은 분명히 일상생활은 아니다.

12.3.2 편광판을 사용한 탁자 위의 실험

빛의 편광은 파동이론의 입장에서 8.12절에서 논의한 것처럼, 편광 물질은 슬릿 역할을 하고 도식적으로는 진동방향의 성분이 슬릿과 나란한 성분만 통과하게 한다. 그래서 통과해서 나온 빛은 슬릿 방향으로 진동하는 전기장만을 지니게 된다. 이 빛이 첫번째 편광물질에 대해 θ만큼 기울어진 두번째 편광판을 통과하였을 때, 빠져나온 빛의 세기는 $\cos^2\theta$만큼 줄어든다. 두 슬릿의 축이 수직인 경우 ('십자 편광판') 어떠한 빛도 빠져나오지 못한다.

이제부터는 이 현상을 입자 모형을 가지고 고려하여 보자. 각각의 편광판은 '편광'이라고 불리는 광자의 어떤 현상을 측정하기 위한 기구의 역할을 한다. 'θ 편광판'을 지나 투과된 어떤 광자는 또 다른 'θ 편광판'을 지나갈 수 있는 성질은 가지고 있지만, 다른 각으로 방향을 잡고 있는 편광판을 지나 투과하는 확률은 지극히 제한적이다. 이 확률은 $\cos^2\Delta\theta$와 같고, 여기서 $\Delta\theta$는 두개의 슬릿의 기울어짐의 차이이다(말루스 법칙).

편광축이 서로 90° 기울어져 있는 'X 편광판'과 'Y 편광판'을 가지고 시작하자. X 편광판을 지나 Y 편광판에 도달한 광자는, 이 두 번째 편광판을 통과하지 못하고 흡수될 것이다. 이것이 표준적인 '십자편광' 효과이다.

다음으로 소개할 것은 편광축이 무작위 방향인 편광판(이를 'R 편광판'이라고 함)으로 앞의 두개의 편광판 사이에 놓고 그것의 각도를 θ라 부르자. R 편광판을 집어넣음으로 'X 광자'가 R 편광판을 지나갈 수 있는 가에 대한 새로운 측정을 할 수 있다. 만약 통과한다면 이 광자는 편광각이 X 방향에 대해 θ의 편광각을 갖는 광자가 될 것이다. 이 광자는 X 광자였던 것을 '잊어버리고' 'θ 광자'가 된다.

'θ 광자'가 Y 편광판 - 즉 최초에 십자로 교차되었던 편광판의 두 번째 편광판 - 을 만나면 어떤 일이 일어날까? 이것은 위에서 말한 실험으로 통과하지 못한 실험이다. 이제 확신할 수 없다! 이 다음 시험에서 통과할 수도 있고 못할 수도 있다. 확률은, 말루스의 법칙에 따라, 각 θ에 의존하고 $\cos^2(90°-\theta)$에 비례한다.

다른 장애물을 광자의 경로에 집어넣어, 시스템을 지나갈 수 있는 기회를 준 것이다. 역설적으로 추가로 설치한 담장이 통로를 더 쉽고 어렵지 않게 만든 것이다(그림 12.1).

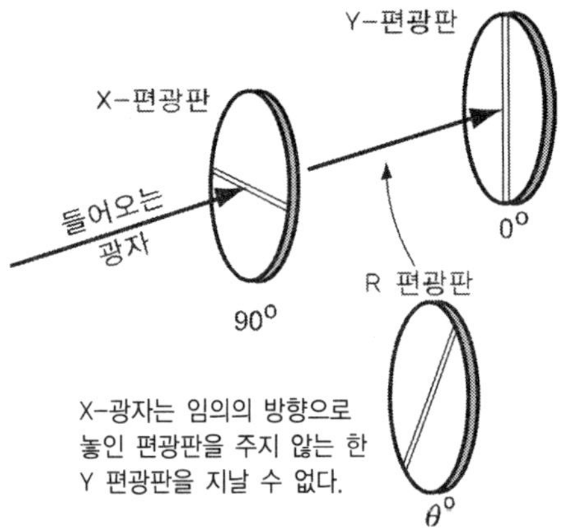

그림 12.1 편광판 실험

실험으로부터 배운 것들

1. 우리가 관찰하는 순서와 관계가 있다. 만약 임의의 방향의 편광판을 다른 두개의 앞이나 뒤에 놓았다면 매우 다른 결과를 얻었을 것이다.
2. 광자는 전형적인 '양자입자'와 같이 행동한다. 관측된 광자는 관측되기 전의 광자와 같지 않다. 이것은 후에 논의할 것이다.

이 실험은 오버헤드 프로젝터에 놓인 편광판과 같이 가장 간단한 장치와 일반적인 광원을 사용하여 시행할 수 있다.

■ 12.3.3 일련의 편광판을 이용한 실험

편광판의 다양한 조합과 배열로 이루어진 곳에 임의의 광자를 보냈을 때 어떤 일이 생기는지 알아보자.

예제 1 – 세 개의 편광판

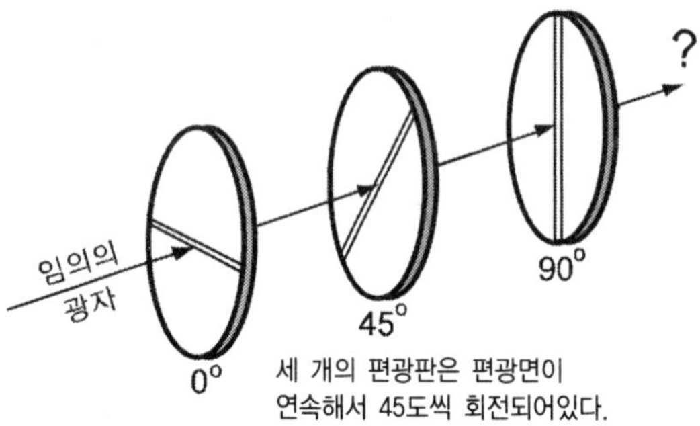

세 개의 편광판은 편광면이 연속해서 45도씩 회전되어있다.

말루스의 법칙을 사용하면
광자가 세 개의 편광판을 모두 통과할 확률

$= \cos^2(45°) \times \cos^2(45°)$
$= 1/4$

4개중 한 개의 광자만 통과한다.

예제 2 – 다섯 개의 편광판

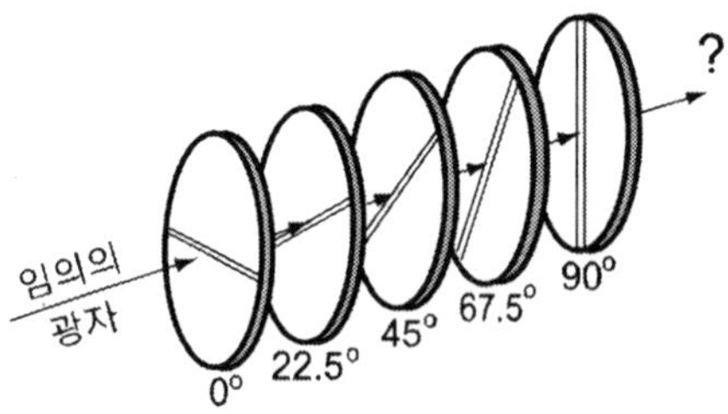

다섯 개의 편광판은 편광면이 연속해서 22.5도씩 회전되어있다.

확률

$= \cos^8(22.5) = 0.92388^8$
$= 0.53$

반 이상의 광자가 통과한다. 그러나 예제 1에 나왔던 세 개로 구성된 편광판은 다섯 개로 이루어진 줄에 포함되어 있다.

예제 3 – 91개의 편광판

이제 실질적인 시험을 해보자. 임의의 광자가 아래의 그림과 같이 일련의 91개의 편광판을 통과할 확률은 얼마나 될까? 각각의 편광판의 축은 바로 앞의 것들과 비교하여 1°씩 회전되어 있다. 다시 말하자면, 제일 앞의 것과 마지막 편광판의 축은 서로 수직이다.

축방향이 정확한 순서로 나열된 91개의 편광판

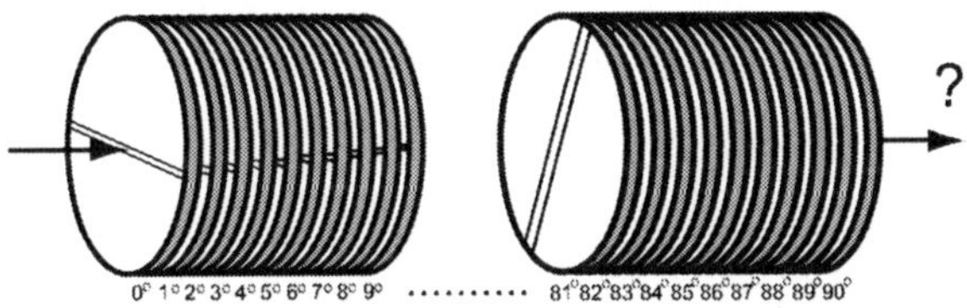

$$확률 = \cos^{180}(1°) = 0.99985^{180} = 0.97296$$

100개 중에 97개 이상의 광자가 이 시스템을 빠져나간다!*

편광판을 뒤섞지 마라!

반드시 모든 편광판들은 정확한 순서로 배열되어야 한다. 만약 한 개의 위치가 바뀐다면 결과는 완전히 달라질 것이다. 순서가 중요하다.

예제 4 – 순서의 중요성

이 예제에서는 앞의 예제에서 2° 편광판을 원래 위치에서 꺼내어 제일 뒤의 근처에 - 말하자면, 88°와 89° 편광판 사이 - 에 가져다 놓자. 두 번째와 네 번째

* 이웃하는 편광자의 편광면이 θ만큼 회전된 n개로 구성된 편광자를 광자가 통과할 확률은 $P = [\cos^2(\theta)]^{n-1}$이다.

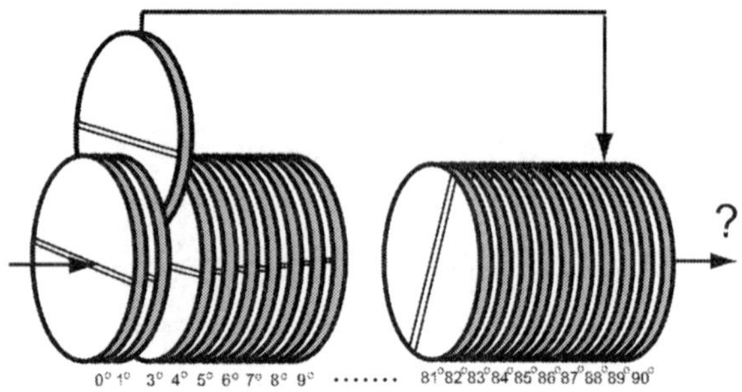

편광판 사이에 생긴 공간을 없앤다(세세하게 따져보면 $\cos^4(1°)(=0.99939)$를 $\cos^2(2°)(=0.9976)$으로 바꾼 것에 불과하다). 반면에 꺼낸 것을 다른 한쪽 끝에 끼워넣음으로서 극적인 효과가 있다. 우리는 효과적으로 두개의 십자로 교차한 편광판과 동등한 것을 만들었고, 시스템을 통과하는 광자의 확률은 무시할 정도로 매우 작아진다.

$$P=\cos^{174}(1°)\cos^2(2°)\cos^2(86°)\cos^2(87°)$$
$$=0.99985^{174}\times0.99939^2\times0.06976^2\times0.05233^2=0.0000062$$

100만개의 광자중 약 6개만 빠져나온다!

■ 12.3.4 불확정성 원리

'양자 세계'에 대한 본질적인 지식의 부족은 행렬 연산자나 교환 관계를 포함하지 않는 약간 다른 형식으로 기술될 수 있다. 이것은 하이젠베르그의 불확정성 원리로 알려져 있다. 이 원리는 양자역학의 기본원리를 만들었고 다음과 같다:

어떤 입자의 위치 좌표계 q와 그에 대응하는 운동량 좌표계 p을 동시에 아는 것에는 근본적으로 한계가 있다.

만약 위치의 불확정성이 Δq이라면, 운동량에서의 불확정성 Δp가 있다. 즉 이 두 양의 곱은 다음과 같다.

$$\Delta p\times\Delta q\approx\frac{h}{2\pi}\quad\text{(하이젠베르그의 불확정성 원리)}$$

전자와 같은 입자의 위치를 더 정확히 알수록, 그것의 운동량을 정확히 아는 것은 더욱 어렵게 되며, 그 반대의 경우도 마찬가지이다. 왜 그런지 모르겠지만, 자연의 법칙은 이러한 변수들을 정확히 동시에 아는 것을 허용하지 않는다.

불확정성 원리는 고전 물리의 개념이 적용되지 않는 그 너머의 한계를 정의한다.

> 식(12.1)의 위치와 운동량을 나타내는 행렬간의 교환법칙은 불확정성 원리를 표현하는 또 다른 방법이다.

뉴턴의 역학에서 물체들은 관측되거나 관측되지 않는 모든 것에 대하여 정확한 값을 가지며 독립적으로 존재한다. 이러한 이유로 양자 역학이 정말 이상하게 보이는 것이다. 우리는 모호하지 않은 물리적 현실의 것들에 익숙하다. 만약 알고 있는 어떠한 물리적 특성에 불확정성이 있다면 이것은 측정 방법의 불완전성으로 인한 것이다. 직감적으로 우리가 느끼는 것은 측정 장비가 좋으면 좋을수록 더욱더 정확한 물리량의 값에 나아갈 수 있다는 것이다. 이것이 아인슈타인이 받아들이기 쉽지 않은 양자역학에서 이러한 개념과 다른 개념들을 발견한 이유이다.

원칙적으로 고전적인 이론에서는 어떤 주어진 순간에 물리적인 계에 대하여 모든 것을 알 수 있다고 믿는다. 이러한 지식을 사용해서 물리의 법칙을 적용함으로, 다시 한번 원칙적으로, 이런 계의 미래를 결정하는 것이 가능할 수 있다. 이런 이유 때문에 뉴턴 혹은 고전 역학이 결정론적이라 칭하는 것이다.

광자, 전자, 원자 그리고 원자핵과 같은 기본적인 개체들의 세상에서는 하이젠베르그의 불확정성 원리가 주도적인 역할을 한다. 당신이 현재의 지식을 정확히 가질 수 없기 때문에 당신이 미래를 결정할 수 없다는 것에 대해 거의 놀라지 않는다. 결론적으로 확률과 결정론이 아닌 것은 그것들을 지배하는 법칙 속에 본래부터 존재하고 있다.

12.4 파동 역학

12.4.1 슈뢰딩거의 접근

어윈 슈뢰딩거는 1921년 취리히대학에서 이론 물리학 교수로 임명되었다. 그는 보어의 코펜하겐 학교에 의해 발표되고 있었던 발전들에 관심이 있었지만, 언뜻 보기에는 하이젠베르그의 행렬역학과는 아주 다른 것처럼 보인 그 자신의 양자역학의 계통을 세우는 작업을 하고 있었다.

에드윈 슈뢰딩거(1887-1961)

슈뢰딩거의 파동 역학은, 입자의 행동은 마치 전자가 '물질파'와 관련되어 있다는 내용을 그의 박사학위 논문에 넣었던 루이스 드 브로이의 생각에 근거를 두었다. 파동과 같이 행동하고 입자의 특성도 역시 나타내는 빛처럼, 입자는 파동의 특성을 보여서는 안 되는 것일까?

12.4.2 드 브로이의 원래 생각

드 브로이는 빛의 파장과 광자의 에너지 사이에 존재하는 관계들로부터 물질파의 파장을 계산할 수 있다고 제안하였다. 우리가 아는 것과 그리고 13.2절에서 더 논의되겠지만 광자는 에너지 $E=hf$와 운동량 $p=hf/c=h/\lambda$를 갖는다. 같은 방법으로 운동량이 p인 입자의 물질파는 $\lambda=h/p$인 파장을 가져야 한다. 드 브로이에 따르면, 이러한 물질파의 전파는 입자의 운동을 지배한다는 결과로서 당연히 적당한 조건하에서 전자와 같은 입자들은 간섭이나 회절과 같은 '파장 현상'을 가지게 된다.

루이 드 브로이
(1892–1987)

일상생활의 세계에서 가장 작은 입자의 경우라도 드 브로이 파상은 매우 짧기 때문에 그들의 파징의 성질을 보는 것은 불가능하다. 예를 들어 1/100 g의 무게를 가지며 10 ms^{-1}의 속도로 움직이고 있는 모기의 물질파의 파장을 계산해보자:

$$\lambda=\frac{h}{p}=\frac{6.63\times10^{-34}}{10^{-5}\times10}=6.63\times10^{-30}\ \mathrm{m}$$

이것은 원자의 지름보다 10^{20}배 정도 더 작다.

그러나 전자의 경우 물질파의 파장은 결정에서 원자면과 원자면 사이의 거리 정도의 파장을 갖는 X-선의 파장과 유사하다. 그렇기 때문에 전자빔은 X-선 빔과 같은 방법으로 회절하게 된다.

드 브로이는 그의 발상을 1924년 11월에 파리대학 박사학위 논문에 넣었다. 평가위원회는 그의 발상의 독창성에 깊게 감명을 받았지만 그가 제안한 파장의 존재는 믿지 않았다. 이것들의 존재를 실험적으로 밝힐 수 있냐는 질문을 받았을 때, 드 브로이는 결정에 의한 전자 회절 실험을 하게 되면 가능하다고 대답하였다. 드 브로이나 평가위원회 모두 그것에 대한 증거가 이미 존재하고 있는 것을 알지 못하였고, 알아보지도 못하였다. 예를 들어 1921년 데이비슨(C.J. Davission, 1881–1958)과 쿤스만(C.H. Kunsman)이 발표한 '니켈에 의한 전자 산란' 논문에 실린 실험결과에 대한 그림에 회절로 인한 명확한 봉우리가 있다는 것을 나중에 알았다. 공식적으로 전자파에 대하여 처음으로 알게 된 것은 1927년으로, '니켈 결정의 전자 회절'로 이름 붙여진 데이비슨과 레스터 H. 저머의 논문에서 였다.

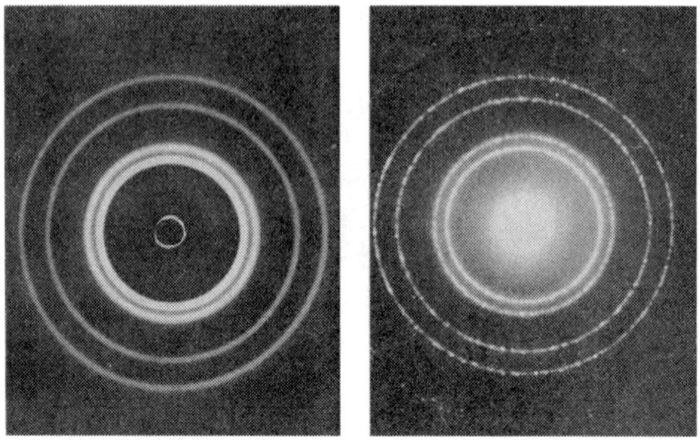

빛 (X-선) 　　　　　　　　　 전자

그림 12.2 회절 무늬

1928년 캠브리지에서 일하고 있던 조지 패짓 톰슨(George Paget Thompson, 1892-1979)은, 물질의 얇은 막에 좁은 전자 빔을 통과시켰고, 그것에 의한 회절 무늬를 얻을 수 있었다. 전자가 사진건판에 도달하였을 때 동심 고리의 무늬를 만들어 내었고, 이 무늬는 X-선이 만든 것과 매우 유사하였다. 물질파가 빛의 파와 같은 방식으로 간섭을 한다. 그림 12.2는 얇은 알루미늄 판을 통과한 X-선의 무늬(왼쪽)와 전자에 의한 무늬(오른쪽)의 결과를 보여준다.

■ 12.4.3 드브로이파의 적용

드 브로이의 발상은 자유전자에만 적용되었고, 슈뢰딩거는 힘을 받는 전자, 특히 수소와 같은 원자 안에 있는 전자를 파동에 적응시키는 문제에 직면하였다. 힘의 효과는 파동 함수가 수용되어야만 하는 '포텐샬 우물'로 표현이 되었다. 심지어 더 중요하고 기본적인 문제는 물리의 법칙을 파동 함수가 만족하는 수학적인 관계의 형태로 표현해야 한다는 것이었다. 고전역학이 제공한 단서들과 특히 윌리암 로완 해밀톤(William Rowan Hamilton, 1805-1865)에 의해 발전된 고전적인 방법을 사용하여 슈뢰딩거는 파동표현에 의해서 자연의 법칙을 기술하는 방정식을 만들 수 있었다.

몇달 지나지 않아 전자 스핀에 의해 야기되었다는 것으로 알려진 미세구조를 갖는 관찰된 스펙트럼을 예견하는데 초기에는 어려움이 있었지만, 슈뢰딩거는 수소원자에 대한 스펙트럼의 파장을 설명하기 위해서 그의 이론을 적용했다. 실질적으로 약 1년 동안 그는 우리가 지금 알고 있는 비상대론적 파동역학의 모든 것을 발전시켰다.

물리의 역사에서 하이젠베르그의 행렬역학과 슈뢰딩거의 파동역학처럼 더 근본적으로 다른 것처럼 보이는 두 개의 이론을 발견하는 것은 어렵다. 그러나 두 이론은 같은 실험 결과를 똑같이 올바르게 설명했다. 우연의 일치는 아니다; 사실 슈뢰딩거는 어떤 것을 고찰하는 데에는 위의 두 개의 역학이 두 개의 다른 수학적 방법이라는 것을 곧 발견하였다. 1926년 봄, 그는 물리학회지에 발표한 논문 '하이젠베르그-본-조던의 양자역학과 나의 것과의 관계'에서 두 표현의 수학적 동일성을 증명하였다.

12.4.4 다른 측면에서의 불확정성

비록 하이젠베르그의 방법과는 다르다고 해도, 파동역학의 방법이 어떻게 불확정성 원리를 이끌어내는지를 보는 것은 흥미롭다.

운동량이 p인 입자의 물질파 혹은 파동함수는 파장이 $\lambda = h/p$인 연속적인 사인파이다. 파의 진폭은 (혹은 더욱 정확히는 진폭의 제곱) 주어진 지점에서 입자를 찾을 확률을 측정하는 것이지만, 연속파의 경우에 진폭은 공간에서 바뀌지 않는다. 모든 곳에서 입자를 찾을 기회는 같다.

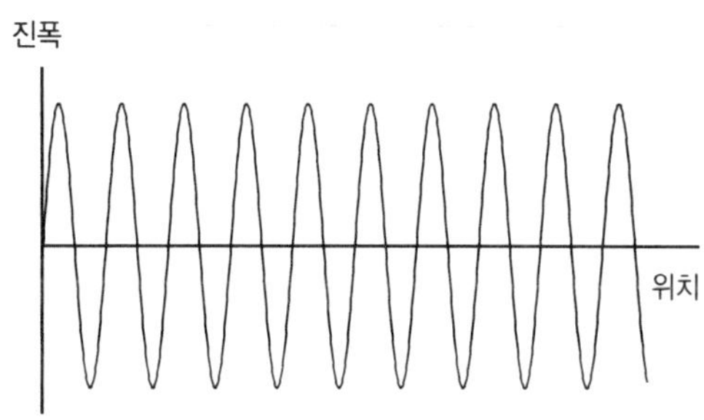

운동량은 알고 있지만, 위치에 대해서는 아무 것도 알지 못한다.

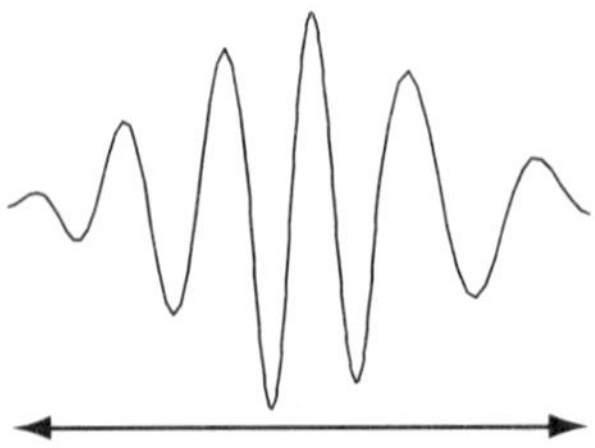

위치의
불확정성은 Δx이다.

공간적으로 국한된 입자는 파동다발로 표현할 수 있다. 이것은 입자를 발견할 수 있도록 가장 있을만한 곳을 준다. 왜냐하면 파동다발의 경계는 뚜렷하지 않기 때문에, 폭 Δx는 근사적이다(그러나 통계적인 공식보다는 더 엄격하게 정의될 수 있다).

우리가 6.8절에서 본 것과 같이 사각파는 다른 파장을 가진 사인파의 중첩으로 만들어진다. 유사하게 물질의 파동다발도 다른 파장을 갖는 파동들의 조합으로 구성되어 있고, 그렇기 때문에 운동량 p도 여러 값을 갖는다. 우리는 위치에서의 불확정성을 푸리에 해석으로 알려진 보다 정확한 계산을 사용해서 위치의 불확정성을 대응하는 운동량의 불확정성으로 관련시킬 수 있다. 이 푸리에 분석을 수행하면 파장의 영역 $\Delta\lambda$안에 있는 사인파의 결합은 폭이 Δx인 파동다발을 형성할 것이다. 여기서

$$\Delta x\,\Delta k \approx 1 \text{ 그리고 } k = \text{'파수'} = \frac{2\pi}{\lambda}$$

$$\text{그러나 } \lambda = \frac{h}{p} \Rightarrow k = \frac{2\pi p}{h}$$

$$\Rightarrow \Delta k = \frac{2\pi \Delta p}{h}$$

$$\Rightarrow \Delta x \Delta p \approx \frac{h}{2\pi}$$

(불확정성 원리)

12.5 일반화된 양자역학

12.5.1 보다 넓은 관점

폴 디랙(1902–1984)

폴 디랙(Paul Dirac, 1902–1984)은 '물리계의 상태의 중첩 원리'를 기반으로 아름다운 양자역학의 수학적인 표현을 발전시켰다. 이 원리는 관측되지 않은 물리계는 동시에 많은 가능한 상태에 존재한다고 간주되는 양자역학의 중심적인 특징에 대한 것이다. 측정이 이루어질 때 그 계는 새로운 한 상태로 '도약'한다. 그 상태 안에서 그 계는 적절한 물리량에 대한 측정값을 갖는다.

디랙의 발상은 많은 차원의 공간에서 벡터로 물리계의 상태를 나타내는 것이다. 많은 방향과 나란한 벡터의 성분들은 물리적인 측정에 대해 다양하게 가능한 결과들로 표현된다.

'보통의' 벡터는 x, y 그리고 z축의 세 개의 서로 독립적인 성분을 갖는 것처럼, 디랙의 '상태벡터'들은 디랙의 수학적인 공간의 많은 방향에서 많은 성분을 갖는다. 심지어 무한 개의 성분도 가능하다. 지금은 이러한 양자역학의 표현이 디랙의 일반적인 변환 이론으로 알려있는데, 이것은 다른 기준이 되는 틀에서 상태벡터를 보기 위하여 좌표축을 변환시키는 것이다.

하이젠베르그와 슈뢰딩거의 표현은 디랙의 계획에서 특수한 경우로 단정하게 정렬되었고, 그 당시는 양자역학의 가장 일반적이며 가장 완벽한 이론이 되었으나 아직까지도 해결할 것이 남아있다.

12.5.2 상대론과 양자 역학

최근에 만들어진 양자역학에서 하나의 미심쩍은 문제가 있었다: 그것은 상대성 법칙을 포함하지 않았다는 것이다. 15장과 16장에서 아인슈타인의 상대성 법칙에 직면할 것이다; 그것인 20세기의 초에 제기되었고 지금까지는 잘 정립되었다. 만약 상대론과 양자역학이 자연법칙을 정확하게 표현한다면, 그 결과들은 반드시 서로 일치해야 한다. 그러나 아직까지 두 결과에는 심각한 불일치가 있다. 예를 들어, 슈뢰딩거 방정식은 공간과 시간을 각각의 방법으로 다루지만, 상대론에 따르면 두 개는 반드시 같은 기반에서 다루어져야만 한다.

이러한 딜레마는 오스카 클레인(Oskar Klein, 1894-1977)과 발터 고든(Walter Gordon)에 의해 해결되었다: 그들의 방법은 디랙의 일반화된 양자이론과 일치하지 않았기 때문에 디랙은 만족하지 않았다. 클레인-고든의 방법은 에너지와 운동량의 제곱을 포함하는 상대론적 관계에 기초하였다. 디랙 이론은 단지 선형적인 관계만을 다루었고, 이차항의 관계는 어디에도 없었다. 반면에 이것은 세부적인 내용만을 고려할 수 있었기 때문에, 디랙에게는 굉장히 어려웠을 것이다. 이러한 그의 일반화된 양자 역학의 주요한 결함은 단순히 받아들일 수 없었다.

1927년에 문제에 대한 해결이 나왔다 - 디랙 자신의 말로는 '우연히, 단지 수학과 놀고 있다가.' 선형적인 방법 안에서 상대론적 관계를 보통의 대수적인 양 대신 행렬을 사용함으로 표현할 수 있음을 발견하였다. 그의 일반화된 양자역학 안으로 적절히 적용되는 상대성 원리와 두 개의 자연에 대한 기본 법칙은 구성상 올바르게 표현되는 것처럼 보였다.

■ 12.5.3 어려움으로부터 나오는 대성공

꼭 문제가 해결된 것처럼 보였지만, 어려움이 나타났다. 방정식에 대한 답이 에너지가 양과 음의 값을 가질 수 있다는 것이었다. 입자가 어떻게 음의 에너지 상태에 있을 수 있는가? 디랙은 음의 답은 '물리적이 아니거나' 무시될 수 있거나 아니면 혹시 공식이 '그에게 무언가를 말하고자 한다'고 느꼈다.

고민하며 시간을 보내면서, 디랙은 '그 어려움'은 무시될 수 없다는 점을 알았다. 그 자신의 방정식은 '그보다 더 영리했다'! 그 방정식들은 그에게 아직 발견되지 않은 어떤 자연의 법칙을 말하고 있었다.

디랙의 발견 50주년을 기념하기 위하여 1977년 7월 부다페스트에서 열린 학회에서 그의 강연 중 결론을 인용하면: 음의 에너지 상태는 존재하지만 보통 진공에서 그들이 다 채워져 있을 때 존재한다는 다소 대담한 가정을 함으로서 그 어려움을 풀었다. 만약 이러한 음의 에너지 상태가 채워지지 않는다면, 물리적 입자처럼 보이는 구멍이 생겨날 것이다. 이것은 전자와 같은 입자일 것이고 음전하가 아닌 양전하를 가질 것이며, 양의 에너지를 가질 것이다.

디랙의 발견은 논리와 수학을 기초로 해서 만들어진 '생각의 발견 (discovery of mind)' 이었다. 이것은 아무도 실험적으로 발견하지 못한 새로운 입자, 즉 전자에 대한 '반입자' (나중에 '양전자'라 이름이 시어졌나)의 존재를 예견하였다. 몇 년이 지나지 않아 실험으로 입증되었다: 1932년, C.D. 앤더슨은 우주선 작용에 관한 연구를 하던 중 전자와 같은 질량을 가지며 양전하를 띤 입자의 자취를 발견하였다. 반물질이 실제로 존재했다!

12.5.4 반물질

반입자는 전자에 대한 것만이 존재하는 것이 아니라 모든 기본적인 입자에 대해서도 존재하는 것을 알고 있다. 사실 멀리 떨어져 있는 은하계들 중 완전히 반물질에 의해 구성된 것도 있다고 추측된다. 이러한 은하계들도 우리 은하계가 빛을 방출하는 것같이 빛을 방출할 것이고, 이러한 광자가 전자라기보다는 양전자의 양자점프로부터 온다고 말할 수 있는 방법은 없다.

그러나 한 조각의 반물질을 다루는 것은 가장 지혜롭지 못한 것이다. 입자가 그것의 반입자를 만나면 그들은 서로 소멸될 것이고, 말하자면 빛을 내뿜으며 사라질 것이다. 그러한 소멸로부터 나온 에너지는 빛의 광자로 운반된다.

반물질을 찾기 위해 먼 은하계로 갈 필요는 없다. 양전자는 어떤 방사성 동위원소의 방사능의 감쇠로부터 방출된다. 그런 양전자의 방출을 위한 감쇠는 다음 표에 주어져 있다.

감쇠	반감기
${}_{6}C^{11} \rightarrow {}_{5}B^{11} + e^{+}$	$T = 20.3$분
${}_{9}F^{17} \rightarrow {}_{8}O^{17} + e^{+}$	$T = 1.2$분
${}_{9}C^{18} \rightarrow {}_{8}O^{18} + e^{+}$	$T = 110$분
${}_{11}Na^{22} \rightarrow {}_{10}Na^{22} + e^{+}$	$T = 2.6$년

■ 12.5.5 양전자 방출 단층촬영

물질의 세계에서 반입자는 그 자신이 가장 불리한 환경에서 발견되고, 이러한 사실을 활용하여 진단의학에 큰 효과를 얻었다. 양전하 방출 단층촬영(PET)에서 양전하 방출 동위원소는 화학적으로 신진대사를 하는 분자(예로서 포도당)에 붙어서 정맥주사로 신체에 주사된다. 방사성 동위원소는 '첩자'처럼 행동하여 어떤 장기나 조직 안에서 비정상적으로 생화학적 활동을 하는 지역을 알아차리고 그곳에 쌓인다.

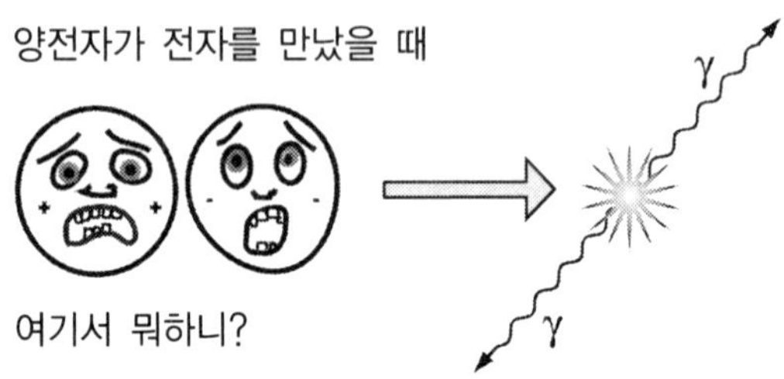

방사능 감쇠로 방출되는 양전자는 전자를 만나기 전 평균적으로 밀리미터의 몇 분의 1정도 움직인다. 이러한 물질과 반물질의 만남은 상호 소멸을 야기하고, 반대방향으로 두개의 빛의 광자를 보낸다. 각각의 광자의 에너지는 511 MeV로 전자 한 개의 질량 에너지와 같으며, 전자기 스펙트럼의 영역에서 감마선의 영역인 2.43×10^{-12} m의 파장을 가진다. 인간이나 동물의 조직은 감마 복사에 대해 투명하기 때문에 이러한 고주파의 빛은 몸으로부터 탈출하여 환자의 몸 밖에 있는 검출기에 완벽한 신호를 준다.

$$e^{+} + e^{-} \Rightarrow \gamma + \gamma$$ 정확한 위치 신호를 보냄

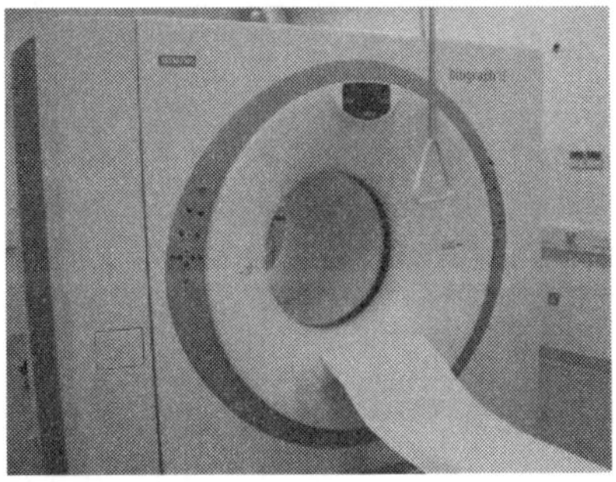

양전하 방출 단층촬영 기기

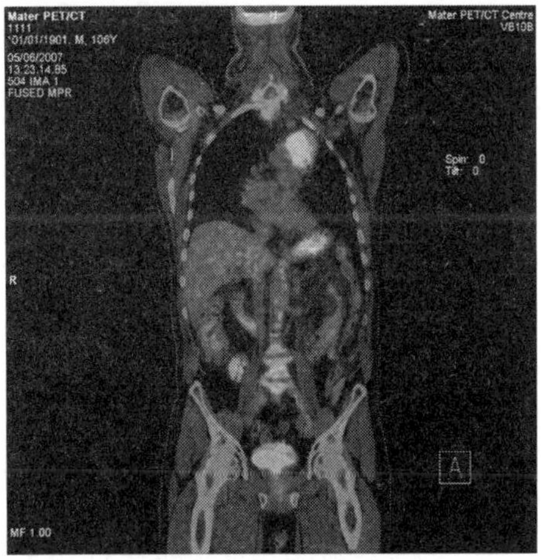

인체의 양전하 방출 단층촬영

Courtesy of Adrian Adams, Mater PET/CT centre, Dublin

PET 시스템은 정반대쪽에 있는 감마선 검출기가 동시에 일어나는 충돌을 기록할 때 반응한다. 이러한 우연의 일치가 이무리 작은 수로 일어난다 하더라도 높은 정확도로 복사의 근원의 위치를 찾을 수 있다. 이러한 결과는 동위원소가 있는 지역(생화학적으로 활동하는 지역)에 대한 삼차원 지도를 매우 정확하게 만든다. $_9F^{18}$은 가장 흔히 사용되는 동위원소이며 그 이유 중에 하나는 약 2시간 정도의 적당한 평균수명을 가지기 때문이다.

■ 12.5.6 반양성자와 반수소

방사성 원소의 감쇠로부터 나오는 양전자 방출은 반물질의 유일한 근원은 아니다. 입자 가속기에서 높은 에너지의 양성자를 표적에 있는 핵과 충돌시켜서 만들 수 있고, 또는 서로 정면 충돌시켜 만들 수도 있다. 그 결과로 생긴 에너지는 많은 새로운 입자들을 만들 수 있고, 때때로 입자-반입자 쌍(예로서 양성자와 반양성자)도 만들어 진다. 이러한 것들은 빠른 속도에서 빠져 나오고 분리될 수 있으며 빔으로 나올 수 있다. 이와 같은 빔 중의 하나는 제네바 근처에 있는 유럽 핵 중앙 연구소(CERN)에 있는 반양성자 빔이다.

반수소의 원자

2002년 8월 CERN의 물리학자들은 처음으로 반수소의 많은 원자 생산을 제어하였다고 발표하였다. 반양성자는 가속기의 표준치까지 감속되고 나서 전자기 우리에 가둬진다. 그런 다음 나트륨-22의 방사능 감쇠로부터 나온 약 7500만개의 양전자를 섞어 두번째 덫에 잡아놓았다. 이제 그곳에서 양전자와 반양성자가 '차가워'진다, 즉 원자로 서로 합쳐지기에 충분한 기회를 가질 만큼 감속된 반물질의 환경이 만들어진 것이다. 그 팀은 실험의 처음 몇주간 약 5만개 정도의 반수소 원자가 만들어졌다고 가늠하였다.

다음 단계는 반수소로부터 방출된 빛을 연구하는 것이고, 이것의 스펙트럼을 정상적인 수소와 비교하는 것이다. 만약 아무리 작다고 할지라도 차이가 있다면 자연은 아직 발견되지 않은 또 다른 주요한 놀라움 즉, 물질과 반물질간의 근본적 기본 비대칭 상태를 가지고 있다는 것을 의미할 것이다.

12.6 양자 실체

12.6.1 코펜하겐 해석의 비평들

알버트 아인슈타인은 새로운 발상에 익숙해지는 것이 어렵다는 것을 알았다. 많은 시간동안 계속되었던 아인슈타인과 보어간의 서신에서 아인슈타인의 명철한 질문과 그에 대한 보어의 명석한 답변과 함께 코펜하겐 해석의 원리에 대한 생생한 논의가 있었다는 것을 알았다. 아인슈타인이 많이 인용한 '나는 신이 주사위를 던지지 않을 것으로 믿고, 신에게 무엇을 할 것인지 말하지 말라'라는 보어의 재치있는 답을 우리는 그 편지에서 발견했다.

다른 물리학자들과 철학자들도 비슷한 회의론을 표현하였다. 양자역학의 발전에 중요한 역할을 한 슈뢰딩거 자신도 양자 실체에 대한 결정되지 않는 성질을 그대로 둘 수 없었다. 물리적 실체가 관측되든 안되든 간에 그것은 어떤 방법으로 의존할까? 그는 이론의 두드러진 불합리성에 대한 가장 잘 알려진 예시가 무엇일까를 생각했다 - 아마 슈뢰딩거의 고양이 역설. 이 슈뢰딩거의 고양이 역설은 가상의 상황에 대한 설명인데, 이 상황에서 고양이를 밀폐된 상자 안에 넣는다. 이것의 운명은 방사성 환경의 작은 양에 의해 결정이 되는데, 어떠한 원자가 어떤 순간에 감쇠하게 되면 죽음의 가스를 풀어놓아 고양이를 오염시키는 것이다. 방사능 감쇠의 확률이 통계적이기 때문에 불행한 고양이의 운명을 알 수는 없고, 따라서 고양이는 이중의 현실에 놓이게 된다. 하나의 현실은 고양이를 직접 관측하는 것이고 다른 현실은 관측하지 않는 것이다. 관측하지 않는 현실에서는 고양이가 동시에 살거나 죽을 수 있다!

물리적으로 더 납득이 가는 예가 1935년 아인슈타인에 의해 보리스 포돌스키(Boris Podolski, 1896-1966)와 네이선 로센(Nathan Rosen, 1909-1995)과 함께 발표되었는데, 그 발표는 코펜하겐 해석에 따라 전자의 각운동량의 측정은 우주의 어딘가에 알 수 없는 위치에 있는 나른 전자에 즉시 영향을 준다는 것을 보여주었다. - 이것을 EPR 역설. 만약 양자역학이 자연의 법칙을 설명하는 올바른 것이라면, 이러한 법칙은 한 장소에서 관측이 있으면 동시다발적으로 벌리 벌어신 곳에 있는 것이 바뀌게 된다는 비국소적인 놀라운 성질을 가지게 된다는 것이다. 특별히 아인슈타인은 이 생각에 기뻐하지 않았는데, 왜냐하면 상대성에 관한 그의 이론에 따르면 전파되는 어떠한 효과도 빛의 속도보다는 빠를 수 없기 때문이다!

위의 모든 역설들은 '숨어있는 변수들'의 존재를 가정한다면 풀릴 수 있다. 이것은 '숨겨진 기어와 바퀴들'이라고 표현되어질 수 있다. 이 기어와 바퀴들은 물리적 측정의 결과를 결정하지만, 검출 기술에 민감하지 않을 수 있다.

알버트 아인슈타인은 사실 양자 이론과 절대로 타협하지 않았다.
아일랜드 우체국에 의해 제공된 우표

■ 12.6.2 벨의 정리

존 벨(John Bell, 1022-1990)은 보어의 양자역학의 역설을 살펴보았고, 양자역학의 코펜하겐 해석이 불완전하다는 아인슈타인의 주장을 처음으로 정립하기 시작했다. 그는 숨겨진 변수들이 존재하는 지에 대한 질문을 풀어낼 방법을 실제적인 성질을 가진 계에 수학적인 표현을 적용한 소위 벨의 부등식을 인용함으로 정확히 찾아낼 수 있었다. 숨겨진 변수를 가진 이론들은 벨의 부등식을 만족한다. 그러나 양자역학은 그렇지 않았다. 벨의 부등식을 시험하기 위한 실험이 그 질문을 최종적으로 해결할 수 있었다.

존 스튜어트 벨
(1922-1990)

1980년 이후 한 동안, 많은 실험은 벨의 부등식을 시험하기 위해서 수행되어 왔다. 처음이면서 아마도 가장 주목받은 실험들은 오세이에서 알레인 아스펙트(Alain Aspect)와 그의 그룹이 빛의 광자를 가지고 한 것이다. 굉장한 증거는 자연의 법칙이 벨의 부등식을 따르지 않는다는 것이다. 양자역학과 코펜하겐 해석은 실험과 잘 일치하였다. 광자에는 광자가 어떻게 행동할 지를 결정하는 숨겨진 변수가 없다. 빛의 이상한 행동에 대한 향후 실험은 다음 장에서 한번에 하나의 광자를 가지고 한 실험에서 논의될 것이다.

■ 12.6.3 양자 현실의 선도자

죠오지 버클리(George Berkeley, 1685-1753)는 철학자였고 영국 성공회의 주교였다. 1710년에 발간된, 그의 책 〈인간 지식 원리에 관한 논문〉은 물리적인 개체의 존재는 지각하는데 있다는 철학을 제안하였다. 물리적인 세상은 단지 마음에 의존하고 있고 물리적인 실체는 독립적인 존재를 가지지 않는다. 놀랄 것 없이, 그의 철학은 그 당시에는 일반적

아일랜드 우편국 제공

으로 받아들여지지 못했지만, 지금은 양자역학의 철학적인 뜻의 관점에서 고찰될 수 있다. 그는 아일랜드에서 미국의 캘리포니아 버클리라는 도시로 이민을 갔고, 그곳의 대학은 그의 이름을 따라 지어졌다.

역사의 막간 : 닐스 보어(Niels Bohr, 1885-1963)

닐스 보어는 1885년 10월 7일 덴마크 코펜하겐에서 태어났다. 그의 아버지 크리스찬(Christian)은 그 당시에는 개인교사였고, 나중에는 코펜하겐 대학의 생리학 교수가 되었다. 그의 어머니는 엘렌 아들러였다.

보어는 뛰어나지는 않았지만 학교생활을 잘 하였다. 체육에서 두각을 드러내었으며, 1908년 런던 올림픽에서 덴마크팀으로 뛰어 은메달을 딴 그의 형인 하랄만큼은 아니었지만, 좋은 축구선수였다.

보어는 1903년 코펜하겐 대학에 들어가 물리학을 공부하였다. 1905년, 2학년이었지만, 그는 '액체 분출에서의 진동'이란 주제를 가지고 덴마크 왕실학회의 현상논문에 도전하기로 결심하였다. 그는 자기만의 장치를 만들었고 이러한 노력이 심사관을 감명시켜 1907년 1월 금메달을 수여하였다.

보어는 1909년 석사학위를 받고, 1911년 박사학위를 받았다. 같은 해에 칼스버그 재단으로부터 보조금을 받아 그는 캠브리지로 갈 수 있었고, J.J. 톰슨 밑에서 공부했다. 그는 그의 학위논문을 가지고 갔다. 톰슨은 그 자신의 일에 심취되어 학생들에게 거의 시간을 주지 않았다. 헤럴드에게 보낸 보어의 편지 중에서 닐스는 그의 논문이 톰슨의 책상위의 읽지 않는 논문들의 더미 밑에 있다고 불평하였다라고 써 있있다. 채 1년이 지나지 않아 보어는 캠브리지를 떠나, 맨체스터에 있는 어니스트 러더포드의 연구 팀에 합류하였다.

러더포드의 연구실은 북새통을 이루며 바쁘게 돌아가는 곳이었다. 러더포드 자신은 물리의 역사에서 고전적인 논문 중의 하나로 여겨지는, 원자 무게는 작은 핵에 집중되어있다는, 논문을 막 출판하였다. 해럴드에게 쓴 또 다른 편지에서 닐이 쓰기를: '여기 있는 것이 좋은지 상상할 수 있을꺼야, 수많은 사람들이 이야기 하고… 그리고 이러한 것들에 대해서 가장 잘 알고 있는 사람들과 함께…'

1912년 보어는 마가레츠 노런트와 결혼하였고 그녀는 맨체스터까지 그와 함께 하였고, 1916년 보어가 덴마크에 돌아올 때 그들의 첫번째 아이를 가졌다. 그들은 6명의 아들이 있었고, 그들 중 한 명, 아게(Aage)는 그의 아버지를 따라 물리학을 공부했고 결국에는 1975년에 노벨상을 받게되었다.

맨체스터에서 돌아온 지 얼마 되지 않아, 보어는 코펜하겐 대학의 이론물리학과 학과장으로 임명되었다. 1917년에는 덴마크 과학원에 선출되어 코펜하겐에 있는 이론물리학 연구소를 세우는데 필요한 지원을 얻었다. 그는 이 연구소가 시작한 1921년부터 연구소장을 맡았으며, 그의 남은 여생동안 그곳에서 있었다.

연구소는 곧 전세계의 물리학자들의 마음을 끌었다. 그 명단은 그 당시 물리학에 대략 누가 있었는지를 말해주고 있다. 리제 마이트너 (Lise Meitner, 오스트리아), 죠지 헤베시 (Georg Hevesy, 헝가리), 피터 카핏처(Peter Kapitza), 헨드릭 카시미르(Hendrick Casimir), 조지 가모프 그리고 레프 란다우(Lev Landau, 러시아), 폴 디랙(영국), 베르너 하이젠베르그(독일), 로버트 오펜하이머(미국), 카즈히코 니시지마(Kazuhiko Nishijima, 일본), 알버트 아인슈타인 등. 매우 격앙된 분위기였다. 원자의 구조는 풀리지 않고 있었고, 아주 작은 것들의 세상을 지배하는 매혹적인 법칙이 연구되고 있었다.

1922년 그의 노벨상 수여식 수락 연설에서 보어는 다음과 같이 말할 수 있었다: '우리는 원자의 존재를 믿었을 뿐 아니라, 원자의 구성 요소에 대한 상세한 지식을 가지고 있다고 믿었다. 물질의 모든 물리적 성질과 화학적 성질은 이제 자명하다.'

물리학 토론은 대부분 늦은 밤까지 계속되었지만, 여전히 게임과 정감 어린 농담을 위한 시간이 있었다. 서부극을 좋아하는 보어는 악당이 먼저 방아쇠를 당겼음에도 불구하고 영웅이 쏘는 것이 훨씬 더 빠른 이유에 대한 이론을 만들었고, 장난감 총을 가지고 그 이론에 대한 테스트를 했다. 보어의 이론에 따르면 악당이 미리 계획한 행동은 영웅의 자동 반응보다 빠를 수 없다. 항상 영웅 역할을 하는 보어는 항상 빨랐으나, 이것이 보어의 타고난 운동정신이었는지 아니면 이론에 의해 주어진 더 심오한 것이었는지는 확실하지 않다.

어느 날 밤, 파티에서 돌아오면서 가모프, 카시미르 그리고 보어는 코펜하겐 은행 건물의 벽을 오르려고 하였다. 경찰이 도착했지만 아무 행동도 취하지 않았다 – '오, 보어 교수님이다!'

연구소 문 위에는 편자가 있었다. 당신이 운세를 믿는지 물었을 때 보어는 '천만에, 하지만 그들이 말하기를 행운을 믿지 않는 사람들에게 조차도 행운을 가져다 준다네'라고 대답했다.

덴마크 왕립 학회의 재정 지원 중 많은 부분이 칼스버그 맥주회사로부터 왔다. 칼 야콥슨(그의 아버지가 맥주회사를 세웠다)은 코펜하겐에 있는 그의 맨션을 그 당시 가장 두드러지는 덴마크 과학자인 닐스 보어에게 거처로 삼게 할 정도로 숙소에는 아무런 문제가 없었다.

보어는 그가 말하고 쓰는 모든 단어가 굉장히 정확했고 꼼꼼하였다. 사실 그의 동료들과 학생들은 '보어 언어'라는 말을 만들었다. 이 언어는 모든 단어가 중요성을 지니고 매우 주의깊게 듣는 것이 요구되는 매우 밀접하게 결합된 언어라 정의되었다. 보어의 문장은 그의 생각을 표현하기 위해 사려깊게 만들어졌다. 그가 그 자신을 말하기를: '당신은 절대로 당신이 생각하는 것보다 더 명확하게 당신 자신을 표현할 수 없다.'

1939년 2월 11일, 두명의 오스트리아 물리학자인 오토 프리시(Otto Frisch, 1904-1979)와 리제 마이트너(Lise Meitner, 1878-1968)는 네이쳐지에 논문을 출판하였는데, 이 논문에서 그들은 마이트너와 오토 한(Otto Hahn, 1879-1968)에 의해서 이뤄진 실험 결과들을 해석하였고, 그것을 핵분열이라 불렀다. 우라늄에 중성자를 쏘게 되면 '거의 같은 크기의 두 개의 핵'으로 갈라진다. 그 핵반응은 그때까지 관통할 수 없다고 여겨졌던 단단히 묶여진 원자의 중심인 우라늄의 핵에 관련된 것이었다. 더 많은 중성자가 그 과정에 함께하게 되면 이웃하고 있는 우라늄 핵까지 차례로 반응을 유발하게 될 것이고, 이 과정에서 많은 에너지가 나오게 된다. 보어는 이 결과들을 미리 알게 되었고, 그들의 결과를 1939년 1월 26일 워싱턴 D.C.에서 있었던 미국물리학회에서 발표하였다.

2차 세계대전이 발생하였고 덴마크는 독일에 점령당했고, 보어는 전에 그의 독일 학생이었던 하이젠베르그의 방문을 받았다. 그 방문에서 어떤 일이 있었는지에 대한 역사적인 기록은 없었지만, 하이젠베르크는 보어에게 독일이 우라늄의 핵분열을 이용해서 원자폭탄을 만들려 한다고 말했을 것이다. 아마도 그는 보어로부터 연쇄적인 반응을 이끌어낼 때 필요로 하는 우라늄 235의 임계질량을 알아내고자 하였을 것이다. 2001년 런던의 서부 끝에서 열린 마이클 프레인에 의해 올려진 '코펜하겐'이라 이름 붙여진 연극에서 위의 두 개의 대안과 함께 하이젠베르그가 보어에게 덴마크에 있는 것이 위험할 것이라 경고하고 도망치도록 설득하러 왔다는 세번째 추측이 제안되었다.

1943년 8월 29일, 덴마크를 점령한 바로 다음날 즉시 보어를 체포하려 했다는 것이 뉘른베르크 재판에서 후에 밝혀졌다. 이 명령이 약 1달 정도 미뤄졌다.

1943년 9월 29일, 나중에 알고 보니 아슬아슬하게 보어와 그의 가족은 낚싯배를 타고 스웨덴으로 망명했다. 바로 다음날 많은 망명자들 중에 보어는 이미 받아들여지기로 조치되었고, 스웨덴의 국무장관과 왕인 구스타프 5세를 만나 더 많은 유대인의 배를 받아들여 스웨던에서 수용해달라고 부탁했다. 불행하게도 그 시기에는 스웨덴이 그것을 승낙하기에는 힘이 없었다.

보어와 아들 아게는 영국 공군의 전폭기의 폭탄 투하실에 타고 스웨덴으로부터 영국으로 날아갔다. 그 과정에서 추위와 산소 결핍으로 거의 죽을 뻔했다. 듣자하니 비행 헬멧이 보어의 다소 큰 머리에 너무 작았고, 그로 인해 산소 공급관과 연결이 불안전했다. 그래서 착륙할 때 거의 의식을 잃었다고 한다. 영국에 도착하자마자 그는 미국의 핵분열 연구의 발전상에 대하여 듣게 되었다.

보어는 연쇄반응을 가능하게 하는 희귀한 우라늄의 동위원소인 우라늄-235를 원자폭탄을 만들 충분한 양만큼 분류하는 것이 너무 어렵다고 믿었다. 그러나 버밍햄에 있는 피얼스(Peirls)와 프리쉬(Frisch)가 U-235의 임계질량이, 처음에 믿었던 1톤이 아니라 1 kg임을 보였다는 소식이 왔다. 미국은 100 톤의 우라늄 원석을 벨기에 령인 콩고에서 수입하였다. 그 뜻은 자명하였다 - 폭탄을 만들 수 있을 것이라고.

보어는 즉시 윈스턴 처칠에게 편지를 썼다: '이 프로젝트는 재난 아니면 지금까지 상상하지 못했던 이익을 줄 것이다.' 그는 핵력의 개발을 심각하게 받아들이라고 처칠을 설득하였고, 반드시 그 전체를 모든 인류를 위해서만 사용할 수 있도록 그리고 원자폭탄의 개발을 그만 둘 것을 요청하였다. 처칠은 감명받지 못해서, 그것에 대해 영향을 주지 못할 것이라는 것이 자명했다.

얼마 후에 보어는 비밀리에 미국 로스알라모스 원자력 연구소에 갔고, 거기에서 그의 보안상 이름으로 닉콜라스 베이커를 사용했고 '닉아저씨'로 알려졌다.

그의 제자였던 로버트 오펜하이머가 진행하는 맨하탄 프로젝트의 일환인 우라늄의 분리를 위한 굉장한 설비를 보았다. 원자핵으로 얻어지는 엄청난 에너지는 전쟁의 무기로 쓰일 것이 확실했으나, 프로젝트를 막기 위해 할 수 있는 것은 아무 것도 없었다. 보어는 '원자 폭탄을 만드는데 그들은 나를 필요로 하지 않는다'는 것을 인정했다.

2차 세계대전이 1945년 5월 8일 유럽에서 끝났을 때, 보어의 주된 관심은 핵무기 경쟁을 막는 것이었다. 핵의 힘은 인류에게 가장 위대한 혜택을 줄 수도 있지만, 최악의 재난도 줄 수 있다. 보어는 런던으로 가서 1944년 5월 16일 처칠을 만나 세계 안전을 위해서 핵무기 통제가 필요하다고 설득하려 하였지만, 냉대를 받았다. 처어칠은 분명히 그를 믿지 않았다. 1944년 8월 26일 루즈벨트와의 만남은 좀 더 나았지만, 여전히 그는 일본에 대하여 원자 폭탄을 사용할 군사적 계획을 멈추지 않았다. 두 개의 폭탄이 히로시마와 나가사키에서 1945년 8월 6일과 9일에 터졌다.

나가사키 폭발, 1945년 8월

1945년 8월 말, 보어는 덴마크로 돌아왔고 그가 그만두었던 것들을 계속했다. 여전히 소박하게 그는 매일 매일 그의 자전거로 연구소로 향했다. 1952년 제네바에 핵 연구시설 센터(CERN)가 세워졌고, 닐스 보어가 첫 소장이 되었다. 보어는 그의 남은 인생을 원자 에너지의 안전한 사용을 홍보하는데 바쳤다. 그는 1962년 11월 18일 코펜하겐에서 사망하였다.

■부록 12.1 수소의 원자 궤도 반경 계산하기

전자가 정지해 있는 양성자 주위를 원운동하며 돌고 있다고 가정하자

고전적인 각운동량 $mvr = \frac{nh}{2\pi}$, $n = 1, 2, 3 \cdots$ 양자 조건

구심력 $\frac{mv^2}{r} = \frac{e^2}{4\pi\epsilon_0 r^2}$ 쿨롱 인력

$$\Rightarrow v^2 = \frac{e^2}{4\pi\epsilon_0 mr} = \left(\frac{nh/2\pi}{mr}\right)^2$$

$$\Rightarrow r = \frac{4\pi\epsilon_0 n^2 h^2}{4\pi^2 me^2} = \frac{\epsilon_0 n^2 h^2}{\pi me^2}$$

안정된 수소 원자의 경우 $n = 1 \Rightarrow r = 0.529 \times 10^{-10}$ m

이미 알고 있는 물리상수와 결합한 플랑크 상수는 보어가 전자 궤도의 크기를 계산할 수 있게 하였고, 이것은 원자의 크기를 정의하는 것으로 간주될 수 있다. 상상을 초월할 정도로 작은 어떤 것에 대한 세세한 정보를 얻는다.

원자의 크기를 넓게 보기

1 cm^3의 크기의 정육면체를 고려해보자. 각각의 방향에 10^8개의 원자를 넣을 수 있다. 이것은 10^{24}개의 원자를 정육면체에 밀어 넣을 수 있다는 것을 의미한다.

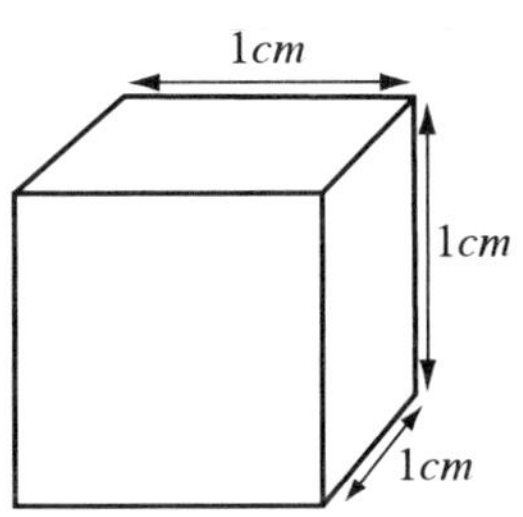

태평양과 비교하여 보자: 10,000 km×10,000 km×1 km=부피 10^8 km^3=10^{23} cm^3

따라서 태평양에 1 cm^3의 물이 있는 수보다 1 cc 상자에 들어 있는 수소원자의 수가 10배 크다!

제13장 입자처럼 움직이는 빛의 원자

빛의 에너지는 hf값의 양자 단위로 나온다. 이 단원에서는 더 나아가서 빛이 한점에 집중된 다발로서 오고, 입자처럼 행동하는 증거를 살펴보도록 한다. 광자는 에너지뿐만 아니라 운동량도 가지는 것을 보이는 실험을 다룰 것이다.

우선, 광자가 물질의 표면에 많은 분열을 일으키는 총알처럼 행동할 수 있다는 것을 볼 것이다. 그 물질이 만약 금속이라면 그 속에 있는 원자는 그 충격을 받아 외각의 전자들은 속박으로부터 풀린다. 광전효과에서 광자가 금속을 때려 금속의 표면에서 전자가 튀어나오는데 이것은 동시에 일어나기 때문에, 튀어나온 전자의 에너지로부터 그 충돌이 광자와 전자의 일대일 충돌임을 추론할 수 있다. 실질적으로 많은 응용에 사용된다; 광전효과를 이용하여 언제든지 우리가 원할 때 빛의 신호를 전기적 전류로 바꾸는데 사용할 수 있다.

다음으로, 광자가 가지는 또 다른 입자의 성질(운동량)을 보이는 실험을 살펴보겠다. 콤프턴 효과에서 광자는 전자와 충돌하여, 이 두 입자는 다른 각도로 산란한다. 산란된 각도와 에너지를 계산하기 위해서 에너지와 운동량 보존법칙을 적용할 수 있는데, 마치 당구테이블에서 충돌시키는 것과 같다. 이 실험에서 충돌 후 산란되어진 광자를 살펴본다.

산란된 광자와 산란된 당구공의 흥미로운 차이점의 한 가지가 있다. 광자는 천천히 움직일 수 없고 항상 빛의 속도로 빠르게 움직인다. 광자의 주파수가 감소하고 즉 파장이 길어짐에 의해 속도의 변화 없이 에너지와 운동량을 잃는다. 확실한 방법은 부록 13.1에서 계산해 보고 실험적 증거는 아래에서 설명하겠다.

13.1 광전효과

13.1.1 빛이 입자와 같은 성질을 가진다는 증거

플랑크의 새로운 가설이 논의되고 있을 때 알버트 아인슈타인은 빛 양자의 특정한 성질에 주목하였다. 그가 지적하듯 맥스웰의 고전 이론은 빛의 전파와 관련하여 충실하게 시도되었다. 그러나 어떻게 해서 방사선과 물체가 상호작용을 해서 방사선을 방출하거나 흡수하는 것인지를 설명하지 못했다. 양자가 가지고 있는 에너지는 한 곳에 집중되어 있는가? 아니면 모든 전체 파면에 걸쳐서 분산되어 있는가? 만약 양자의 에너지가 집중되어 있다면, 국소적으로 매우 큰 효과를 가질 것이다. 예로, 그것이 전자와 상호작용을 한다면, 전자에게 "짧고 날카로운 충격"으로 전달할 수 있는가?

13.1.2 짧고 날카로운 충격들

'고전적' 세계에서 일련의 짧고 날카로운 충격으로 배달된 에너지가 그 양만큼 지속적으로 전달된 에너지보다 극적인 효과를 갖는다. 호수를 가지고 차를 세차하는 것을 생각하자. 이 경우 차의 표면을 비교적 부드럽게 폭격한다. 하지만 모래분사는 추천하지 않는다. 모래 낟알에 집중된 같은 양의 에너지는 국소적으로 일련의 날카로운 충격을

줘서 자동차의 도장을 통과해서 손상을 입힐 것이다. 그 모든 에너지가 단 하나의 쇠로된 덩어리에 집중되어 있다면 그 국소적인 손상은 더 커질 것이나 다른 부분은 손상을 입지 않을 것이다.

표면에서의 반짝이는 빛은 어떠한가? 이번에도 고전적인 직감으로는 에너지의 분포가 연속적일 것이다. 사람은 충분히 강한 빛이 금속표면에 비춰진다면 온도의 상승이외에 어떠한 영향도 주지 않는다고 생각할 것이다. 아연, 루비듐, 칼륨, 나트륨과 같은 금속 표면에 충분히 짧은 파장의 빛이 쬐어졌을 때, 구속된 전자를 풀어줘서 전류를 흐르게 하는 광전효과가 일어난다는 것은 매우 놀라운 일이다.

13.1.3 우연한 발견

광전효과는 1887년 하인리치 헤르츠(Heinrich Hertz, 1857-1894)로부터 아주 우연히 발견되었다. 그는 두 개의 금속구 사이에서 일어나는 전기스파크 방전으로 라디오파를 만드는 일을 하고 있었다. 그는 자외선을 구에 비추면 스파크가 더 크고 밝게 나온다는 것을 알아차렸다. 그때 그는 이것이 빛에 의해 자유롭게 된 전자에 의한 것임을 알지 못했다. 1년 후 빌헬름 할바크스(Wilhelm Hallwachs, 1859-1922)는 다양한 금속 표면으로부터 그 현상을 확인하였다.

광선에는 '입자'가 있다.

광전효과는 빛이 입자와 같은 성질을 갖는다는 강력한 증거이다. 특히 빛의 노출과 광전자의 출현 사이에 시간간격이 거의 없다는 것은 또 다른 확실한 증거이다. 평방미터당 마이크로 와트 정도의 아주 작은 빛의 세기에도 광전류가 즉시 흐른다. 이 효과는 실제로 순간이다(지연시간이 10^{-9}초보다 짧다).

■ 13.1.4 얼마나 기다려야할까?

그 크기 정도의 계산

전자를 금속으로부터 방출시키기 위한 가장 적은 에너지는 3 eV 정도이다(eV : 전자볼트, 양자역학에서 자주 쓰이는 에너지의 단위이다. 전자가 1 volt로 가속되기 위해 필요한 에너지와 같고 1.60×10^{-19} J에 해당한다). 광전자가 원자 당 한 개의 자유전자가 있는 나트륨 표면으로부터 10개의 층에서 나온다고 가정하자. 광선이 면적당 $5\times10^{-6}\,\mathrm{Wm^{-2}}$ 의 에너지 밀도로 균등하게 퍼진다고 가정하자. 전자가 필요한 에너지를 받는데 걸리는 시간을 다음과 같이 평가할 수 있다.

$1\,\mathrm{m}^2$의 한 층에 포함되어 있는 나트륨 원자수는 $\approx 10^{19}$ 원자수/m^2

10개 층에서는 $\Rightarrow\ \approx 10^{20}$ 원자수

$5\times10^{-6}\,\mathrm{Wm^{-2}}$이 10^{20}개의 원자로 나눠진다면 원자당 에너지 $\Rightarrow 5\times10^{-26}\,\mathrm{W}$

$= 5\times10^{-26}\,\mathrm{Js^{-1}}$

전자를 자유롭게 하는데 요구되는 에너지 $3\,\mathrm{eV} = 3\times1.6\times10^{-19}\mathrm{J}$

$$\Rightarrow \text{평균 기다리는 시간} = \frac{3\times1.6\times10^{-19}}{5\times10^{-26}}\,\mathrm{s}$$

$$\approx 10^{7}\text{ 초} \approx 4\text{ 개월}$$

매우 근사적이라 하더라도 관찰된 광전자 방출은 적어도 10^{16}만큼 훨씬 빠르다. 이 상황은 해변을 점차로 침식하는 바다의 힘과 비교할 수 있다. 파도의 에너지는 넓은 지역에 걸쳐 오랜 시간동안 분배된다. 만약 이 힘이 유사한 비율의 양자에 집중된다면 어떠한 경고 없이 갑자기 지브롤터의 바위가 튀어나가는 것을 보게 될 것이다.

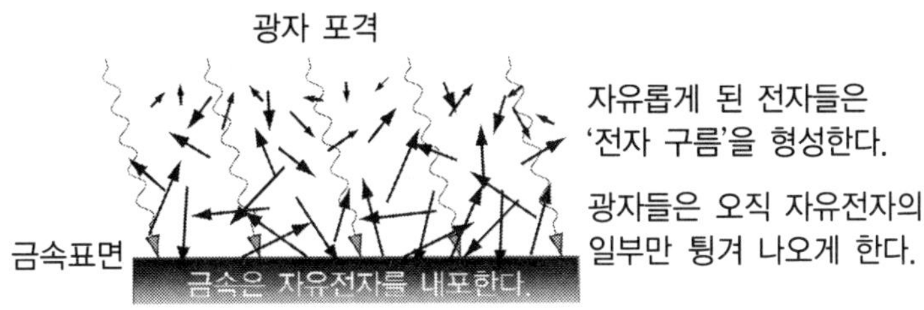

그림 13.1 '전자 기체'

■ 13.1.5 '운 좋은' 전자

전자가 광자에 의해 금속 표면 밖으로 탈출하는 실험적 결과들을 잘 설명하는 모델은 다음과 같다. 금속에 있는 원자들은 상대적으로 자유로운 외각 전자를 한두 개 가지고 있고, 그 전자들은 고체물질 안에서 전자기체로 생각될 수 있다. 그 전자들은 원자뿐만 아니라 금속표면으로부터 탈출할 수 있는 후보자이다. 광자가 개개의 전자와 충돌해서 포텐셜 장벽을 뛰어 넘어 탈출할 수 있는 충분한 에너지를 전달하였다고 가정할 것이다. 단지 그 전자의 작은 비율만이 그 모든 과정을 통해 해방된다. 여기서 그 전자들이 광자에 의해 충돌되는 것은 전적으로 확률에 의한 것이다. 그 '운 좋은'(혹은 불행한) 전자들은 모든 에너지의 양자를 받지만, 이웃들은 전혀 영향을 받지 않고 그대로 유지한다.

일부 자유화된 전자들은 다른 더 많은 전자들이 해방되는 동안 금속 안으로 들어간다. 이러한 방법으로 표면 주위에 '전자 구름'과 평형상태를 이루게 된다. 전자들은 그 구름 속에서 무작위로 운동한다.

■ 13.1.6 아인슈타인의 광전자 방정식

1905년 알버트 아인슈타인(Albert Einstein, 1879-1955)은 〈빛의 발생과 변환에 관한 체험적인 관점에 대하여〉라는 평범한 제목의 책을 출간하였다. '체험적인'이라는 단어는 문제가 반드시 결론에 도달할 필요는 없고 다른 설명도 가능하다는 것을 의미했다. 그는 만약 광자가 공간에서 국소적이라면 광자의 모든 에너지를 전자로 옮길 수 있다고 제안했다. 이 에너지는 전자가 금속으로부터 탈출하는데 사용할 것이다. 다음 식에 의하면 탈출하고 남은 에너지는 '탈출한 전자'의 운동에너지로 나타날 수 있다.

$$hf = W + (\mathrm{KE})_{\max} \quad \text{아인슈타인 방정식}$$

여기서 hf는 입사된 광자의 에너지이고, W는 금속의 일함수라고 하고, 전자를 금속에 묶어놓는 복원력을 극복하는데 요구되는 최소의 일이다. 그리고 $\mathrm{KE}_{\max}$는 방출된 전자 중 가장 큰 에너지를 지닌 전자의 에너지이다.

아인슈타인은 뛰어난 상상을 하였으나 실험하지는 않았다. 실험을 통한 엄격한 검증을 하도록 그 식을 다른 사람을 위해 남겨놓았다. 만약 수식이 일치한다면 다음을 관측하였을 것이다:

1. '빛 총알'의 에너지 hf는 빛의 진동수에만 의존한다. 이 에너지는 방출된 전자의 에너지에 반영되어야만 한다.
2. 초당 전자를 방출하는 수는 초당 표면에 충돌하는 광자의 수, 즉 빛의 세기에 의존해야 한다.
3. 방출은 순간적일 것이다.

미국의 물리학자 로버트 A. 밀리컨(Robert A. Millikan, 1868-1953)은 전하가 불연속적으로 개개 단위로 온다는 것을 보인 업적으로 매우 잘 알려진 사람이다. 하나의 전자는 기본 전하단위 하나를 운반한다. 이것은 밀리컨에 의해 1912년 '기름방울 실험'을 통해 측정되었고 발표되었다. 광전효과로 인해 방출된 전자의 특성을 정량적으로 연구하는 것으로 그의 관심을 돌려야만 한 것은 당연했다. 그의 첫 걸음은 여러 종류의 금속들에 비춰진 다양한 진동수를 갖는 빛에 의해 방출된 전자의 에너지를 측정하는 것이었다. 1908년 초, 보스턴에서 열린 미국 물리학회에서 그는 저지전위(stopping potential)를 측정함으로서 전자들의 운동 에너지를 측정할 수 있다는 것을 발표하였다. 이 저지전위는 진공튜브 끝에 두 번째 금속판에 전자가 도달하려고 하는 것을 막기 위한 역 전위이다. 근본적으로는 그는 전자가 올라갈 '전기적 언덕'을 부여하였고, 광전류가 완전히 흐르지 않게 하려면 언덕이 얼마나 높아야 하는가를 다양한 진동수의 빛으로 조사했다.

처음 밀리컨은 아인슈타인의 이론에 회의적이었고, 그의 원래 목적은 수식이 옳다는 것을 반박하는 것이었다. '나는 실험을 수행할 당시 그 결과가 옳을 것이라고는 거의 예측하지 못했다. 하지만 그 질문은 매우 중요한 것이었고, 어떠한 특정 해답은 발견되어야만 했다.'

밀리컨 실험의 원리는 간단하였으나 실제 실행하기가 길고 지루하였으며, 실험이 끝나기까지는 몇 년이 걸렸다. 그의 결과가 아인슈타인의 이론을 입증했을 때, 그는 아인슈타인을 신용해서 그의 본래 회의론이 발견되지 않았다는 것을 인정했다.

■ 13.1.7 밀리컨의 실험

밀리컨의 방법은 진공이 좋은 석영관 안에 빛에 민감한 판을 넣음으로써 진공 내에 작업장을 세우는 것이다. 그 판의 표면에 조사한 빛은 전자를 구속에서 해방시킨다. 수직방향으로 전기장을 가하면 전자는 연속해서 뛰어 나와서 전류를 만든다. 전자가 밖에 나와있어 전자의 행동을 쉽게 연구할 수 있다.

그림 13.2는 밀리컨이 사용했던 것과 같은 기구를 설명한다. 금속에서 탈출한 광전자들은 진공상태에 있고, 분석하기 위해 전기력을 받게 할 수 있다. 전자들이 음전하를 띄기 때문에 빛에 민감한 판, 즉 방사체는 음전극이 된다. 반대 끝 양극은 전자의 집전자이다.

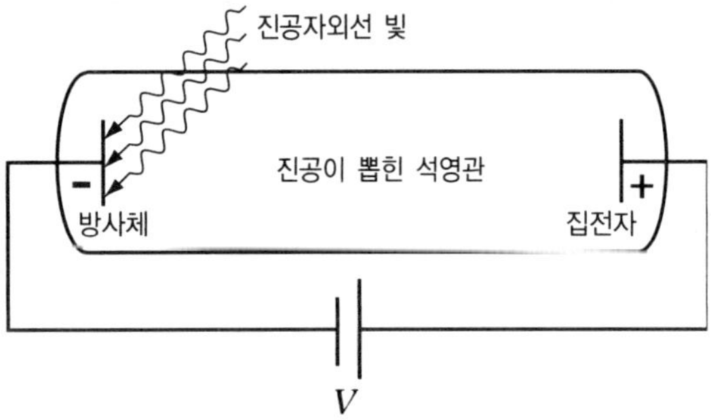

그림 13.2 진공관을 가로질러 전자구름을 만들어내는 실험 장치

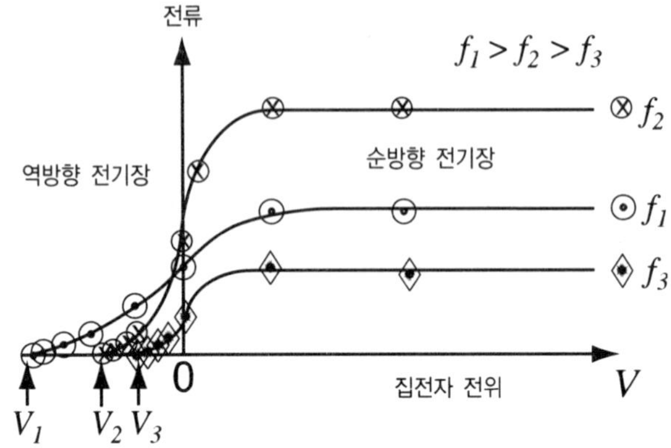

그림 13.3 진공관 양단의 전압의 함수로 입사된 빛의 각 진동수에 대한 전류

빛에 민감한 판에 다양한 진동수의 빛을 조사해서 나오는 전자의 성질을 지금 연구하고자 한다.* 각 진동수에 대하여 진공관에 걸린 전압의 함수로 발생한 전류는 그림 13.3에 그려져 있다.

가속 전압이 증가함에 따라 전류는 증가하고, 모든 전자가 자유화되어 진공관을 휙 지나가는 포화 전류에 도달한다. 포화전류의 크기는 빛의 세기에 의존한다는 것을 알 수 있다(이 예에서는 진동수가 f_2인 빛의 세기가 가장 강하다).

■ 13.1.8 전류가 흐르는 언덕

외부 전압이 감소하여 0이 되었을 때 전류가 여전히 흐르는데, 이것은 일부의 전자가 어떤 도움없이도 콜렉터에 도달하기 때문이다. 심지어 극이 바뀌어도 약간의 전류는 남아있다. 탈출한 전자들 중 일부 전자의 에너지는 저지전위를 극복하고 콜렉터에 도달할 만큼의 큰 에너지를 가지고 있다. 이것은 역방향 전기장임에도 불구하고 전류가 흐르는 좌측의 그래프로부터 명백하다.

결국에 역 전압이 절단전위 또는 저지전위라 불리는 값에 도달하게 되면, 가장 활발한 전자일지라도 뒤로 튕기게 되어 전류는 흐르지 않게 된다. 그림

* 빛이 입자처럼 행동할 때조차도 광자는 진동수와 파장과 같은 파의 특징에 의해 표현될 수 있다.

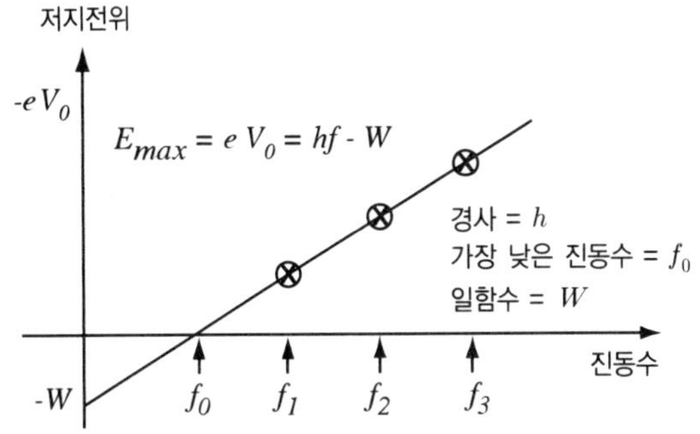

그림 13.4 빛의 진동수 함수로 측정된 저지전위 값들의 실험 데이터. 그 값은 아인스타인 방정식에 의해 정확히 예견되는 것처럼 직선상에 놓인다.

13.3에서 f_1, f_2, f_3의 진동수의 빛에 의해 탈출한 광전류의 저지전위는 각각 V_1, V_2, V_3이다. 높은 진동수의 빛이 조사되면 저지전위도 높아진다. 그 관계를 정확히 나타낸 그래프는 그림 13.4이다.

가장 활발한 광전자는 역전위 V를 극복할 수 있는 eV의 에너지를 갖는다. 그림 13.4는 감광판에 빛을 조사시켰을 때 진동수에 대한 에너지의 함수를 보여준다. 아인슈타인 방정식에 따르면 이것은 일함수 W(work function : 이것은 전자가 금속으로부터 진공상태로 나오는데 사용되는 에너지를 말함)를 뺀 광자의 에너지에 해낭한나.

모든 광전효과의 실험적 자료는 하나의 간단한 방정식의 결과와 일치한다. 전에 가지고 있던 회의론을 포기하면서 밀리컨은 '이것은 총알과 같은 효과이지 파동과 같은 효과는 아니다'라는 것을 인정했다. 그림 13.4의 그래프의 기울기는 실험에 의존하지 않고 항상 플랑크상수 h값을 가리킨다.

■ 13.1.9 광전자의 일함수

일함수 W는 금속에서 전자를 끌어내기 위해 필요한 일의 최소량에 대한 척도이다. 이것은 금속마다 다르며, 광전효과가 금속표면에서 일어나게 하기 위한 최소 광자 에너지를 결정한다.

가시광선 중 가장 에너지가 높은 광자는 스펙트럼의 끝점인 보라색이다. 표 11.1 에서 보는 것과 같이, 보라색의 진동수를 지닌 광자는 세슘, 칼륨, 나트륨으로부터 전자를 탈출시키는데 충분하나, 알루미늄, 구리, 수은, 납 등은 충분하지 않다.

표 11.1 몇 가지 원소에 대한 광전자 일함수

원소	알루미늄	세슘	구리	수은	칼륨	나트륨	납
W(eV)	4.28	2.14	4.65	4.49	2.30	2.75	4.25

$1\ \text{eV} = 1.60\times10^{-19}\ \text{C}\times1\ \text{V} = 1.60\times10^{-19}\ \text{J}$

파장(nm)	400	550	700
광자 에너지, hf(eV)	3.11	2.26	1.61

직접 계산의 예제

파장이 480 nm인 빛이 어떤 금속으로 만들어진 감광판 표면에 입사하였을 때, 방출된 전자의 저지전위는 0.45 V이다. 그 금속의 광전자 일함수는 얼마인가? 단, $1\ \text{eV} = 1.60\times10^{-19}$ J이다.

$$\lambda = 480\ \text{nm} \Rightarrow f = \frac{c}{\lambda} = \frac{3\times10^{8}}{480\times10^{-9}} = 6.25\times10^{14}\ \text{s}^{-1}$$

$$\Rightarrow hf = 41.44\times10^{-20}\ \text{J} = 2.59\ \text{eV}$$

$$\Rightarrow W = hf - \text{eV} = 2.59 - 0.45 = \boxed{2.14\ \text{eV}}$$ (이 금속은 세슘!)

■ 13.1.10 실제 적용

이론적인 중요성을 배제하더라도 광전효과는 실생활에 널리 적용된다. 이것은 빛 신호를 전류로 바꿀 수 있게 한다. 텔레비젼 카메라, 보안장치, 바코드 리더기, 모든 종류의 빛 센서 등은 광전효과를 기초로 구성된다.

아마 가장 놀라운 실생활 적용사례는 광전자 증폭기일 것이다. 이것은 전기적 신호를 어떠한 크기로 증폭시켜 한 개의 광자도 감지할 수 있게 한다. 이 증폭기는 매력적이면서 기본적인 실험에서 사용되는데, 이는 14장에서 논의할 것이다.

1907년 러시아 과학자 보리스 로싱(Boris Rosing)은 음극선관에서 나온 빛이 스크린을 지나 영상화되는 것을 실현했다. 그의 제자 중 한명인 즈보리킨(Vladimir Kosma Zworykin, 1889-1982)은 이 생각에 매료되었고, 첫 텔레비전 카메라의 아이디어로 사용해 특허를 냈다. 그 특허는 1923년 등록되었으나 즈보리킨은 그 당시 어떻게 작동하는지에 관한 모델을 만들지 않았다.

즈보리킨은 웨스팅하우스 전기회사와 미국 제조회사에 취직하여 화상을 운반하는 송상관이라 불리는 카메라 튜브를 개발하였다. 이것의 앞면은 빛에 민감한 은-세슘 화합물의 수천 개의 조직을 깔아 놓은 얇은 운모판으로 구성되어 있다. 각 조직은 광전자 셀이 된다. 이들 셀 중 하나에 빛이 조사되면 전자가 탈출해서 그 셀은 양으로 대전된다. 전하를 수집한 셀을 스캐너가 가로질러 갈 때 전기적 신호로 바꾼다. 처음 즈보리킨의 시도는 성공적이지 않았고, 웨스팅하우스의 직원들이 그에게 프로젝트를 포기하고 '좀 더 유용한 것'으로 관심을 돌리자고 말하는 정도에 이르렀다.

즈보리킨은 1929년 웨스팅하우스를 떠나게 된다. 그리고 다른 러시아인 이주자 데이비드 사르노프(David Sarnoff)가 설립한 Radio Corporation of America (RCA)에 가서 일하게 된다. 그는 사르노프에게 아이디어가 성공할 것이며 상업적으로 성공할 수 있는 텔레비전 시스템이 설립될 것이라고 설득하였다. 사르노프는 즈보리킨의 말하는 수법이 세일즈맨과 같다고 그 후에 농담하였다. '그는 나에게 그것을 만드는 데에는 100,000달러의 비용이 들지만 RCA는 1센트의 이익을 얻기 전에 5,000만 달러의 비용을 쓸 것'이라고 말했다. 즈보리킨은 1933년 텔레비젼 이미지를 송신하는 것을 해냈다. 15년이 지난 1938에는 처음 가정에 보급되었다. 그의 송상관의 특허는 결국 인정되었다.

이 사진은 텔레비전 드라마의 송신을 처음 입증한 것이다. 이것은 에디 알버트(Eddie Albert)가 쓴 '사랑의 보금자리'라는 제목의 드라마이다. 그 방송은 NBC에 의해 1936년 11월 6일 엠파이어 스테이트 빌딩의 꼭대기에서 62층의 RCA빌딩으로 송신되었다.

즈보리킨은 자신이 절대 텔레비전의 유일한 창시자라고 주장하지 않았다. 그는 언제나 '*백만 명의 사람들이 공헌했고, 각각 다른 사람들이 더 높은 단계를 올라가기 위한 사다리를 더하여 문제들을 풀었다.*'라고 주장했다.

필로 테일러 판스워스(Philo Taylor Farnsworth, 1906-1971)는 혼자서 전기 카메라의 개념을 상상한 14살의 영재였다. 그의 선스캐너(line scanner)에 대한 개념은 유타에서 그의 아버지가 쟁기질을 하는 데에서 영감을 떠올렸다고 한다. 그는 평생에 걸쳐 그를 도와준 그의 선생 저스틴 톨만(Justin Tolman)에게 그 계획의 도면을 보여주었다. 판스워스는 브리검영대학교(Brigham Young University)에서 2년을 보내고, 샌프란시스코에 자기 자신의 연구소를 차렸다. 1927년 그의 나이 21살에 방에서 다른 방으로 사진을 전송하는데 성공했다. 1929년 그에게 감명받은 몇 명의 스폰서들은 그를 판스워스 텔레비전 회사를 설립할 수 있도록 도와주었다.

RCA와 판스워스회사 사이에서는 텔레비전을 제조할 권리를 두고 몇 년간 소송을 벌였다. 1934년 미국특허청은 발명의 우선권을 판스워스에게 주었고, 결과적으로 RCA는 모든 생산이 중지된 2차 세계대전 이전까지 저작권 사용료를 지급해야만 했다.

13.2 콤프턴 효과 – 빛의 입자성에 관한 또 다른 증거

■ 13.2.1 운동량을 갖는 실제 총알

광전효과를 위한 아인슈타인 방정식과 플랑크의 가정은 단지 에너지의 보존을 포함할 뿐 운동량에 대한 언급은 없다. 다음 답해져야 할 중요한 질문은 광자가 에너지 이외에 운동량을 소유하고 있는지를 보이는 것이 빛에 대한 입자적 표현이 더욱 관철되는 것인지 아닌지이다.

■ 13.2.2 콤프턴 효과

광자가 운동량을 갖는 것을 보이기 위한 도전은 1923년 해결되었다. 아서 홀리 콤프턴(Arthur H. Compton, 1892-1962)은 1927년 노벨상을 수상하게 한 발견을 하였다. 그는 광자가 전자와 충돌하면 그 과정에서 에너지와 운동량이 보존되어 정확히 입자처럼 행동한다는 것을 보이기 위해 일을 착수하였다.

카본 과녁을 관통하여 원자와 전자궤도에 있는 전자가 상호작용하기 위해서, 콤프턴은 가시광선보다 에너지가 큰 광자가 필요했다. 그래서 그는 파장이 λ로 정의된 X-선을 흑연에 조사하였다. X-선의 일부는 카본 원자의 전자궤도에 있는 전자들과 산란될 것으로 기대되며, 나머지 X-선은 매우 무거운 카본 핵과 산란될 것으로 예상된다.

■ 13.2.3 충돌 동역학의 재사용

에너지 전달

입자가 탄성적으로 다른 입자와 충돌할 때 운동량과 에너지의 보존은 정확히 관찰된다. 하지만 에너지와 운동량 둘 다 한 입자에서 다른 입자로 전달된다. 얼마나 많은 양이 전달되는가는 충돌하는 입자의 상대적인 질량과 산란각에 의존한다.

당구에서 큐로 치는 공(큐공)이 정지하고 있는 질량이 같은 다른 공을 정면으로 부딪친다면, 모든 에너지와 운동량은 정지하고 있던 공으로 전달된다. 큐공은 완전히 멈추게 되며, 정지하고 있었던 공은 충돌하기 직전의 큐공의 속력과 같은 속력을 갖게 된다. 만약 움직이는 공이 비켜서 충돌을 일으킨다면 운동량과 에너지는 거의 전달되지 않는다. 움직이는 공의 방향변화가 크면 클수록 보다 많은 에너지가 과녁 공에 전달된다.

더 큰 과녁과의 충돌

과녁이 발사체보다 매우 크다면, 과녁은 상당히 큰 운동량을 받을 수 있으나 운동에너지는 거의 받지 못한다. 예로, 만약 테니스공을 버스를 향해 던진다면 실제적으로 공은 거의 같은 속력으로 운동에너지의 손실 없이 되돌아 올 것이다. 공의 운동량은 바뀌었다. 그것을 보상하기 위해 버스는 원래 테니스공의 운동량보다 두 배 반동이 생긴 것이다. 운동량은 원래 움직이던 입자의 운동량보다 더 많이 전달될 수 있다. 하지만 실제적으로 운동에너지는 전달되지 않는다.

■ 13.2.4 X-선 광자와의 충돌

원자핵으로부터 X-선이 산란할 때 이를 광자가 매우 큰 물체와의 충돌로 다룬다. 사실 거의 에너지의 손실은 없음에도 불구하고 보통 방향이 바뀐다. 그리고 운동량이 전달된다. 산란각이 커도 에너지 hf는 거의 일정하게 남는다. 진동수가 전과 같으므로 즉 광자의 파장도 전과 같다.

자유전자와의 충돌의 경우에서는 과녁의 질량이 매우 작다. 그 충돌에서의 동역학은 두 당구공의 고전적 충돌과 비유될 수 있다.

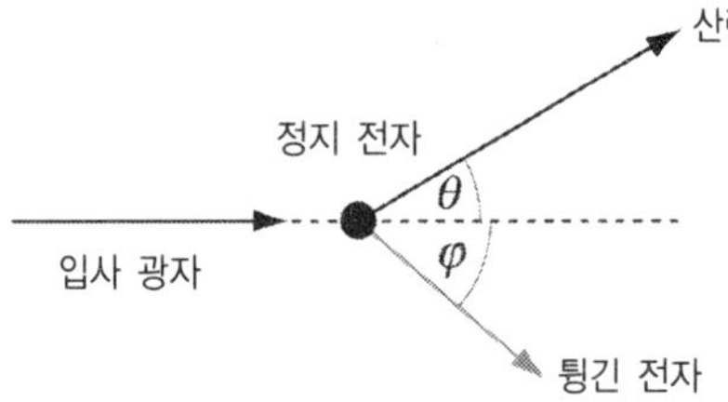

탄성충돌에서 각 θ로 산란된 광자는 일정한 에너지가 손실된다.

그림 13.8 콤프턴은 광자의 에너지와 운동량을 다음과 같이 가정했다.

■ 13.2.5 광자는 에너지를 잃지만 느려지지 않는다.

운동량과 에너지의 보존법칙으로부터 산란된 입자의 운동량은 산란각, 발사체와 과녁의 질량, 발사체의 운동량에 의해 계산될 수 있다. 여기서의 상황은 고전 역학과는 다소 다르다. 광자는 0의 질량을 가지며 언제나 c라는 속도로 움직인다. 산란된 광자는 에너지를 잃지만 속력은 같다. 광자의 진동수 변화 $(hf \rightarrow hf')$로 나타나는 에너지 손실은 과녁 입자에 운동에너지로 전달된다.

$$\text{에너지} = hf = \frac{hc}{\lambda}$$

$$\text{운동량} = \frac{hf}{c} = \frac{h}{\lambda}$$

에너지 hc/λ, 운동량 h/λ를 갖는 광자(큐공)가 정지상태에 있는 질량이 m_e인 전자와 탄성 충돌한다고 가정하면, 다음과 같은 식으로부터 주어진 산란각에서 광자의 파장변화를 계산할 수 있다:

$$\begin{aligned}\Delta\lambda &= \frac{h}{m_e c}(1-\cos\theta) \\ &= \lambda_c(1-\cos\theta)\end{aligned}$$

콤프턴 효과 : X-선이 전자와 산란되어 파상 변화를 일으키는 것

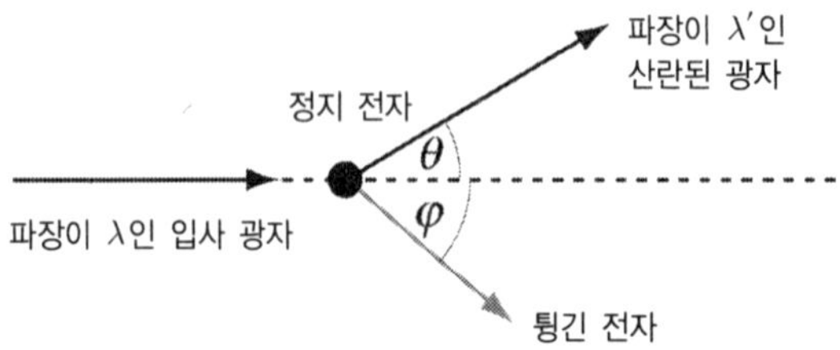

이 식의 유도는 부록 13.1에 있다.

파장의 변화는 입사한 빛의 파장과 무관하다. 원자핵으로부터 산란된 X-선에 대해서는 에너지 전달을 무시할 수 있기에, 파장의 변화는 과녁 입자의 질량과 반비례한다. $h/m_e c$의 양은 전자의 콤프턴 파장이라고 불리는 보편 상수이며, 그 값은 $\lambda_c = 2.44 \times 10^{-12}\,\mathrm{m} = 2.44 \times 10^{-3}\,\mathrm{nm}$이다.

최대 파장 변화는 $\theta = 180°$ - 정면충돌(광자가 뒤로 튕겨 나오는 경우) - 일 때 일어난다. 그 때에도 $\Delta\lambda = 0.004885\,\mathrm{nm}$로 작다. 이 경우 사용하는 빛의 원래 파장이 짧지 않으면 그 변화를 관측하기란 매우 어렵다. 이것 때문에 X-선이 사용되어야 한다.

■ 13.2.6 실험적 확인

고전 유추

탄성이 높은 공을 돌로 된 벽에 튕긴 경우. 어떠한 에너지도 벽에게 전달되지 않는다. 공은 입사각에 의해 정해지는 각도로 같은 속력으로 되돌아 갈 것이다.

비행도중 다른 공과 충돌. 발사된 공은 에너지를 잃는다. 산란각이 클수록 더 많은 에너지가 다른 공으로 전달된다.

> 광자는 다른 입자와 같이 에너지와 운동량을 갖는다. 콤프턴 산란에 대한 이론적 모델의 실험적 확인으로 인해, 빛 양자의 존재는 거의 확실해졌다.

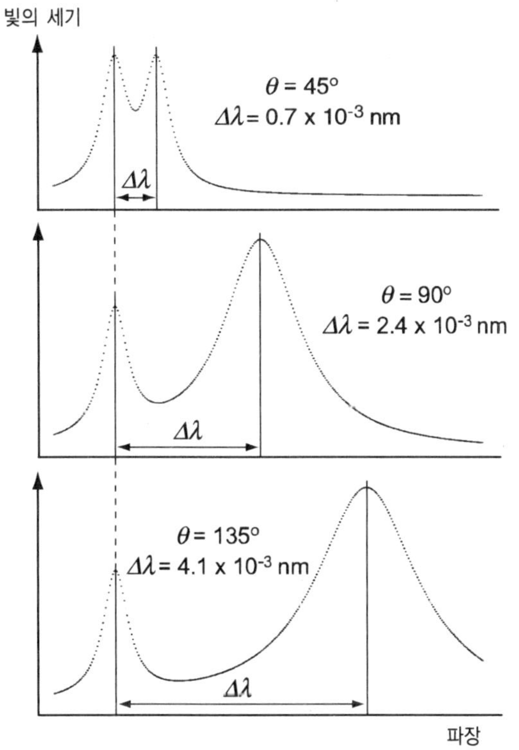

그림 13.9 카본으로 산란된 몰리브덴 K_{α} X-선의 파장 변위

역사적 막간 : 로버트 앤드류 밀리칸(Robert A. Millikan, 1868–1953)

로버트 앤드류 밀리칸은 1868년 5월 22일 미국 일리노이주 모리슨에서 태어났다. 그의 할아버지는 유럽계 미국 이주민의 혈통으로 서부 오하이오에 정착하여 자급자족하며 살았다. 그는 농장을 운영하여 음식을 재배하였고, 가족들의 신발을 만들기 위해 소가죽을 무두질했다. 반면에 로버트 할머니는 실을 내어 천을 만들었다.

로버트의 아버지는 레버렌드 실라스 프랭클린 밀리칸이고 어머니는 메이 제인 앤드류였다. 1875년 밀리컨의 가족은 3000명 정도의 주민이 사는 아이오와주 마쿠오케타로 이주하였다. 마구오케타라는 이름은 '큰 통나무'라는 뜻을 가지고 있고, 사실은 마쿠오케타는 중서부 원시림의 외각에 위치하고 있었다. 그의 가족은 1에이커 정도의 땅을 소유하고 있었고, 그곳에서 세 명의 남자아이와 세 명의 여동생이 방학이면 감자, 옥수수 멜론을 기르는 것을 도왔다. 로버트는 젖소의 젖을 짜고, 이웃집 말을 돌보며 잔디도 깎았다. 그에게 가장 큰 스릴은 야생 망아지를 안장없이 타며 훈련시키는 것이었다. 로버트가 건강하게 크는 것은 의심할 여지가 없었다. 후에 그는 대학에서 학생 체육관 책임자로 대부분의 수입을 벌었다. 그는 평생 휘트니스와 스포츠에 관심을 가졌으며, 뛰어난 테니스 선수이자 열정적인 골프 선수였다.

밀리컨은 1885년 마쿠오케타 고등학교를 졸업하고 오하이오의 오벌린 대학에 들어갔다. 그곳에서 그리스어와 수학을 공부하였으며 12주 코스의 물리학 수업을 받았다. 이것을 기초로 그는 오벌린 대학에 4년 임기의 튜터로 선임되었다. 1893년 오벌린 대학교수의 추천으로 콜롬비아 대학의 물리학과에서 장학금을 받았다.

1895년 밀리컨이 콜롬비아 대학을 졸업한 후, 그의 스승인 퍼핀(M. I. Pupin) 박사는 보다 과학이 진보되었다고 믿는 유럽으로 1~2년간 유학갈 것을 권고하였다. 유학을 간 후 그 시기에 훌륭한 새로운 아이디어들이 나오기 시작하였다. 퍼핀은 심지어 상당히 많은 300달러를 빌려주기도 하였다. 밀리컨은 경험의 시기로 보냈다. 그는 그 당시 훌륭한 물리학자였던 파리에 있는 푸앵카레, 독일에 있는 플랭크, 괴팅겐에 있는 네른스트의 강의를 듣고 그들을 만났다. 덜 긍정적인 면에서는 그는 매일 아주 문란한 독일 군대의 훈련과 행진하는 것을 보았고, 거스름 피우고 지나치게 치장한 장교들의 계급의식에 대한 만연한 태도를 보았다. 대학생활에서 특히 오점으로 생각되어지는 또 다른 특성은 다른 학생들 사이에서 매우 호전적이라는 것이다. 이것이 때때로 싸움을 초래했다. 이런 것이 그를 괴팅겐에서의 오랜 시간을 방황하게 했다.

1896년 여름에 마이켈슨은 그에게 시카고대학의 그의 학과에 조교로 와 줄 것을 제안했다. 그는 제안을 받은 즉시 미국으로 귀환하기로 정했다. 돈이 없어 대서양을 횡단하는 배에서 선장에게 요금대신 짐을 저당 잡히고, 뉴욕에 도착해서 자신의 소유물을 없어지기 전에 그 요금을 갚을 것이라고 이야기했다.

시카고에서의 일은 연봉 800달러로 오벌린에서 받던 1600달러와 비교되었다. 그럼에도 불구하고 마이켈슨과 일하는 기회와 자극적인 연구 환경은 그 벌이의 손실을 보충해 주기에 충분했다. 밀리컨이 준비하였던 첫 강의는 '음극선'에 대한 톰슨(J. J Thomson)의 논문에 대한 논평이었다. 일반적으로 이것은 현재 전자이론의 첫 페이지로 생각되어진다. 톰슨은 음극선이 에테르에서의 파동이 아니라 음전하로 대전된 작은 입자들의 구성임을 보였다. 이 작은 대전된 입자는 수소원자보다 수천배 이상 작은 미립자라고 불렀다. 이것은 전자에 대한 밀리컨의 관심을 불러일으켰다.

1902년 4월 10일, 밀리컨은 시카고대학을 막 졸업한 그레타 블래차드(Greta Blanchard)와 결혼했다. 결혼식은 밤에 열렸다. 그의 자서전에서 그날 사무실에서 책을 읽느라 그의 결혼을 놓칠 뻔 했다고 회상한다! 하지만 결혼식은 무사히 마쳤고 7개월간 유럽으로 신혼여행을 갔다. 그들은 세 자녀 클락, 글렌, 맥스를 낳았다.

밀리컨의 첫 실험은 1906년 전자의 전하량를 결정하는 것으로 10,000V의 작은 배터리를 만들었다. 이것은 강력한 전기장을 만들어 중력과 균형을 유지하도록 하여 수증기 구름에 있는 대전된 물방울들을 공기 중에 떠있게 하는데 사용했다. 그는 곧 방법을 개선하여 기름방울을 사용해서 개개의 기름방울을 낮은 전력의 현미경으로 관찰하였다.

만약 작은 방울이 가지고 있는 전자들의 수가 바뀌게 되어 전하량이 내려가거나 올라가게 되면 기름방울은 순간 움직이기 시작할 것이다. 각각의 오일 방울을 전기장의 세기를 바꿔가면서 일련의 위아래로 움직이는 운동을 하도록 하고, 각각의 운동을 정확히 시간을 측정하여, 밀리컨은 떨어지는 한 기름방울의 속력이 단계적으로 변화하는 것을 관찰했다. 그 변화는 어떤 단위양의 정수배였다. 그는 단위양의 변화는 기름방울이 하나의 전자를 얻거나 잃을 때 발생한다고 결론지었다.

한 방울의 기름방울 데이터를 얻기 위해서는 보통 몇 시간이 걸렸다. 그리고 밀리컨은 기름방울 관찰에만 매달려 있어서, 그의 아내는 개인적 약속을 막판에 자주 바꾸어야 했다. 밀리컨은 실험에 의해 확신에 차 이렇게 썼다. '누구든 손가락이나 발가락을 세는 것처럼 미약하게 대전된 자유전자의 수를 셀 수 있다.' 그는 1912년 베를린에서 열린 물리학회에서 전자의 전하가 $4.806\times10^{10}\pm0.005$ 정전단위(=1.603쿨롱)이라고 최종발표를 했다. 그 결과는 현대 가장 정확하게 측정한 1.60217C과 비교했을 때 놀랍도록 정확한 결과였다.

밀리컨의 광전효과에 관한 연구는 1912년 시작하여 다음 3년간 전념하였다. 그가 빛이 양자화 되어 있다는 플랑크의 이론을 받아들인 반면, 그는 빛이 국한되어 있다는 것을 믿지 않았고 한 점의 입자처럼 단단한 묶음으로 공간을 이동한다고 믿었다.

플랑크 상수에 관한 초기 논문에서 광전효과를 양자 이론과 결합하는 '아인슈타인의 양자 이론으로부터 그는 그 자신을 매우 멀리 했다. 그가 쓰기를 '광자는 대담한 가설이다. 광자가 파동의 전달 현상을 보이는 빛과 같은 그런 고전적 개념과는 대조적이어서 이 가설은 무모하다. 빛의 미립자 이론은 회절과 간섭이란 현상과는 조화되지 않기 때문에 생각하기 어려웠다.'

후에 밀리컨은 그가 틀렸음을 가장 먼저 인정했다. 그의 실험적 증거들은 국한된 광자들에 대한 가설이 옳았음을 명백하게 보여주었다. 1914년

Physical Review에 게재된 논문에서 그는 '몇 년의 실험과 시행착오 끝에 아인슈타인 방정식에 대한 첫 실험적 증명을 하였다. 그 결과는 자신이 기대한 결과와 정반대이었다.

밀리컨은 1923년 전류의 기본전하와 광전효과에 대한 업적으로 노벨물리학상을 수상하였다. 그의 수락 연설은 이론과 실험의 상호보완적이라는 그의 믿음을 담고 있었다. '과학은 이론과 실험이라는 두 발을 통해 앞으로 걸어간다. 어떤 발이 먼저 나아가느냐는 중요하지 않다. 하지만 지속적인 진보는 두 발을 모두 사용할 때 이루어진다.'

밀리컨의 인생에서 그의 연구는 원자, 전자, 양자에만 결코 국한되지 않았다. 1910년 벨 전화회사의 직원이 된 그의 제자 쥬잇(Jewett)은 전화 신호의 증폭 문제를 해결하기 위해 그를 만났다. 그 당시 800마일 정도의 뉴욕에서 시카고까지는 통화가 가능하였으나, 더 먼 거리의 경우 송신이 잘되지 않았다. 그 회사의 사장은 1914년 전까지 뉴욕에서 샌프란시스코까지 전화선을 놓길 원했다. 선자빔의 경험을 이용한 밀리컨과 그때 연구를 같이한 학생들은 '어떠한 왜곡없이 사람의 목소리를 증폭할 수 있는 전자관 증폭기'를 개발했다. 그는 이렇게 말했다. '그때까지 과학계에서 널리 연구된 전자는 상업적과 산업적 요구를 제공하는 영향력이 있는 사업 품목으로 진입하였다.'

제 1차 세계대전이 발발하고 미국 해군 제독인 그리핀은 밀리칸에게 연합군에게 큰 피해를 입히는 독일 U보트를 감지할 수 있는 장치 개발을 의뢰했다. 밀리컨은 즉시 그의 요구에 응답하여 약 10명의 대학 물리학자들을 고르고 골라 그 문제에 대해 의논하였다. 가장 유망한 제안을 위스콘신대학의 맥스 매슨(Max Mason)이 하였다. 선체 반대 면에 한 줄로 늘어선 '신호를 받는 귀'를 설치하는 것이었다. 그런 귀의 각 쌍으로부터 듣는 사람에게 가는 튜브의 길이를 조절하여 배 앞 먼 거리에 떨어져 있는 소리의 근원으로부터 오는 모든 신호를 같은 위상으로 만드는 것이다. 이 시스템의 원리는 근본적으로 광학적 투과형 격자 원리와 유사하다.

그리하여 멀리 떨어져 있는 적들을 동시에 알 수 있게 하는 것이었다. 기초적으로 이 이론은 광학 전송과 비슷했다. '트롬본 반개'를 실험으로 일은 빠르게 진척되었으나 해군은 그러한 배를 빨리 만들 수가 없었다. 그들은 밀리컨의 도움으로 헨리포드(Henry Ford)에게 그의 자동차 제조 설비를 매스 감지장치를 단 작은 보트를 건조할 수 있도록 요청하였다.

곧 전쟁은 휴전상태에 이르렀고 밀리컨은 평범한 시민의 생활로 돌아올 수 있게 되었다. 2년 정도 후에 그는 시카고대학에서 과거에 물리 연구 책임자로 있었던 파사데나로 옮겼다. 아서 플레밍(Arthur Fleming)은 그곳에 '물리학에서의 가장 강력한 부서'를 만들기 위해 엄청난 돈을 투자하여 기관을 설립하였다. 밀리컨은 칼텍이라 이름 붙여진 그 기관의 책임자가 되었다. 칼텍은 점점 크게 성장하였다. 유럽에서 물리학으로 유명한 사람들인 아인슈타인, 로렌츠, 보어, 쉬뢰딩거, 하이젠베르그 등이 그곳을 다녀갔다. 1930년대에는 밀리컨의 지휘 하에, 이론 물리를 넘어 생화학, 항공학, 유전학, 암을 포함하는 연구 분야로 확장되었다.

밀리컨의 관점에서 칼텍은 미국 과학을 선도하기 위해 존재하였다. 가장 최근에는 리차드 파인만, 머리 겔만(Murray Gell-Mann)등의 노벨상 수상자가 배출되었다.

밀리컨은 종교적으로 신앙심이 깊었고, 철학에 대해 많은 책을 출판하였다.

밀리컨은 1953년 12월 19일 캘리포니아의 산마리노에서 눈을 감았다.

■부록 13.1 콤프턴 효과의 수학적 접근

광자가 정지상태의 전자와 충돌한다. 이 때 파장의 변화와 광자의 산란각 사이의 관계식인 콤프턴 식을 유도하자.

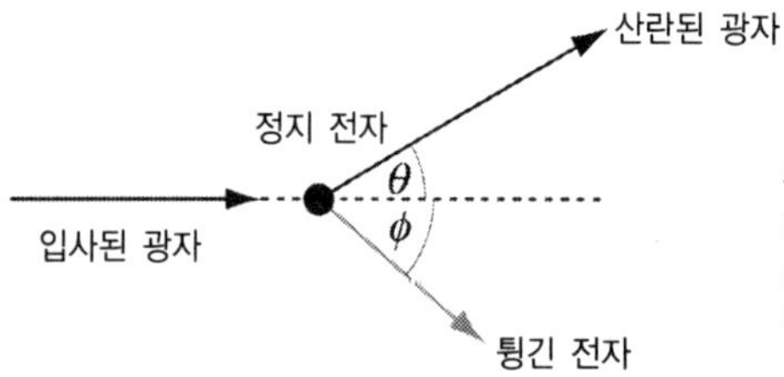

주어진 운동량을 갖는 광자가 θ의 각으로 탄성적으로 산란되었을 때, 에너지 손실은 일정하다.

입사 광자의 에너지 $E = hf$, 운동량 $p = hf/c$, 산란된 광자의 에너지 $E' = hf'$, 운동량 $p' = hf'/c$ 그리고 p_e는 튕겨나간 전자의 운동량이라고 가정하자.

운동량 벡터 삼각형 :

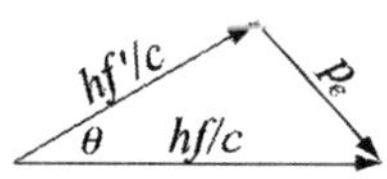

코사인법칙과 c^2을 양변에 곱하면

$$p_e^2 c^2 = (hf)^2 + (hf')^2 - 2h^2 ff' \cos\theta \tag{i}$$

고전적 유도

만약 T가 튕겨나간 전자의 운동에너지라면, 고전적 수식을 사용해서 다음 식을 얻을 수 있다.

$$p_e = m_e v\,,\quad T = \frac{1}{2} m_e v^2$$

$$\Rightarrow {p_e}^2 = 2 m_e T$$

$$\Rightarrow 2m_e Tc^2 = (hf)^2\left[1 + \left(\frac{f'}{f}\right)^2 - 2\left(\frac{f'}{f}\right)\cos\theta\right]$$

$$= (hf)^2\left[1 + \left(\frac{f-\Delta f}{f}\right)^2 - 2\left(\frac{f-\Delta f}{f}\right)\cos\theta\right]$$

$$= (hf)^2\left[1 + \left(\frac{1-\Delta f}{f}\right)^2 - 2\left(\frac{1-\Delta f}{f}\right)\cos\theta\right]$$

$$= (hf)^2\left[1 + 1 - \frac{2\Delta f}{f} + \left(\frac{\Delta f}{f}\right)^2 - 2\left(1 - \frac{\Delta f}{f}\right)\cos\theta\right]$$

$$= (hf)^2\left[2\left(1 - \frac{\Delta f}{f}\right)\right](1 - \cos\theta)$$

(위의 마지막 단계에서 $(\Delta f/f)^2$을 무시하면)

$$\Rightarrow T = \frac{(hf)^2}{m_e c^2}\left[1 - \frac{\Delta f}{f}\right](1 - \cos\theta)$$ 그러나 $$1 - \frac{\Delta f}{f} = 1 - \frac{f - f'}{f} = \frac{f'}{f}$$

$$\Rightarrow \boxed{T = \frac{h^2 f f'}{m_e c^2}(1 - \cos\theta)}$$

광자에 의해 잃은 에너지 = 전자가 얻은 운동에너지

$$hf - hf' = T$$

$$hf - hf' = \frac{h^2 ff'}{m_e c^2}(1 - \cos\theta)$$

$$\Rightarrow m_e c^2 (hf - hf') = h^2 ff'(1 - \cos\theta)$$

$$\Rightarrow \left(\frac{m_e c}{h}\right)\left(\frac{f}{c}-\frac{f'}{c}\right)=\frac{ff'}{c^2}(1-\cos\theta)$$

$$\Rightarrow \left(\frac{m_e}{h}\right)\left(\frac{1}{\lambda}-\frac{1}{\lambda'}\right)=\frac{1-\cos\theta}{\lambda\lambda'}$$

$$\Rightarrow \boxed{\lambda'-\lambda=\left(\frac{h}{m_e c}\right)(1-\cos\theta)}$$

콤프턴 산란식

상대론적인 유도 : 위와 같은 식이 유도됨

콤프턴 산란 식은 전자의 운동에너지와 운동량의 고적역학적 표현을 사용해 유도되었다. 만약 전자의 속도 v가 빛의 속력에 견줄만하다면, 거기에 대응되는 상대론적 표현이 사용되어야 한다. 이 책의 끝(부록 16.2)에서 상대론의 방법론을 배울 것이다. 그러나 컴프턴 산란의 경우 상대론적인 방법이 간단해서 어떤 근사를 사용하지 않고 위와 같은 결과를 준다. 그것을 보자.

전자 :
m_0 = 정지 질량
E = 총 에너지
p = 운동량

$$E^2 = p^2c^2 + {m_0}^2c^4$$

$$\Rightarrow p_e^2c^2 = (T+m_0c^2)^2 - {m_0}^2c^4$$

$$= T^2 + 2m_0c^2T$$

그러나 앞에서와 같이 $T = hf - hf'$을 사용하면

$$\Rightarrow p_e^2c^2 = (hf)^2 + (hf')^2 - 2h^2ff' + 2m_0c^2(hf-hf')$$

그러나 앞에서 처럼 $p_e^2c^2 = (hf)^2 + (hf')^2 - 2h^2ff'\cos\theta$이므로

$$\Rightarrow 2h^2ff' + 2m_0c^2(hf-hf') = -2h^2ff'\cos\theta$$

$$\Rightarrow 2m_0c^2(hf-hf') = 2h^2ff'(1-\cos\theta)$$

$$\Rightarrow \left(\frac{m_0c}{h}\right)\left(\frac{f}{c}-\frac{f'}{c}\right)=\frac{ff'}{c^2}(1-\cos\theta)$$

$$\Rightarrow \left(\frac{m_0 c}{h}\right)\left(\frac{1}{\lambda}-\frac{1}{\lambda'}\right)=\frac{1-\cos\theta}{\lambda\lambda'}$$

$$\Rightarrow \boxed{\lambda'-\lambda=\left(\frac{h}{m_0 c}\right)(1-\cos\theta)}$$ (상대론적 유도에 의한 콤프턴 식)

m_e(고전적 질량) 대신 m_0(정지질량)를 사용할 때 고전적 식과 유사함

상대론적으로 유도된 콤프턴 식은 고전역학적으로 계산된 식과 같다는 것은 흥미롭다. 고전적 방법은 $\Delta\lambda/\lambda$의 제곱항을 무시한 근사적인 방법인 것에 반해 상대론적인 계산은 정확한 것이다. 광자의 에너지가 크면 클수록 $\Delta\lambda$가 λ의 보다 큰 비율이 되기 때문에 그 근사식은 덜 맞게 된다. m_e와 m_0의 차이는 전자의 속력이 빛의 속력에 접근한 매우 큰 에너지에서만 의미가 있다.

제14장 파동의 성질을 보이는 빛 양자

빛이 파동의 성질을 보이는 것을 설명해왔으며 세부적인 증거들을 논의해왔다. 빛이 파동과 같이 퍼져나가고 모퉁이 뒤로 휘어질 수 있으며, 회절과 간섭현상을 나타내는 것으로 봐서 파동임에 틀림없다.

뒤에서 빛의 입자성을 설명한다. 빛의 양자는 총알과 같이 행동한다. 빛의 양자는 광전효과에서는 금속표면의 전자를 튀어나오게 할 수 있으며, 컴프턴 효과에서는 전자를 튕겨나가게 한다. 즉, 빛은 에너지와 운동량을 가지고 있는 입사임에 틀림없다.

이제 빛이 때로는 파동처럼, 때로는 입자처럼 행동한다는 사실에 익숙해져야 한다. 광자가 서로 1 km만큼 떨어질 정도의 매우 희미한 광원을 사용할 때 어떤 일이 일어나는지 생각해보자. 확실히 개개의 광자를 다룰 것이나 어찌된 일인지 그들이 파동의 성질을 잊어버리지 않고 있다. 영의 슬릿과 같은 장치를 통과시킬 때, 여전히 간섭현상을 볼 수 있다! 어두운 무늬가 있는 곳에는 어떤 광자도 도달하지 않는다. 보다 밝은 빛을 사용하여 간섭을 공부할 때조차도 두 광자가 간섭을 일으킬 정도까지 결코 함께하지 않는다. 어쨌든 단 하나의 광자는 동시에 두 슬릿을 통과한 것과 같이 행동한다. 광자는 분명히 고립된 입자이지만 아직도 파동처럼 행동한다!

이것이 이상하지 않게, 영의 슬릿 간격이 무한히 떨어져 있도록 하여 빛의 경로가 가까이 있지 않게 배열할 수 있다. 그러면 논리에 맞지 않는 무엇인가를 발견한다. 광자가 두가지 가능한 경로 A, B를 가진다고 하자. 멀리 떨어져 있는 경로 B가 닫혔을 때, 어쨌든 그것은 경로 A를 따라 이동하는 광자에 의해 영향을 받을 것이다. 이것이 먼거리 작용이며, 심지어 전기적 혹은 중력에 기인한 것보다 더 신비로운 현상이다.

빛과 물질의 가장 근본적인 행동을 다루는 이론인 양자전기역학(QED)의 언급으로 이 장을 마칠 것이다.

14.1 한번에 광자 하나씩

14.1.1 인간의 눈

눈의 민감성은 매우 뛰어나다. 완전한 어둠 속에서 5~6개의 광자의 신호를 감지할 수 있다. 이것과 비교하기 위해서 크리스마스 트리의 작은 전구에서 1초에 10^{20}개의 광자가 방출된다. 아마도 광자 하나를 볼 수 있을 만큼으로 진화하지 않은 것이 더 잘된 것일 수 있을 것이다. 그렇지 않았다면 어두운 밤에 옆으로 새어 나온 광자들이 간헐적으로 작은 섬광처럼 나타날 것이고 우리 두뇌가 쉬는데 어려움이 있었을 것이다.

14.1.2 단 한 개의 광자 검출하기

광전자 증배관을 이용하여 하나의 광자를 검출할 수 있다. 이 검출기는 광전효과에 기초하고 있다. 이 검출기는 한 개의 전자가 금속에 충돌하여, 두개 내지 여러 개의 전자들을 튀어나오게 하는 광전효과를 근거로 하여, 튀어나오는 것에 근거하여 연속적인 판에서 반복적으로 충돌을 시키므로 증폭된다.

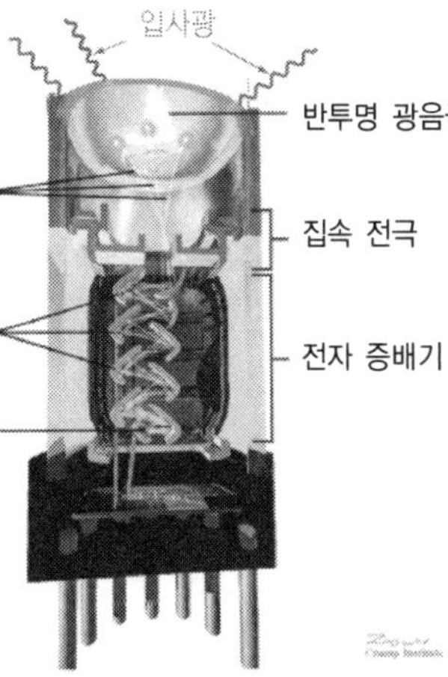

그림 14.1 광전자증배관 튜브는 빛을 전기로 변환한다.

광전자증배관 튜브는 다이노드라고 불리는 연속적인 전극들로 둘러싸인 밀폐된 진공 유리관이다. 광음극(방사체)과 양극 사이의 전위차는 1000 V와 2000 V 사이에서 유지된다.

그림 14.1에서와 같이 첫 번째 다이노드는 양극보다 음으로 수백볼트 작으며, 두 번째 다이노드는 첫 번째 다이노드보다 음으로 수백볼트 작고, 이런 식으로 되어 있다. 광자가 광양극을 때리면, 튀어나온 전자는 첫 번째 다이노드로 가속되어 2차 전자들을 튀어나오게 한다. 다음 튀어나온 전자들은 다음 다이노드로 가속되어, 그 다음 전자들이 튀어나오고 하는 과정으로 일어난다.

이 과정은 10번 혹은 12번 정도 연속적으로 일어나며 마지막 양극에 도달하는 전자는 무려 수백만 개 정도가 된다.

광자는 연쇄반응을 일으켜 전기적 신호를 이끌어내고 증폭기에 의해 증폭될 수 있다. 이것은 스피커를 연결함으로서 들을 수 있는 '클릭'하는 소리로 바뀌질 수 있다.

알버트 아인슈타인은 광전자 효과로 노벨상을 받았다.
아일랜드 우편국 제공

그림 14.2 필터를 통과한 광선에 있는 광자들은 약 10,000 m 떨어진다.

■ 14.1.3 길고 가는 선

매우 약한 광원을 택해 필터로 빛의 세기를 보다 더 약하게 함으로서 광자와 광자 사이가 떨어진 광선을 얻을 수 있어, 근본적으로 광자 하나씩 연구를 할 수 있다. 예를 들면, 파장이 632 nm의 가는 빛을 방출하는 1 mW 헬륨-네온 레이저를 생각하자. 1초당 몇 개의 광자를 방출하는지 계산하고, 공간에서 광자들의 분리된 평균거리를 계산하자.

$\lambda = 632$ nm일 때 광자에너지 $hf = 3.14 \times 10^{-20}$ J
1 mW $= 10^{-3}$ J/S $= 3.2 \times 10^{16}$ 광자수/초

빛이 필터를 통과하면서 10^{12}배 만큼 약해진다면 초당 32000개의 광자가 남는다.

초당 3만개의 광자들은 많은 광자인 것 같으나, 그것들은 1초 동안 빛이 이동하는 긴 거리(3×10^8 m)에 퍼져있다. 1초 동안 방출된 광자의 선은 지구 둘레를 7번 이상 감싼다. 이것은 광자들이 평균 1만 m 정도 떨어진 것과 같다.

■ 14.1.4 단일 슬릿 회절

빛이 파동으로서 행동하는 많은 증거들을 보아왔다. 어떤 다른 실험들은 빛이 마치 입자와 같이 행동하는 것을 확실하게 보여준다. 이 두 가지 측면을 결합시키고자 할 때 어떤 현상이 일어날지 생각하는 것은 흥미롭다. 이것에 대한 도전은 빛을 입자로 구성된 광선으로 보기 위한 실험을 고안해서 광선의 입자가 파동성을 보이는지를 결정하는 것이다.

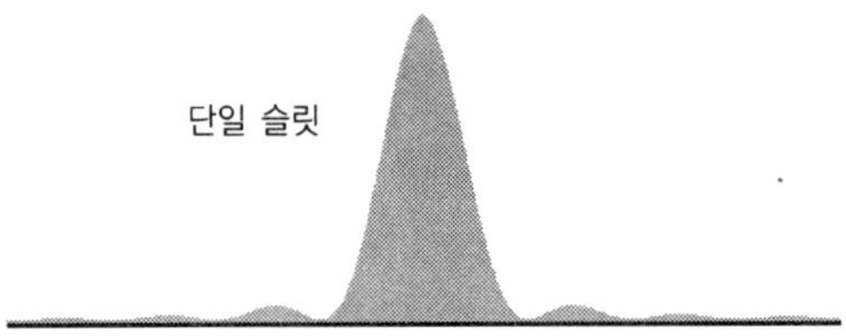

그림 14.3 사진필름 위에 분포하는 광자의 세기분포. 광자들은 얇은 슬릿을 지날 때 파동에서와 같은 패턴의 무늬를 만든다.

완전하게 어두운 방에서 실험을 하기 위해서, 광자가 한 개씩 도달할 때까지 광선살의 세기를 낮춘다. 첫 번째 간단한 실험에서 이 광선살을 좁은 슬릿에 비춘다. 이 슬릿 뒤에는 스크린 대신 사진필름을 놓았다. 아주 약한 빛의 세기이므로 꽤 오랫동안 기다려야만 한다. 궁극적으로, 필름을 현상하였을 때 보통 세기의 광선살을 사용할 때와 정확하게 똑같은 무늬를 발견한다.

이 결과는 좀 놀랍지만, 나름대로의 설명을 생각해 볼 수 있다. 광자들이 하나씩 통과할 때, 아마 광자들은 슬릿의 모서리에 의해 끌어당겨지게 되어 모두가 직선상에 있지 않는다. 그것으로 중앙 회절무늬의 폭을 설명할 수 있을 것이다. 두번째 최대점은 좀 설명하기가 어렵다. 그러나 좀 더 상상력을 이용한다면 어떤 결론에 도달할 수 있을 것이다.

■ 14.1.5 이중슬릿 회절과 간섭

그러나 한 단계 더 나아가서 밀접해 있는 얇은 두개의 슬릿을 통해 띄엄띄엄 있는 광자로 이루어진 광선살을 보낼 때 '모서리 끌어당김' 이론은 완전하게 실패한다. 다시 충분한 세기의 빛을 가지고 얻었을 때와 같은 결과를 얻는다. 표준적인 영의 실험에서와 같이 두 빔이 겹쳐지는 영역에서는 밝고 어두운 무늬로 나타난다. 이 어두운 무늬는 두 슬릿으로부터 나온 빛의 상쇄 간섭 영역이다. 그러나 이것은 불가능할 것 같아 보인나. 이번에는 두 광선살에 대해 밀하기가 어렵다. 10 km 떨어져서 하나씩 도달하는 광자는 거의 서로 간섭하는 것은 어렵다.

개개 광자들은 얇은 두 슬릿을 통과할 때 파동과 같은 무늬를 만든다.

■ 14.1.6 광자가 하나씩 도달할 때 클릭소리 측정하기

광전자 증배관들의 배열로 스크린을 만들어 좀 더 정교한 실험에 도전하고자 한다. 이것은 매 순간 도달하는 광자의 시간과 위치를 알려 준다. 머리카락 굵기의 슬릿을 통과하는 빛의 세기는 더욱 더 감소할 것이다. 일반적으로 단 하나의 광전자증배관이 차례로 작동한다면 불연속적으로 클릭소리를 듣게 된다. 빛은 분명히 입자들의 흐름과 같이 행동한다.

각 광자는 장치를 통과할 때 다음 광자는 약 10 km 떨어져 있다. 광자들 사이에서 간섭은 일어나기 어렵다. 즉 간섭할 수 있는 다른 광자 혹은 파동이 없다.

광자들은 마치 우박처럼 무작위적인 방법으로 도달하는 것으로 보인다.

불연속적인 광자효과에 대한 연구는 델프트 공과대학의 두 3학년 학생인 닐스 베그터(Niels Vegter)와 디즈 벤드리히(Thijs Wendrich)가 페레이라(Dr. S. F. Pereira)교수의 지도하에 수행되었고, 그림 14.5와 같은 간섭무늬의 결과를 얻었다(실험은 위에서 말한 방법과 같이 노출시간을 서서히 증가시키면서 수행했고, 고감도 광검출 필름과 결합된 영상 증배관이 포함되어 있다).

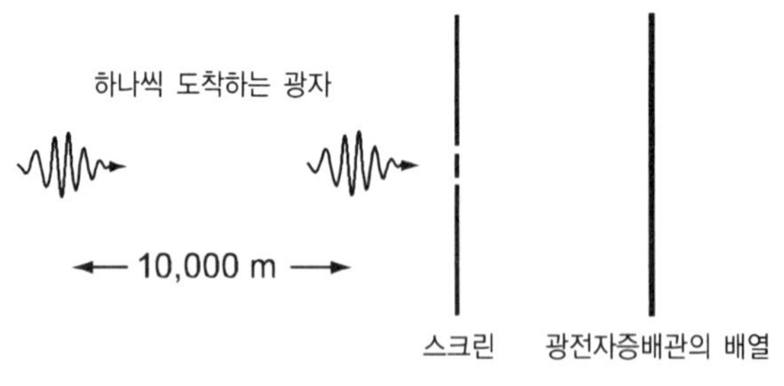

그림 14.4 매우 희미한 빛과 광전자증배관 감지기를 이용한 영의 실험. (앞에서와 같이 그림은 실제 크기와 다르다. 실제 슬릿들은 매우 좁고 가깝다.)

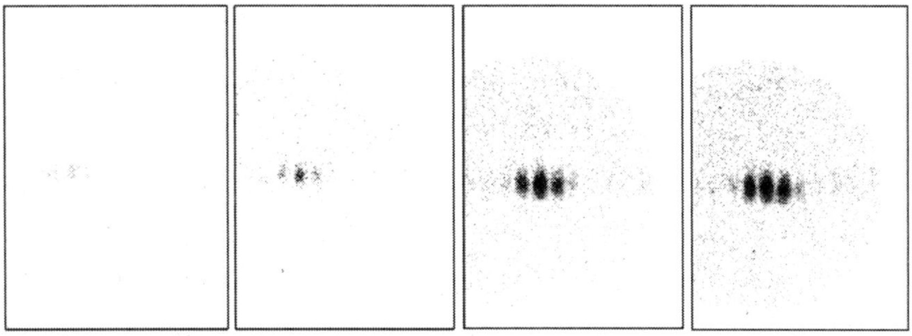

그림 14.5 '무늬의 성장과정'. 델프트 대학에서 보고된 실험결과 (검게 보이는 영역이 실제로 빛이 도달하는 영역이다.)

처음에는 몇 개의 광자들이 스크린에 도달한다. 그 광자들은 무작위적으로 분포되는 것처럼 보인다. 점차적으로 많은 광자들이 도달할수록 놀랍게도 무늬의 형태를 만들어 갔다. 광자들이 도달하지 않는 영역이 있다. 빛의 파동이론에서 예측된 것같이 어두운 무늬를 얻었다. 실제로 영의 슬릿실험에서와 같이 정확하게 밝고 어두운 무늬를 만들었다.

입자들은 어쨌든 파동의 간섭무늬를 만들어 냈다. 어떤 영역에 도달하는 것을 막는 자연의 법칙이 있다. 각 광자들이 자발적으로 도달한다고 하더라도, 이웃한 두 슬릿을 통과하여 만들어지는 파동의 간섭 법칙 속에서 나타나게 된다.

광자가 슬릿을 통과하고 광전자증배관에 의해 검출된다는 것은 알지만, 광자가 어떤 경로로 지나갔는지는 알 수 없다. 말할 수 있는 것은 두 슬릿이 열려 있다가 한 슬릿을 닫자마자 바로 규칙적인 무늬들이 사라지고 단지 단일슬릿 회절무늬가 보이게 된다는 것이다. 즉, 한 슬릿을 닫음에 의해 광자가 두 슬릿이 열려있을 때에는 도달할 수 없었던 어두운 영역에 도달하게 한다.

파동이론에 의하면, 두 슬릿에서 나온 파동은 간섭하여 간섭무늬를 만든다. 그러나 어떻게 광자가 한 번에 두 장소에 있을 수 있으며 스스로 간섭할 수 있을까?

장치에 대한 작은 수정으로서 문제를 해결할 수 있을 것 같다. 광자가 어느 길로 가는지 알기 위해 슬릿 옆에 작은 감지기를 끼운다. 두 감지기중 하나로부터의 신호가 스크린에 부딪히는 것과 동시에 일어난다면, 광자가 어느 경로로 왔는지 알 것이다. 감지기를 부착하는 것 외에는 다른 어떤 것도 변화시키지 않았다. 실험결과는 놀라왔다. 스크린 위에 간섭무늬 패턴이 변하였다. 영의 이중슬릿 실험의 간섭무늬 대신에 단일슬릿 회절무늬가 나타난 것이다.

그렇게 해서 측정한 실험결과에 영향을 주었다. 이런 실험들이 전자를 가지고 행해졌고, 이 결과를 확인할 수 있었다. 그 대답은 전자 혹은 광자가 어디로 가는지 결정할 수 없다는 것이다. 측정을 하기 위해 만들어낸 행동이 바로 상황을 변화시키기 때문이다.

■ 14.1.7 가능한 경로를 분리하기

광자가 지나가는 경로들이 매우 가까이 있을 경우에만 간섭효과가 나타난다는 주장이 있다. 그러나 그림 14.6에서 보는 바와 같이 간섭계 형으로 배열하여 경로 사이를 충분히 멀리 떨어뜨리는 것이 가능하다. 먼저 파동 표현의 관점에서 일어나는 것을 생각하자. 거울 1에 도달한 광선살은 약 절반은 반사(광선 I)되고 나머지는 투과(광선 II)되어 두 성분으로 분리된다. 두 광선은 직각으로 나누어져 다른 경로를 따라 진행한다. 각 광선은 반투명 거울 1에서와 같이 거울 4에서도 반은 투과하고 반은 반사한다. 거울 4에서 나온 광선살은 다시 합쳐진다.

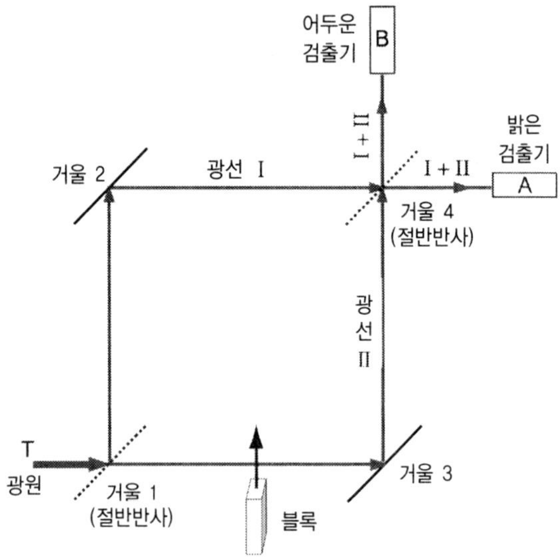

그림 14.6 전형적인 간섭계 실험

합쳐진 광선은 광선 I과 광선 II가 50/50으로 구성되어 있다. 하나는 검출기 A, 다른 하나는 검출기 B를 향한다.

거울 4를 출발한 두 빛의 광선살은 검출기 B 방향에서는 서로 위상이 다르게(이 검출기는 '어두운 검출기'), 검출기 A방향에서는 위상이 같게(이 검출기는 '밝은 검출기') 되도록 간섭계를 조절하였다고 가정하지. 검출기 B에 도달하는 빛이 없다는 사실은 두 합성된 빛의 상쇄간섭에 기초한 파동이론에 의해 설명되어진다.

다음에는 입자표현으로 생각하자. 전에 했던 것처럼 레이저 광선살의 세기를 약하게 하여 다음 광자가 도달하기 전에 항상 광자가 장치에서 떠나버린 것처럼 충분히 멀리 떨어지게 할 수 있다. 계속 실험을 수행한 결과 파동표현과 정확히 같은 결과를 발견하였다. 장치에 한 번에 하나씩 광자가 도달할 수 있다는 것을 알고 있음에도 불구하고 여전히 '어두운 검출기'는 반응하지 않았다. 어떤 광자도 도달하지 않은 것이다. 즉, 모든 광자들은 검출기 A에 도달한다.

어쨌든 두 경로가 열린 상태에서는 광자가 검출기 B에 도달하지 못한다. 두 다른 경로가 멀리 떨어져 있지만, 빛이 어떤 경로를 취하여 가는지 알 수 없다. 두 경로를 사용하는 한 검출기 B는 빛을 검출하지 못한다.

다음으로 방해물을 놓아 한 경로가 닫히게 한다. 그림 14.6에서와 같이 아래 경로에 벽돌을 놓아 빛이 확실하게 통과하지 못하게 한다. 기이한 일이 일어남을 알았다. '어두운 검출기'가 즉시 반응하기 시작했다. 검출기 A도 연속적으로 빛을 검출하였지만 대략적으로 절반정도로 줄었다. 이는 확실히 빛이 벽돌이 없는 경로를 택하여 진행하였음을 알 수 있다. 다른 선택할 수 있는 경로가 없으므로 광자는 위쪽 경로를 택하여 진행할 수밖에 없음을 알 수 있다. 모든 광자들은 거울 4의 왼쪽에 도달하여 반은 투과하여 검출기 A로, 나머지 반은 반사하여 검출기 B로 향했다.

■ 14.1.8 뒤늦은 선택

좀 더 정교한 실험이 프린스턴 대학의 존 휠러(John A. Wheeler, 1911-)에 의해 제안되었다. 그는 광자가 장치를 통과하여 이미 자신의 경로에 있을 때와 우리가 동시에 짜맞추기를 원하는 어떤 조건을 결정할 수 있다는 가정을 하였다. 한 경로만 제공하기로 결정하면 광자들은 간섭현상을 보이지 않으면서 입자로서 행동할 것이다. 만일 두 경로를 따라 진행하도록 한다면, 즉시 광자는 간섭법칙을 따르며 파동으로서 행동할 것이다.

'뒤늦은 선택'의 측면에서 실험을 확장해보면, 광자가 거울 4를 향해 자신의 경로를 이미 택하였을 때 경로가 무작위로 닫히거나 열려지는 경우를 생각하자. 광자들은 거울 1에 도달하였을 때, 아래쪽 경로가 닫혔는지, 열렸는지 모른다.

그것은 벽돌을 움직이는 것보다 빠르게 해야 하기 때문에 그것은 전기적으로 작동되었다. 이런 실험이 1986년 메릴랜드 대학의 캐롤 앨리(Carroll Alley)와 공동연구자들에 의해 성공적으로 수행되었다.

앨리는 벽돌 대신에 켜고 끄는 시간이 5×10^{-9}초 (5나노 초)이내인 광학 스위치를 이용하였다. 광자가 장치를 통과하는데 걸리는 시간은 약 30나노 초 정도였다. 그 결과는 휠러에 의해 예측된 것과 같았다. 경로가 닫혔을 때에는 아무런 문제가 없었다. 광자가 다른 경로를 택할 수 있다면 간섭이 일어나고 검출기 B는 유지할 것이다. 반면에 한 경로가 닫혔을 때에는 심지어 빛이 진행 도중이라 하더라도 간섭은 일어나지 않고 검출기 B는 반응할 것이다.

14.2 파인만의 빛에 대한 이상한 이론

14.2.1 부분 반사

3장에서 뉴턴은 빛이 두 매질의 경계면에 도달하였을 때, 일부는 반사하고 일부는 다른 매질로 들어간다는 사실 때문에 깊게 고민하였던 것을 보았다. 광자의 관점에서 이 사실을 바라보면, 광자의 운명은 미리 결정되어지지 않는다. 광자는 '뒤로 되 튕기는' 확률을 가지고 있으며, 두 번째 매질로 침투하는 확률도 갖고 있다. 이것은 전형적인 양자 역학적 상황이다.

단일 광자의 부분적 반사를 생각하기 위해 양자전기역학(QED)의 공식에 대한 리처드 파인만의 설명을 따라가 보자. 공간에서 상당히 떨어져 있는 광자들이 그림 14.7과 같이 공기와 유리 사이의 경계면에 도달한다.

100개의 광자가 유리표면에 부딪칠 때 평균적으로 96개는 투과하고 4개는 반사된다는 것을 알았다고 가정하자.

이제 어떤 일이 일어날 수 있을 것 같은지 자세히 생각해보자. 광자들은 하나씩 유리표면에 도달한다. 그들은 모두 똑같이 동등한 광자들이다. 특별한 광자는 반사되고 다른 것들은 투과되는 이유는 무엇일까? 아마 유리표면에 광자를 반사하는 알갱이와 광자를 빠져나가게 하는 구멍들 같은 부분적으로 불완전함이 있을 수 있기 때문일까?

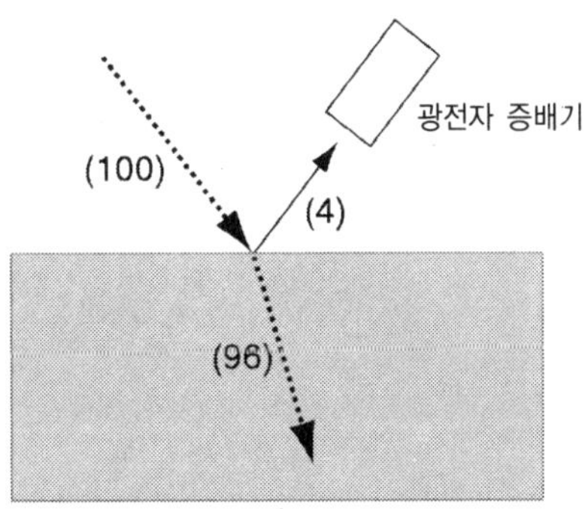

그림 14.7 단일광자의 부분적 반사

운동량에 대한 이론을 가지고 이야기 해보자.

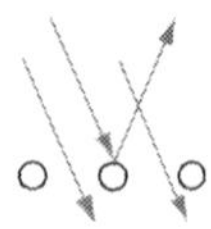

가능한 이론 : 광자가 미세구조 혹은 원자크기 정도의 알갱이에 부딪친다면, 그것은 반사된다. 그렇지 않으면 계속하여 유리 속으로 들어갈 것이다.

이번에는 일반적인 유리 블록 대신 아주 얇은 유리판에 대해 생각해보자. 광자가 두 번째 표면에 도달하였을 때 비슷한 일이 일어남을 알 수 있다. 일부 광자들은 투과하여 공기 중으로 나가버리고 반면에 다른 것들은 유리 속으로 반사된다. 반사되고 투과되는 비율은 첫 번째 표면에서와 같다.

광전자 증배관은 이 두 표면에서 반사된 광자들의 개수를 측정한다. 이 모습은 8장에서 얇은 필름으로부터의 빛의 반사에 대한 이야기를 할 때의 그림 8.13과 유사하다. 그러나 이번에는 개개의 광자에 대하여 다루고 있으며 광전자 증배관에서 검출하는 '클릭'소리를 듣는다.

100개 중 4개의 광자가 첫 번째 표면에서 반사된다면, 2번의 반사 후에 광전자증배관에 도달하는 광자가 8개보다 더 작은 수가 될 것임을 알 수 있다(좀 더 작다는 것은 처음 100개 광자가 첫 번째 표면을 투과한 개수는 96개가 두 번째 표면에 도달하고, 이것이 반사하여 다시 첫 번째 표면을 만날 때 다시 감소하기 때문이다).

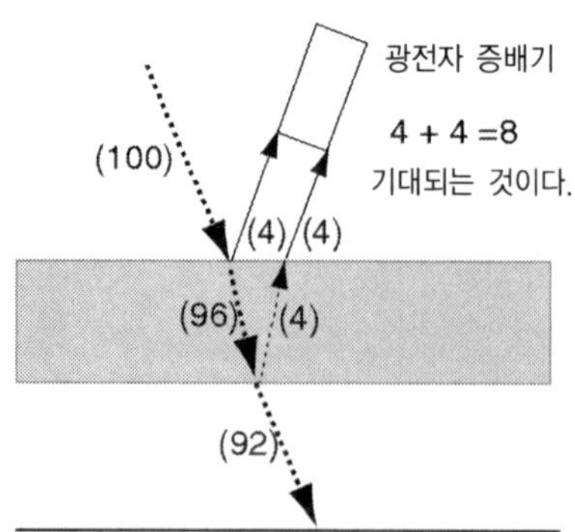

그림 14.8 우리가 기대한 것이 우리가 얻은 것이 아니다.

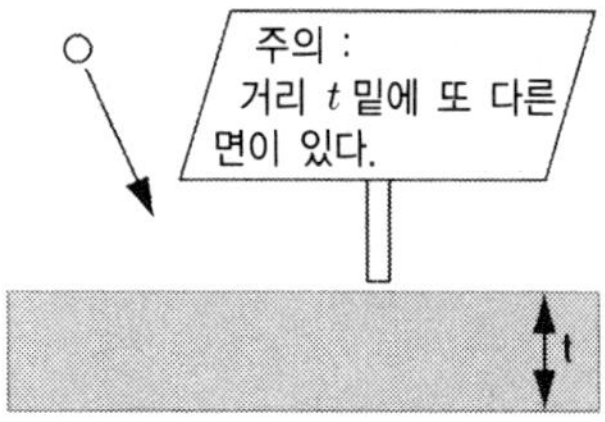

그림 14.9 광자가 유리표면에 도달하였을 때, 반사할 것인지 계속 나아갈 것인지가 두 번째 유리 표면까지의 거리가 얼마인가에 의해 달려있다.

이 실험의 결과는 표면의 알갱이나 불완전함에 의한 것이라는 간단한 이론을 부인한다. 이것은 우리가 기대했던 것이 전혀 아니다. 때때로 광전자증배관은 전혀 광자를 검출하지 못하기도 하고, 때론 16개의 광자를 검출하기도 하였다! 이 모든 것은 유리판의 두께에 따른다.

새로운 대수관계:
4 + 4 = 0에서 16
우리의 생각과는 완전히 다르다!

심지어 개별적인 광자들도 파동으로서 행동한다!

8장에서 얇은 필름에 의한 빛의 반사 현상을 첫 번째와 두 번째 표면에서 반사된 두 파동 사이의 간섭이론에 기초하여 설명할 수 있었다. 개별적인 광자를 다룰 때에도 같은 결과임을 알았다. 광자들은 입자로서 행동하면서 광전자 증배관에서 '클릭'하며 검출된다. 하지만 동시에 파동의 법칙을 따른다. 즉 광자는 두 얼굴을 가지고 있다 - 그것을 어떻게 보느냐에 따라 한 얼굴 혹은 다른 얼굴을 볼 수 있다.

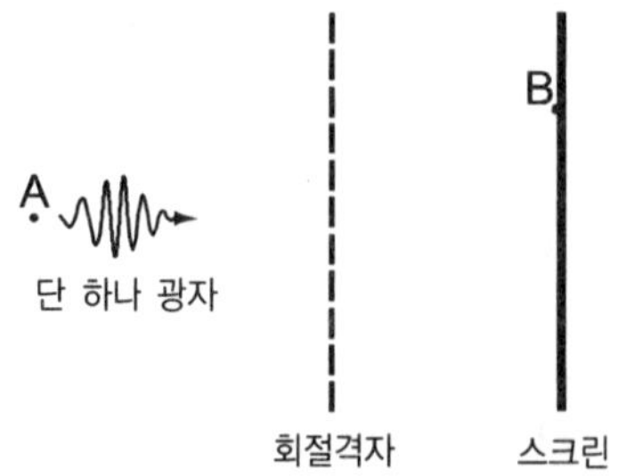

그림 14.10 회절격자 앞에 놓여있는 하나의 광자가 A로부터 B로 갈 수 있는 많은 경로가 있다.

■ 14.2.2 광자에 대한 이상한 이론

빛이 입자로서 행동할 뿐만 아니라, 빛의 입자-광자-가 다른 입자들과는 다른 성질을 가지고 있음을 보았다. 광자는 동시에 여러 경로를 통해 한 곳에서 다른 곳으로 이동할 수 있는 것처럼 보인다. 광자는 다른 경로가 닫혔는지 열렸는지 아는 것 같다. 심지어 그 경로를 따라 진행할 수 없을 때에도. 반사에 대한 법칙은 이상한 연산법칙을 따른다.

영의 이중슬릿 실험을 세 개, 네 개, 그 이상의 슬릿을 가진 실험으로 8장에서와 같이 수 만개의 슬릿을 가진 회절격자를 가질 때까지 슬릿의 수를 확대할 수 있다. 하나의 광자는 이제 회절격자를 통해 이용할 수 있는 모든 가능한 경로를 택할 수 있다. 그리고 어쨌든 그 모두가 스크린위에 간섭무늬에 기여할 것이다.

■ 14.2.3 지나온 경로의 합

광자가 A에서 B로 가는 확률을 이용할 수 있는 모든 경로가 어떻게 결정하는지를 설명하기 위해, 리처드 파인만은 1948년에 '모든 지나온 경로의 합의 접근방법으로 알려진 새로운 관계를 제안하였다. 그의 말을 요약하면 다음과 같다.

'일어났던 모든 것은 일어나는 것에 영향을 미친다.'

■ 14.2.4 회전하는 진폭 벡터

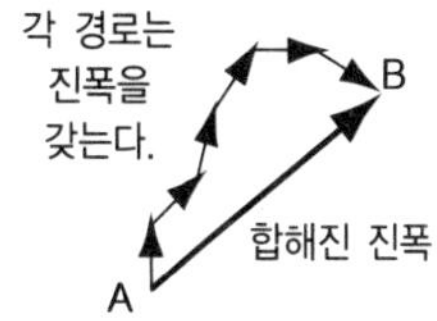

진폭들은 보통 벡터와 같이 더해져서 광자가 A로부터 B로 가는 확률 진폭을 얻는다.

파인만 공식에서, 광자가 택할 수 있는 모든 경로는 진폭 벡터로 알려진 화살표에 의해 표현된다. 회절격자의 경우, A로부터 각 슬릿을 통과하여 직선으로 향하지 않는 것들을 포함하여 B로 향하는 진폭이 있다. 그 광자가 A로부터 B에 도달할 수 있는 확률은 모든 가능한 경로들에 걸친 진폭들의 합을 취하여 얻는다.

고전적인 관점에서는 그런 '지나온 경로의 합'이 없고 단지 한 개의 경로만 있다. 수많은 가능성이 열릴 때, 하나를 선택해야만 한다. 선택되지 않은 다른 모든 가능성들은 실제로 선택된 것과는 상관이 없다. 만약 우리가 도서관에서 공부하는 것을 선택한다면, 우리는 결코 내가 골프경기에서 이기는지 지는지를 알 수 없을 것이다. 또, 내가 나이트클럽에서 무엇을 잃어버렸는지를 알지 못할 것이다.

일상적인 세상에서는 수많은 가능한 경로 중에서 한가지만을 택할 수 있다.

파인만 이론에서 중요한 또 다른 측면이 있다. 광자가 어떤 경로를 따라 여행할 때, 진폭벡터는 빠르게 회전한다. 시간이 흘러감에 따라 계속해서 다른 방향을 가리키게 된다. 광자가 여행하는데 걸린 시간을 측정하기 위해 상상의 스톱워치를 이용함으로써 벡터들을 시각화할 수 있다. 광자가 B지점에 도달하는 순간 시계는 멈춘다. 그리고 그 벡터의 방향은 여행하는 동안 걸린 시간에 따라 달라진다. 빛이 특별한 경로를 택하는 확률을 계산할 때 모든 중요한 점이 여행의 끝점에서의 방향에 담겨진다.

그러나 진폭벡터와 보통의 스톱워치 사이에 한 가지 다른 점이 있다. 스톱워치의 바늘은 상대적으로 느리게 회전한다. 경주의 끝점에서는 그것은 모든 경쟁자

그림 14.11 회전하는 진폭벡터

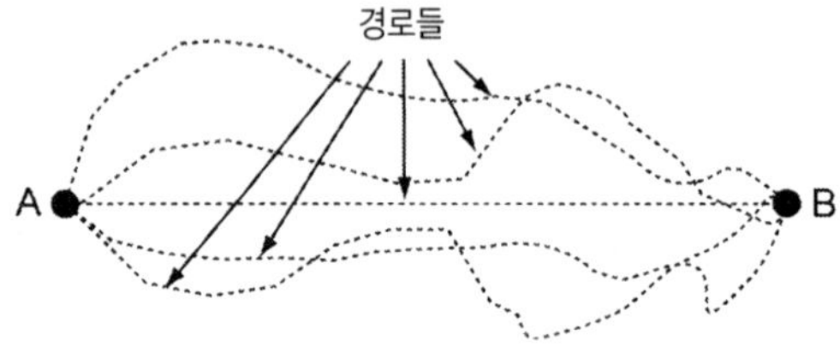

그림 14.12 A로부터 B까지 각 경로들은 유한한 크기를 가진다.

들에 대해 거의 같은 방향을 가리킬 것이다. 진폭벡터는 너무 빨리 회전하여 광자가 움직이는 동안 수 백만번 회전할 것이다. 광자가 B점에 도착하였을 때 그 벡터는 어떤 방향도 가리킬 수 있다.

만일 완전히 슬릿을 떼어 낸다면 광자가 A에서 B로 가는 무수히 많은 경로가 있고 각각에 대한 진폭벡터가 있다.

애벌레가 올빼미의 산뜻한 대답보다 더 의미있는 질문을 하고 있다. 자유공간에서 빛이 A로부터 B로 직선으로 나아가는 것을 실험으로부터 알고 있다. 그런데 어떻게 모든 다른 경로에 대해서도 진폭을 가질 수 있을까?

왜 빛은 직선경로를 여행하는 것처럼 보이는가

파인만은 그의 저서 〈QED : 빛과 물질에 대한 이상한 이론(The Strange Theory of Light and Matter)〉에서 훌륭한 답을 제시하고 있다. '모든 가능한 경로가 고려될 때, 굽어진 경로는 상당히 거리가 가까운 인근에 있는 경로를 가지게 되어서

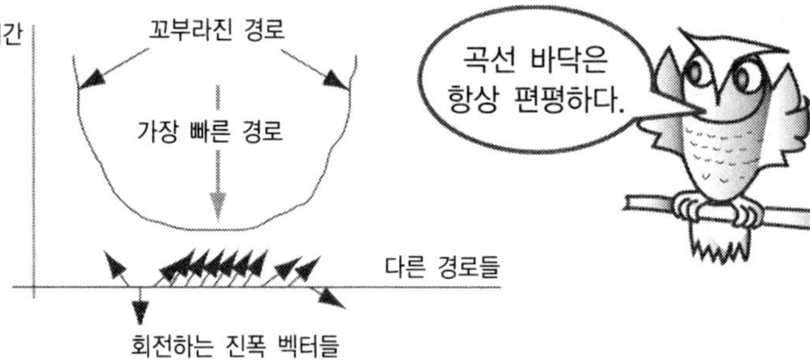

그림 14.13 곡선의 기울기는 최소지점에서 0이다.

시긴이 덜 길리는 경로이나(그리고 결국 화살표늘은 다른 방향을 갖는다. 단지 직선경로 근처에 있는 경로들만이 거의 같은 방향을 가리키는 화살표를 가진다. 작은 화살표들을 합산하여 마지막 큰 화살표를 구할 수 있기 때문에 그러한 화살표만이 중요하다.'

요약하면 최소 근처에 있는 경로들은 거의 같은 시간이 걸린다. 이 경로들에 대한 스톱워치는 거의 같은 위치에서 멈추고, 따라서 진폭들은 더해져서 더 커진다. 더 긴 경로에 대한 진폭들은 시간이 더 많이 걸림으로써 무작위로 엉뚱한 방향을 가리킨다.

14.2.5 이 모든 것을 어떻게 믿을 수 있는가?

'지나온 경로의 합' 모델과 회전하는 벡터는 꽤 신기하고 믿기 어렵다. 파인만은 '물리학자들이 이론을 좋아하고 싫어한다는 것이 질문에 필수적이지 않다는 것을 알고 있다. 오히려 이 이론의 예측이 실험과 잘 일치하는지 않는지가 중요하나. 양자전기역학(QED) 이론은 자연을 상식적인 측면에서 납득이 되지 않는다고 말한다. 그리고 실험과 완전하게 일치한다. 그래서 나는 당신들이 자연을 이해되지 않는 것으로 받아들일 수 있기를 바란다.'

■14.2.6 모두 다 함께

어느 누구도 빛의 대한 이와같은 면을 혼동한다고 비난할 수 없다. 기하광학은 페르마의 최소 시간원리에 기초를 했다. 파동광학에서 빛에 대한 파동성을 생각했다. 지금은 벡터 진폭에 대해 논의하고 있다.

사실, 이들 방법은 수학적으로는 동등하다. 파인만 포말리즘에서의 벡터진폭은 파동 중첩에서 사용한 동등한 방법으로 더하고 뺀다. 동일한 광자 하나의 경로들을 나타내는 벡터 진폭은 더욱 더 신비스러우나, 수학적인 결과는 같다.

지나온 경로와 회전하는 화살표에 대해 이야기하는 대신에 서로 다른 경로로 가다가 다시 합해지는 두 개의 연속파를 머릿속으로 그려보자. 최단경로에 가까운 경로들은 거리가 거의 같다. B지점에 도달한 파동은 위상이 거의 같아, B에서의 합성 진폭은 크다. 최단거리가 아닌 곡선 길로 돌아간 파동 역시 B지점에 도착하지만, 다른 위상을 갖는다. 일반적으로 많은 그런 파가 만나면 상쇄될 것이다.

무엇이 새로운가?

파인만교수에 의해 만들어진 새롭고 강력한 이론은 그 포말리즘을 물질의 가장 기본 입자인 전자를 포함하도록 넓혔다. 그의 이론은 *(i) 광자가 여기저기 어떻게 이동하는지, (ii) 전자가 여기저기 어떻게 이동하는지 그리고 (iii) 전자가 어떻게 광자를 방출하거나 흡수하는지*에 대해 생각한다.

파인만에 따르면, 세가지 기본적인 작용이 있다. 이 작용으로부터 빛과 전자의 모든 현상이 일어난다. 그 세 가지 작용은 양자전기역학의 기초를 만들어 냈다.

그림 14.14 경로의 길이가 크게 차이가 난다면 B지점에 도착하는 서로 다른 파동 사이에는 임의의 위상차가 생긴다.

■ 14.2.7 양자전기역학(QED)

양자전기역학은 새로운 이론은 아니고, 1929년에 빛과 물질의 상호작용에 대해 기술하기 위해 처음 만들어졌다. 특별하게 빛의 광자들은 물질과 상호작용하지 않고 전자와 상호작용한다. 그 이유는 전자가 전하의 운반체(캐리어)이기 때문이다.

1929년 폴 디랙은 특수 상대성이론을 양자역학에 병합시켰고, 전자의 상대론을 발전시켰다. 이 이론에 따르면 전자는 아주 작은 자석처럼 행동하는 자기모멘트를 가지고 있고, 자기장과 상호작용한다. 자기모멘트의 세기는 특별한 단위계를 사용하면 정확히 1이었다. 실험은 이 예측이 거의 정확한 값이라는 것을 보였다. 1948년에 아주 정밀한 측정결과는 그 예견된 값과 차이는 매우 작았지만, 그 차이는 매우 중요하였다. 그 실험적 값은 소수점 아래 마지막 자리에 3이라는 매우 작은 실험적 오차를 갖는 1.00118이었다. 그 오차는 전자가 빛과 상호작용하기 때문에 발생된 것이다.

파인만의 포말리즘은 이 작은 오차를 예측했을 뿐만 아니라 환상적인 정확성을 가지고 그 값도 예측했다. 계산된 자기모멘트는 1.00115965246으로 아주 정밀도가 높은 실험값인 1.00115965221와 거의 일치하였다. 이 정밀도는 런던에서 뉴욕까지의 거리와 머리카락을 비교할 정도로 정확한 것이다.

양자전기역학 이론에 따르면, 전하 간에 작용하는 힘은 가상 광자의 교환을 통하여 이루어지는데, '하나의 전자는 하나의 광자를 방출할 수 있고', '하나의 전자는 하나의 광자를 흡수할 수 있으며', '하나의 광자는 여기저기 이동할 수 있다'라는 세 가지 기본 행동을 전제로 한다. 이 과정은 파인만이 개발한 다이어그램으로 표현될 수 있고 그림 14.15에 나타나 있다.

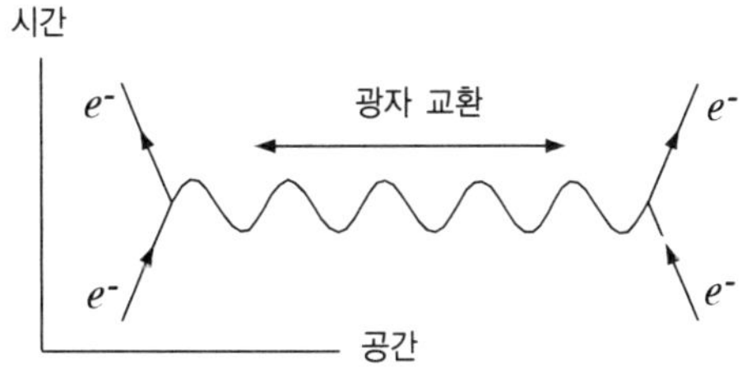

그림 14.15 두 전자 사이의 광자 교환을 나타내는 파인만 다이어그램. 이는 그들 사이에 전자기력을 일으킨다.

파인만의 다이어그램은 아주 복잡한 과정을 허탈할 정도로 쉬운 방법으로 설명한다. 예로서 다음의 세가지 파인만 다이어그램을 보자.

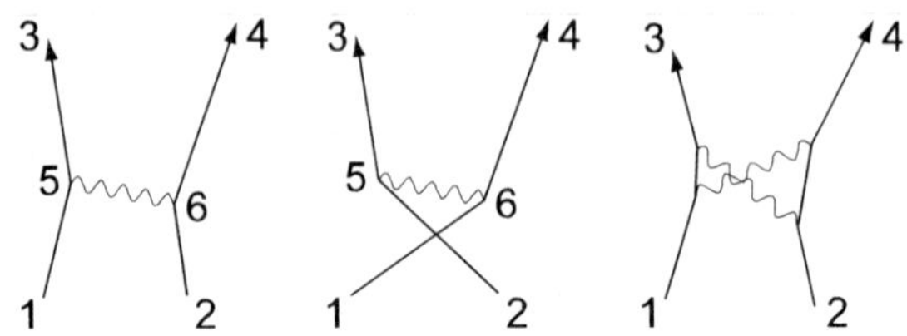

시-공간계에서 1지점과 2지점에 각각 한개의 전자를 가지고 있는 상태에서 출발하여 그 전자들이 3과 4지점에서 끝날 수 있는 방법을 생각하자. 일어날 수 있는 많은 방법이 있을 것이다. 첫째, 전자들이 서로 무시하면서 직접적으로 1지점에서 3지점으로, 2지점에서 4지점으로 가는 방법이 있을 것이고, 다른 방법으로는 '서로 교차하는 방법'으로 1에서 4로 2에서 3으로 가는 경우가 있을 것이다. 이 방법들에 대한 다이어그램을 그리는 것에 대해 고민할 필요는 없다.

처음 두 개의 파인만 다이어그램은 전자들이 어떤 중간 상태인 5와 6지점에서 광자를 맞바꾸면서 3 또는 4지점의 어느 곳으로 가는 방법에 대해 언급하고 있다. 세 번째 다이어그램은 두 개의 광자들이 서로 맞바꿔지는 방법을 나타내고 있다.

시-공간계에서 중간지점이 어딘가에 존재할 수 있다는 것이 문제를 복잡하게 한다. 각각의 다이어그램에서 이와 같은 모든 경로들에 대한 진폭이 계산되어지고 더해져야 한다. '수십억개나 되는 작은 화살표들이 서로 더해져야만 하는데, 대학원생이 대학원 과제로 부여받고 이것을 효과적으로 해결할 수 있는 방법을 찾아 4년 동안 해결에 몰두하는 이유이다. 그렇지만, 일이 방대하기에 대학원생이 학위를 받고도 계속 진행할 수밖에 없었다' 라고 파인만은 지적한다.

이 일은 희망이 없어 보이진 않지만, 다이어그램에서 더 많은 접점들이 생겨나면서 진폭은 점점 작아진다. 확률은 순식간에 백만분의 일로 줄어들고 더 작아지거나, 곧 더 복잡하게 변해서 곧 무시할만한 정도가 된다. 대부분의 계산이 반복적이기에 컴퓨터를 이용하면 도움이 될 것이다.

하나의 방법에 숙달되면, 그 보상은 대단히 크다. 양자전기역학은 가장 아름다운 이론이라는 것이 판명되었고, 전례가 없는 정확도를 가지고 실험의 결과들과 일치하는 값들을 예측하게 해주었다.

리차드 파인만은 줄리안 슈윙거(Julian Schwinger), 신이치로 토모나가(Sin-Itiro Tomonaga)와 함께 양자전기역학의 토대를 세운 공로와 기본입자물리에 대한 연구결과의 공로로 1965년 노벨상을 공동 수상했다.

역사적 막간 : 리차드 파인만(Richard Feynman, 1918-1988)

리차드 파인만은 파 락어웨이라 불리는 뉴욕 변두리의 작은 마을에서 태어났다. 그는 결코 허세를 부리지 않았으며 브루클린 지방어의 억양을 버리지 않았고, 격식이나 허례허식을 싫어했다. 심지어는 1965년 양자전기역학에 대한 공로로 노벨상을 수여받을 때에도 마지못해 품위가 있는 척 했을 뿐이었다. '나는 자연의 경이로운 법칙을 발견한 것만으로도 이미 노벨상을 수상한 것과 다름없다.'라고 말했을 정도로 노벨상 수여자체에 관심조차 없었다.

파인만은 락어웨이에서 17세까지 살았고, 4년 동안 MIT에서 대학생활을 한 후 프린스턴대학교에서 1939년까지 대학원 생활을 했다. 1941년에 '당신이 걱정하는 것에 대해 다른 사람들은 어떻게 생각할까요?'라는 그의 좌우명을 가르쳐준 알렌 그린바움과 결혼했다. 알렌은 1946년에 결핵으로 사망했지만, 파인만은 죽을 때까지 그 좌우명을 버리지 않았다. 1943년에서 1946년까지 미국의 최고 비밀 원자력 프로젝트인 맨하탄 프로젝트에 참가하여 로스 알라모스에서 일했다. 그 일 이후 코넬대학에서 교수직을 얻어 1951년까지 일했다. 캘리포니아 공대에서 이론물리학교수로 재직하기 전에 잠깐 동안 브라질에서 생활하기도 했다. 1955년 그에니스 하워드와 결혼하고 칼과 미셜 두 자녀를 두었다.

파인만의 물리학에 대한 위대한 업적은 물론 양자전기역학이지만, 그것만이 그의 업적이라는 의미는 아니며, 그의 굉장한 통찰력이 물리학 전반에 영향을 끼쳤다. 지식을 전달하는 특별한 그의 능력은 학생들과 동료 교수들에게 영감을 주었다. 파인만 강좌 시리즈는 쇼를 보는 것처럼 처음부터 끝까지 흥미진진하였다. 칼텍에서 가장 유명한 그의 학부 강좌가 로버트 레이톤(Robert Leighton)과 매튜 샌즈(Mattew Sands)에 의해 기록되고 3권의 책으로 만들어져, 가장 원론적이고 영감을 주는 물리학 책으로 아직까지 회자되고 있다.

학교에 다닐 때부터 파인만은 아주 많은 독창적인 작은 실험을 고안했다. 그 중의 하나는 '개미의 생각에 대한 고찰'인데, 개미들이 어디에 갈지 어떻게 아는지, 그리고 개미들이 의사소통을 하는지 어떤지에 대한 실험이었다. 개미들을 종이 조각위로 옮기고 개미들이 어떻게 움직이고 설탕을 놓아둔 곳까지 어떻게 이르는지를 관찰한 후, 그 개미들을 원래 자리에 되돌려 놓자마자 수백만의 개미들이 허둥대면서 옮겨졌던 곳을 찾는 것을 관찰했다. 이것은 설탕이 있는 곳을 아는 개미가 그 사실을 다른 개미에게 전달했다는 명백한 반증이다. 다음으로 실험을 확장했다. 개미 무리에서 일부의 개미를 설탕이 있는 곳에 놓아둔 후 개미들을 다른 장소로 옮겼다. 개미가 다음 번에도 설탕이 있는 곳을 찾을 수 있을지와 처음 무리들이 있던 곳으로 돌아갈 수 있을지 알아보는 실험이었다. 실험의 결론은 개미의 기억력이 아주 짧다는 것이었는데, 개미들이 마지막 장소만 기억하고 있다는 것이었다. 대부분의 개미들이 마지막 도착지점에 가고 처음의 출발지에는 도달하지 못했다.

파인만은 교양 전반에 관심을 두었다. 브라질에 있을 때는 삼바 음악을 배우기도 했고, 리우 데 자네이로에서 열린 카니발에서 행진하기도 했다. 많은 화가들과도 친분을 쌓게 되었는데, 그에게 그림 그리는 법을 가르쳐준 지레이 조티안(Jirayr Zothian)도 있었다. 그의 그림 작품에는 'Ofey'라는 서명을 했는데, 개중에는 팔릴 수 있을 정도의 상품성이 있는 것이 있고, 소장자들의 애호품이 된 것도 있다. 그가 투병중인 1982년에는 남태평양 영화에서 추장 밸리 하이의 역을 맡기도 했다.

그가 로스 알라모스에서 우라늄 동위원소를 분리하여 원자폭탄을 만드는 극비의 맨하탄 프로젝트에 참가하고 있을 때에도 파인만의 뇌리에는 장난기가 사라지지 않았다. 여가시간에 그 자신을 즐겁게 하기 위해서 보안코드를 깨는 취미를 가졌다. 얼마 지나지 않아 중요 정보가 가득 든 캐비넷의 자물쇠를 열 수 있었다. 그가 필요로 하는 어떤 정보에 대해서 공식적인 절차를 통하지 않고 캐비넷에서 반출한 다음 '빌려간 LA4312 문서 - 보안 해제자 파인만으로부터'라는 종이쪽지를 남겨두어 군관계자를 당혹스럽게 하기도 했다.

군에서 방출

종전 후 독일에서 점령군으로 복무할 군인을 선발하는 정신과 시험을 받을 때, 파인만은 정확하고 정중하게 질문에 대답하기로 결심했다. 그 결과는 예상이 빗나갈 정도로 놀랄만했다. 예를 들면:

'사람들이 당신에 대해 이야기를 한다고 생각합니까?' - '물론이죠, 내가 집에 갔을 때 내 어머니가 얼마나 어머니 친구들에게 나에 관해서 얘기를 하고 싶어 하는지 말하곤 했으니까요'

'당신의 머릿속에서 소리를 들은 적이 있습니까?' - 외국 억양을 가진 사람들의 말을 들을 때 가끔씩, 벨라티 교수가 "디-아", "디-아 일렉트릭 필다"라고 말하는 것을 들을 수 있다.

'당신의 삶에 얼마나 큰 가치를 부여합니까?' - '64!!' '삶의 가치를 어떻게 추정했어요?' - '이를테면, 73으로 말하지 않고 왜 64라고 했어요?' - '만일 73이라고 했어도 같은 질문을 할 것 아니오?'

위원회와 권위에 대한 파인만의 자세는 파인만이 책임있는 자리는 절대 맡지 않을 거라는 것에 대해 CERN의 관리자인 빅터 바이스코프(Victor Weisskopf)와 10달러에 내기를 건 것으로 잘 알 수 있다. 내기는 공증을 했고 '책임 있는 위치'란 정의는 '어떤 이유로 강요하는 보유자는 다른 사람과 일하기 위해 무엇을 교육시키든지 그것에 대한 이해가 없음에도 불구하고 교육을 하고 다른 사람이 어떤 행동을 하도록 시켜야 하는 사람이다.' 였다.

그가 자기 자신을 이해시킬 수 없는 지시를 했다는 증거가 없었기에 10년 뒤인 1976년에 10달러를 받았다.

우주 왕복선 챌린저호

1986년 1월 28일, 우주 왕복선 챌린저호의 발사는 재앙으로 끝났다. 발사 몇 초 후 탑승한 7명의 우주비행사들은 모두 사망했다. 파인만의 제자 중 한 사람이었고, NASA의 책임자였던 윌리엄 그래이엄이 파인만에게 사고 조사위원회에 참여를 요청했다. 내키지 않았지만, 파인만은 수락했고, 그의 스타일대로 조사에 임했다. 위원회의 단장 윌리엄 로저는 많은 관료들이 참석한 가운데 많은 공개 회의와 토론을 가졌다. 파인만은 자기만의 방식으로 일에 착수했고, 엔지니어들과 기술자들에게 질문을 하고 현장 작업자들에게 로켓의 구조에 대한 상세한 정보를 배웠다. 그는 기술자들과 관리자들 사이에 의사소통이 부족하고, 기술자들의 우려가 관리자의 귀에 들어가지 않는다는 것을 알았다. 일례로 로켓 엔진의 밀폐 조인트의 용접 부위가 격렬한 진동에 의해 깨질 수 있다는 우려를 하고 있었는데 관리자들에게 전달되지 못했다.

전국 방송으로 보여준 공개회의에서 파인만은 로켓엔진에서 오링을 빼서 얼음물이 담긴 잔에 담갔고, 오링 고무가 얼음물의 온도에서 조차도 탄성이 없어 기밀성을 유지하지 못한다는 것을 보여줬다. 발사 당일의 온도는 그 동안의 발사 최저온도인 영상 12도보다 낮은 영하 2도였고, 밀폐 부위에서 로켓연료가 흘러나오고 불이 붙게 된 것이다. 사소한 원인이 대형 참사를 일으킨다는 것을 공구상가에서 구입한 클램프와 플라이어 몇 개로 파인만다운 방법으로 보여준 것이다.

위원회가 최종 결과 보고서를 출간했을 때, 파인만은 색인에 그만의 관점으로 과학자들, 기술자들과 관리자들과의 매끄럽지 못한 관계가 챌린저 참사의 원인의 한 이유가 되었다고 덧붙였다.

심각한 중병에도 불구하고, 그의 남은 몇 년의 인생에서도 도전 정신을 잃지 않았다.

많은 다른 활동들에도 불구하고 그의 마음 한구석에 있는 범상치 않은 의욕이 탄누투바를 방문하도록 추진했다. 어린 시절부터 투바(몽고의 북서쪽에 있는 산맥에 둘러싸인 작은 소련 연방공화국)에서 발행한 삼각형 그리고 다이아몬드형태의 우표를 본 것을 기억하고 있었는데, 수도인 키질은 다섯 자음만으로 된 단어라는 독특한 이유가 그의 눈길을 끌었다. 수고를 마다하지 않고 투바어-러시아어

사전과 러시아어-영어 사전을 이용하여 그와 친구 랠프 레이턴(Ralph Leighton)은 방문을 허가해 달라고 편지를 썼다. 러시아와 미국 사이의 분위기가 좋지 않았던 시기라 방문은 긍정적이지 않았고, 과거 몇 십년동안 방문과 같은 것들이 쾌히 받아들여지지 않았다. 칼텍 제자들의 수혈에도 불구하고 1988년 2월 15일 행해진 대수술에서 파인만은 다시 깨어나지 못했는데, 파인만과 그의 일행이 탄누투바에 방문해도 좋다는 모스크바의 정식 초대장이 도착하기 며칠 전이었다.

제 15 장
상대성
1부 : 어떻게 시작됐나?

빈 공간은 어느 곳이나 누구에게나 같다....

특수 상대성 이론은 전혀 물질이 없는 공간, 그러한 빈 공간에서 빛의 전파를 나룬나.

그 후속의 일반 상대성 이론은 중력 법칙에 대한 기하학적 표현을 이끌어내는 공간의 뒤틀림으로써 물질을 소개한다. 여기서의 논의는 특수 상대성 이론으로 한정할 것이다.

아인슈타인 이전에 이미 상대성 이론으로 통하는 많은 이론들이 있었다. 17세기에 갈릴레오는 움직이는 배안의 오두막집에서 행한 어떤 실험도 고정된 실험실에서 행한 실험과 정확히 일치한다고 주장했다. 그러므로 지구의 운동은 물체를 떨어뜨리는 실험에서는 느낄 수 없다. 아인슈타인과 동시대의 사람인 네덜란드 과학자 헨드릭 로렌츠(Hendrik Lorentz)와 프랑스 수학자 헨리 포앵카르(Henri Poincaré)는 특수상대성 이론의 수학식에 독립적으로 기여했다. 그러나 이러한 원리들의 마지막 정리 작업과 관찰 가능한 예시를 이끄는 일련의 논리는 알버트 아인슈타인의 공적임은 의심할 여지가 없다. 양자이론이 우리를 둘러싼 세계의 인식을 바꾼 것처럼, 상대성 이론은 편견이라는 선입견을 없애버렸고, 새로운 기본 철학적 원리를 제시했다. 공간과 시간, 에너지, 그리고 물질 같은 겉으로 보기에는 명확한 개념들을 다른 관점에서 바라보게 된 것이다. 빛은 그 새로운 이론에서 중요한 역할을 한다.

아인슈타인은 쥬리히의 특허사무실에서 일하는 동안 공간과 시간에 대해 생각하면서 그의 여가를 보냈다. 그는 특별한 실험 결과들을 설명하려고 하지 않았는데, 이것은 업적의 부산물로 후에 나온다. 그가 신이었다면 할 수 있었던 가장 완벽한 방법으로 세계를 구성하는 법을 상상하는 시도를 했다. 그의 기본 척도는 우주의 모든 면에서 똑같이 적용되는 대칭성과 단일성 그리고 우아한 원리로 통합하는 것이다.

아인슈타인은 두 개의 가설로 시작했다. 그러나 그것은 논리적으로 명확해 보이지 않는다. 첫 번째는 빈 공간은 절대적으로 균일하고 대칭적이라는 것이고, 두 번째는 빛의 속도는 모든 사람에게 같다는 것이다. 그는 이들 가정을 논리적으로 단계를 구축하고 보니, 이것들이 전혀 명확하지 않다는 결론을 내렸다.

우리는 이 단계들을 한 번에 하나씩 천천히 따라갈 것이다. 놀랍게도, 그것들은 불가능할 정도로 어렵지는 않다. 시간의 상대성은 아마도 이해하기에 가장 도전적이고, 기묘한 개념이다.

15.1 공간과 시간

공간의 주위 혹은 그 안의 사물들을 기준으로 삼지 않고 공간 그 자체를 말하는 것은 쉽지 않다. 누구든지 빈 박스안의 진공을 볼 수 있고, 혹은 빈 우주 안에 있는 별들이나 행성들을 볼 수 있다. 그러나 박스와 별들과 행성들을 치우면 그곳에 무엇이 남을까?

■ 15.1.1 공간과 고대의 철학자들

생각해보면 고대의 철학자들은 공간의 개념을 자명한 것으로 간주했다. 그들의 지각은 구체적인 사물이 존재하는 범주의 직관적인 지각으로 보인다. 지구는 '공간에 떠있는 구체'이다. 구체적인 사물로써의 지구는 반드시 어느 곳에 있어야 한다. 공간은 지구가 존재하는 곳이다.

하늘과 같은 다른 공간들도 있을 수 있는데, 바빌로니아 사람들에 따르면 그것은 '서로 떨어진 산들에 의해 지탱되는 반구형의 지붕'이다. 하늘의 공간이 지구에 의해 점유된 공간과 다르다는 것은 당연해 보였다. 고대의 그리스 사람들은 두 공간을 융합했고, 투명한 동심구들로 둘러싸인 구형 지구를 그렸다. 그들은 그 구체들 사이의 공간에 무엇이 있는지에 대해 지나친 걱정은 하지 않았다.

피타고라스(~BC 550)는 빈공간의 개념에 대해 탐탁하게 생각하지 않았으며, '유한정수의 고리'로 구성된다고 믿었다. 물론, 정수가 유한이든 무한이든 수는 추상적인 실체이고, 이런 의미에서 피타고라스의 설명은 특별히 도움이 되거나, 확인할 수 있는 것은 아니었다. 그는 공간속에 실체를 주입하기를 원했고, 수학적인 수들로 된 것이 사용하기에 가장 명확하였다.

메모하고 있는 피타고라스와 아리스토텔레스

라파엘이 그린 프레스코, 아테네의 학교

아리스토텔레스(BC 384-322)는 누구든지 공간에 있는 '장소'를 인지할 수 있다고 믿었다. '감각이 있는 몸은 원래 어디에나 있다.' 그는 공간에 있는 한 장소에서 다른 장소로 '절대 이동'이 있다고 주장했다. 더 나아가서 누구든지 '같은 장소에 있을 수 있다'는 절대 정지를 정의할 수 있다고 하였다. 관성에 대한 아리스토텔레스의 법칙은 '어떤 힘을 받지 않는 물체는 계속 정지해 있다'고 말할 수 있다.

■ 15.1.2 공간-직관적인 관점

아마 놀랍게도, 보다 더 최근에 우리의 직관적인 관점이 기본적으로 고대인의 관점과 같다. 지구, 해, 별 그리고 은하, 심지어 원자, 전자, 양자 파동 다발들이 우주공간의 어떤 부분을 점유하며 움직이고 있다는 것은 자명하다. 우주는 광대한 무대이다. 그곳에 모든 물질이 존재하는 공간이다.

'모든 물질들은 없앤다면 그 곳에 무엇이 남을까?' 라는 질문에 대한 답은 전혀 명확하지 않다. 빈 무대만 남겨진다. 거기에는 원자, 전자도 없다. 피타고라스의 유한정수들의 무한 바다의 아이디어는 아마 우아해 보일지도 모른다. 그러나 그것은 추상적이고 탐구하는 정신을 만족시키기에는 결코 충분하지 않다.*

■ 15.1.3 공간과 시간-아이작 뉴턴의 말에 의하면

빈 공간에 대해 말하는 것이 의미가 있을까? 아이작 뉴턴은 공간의 근본적인 성질의 문제와 시간의 성질에 대한 문제에 의구심을 갖지 않았다. 그것은 둘 다 무시되어지거나, 혹은 전혀 별개의 개념으로 고려되어졌다. 그의 아이디어는 과학적인 관심보다는 다소 역사적 관점이고, 그 점에 있어서 그의 아이디어들은 입증될 수 있는 예견을 주지 못했다.

뉴턴은 그의 프린키피아〈Principia〉라는 책에서 '나는 시간, 공간, 위치 그리고 이동'을 정의하지 않는다. 이것들은 모두에게 잘 알려져 있다고 말하면서 시

* 우리는 여기서 물리적인 물질과는 다르게 보이는 공간에서 가상입자들의 소멸과 창조의 현대적인 개념들과 전자기적인 진동들과 같은 연속적인 움직임에 대한 우리의 현재 관점을 논하지는 않을 것이다.

작한다. 그러고 나서 다음과 같은 정의를 제시함으로써 스스로 모순을 향해 나아간다.

절대 시간 – 다른 외적인 것과 관계가 없이 저절로 자신의 성질에 의해 흘러가는 것'

절대 공간 – 외적인 관계가 없이 그 자신의 성질에 의해서 항상 같고 부동으로 남는 것

'질대 공간'과 내조적으로 뉴턴은 '설대 공간의 움직이는 차원으로 상대 공간'을 정의했다. 예를 들면, 어떤 때는 절대 공간의 한 부분이 되고 다른 시간에는 같은 공간이 다른 부분이 되는 동굴에 있는 공간. 그는 위치를 물체가 어떤 종류의 공간을 차지하느냐에 따라 달라지는 절대적 또는 상대적일 수 있는 물체가 차지하는 공간으로 정의했다.

뉴턴의 물체의 '운동'의 개념은 '한 장소에서 다른 장소로의 이동이고, 이들 위치들이 설대적이냐 혹은 상대적이냐에 따라 절대적 혹은 상대적 일 수 있다'.

이런 정의들에 혼란스러워지는 것은 놀라운 일이 아니다. 뉴턴 자신도 다음과 같이 말하면서 혼란스럽다는 것을 인정한다. '발견이라는 것이 얼마나 어려운 일인가, 그리고 얼마나 효과적으로 현상과 특별한 물체의 실제 움직임을 구별할 수 있겠는가'

뉴턴의 정의를 설명하는데 있어서 뭔가 빠진 것이 있어 보인다. 상대 공간은 잘 정의되지 않고 혼란스럽고, 그런 점에 있어서 '상대적' 이라는 단어의 사용은 의문을 자아낸다. – '상대적이라는 것은 무엇인가?' 뉴턴의 절대 공간과 시간은 잊어버리고 '없던 것으로 하라'는 아인슈타인의 충고를 받아들이는 것이 더 나은 방법이고 일련의 논리적 단계에서 논리의 고리를 따라가는 것이 더 의미가 있다.

15.2 '독단적 엄격함'

■ 15.2.1 백지에서 출발

아인슈타인은 그 시대의 자연 철학자들 사이에서 널리 알려진 보수적인 행동에 대해 언급할 때 단도직입적으로 말했다. '– 특별하게 커다란 성공에도 불구하고, 독단적 엄격함이 원리의 본질에 널리 알려졌다. 공간과 시간에 대해 예견된 아이디어를 깨고, 완전히 새로운 기초위에 정립된 일련의 논리를 발전시키기 위한 많은 조치를 취했다. 대칭성의 원리가 자연의 법칙들의 기본적인 요구조건으로 나타났다.' 아이슈타인 교수님, 당신의 이론들이 맞는지 어떻게 아십니까? 라고 물었을 때, 아인슈타인은 '만약 그것들이 맞지 않다면, 신은 훌륭한 기회를 놓친 것'이라고 대답했다.

그러한 예상된 아이디어는 일반적으로 측정 – 특히 속도의 측정 – 을 참고로 한다. 움직이는 기차의 객차를 걸어가는 승객의 예를 들어보자. 그의 속력은 보는 관점에 따라 다르다. 만약 객차 안쪽에 있는 다른 승객에는 꽤 느리게 보일 것이고, 역의 플랫폼에 있는 사람에게는 꽤 빠르게 보일 것이고, 지구 바깥쪽에서 보면 한층 더 빠르게 보일 것이다. 공간에서 어느 정도 바깥에는 정확한 절대 운동을 결정할 수 있는 정지된 절대 지점이 존재하고, 또한 우주의 시간을 유지하는 절대 시계가 존재할 것이라는 선입견이 있다.

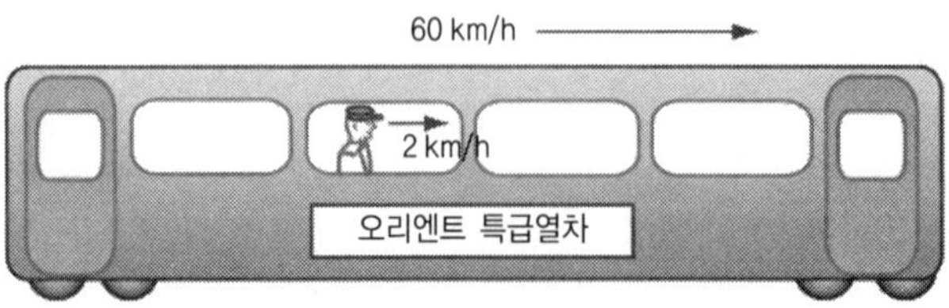

그림 15.1 무엇이 기차표 수집원의 '실제' 운동인가?

■ 15.2.2 보는 관점을 정의하는 기준틀

암암리든 의식적이든 공간과 시간을 수반하는 물리적 측정들은 수학적으로 기준이라고 일컬어지는 관점으로부터 이루어진다. 우리가 기준틀의 원점에 위치하고 그 점으로부터 모든 위치, 속도 그리고 운동량이 측정되는 그림을 그려보자. 물론, 보통은 아무도 좌표계 혹은 기준틀에 대해 이야기 하지 않는다. 그럼에도 불구하고, 거기에는 명확하지는 않으나 암시가 있음을 당연한 것으로 받아들인다. 그 결과들은 엄밀하게 기준틀에 의존한다.

다른 기준틀에서 속력

움직이는 기차로 다시 가보자. 아래 예에서 오리엔트 특급열차의 객실을 따라 걷고 있는 기차표 수집원의 운동을 묘사할 때 많은 논리적인 기준틀 중에서 하나를 선택한다. 그의 속력은 전적으로 보는 관점에 의존할 것이다.

역장의 관점

'기차는 60 km/h의 속력으로 움직이고 있다'고 말할 때는 기차 밖의 기준틀을 의미한다. 관찰자는 플랫폼에 서있는 역장일 것이다. 역장의 관점으로부터 기차 앞쪽으로 걷는 차장은 기차보다 다소 빠르게 움직이고 있고, 그의 속도는 62 km/h이다.

승객의 관점

'차장은 2 km/h 속도로 기차의 앞쪽으로 걷고 있다'는 통로에 위치한 기준틀을 암시한다. 관찰자는 통로 어디에 위치한 승객일 수 있다. 물론, 승객의 기준틀에서 승객자신은 정지해 있고, 반면에 역장 그리고 역 전체는 반대 방향으로 60 km/h로 움직이고 있다.

차장의 관점

차장도 마찬가지로 그의 관점으로부터 사물을 본다. 그는 정지해 있고 다른 모든 것이 움직이고 있다. 그럼에도 불구하고, 그의 관점으로부터 역장은 윙 소리를 내면서 62 km/h 속력으로 뒤로 지나가고 반면에 승객은 2 km/h의 속력으로 천천히 멀어지고 있다.

우주의 관점

마지막으로, 전체 시나리오는 지구바깥의 기준틀에 있는 우주인의 관점 혹은 은하계 바깥에 있는 관점으로부터 표현될 수 있다. 지구는 태양주위를 공전하면서 자전을 하고, 실제로 전체 은하계는 다른 은하계에 상대적인 운동을 하고 있기 때문에 차장, 승객 그리고 역장의 운동들은 우주인의 관점으로 보면 이런 모든 운동들의 결과일 것이다.

모든 종류의 운동은 오직 어떤 기준틀과 관계가 있다고 말할 수 있다. 혹자는 직관적으로 어떤 기준틀은 다른 것보다 더 중요하다고, 특히 '절대 운동'이라고 정의할 수 있는 것에 대해 유일한 근본적인 기준틀이 존재한다고 느낄 것이다. 증명할 수 있으면 좋겠지만, 그러한 '절대적인 틀'이 존재한다는 증거는 없다. 아인슈타인은 백지상태에서 출발하기 위한 첫 번째 단계는 현재 추상적인 개념들을 검토하여 실제로 그것들 중에서 어느 것이 미리 예견된 선입견인지 결정해야 한다고 제안했다. 그는 완벽한 방법으로 이러한 개념들을 해석하기를 원했고, 논리적 추론으로 일련의 명확한 예상을 이끌어내었다.

■ 15.2.3 선입견

절대 공간

그 시대의 자연 철학자들 사이에 가장 대중적인 한 가지 선입견은 절대 공간을 결정하는 기준틀인 절대적이고 움직이지 않는 일련의 축을 어느 곳엔가 정의할 수 있다는 것이었다. 이 절대 기준틀은 근본적이고 고정적인 기준점을 제공하고 절대 운동에 대한 의미를 주었다. 빛의 속력과 같은 물리적 상수들은 그러한 절대틀에 대해서 측정된 실제값을 가질 줄 모른다. 이러한 아이디어를 더욱더 확고히 하기 위해 '에테르'라고 불리는 질량이 없는 상상의 물질을 가정하였는데, 이것은 절대 기준틀을 공급하고 우주적으로 정지하는 매개체로 정의했다. 그것은 완전히 빈공간일 뿐만 아니라, 그 속에 아무것도 없는 물질이다. 에테르에 대한 주목할 만한 주장은 빛의 파동들이 명백히 우주를 통해서 여행할 수 있다는 사실에 기초했다. 음파처럼 이들 파동들이 전달되기 위한 어떤 종류의 매개체가 필요하다고 주장됐다.

절대 시간

두 번째 선입견은 시간의 개념에 관해서다. 뉴턴에 따르면 시간은 절대적이다. 그의 말을 인용하면, '시간은 어떤 외부적인 기준없이 자연히 흘러간다.' 혹자는 어느 곳에서나 같은 우주시간을 보여주는 기준 시계를 상상하였을 것이다.

> 피타고라스는 공간은 정수의 유한한 개수로 채워져 있다고 생각했다. 자연 철학자들은 공간은 '에테르'로 채워져 있다고 생각했다. 그들 모두는 어떤 것이 그 안에 있다고 믿었다.

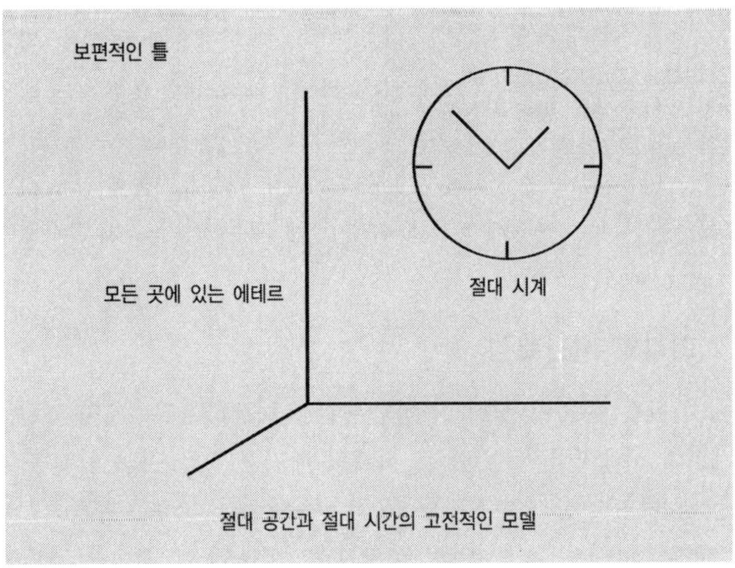

그림 15.2 우주의 '알기 쉬운' 모델

15.3 에테르 찾기

■ 15.3.1 마이켈슨-몰리 실험

알버트 마이켈슨. 에드워드 몰리와 함께 그는 에테르 바람을 따라서 지나가는 빛의 증거를 밝히기 위한 일련의 정밀한 실험을 수행했다.

1880년대에 두 명의 미국인 알버트 마이켈슨(Albert Michelson, 1852-1931)과 에드워드 몰리(Edward Morley, 1838-1923)는 공간속에서 지구의 속도를 측정하는 일련의 실험을 수행했다. 만약 우주가 정지하고 있는 '에테르'로 채워져 있다면, 태양주위의 궤도에 있는 공간을 통해 고속으로 움직인다면 '에테르 바람'을 경험하게 될 것이다. 빛은 에테르 바람을 따라갈 때는 더 빠르게 지나갈 것이고, 그것의 반대방향에서는 더 늦어질 것이다. 이것은 여러 방향으로 움직이는 빛의 속도의 측정값에서 차이를 나타낼 것이다. 마이컬슨과 몰리는 빛의 속도가 방향에 의존하는지 아닌지를 결정하는 광학 기기를 제작했다. 그들이 보고자 하는 효과는 너무 작고 실험 장치들은 너무 정교해서 진동을 줄이기 위해 실험이 진행되는 동안 로스엔젤레스의 도시에 있는 모든 전차들이 멈추었다.

■ 15.3.2 페리의 시간측정

마이켈슨-몰리 실험의 원리는 강을 여행하는 두 개의 같은 페리들을 생각함으로써 이해되어질 수 있다. 하나의 페리는 강을 가로질러 움직이고, 다른 하나는 강을 따라 움직인다(그림 15.3). 두 페리들은 같은 부두로부터 출발해서 되돌아온다. 아래에 설명되어진 것처럼 왼쪽으로부터 오른쪽으로 속도 v로 강이 흐른다. 두 페리는 정지한 물에 대해 속도 V를 낼 수 있고, 전체 거리 2D를 움직인다. 그러나 두 페리의 여정이 같은 시간이 걸릴까?

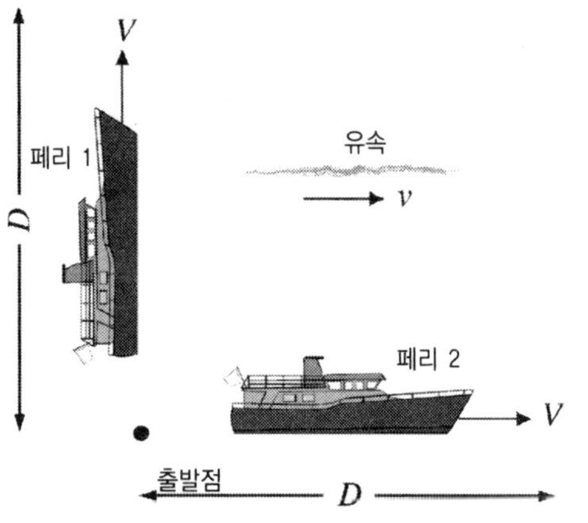

그림 15.3 두 페리

직관적으로, 답은 명확하지 않다. 강을 가로질러 가고 오는 것이 더 어려울까? 혹은 강을 따라 움직이는 것이 유리하나 상을 거슬러 오는 것에는 손실이 있지 않을까? 강을 곧바로 가로지르기 위해서 페리1은 유속에 대해 상류 방향으로 잡아야 할 것이다. 그러므로 유속 v와 페리의 속력 V의 합이 강을 곧바로 가로지르는 결과적인 속력이 된다.

페리 1

벡터 삼각형으로부터 v와 V의 합력 속도의 크기 R:

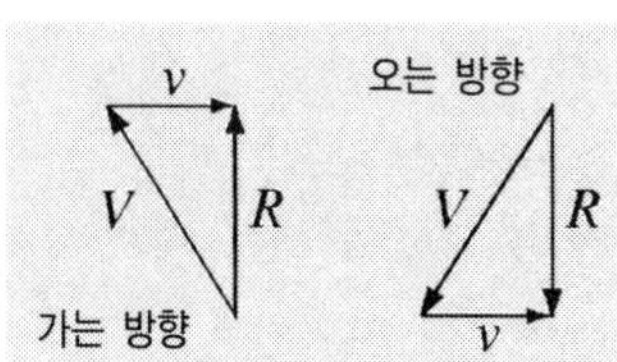

$$R = \sqrt{V^2 - v^2}$$

총거리 $= 2D$

총 걸린 시간 $T_1 = \dfrac{2D}{\sqrt{V^2 - v^2}}$

페리 2

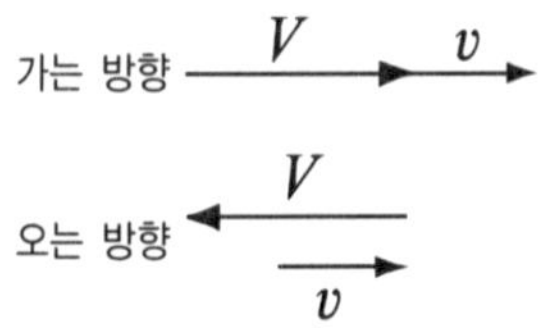

하류 쪽으로 갈 때의 속도 = $V+v$
상류 쪽으로 갈 때의 속도 = $V-v$
총거리 = $2D$

$$\text{총 걸린 시간 } T_2 = \frac{D}{V+v} + \frac{D}{V-v} = \frac{2DV}{V^2-v^2}$$

$$\text{두페리의 시간의 비 } \frac{T_2}{T_1} = \frac{V}{\sqrt{V^2-v^2}} = \frac{1}{\sqrt{1-\dfrac{v^2}{V^2}}} \tag{15.1}$$

배는 유속보다 더 빨라야 하기 때문에 V는 항상 v보다 크다. 그러므로 $v^2/V^2 < 1$이고 $T_2/T_1 > 1$이다.

$$T_2 > T_1 > 1. \quad \text{페리 2가 더 오래 걸린다.}$$

어떤 페리가 얼마나 더 오래 걸리는지 덜 걸리는지는 중요하지 않다. 중요한 것은 시간이 같지 않다는 것이다.

■ 15.3.3 상세한 실험

마이켈슨과 몰리는 가상의 에테르를 지나는 빛에 대해 시간차가 있는 페리의 원리를 적용하는 현명한 생각을 가졌다. 그들의 실험도구(마이켈슨 간섭계라고 불리는)는 이미 8장에서 묘사했다. 그러나 편의를 위해서 여기서 짧게 설명한다.

빛은 반투명 거울에 의해 두 개로 나누어진다. 두 빔은 결과적으로 서로에 대해서 수직으로 지나간다. 각각의 빔은 두 번째 거울에서 반사가 되고 그래서 반투명 거울로 다시 돌아오고 거기서 빔들은 재결합한다.

가령 에테르 바람이 왼쪽에서 오른쪽으로 불고 있다면 거울 2를 통해 지나가는 빛은 페리 2의 항해와 같아서 바람을 등지고 가서 맞바람을 받으며 온다. 반면에,

빛의 나머지 반은 거울 1에 대한 경로로 양 방향에서 '옆바람'이 된다(그림 15.4). 두 개의 경로사이에 시간차가 있다면 빛이 재결합된 두 개의 요소들에 위상차가 생겨날 것이다. 그러므로 간섭무늬가 검출계에 나타나게 될 것이다.

그래서 마이켈슨과 몰리는 그들의 실험기기를 천천히 회전시켰다. 그들은 옆바람 항해가 점차로 등지는 항해로 됨에 따라 위상차가 변할 것으로 기대했다. 실험장치가 회전했기 때문에 무늬는 영점을 지나 움직일 것이다. 그들은 주야로 여러 시간에서 실험을 했고, 연중 많은 시간 동안에 반복했다. 어떤 무늬 이동도 관찰되지 않았고, 그래서 에테르의 존재는 증명되지 않았다. 회전이 무늬 패턴을 움직이게 할 것이라는 것에만 주목하기 때문에 실험하는 데에는 에테르 바람의 방향을 알 필요는 없다.

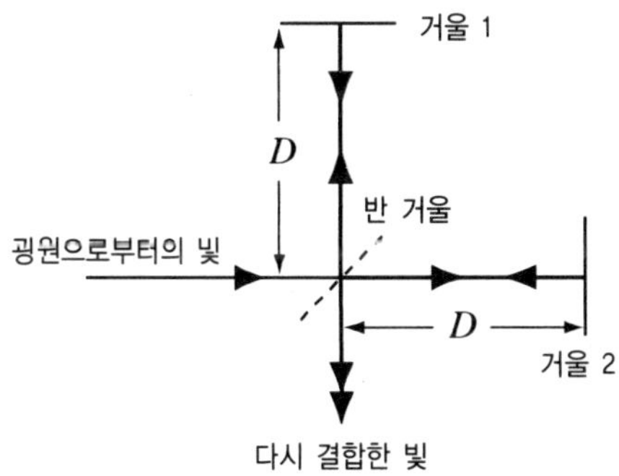

그림 15.4 마이켈슨의 간섭

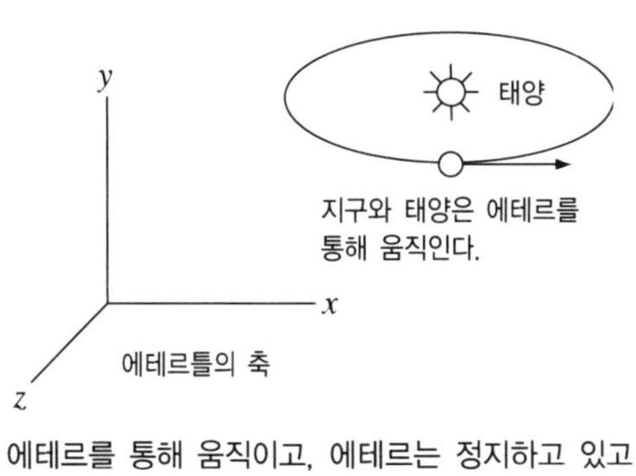

그림 15.5 지구는 에테르를 통해 움직이고, 에테르는 정지하고 있고 절대 기준틀이다.

태양에 대한 지구의 공전 속도는 30 km/s이다.
원래의 마이켈슨 몰리실험에 있어서 감도는 약 7-10 km/s이다.
현대 실험들의 감도는(X-선 경우) 약 3 m/s이다.

만약 에테르가 있다면, 에테르 바람을 측정할 수 없었던 이유는 무엇일까?

15.3.4 강력한 결론

아인슈타인은 왜 정수, 가상적인 에테르, 혹은 다른 어떤 것으로 공간이 채워질 필요가 있을까라는 의문을 갖게 되었다. 공간속에 아무것도 없다고 말할 수는 없을까? 마이켈슨과 몰리의 결과들은 사실 부정적인 것은 아니었다. 그 실험은 위대한 성공이었다. 거기서 측정한 것은 아무것도 없다. 거기에는 에테르도 없고, 에테르 바람도 없다.

15.4 대칭성

15.4.1 공간은 균일함

아인슈타인은 공간과 시간에 대한 그의 아이디어를 쥬리히의 특허청 사무실에서 일하면서 발전시켰다. 만약 에테르가 존재하지 않는다면 빈 공간을 가지고 있다는 것은 그에게 명백하게 되었다. 빈 공간에서는 한 곳의 위치와 다른 곳의 위치를 구별할 수 있는 것이 아무것도 없고, 다른 어떤 지역과 구분하기 위해 공간상에 지점을 표시할 수도 없다. 아인슈타인의 두 번째 논리적 단계는 대칭성의 원리를 적용하는 것이었다. 이 대칭성은 다음과 같이 일컬어진다. 어떤 물질도 없는 빈 공간안에서 어느 위치가 다른 어떤 위치와 구분될 수 없다는 것이다. 빈 공간에는 이정표가 없다! 빈 공간에서는 여기에서 저기로 간다는 것은 의미가 없다. 왜냐하면 여기와 저기의 차이가 없기 때문이다. 운동의 사전적 정의는 위치 혹은 장소의 변화이다. 빈 공간에는 장소도 없고 절대 운동 혹은 절대 속도와 같은 것도 없다.

물론 지구와 달 같은 물질 개체사이의 거리에 대해서는 말할 수 있다. 그러한 개체에 대한 이동 속력도 의미는 있다, 그러나 상대적인 빈 공간에서 절대 속력에 대해 말하는 것은 의미가 없다. 누구도 일련의 절대 정지좌표를 정의할 수 없고, 혹은 그러한 좌표들에 대한 절대속도도 정의할 수 없다. 아인슈타인은 새롭게 시작했고, 완전한 대칭성의 가정으로 출발해서 검증될 수 있는 결과들을 이끄는 일련의 논리를 구축했다.

15.4.2 새로운 모델

그림 15.2는 우주에 대해서 잘 묘사한 것은 아니다. 아무것도 써 넣지 않은 빈 페이지가 더 낫다. 거기에는 중심도, 모서리도, 지정된 방향도 어떤 절대 기준점도 없다. 시계와 절대 좌표들은 상상의 산물이다. 그것들은 예견된 선입견의 일예이다.

물론, 물질 혹은 우리 자신들을 모델에 넣을 수 있다. 우리는 별이나 행성에도 넣을 수 있고, 서로에 대한 상대적인 운동을 묘사할 수 있다. 한 행성에 대한 다른 행성의 운동을 말할 수도 있다. 그러나 절대 운동 혹은 공간자체에 대한 상대적인 운동은 아무 의미가 없다.

15.4.3 상대성 이론의 가설들

아인슈타인은 공간의 균일성에 대한 타당한 그의 생각을 두 개의 근본적인 가설로 내 놓았다.

특수 상대성 이론

1. 가속되지 않는 모든 관성 기준틀은 동일하다.
2. 빛의 속도는 모든 관찰자들에게 같다.

15.5 첫 번째 가설

15.5.1 자연은 구별하지 않음

우리는 보통 원점에 우리 자신이 위치한 가장 편리한 기준틀에 대해 물리적 측정을 한다. 실험실, 비행기 혹은 기차에 앉아 있는 관찰자는 자신은 멈추어 있다고 생각한다. 반면에 세상에 있는 나머지는 움직이며 지나간다. 이러한 기준틀들을 기호 S, S′, S″들로 표시한다. 그림 15.6에서 실험실을 S틀로 부른다. 표기에는 어떤 문제도 없다. 첫 번째 가정은 물리법칙들은 가속되지 않는 모든 기준틀에서 동일하게 적용된다. 언제든지 원점에 우리 자신을 위치시키는 기준틀을 구성하는 것은 꽤 적절한 것이다. 어떤 기준틀도 절대적으로 정지해 있다고 정의될 수 없으므로 다른 틀들보다 다소 우세하다.

당신은 이동하고 있다는 것을 인지하지 않고도 비행기에서 저녁을 먹는다든지 기차 위에서 위로 아래로 걷는다든지 심지어 전용기에서 포켓볼을 친다든지 하는 보통의 경험을 할 수 있다. 만약 덜컹거림이나, 멈추거나, 가속이 붙은 출발이 없다면 모든 것은 공항 라운지에 있는 것과 같다. 또 다른 경험은 한 번이 됐건 여러 번이 됐건 기차의 창문을 통해서 역을 보면서 마침내 기차가 움직인다고

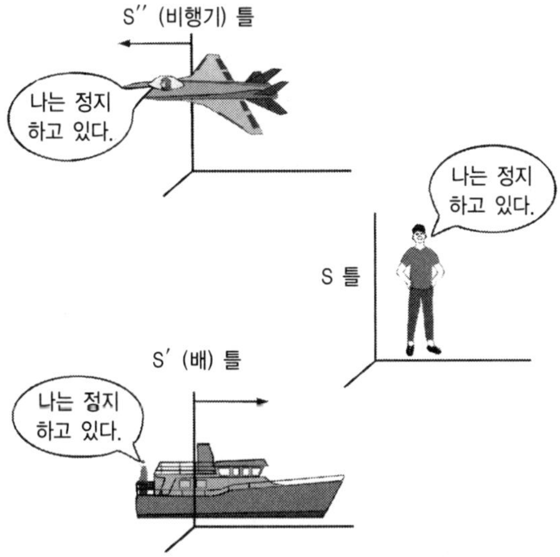

그림 15.6 모든 관성틀들은 같다.

생각한다. 몇 초 후에 옆에 있는 기차의 마지막 칸이 지나갈 때 움직이는 것은 옆 기차이고, 우리는 아직도 역에 있다고 착각한다. 첫 번째 가설에 따르면, 만약 블라인드를 내려 바깥세상과 소통할 수 없다면, 일정한 운동을 감지할 수 있는 어떤 실험도 할 수가 없다. 블라인드가 닫혀있든 열려있든, 어느 것은 다른 곳에 대해 상대적으로 움직인다고만 말할 수 있다.

■ 15.5.2 갈릴레이의 타당한 생각

갈릴레오 갈릴레이는 그가 "등가의 원리"를 공식화했을 때 그의 시대를 앞서 갔다. 그가 쓰기를 어떤 큰 배의 갑판 아래에 있는 가장 큰 방에 어떤 친구와 함께 틀어 박혀, 거기서 모기, 파리 그리고 작은 날개를 가진 생명체를 조달한다.

갈릴레오의 사고 실험

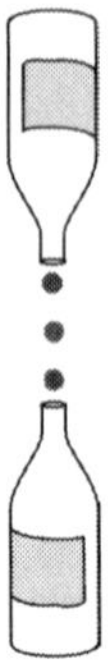

갈릴레오는 지구는 태양주위를 돈다는 그의 주장을 설명하기 위해서 사고 실험을 사용했고, 이 사실은 떨어지는 물체를 수반하는 실험에 영향을 주지 않는다. 물방울은 배가 여전히 정지해 있거나 혹은 어떤 방향으로 일정한 속도로 움직이더라도 병속으로 수직으로 떨어질 것이라고 그는 주장했다. 현재의 전문용어로는 그 실험은 모두 관성기준틀(갈릴리안)에서 동일하게 작동한 것이라고 말한다.

■ 15.5.3 갈릴레이 변환

물체가 서로 다른 기준틀에 있는 관찰자들에게 어떻게 나타나는지를 다룬 수학적인 방법은 하나의 기준틀에 집중된 일련의 축으로부터 다른 축으로의 좌표변환이라고 불려진다. 갈릴레이 변환은 부두에 정지해 있는 배와 x방향으로 v의 속력으로 움직이는 배와 같은 두 관성틀 사이의 정상적이며 고전적인 변환이다. 갈릴레이 변환은 시간과 함께 일정한 비율로 변화하는 x 좌표에 대한 항 추가를 단순히 수반한다.

$$x' = x - vt$$
$$y' = y$$
$$z' = z$$
$$t' = t$$

갈릴레이 변환은 S 틀과 S′ 틀에 있는 공간좌표 사이의 관계식을 준다. 그것은 시간이 두 틀에서 일치한다는 명백한 사실을 또한 나타낸다.

두 개의 다른 기준틀 안에서 현상을 비교할 때, 이 변환은 두 틀에서 뉴턴의 운동법칙과 일치하는 결과를 준다. 힘은 속도의 변화(가속도들)에 비례하고 모든 속도에 일정한 성분의 추가는 물리계들의 행동에 영향을 주지 않는다. 앞에서 본 바와 같이 벌레와 물고기들은 임의의 방향으로 주위에 돌진하고 물방울은 하나의 병에서 다른 쪽의 병으로 떨어진다. 그러나 밖에서 본다면, 다른 틀에 있어서 속도의 크기는 다르게 나타날 것이다. 예를 들어, 화물 제트기에서 운반되고 있는 탱크 속에 있는 물고기는 물고기의 임의 방향의 돌진속도가 더해진 비행기의 속도벡터를 갖는다.

> 만약에 각각 다른 기준틀을 사용하는 두 관찰자들이 같은 물체를 보나 이 기준틀들이 상대적인 운동을 한다면, 그들은 그 물체의 속도를 같다고 하지 않을 것이다. 그 물체는 두 관찰자에 대해서 상대적으로 다른 속도로 움직일 것이다.

■ 15.5.4 총알의 속력

지구에 있는 저격수가 강력한 라이플총으로 무장했다고 가정하자. 그는 그로부터 멀어지는 방향으로 이동하는 우주인을 향해 총을 쏜다. 운좋게도 그 발포는 목표지점을 빗나갔다. 침착한 우주인은 총알이 우주선을 지나갈 때 총알의 속력을 측정한다.

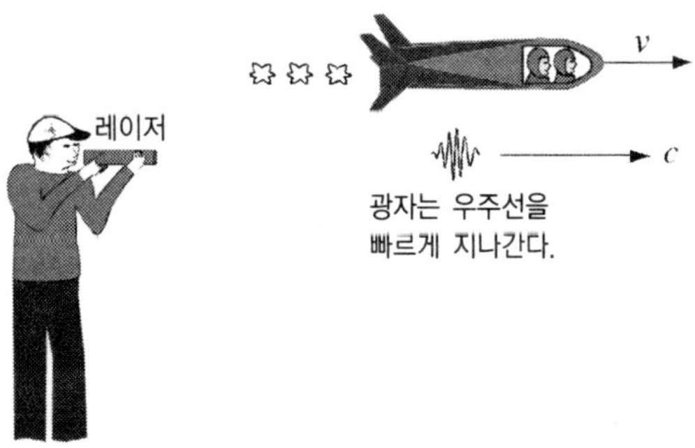

지구에 있는 사람과 우주인은 같은 광자의 속도를 측정한다.

지구인과 우주인은 총알의 속력을 다르게 이야기 한다. 우주인에 관한 한 그 총알은 그를 추월하려고 하고 그에게는 매우 천천히 움직이는 것 같이 보일 것이다.

기준틀에 관하여:

(그림 15.7을 보라)

S: 지구기준틀

S′: 우주인의 기준틀

v = S에 대한 S′의 속도(저격수에 의해 측정된 우주선의 속도)

v' = 우주인에 의해 보여진 총알의 속도라고 하자.

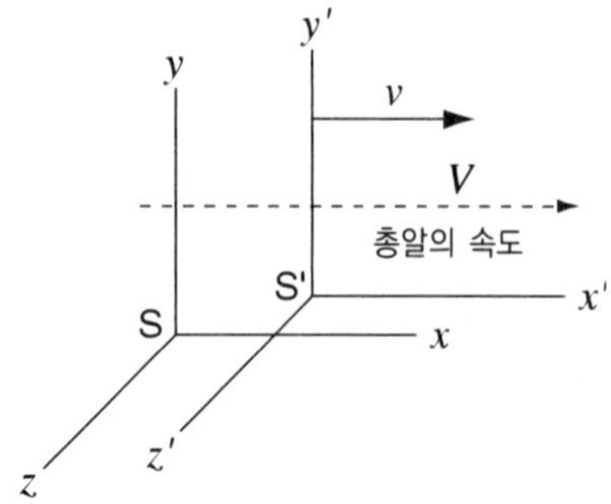

그림 15.7 우주인과 지구인은 같은 총알의 속도를 측정한다.

우주인의 실험실에서 우주인에 의해 측정된 총알의 속도와 지구에서 측정된 같은 총알의 속도를 비교해보자. 기준틀 S인 지구에서 볼 때 우주인이 x 방향으로 v 속도로 움직인다. 또한 x 방향으로 속도 V를 가지고 움직이는 총알은 $V-v$의 상대속력으로 우주인을 따라잡을 것이다. 우주인의 관점에서 본다면 총알의 속도는 그의 기준틀인 S$'$에서 $V-v$이다.

지구실험실에서 총알의 속력 $= V$
우주실험실에서 총알의 속력 $= v' = V-v$

갈릴레이의 변환을 통해서 더 수식화된 같은 결과를 얻을 수 있다.

갈릴레이의 속도의 변환

$v = S$틀에 대한 S틀의 속력

$$\frac{dx}{dt} = V \qquad \text{(S틀에서 속력)}$$

$$\frac{dx'}{dt} = v' \qquad \text{(S}'\text{틀에서 속력)}$$

$$\text{그러나} \quad \frac{dx'}{dt} = \frac{dx}{dt} - v$$

우주인에게 보이는 총알의 속력은 $v' = V-v$로 이전과 같다.

15.6 두 번째 가설

15.6.1 신념의 용기

빛의 속도는 모든 관찰자에게 동일하다라는 두 번째 가설은 또 다른 중대한 단계를 거쳐 갈릴레오의 가설을 뛰어넘는다. 갈릴레오는 그의 생각을 물방울이 떨어지거나 벌레들이 날아가는 역학법칙에 한정시켰다. 빛의 전파는 그의 사고 속에 들어오지 못했고, 놀랄 일도 아니지만, 그 시대에는 빛의 속도가 무한대라고 여겨졌기 때문이다.

아인슈타인은 돌진하는 물고기와 날아가는 총알을 넘어섰다. 그의 두 번째 가설은 첫 번째의 논리적 확장이다. 이것이 단지 작은 진보로 보일지 모르지만, 닐 암스트롱(Niel Armstrong)의 인류를 위한 위대한 도약과 비견할 만하다. 이것은 물리법칙들의 대칭성과 통일성에 대한 새로운 이해를 이끌어냈다.

만약 우리가 모든 기준틀이 동일하다면, 지구에 있는 실험실에서 측정하건, 제트 비행기에서 측정하건, 혹은 우주에서 측정하건 빛의 속도는 정확히 같은 값을 가질 것이다. 물론, 그렇지 않다면, 빛의 속도 측정은 기준틀에 따라 달라질 것이다. 자유공간에서 빛은 상류로 거슬러 올라가거나 하류로 내려가지도 않는다. 즉, 모든 방향에서 일정하다. 이것이 마이컬슨과 몰리의 실험이 음의 값을 갖는 이유이고, 그 시대의 사고방식을 따르지 않는 결과를 주는 이유이다. 갈릴레오는 그의 사고실험에서 물방울보다는 빛을 사용할 때 더 강한 논증을 얻을 수 있다는 것을 깨닫지 못했다.

15.6.2 빛을 이용한 상상의 실험

지난번의 예로 돌아가서, 우주인을 쫓는 것을 총알 대신 빛으로 하자. 우리가 파동이나 혹은 광자에 대해 이야기하는 것은 아주 부적절하다. 그래서 우리는 총알 대신에 빛의 신호를 가지고 있다고만 이야기하자. 지구에 있는 관찰자와 우주인은 각자의 기준틀 S와 S′에서 속도를 측정한다. c는 지구에 대한 빛의 속도이고, v는 지구에 대한 우주인의 속도이다.

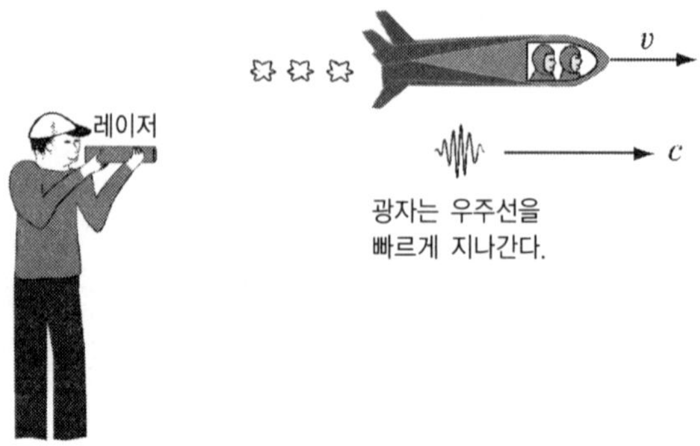

지구에 있는 사람과 우주인은 같은 광자의 속도를 측정한다.

지구 위에 있는 관찰자와 로켓에 있는 관찰자 둘은 그들 각각의 실험실에서 표시된 거리를 지나갈 때 걸리는 시간을 측정해서 빛의 신호의 속력을 측정한다.

그러나 이번에는 그들 둘은 같은 결과를 얻는다!

15.6.3 역설?

어떻게 같은 결과를 얻는 것이 가능할까?

일반적인 상식으로 말하여, 빛신호가 우주인을 추월하고 있을 때 마치 지구기준틀에서 빛신호의 속력보다는 더 낮은 상대속력으로 추월하는 총알처럼 빛 신호는 우주인을 지날 것이다. “빛의 속력은 모든 관찰자들에게 같다”라는 아이슈타인의 두 번째 가설은 어떤 다른 것을 우리에게 말하고 있다. 우리는 그것을 받아들이거나, 받아들이지 않는다. 만약 그것을 받아들인다면, 또한 결과들도 받아들여야만 하는데, 그것은 그들에게 이상하게 보일 것이다!

역설(챔버사전 정의) : 분명히 터무니 없으나 실제로는 사실이거나 사실일 수도 있는 말

여기서 받아들여야 하는 모순은 자연 법칙들 그 자체에 있는 것이 아니고, *자연법칙들이 있을 때 그리고 있어야만 한다고 생각할 때 자연의 법칙 사이에 있다.*

■ 15.6.4 불가능한 수학적인 형태

빛신호의 속력은 모든 관찰자들에게 같다는 조건은 물리적인 관점으로 받아들이기 어렵고, 더 나아가 일반상식에 기초해서는 더 받아들이기 어려운 반면에, 수학적인 형태로 표현하는 것은 문제가 없다. 단순한 두 틀 S, S′를 정의하고, 각각의 좌표에 의하여 각 기준틀에서 빛의 속력을 나다낸다.

상대적인 시간에 대한 생각이 직관과 일치하든 안하든, 각각의 기준틀은 자신의 공간좌표뿐민 아니라, 그림 15.8에 실명된 것처럼 시산쇄표를 갖는다. 기준틀 S에서 빛의 속력($=c$). 기준틀 S′에서 빛의 속력(마찬가지로$=c$)

$$c^2 - \frac{x^2+y^2+z^2}{t^2}$$
$$\Rightarrow x^2+y^2+z^2-c^2t^2=0$$

$$c^2 = \frac{x'^2+y'^2+z'^2}{t'^2}$$
$$\Rightarrow x'^2+y'^2+z'^2-c^2t'^2=0$$

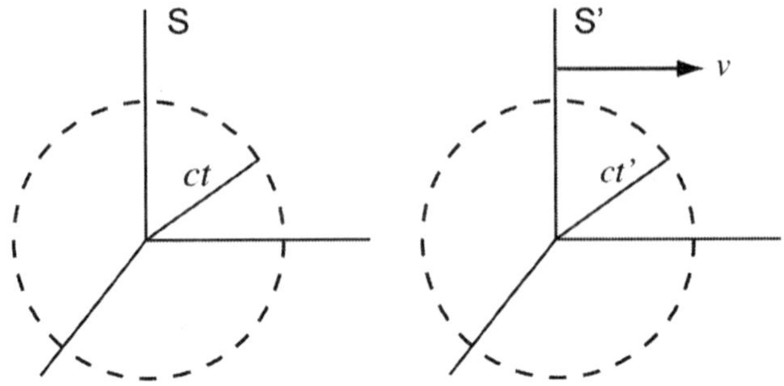

그림 15.8 두 개의 기준틀에서 같은 빛의 신호

만약 빛의 속력이 두 기준틀에서 같다면

$$x^2+y^2+z^2-c^2t^2=x'^2+y'^2+z'^2-c^2t'^2 \tag{15.3}$$

시간과 공간이 같은 기반으로 다루어졌다는 것에 주목하자. 그러나 제곱이 음수이기 때문에 t는 허수이고, 다른 단위를 갖는다(15.7.4절을 보라).

지구위의 관찰자는 기준틀 S를 사용하고, 반면에 우주인은 S′를 사용한다. 두 기준틀들의 원점은 그림 15.8에서 보는 것처럼 $t=t'=0$으로 일치한다고 가정하자. 공통의 원점에서 광원은 순식간에 빛신호를 보내고, 그것은 각각의 기준틀의 원점으로부터 모든 방향으로 퍼져 나간다(거대하며 빠르게 커지는 구형 풍선과 같다).

여기에 아인슈타인의 두 번째 가정이 들어오고, 직관에 어긋나는 일이 생겨난다. 각각의 관찰자는 그 자신의 의견과 관점을 갖는다. 심지어 기준틀들이 분리되었을 때조차도 빛은 그의 기준틀의 원점으로부터 뻗어나간다고 말한다. '빛의 구'의 반경은 속력 c에 그의 기준틀 내에서 흘러간 시간을 곱한 것이다. 직관에 어긋나는 부분은 '범우주적인 시계'를 사용할 수 없어서, 두 기준틀에서 다른 시간 흐름의 비율을 추측해야만 한다. 받아들이기 쉽지 않은 또 다른 부분은 그 두 틀이 동등하게 정확하다는 것이다. 우주선에서(기준틀 S′) 시계를 사용하는 우주인은 기준틀 S에서 시계를 사용하는 지구의 관찰자와 같은 빛의 속력에 대한 결과를 갖는다. 지구 관찰자는 광자는 시간 t 동안에 거리 $\sqrt{x^2+y^2+z^2}$ 을 이동했다고 말할 것이고, 반면에, 우주인은 거리가 $\sqrt{x'^2+y'^2+z'^2}$ 이고 시간은 t'로 측정된다. 그들은 광자의 속도가 c로 일치하나 거리 혹은 시간의 값들에 대해서는 일치하지 않는다. 지구 관찰자에게는 우주인이 빛이 지나가는 시간을 측정하는 동안 이동한 거리는 오그라들어 보이고, 우주인의 시계는 자신의 것보다 더 느리게 보인다. 그러나 주어진 시간에 빛에 의해 이동한 거리의 비는 c로 같다.

시간 지연은 그 역설을 푸는 핵심이다. '그 불가능을 풀기 위해' 시간에 대힌 고정관념을 떨쳐내야만 하고, 그래서 극적인 새로운 개념을 도입해야 한다. 두 기준틀에서 측정된 시간은 같지 않다고 가정해야만 한다. 어떤 외적인 기준틀없이 흐르는 뉴턴의 절대 시간의 개념은 포기되어야 한다.

시간은 상대적이다: 상대론적 가설에 대한 논리직인 결과

지구인과 우주인에 의해 사용된 시간을 측정하는 기구는 아마도 같을 것이고, 둘 다 정확하게 작동할 것이나, 두 기구는 다른 시간 기준틀에 위치해 있다. 그것들 각각의 기준틀에서 다른 비율로 시간은 흘러간다. 어느 것이 맞고, 어느 것이 틀리다고 말하는 것은 더 이상 의미가 없다. 거기에는 중심적 중재자가 없고, 범우주적인 시계도 없다. 우주인의 생체시계, 그의 맥박 그리고 그의 시간의 감각은 그가 가진 기준틀에서 시간의 흐름과 관련될 것이다.

■ 15.6.5 로렌츠 변환

S계로부터 S′계로의 갈릴레이 변환은 총알속력에 대해 같은 값을 주지 않고, 또한 빛의 속력에 있어서도 같은 값을 주지 않는다는 것을 설명했다. 두 기준틀에서 빛 속력의 값이 보존되는 변환은 네덜란드 물리학자 헨드릭 안톤 로렌츠(Hendrik Anton Lorentz, 1853-1928)의 공에 의해 이름이 붙여졌다. 로렌츠

변환의 방정식을 말하고, 후에 그 방정식이 모든 가속하지 않는 관찰자들에 대해서 빛의 속력은 일정하게 유지한다는 요구사항을 만족함을 보임에 의해 그 논증의 논리적 순서를 바꾸는 것이 가장 간단하다.

로렌츠 변환

$$x' = \gamma(x - vt)$$
$$y' = y$$
$$z' = z$$
$$t' = \gamma(t - \frac{xv}{c^2}) \qquad (15.4)$$

여기서 $\gamma = \dfrac{1}{\sqrt{1 - \dfrac{v^2}{c^2}}}$는 상대론적 감마 인자.

갈릴레이 변환과 로렌츠 변환의 근본적인 차이는 시간의 측정이 두 틀에서 같지 않다는 것이다($t' \neq t$).

로렌츠 변환이 식 (15.3)을 만족함을 보이기

위에서 사용한 x'와 t'를 가지고 식 (15.3)에 대입해보자.

$$\begin{aligned}
&x'^2 + y'^2 + z'^2 - c^2 t'^2 \\
&= \frac{(x-vt)^2}{1 - \frac{v^2}{c^2}} + y^2 + z^2 - \frac{c^2\left(t - \frac{xv}{c^2}\right)^2}{1 - \frac{v^2}{c^2}} \\
&= \frac{1}{1 - \frac{v^2}{c^2}}\left(x^2 - 2xvt + v^2t^2 - c^2t^2 + 2xvt - \frac{x^2v^2}{c^2}\right) + y^2 + z^2 \\
&= \frac{1}{1 - \frac{v^2}{c^2}}\left[x^2\left(1 - \frac{v^2}{c^2}\right) - c^2t^2\left(1 - \frac{v^2}{c^2}\right)\right] + y^2 + z^2 \\
&= x^2 + y^2 + z^2 - c^2t^2 \qquad \text{증명.}
\end{aligned}$$

■ 15.6.6 감마 인자

빛의 속력에 비해 상대적으로 작은 상대속도에 대해서 상대론적 감마인자 $\gamma \to 1$이다. 로렌츠 변환은 갈릴레이 변환이 되고 상대론적 효과들은 무시된다.

$$\gamma = \frac{1}{\sqrt{1 - \frac{v^2}{c^2}}}$$

사실, 지구주위 궤도를 도는 위성이나 달을 향해가는 우주선으로 여행하는 우주인들은 결코 상대론적인 속력에 근접할 수가 없다. 지금까지 가장 빠르게 승객을 운송한다고 여겨지는 초음속 여객기 콩코드는 단지 음속의 두 배보다 큰 정도의 이동 능력을 가질 뿐이다. 그러나 감마 인자는 여행하고 있는 삶에 아무런 영향을 주지 못한다. 왜냐하면, 공기 중에서 음파의 속력은(약 300 m/s) 빛의 속력보다 백만 배 정도 더작기 때문이다(약 $v^2/c^2 = 10^{-12}$).

반면에, 우주 방사선에서나 가속기속에서의 소립자들은 거의 빛의 속도(거의 1% 정도 작다)로 이동하고 시간지연과 같은 상대론적 효과들이 결정적으로 중요하게 된다(표 15.1을 보라).

표 15.1 상대론적 감마인자

	공기중에서의 음파의 속력 $= 300\ ms^{-1}$	태양주위를 도는 지구 궤도 속도 $= 30\ kms^{-1}$				가속기에서의 양성자 속력
v	$= 10^{-6}\,c$	$= 10^{-4}\,c$	$0.5\,c$	$0.9\,c$	$0.99\,c$	$=0.999\,c$
γ	1.0000000000005	1.000000005	1.15	2.3	7.1	22.3

■ 15.6.7 속도의 합-고전적인 예

속력 v로 이동하는 전투기가 총구속력 V로 총알을 발사한다. 지상에 대해 상대적인 총알의 속도는 얼마일까?

고전적으로, 여기에는 아무런 문제가 없다. 지상에 대한 상대적인 속도는 두 속도들의 벡터 합이다. 왜냐하면 그것들은 같은 방향에 있어서 단순히 두 속도를 더해서 $V_R = v + V$라는 결과를 얻는다.

다시 고전적으로는 총알의 속력이 각자에게 어떻게 나타나는 지를 비교하기 위해서, 한층 더 세련된 고전적인 방법인 갈릴레이 변환을 사용하여 조종사의 기준틀로부터 지구관찰자의 기준틀로 변환한다. V가 S′틀에서 총알의 속도라면 S틀에서 같은 총알의 속도는 얼마인가?

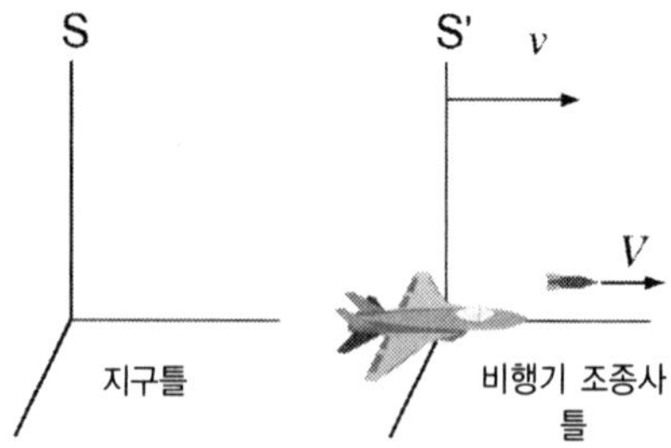

x 방향에 있는 모든 속도를 고려한다면,

$$x' = \gamma(x - vt) \qquad \frac{dx'}{dt} = \frac{dx}{dt} - v$$

$$\boxed{\begin{aligned} V &= \frac{dx'}{dt} \\ V_R &= \frac{dx}{dt} \end{aligned}} \quad \Rightarrow \quad V = V_R - vt \;\; \text{또는} \;\; V_R = V + vt$$

고전적으로는 속도들의 합에 제한이 없다. 예를 들어 합성된 총알의 속도가 음속보다 더 클 수 있다.

■ 15.6.8 상대론적인 속력에서의 속도들의 합

이제 백만 배 더 빠른 경우를 고려해보자. 무지무지하게 빠른 비행기에서 무지무지 빠른 로켓을 발사하는 상황을 상상해보자. 만약에 그 속도가 빛의 속도보다 더 빠를 정도로 합해진다면 무슨 일이 벌어질까?

갈릴레이 변환은 불가능하다는 결과를 준다. 상대론적 원리에 따르는 로렌츠 변환을 사용해야만 한다.

속도의 로렌츠 변환

고전적인 변환과 로렌츠 변환 사이의 근본적인 차이는 두 틀에 있어서 시간 척도가 다르다는 것이다. S에 있어서 변화의 비는 t에 대해서 계산되는 반면에, S′에 있어서는 t'에 의해서 계산된다는 것이다.

$$\begin{aligned} x' &= \gamma(x - vt) \\ y' &= y \\ z' &= z \\ t' &= \gamma\left(t - \frac{xv}{c^2}\right) \end{aligned}$$

$$dx' = \gamma(dx - v\,dt) \qquad dt' = \gamma\left(dt - \frac{v\,dx}{c^2}\right)$$

$$\frac{dx'}{dt'} = \frac{dx - v\,dt}{dt - \frac{v\,dx}{c^2}} = \frac{\frac{dx}{dt} - v}{1 - \frac{v^2}{c^2}\left(\frac{dx}{dt}\right)}$$

$$V = \frac{V_R - v}{1 - \frac{v V_R}{c^2}}$$

$$V_R - v = V\left(1 - \frac{v V_R}{c^2}\right)$$

$$\text{속도의 상대론적인 합 : } V_R = \frac{v + V}{1 + \frac{vV}{c^2}} \tag{15.5}$$

(V = 총구 속도, v = 비행기 속도, V_R = 합성속도)

■ 15.6.9 식과 함께 놀기

진보적으로 훨씬 더 비현실적인 다음의 예들로 바로 유도했던 식들을 따라서 속도들의 상대론적 합을 시험해보자. c보다 큰 답을 결코 얻을 수 없다.

예 1. 두 속도가 더해져 빛의 속도보다 더 클 경우

상상의 비행기의 속력 = $0.9\,c$
상상의 총알의 속력 = $0.9\,c$

$$v = 0.9c, \quad V = 0.9c$$

$$V_R = \frac{0.9c + 0.9c}{1 + 0.9^2} = 0.9945c$$

예 2. 빛의 속도에 더해 보자. 빛의 속도로 날아가고 있는 상상의 물체에서 진행방향으로 V의 속력으로 총알을 발사한다.

$$v = c \quad V = V \quad V_R = \frac{c + V}{1 + \frac{cV}{c^2}} \quad V_R = \frac{c + V}{1 + \frac{V}{c}} = c$$

c + 어떤 속도 = c

예 3. $c + c$ = ? 상상의 광자가 진행방향으로 다른 광자를 쏜다.

$$v = c \quad V = c \quad V_R = \frac{c + c}{1 + \frac{c^2}{c^2}} = c$$

$c + c = c$

예 4. $c-c$ = ? 속도 c로 움직이는 상상의 물체가 총구 속도 c로 반대방향으로 총알을 발사한다.

$$v=c \quad V=-c \quad V_{\mathrm{R}}=\frac{c-c}{1+\dfrac{-c^2}{c^2}}=\frac{0}{0}, \text{ 이것은 결정되지 않음.}$$

그러한 계산은 조심해야 한다. 물리적으로 보다 그럴듯한 상황을 가정하자. 상상의 물체는 양의 x방향으로 속력 c로 근접하고, 그리고 반대방향으로 광자를 발사한다, 즉 $-x$ 방향으로.

$$v=c-\Delta v \quad V=-c \quad V_{\mathrm{R}}=\frac{c-\Delta v-c}{1+\dfrac{-(c-\Delta v)c}{c^2}}=\frac{-c^2\Delta v}{c^2-c^2+c\Delta v}=-c$$

다른 틀에서 광자는 또한 $-x$ 방향으로 c의 속력으로 움직인다.

15.7 네 번째 차원

시간이 네 번째 차원으로 들어가 있는 새로운 기하학적인 배열을 도입함으로서 상대론의 수학을 깔끔하게 표현할 수 있다.

피타고라스 정리. 그리스 우편국 제공

수학자들은 다차원적 기하학적 배열에 오랫동안 친숙해져 있다, 그러나 이제 그것을 물리적인 실체를 표현하는데 사용한다.

피타고라스의 정리는 이 기하학으로 진척되었다. 직선의 길이는 수직한 성분들의 제곱의 합으로 표현될 수 있다는 개념은 네 번째 차원으로 확장되었다. 그러한 길이는 좌표축에 상관없이 불변이라는 생각은 실제 계산에 있어서 중요한 역할을 한다.

■ 15.7.1 사건의 정의

시공간에서 사건은 네 개의 좌표 x, y, z, 그리고 t로 표시된다. 예를 들어, 사건 1은 아일랜드 더블린에서 축구 경기의 시작을 위한 휘슬이 될 수 있다. 사건 2는 멀리 떨어진 은하계로 가는 도중 성냥에 불을 붙이는 것일 수 있다. 두 사건들은 지구기준틀 S, 혹은 우주선의 기준틀 S′ 혹은 S와 S′틀에 대해서 움직이는 또 다른 기준틀 S″(또 다른 우주선의 기준틀)에서 좌표계에 의해 지정될 수 있다.

지구 위에서의 관찰자 그리고 두 명의 우주인들 모두는 사건 1과 사건 2 사이의 간격의 시간과 공간의 성분에 대해서 다른 값들을 갖는다. 그러나 관찰자에 상관없이 그 차이에 대한 절대값이 있을까?

지구 기준틀 (S)	우주선 기준틀 (S′)	또 다른 우주선 기준틀 (S″)
$\Delta x = x_1 - x_2$	$\Delta x' = x_1' - x_2'$	$\Delta x'' = x_1'' - x_2''$
$\Delta y = y_1 - y_2$	$\Delta y' = y_1' - y_2'$	$\Delta y'' = y_1'' - y_2''$
$\Delta z = z_1 - z_2$	$\Delta z' = z_1' - z_2'$	$\Delta z'' = z_1'' - z_2''$
$\Delta t = t_1 - t_2$	$\Delta t' = t_1' - t_2'$	$\Delta t'' = t_1'' - t_2''$

■ 15.7.2 불변의 간격

모든 관찰자들이 일치하는 어떤 것이 있을까?

방정식 15.3으로 돌아가서 $x^2+y^2+z^2-c^2t^2=0$ 이 두 사건 사이의 간격에 대한 특별한 경우를 나타냈다는 것을 상기하고, 두 사건은 빛의 신호의 전달에 의해 우연히 연결된다.

사건 1은 두 개의 틀이 일치했을 때 두 틀의 원점으로부터 빛신호의 방출이었다. 사건 2는 시공간의 어떤 점에 도착한 동일한 신호였다. 두 번째 사건의 좌표는 S틀에서 x, y, z, t이고, S′틀에서는 x', y', z', t'이나. 공간과 시간 좌표의 값들은 두 틀에서 서로 다르다. 그러나 표현의 값들은 항상 같다.

시공간에서 불변의 간격

로렌츠 변환을 사용해서 전처럼 좌표를 변환시켜 빛 신호의 전달에 의해 반드시 연결될 필요가 없는 어떤 두 사건 사이의 간격에 대해 보다 일반적인 표현으로 써질 수 있다는 것을 보이는 것은 어렵지 않다. 일반적으로, ⊥ 값은 0은 아니고 그 값이 무엇이든 모든 기준틀에서 같다. 모든 관찰자는 어떤 두 사건 사이의 시공간에서 간격에 대한 식 $\Delta x^2+\Delta y^2+\Delta z^2-c^2t^2$의 값에 대해 일치한다. 이것을 더 기술적인 용어로 로렌츠 변환에서 불변이라고 묘사한다.

■ 15.7.3 다시 방문한 피타고라스

지도에서 거리 측정

그림 15.9(a)의 지도에서 S좌표틀의 x와 y축은 각각 동서 그리고 남북방향으로 그려졌다(그리드 정사각형의 변은 약 100 km이고, 지도가 편평하다고 가정하고 있다, 즉 지구의 곡면은 무시된다). 그림 15.9(b)에서 좌표틀은 S′틀로 선택되었고, 이것은 임의의 양만큼 회전되어졌고 옮겨졌다.

더블린과 에딘버러 사이의 거리는 물론 그리드에 의존하지 않으나, 축방향에서 그 간격의 성분이 사용된 그리드의 방향에 의존할 것이다.

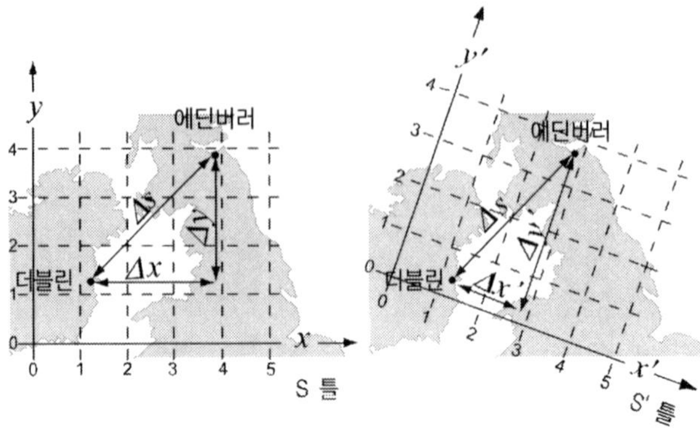

(a) (b)

그림 15.9 시공간상에서의 불변의 간격

피타고라스의 정리를 적용하면,

$$\Delta S^2 = \Delta x^2 + \Delta y^2 = \Delta x'^2 + \Delta y'^2$$

그 그림에서 실제 성분들은 (근사적으로)

S틀 $\Delta x = 2.7,\ \Delta y = 2.7$ $\rightarrow \Delta S = 3.82$

S′틀 $\Delta x' = 1.6,\ \Delta y' = 3.5$ $\rightarrow \Delta S = 3.85$

측정오차 범위 내에서 잘 일치한다.

피타고라스의 정리를 3차원으로 확장

식은 3차원에서도 동등이 잘 적용되어서 두 점 사이의 거리는 3개의 수직 성분의 제곱의 합에 의해 표현된다.

$$AB^2 = OA^2 + OB^2 \text{과 } OB^2 = \Delta x^2 + \Delta y^2$$
$$\Rightarrow \ \Delta S^2 = \Delta z^2 + \Delta x^2 + \Delta y^2$$

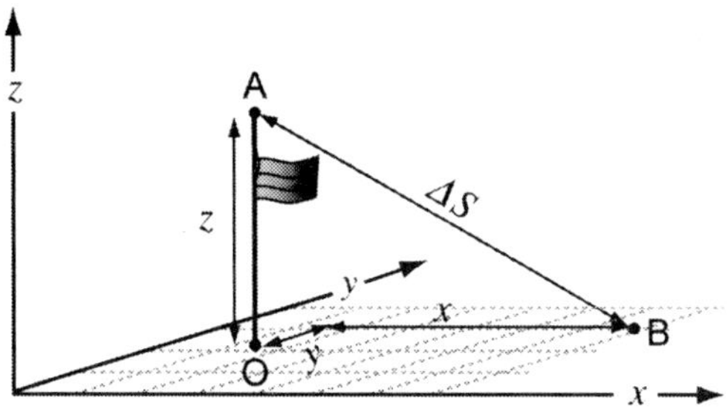

그림 15.10 3차원 공간에서의 피타고라스 정리

ΔS는 3차원 유클리드(Euclidean)* 공간에서 불변의 거리이다.

■15.7.4 네 번째 차원인 시간

이제 피타고라스의 정리를 시공간의 네 번째 차원으로 확장한다, 즉

$$\Delta x^2 + \Delta y^2 + \Delta z^2 - c^2 \Delta t^2$$

식(15.3)에서 이미 주어진 이 표현은 네 번째 항(시간성분의 제곱)이 음수라는 것을 제외하고는 제곱의 합 피타고라스식과 같다. 다른 말로, 시간 성분Δt는 허수 $i\Delta t$에 의해 표현된다. 여기서 $i = \sqrt{-1}$이다.

그 간격은 공간과 시간성분 둘 다 갖는다.

모든 사람은 간격의 값에는 일치하나, 다른 기준틀을 사용하는 관찰자들은 공간과 시간성분들의 상대적인 크기에는 일치하지 않을 것이다.

피타고라스는 위대한 발견을 하게 해달라는 감사기도를 위해 뮤즈 신에게 100마리의 황소를 바쳤다고 알려졌다. 만약 그가 완벽한 중요성을 깨달았다면, 아마도 100마리의 황소는 부족했을 것이다.

* 유클리드공간은 유클리드의 정의와 공리가 작용하는 공간으로 정의될 수 있다.

■ 15.7.5 담배 피우는 우주인

불변의 시공간 간격에 대한 식이 어떻게 상대론적인 계산에 쓰일 수 있는 지를 보기 위해, 우주 조종사가 지구를 향하여 또는 등지고 매우 빠른 속도로 이동하고 있다고 가정해보자. 그는 담배를 피우는데, 그 담배는 그가 지구에서 피웠던 같은 상표의 담배로 그에게는 생각된다. 특히, 흡연시간은 같다. 지구에 있는 NASA 관찰자는 고성능 망원경으로 조종사를 관찰하고 흡연시간을 쟀다. 그는 NASA 조종사가 허가된 오락시간을 넘어서는지를 감시하고 있다(이 시간을 재는데 있어 흡연의 시작과 끝에 그의 망원경에 들어오는 빛의 시간차이로만 알 수 있다).

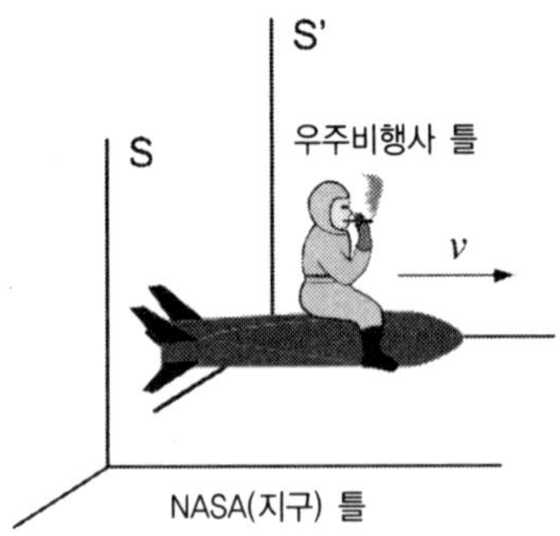

사건 1 : 우주인 시가에 불을 붙인다. *사건 2* : 우주인 흡연을 끝낸다.

불변의 간격:

지구틀 : $\Delta S^2 = \Delta x^2 + 0 + 0 - c^2t^2$ 여기서 $\Delta x = v\Delta t$

우주인틀 : $\Delta S^2 = 0 + 0 + 0 - c^2t'^2$ 여기서 $\Delta t' = \Delta t_0$

담배와 우주인의 정지좌표에 있어서의 시간을 '고유 시간'이라고 부른다.

우주인에게 있어서 두 사건 사이의 공간적인 간격은 없다. 불을 붙이는 것과 흡연을 끝내는 것의 두 사건 모두 여기서 발생한 것이다.

지구 관찰자에게 있어서 우주인은 담배를 피우는 동안 x 방향으로 거리Δx만큼 움직였다.

$$v^2\Delta t^2 - c^2\Delta t^2 = 0 - c^2\Delta t_0^2$$

$$(v^2 - c^2)\Delta t^2 = - c^2\Delta t_0^2$$

$$\Delta t^2 = \frac{-c^2\Delta t_0^2}{v^2 - c^2} = \frac{\Delta t_0^2}{1 - \frac{v^2}{c^2}} \tag{15.5}$$

$$\Delta t^2 = \gamma^2\Delta t_0^2 \Rightarrow \boxed{\Delta t = \gamma\Delta t_0}$$

다른 틀에서 시간 = γ(고유 시간)　　항상 $\gamma > 1$.

우리에게 우주인의 담배(그리고 그의 삶!)는 더 길게 보이고, 그의 행동들은 느린동작으로 보인다. 우주인 본인은 아무 차이를 느끼지 못한다. 그의 시계는 그가 가진 완전한 시간을 나타낸다.

다른 틀에서 사물은 더 천천히 움직인다.

15.8 철학적인 막간의 여흥

'동시에 일어나는'이란 무슨 뜻인가?

옥스퍼드 사전은 'simultaneous'를 '같은 시간에 일어나는'으로 정의한다. 이것을 상대론적인 언어로 옮기면, 두 사건 사이의 간격에 대한 시간 성분인 Δt가 0이라는 뜻이다. 그러나 우리가 알기로는 시간은 간격의 오직 한 가지 성분이라는 것이다. 그래서 그것은 모든 관찰자에 대해서 같지 않다. 어떤 사람에 대해서 동시에 일어나는 것은 다른 사람에 대해서는 동시가 아닐 수 있다. '동시에 일어나는'이라는 단어는 시공이 분리된 사건이 적용될 때는 의미가 없다.

우주의 모든 곳에서 절대적인 '지금'은 없다.

실제적인 예로 돌아가 보자. 더블린에서의 축구경기 시작과 이백만 킬로미터 멀리 있는 어딘가를 여행하는 우주인에 의해 성냥에 불을 붙이는 것은 시공간에서 분리된 두 사건이다. 어떤 다른 기준틀에서 그들을 본다면, 그들 사이의 간격은 오직 공간 성분만 갖고, 시간성분은 0이라는 것을 발견할 수 있다. 이 틀에서 그 사건은 '동시에 일어나는' 것이다. 다른 기준틀에 있는 다른 관찰자들은 그 간격이 공간과 시간성분 모두를 갖는다는 것을 알게 된다. 그들에게 있어서 그 사건은 다른 시간에 발생한다. 아무도 절대적으로 맞다 혹은 틀리다고 말할 수는 없다.

동시성의 개념은 상대적인 것이다.

역사적인 막간 : 헨드릭 안톤 로렌츠(Hendrik A. Lorentz, 1892-1928)

LORENTZ, Hendrik Antoon
Nobel Laureate PHYSICS 1902
© Nobelstiftelsen

헨드릭 안톤 로렌츠는 네덜란드 안헴에서 1853년 7월 18일에 태어났다. 그의 어머니 지트루이다(Geertruida)는 그의 나이 네 살 때 돌아가셨다. 그는 말이 매우 느렸는데, 이것은 어린 나이의 언어 기술이 나이가 들어서의 정신적 능력과 별로 관련이 없음을 보여준다. 그는 여섯살에 안헴시에서 주목받는 스와터의 학교에 들어가서 바로 그의 학급에서 일등을 했다. 선천적으로 부끄러움이 많은 그는 일등을 한 것이 당황의 원천임을 깨닫고, 수학에서 고의로 실수를 함으로써 더 이상 주의를 끌지 않으려고 했다. 그러나 그가 할 수 있는 실수가 무엇인지를 생각했을 때, 그것들은 너무 터무니없는 것이어서 곧 바로 그 생각을 포기했다. 대신에, 그가 가진 돈으로 로그에 관한 책을 사서, 아홉살 때 그것들을 어떻게 사용하는지를 독학했다. 헨드릭의 아버지 게리 프레드릭 로렌츠(Gerrit Fredrik Lorentz)는 헨드릭이 열살 때 재혼했다. 그의 계모는 루베르다 훕키스(Luberta Hubkes)이었는데, 그는 그녀와 잘 지낸 것처럼 보인다.

1870년에 로렌츠는 수리 물리학을 공부하기 위해 라이덴 대학에 들어갔고, 22살의 나이에 박사학위를 받는다. 3년 후에 그는 이론 물리학 교수에 임명되었다. 그는 라이덴에 평생 남아 있었다. 그의 초기 연구에서부터 로렌츠는 제임스 클럭 맥스웰의 전자기 이론에 열광하고 있었고, 박사 논문에 그는 반사와 굴절 현상을 다루기 위한 이론을 각색했다. 1878년에 빛이 매체가 있는 곳을 지나갈 때 느려지는 이유를 논의하였고, 매체 속에서 빛의 속도와 그 매체 성분 사이의 관계를 유도한 논문에 그의 업적을 확장했다.

거의 동시에 같은 방정식이 덴마크 물리학자 루트비히 로렌츠(Ludwig Lorentz, 1829-1891)에 의해 제안됐다. 밀도와 굴절률 사이의 관계식은 현재 로렌츠-로렌츠 식으로 알려져 있다. 로렌츠의 월요일 아침 대중 강의는 유명해졌는데, 그것은 오랫동안 정기적으로 지속됐다. 그는 학생이건 정치인이건 외부인이건 상관없이 사람들을 다루는 기술과 대단한 카리스마를 가졌다. 그의 이례적인 언어의 구사력은 그를 국제적인 모임을 관장하게 했다. 그는 1911년 가을에 개최된 첫 솔베이 학회(Solvay Congress)의 의장이었다. 이것은 벨기에의 사업가 에른스트 솔베이(Ernst Solvay)에 의해 조직된 모임이었는데, 여기에는 그 시대의 가장 유명한 물리학자들이 초청하여 혁명적인 양자이론으로의 고전물리학의 전환을 토론하였다. 로렌츠는 계속해서 1913, 1921, 1924 그리고 1927년에 솔베이 학회의 의장이 되었다. 로렌츠는 실제로는 결코 양자역학의 표현을 따르지 않았다. 한번은 하이젠베르크와의 토론에서 "내가 단지 매트릭스 외에는 아무것도 믿기가 어렵다"고 말한 적이 있었다고 한다.

로렌츠는 1902년에 그의 학생 피터 지만(Pieter Zeeman)과 함께 복사 현상에 대한 자성 효과에 관한 업적으로 노벨상을 받았다. 과연 로렌츠는 그답게 그의 노벨상 연설에서 병 때문에 스톡홀름에 올 수 없었던 지만을 칭찬함으로써 연설을 시작했다. 로렌츠는 후에 전자라 불리는 원자 안에 약한 전기를 띠는 입자의 진동에 의해 전자기파가 생긴다는 이론을 제안했다. 그의 계산들은 만약 하나의 진동수의 빛을 방출하는 광원이 강한 자석의 자극 사이에 위치해 있다면, 그 광원은 단지 하나가 아닌 세 개의 다른 진동수를 갖는 빛을 발산한다는 것을 보여줬다. 지만은 이 예견을 일련의 조심스러운 실험들로 증명해 냈다. 로렌츠는 또한 빛의 전자기 이론의 창시자로 알려져 있는 클라크 맥스웰를 칭찬했고, 맥스웰이 그의 방정식으로부터 이끌어낸 결과들을 실험적으로 확인했던 하인리히 헤르츠(Heinrich Herz)도 칭찬을 했다. 로렌츠는 다음과 같이 계속했다. '자연에 존재하는 모든 영역의 전자기파는 그것들이 다른 파장을 가졌다고 할지라도 근본적으로는 그것들 모두 같은 성질이다. 앞부분 영역의 전자기파는 무선전신에 사용되었고, 지난 여름에는 영국의 남서부 끝단부터 핀란드의 반도까지 그 전파가 수립되었다.'

1902년에 로렌츠는 대부분의 물리학자들에게 상식으로 통하는 '전 우주를 채우고 있는 빛의 전달자' 인 에테르의 존재를 믿었다. 어느 누구도 에테르의 존재를 직접적으로 찾지는 못했다. 1887년에 끝난 마이켈슨과 몰리의 실험도 에테르 바람을 찾는데 실패했다. 로렌츠는 만약 에테르를 통과하는 여행에서 지구가 에테르에게 압력을 가해 잎으로 끌어, 노 주위의 물의 흐름과 비슷하게 복잡한 에테르 흐름을 이끌어낼 것인지 의문을 가졌다. 그의 노벨상 강연에서 그는 묘사적인 방법으로 이 주제를 발전시켰다 : '매우 크고 매우 빨리 움직이는 피스톤으로 에테르를 옮기기를 바라는가? 매년 계속되는 태양주변의 여행에서 지구는 급행열차보다 수천 배나 훨씬 빠른 속력으로 우주를 지나 움직이는데……. 이러한 상황에서 지구는 앞에 있는 에테르를 밀어내고, 지구가 떠난 공간을 채우기 위해서 에테르는 행성주위를 흐를 것이다.' 그러므로 지구는 소용돌이 운동을 하고 있는 에테르에 의해 둘러싸여 있을 것이고, 별들로부터 도달하는 빛의 경로는 어떤 방법으로도 영향을 받게 될 것이다. 그러나 로렌츠는 천문학적인 관찰이 에테르가 움직이는지 아닌지의 질문에 대한 부정적인 답을 준다는 것을 인정했다.

1892년에 로렌츠에 의해 제기된 초창기 설명은 마이켈슨의 실험 기자재를 포함한 모든 고체인 물체는 에테르의 바람에 의해 압축돼서 바람의 방향에서 크기가 조금 축소된다는 것이다. 그 보정은 그 바람이 빛의 속도에 미치는 효과를 정확히 보정함으로서 적용될 수 있다. 로렌츠는 1897년에 출간된 짧은 논문에서, 아일랜드 물리학자인 조지 피츠데랄드(George Fitzgerald)가 거의 같은 축소를 제안했다는 것을 알지 못했다. 신용을 위해, 로렌츠는 나중에 피츠제럴드가 그 아이디어를 첫 번째로 출간했다는 것을 알릴 기회를 매번 잡았다. 이것이 로렌츠-피츠제럴드 수축이다.

1904년에 로렌츠는 이 보정을 길이뿐만 아니라 시간의 매체변수를 조절해서 다듬었다. 즉, 지금은 좌표와 시간의 로렌츠 변환으로 알려진 것에 의해 '시공을 비스듬히 끌어당김으로서' 그 보정을 다듬었다. 아인슈타인은 상대론의 초석을 이루고 있는 시공에 대한 완전히 새로운 철학으로 이 개념을 발전시켰다.

로렌츠는 아이슈타인의 이론을 완전히 받아들이지 않은 것 같다. 그는 1913년에 그의 강의에서 그의 의구심을 다음과 같이 표현했다. '이 강의가 관계하는 한 그는 에테르가 최소한 어떤 실체성을 포함하고 있고, 시공은 뚜렷하게 분리되어질 수 있고, 더 많은 설명없이 동시성을 말하여질 수 있는 이전의 해석에서 어떤 만족감을 찾는다. 마침내 누구도 빛의 속도보다 더 큰 속도를 관찰할 수 없다는 대담한 주장은 우리에게는 접근할 수 있는 가설적 제한, 즉 무조건 받아들일 수 없는 제한에 유의해야만 한다'.

상대성 역사에 대한 어떤 설명도 프랑스 수학자 줄 헨리 포앵카르의 업적의 언급없이 완전할 수가 없다. 1898년에 출간된 〈시간측정(La measure du temps)〉으로 명명된 논문에서 그는 다음과 같이 썼다.;'우리는 두 개의 시간 간격의 동일성에 대한 어떤 직접적인 통찰력을 가질 수 없다. 두 시간 간격의 동일성뿐만 아니라 두 사건의 동시성 또는 그것들의 연속성의 순서는 가능한 가장 간단한 자연법칙들을 설명하는 방법으로 정의되어야만 한다'. 1900년에 파리의회의 개회사에서 포앵카르는 에테르의 존재에 대해 심각하게 의문을 나타냈다. 1905년에 받은 편지에서 그는 '절대 운동을 묘사하지 못하는 것이 자연의 일반적인 법칙으로 보인다'라고 썼다. 상대성 원리를 정의하는 아인슈타인의 첫 번째 논문은 6월 30일에 받아들여졌다. 계속되는 논문과 강의에서 포앵카르는 아이슈타인을 전혀 언급하지 않았다. 마찬가지로 아인슈타인의 논문에 포앵카르는 딱 한 번 언급된다. 반면에 로렌츠는 아인슈타인과 포앵카르 둘 다에게 사의를 표명했고, 그의 업적에 그들을 자주 인용했다!

아인슈타인이 로렌츠에게 높은 존경심을 가졌다는 것은 의심할 여지가 없다. 아이슈타인은 후에 로렌츠에 대해 다음과 같이 썼다.: '보다 젊은 세대의 물리학자들은 일반적으로 이론물리학의 기본적 원리를 형성하는데 있어서 로렌츠가 이룩해 놓은 일부분도 더 이상 완전하게 실현하지 못했다. 이 이상한 것에 대한 이유는 로렌츠의 기초적인 개념을 받아들인다는 것은 너무 완벽해서 이 생각들의 대담성을 실현할 수가 없고, 그들이 물리 과학으로 가져다 준 단순성을 실현할 수가 없다는 것이다'.

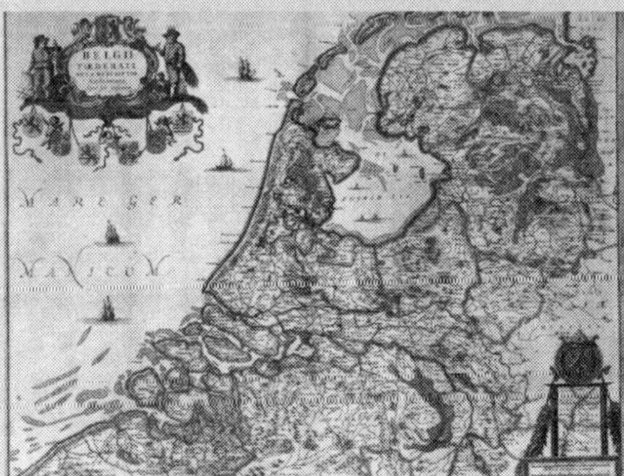

1920년에 로렌츠의 천재성은 실제적인 문제를 다루는데 큰 역할을 했다. 네덜란드의 많은 지역이 해수면 아래에 있어서 범람의 위험이 항상 존재했다. 1916년 1월에 자위데르제를 둘러싼 바다벽들이 두 곳이 고장이 나서 광범위한 범람을 가져왔다 이것이 북해로부터 범람을 막기 위해 자위데르제의 북쪽을 가로지르는 댐을 건설하기로 결정했던 결과에 의한 것이다. 주섬과 북쪽 해안선에 인접한 많은 섬들 사이의 해류와 폭풍우에 의한 높은 해류와 조수의 효과들을 고려하는 복잡한 계획의 프로젝트가 필요했다.

1918년에 네덜란드 의회는 이 프로젝트를 맡을 기술자, 해양학자 그리고 기상학자들로 이루어진 국가위원회를 구성했다. 그리고 로렌츠에게 이 위원회의 의장을 맡아줄 것을 요청했다. 로렌츠는 바빴으나 애국적인 네덜란드인으로서 그 일을 맡기로 결정했다. 그는 유체역학의 이론적인 지식을 이용해서 평평한 모래사장과 해협들의 복잡한 망을 통해 흐르는 유속의 비를 계산하였고, 수에즈 만과 브리스톨 해협의 더 간단한 경우의 모델로 시험했다. 예기치 않은 효과들이 발견되었는데, 그것은 조수파들의 간섭과 해안선으로부터 반향되는 파동이었다. 그리고 그것은 정상파를 초래했고, 이례적으로 공진의 원리에 의해 만들어지는 강한 해류를 이끌어냈다. 댐은 있을 수 있는 최악의 시나리오에도 견딜 수 있게 설계되어야만 했다. 이 일이 로렌츠를 1926년 9월까지 바쁘게 했고 그때 보고서가 완성되었는데, 그 보고서의 반 이상을 로렌츠 자신이 작성하였다. 1927년 1월에 즉시 공사가 시작되었고 5년 뒤에 완공되었으나, 슬프게도 로렌츠는 저세상에 있었다. 로렌츠는 1928년 2월 4일에 사망했다. 리차드슨(O.W. Richardson)이 쓴 당시의 칼럼에 그의 장례식을 다음과 같이 묘사하였다. '장례식은 2월 10일에 하를렘에서 행해졌다. 12시 타종을 울렸을 때, 네덜란드의 국가 전보와 전화 서비스는 네덜란드의 오늘을 있게 한 위대한 사람을 기리기 위해 삼분동안 중단됐다. 많은 동료와 외국으로부터 온 유명한 물리학자들이 참가했다. 영국 왕립학회를 대표해서 회장인 러더포드 경은 무덤 옆에서 감사의 연설을 했다.'

제16장 상대성 2부: 입증할 수 있는 예견들

상대성 이론은 실험적인 입증 수단이 없는 시기에 발전됐다. 그 개념들이 '일상적인 세상'에게는 너무 이색적이어서 회의적이기 쉬었다. 아마도 기본 가설들이 틀리지 않았을까? 혹은 주장하는 논리 어딘가에 결함이 있지 않을까?

아인슈타인은 그의 이론이 수학적인 공상이 아니라 우주의 기본법칙의 사실적인 묘사라고 확신했다. 누군가가 '아인슈타인 교수님, 당신은 어떻게 당신의 이론들이 사실임을 알고 있습니까?'라고 물었을 때, 그는 '내가 말할 수 있는 모든 것은 그것이 사실이 아니라면 하느님은 멋진 기회를 놓친 것이다'라고 대답했다.

아인슈타인의 업적에서 위대한 성취는 그것이 단지 아름다운 이론으로 끝나는 것이 아니라, 신에 의해서도 간과될 수 없을 정도로 훌륭하다는 것이다. 거기에는 확실한 예견들이 있었고, 수 년 뒤에 실험으로 입증되었다. 시간지연을 경험하기 위해서는 공간 이동자들은 빛에 가까운 속도로 이동해야만 한다. 우주인의 담배의 예는 확실히 과학적인 허구이나, 우주에서 날아오는 방사선에 있는 기본입자들은 거의 $0.9\,c$에서 $0.999\,c$ 범위의 속력으로 우리에게 도달하는데, 여기에 시간지연 인자가 중요하게 된다. 1950년대 우주 방사선의 연구는 시간지연이 매우 실제적인 현상임을 입증했다. 아인슈타인의 제일 잘 알려진 예견은 질량과 에너지의 등가성을 나타내는 $E=mc^2$의 방정식이다. 이 등가성의 확증은 1942년에 시카고에 있는 스쿼시 코트에서 엔리코 페르미의 팀에 의한 실험에서 첫 번째 핵연쇄반응의 산물에 있었다. 극적이면서도 비극적인 것으로, 1945년에 핵폭탄의 폭발로 이어졌다. 질량은 어마어마한 양의 에너지로 변환되었다. 이제 핵 반응로에서 그런 에너지를 생산할 수 있고, 핵반응이 태양의 빛과 열의 근원이라는 것을 알았다.

$E=mc^2$의 관계식은 특수 상대론의 원리들과는 전혀 관련이 없다. 어떻게 시공의 대칭성을 수반한다는 주장들로부터 이것이 나올 수 있는가! 라는 것은 불가사의하다. 이 장에서 단계별로 논리의 고리를 따라갈 것이다. 일단 가려고 한다면, 질량과 에너지에 대한 상대론의 원리로 가기 위해 요구되는 모든 지식은 단지 역학의 기본 개념뿐이다.

핵에너지의 존재는 실제로 매우 확실하다. '백문이 불여일견!'

16.1 시간지연

16.1.1 실행 중인 시간지연

지구는 우주의 다른 부분들로부터 오는 높은 에너지를 지닌 양성자들로 구성된 우주 방사선과 끊임없이 충돌한다. 운 좋게도, 혹은 계획적일지는 몰라도, 지구의 대기는 대부분의 방사선들을 막아준다. 양성자들은 가장 바깥대기에 있는 공기와 반응하여, 핵반응을 일으켜 물질의 새로운 입자를 생성할 수도 있다. 연쇄 반응 과정이 시작되고, 그 과정의 끝의 산물에는 뮤온(muon)이라고 불리는 입자가 포함된다. 이 뮤온은 매우 관통력이 좋아서 대기에서 거의 흡수되지 않는다. 또한 뮤온은 불안정하여 2백만분의 1초에 해당하는 수명을 갖는다.

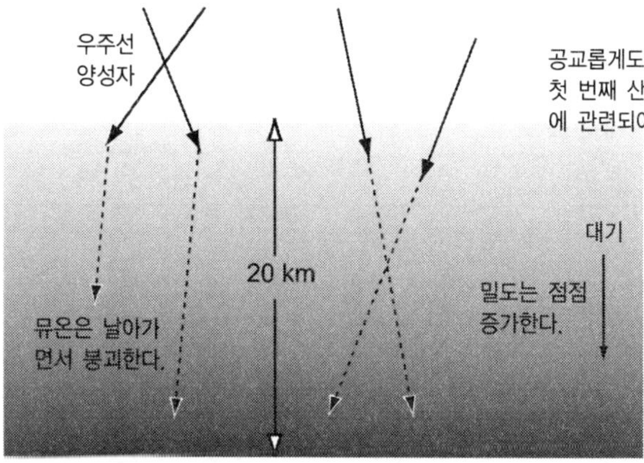

그림 16.1 우주선 상호작용

뮤온의 소개

뮤온 $\mu^{\pm}$의 질량 = 207 m_e, 전하 = $\pm e$

성질 : 약하게 상호작용

평균 수명 = 2×10^{-6} s 로 $\mu^{\pm}\rightarrow e^{\pm}+\nu+\nu$ 로 분열

상층 대기권에서 생성되고, 지상에서 관찰된다.

때때로 무거운 전자라고 불려진다.

16.1.2 빌려온 시간에서 살기?

대부분의 뮤온은 해수면 위의 20,000 m에서 생성된다. 뮤온의 평균 수명은 약 2×10^{-6}초이고, 그래서 그것들이 거의 빛의 속도로 이동한다면, 붕괴되기 전에 약 600 m을 이동할 것이다.

뮤온이 생성된 후 생성된 지점으로부터 20 km나 떨어진 해수면에 어떻게 도달할 수 있을까? 통계적으로 불안정한 입자가 평균 수명보다 30배를 생존할 확률은 $e^{-30}=10^{-13}$ 정도의 값이다. 이것은 로또 복권에 당첨되는 것보다 백만 배 정도 더 작은 확률이다.

실험적으로 많은 수의 뮤온이 해수면에 도달하여 관측된다. 어떻든 간에 이 움직이는 뮤온의 놀라운 장수의 비밀이 발견된 것으로 여겨진다.

그 비밀은 우리의 기준틀로부터 보았을 때 평균 수명과 붕괴되기 전까지 가능한 이동시간은 $\sim10^{30}$의 인자(이는 γ인자임)까지 부풀어졌다는 사실에 있다. 우리에게 있어서 뮤온은 그것들이 정지해 있을 때보다 움직일 때 훨씬 더 오래 생존하는 것으로 나타난다. 이것이 시간 지연의 완벽한 증거이다.

시간지연에 의해 얻어진 시간을 '빌려온'이라는 단어를 사용하는 것은 아마도 부적절할 수도 있다. 뮤온의 기준틀에서 시간의 흐름은 우리의 기준틀의 시간의 흐름과 정확히 일치한다.

CERN과 Brookhaven(USA) 같은 현대 가속기 연구소들에서 뮤온 빔은 이제 주문에 의해 생산되어지는데, 빛의 속도에 가까운 속력으로 원형 링을 이동한다. 시간지연은 정지 상태에서 관찰된 평균수명보다 훨씬 긴 시간동안 생존하게 해준다.

16.2 $E=mc^2$, 무엇보다 가장 유명한 결과

지금까지 상대성에 대한 논의는 아인슈타인을 유명하게 한 $E=mc^2$의 최종 관계에 더 가깝게 가져가지 않을 것이다. 이것에 대한 이유는 힘에 관계하지 않는 운동의 연구인 운동학만을 다뤄왔다는 것이다. 이제 우리의 관심을 힘과 에너지와 운동량에 대한 연구인 동력학으로 돌릴 것이다. 이런 맥락에서 어떻게 이들 동력학적 변수들이 다른 기준틀에서 어떻게 나타나는지에 관심을 가질 것이다; 특히, 서로가 빛의 속도에 근접해서 상대적으로 움직이는 계에 대해서 관심을 가질 것이다.

두 입자들의 충돌에서 작용과 반작용의 힘은 같고, 운동량의 변화율을 생기게 한다. 그러나 빛의 속도에 근접한 속력이 수반되어 시간지연이 나타났을 때 이 비율은 어떻게 될 것인가? 서로 다른 상대론적인 시간 기준틀로부터 스누커 볼들이 충돌하는 흥미로운 사고실험을 하고자 한다.

■16.2.1 에너지를 그림으로 가져오기

다시 $E = mc^2$의 관계식으로 돌아가 보자. 상대성 원리는 관성계의 대칭성과 빛의 속도는 일정하다는 것을 다룬다. 어떻게 이것들이 질량과 에너지의 등가를 이끌어내는지 전혀 분명치가 않다. 질량이 에너지의 형태라는 것은 특히 원자핵의 세계에서 적절하다. 질량과 에너지의 관계를 찾기 위해서 첫 번째로 다른 기준틀로부터 운동량과 에너지를 지켜봐야 한다. 우선 운동량을 고려하자. 앞으로 일어나는 것은 상상의 실험이다.

■16.2.2 운동량의 보존-스누커 볼을 사용한 사고실험

두 명의 스누커 플레이어가 있는데, 한 사람은 기차역에 있고, 다른 사람은 움직이는 기차 안에 있다. 각자는 아래에 보이는 도면처럼 흰 공(큐공)을 친다. 볼은 같고 각 플레이어는 각자의 볼을 같은 속력으로 자신의 기준틀에서 친다. 이 실험은 주의 깊게 이루어져서, 두 개의 볼이 기차가 역을 바로 지날 때 열려진 창에서 충돌하게 하고, 그 그림처럼 충돌하고 나서 뒤로 되튀어 나온다. 정면충돌이기 때문에 각각의 공은 그것들의 원래 방향으로 곧바로 되튀어 나온다.

이 상황에는 완벽한 대칭성이 있다. 각 플레이어는 똑같이 자신의 관점으로 바라본다. 모두 자신들의 기준틀에서 정지해 있다고 여긴다. 그래서 만약 흰 공이 한 플레이어에게 똑바로 되튀어 나오면 정확하게 똑같은 일이 다른 플레이어에게도 생긴다. 우연히도 그 기차는 빛의 속도와 비견할 만한 속력으로 움직이는 '슈퍼 기차'이다.

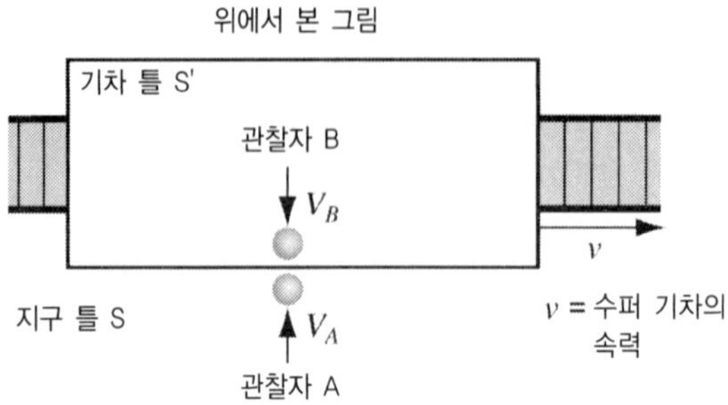

그림 16.2 스누커의 불합리적인 성질. 그 도면은 두 개의 관점을 결합한다. S′틀에서 보여진 기차 내부와 S틀에서 보여진 기차외부

긴 안목으로 논의한다면, 세계에서 가장 빠른 기차중의 하나가 TGV(Train à grande vitesse)이다; 이것은 1990년에 프랑스에서 시간당 515 km의 속력의 세계 기록을 갖고 있다. 이것도 상대론적 효과를 보이기 위해 고안한 슈퍼 기차와는 동떨어져 있는데, 슈퍼기차가 거의 빛의 속도의 절반 즉, 150,000 km/s 로 움직여도 TGV의 기록보다도 10,000배나 빠른 것이다.

이 논의는 사람의 상상으로 행해지는 실험인 독일말로 '사고실험(Gedanken experiment)'으로 잘 설명된다. 또한 그 결과 역시도 사고력으로부터 나온다.

충돌은 완전한 탄성충돌이다. 두 볼은 정면충돌이고 플레이들이 볼은 쳤던 기준틀에서 정확히 같은 경로를 따라서 되돌아간다.

관찰자 A에게 있어서 그의 볼은 속도와 운동량이 반대로 바뀌어 직선으로 되돌아오는데, 반면에 다른 볼은 비스듬히 쳐서 기차를 따라서 왼쪽부터 오른쪽으로 움직인다. 기차에 있는 관찰자 B는 A와 반대의 결과를 보게 된다. 그가 관심있게 보는 한, 그의 볼은 곧바로 그에게 되돌아오고, 다른 볼은 그의 왼쪽에서 오른쪽으로 튀어 나간다. 이 상황은 고전법칙이 적용되든, 상대론이 적용되든 같은 결과이다.

각 관찰자가 두 개의 스누커 볼을 각자의 실험실에서 번갈아 가면서 조사할 수 있는 시간이 있었다고 가정하자. 그들은 두 개의 볼이 같다고 만족할 것이다. 특별히 두 볼의 질량이 같다는 점을 만족할 것이다.

■16.2.3 다른 시간틀과 상호작용

사고실험은 빛의 속도에 가깝게 움직이는 슈퍼기차를 가지고 한다. 다른 시간틀에서 누 개의 질량사이에 충돌이 있다고 하자. 뉴턴은 이것을 결코 예상하지 못했던 것이다. 동역학 법칙들에서는 시간을 기본 변수로 다루고, 사고로 그러한 유일한 상황에서 어떤 새롭게 고려해야 할 사항이 있는지 분석해야만 한다!

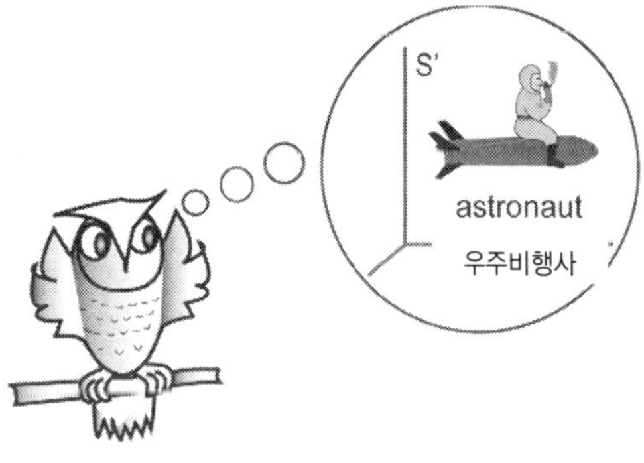

각 관찰자는 특별한 것을 주시할 것이다. 각자는 자신의 시계를 사용하여 고유시간을 측정한다. 다른 틀에서 시간은 더 천천히 가는 것으로 나타난다(우주인의 담배는 더 길게 지속되고 그의 움직임은 더 느리게 보인다). 여기에 다른 스누커 플레이어는 더 기력이 없어 보이고, 그의 움직임은 그의 정지틀 바깥으로부터 보인 것처럼 더 느리게 보인다. 그래서 그는 더 천천히 볼을 치는 것처럼 보인다.

그림 16.3은 충돌의 동역학에서 명백한 모순을 설명한다. 각 관찰자들에게 있어서 다른 플레이어의 공의 속도의 수직성분이 더 작다. 각 관찰자들은 운동량이 불균형일 것이라고 추론할 것이고, 그렇기 때문에 그가 가진 볼의 운동량의 변화가 더 크다고 여길 것이다(각 관찰자들은 두 개의 볼이 같은 질량을 갖고 있다고 알고 있다).

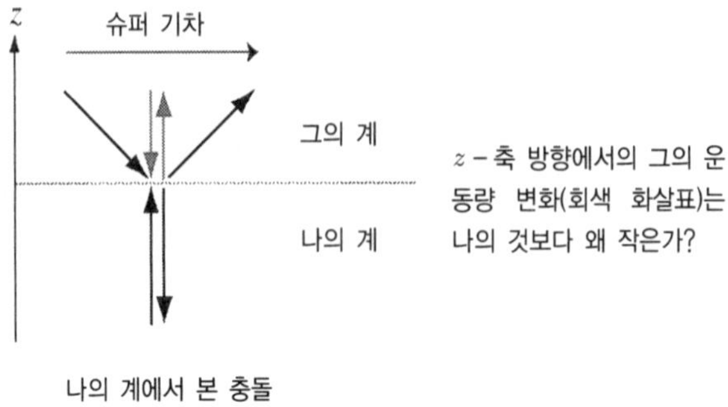

그림 16.3 **명백한 운동량 불균형**

모든 상황에서나 모든 기준틀에서 운동량 보존 법칙이 성립되어야 함을 가정해야만 한다. 만약 그렇지 않은 경우가 있다면, 운동량이 보존되는 특권 있는 틀, 반대로 운동량이 보존되지 않는 다른 틀을 인정했을 것이다. 그러나 이것은 상대론을 부정하였을 것이다.

불일치를 표현하는 또 다른 방법;

뉴턴의 제 3법칙에 의하면 작용과 반작용은 같다. 그러나 그 작용과 반작용 힘은 그 힘이 작용하는 물체의 운동량 변화율과 같다. 이 변화율은 시간지연 때문에 다른 틀에서 더 느리다.

■ 16.2.4 다른 기준틀로부터의 운동량

두 가지 상황은 운동량에 대한 고전적인 식에 γ인자를 곱하면 일치하게 만들 수 있는데, 이것은 시간지연으로 인한 속도의 감소를 정확히 보상한 것이다.

아래 식(16.2)에서 보인 것처럼, 이 인자를 질량과 함께 나란히 놓는 것은 다른 틀에서 입자의 질량은 상대론적 감마 인자만큼 증가한다고 말함으로써 설명될 수 있다. 그 감마인자:

$$\gamma = \frac{1}{\sqrt{1-\frac{v^2}{c^2}}} \quad (v\text{는 기차의 속도이다}^*)$$

한 물체 m_0의 정지질량을 그것의 기준틀(정지틀)에서 측정된 질량으로 정의할 수 있다. 일단 그 물체가 관찰자에 대해서 상대적으로 움직이면, 그것의 정지틀에서 그 물체를 더 이상 관찰할 수 없다.

작은 속도에 대해서, 뉴턴의 운동량 정의식 p=상수$\times v$를 사용할 수 있는데, 여기서 상수는 관성질량으로 정의되어진다.

요약하면, 정지질량 m_0을

$$\textit{고전적인 운동량}\ p = m_0 v \qquad (v \to 0\text{일 때}) \tag{16.1}$$

에 의해 성의될 수 있다.

만약 운동량이 모든 기준틀에서 보존된다면, 그것은 다음과 같이 정의되어야만 한다.

$$\boxed{p = \gamma m_0 v = mv}\ \text{상대론적 운동량 관계식} \tag{16.2}$$

■ 16.2.5 질량의 개념에서 새롭게 보기

질량은 불변하는 양이 아니다. 다른 기준틀로부터 본다면 입자의 질량은 그것의 기준틀에서 측정된 '정지질량' m_0보다 항상 크다. 움직이는 입자는 더 큰 질량을 갖는다.

상대론적 질량=γm_0=한 관찰자에 대한 속력 v를 갖고 움직이는 물체의 질량 m_0는 물체가 관찰자에 대해서 상대적으로 정지해 있을 때의 질량이다.

* 정확하게 말하고자 한다면, v 대신 기차에서 결과적인 볼의 속도인 V_R로 대신할 수 있다.

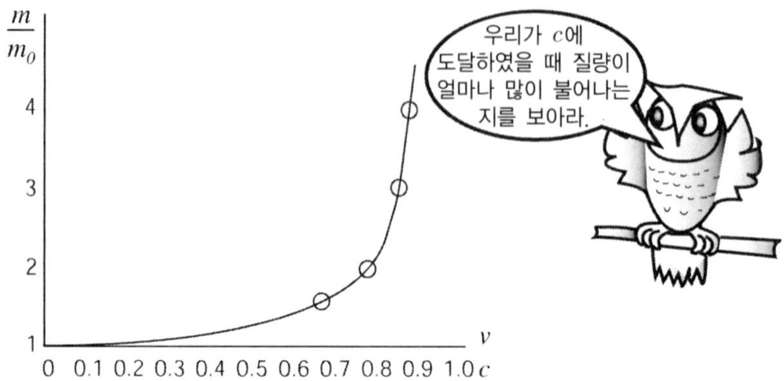

그림 16.4 속도의 함수로 나타낸 상대론적인 질량

속력이 c에 다다르면 상대론적인 질량은 무한대에 도달한다. 만약 당신이 질량을 갖고 있다면, 당신은 빛의 속도로 갈 수가 없고, '빛보다 더 빠르다'는 말을 할 수가 없다.

16.2.6 운동량에 대한 상대론적인 관계식

기준틀에 대한 개념은 자연의 기본법칙에 대한 기본적인 대칭성에 대한 통찰력을 준다. 일단 그 개념이 확립되고 상대론적 관계식이 유도되면, 어떤 유용한 기준틀에서 그 식을 사용할 수 있다. 빠르게 움직이는 기차에서 멀어질 수도 있고, 왼쪽에서 오른쪽으로 빠른 속도로 움직이는 스누커 볼 사이의 빗겨나는 충돌은 간단히 고려할 수도 있고, 첫 번째 볼에 수직방향으로 움직이는 다른 볼을 고려할 수도 있다(왜냐하면 우리가 지구에 머물러 있기 때문인데, 정지틀로서의 지구는 일반적으로 가장 유용하기 때문이다).

비록 첫 번째 볼의 빠른 속력이 왼쪽에서 오른쪽, 즉 x 방향으로 일지라도, 관찰자는 두 개의 볼 A와 B가 충돌 전후 속도의 y성분의 크기는 같지 않다는 것을 알 것이다. 만약 그 관찰자가 운동량의 고전적인 관계식($p = m_0 v$)을 사용한다면, 명백한 운동량 불균형을 보게 될 것이다. 이 상황은 상대론적 관계식 $p = \gamma m_0 v$을 사용함으로써 이전처럼 수정되어진다. 비껴가는 볼의 질량이 더 큰 이유는 x 방향의 성분이 크기 때문에 나타나는 현상이므로, 그 볼의 최종속도는 더 크다. v의 주된 성분이 옆길, 즉 x 방향에 있다는 것은 전혀 대수롭지 않다. 감마인자는 방향에 의존하지 않는다는 것을 상기하라.

움직이는 물체는 정지하고 있을 때보다 더 큰 질량을 갖는다.

> 일단 볼 A와 B에 둘 다 운동량에 대한 상대론적 관계식을 적용한다면, 운동량은 모든 방향에서 정확하게 균형을 잡을 것이다.

$$\text{A의 운동량} = \frac{m_0 v_A}{\sqrt{1 - \frac{v_A^2}{c^2}}} = m_0 \gamma v_A \tag{16.3}$$

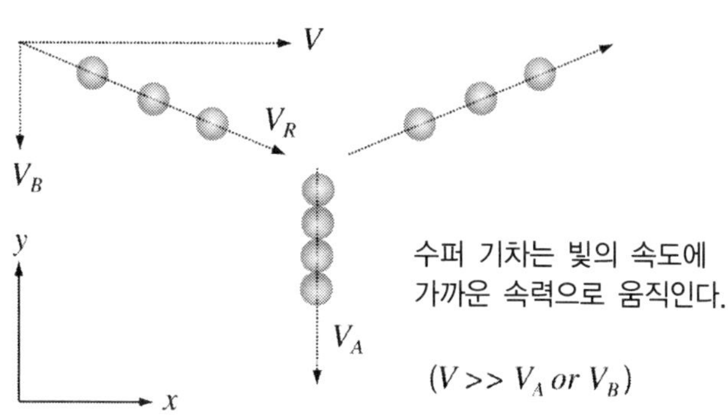

그림 16.5 지구 기준틀로부터 본 충돌

$$\text{B의 운동량} = \frac{m_0 v_B}{\sqrt{1-\frac{v_R^2}{c^2}}} = m_0 \gamma v_R \tag{16.4}$$

(m_0 = 각 볼의 정지질량)

■ 16.2.7 다른 기준틀에서 에너지

이제 관심을 에너지의 개념으로 돌리자. 에너지는 고전적인 뉴턴 물리학에서 행해진 일과 관련이 있다.

고전 물리학

어떻게 운동에너지를 계산할까?

고전적인 정의를 다시 살펴보자.

운동량 (p) = 질량×속도 : $p = mv$
힘(F) = 운동량의 변화의 비율 : $F = \frac{dp}{dt}$
일(W) = 힘 × 힘의 방향에서 거리 : $W = Fd$
에너지(E) = 일을 할 수 있는 능력
운동에너지(KE) = 운동으로 인한 일을 할 수 있는 능력

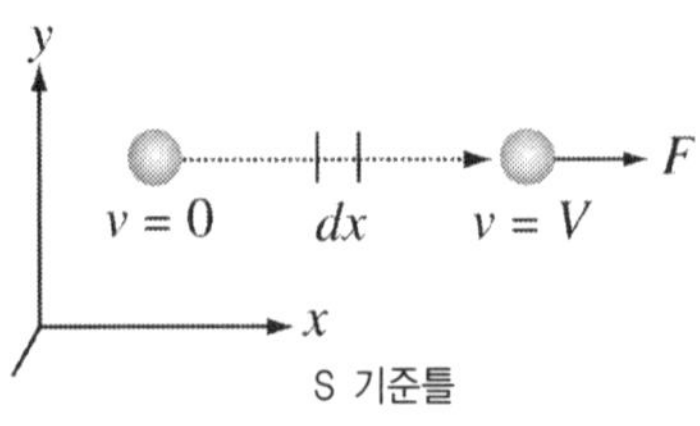

운동에너지에 대한 고전적인 표현

힘 = 운동량의 변화의 비율

운동 에너지 T = 질량 m을 정지 상태로부터 속도 V로 가속하면서 행해진 일
= 힘×힘의 방향에서 거리

$$T = \int F dx = \int \frac{d}{dt}(mv)\,dx$$
$$= \int m dv v = m\int_0^V v dv$$
$$= m\left[\frac{v^2}{2}\right]_0^V$$
$$\boxed{T = \frac{1}{2}mV^2}$$

■ 16.2.8 고에너지 입자 가속기들

CERN에서 초기 가속기는 1959년에 건설된 양성자 싱크로트론(PS)이었다. 이것은 그 시기에 직경 200 m의 링 주위에 200개의 자석들이 달린 세계에서 가장 높은 에너지의 가속기였다. 이것은 최대 28 GeV까지 양성자들을 가속시켰다.

슈퍼 양성자 싱크로트론(SPS)은 지하 터널에 직경 2.2 km의 링에 1000개의 자석들이 있는 것으로 1976년에 건설되었다. 그 시대에 SPS는 450 GeV의 최대 양성자 에너지를 갖는 세계에서 가장 큰 가속기였다. 이 글을 쓰고 있는 2008년에 CERN 연합은 점차적으로 고에너지를 갖는 일련의 기기들을 구성하고 있었는데, 매시간 빔을 다음 링에 주입하고, 이것은 빔이 더 높은 에너지를 갖게 이어 받는다. 이 연합이 그해 연말까지

는 끝내도록 계획되어 있는 최고의 것은 에너지가 7 TeV(7000 GeV)를 갖는 양성자 빔을 충돌시키는 무거운 하드론 충돌기(LHC)가 될 것이다.

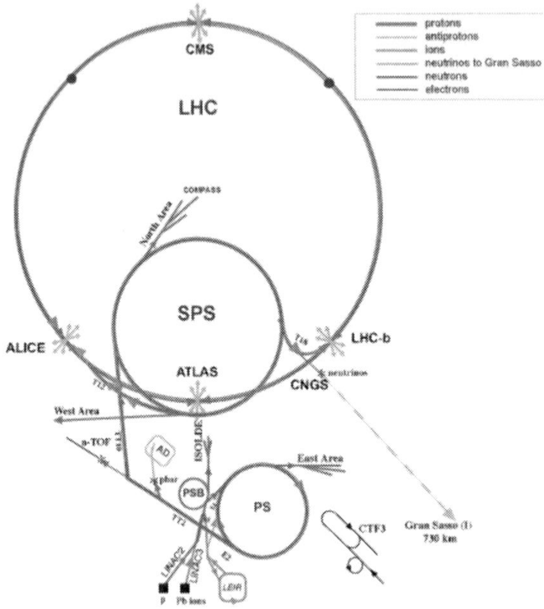

이러한 과정에서 첫 번째 단계인 양성자 싱크로트론의 오리지널 앞주입기(pre-injector)는 1932년에 원자핵을 최초로 분열시켰을 때 개발된 코크로프트-발돈(Cockroft-Walton) 가속기였다.

아일랜드 체신국이 제공한 우표

추가로 약간의 속력을 증가시키는데 드는 비용

속력에 관한한, 빛의 속력에 더 가까이 근접하게 입자를 가속시키기 위해 행해진 일은 급격히 감소하는 반환점에 곧 도달한다. 슈퍼 싱크로트론으로부터 출현한 400 GeV 양성자의 속력은 0.99999753 c로, 이것은 초기의 28 GeV 가속기에서 만들어 낸 0.999362 c의 속력에 비교된다. 새로운 거대한 가속기에서 단지 0.006 %의 속력의 증가만이 있었을 뿐이다! γ 인자는 가속기의 비용을 스위스 프랑 혹은 달러 혹은 유로의 형태로 환산한 매우 현실적인 면에서 나타난다.

그러나 물질의 가장깊은 곳의 구조를 밝혀내기 위한 탐구 또는 다음 장에서 보겠지만 에너지로부터 새로운 물질을 찾는 연구에서 중요한 것은 속력이 아니라 에너지이다.

상대론적 에너지의 계산

물론 고전적인 계산은 보통 속도로 정확히 된다. 그때 감마인자는 1과 같다. 그러나 이제 질량이 증가함에 따라서 주어진 가속에 요구되는 힘은 속도가 증가함에 따라서 더 커지게 될 것이다. 일에 있어서 증가분의 적분양에 그 순간에 적절한 γ값이 곱해져야 한다.

부록 16.1에서 상대론적 운동량의 표현인 $p = \gamma m_0 v$을 적분로 속에 넣는다. γ는 v의 함수이기 때문에 고전적인 경우보다는 좀 더 어려울 것이지만, 적분은 보통의 방법으로 할 수 있고, 총 행한 일은 다음과 같이 쓸 수 있다.

$$W = (m - m_0)c^2 = \text{운동에너지} \tag{16.5}$$

입자에 행한 일 = (그 입자의 질량의 변화) × c^2

일에 의한 질량생성

행한 일은 에너지(운동에너지, 위치에너지 또는 열에너지)로 바뀐다는 고전적인 개념은 여전히 타당하지만 질량에너지를 포함하는 의미로 확장되어야 한다.

어떠한 힘의 장도 없는 빈 공간에 있는 물체는 올라갈 퍼텐셜 언덕이 없다. 그래서 오직 운동에너지만 활동한다. 운동에너지는 주어진 기준틀에서 정지해 있을 때와 움직일 때 물체의 에너지의 차이로 정의될 수 있다.

$$\begin{aligned} \text{(16.5)로부터 운동에너지 } T &= mc^2 - m_0c^2 \\ &= \text{총에너지} - \text{정지에너지} \end{aligned} \tag{16.6}$$

아인슈타인의 유명한 관계식 $E=mc^2$은 운동에너지와 정지에너지를 포함하는 총에너지를 나타낸다. 정지에너지는 상대성이론에 의해 나타난 매우 위대하고 새로운 개념의 하나다. 물질의 모든 입자는 에너지를 갖는데, 단지 그것이 존재하기 때문에 에너지를 갖는다.

질량은 에너지의 한 형태이다.

상대론적인 운동에너지와 고전적인 운동에너지

(16.6)은 운동에너지에 대한 고전적인 식과 닮아 보이지 않는다. 고전적인 의미에서는 물체의 속력에 대한 언급이 없어 보인다. 그러나 상대론적인 표현은 빛의 속도에 비교했을 때 작은 속도에 대해서 고전적인 형태로 쉽게 유추될 수 있다는 것을 알 수 있다.

상대론적인 방정식

$$
\begin{aligned}
KE &= mc^2 - m_0c^2 \\
&= (\gamma-1)m_0c^2 = \left[\frac{1}{\sqrt{1-\frac{v^2}{c^2}}}-1\right]m_0c^2 \\
&= \left(1+\frac{v^2}{2c^2}+\frac{3v^4}{8c^4}+\cdots-1\right)m_0c^2 \qquad (16.7) \\
&= \frac{m_0v^2}{2}+\frac{3m_0v^4}{8c^2}+\cdots \\
&= \frac{m_0v^2}{2} \quad \text{여기서} \quad v \ll c
\end{aligned}
$$

고전적인 식은 v가 빛의 속도에 비해서 현저히 작을 때 상대론적인 식에 대한 근사이다.

단위질량은 얼마나 큰 에너지인가?

$E = mc^2$의 관계는 또한 한 에너지의 형태로부터 다른 에너지의 형태로의 교환율을 나타낸다. SI 단위계에서 단위질량(1 kg)에 포함된 에너지는 9×10^{16} 에너지의 단위(J)와 같다.

작은 양의 질량에 대해서 대단히 많은 양의 에너지를 얻을 수 있다.

정지질량 에너지를 마치 석탄을 태울 때 얻어지는 물질의 화학적 에너지와 혼동하면 안된다. 질량 에너지는 질량이 존재하면서 나타나는 것이므로 일반적으로는 원자핵에 한정되어 있고, 오직 원자핵을 다른 것으로 바꾸는 반응에서의 매우 특별한 상황에서만 방출되는 에너지이다.

예

모래조각의 질량이 0.001 g($-\ 10^{-6}$ kg)이면 어느 정도의 에너지를 가지고 있는 것일까? 모래조각을 완전하게 에너지로 바꾸는 것을 가정했을 때, 그 에너지를 사용하여 1000 N의 평균 저항력을 받는 차가 얼마나 멀리 갈 수 있을까?

$$E = mc^2 - 10^{-6}\ \text{kg} \times 9 \times 10^{16} = 9 \times 10^{10}\ \text{J}$$

$$E = \text{힘} \times \text{거리} = F \times s$$

$$s = \frac{9 \times 10^{10}}{1000} = 90{,}000\ \text{km} \qquad \text{지구 2바퀴}$$

실제적으로 질량을 완전하게 에너지로 결코 바꿀 수 없다. 핵반응에서도 오직 질량의 아주 적은 양만이 에너지로 변환된다.

■ 16.2.9 핵의 구조

고전적인 세계에서는 어떤 구조의 질량은 그 조각들의 질량의 합과 같다는 것은 자명하다. 예를 들면, 집의 질량=벽돌, 모르타르, 나무, 유리 그리고 심지어 페인트의 피막의 질량의 합. 모르타르가 원자핵을 결합하게 할 필요는 없다. 원자핵은 강한 핵력(생소한 종류의 모르타르)으로 서로 결합되어 있는 양성자와 중성자들로 구성되어져 있다. 그 핵력은 핵 안에서 나타나지만 양성자와 중성자의 질량의 합이 그 핵의 질량보다 크다. 이것을 분해하려고 한다면, 그 여분의 질량을 생성하기 위한 에너지가 공급되어야 한다. 질량차이를 백분율로 나타내면 매우 작다. 그러나 그것은 핵이 분해되는 것을 매우 어렵게 하기에 충분하다. 이는 질량과 에너지의 매우 불리한 교환율 때문이다.

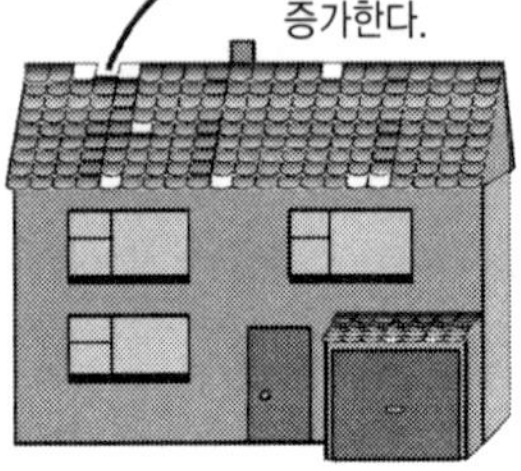

핵으로 만든 집

아래의 테이블은 구성요소들의 질량의 목록과 표 맨 밑에는 어떤 원소들의 총 질량의 목록을 나타내다.

핵 정지 질량

이름		기호	질량(a.m.u.)*	조각들의 합	차이
중성자	○	n	1.008987		
양성자	⊕	p	1.008145		
중양자	○⊕	d	2.014741	2.017132	0.002391
트리톤	○⊕○	t	3.016997	3.026119	0.009122
헬륨^3	○⊕⊕	He^3	3.016977	3.025277	0.008300
헬륨^4	○○⊕⊕	He^4	4.003879	4.034264	0.030385

위 테이블에서 셈이 맞지 않는다. 전체는 조각들의 합과 일치하지 않는다. 예를 들면: 안정된 헬륨의 구성 원소들의 질량의 총합은

* 1 원자 질량단위(atomic mass unit, a.m.u.)$=1.66\times10^{-27}$ kg$=931.5$ MeV/c^2

$$He^4 = 2 \times 1.008987 + 2 \times 1.008145 = 4.034264$$

헬륨 핵은 두 개의 중성자와 두 개의 양성자의 합보다도 더 작은 질량을 갖는다. 이 차이가 0.030385 a.m.u. =28.3 MeV/c^2, 혹은 총질량의 0.76 %이다.

에너지 단위로 표현된 질량 차 Δm은 소위 그 구조의 결합에너지라고 부른다.

$$\text{결합에너지} = (\Delta m)c^2 \tag{16.8}$$

■16.2.10 핵융합-태양에 힘을 주는 자연의 방법

태양은 100억년을 유지할 수 있는 핵에너지를 갖고 있다. 기본적인 반응은 중양자로부터 헬륨을 만드는 과정이다. 그 질량 차이는 열로 나타나는 반응 산물의 운동에너지로 바뀌지고, 태양의 핵 내부에 10^9 ℃의 온도를 생성한다. 이 온도에서 더 많은 중양자가 생겨나고, 따라서 열핵 융합반응을 계속 유지한다.

두 개의 중성자가 헬륨 핵을 만들 때 방출하는 에너지를 계산할 수 있다.

$d + d \rightarrow He^3 + n$

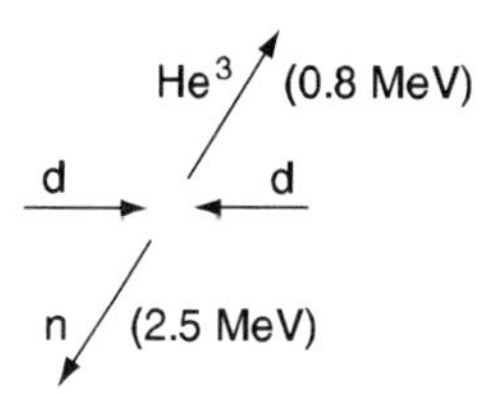

질량 손실 $\Delta m = 0.003518$ a.m.u.

$=5.84 \times 10^{-30}$ kg

에너지 $= (\Delta m)c^2 = 5.64 \times 10^{-30} \times 9 \times 10^{16}$

$=5.25 \times 10^{13}$ J

에너지 = 3.3 MeV

■16.2.11 핵분열

분열 반응은 우라늄과 같은 무거운 원소의 핵이 두 개 혹은 더 많은 부분으로 쪼개질 때 나타난다. 한 예가 중성자가 수반되는 반응으로 다음과 같다:

$$n + U^{238} \Rightarrow Ba^{145} + Kr^{94}$$

분열에서 조각들의 질량합은 전체 질량보다 더 작고, 에너지가 방출된다. 게다가 바륨과 크립톤의 핵 동위원소로 구성된 분열의 조각들은 중성자가 많고 매우 불안정하다. 그래서 거의 순식간에 두세 개의 중성자를 방출한다. 이 중성자들이 차례로 다른 우라늄 핵을 때려서 더 많은 분열을 일으키게 된다. U^{238}은 상대적으로 안정된 핵이고, 분열은 오로지 활동적인 중성자들에 의해 발생하기 때문에 연쇄반응이 지속적으로 유지될 수 없다. 그러나 동위원소 U^{235}는 훨씬 덜 안정하기 때문에 만약 U^{235}의 한계질량이 표류하는 우주 방사선과 만난다면, 중성자는 원자폭탄의 폭발같은 연쇄반응을 즉시 일으킬 수도 있다.

16.3 대칭성으로부터 핵에너지로 가는 과정

개요

모든 관성기준틀은 동일하다.	대칭성
⇓	
빛의 속도는 모든 관찰자들에게 같다.	대칭성
⇓	
시간은 상대적이다. 사물들은 다른 틀에서 더욱 느리게 움직인다.	시간 지연
⇓	
운동량의 균형을 맞추기 위해 그것들의 질량은 더 커져야만 한다.	운동량 보존
⇓	
질량을 증가시키기 위해서는 일을 해야한다.	일은 질량을 만든다.
⇓	
$E = mc^2$	질량은 에너지의 한 형태이다.

16.4 상대성을 수반하는 일

16.4.1 반동하는 총을 다시 생각

초보적인 교재에서 운동량 보존 법칙의 첫 번째 예 중에서 하나가 반동하는 총이다.

운동량 보존 법칙으로부터 반동하는 총의 운동량은 총알의 운동량과 크기는 같으나 방향은 반대이다.

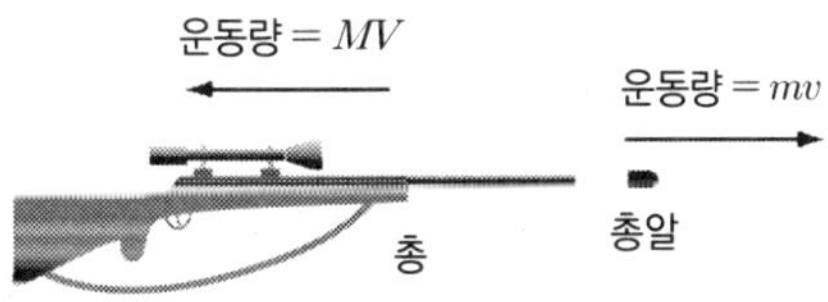

고전적인 계산

질량은 운동의 변화를 저항하는 척도이다, 즉 관성이다. 한 종류의 질량만 있다(그래서 중력에 의한 끌어당김은 관성 질량에 비례한다는 것이 일어난다).

$$\begin{aligned} MV &= mv \\ \Rightarrow \frac{v}{V} &= \frac{M}{m} \end{aligned} \tag{16.9}$$

총알과 총의 반동하는 속력은 각각의 질량에 역비례한다.

예들 들어, 총의 질량이 총알의 질량에 40배라고 하면, 총알의 초기 속력은 반동속력에 40배가 될 것이다.

$$\frac{\text{총알의 속력}}{\text{총의 반동 속력}} = \frac{\text{총의 질량}}{\text{총알의 질량}}$$

고전적인 식의 오류가 나타날 때

이 식이 매우 빠른 속도에서는 작동할 수 없다는 것을 안다. 예를 들면, 만약 반동속도 $V=0.5\,c$를 갖는 슈퍼총을 갖고 있다면, 고전적인 계산을 따르면,

총알의 속력은 20 c갖는다. 이것은 특수상대론의 원리를 모두 깨뜨리는 것이다! 상상의 수퍼총에 대한 상대론적 계산은 다음과 같다.

$$\gamma_M M_0 V = \gamma_m m_0 v$$
$$\Rightarrow \frac{v}{V} = \frac{M_0}{m_0}\frac{\gamma_M}{\gamma_m} \tag{16.10}$$

예제

슈퍼총의 총알의 속력은 0.999 c이고, 반동 속력은 0.5 c라고 하자. 총알의 질량에 대한 총의 질량의 비를 계산하고, 총의 반동속력과 총알의 속력의 비를 비교해보자.

표 15.1로 가보면 다음을 알 수 있다.

속도 v	감마 인자 γ
0.5 c	1.15
0.999 c	22.3

이 속도들과 감마 인자의 값을 식 (16.10)에 대입하면,

$$\frac{M_0}{m_0} = \frac{\frac{v}{V}}{\frac{\gamma_M}{\gamma_m}} = \frac{\frac{0.999}{0.5}}{\frac{1.15}{22.3}}$$

$$\Rightarrow \frac{M_0}{m_0} = 38.744$$

총알에 대한 총의 정지질량의 비는 약 40배로 나타난다. 그러나 그들의 속력의 비는 단지 2배보다 작다.

16.4.2 방사성 붕괴

상대론적인 '총과 총알'

하나의 불안정한 핵이 두 번째 핵과 알파 입자(He^4)로의 방사성 알파 붕괴(붕괴 후 이 둘은 반대로 움직인다)는 총과 총알의 상황에 대한 실제적인 예를 우리에게 보여준다. 반동하는 총은 두 번째 핵이고, 총알은 알파 입자이다(붕괴가 일어난 이후인 마지막 상황에서 단지 두 개의 입자만이 존재한다.- 부록 16.3을 보라).

전형적인 예는 리듐의 붕괴이다.

$$_{88}Ra^{226} \rightarrow {}_{86}Rn^{222} + \alpha$$

알파입자의 에너지는 4.8 MeV인데, 이것은 빛의 속도의 약 0.03 c에 대응한다. 그래서 상대론적인 효과를 보기에는 너무 작다.

그러나 베타붕괴에서 총알은 전자이고, 이 전자의 질량은 알파입자의 질량보다 7000배나 작아서 결과적으로 충분히 큰 속력을 얻게 된다. 여기서 총은 산탄총에 더 가까워서 하나의 총알을 발사한다기 보다는 두 개를 발사하는데 문제가 있다. 전자는 운동량만을 가진 중성미자를 동반한다. 예를 들어 비스무스의 베타붕괴에서 반응식은 다음과 같다.

$$_{83}Bi^{210} \rightarrow {}_{84}Po^{210} + e^{-} + \bar{\nu}$$

붕괴의 산물인 에너지와 운동량은 미리 정해지지 않는 식으로 전자와 중성미자 사이에 공유된다. 전자의 최대가능 에너지는 소위 종점 에너지(end point energy)라 불리는데, 그 값이 1.16 Mev이고, 여기서 전자는 가능한 모든 에너지를 갖게 되며, 중성미자는 어떠한 것도 얻지 못한다. 그러한 특별한 상황에 대해서, 베타붕괴에서 총알 + 반동하는 총의 상황을 다시 갖는다.

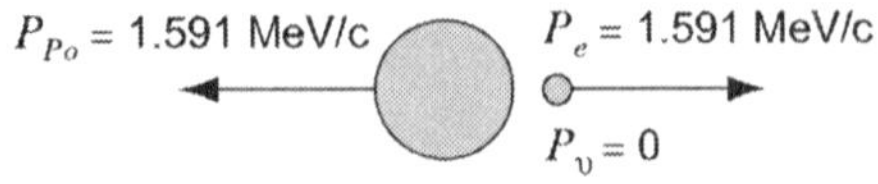

운동학적인 계산은 부록 16.3에 주어지나, 그 결과의 일부분은 아래에 주어진다:

해답:

전자의 속도 $= 0.952\,c = 2.856 \times 10^5$ km/s

$_{83}Po^{210}$ 반동 속력 $= 8 \times 10^{-6}\,c = 2.4$ km/s

총알에 대한 총의 정지 질량 비 $= 3.8 \times 10^5$
총에 대한 총알의 속력의 비 $= 1.19 \times 10^5$ } 더 이상 같지 않다.

역사적인 막간 : 알버트 아인슈타인 (Albert Einstein, 1879−1955)

알버트 아인슈타인은 1879년에 독일 울름에서 태어났다. 그는 말이 늦었으나, 일단 그가 말을 하면 완벽한 문장으로 말을 했다. 심지어 네 살 때 그는 세상과 물리법칙들에 대해 주목할말한 호기심을 보였다. 예를 들어, 그는 나침반에 매혹됐다. 여기에 바늘이 있는데, 그 바늘은 '고립되어 있고 외부의 영향을 받을 수 없어 완전히 차단되었지만 북쪽을 놀라울 정도로 빠르게 잡는다'. 그는 후에 이것을 그의 '첫 번째 의문'라고 불렀다.

그의 자서전에서 그는 다음과 같이 썼다. '12살의 나이에 나는 두 번째 의문을 경험했다. 그것은 삼각형의 세 개의 수직선의 교차점은 한 점에서 만난다는 유클리드 증명이었다. 이것은 비록 확실하지는 않지만, 어떤 의심스러운 점이 질문으로부터 나타나는 그런 확신을 가지고 증명될 수 있었다'. 초등학생 때 아인슈타인은 유별나게 훌륭하거나, 나쁜 학생도 아니었다. 그는 그 자신을 다음과 같이 썼다. '나의 중요한 약점은 단어들과 문장들에 대한 부족한 기억력이었다.' 그는 교실에서 지겹고, 졸린 눈으로, 반은 웃는 모양으로 앉아 있었고, 이런 그의 태도는 분명히 바르게 평가받지 못했다. 실제로 그가 5학년 때 학교를 그만두라는 요청을 받았고, 그로부터 분노한 선생은 다음과 같이 말했다.: '너같이 하찮은 존재 때문에 나의 학급 분위기를 망친다.' 억지로 강압된 가르침에 대한 그의 반감은 후에 다음과 같이 쓰게 했다: '나는 채찍을 가지고서 게걸스럽게 먹고 있는 건강한 짐승으로부터 먹이를 빼앗는 것도 가능하고 심지어 배고프지 않는데도, 음식이 분배되었다는 이유로 강제로 먹이는 것도 가능하다고 믿는다.' 그는 겸손하고, 친근하며, 허세부리지 않으며, 물리법칙의 아름다움과 논리에 대한 경외심을 가진 사람이었다. 그는 다음과 같이 썼다. '세상에 대해서 가장 이해할 수 없는 것은 그것이 이해가능하다는 것이다.' 동시에 그는 그의 지적 능력을 깨달았다. 과학적인 이론(그의 것이든 다른 사람의 것이든)으로 판단할 때, 민약 그가 세계를 만들었나면 그의 방법과 똑같이 신도 만들었을 거라고 그 자신에게 물었다.

유명한 취리히 공과대학의 입학시험은 아인슈타인의 잠재성을 들춰내는데 실패했다. 수학과 물리학에서는 문제가 없어 보였지만, 생물학과 언어학에서 1895년에 실패했다. 1896년에 두 번째 도전에서 성공했다. 심지어 연구소에서도 그는 이상적인 학생은 아니었다. 평범한 학과 과정은 그에게는 지루했고, 그래서 그는 강의를 듣는 대신에 물리실험실에서 시간을 보내거나, 고급 연구 논문들을 읽곤 했다. 제임스 클락 맥스웰은 그의 영웅들 중의 한사람이다.

아인슈타인은 세심하며, 필기를 잘하는 마셜 그로스만(Marcel Grossmann, 1878-1936)을 친구로 둔 행운아였다. 아인슈타인은 시험이 다가 왔을 때 그로스만의 필기로 벼락치기를 했고, 1900년에 물리와 수학의 교사자격을 얻고 제때에 졸업을 했다. 그리고 이것으로 중학교에 임시직을 위한 자격을 얻었다. 그로스만은 아인슈타인의 한 평생 친구로 남았다. 그들은 함께 수많은 논문을 발표했다. 몇 년 뒤에 아인슈타인이 일반상대성이론을 수식화할 때, 그로스만은 수학적인 전문적 지식의 도움을 주었다. 1902년에 아인슈타인은 베른의 특허사무소에서 좀 더 안정적인 직업을 얻었다. 거기서 그는 1909년까지 일했다. 그는 1906년에 '기술적 전문가, 2등급'으로 승진되었을 때 적절한 감명을 받았다. 특허사무소에서의 일은 많은 것을 요구하지는 않았다. 때문에, 그는 그의 여유시간(-아마도 근무시간에도)에 상대론에 대한 그의 원래의 일들을 할 수가 있었다.

이것은 물리학의 역사에서 놀라운 시간이었다. 맥스 플랑크는 1900년에 광양자 가설을 제시했다. 이것이 일반적인 개념을 얻는 데에는 2년이라는 시간이 걸렸으나, 그것이 받아들여졌을 때는 단지 아인슈타인의 모험적인 개념에 호소하는 일이었다. 플랑크가 했던 일은 시간과 공간에 대한 그의 생각에 관해 몇 년 후에 아인슈타인에 의해 사용된 말을 인용하면, '예상되는 편견들을 깨끗이 털어버리는 것'이었다.

미래의 이정표:

1903 : 밀레바 마릭(Mileva Maric)과의 결혼; 2명의 아들, 1904, 1910년에 태어남

1909 : 취리히에 있는 이론물리학 부교수

1914 : 베를린에 있는 카이저 빌헬름 공과대학 교수

1919 : 밀레바와 이혼

1921 : 노벨상 수여

1932 : 프린스턴에서 교수

아인슈타인의 유명한 특수 상대론에 대한 논문은 1905년에 출판되었고, 그것의 제목은 '움직이는 물체들의 전기동역학에 대해서' 이었다. 이 제목에서 보이듯 그는 맥스웰의 전자기학 이론에 깊은 통찰이 있었다. 맥스웰의 업적은 전하를 띤 입자의 운동과 전자기파의 전파에 관한 것이었다. 아인슈타인은 운동은 상대적인 것이고, 다양한 기준틀로부터의 현상들에 대한 묘사를 생각하는 것이 필요하다는 것을 깨달았다.

아인슈타인은 광전효과 법칙의 발견 때문에 1921년에 노벨 물리학상을 받았다. 20세기 원년에 위대한 사람들이 수많은 논문들이 썼는데, 그 중에 어떤 한편만 상을 받을만한 가치가 있었다는 것은 주목할만한 일이다. 1905년에 출판된 그의 논문에서 그는 '빛의 원자'의 개념에 대한 플랑크의 양자화 에너지의 개념을 확대시켰다. 그의 개념이 물리학 공동체에 받아들여지는 데는 많은 시간이 걸렸다. 사람들은 노벨위원회가 상대성이론에 노벨상을 수여하는 것에 대해 걱정했다고 생각했다. 왜냐하면 그 시대에 상대성이론이 아직 확증되지 않았고, 특수상대성원리의 창시자에 관한 약간의 논쟁이 있었기 때문이다.

아인슈타인은 유머 감각이 뛰어난 사람이었다. 미국에 가기 위한 아이슈타인의 비자 신청이 그의 내심은 공산주의자라고 외치는 여성단체로부터 반대 받던 때에, 아이슈타인은 다음과 같이 말했다.'나는 결코 전에는 그렇게 열정적인 반대를 여성으로부터 경험한 적이 없고, 한 번에 그렇게 많은 사람으로부터도 확실히 없었다.'

모르는 기자로부터 받은 편지에서, 아인슈타인은 다음과 같은 질문을 받았다. '중력 때문에 사람은 때때로 구형의 지구에서 바로 서있고, 때로 물구나무 서있고, 때로 왼쪽에 서있고, 때로 오른쪽에 서있다. 물구나무 서있는 동안 사람은 사랑에 빠지는 멍청한 일을 하는 것입니까?' 아인슈타인이 대답했다: '사랑에 빠지는 것은 사람이 할 수 있는 가장 바보 같은 짓은 결코 아니고, 그리고 중력이 그것에 대한 책임을 질 수는 없다.'

우리는 아인슈타인이 우주와 종교에 대한 그의 진심어린 생각에 대해 쓴 것을 찾았다. 뉴욕시에 있는 썬데이 학교로부터 받은 질문은 '과학자들도 기도를 하는가?' 그는 대답하기를 '진심으로 과학을 추구하는 모든 사람들은 영혼이 우주의 법칙들에 분명히 있다는 것을 확신한다. 이런 방법으로 과학의 추구는 특별한 종류의 종교적 느낌을 이끌어내고, 이것은 실제로 더 소박한 누군가의 신앙심과는 꽤 차이가 있다.' 기독교인들의 국제협회와 미국에 있는 유대인에게 쓴 다른 편지에서 그는 다음과 같이 썼다.; '만약 현재 종교의 신자들이 일찍이 이들 종교들의 창시자들의 정신을 따라서 생각하고 실천했다면 다른 믿음을 추종하는 사람들 사이에 존재하는 종교의 기본정신에 대한 적개심은 없을 것이다.'

1932년에 아인슈타인은 프린스턴대학의 요청에 의해 일 년 중에서 5달은 프린스턴에 있고, 7달은 베를린에서 머무르는 중재안을 받아들였다. 얼마되지 않아 나치가 정권을 잡았다. 그래서 방문의 목적이었던 것이 영구 직장이 되었다. 그는 1940년에 미국 시민이 되었다.

1939년 8월 2일 날짜로 보내진 편지에서, 아인슈타인은 프랑스의 펠덴(Frédéne)과 이레네 졸리오(Irene Joliot)와 미국의 엔리코 페르미(Enrico Fermi), 레오 질라드(Leó Szilard)에 의해서 수행된 실험적인 업적이 우라늄에서 핵연쇄반응을 일으킬 수 있다는 것을 보여준 것이라고 프랭클린 루즈벨트 대통령에게 말했다. 많은 양의 에너지가 방출되는 것은 '극도의 강력한 새로운 유형의 폭탄'으로 사용되는 것이 가능하다. 그는 또한 독일이 단지 인수받아서 가지고만 있던 체코슬로바키아의 광산으로부터 우라늄의 판매를 중단했다는 것을 언급했다. 루즈벨트는 10월에 다음과 같이 회답을 보냈다. 그는 표준협회의 두뇌로 구성한 부를 세워, 아인슈타인이 제시한 가능성을 조사하기 위해 육군과 해군으로부터 대표를 선출했다. 빠른 대답이었으나, 극히 긴박한 상황으로 보이지 않는다.

아인슈타인은 독일에서 우라늄에 대한 관심이 증가하고 있고 카이저 빌헬름 공과대학은 우라늄 연구에 대한 극도의 비밀을 유지하기 위해 정부가 나서고 있다는 것을 다시 강조하기 위해 1940년 3월과 4월에 다시 편지를 보냈다.

그는 그때까지 미국 정부가 핵에너지의 잠재력을 깨닫고 있지 못하다는 것을 알게 되었다. 원자폭탄을 개발하기 위한 맨해튼 프로젝트는 막 시작되고 있었다. 그러나 아인슈타인은 자신이 정치적으로 좌편향적이고 위험인물로 분류되어져 있어서 프로젝트를 진행하는 사람들은 그에게 자문을 구하는 것이 금지됐다.

아인슈타인은 1945년 3월 25일 날짜로 4번째이면서 마지막 편지를 썼다. 그것은 1945년 4월 12일에 루즈벨트 대통령이 죽기 전에 도착하지 못했다. 분명히, 아인슈타인은 원사폭탄 계획이 이미 잘 진행되고 있다는 것을 알지 못했다. 첫 번째 폭발 시험은 1945년 뉴멕시코에서 행해졌다.

아인슈타인이 1945년 8월에 나가사키의 폭탄 투하에 대해 들었을 때, 그는 충격을 받았다. 그의 방정식 $E=mc^2$은 핵에너지가 어디에서 오는 지를 설명하나, 어떻게 폭탄을 만드는 지는 알려주지 않는다. 그는 현재 전쟁의 무시한 폭탄이 그의 정신의 발견에 기초해서 이루어졌다는 것을 커다란 슬픔을 가지고 지켜봤다.

그의 인생의 나머지 10년 동안에 아인슈타인은 핵 폐지를 하는데 바쳤다. '전쟁은 이겼다. 그러나 평화는 없다'라고 1945년 12월에 말했다. '그의 인생의 마지막 행동중 하나는 모든 나라들이 핵무기를 포기하는 것을 재촉하는 선언문에 서명하는 것이었다.'

알버트 아인슈타인은 1955년 4월 18일에 프린스턴에서 사망했다.

■부록 16.1 상대론적인 운동에너지($T = mc^2 - m_0c^2$) 식 유도

운동량의 상대론적 표현, $p = \gamma m_0 v$*

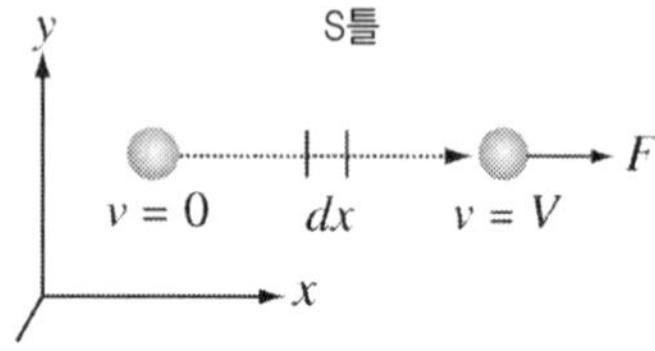

이 틀에서 일어나는 모든 것

힘 = 운동량 변화율

$$F = \frac{d}{dt}(\gamma m_0 v)$$

$$= m_0 \gamma \frac{dv}{dt} + m_0 v \frac{d\gamma}{dt}$$

$$\frac{d\gamma}{dt} = \frac{d\gamma}{dv}\frac{dv}{dt}$$

$$\frac{d\gamma}{dt} = \frac{d}{dv}\left(1 - \frac{v^2}{c^2}\right)^{-\frac{1}{2}} = \frac{v}{c^2}\left(1 - \frac{v^2}{c^2}\right)^{-\frac{3}{2}} = \frac{\gamma^3 v}{c^2} \tag{A.1}$$

$$\frac{d\gamma}{dt} = \frac{\gamma^3 v}{c^2}\frac{dv}{dt}$$

$$F = m_0 \gamma \frac{dv}{dt} + m_0 v \frac{\gamma^3 v}{c^2}\frac{dv}{dt} = m_0 \gamma \frac{dv}{dt}\left(1 + \frac{v^2}{c^2}\gamma^2\right)$$

$$\gamma^2 = \frac{1}{1 - \frac{v^2}{c^2}} \Rightarrow \frac{v^2}{c^2} = 1 - \frac{1}{\gamma^2}$$

$$\Rightarrow F = m_0 \gamma \frac{dv}{dt}\left(1 + \gamma^2\left(1 - \frac{1}{\gamma^2}\right)\right) = m_0 \gamma^3 \frac{dv}{dt}$$

$$= m_0 \frac{c^2}{v}\frac{d\gamma}{dt} \quad \text{(식 A.1 사용)}$$

$$T = \int_0^x F\,dx = m_0 \int_0^t Fv\,dt = m_0 c^2 \int_0^\gamma d\gamma = m_0 c^2 (\gamma - 1)$$

---

* 상대적인 도표는 고전적 계산에 대한 도표와 같다.

(여기서 적분의 상한치, $\gamma = \dfrac{1}{\sqrt{1-\dfrac{V^2}{c^2}}}$)

$$T = mc^2 - m_0 c^2$$

최종 단계:

총에너지, mc^2 =운동에너지+정지에너지

'불변 질량'에 대한 식 – 유용한 관계식:

$$\begin{aligned} &\text{총에너지 } E = mc^2 - m_0 c^2 \\ &\text{운동량 } p = \gamma m_0 v \\ &E^2 - p^2 c^2 = \gamma^2 m_0{}^2 c^2 (c^2 - v^2) \\ &\qquad = \gamma^2 m_0^2 c^4 \left(1 - \frac{v^2}{c^2}\right) \\ &\qquad = (m_0 c^2)^2 = (\text{정지질량})^2 \end{aligned}$$

정지질량이 일정하기 때문에, 식 $E^2 - p^2 c^2$ 은 불변 즉, 모든 관찰자에 대해 같다.

위식은 다음과 같이 써질 수 있다.

$$E^2 = p_x^2 c^2 + p_y^2 c^2 + p_z^2 c^2 + m_0^2 c^4 \tag{A.2}$$

이것은 시공간에서의 불변 간격과 같은 불변 양에 대한 또 다른 예이다(p489).

■ 부록 16.2 에너지의 차원과 단위

에너지 차원

힘의 차원 = 질량 × 가속도
= [M] [L] [T]$^{-2}$

일의 차원 = 에너지의 차원
= 질량 × 가속도
= [M] [L]^2 [T]$^{-2}$

정지에너지의 차원 = m_0c^2
= [M] [L] [T]$^{-1}$ [L] [T]$^{-1}$
= [M] [L]^2 [T]$^{-2}$

기대했던 것처럼 고전적 에너지 차원과 질량에너지의 차원은 같다.

국제단위계 (SI units, mks 계)

SI 단위계에서 상대론적 에너지는 쥬울(J)가 될 것이고, 운동량, 속력, 운동에너지 그리고 질량의 단위와 차원이 일치할 것이다.

예:
양성자의 질량 $m_{\rm p} = 1.6726 \times 10^{-27}$ kg
양성자 정지 에너지 $E = m_0c^2 = 1.5053$ J

전자-볼트 계(electron-volt system)

전자-볼트에 준하는 단위를 사용하는 것이 덜 귀찮으며 일반적이다.

1 전자-볼트(eV)는 전위차가 1 V인 곳을 통해 전자가 움직일 때 전자(전자와 같은 전하량을 갖는 다른 입자)가 얻거나 잃은 운동에너지이다.

전위차가 1 V인 곳을 통해 1 C의 전하가 움직이는 것은 1 J의 일을 하고 전자의 전하량이 $e = 1.602 \times 10^{19}$ C이기 때문에

$$\Rightarrow 1\,\text{eV} = 1.602 \times 10^{-19}\,\text{J}$$

(이것은 전자에 593 km/s의 속력을 준다. 이 양은 빛의 속력의 0.2 %이다)

10^3 eV = 1 keV (킬로 전자-볼드)
10^3 keV = 1 MeV (메가 전자-볼트)
10^3 MeV = 1 GeV (기가 전자-볼트)

지금 질량의 단위로서 eV/c^2(실제로 MeV/c^2와 GeV/c^2과 같은 큰 단위는 통상 고에너지 입자물리에서 사용된다).

이들 단위를 사용한다면 입자의 질량과 정지질량에너지는 수치적으로는 같다.

예:
양성자의 질량 $m_P = 938.3\,\text{MeV}/c^2$
양성자 정지 에너지 $E = m_0c^2 = 938.3\,\text{MeV}$

유사하게 운동량의 차원이 질량×속도이기 때문에, 운동량을 eV/c^2의 단위로 표시하는 것이 편리하다.

전자-볼트 계에서 질량, 에너지 그리고 운동량의 대칭성:

물리량	단위
질량, m_0	Mev/c^2
정지 에너지, $E = m_0c^2$	MeV
운동량, p	MeV/c

이들 단위 사용시 유용한 점은 (A.2)와 같이 인자 c가 상대론적 방정식에서 효과적으로 사라진다. 부록 16.3에서 예를 볼 것이다.

전자-볼트 에너지 단위 사용시 유용한 관계식:

$$\text{상대론적 질량 } m = \gamma m_0$$

$$\text{총 에너지 } E^2 = m_0^2 + p^2$$

$$\gamma = \frac{E}{m} = \frac{1}{\sqrt{1-\beta^2}} \quad \left(\beta = \frac{v}{c}\right)$$

$$\text{운동량 } p = m\beta = \gamma m_0 \beta$$

■부록 16.3 비스므스 210의 베타붕괴에 대한 상대론적 분석

$${}_{83}\mathrm{Bi}^{210} \rightarrow {}_{84}\mathrm{Po}^{210} + \mathrm{e}^{-} + \nu \qquad \mathrm{e}^{-} \text{ 끝점 에너지} = 1.16\ \mathrm{MeV}$$

베타붕괴의 특징은 붕괴 후 3개의 입자가 있다는 것이다: 방출된 전자, 되튕기는 핵 그리고 중성미자(3체 최종 상태). 결과로서, 어떤 이들 붕괴 산물의 에너지도 유일하지 않다. 여기서 중성미자가 이용할 수 있는 매우 작은 에너지(이 양은 무시 가능)를 얻는 특별한 경우를 생각하자. 그러면 이 과정은 가질 수 있는 최대에너지에 있는 전자(베타선 스펙트럼의 끝점에너지)와 함께 발사하는-반동하는 2체 최종상태로 생각되어질 수 있다.

전자와 반동하는 핵은 폭발하여 같은 운동량을 갖지만 방향이 반대이다.

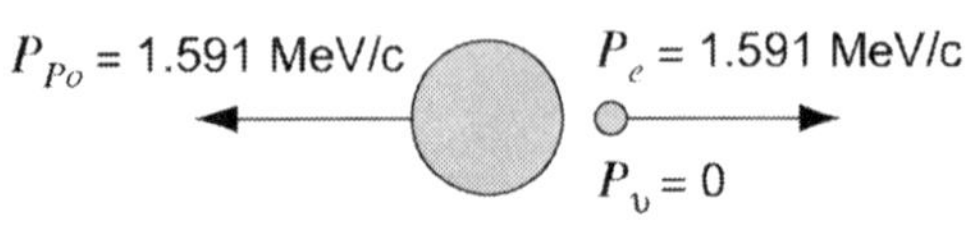

전자의 정지 에너지 = m_0 = 0.511 MeV/c^2

전자의 총 에너지 = 정지 에너지 + KE = 0.5511 + 1.16

= 1.671 MeV/c^2

전자의 감마인자 = $\dfrac{\text{총 에너지}}{\text{정지 에너지}} = \dfrac{E}{m_0}$

$= \dfrac{1.671}{0.511} = 3.27$

$(\text{전자운동량})^2 = E^2 - m_0^2 = 1.671^2 - 0.511^2$

= 2.792 − 0.261 = 2.531

전자의 운동량 = 1.591 MeV/c

전자의 속력 = $c\sqrt{1-\dfrac{1}{\gamma^2}} = (1 - 0.3058^2)\ c = 0.952\ c$

= 2.856 × 10^5 km/s

운동량 = $\gamma m_0 v$ = 3.27 × 0.511 × 0.952

= 1.591 MeV/c

= ${}_{84}Po^{210}$ 반동의 운동량

${}_{84}Po^{210}$ 반동의 정지에너지 = m_0 = 209.9829u = 1.956 × 10^5 MeV/c^2

${}_{84}Po^{210}$ 반동의 총에너지 = $\sqrt{m_0^2 + p^2}$ = 1.956 × 10^5 MeV/c^2

${}_{84}Po^{210}$ 의 감마인자 = 1.0000

${}_{84}Po^{210}$ 반동의 속력 = $\dfrac{P}{m_0} = \dfrac{1.591}{1.956 \times 10^5} = 8.1 \times 10^{-6}\ c$

= 2.4 km/s

총과 총알의 정지질량의 비 = 3.8 × 10^5

총알과 총의 속력의 비 = 1.19 × 10^5

제 17 장
후 기

그래서 빛이 있었다....

물리학에 있어서 가장 근원적인 현상들의 상당수가 어떤 방법으로든 빛과 빛의 성질과 관련되어 있다. 이것이 계속 이 책의 주제였다. 빛의 속도는 일정하다는 기본 가설에 근거하여, 물질과 에너지는 등가를 이룬다는 아인슈타인의 특수상대성 이론으로 결론을 내렸다. 아인슈타인은 '사고 실험'으로 유명한 방정시을 유도해 냈을 때, 그는 결코 반세기만에 그가 예언했던 정확한 교환 비율로 에너지를 물질로 바꾸는 기기가 만들어질 수 있다는 것을 거의 상상하지 못했을 것이다.

입자 가속기에서 물질을 만들어내는 것이 가능해졌을 때, 새로운 세계로의 창이 활짝 열렸다. 무수히 많은 새로운 기본 입자들이 발견됐다. 이 원자핵 속의 미시적인 세계를 지배하는 물리 법칙을 찾아내는 것이 활기차고 주된 목표가 되었다. 많은 나라의 실험 물리학자들은 그들의 기술을 끌어 모았고, 전례 없는 크기와 복잡한 실험을 구축하기 위해 자금을 모았으며, 자신들을 기술적 가능성의 첨단으로 끌고 갔다.

'세상에 관해 가장 이해가 안되는 것은 그것이 이해될 수 있다는 것이다'라는 아인슈타인의 말이 새로운 세계에서도 똑같이 적용되었다. 이론 물리학자들이 입자들 사이의 상관관계아 특성을 풀어냈을 때, 그들은 논리적 설명으로 이제까지 관찰되지 않았던 입자들의 존재를 예견할 수 있게 되었다.

우주에서의 빛과 그 위치에 대한 이야기의 마지막 장은 양성자의 질량보다 100배 무거운 질량을 갖는 세 개의 입자계의 존재에 대한 예견으로 끝을 맺는다. 이 세 개의 입자는 전자기력을 운반하는 광량자의 기능과 비슷한 방법으로 약한 핵력의 전달자처럼 행동한다. 전례없이 크고 복잡한 충돌 빔가속기(a colliding beam accelerator)가 이 '무거운 빛'을 찾기 위해 건설됐을 때, 이론가들이 높은 존경을 받았다는 증거였다.

17.1 에너지로부터 물질 만들기

■ 17.1.1 입자를 만드는 충돌

방정식 $E=mc^2$은 물질이 에너지로 변할 때 교환율을 알려준다. 그러한 변환이 발생한다는 것이 널리 알려져 '핵에너지'란 용어는 이제 일상적인 언어의 일부분이 되었다. 그러나 반대 상황도 발생한다는 것은 잘 알려져 있지 않다. 기본적으로, 만약 충분한 에너지가 한 점에 집중된다면, 이 에너지로부터 물질이 만들어질 수 있다. 실제로 이것은 오직 핵 혹은 원자핵보다 작은 수준에서 발생하는데, 예를 들어 높은 에너지의 양성자가 다른 양성자나 혹은 중성자와 충돌할 때 생겨난다.

'일상생활'에서 물체가 다른 물체와 충돌하면, 그것의 에너지는 어디론가 사라진다는 것을 알고 있다. 예를 들어 100km/h의 속력으로 주행하고 있는 두 대의 자동차가 충돌하면 이 두 차는 여러 조각으로 박살날 것이고, 그 조각들은 사방으로 튕겨나갈 것이다. 두 차들의 운동에너지는 날아가는 파편들의 운동에너지로 바뀌게 되어, 금속을 휘어지게 하고, 열을 발생시켜, 심지어 차들이 화염에 둘러싸이게 될 수 있다. 1000km/h로 날고 있는 비행기가 충돌할 때는 그 파괴가 훨씬 더 크다. 그러나 거의 300,000km/s로 움직이고 있는 양성자가 정지해 있는 양성자와 충돌하면 어떤 일이 벌어질까? 양성자들은 휘어지거나, 조각조각 깨질 수 없다, 그러면 그 에너지는 어디로 간 것일까?

이 경우에 물질이 마치 '아무것도 없는 것으로부터' 나타나는데, 대부분 진행 방향으로 입자들의 분출 형태로 나타난다. 새롭게 태어나는 이 입자들은 (반입자들에 의해 동반된)양성자와 중성자와 같은 친숙한 물질의 구성요소이나, 불안정해서 짧은 시간에 붕괴되는 새로운 입자이기도 하다.

■ 17.1.2 π 중간자의 예언과 발견

서로 맞닿아 있는 양성자 사이의 전기적 반발력은 그것들을 산산조각으로 흩어지게 하기에 충분하다. 그러나 양성자들은 중성자들과 함께 단단히 뭉쳐진 핵의 중심을 형성한다. 어떤 더 강한 힘이 그들(양성자들과 중성자들)을 함께 붙잡는 것이 분명하다. 1935년에 히데끼 유카와(Hideki Yukawa, 1907-1981)는 '소입자들의 상호작용에 대해서'라는 제목 논문을 발표했다. 그 논문에서 이러한 힘을 공급하는 새로운 입자의 존재를 제시했다. 그는 새로운 입자가 전하들 사이의 전자기적 상호작용에서 광자의 역할과 닮은 교환입자 역할을 할 것이라고 제안했다. 유카와의 계산은 이 새로운 입자가 전자 질량의 200배에 해당하는 질량을 가질 것이라고 예견했다(광자와는 다름, 광자는 질량이 0이기 때문이다). 유가와는 그 시기에 사실상 유럽과 미국에 있는 물리학자들과는 동떨어진 채 일본에서 연구하고 있었다. 2차 세계대전의 영향으로 이러한 고립은 더 커졌고, 그래서 입자를 찾아보기 위한 실험을 구축할 기회나 시간이 거의 없었다.

유카와 입자의 후보는 일찍이 1937년에 칼 앤더슨(Carl Anderson, 1905-1991)과 세스 네더마이어(Seth Neddermeyer, 1907-1988)에 의해 구름상자의 우주선 상호작용 속에서 발견됐다. 그러나 이것은 훗날 잘못된 입자로 판명됐다. 그것은 질량이 거의 맞았으나, 양성자와 중성자에 강하게 상호작용하지 않았다는 가장 필수적인 특성이 부족했다. 양성자와 중성자 사이에서 교환되었다면, 핵력의 전달자가 어떻게 그들(양성자들과 중성자들)과 강하게 상호작용하지 않을 수 있었을까? (사실 그들이 본 것은 뮤온이었고, 이미 이것은 앞장에서 보았다.)

풍선 발사. *브리스톨 대학 물리학과 제공.*

전쟁이 끝났을 때 유카와 입자는 핵 상호작용의 메커니즘에서 중요한 역할을 한다고 인식됐고, 열렬히 그 추적이 시작됐다. 1947년에 브리스톨 대학의 윌 연구실에서 온 세실 파우웰(Cecil Powell, 1903-1969)은 대기의 최상층까지 핵건판 탐지장치(nuclear photographic emulsion detectors)를 운반하는 수많은 풍선을 쏘아 올렸다. 핵건판은 기본적으로 전하를 가진 입자의 통행에 상당히 민감한 고체 덩어리의 물질을 형성하기 위해 압축시킨 사진 필름판 더미이다. 입자들이 그 물질을 지나갈 때 숨은 영상을 만든다. 현상될 때 건판에 은색 알갱이들이 보이는데, 이것은 파우웰의 말을 인용하면, '투명한 줄에 꿰인 구슬처럼' 나타나며, 그 은색 알갱이는 높은 배율을 가진 현미경에서 검사될 수 있는 3차원적 그림을 형성한다.

히데키 유카와와 세실 파우웰. *브리스톨 대학 물리학과 제공.*

성공은 빨리 찾아 왔는데, 유카와에 의해 예견된 특성과 일치하는 특성을 가진 입자에 기인하는 것으로 확인된 보다 멀리 가는 궤적이 발견된 것이다. 입자가 건판에서 머물렀을 때 그 궤적은 끝났고, 후에 뮤온이라고 확인된 유카와 입자가 또 다른 새로운 입자로 붕괴했을 때 새로운 궤적이 나타났다. 유카와 입자의 질량이 전자와 양성자 질량의 중간정도 됐기 때문에 유카와 입자는 파이 중간자(π meson) 또는 파이온(pion)이라 이름지어졌고, 이것은 그리스 단어 $\mu\varepsilon\sigma\omega\nu$('중간')에서 유래됐다.

히데키 유카와는 그 파이 중간자의 예견에 대한 공로로 1949년에 노벨상을 받았고, 세실 파우웰은 그것을 발견해서 1950년에 노벨상을 받았다. 그들의 발견은 물리학의 역사에 새로운 장의 시작을 알렸다. 파우웰의 말을 빌리면 '완전히 새로운 세계가 나타났다. 그것은 마치 담장이 쳐있던 과수원을 갑자기 부수고 들어가 봤더니, 그곳은 보호된 숲이 우거져 있고 모든 종류의 이국적인 과일들이 풍성하게 익어 있었던 것과 같았다.'라고 했다.

초창기의 고에너지 상호작용에 대한 유일한 연구 방법은 입자 탐지기를 우주선에 노출시키는 것이었다. 그러나 그 후 5년 이내에 매우 높은 에너지의 양성자 빔을 만들 수 있는 가속기가 미국, 유럽과 소련에 건설되었다. 이 양성자들을 하나의 목표(표적 원자)를 향해 발사시켜 통제된 방식으로 에너지로부터 물질을 생성시켰다. 파우웰의 이국적인 과일이 있는 과수원으로 가는 문이 열렸다!

알려진 입자와 더불어, 다른 질량과 다른 특성을 가진 수많은 새로운 입자들이 발견되었다. 탐험의 길이 이 '소립자 동물원'에서 갖가지 종들을 들춰냈다. 창조의 빅뱅이 작은 규모로 재현되고 있었다.

■ 17.1.3 입자들 사이의 힘

강한 핵력과 약한 핵력

소립자들은 강한 핵력 및 약한 핵력과 전자기력을 통해서 서로 상호작용한다(끌어당기는 중력은 중요한 역할을 하기에 너무 약하다). 강한 핵력은 원자핵 내에서 핵입자(양성자와 중성자)를 서로 묶어주고 또한 새로운 입자들이 생성되게 하는 상호작용 메커니즘의 원인이 되기도 한다. 그 힘은 10^{22}초의 전형적인 반응시간을 가지고 있고, 이 시간은 입자가 핵 지름을 거의 빛의 속도로 가로지르는데 걸리는 시간이다. 강한 핵력에 속하는 입자들은('견고한'이란 뜻의 그리스어

'$\alpha\delta\rho o \sigma$'에서 유래한) '하드론(hadron)'이란 이름으로 분류된다. 방사성 베타 붕괴의 원인인 약한 핵력은 비교적 긴 수명을 갖는 입자의 붕괴, 예를 들어, 2.6×10^{-8}초의 평균수명을 갖는 $\pi \rightarrow \mu + \nu$의 붕괴의 원인이 되기도 한다. 강한 핵력과 약한 핵력 둘 다 짧은 거리에서 작용하는 힘이고, 그 거리는 핵의 지름을 넘지 못한다. 강한 핵력의 크기는 약한 핵력에 비해 약 10^{12} 배만큼 크다. 이것을 넓게 보기 위해, 개미가 0.1g의 자기무게와 같은 물체를 운반할 수 있다는 것을 가정해보자. 이것을 8명의 럭비선수들이 스크럼을 짜서 약 1000kg에 해당하는 무게로 미는 것과 비교해보라. 이 두 힘의 비는 약 10^{7}배에 해당하는데, 약한 핵력에 대한 강한 핵력의 비에 비해서는 여전히 많이 작다. 사실, 같은 비율이 되려면, 100,000명의 스크럼의 힘이 개미 한 마리의 힘으로 나누어져야만 한다.

일하는 개미.
USDA APHISPPQ 자료실 제공.

웨일즈 대 호주,
2006년 11월 카디프시.

개미들과 럭비 선수들에 의해 발휘된 힘을 비교하면;

$$\frac{100{,}000\text{명의 스크럼}}{1\text{마리 개미}} = \frac{\text{강한 핵력}}{\text{약한 핵력}}$$

강한 핵력에 완전하게 반응하지 않는 입자들도 있다. 이것들을 렙톤(lepton)이라고 부른다. 광자도 또한 이 '완전 면역 클럽'의 구성원이다.

강한핵력에 대한 면역 클럽(구성원 목록, 1964)				
이름	광자	중성미자	전자	뮤온
기호	γ	$\nu_e \nu_\mu$	e	μ
질량	0	−0	m_e	$207m_e$

전자기력

전기적으로 전하를 띤 입자들 또한 전자기력이 생긴다. 렙톤들이 강한 핵력에 면역된 것처럼, 전기적으로 중성인 입자들은 전기력 혹은 자기력의 영향을 받지 않는다. 전자기력은 강한 핵력보다 약 100배 작고, 이미 19세기에 클라크 맥스웰에 의해 잘 설명된 법칙을 따른다. 전기장과 자기장은 가속기 링에서 양성자를 가속시키거나 인도하는 데 사용된다. 이것들은 또한 목표(표적원자)에서 생산된 새로운 전하를 띤 입자들의 두 번째 빔을 제어하거나 분리하는데 사용된다.

■ 17.1.4 소립자 세계에서의 법칙들

아인슈타인의 상대성이론의 관련성은 소립자들의 세계에서는 매우 명백하다. 관계식 $E=mc^2$은 모든 입자, 즉 오래된 입자뿐 아니라 새로운 입자의 생성 과정도 통제한다. 이런 새로운 입자들이 연속적으로 다른 입자들 속으로 붕괴할 때, 방출된 에너지는 같은 방정식을 따른다. 이 관계식은 아주 잘 만들어져서 질량의 단위와 에너지의 단위가 상호 교환가능하다. 이 세계에서는 사물이 빨리 움직인다. 빛의 속도에 근접한 속도가 표준이기 때문이다. 시간 지연은 움직이는 핵과 소립자들의 중요한 인자이다.

아인슈타인이 원자핵 속의 세계에서 일어나는 현상을 만족스럽게 볼 수 있었던 유일한 사람은 아니었다. 맥스 플랑크의 '절망의 행동' 과 '혁명적인 가설'은 빛에너지가 양자화된 단위로 되어있다는 것이었다. 닐스 보어는 그 개념을 전자궤도의 양자화된 각운동량의 개념으로 확대시켰나. 이제 양자화도 입자 세계에서 예외라기보다는 표준이라는 것을 알게 된다. 입자 자체들이 고유의 각운동량을 가지고, 각운동량은 양자화된 단위가 된다. 그 값은 입자들이 어디에 있건, 무엇을 하건 영향을 받지 않는다. 마지막으로 코펜하겐에 있는 보어의 연구소에서 발전된 양자역학의 원리가 완전히 지배한다. 과정들은 결정론이 아니라 확률론에 기초했다.

하이젠베르크의 불확정성의 원리는 생활에 매우 실제적인 방법으로 나타난다. $\Delta E \Delta t = h/2\pi$의 형식으로 써졌을 때, 충분히 짧은 시간간격, 즉 Δt동안 발생한다면, 자연은 에너지 보존을 ΔE의 양만큼 어긋나게 허가해 준다는 말로 해석될 수 있다. 이 원리는 강한 상호작용으로 붕괴해서 매우 짧은 수명을 갖는 입자들의 경우에 실제로 매우 중요하다. 공진(resonance)이라고 불리는 그런 입자들은 10^{-22}초 정도의 수명을 가지는데, 이것은 그것들이 질량에너지에서 ΔE의 고유 불확정성을 가진다는 것을 의미한다. 공진 폭이라고 불리는 이 불확정성은 20%만큼 커질 수도 있다.

전자의 반입자로서 양전자에 대한 디랙의 예견은 입자 동물원의 모든 구성원들에게까지 확대되었다. 어떤 종류의 입자들에게는 매우 엄격하게 적용되는 규칙이 있는데, 그 규칙에서는 입자들이 홀로 생성될 수 없고, 반드시 반입자와 동반되어야 한다. 양성자가 반양성자와 균형을 이루지 않고서는 우주에서 양성자를 더 만들어 낼 수 없거나, 반중성자없이 중성자를 만들 수 없다. 이 규칙은 중간자에는 적용되지 않고, 중간자는 얼마든지 생성될 수 있다.(만약 일반적인 조건이 적용된다면)

중성미자

운동량 보존 법칙은 소립자 세계에서도 엄밀하게 관찰된다. 운동량 보존 법칙은 예전에 1931년 볼프강 파울리(Wolfgang Pauli, 1900-1958)에 의해 언급되었는데, 그때 그는 방사성 베타 붕괴의 이론을 발전시키고 있는 중이었다. 그는 사라진 운동량이 신비의 입자에 의해 제거됐다고 가정함으로써 명백히 사라진 운동량의 결과들을 설명하기 위한 '궁여지책'을 제안했다. 그는 그것을 '작은 중성적인 어떤 것' 또는 중성미자라고 불렀다. 이러한 신비의 입자는 질량도 전하도 없고, 상호작용도 전혀 하지 않는 것처럼 보였다. 사실 이것은 에너지와 운동량을 전달하기 위한 능력 외에 다른 어떤 성질도 갖지 않는 것으로 나타났다. 황제의 새로운 옷처럼, 중성미자의 존재는 사실로 받아들여져만 했다. 30년 후에 중성미자의 상호작용이 로스 알라모스(Los Alamos)에서 관측되었고, 계속해서 브룩해븐(Brookhaven)과 선(CERN)에서 관찰되었다. 사실 중성미자의 종류는 단지 하나가 아니라 두 종류라는 것이 입증됐고, 기호 ν_e와 ν_h로 쓰였다. 파울리의 정당함이 입증되었다.

■ 17.1.5 쿼크

소립자들의 과수원에서 열매를 수확하는 데에는 문제가 있었다. 1934년에는 양성자, 중성자 그리고 전자가 있었다. 이것들이 물질을 구성하는 기본 덩어리였다. 우리는 우주가 무엇으로 만들어졌는지에 대한 외견상 간단한 모형을 갖고 있었다. 그 그림은 갑자기 바뀌었고 결코 간단하지 않게 되었다. 자연은 질량이 0부터 눈으로 볼 수 없는 구조를 지닌 양성자보다 더 큰 것까지의 모든 질량 스펙트럼을 가지는 무수한 기본 실체를 갖고 있을 거라는 것은 이해할 수 없는 것 같았다.

명백한 무질서의 한복판에서 질서를 발견하는 것은 이론 물리학자들에게 달려있었다. 캘리포니아 공과대학의 머리 겔만(Murray Gell-Mann, 1929-), 유발 네만(Yuval Ne'eman, 1925-2006) 그리고 조지 쯔바이크(George Zweig, 1937-)는 고전물리학에서 적용되는 것처럼 미시적 세계에서 대칭성이 원리가 적용돼야 한다고 확신했다. 그들은 처음에는 노르웨이 수학자인 마리우스 소푸스 리(Marius Sophus Lie, 1842-1899)에 의해 개발된 대수학을 이용하여 입자를 수학적인 집단으로 분류했다. 전문적으로 이 대칭성은 SU(3) (3x3 크기를 갖는 배열의 특별한 유니타리 대칭군)으로 불리었다. 1963년에, 겔만은 세 개의 추상적인 수학적 실체가 '쿼크(quarks)'라고 그가 명명한 실제의 물체임을 확인시키는 개념적으로 더 쉬운 설명을 제시했다.

> 쿼크모델은 강한 핵력을 받는 하드론에서만 적용한다. 전자, 뮤온, 중성미자와 같은 렙톤은 소립자를 갖지 않는다.

쿼크는 u(위), d(아래) 그리고 s(이상한) 라는 다소 기묘한 이름들이 붙여졌다. 양성자, 중성자, 그리고 더 무거운 입자들은 세 개의 쿼크로 만들어진다. 예를 들면, 양성자의 표기 식은 uud, 그리고 중성자는 udd 이다. 반양성자와 반중성자는 상응하는 세 개의 반쿼크로 구성된다. 중간자(mesons)는 하나의 쿼크와 하나의 반쿼크로 구성된다. 예를 들어, 중간자 π^-의 구성성분은 $\bar{u}d$이다.

모든 보통 물질은 오로지 u와 d 쿼크만으로 이루어져 있다. s 쿼크는 1950년대 초기에 발견된 입자의 구성요소이고, 그 입자의 행동이 그때 당시에는 잘 이해가 되지 않았기 때문에 '이상한'이라고 이름 붙여졌다.

총 27개의 상태가 세 개의 쿼크로 구성될 수 있다. 이것들은 10개의 상태로 한 묶음(1개의 10중항), 8개의 상태로 2묶음(2개의 팔중항), 1개의 상태로 한 묶음(1개의 단일항)으로 배열된다. 그들의 성질은 알려진 입자의 구성원들의 성질과 잘 상응하나, 하나의 중요한 예외가 있다. 세 개의 s 쿼크로 이루어진 10개의 상태(10중항)의 가장 무거운 구성원은 발견되지 않았다. 상상할 수 있듯이, 이 없어진 입자를 찾기 위해 즉각적으로 거대한 노력이 이루어졌다. 몇 달이 되지 않아 Ω^-라고 이름 지워진 새로운 입자가 브룩해븐에서 발견되었고, 이것의 성질들은 SU(3) 10개 상태(10 중항)의 빈 곳에 매우 잘 들어맞았다. 문제가 풀린 것처럼 보였고, 1969년에 겔만은 '소립자의 분류'에 대한 업적으로 노벨상을 받았다.

겔만은 'stork(황새)'와 운율이 같은 quark'라는 철자에 앞서 마음 속에 그 소리를 생각했었다. 제임스 토이스(James Joyce, 1882-1941, 아일랜드 작가)의 〈피네간의 경야(Finnegans Wake)〉를 가끔 정독하면서 그는 아래의 단락과 마주쳤었다:

'머스터 마크를 위한 세 번의 쿼크(오리 울음소리)'!
분명히 그는 나무 껍질(bark)을 많이 갖고 있지 않지만,
그리고 분명히 그가 조금이라도 갖고 있다면
그것은 모두 예상이 틀리다네

발음이 어찌되었던 간에, 배합이 'bark!'와 운율이 맞아야 한다는 조이스의 분명한 의도에도 불구하고 3이라는 숫자가 그의 배합에 멋지게 맞아 떨어졌다.

쿼크와 그것들의 문학적 연결은 유머에 많은 관심과 예민한 감각을 가진 물리학자의 상상력의 산물이었다. 쿼크가 실제 물리적인 물체인지 추상적인 수학적 존재인지는 중요하지 않다; 가장 중요한 것은 그 표현이 결과를 제공하고 실험과 일치하는 더 많은 예견을 하게 한다는 것이다.

■ 17.1.6 참(Charm)

1964년에 코펜하겐 대학에서 근무하고 있는 두 명의 미국인 이론 물리학자 제임스 보르켄(James Bjorken, 1956-)과 셸던 리 글래쇼(Sheldon Lee Glashow, 1932-)에 의해 논문 한편이 출판됐다. 그 논문은 SU(4)라 이름 지어진 더 넓은 대칭성의 존재를 제시했고 SU(3)는 SU(4)의 하위집단이었다. SU(4)가 약한 상호작용과 전자기적인 상호작용의 기본적인 통합을 지향하고 있다는 사실에도 불구하고, 그 당시에는 별로 주목을 받지 못했다. 이 새로운 대칭성은 네 번째 쿼크가 존재할 것이라는 것을 암시했다. 논문의 저자들은 심지어 '매우 반가운 아이디어에서 기쁨의 표현으로서'라는 자신의 말을 인용해서, 새로운 쿼크에 대해 '매혹을 지닌(charmed)'이라고 이름을 붙이기를 제안했다. 그러나 그들은 '이 모형이 실험가들에 의해 빨리 파괴될 수 있다'고 조심스럽게 지적했다.

참의 파괴는 커녕, 급속한 파괴도 발생하지 않았다. 10년 후, 1974년 11월 11일에 두 개의 실험 그룹인 브룩해븐의 사무엘 팅(Samucl Ting, 1936-)의 그룹과 스탠포드의 리히터(Richter, 1931-)의 그룹은 완전히 다른 실험들을 하고 있었다. 그런데 그들은 새로운 공진 상태(resonance)의 발견을 동시에 발표했는데, 그것은 생성 후 약 10^{-19}초에 붕괴되었다. 그것은 양성자 질량의 3배보다 큰 질량을 가졌다. 이 새로운 공진의 발견은 그 자체로는 그렇게 특별한 것은 아니었다. 그러나 이 경우에 그것이 행동하는 방식에 매우 변칙적인 것이 있었다. 공진 상태는 전형적으로 10^{-22}초에 붕괴한다. 그러나 이 입자는 기대했던 것보다 약 1000배 더 오래 생존했다. 리히터의 논문은 다음과 같이 결론지있다: '새로운 양자수들 혹은 선택 법칙들을 포함하지 않는다면, 하드론으로 붕괴하는 공진이 어떻게 그렇게 폭이 작을 수 있는지 이해하기가 어려웠다'. 쉬운 영어로 표현하면:

'우리는 전에 결코 본적이 없는 어떤 종류의 물질을 발견했다.' 1976년에 리히터와 팅은 '새로운 종류의 무거운 소립자들의 발견에 대한 선구적인 업적으로' 노벨상을 공동으로 수상했다.

팅은 새로운 입자를 J라고 불렀고, 반면에 리히터는 그리스 문자인 Ψ를 선택했다. 물리학계는 절충안으로 J/Ψ의 이름을 채택했다. 이 입자의 이름보다 더 중요한 것은 그것의 구조인데, 그것은 참 쿼크와 참 반쿼크의 결합일 가능성이 가장 많아 보였다.

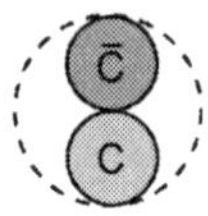

마치 그것들의 전하와 같이 쿼크와 반쿼크의 '참'은 상쇄된다. 그래서 J/Ψ는 '숨겨진 참' 을 포함한다고 말해진다.

참 쿼크의 존재를 믿을 수 있게 하기 위해서는 이미 알려진 u, d 그리고 s 쿼크들의 하나 또는 그 이상을 갖고 있는 참 쿼크를 포함하는 입자를 찾아야 했다. 1975년과 1976년 내내 대서양의 양쪽(유럽과 아메리카 대륙)에 있는 가속기 연구소에서 행해진 실험들은 소위 '벌거벗은' 참('naked' charm)을 찾았다. 수천 개의 거품 상자(bubble chamber) 영상과 수십억 개의 전자 계수들(electronic counts)이 스탠포드, 썬, 브룩해븐 그리고 페르미 랩에서 분석되었다. 참 입자들에 대한 더 많은 증거가 쌓이기 시작했다. 비록 확신은 있었지만 이 증거는 붕괴 산물의 특징에 의거했고, 당연히 간접적인 것이었다. 참 입자들의 수명은 약 10^{-12}초로 기대됐다. 이것은 빛의 속도에서 조차 입자들은 붕괴 전에 1밀리미터 분의 1보다 더 많이 주행하지 못함을 의미했다. 이 거리는 위의 기술들을 사용하여 생성과 소멸의 지점을 분해하기에는 너무 짧았다.

■ 17.1.7 다시 돌아온 사진 건판

1970년대에 핵건판은 매우 '구식' 기술이었다. 소립자들을 탐지하기 위한 훨씬 더 효과적인 방법들이 있었다. 가속기의 모든 펄스로부터의 반응 결과물들은 전자 계수기에 의해 감시된다; 입자의 경로는 불꽃 상자(spark chambers)를 통해 지나갈 때 눈으로 볼 수 있다. 그리고 거품 상자 사진은 상호작용들이 일어났을 때 상호작용들의 아름다운 영상을 제공했다.

그러나, 핵건판들은 그 시대에 모든 다른 기술보다도 더 유용한 이점이 있었으니, 그것은 매우 큰 분해능력이었다. 1mm의 길이는 현미경으로 보면 '마치 1마일(1.6km)'로 보이는 반면에, 그것은 그 시대에 어떤 다른 형태의 검출기에서도 거의 분해될 수 없었다.

런던 대학교의 에릭 버홉(Eric Burhop, 1911-1980)은 다양한 실험 기술들의 장점을 결합하여 참 입자의 생성과 연이은 붕괴를 재구성할 수 있을 것이라고 알았다. 비록 어디를 봐야할 지를 정확하게 알지 못한다면, 건판에서 특별한 관심거리가 있는 흥미로운 사건들을 찾아내는 것은 어렵다. 10리터 더미를 현미경으로 완벽하게 훑어가는 것은 한 관찰자에게 100년이 걸리는 게 당연하다. 전체 더미에서 참 입자를 만드는 상호작용이 하나 혹은 두 개 정도 있을 것인데 그것들을 찾고자 하는 시도는 건초더미에서 바늘을 찾는 것보다 더 좋지 않을 것이다.

만약 그 사건들을 1 cm^3의 작은 부피에 정확히 위치시키는 것이 어느 정도 가능하다면 사건들을 찾아내는 일은 훨씬 더 쉬울 것이다. 버홉은 핵건판과 불꽃상자를 결합하여 복합 검사기(hybrid detector)를 만들어서, 참 입자를 찾기 위해 공동노력을 하고 있는 브루셀, 더블린, 런던, 스트라스부르 그리고 로마에 있는 대학 연구 그룹들의 공동 연구기구를 조직했다. 스트라스부르는 '큰 간격'을 갖는 불꽃 상자에 대한 특별한 전문적 지식을 갖고 있었다. 이들은 통상적인 불꽃 상자보다 훨씬 좋은 방향인 분해능력을 갖고 있었으나, 기기를 구축하고 작동하기가 더 어려웠다. 큰 간격의 불꽃 상자들은 생성된 입자 궤적들의 지도를 그리고 수 mm^3의 부피 이내 원래 위치에 궤적들을 투사시키기 위해 사용될 수 있었다. 로마그룹은 건판과 전자공학에 오랜 전통을 가지고 있었다. 전자회로들은 흥미로운 상호작용의 순간에 불꽃 상자를 작동시킨다. 브뤼셀 자유대학교, 런던대학교와 더블린 대학교는 이전 20년 동안 공동 건판 실험에 참여해 왔다.

고에너지 중성미자를 수반하는 상호작용은 이론적으로 참 입자들을 생성하는 가장 효과적인 방법이었다. 중성미자는 물론 전하가 없고 약한 상호작용을 한다. 거의 모든 중성미자는 태양으로부터 우리에게 도달하고 곧바로 지구를 통과하여 우주로 계속해서 진행해간다! 사실 100,000개의 중성미자 중에 오직 한 개만이 지구의 한쪽에서 다른 쪽을 지나갈 때 상호작용할 것이다. 중성미자가 핵과 상호작용하는 드문 경우에, 에너지로부터 생성될 수 있는 물질의 종류에는 실질적으로 어떤 제한이 없다.(하드론이 상호작용할 때, 두 묶음의 쿼크가 함께 충돌하고, '정상의(ordinary)' 쿼크들은 그들의 에너지를 다른 '정상의' 쿼크들로 바뀔 가능성이 더 많다.)

> 중성미자들은 매우 작다.
> 그것들은 전하도 없고, 질량도 없다.
> 그리고 전혀 상호작용하지 않는다.
> 지구는 단지 멍청한 공인가? 그것들에게는 단순하게 뚫린다.
>
> 존 업다이크(John Updike)

1976년 1월에, 그 장비가 대서양을 건너서 시카고 근처 바타비아에 있는 페르미랩 가속기로 옮겨졌다. 그리고 3개월 동안 높은 에너지와 높은 강도의 중성미자에 노출되었다. 그 기간 동안 계수기는 250번 클릭했고, 이는 중성미자 상호작용이라 여겨지는 것의 잔해가 건판 더미로부터 왔다는 것을 알려준다. 건판들은 다시 가져와서, 현상되어졌고, 참여하고 있는 실험실들과 공유됐다. 그리고 불꽃상자들에 있는 궤적들로부터 재구성된 영역에서 조사가 시작됐다. 1976년 11월까지 총 29개의 중성미자 상호작용이 발견되었다. 그들의 하나가 브뤼셀에서 찾은 것이고, 이것은 매우 흥미로운 것이었다. 그것을 그림 17.1에서 재생시켰다.

들어오는 중성미자는 핵건판(아마도 은 혹은 브롬)에 있는 원자의 핵과 상호작용한다. 핵의 파편들은 모든 방향으로 분산된다(짧고, 어두운 궤적들). 에너지로부터 만들어진 입자들은 빛의 속력에 거의 근접한 속력으로 앞을 향해 발사되어 오른쪽으로 향하고, 빛의 궤적을 최소의 이온화 상태로 남긴다.

핵건판은 삼차원적인 매개체다. 그래서 사진에서는 대부분의 궤적들은 거의 즉각적으로 초점으로부터 벗어난다. 그림 17.1은 모자이크 사진이다. 그 사진에서

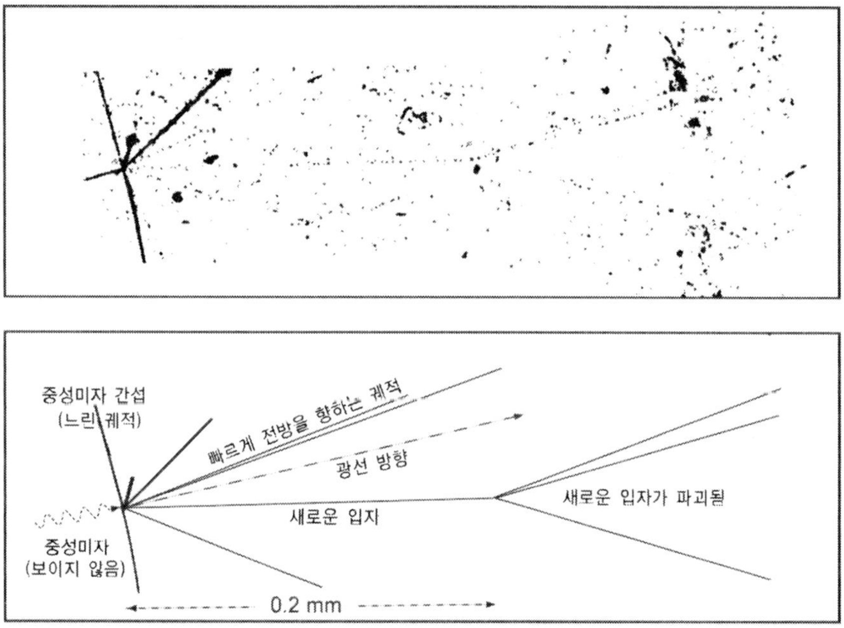

그림 17.1 **참 쿼크를 가진 입자의 궤적의 첫 번째 그림**

참 입자의 궤적과 연이은 붕괴 산물들의 무늬(결)는 초점이 유지된 상태로 있다. 약 0.2mm를 움직였을 때 참 입자는 자동으로 세 개의 전하를 가진 붕괴 산물로 나누어진다.

참 입자의 수명을 계산하기 위해 그것이 빛의 속도의 약 0.9배의 속력으로 움직인다고 가정하면 상대론적인 시간 지체를 고려할 때 10^{-12}초의 값이 나온다.

■ 17.1.8 더 많은 쿼크들

이 장에서 자연의 법칙들이 기본 입자들의 세계에 적용됐을 때 자연의 법칙들의 구조를 물리학자들이 어떻게 이해하게 되었는지를 설명하기 위해 입자물리학의 역사로부터 단지 몇 가지 간결하고 인상적인 묘사를 선택했다. 세실 파우웰의 과수원은 최초로 고유의 성질과 특성을 가지고 있는 새로운 입자들의 축제를 제공했다. 이것들이 연구됐기 때문에, 대칭성의 패턴들을 재구성하는 것이 가능해졌고, 추론의 연결 고리들을 따르는 것도 가능해졌으며 아직까지 발견되지 않았던 종류들의 예측도 이끌게 되었다. 참 쿼크는 하나의 예에 불과하다.

참 쿼크부터 아름다움 쿼크까지

참 쿼크는 미시 세계의 조각 그림퍼즐에서 중요한 조각이었다. 그것은 강한 핵력에 반응하는 입자들인 하드론들을 위한 영역에 있었다. 조각맞추기는 완벽했으나, 조각 그림은 아직 완성되지 않았다. 거기에는 두 개의 빈 곳이 있었다. 1977년에 페르미랩의 레온 러더맨(Leon Lederman, 1922-)과 그의 팀은 질량이 J/Ψ보다 3배나 더 큰 Υ(감마) 라고 불리는 공진 상태를 발견했다. 이 상태는 J/Ψ처럼 같은 종류의 이상한 방법으로 행동하였다. 그러나 그것의 수명은 훨씬 더 길다. 가장 비슷한 설명은 Υ 가 새로운 쿼크의 조합이라는 것이었다. 이것은 다소 그림 같아서 '아름다움'(혹은 b) 쿼크라고 불리는 것과 그것의 반쿼크의 조합이라는 것이다. Υ 는 J/Ψ가 '숨겨진 참'을 가졌던 것과 마찬가지 방식으로 '숨겨진 아름다움'을 갖는다.

남아있는 하나의 빈공간은 얼마 동안 채워지지 않았다. 그 공간을 채우도록 지정된 입자는 그것이 확인되기 전에 이름이 지어졌었다. 결국, 1995년에, t(참 혹은 '진실')쿼크의 존재가 페르미랩에서 독자적으로 연구하던 두 개의 커다란 실험 그룹에 의해 확인됐다.

■ 17.1.9 핵 껍질의 가장 안쪽 껍질

위의 실험들이 쿼크들을 찾고 있었던 반면에, 다른 실험들은 렙톤계의 가계도를 찾고 있었다. 1975년에 마틴 엘 펄(Martin L. Perl, 1921-)과 그의 스탠포드 선형가속기 팀은 전자와 뮤온에 대한 씨족의 일원의 발견을 발표했다. 이 입자는 전자보다 거의 3500배 더 무거워서 '타우(Tau)'라고 명명됐다. 세 개의 렙톤들의 각각은 중성미자를 수반할 것으로 기대됐었다. 20세기 말부터 시작하여, 타우는 기본적이고 분할할 수 없는 물질의 구성요소를 구축하는 목록을 완성했다:

6 쿼크들 $\binom{u}{d}\binom{c}{s}\binom{t}{b}$	6 렙톤들 $\binom{e}{\nu_e}\binom{\mu}{\nu_\mu}\binom{\tau}{\nu_\tau}$
강하게 상호작용하는 입자들의 구성 요소들	강한 힘에서 유래하는 면역 클럽의 현재 구성원들

17.2 약한 핵력과 전자기력들의 통합 이론

■ 17.2.1 전자기력의 전달자로서의 빛의 역할

1984년에 출판된 맥스웰의 유명한 논문은 전기와 자기력을 하나의 통일된 이론으로 연결시켰다. 이러한 위대한 진보적 통합은 그것이 빛을 에너지와 정보를 전달하는 전자기파로서 확인했다는 점에서 하나의 보너스를 가져왔다. 그것은 또한 빛을 통신 전달자, 즉 전기적으로 전하를 띤 입자들 사이의 힘의 전달자로서 제시했다.

20세기에 그 그림은 변화됐으나, 본질적으로 변화된 것은 아니다. 빛은 때로는 전자기파로 표현되고, 또 다른 때에는 입자처럼 움직인다. 전기력은 전자들이 광자들을 방출하고 흡수할 때 양자 '덩어리'로 전달된다. 양자전기역학 이론에 따르면, 화학의 모든 것은 이들 기초적인 과정들로 축소될 수 있다. 이 이론은 기본적이고 우아하며, 과학에서 어떤 이론에서든 요구할 수 있는 만큼 많이 알려진 가장 정확한 예언들을 만들어 낸다! 그러나 양자 전기역학은 핵력에 대해서는 아무 것도 언급한 것이 없다.

■ 17.2.2 통합-길고 험난한 길

1979년에, 쉘던 글래쇼(Sheldon Glashow, 1932-), 압두스 살람(Abdus Salaam, 1926-1996) 그리고 스티븐 바인베르그(Steven Weinberg, 1933-)는 '소립자들 사이의 통합된 약한 핵력과 전자기력의 상호작용 이론에 대한 기여'로 노벨상을 공동 수상했다. 이 이론이 완성되는 데에는 오랜 시간이 걸렸다. 1950년대 후반부터 노벨상 수상자들은 약한 핵력과 전자기력 두 개를 통합할 단일 이론을 추구하며 때로는 함께 연구하고 때로는 독자적으로 연구하고 있었다. 이러한 연구의 목적은 약한 핵력과 전자기력의 상호작용을 수학적인 대칭성이라는 관점에서 설명하는 것이었다. 살람이 후에 지적했던 것처럼 '전자기력과 약한 핵력(electroweak)의 그림은 거의 화가 날 정도로 천천히 조각이 맞추어져 갔다. 처음에 우리는 잘못된 대칭성을 측정하려 애쓰고 있었다.'

하나의 기술적 어려움이 해결되면 새로운 어려움이 나타났다. 노벨상 수상식에서 있었던 강연에서 나온 이 발췌문들은 일관된 새 이론을 공식화할 때의 어려움을 지적해 준다:

바인베르그 : '그 시점에서는 적절한 해법에 도달했었지만, 잘못된 문제에 대한 것이었다.'

글래쇼 : '나는 모든 중성전류들을 억누름으로써 중성전류들을 변화시키는 이상한 문제를 "해결했다" 그리고 아기는 목욕물과 함께 사라졌다(골칫거리는 사라졌다).'

다른 문제들이 있었는데, 그 문제들의 하나가 이 형식론은 '재규격화될 수 없다'는 것이었다. 이것은 계산이 무한대와 부딪쳤음을 의미했다. 이 후자의 문제는 네덜란드 물리학자인 헤라르트 토프트(Gerard't Hooft, 1946-)에 의해 1971년에 해결되었다. 이론 물리학자인 시드니 콜먼(Sidney Coleman, 1937-2007)의 말에 의하면; '헤라르트의 업적은 바인베르그-살람 개구리를 마법에 걸린 왕자로 바꾸어 놓았다'

그 길의 끝

전자기력과 약한 핵력의 상호작용현상 이론을 수식화하는 어려움에도 불구하고, 그 이론이 올바른 길을 가고 있다는 실험적 증거가 나타나고 있었다. 그 이론은 '약한 중성 전류들' ― 관련된 입자들이 전하를 교환하지 않는 약한 상호작용이 존재할거라고 예견했었다. 선 연구소에서 하나의 중성전류 중성미자 상호작용이 관찰되었던 1973년까지는 어떤 상호작용도 나타나지 않았었다. 1978년에 스탠포드 선형가속기에서 행해진 실험은 그 이론이 예견한 대로, 전자기력과 약한 핵력들 사이에 어떤 섬세한 간섭 효과들이 있음을 보여주었다. 그 시기는 왕관의 보석, 즉 약한 핵력의 전달자를 찾기에 알맞았다.

■ 17.2.3 무거운 광자

만약 약한 핵력과 전자기력의 상호작용들이 자연의 같은 기본 법칙의 다른 표현이라면, 광자가 전자기력을 전달하는 것과 똑같이, 약한 핵력의 전달자로 작용하는 입자가 있는 것이 분명하다. 전자기력과 약한 핵력의 상호작용현상 이론은 이 입자에 대한 특별한 예견을 했다. 무엇보다도 하나가 아닌 3개의 입자들이 있어야 한다: 양전하를 가진 것과 음전하를 가진 것, 그리고 중성전하를 가진 것이다. 두 번째로, '평범한' 광자와는 다르게 입자들은 질량을 가질 것이다. 그것뿐만 아니라, 그것들은 어떤 다른 기본입자보다도 훨씬 무거운데, 광자보다 거의 100배나 무겁다. 사실, 전자기력과 약한 핵력의 상호작용력의 전달자들은 그들이 발견되기 전에 정확히 예견된 질량과 심지어 이름도 가지고 있었다.

무거운 광자에 의해 매개되는 상호작용들의 두 가지 예가 아래에 주어진다:

중성미자 - 중성자 상호작용

중성미자는 가상의 W^-입자를 교환함으로써 중성자와 상호작용한다. 중성자는 광자로 바뀌고 반면에 중성미자는 전자로 바뀐다.

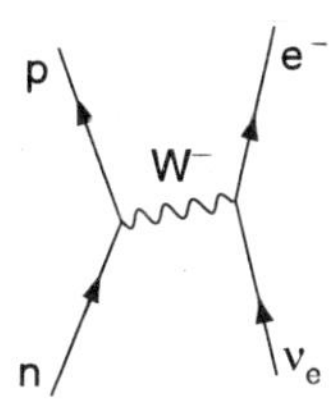

$$\nu_e + n \rightarrow p + e^-$$

실제 W입자를 만들기 위해서는 그것의 질량 에너지와 동등한 양의 에너지가 공급되어야 한다. 약한 핵력의 전달자로서 작용할 때 W^- (입자)는 *가상*의 상태에 놓여 있다고 말해진다. 왜냐하면 이것은 하이젠베르크의 불확정성 원리인 $\Delta E \Delta t = h/2\pi$에 따른 에너지를 '빌려야'하기 때문이다. W 입자의 경우에 있어서, 빌려온 에너지 (ΔE)는 매우 크다, 그러므로 '빌려온' 시간(Δt)은 매우 짧다. 결과적으로 약한 상호작용의 범위는 핵의 크기 정도로 짧다.

중성자 베타 붕괴

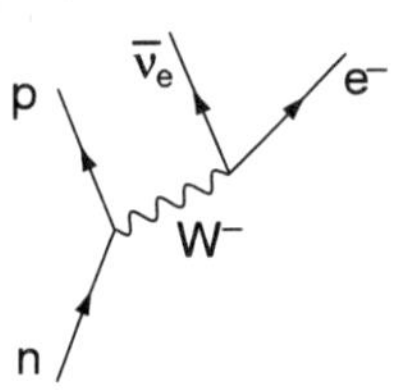

자유 중성자는 W^-입자를 내보냄으로써 붕괴하는데, W^- 입자가 차례로 전자와 반중성미자로 붕괴한다.

$$n \rightarrow p + e^- + \overline{\nu_e}$$

1979년에 글래쇼, 살람과 바인베르그에게 W와 Z입자들이 실제로 존재한다는 입증을 기다리지도 않고 노벨상을 수상함으로써 노벨 위원회는 약한 핵력과 전자기력 사이의 상호작용현상 이론에 매우 큰 확신을 보여주었다. 그들은 아마도 가까운 미래에 그러한 무거운 입자를 만들어내는 것이 불가능하다고 생각했을 것이다. 왜냐하면 그 시기에 어떤 가속기들도 충분한 에너지를 생산할 수 없었기 때문이다. 한 가지 가능성이 있었지만 실현시키기에는 기술적으로 거의 불가능하게 보였다. 만약 가속된 양성자들이 고정된 목표 안에 정지하고 있는 양성자들과 충돌하는 대신에 양성자들을 반대 방향으로 움직이게 하고 서로 충돌시킬 수 있다면 사용할 수 있는 에너지는 훨씬 더 커질 것이다.

핵 크기의 입자들을 서로 정면충돌시키는 것의 어려움은 다음의 유추에 의해 설명될 수 있다. 가령 직경 $\sim 10^{-15}$ m의 원반 모양으로 표적 양성자를 나타내고 가속기로부터 나오는 양성자들을 1 mm^2의 영역에 초점을 맞출 수 있다고 가정을 해보자. 그러면 표적 양성자를 칠 가능성은 오직 약 10^{11}분의 1이다. 이것은 대략적으로 하나의 모래 알갱이를 가지고 프랑스 크기의 면적에 있는 다른 모래 알갱이를 칠 가능성과 같다고 보면 된다!

그러한 명백한 어려움에도 불구하고 전자와 양전자 빔들을 충돌시킬 수 있는 기술이 이태리의 프라스카티와 미국의 스탠퍼드에서 이미 개발되었다. 선(CERN) 연구소에서는, 양성자-양성자 충돌을 위해서 교차 축적 링(intersecting storage rings, 가속기에서 공급되는 하전(荷電) 입자를 저장하는 장치)이 건설되었다. 그러나 이런 모든 기기들에서 빔의 에너지는 W입자나 Z입자를 생산하기에는 너무 적은 양이었다.

1978년에, 선 연구소에 있는 과학정책위원회는 양성자와 반대방향으로 회전하는 반양성자들을 축적하기 위해서 400 GeV 슈퍼 양성자 싱크로트론(Super Proton Synchrotron, SPS)에 거대한 7 km 링을 덧붙이기로 결정함으로써 노벨 위원회와 똑같은 확신을 보였다.

반양성자들은 28GeV 양성자 싱크로트론(Proton Synchrotron, PS)의 표적에서 처음 만들어져야했다. 이것은 1950년대부터 선 실험실 주변에서 성장했었던 최초의 가속기였다. 이제 선 연구소의 최초의 주역이 이제는 단순한 보조 멤버가 되었다. 이렇게 만들어진 반양성자는 또 다른 링, 즉 반양성자 축적기(Anti-proton Accumulator, AA)로 보내졌는데, 그곳에서 반양성자들은 에너지를 높이기 위하여 반복하여 선회했다.

40시간과 30,000 펄스 후 약 6×10^{11}개의 양성자들이 축적되었을 때, 그것들은 SPS에 있는 양성자들의 일방통행으로 가는 '출구'로 보내진다. 그 두 빔은 입자들이 지정된 교차 영역에서 확실히 충돌하기 위해 매우 세밀하게 초점이 맞춰졌다. 그리고 그 교차 영역에는 매우 높은 에너지의 양성자/반양성자 충돌의 산물들을 검사하고 측정하기 위해 복잡한 검측계들이 설치되어 있었다. 3개의 반쿼크들과 3개의 쿼크들의 충돌에 의해 생성된 엄청난 양의 파편들에 대한 분석은 그 자체로 유럽과 미국으로부터 온 20개가 넘는 연구팀으로 구성된 두 개의 공동기구에 주어진 기념비적인 업적이었다.

그 실험의 전체 이야기를 공평하게 평가하자면 이 후기에는 공간이 없다. 1982년에 첫 번째 W입자가 발견됐고, 이어서 1983년에 Z^{0}입자가 발견됐다는 것을 말하는 것으로 충분하다고 여겨진다. 그 실험의 원동력이었던 카를로 루비아(Carlo Rubbia, 1934-)와 실험이 가능하게 했던 빔 초점 맞춤기기의 건축자 시몬

메르(Simon van der Meer, 1925-)는 1984년에 노벨상을 수상했다. '1979년의 수상자'인 글래쇼, 살람과 바인베르그는 '엄청나게 짧게 생존하는 W입자와 Z입자의 발견에 대한' 스웨덴 왕립학회 시상식장의 귀빈이었다.

■ 17.2.4 돌아 돌아 제자리로 오다

빛의 이야기는 완전히 한 바퀴를 돌아서 제자리로 왔다. 우리에게 있어서 빛은 하나의 정보 전달자로 시작하여, 보는 것을 가능하게 하고, 우주의 나머지로부터 정보를 얻고, 먼 과거를 조사하는 것을 가능하게 했다. 양자역학과 상대성 이론들의 기초 안에서 빛이 중심 역할을 한다는 것과, 마지막으로, 빛이 원자들과 분자들의 화학적 반응을 가능하게 하는 전기력의 전달자로서의 역할을 한다는 것을 논의했다. 이러한 전자기력들의 독창적인 적용을 함으로서 핵력과 구성 성분들을 더 깊이 탐사하는 가속기와 검출기를 건설하는 것을 가능하게 했다. 여기서 약한 핵력의 전달자로서 작용하는 빛의 또 다른 형태를 보았다.

압두스 살람(1926-1996).
파키스탄 과학 아카데미 제공.

1979년에 노벨상 시상식에서 살람의 수상 소감의 일부분을 보여주는 것보다 더 좋은 것은 없다고 여겨진다. 그는 코란으로부터 다음의 시를 훌륭하게 인용했다(코란 수라 3장 4절).

모든 자비로운 어떤 불완전한 것의 생성에 있어서 그대는 보지 못하노니

그대가 다시 바라보면, 그대는 어떤 틈을 보게 될 것이니라. 그런 후에 그대는 바라보고 또 바라본다.

그대의 바라봄은 그대를 현혹시키고 지치게 한다.

그는 계속해서 말했다: "사실상 이것은 모든 물리학자들의 신념이다; 깊게 추구하면 추구할수록, 의구심은 더욱 더 흥분되고, 바라봄에 대해 더욱 더 현혹된다."

찾아보기 Index

(ㅇ)

권용성(성균관대학교 물리학과 교수)
마기중(을지대학교 안경광학과 교수)
이혜정(여주대학교 안경광학과 교수)
오현진(백석문화대학교 안경광학과 교수)
송윤영(제주관광대학교 안경광학과 교수)
민병훈(성균관대학교 물리학과 연구원)
정미아(성균관대학교 물리학과 연구원)

LET THERE BE *Light*

우리들의 빛 이야기

The Story of Light from Atoms to Galaxies

2012년 3월 20일 1판 1쇄 인쇄
2012년 3월 27일 1판 1쇄 발행

저 자 명 Alex Montwill & Ann Breslin
역 자 권용성 · 마기중 · 이혜정 · 오현진 · 송윤영 · 민병훈 · 정미아
발 행 인 연 규 산
발 행 처 청범출판사
등 록 1991년 8월 13일 No. 5-282
주 소 서울시 노원구 공릉 1동 598-7
TEL : 971-5385 FAX : 977-8967
I S B N 978-89-88247-73-0 03420

가격 25,000원